QUATRIÈME CONGRÈS INTERNATIONAL

DE

CHIMIE APPLIQUÉE

Exposition Universelle Internationale de 1900.

IVe CONGRÈS INTERNATIONAL

DE

CHIMIE APPLIQUÉE

Tenu à Paris, du 23 au 28 Juillet 1900

COMPTE RENDU IN-EXTENSO

PAR

M. Henri MOISSAN

PRÉSIDENT DU CONGRÈS

ET

M. François DUPONT

SECRÉTAIRE GÉNÉRAL

TOME TROISIÈME

TRAVAUX DES SECTIONS IX ET X

Séance générale de clôture. — Règlement. — Programme
Organisation. — Liste des Membres. — Vœux et Résolutions

PARIS

AU SIÈGE DE L'ASSOCIATION DES CHIMISTES

DE SUCRERIE ET DE DISTILLERIE

156, Boulevard de Magenta, 156

1902

QUATRIÈME CONGRÈS INTERNATIONAL

DE

CHIMIE APPLIQUÉE

Tenu à Paris du 23 au 28 Juillet 1900

SECTION IX

PHOTOGRAPHIE

Président : M. le général SEBERT, membre de l'Institut, vice-président de la Société française de photographie, Paris.

Vice-Présidents : M. BUCQUET, président du Photo-Club, Paris :

M. DAVANNE, président du conseil d'administration de la Société française de photographie, Paris;

M. LONDE, directeur du service photographique à l'hôpital de la Salpétrière, Paris;

M. LUMIÈRE (Louis), directeur de la Société anonyme des plaques et papiers photographiques Lumière et ses fils, Lyon;

M. PECTOR, secrétaire de la Société française de photographie, Paris;

M. VALLOT (J.), directeur de l'observatoire météorologique du Mont-Blanc, Paris;

Secrétaires : M. BOURGEOIS, secrétaire du Photo-Club, Paris;

M. SILZ (E.), ancien élève de l'École polytechnique, Paris.

La section IX du Congrès a été pour ainsi dire réunie au *Congrès International de Photographie*, qui tenait ses séances en même temps que les nôtres. D'ailleurs, les membres de la section IX étaient tous inscrits au Congrès de Photographie, de même que les membres de ce dernier Congrès faisaient presque tous partie de la section IX du IVᵉ Congrès international de Chimie appliquée.

Dans ces conditions, la section IX n'a tenu qu'une séance spéciale, le 23 juillet, les autres s'étant confondues avec celles du Congrès de Photographie. Nous ne rendrons donc compte que de la séance du 23 juillet, renvoyant pour les autres aux *Comptes rendus du Congrès International de Photographie*, par M. Pector, librairie Gauthier-Villars, Paris.

Le lundi 23 juillet 1900, à 2 heures, les membres de la section de Photographie du Congrès de Chimie appliquée et du Congrès de Photographie se sont réunis dans l'une des salles du Palais des Congrès sous la présidence de M. le général SEBERT, président de la Commission d'organisation de la section IX.

M. LE PRÉSIDENT indique à l'assemblée la composition du bureau du Congrès nommé le matin, et lui propose d'y adjoindre en qualité de vice-président, M. Zenger, et en qualité de secrétaire M. Silz, tous deux membres de la section photographique du Congrès de chimie appliquée. Cette proposition est adoptée à l'unanimité.

M. LE PRÉSIDENT donne la parole à M. Minovici.

Les faux en écriture et la photographie au service de la justice.

Par M. le Dr STÉPHAN MINOVICI,
Professeur à l'Université de Bucarest.

Une des sciences qui peuvent le plus contribuer à faciliter à l'homme son mode d'existence, en cherchant à donner à la vie un caractère plus accessible, est, sans aucun doute, la chimie.

La médecine, l'industrie, l'agriculture, en un mot toutes les branches de l'activité humaine doivent, en grande partie, leurs progrès à cette science. L'influence qu'elle exerce en ce sens provient de ce que dans aucun autre domaine que celui de la chimie, la science et la pratique, la conception ingénieuse et les recherches sérieuses ne se sont unies et ne se sont donné la main d'une façon aussi fertile pour les progrès de l'humanité. Cependant, malgré le développement gigantesque auquel elle a atteint, malgré les succès qu'elle enregistre chaque jour, la chimie est une des sciences les moins populaires. Cela est dû, en grande partie, à ce qu'elle passe encore, aux yeux de la multitude, pour une science occulte, pleine de mystère, difficilement accessible à l'esprit.

Malgré cela, ses conquêtes deviennent de plus en plus étonnantes, son influence se ressent toujours davantage et la justice même a souvent recours à ses services. En effet, nombre de crimes et délits, viols, coups, blessures, assassinats, empoisonnements, ne peuvent être résolus par la justice, dans la majorité des cas, sans l'aide du chimiste qui donne une preuve convaincante qui servira à étayer la sentence. Tous les moyens, par lesquels la chimie vient en aide à la justice, constituent une branche spéciale, connue sous le nom de *chimie légale*.

Le présent travail se rapporte à un chapitre de cette science : « Les faux en écritures et la photographie au service de la justice. »

Les faux en écritures datent de longtemps, c'est incontestable, et, aussi longtemps que la science n'a pas pu les démasquer, ils ont probablement passé inobservés et non résolus et laissés quelquefois à l'appréciation plus ou moins fondée de ceux qui étaient appelés à se prononcer.

Cependant, plus les méthodes de la science se perfectionnent, plus les faux sont facilement mis au jour et, depuis dix ans, il semble qu'ils se multiplient, précisément parce que les moyens de les reconnaître deviennent plus nombreux.

Il y a là quelque chose d'analogue à ce qui se passe pour une maladie dont on ne parle pas tant qu'on ne connaît ni sa nature ni son origine : dès qu'elle est connue et qu'on a imaginé un traitement, les spécialistes apparaissent et la maladie devient à la mode.

Des cas récents, relatifs aux faux en écritures, ont alarmé le monde scientifique et ont établi jusqu'à quel point on pouvait accorder une valeur aux recherches et aux témoignages des personnes appelées à élucider ces sortes d'affaires, c'est-à-dire les experts.

Une affaire célèbre, présente encore à notre mémoire, a donné une grande impulsion à ce genre de recherches et, à cette occasion, on a pu constater combien les dépositions des experts étaient controversées.

Il arrive même que les tribunaux, en présence de ces contradictions, ne peuvent prendre de décision salutaire.

On voit quelle importance il y a à choisir des experts qui ne soient pas, comme dit M. Vossion (1), les « premiers venus », des fantaisistes prétentieux, prêts souvent à vendre leur témoignage pour plaire à un avocat ou à un parti politique, mais des personnes intègres présentant des garanties suffisantes et tenues d'exposer dans les moindres détails les motifs de leurs conclusions, tant au jury qu'au public, pour que l'on sache si elles reposent oui ou non sur une base scientifique.

Les juges d'instruction ne doivent confier les expertises qu'à des hommes éclairés et probes. La défense ne trouvera jamais un appui

____

(1) *Des Faux en Écriture.*

solide en sollicitant la coopération de la mauvaise foi, de *l ignorance*
et même du demi-savoir (Orfila).

On éviterait ainsi toutes les absurdités et les inventions préjudi-
ciables à la justice et à la moralité publique.

Le progrès dans l'art de découvrir les faux en écritures est arrivé
à un tel point qu'il est près de se différencier en une branche scientifique que l'américain Persifor Fraser, docteur ès sciences, propose
d'appeler *Bibliotics*, science qui s'occuperait d'établir les caractères
de l'écriture et des faux documents.

Il divise cette science en deux chapitres: 1º La *grammaphénie*, qui
s'occuperait d'interpréter le caractère individuel qui domine dans
chaque écriture, c'est-à-dire le trait caractéristique propre à chaque
individu ; 2º la *plassophénie*, art spécial de découvrir le faux en étudiant l'écriture, les cachets, les substances qui servent à écrire et en
recourant à tous les moyens possibles pour établir l'authenticité.

Les anciennes recherches pour la constatation des faux se réduisaient
d'ordinaire à une simple comparaison du document suspect avec
d'autres écrits authentiques de l'auteur.

Les autorités judiciaires, aujourd'hui, choisissent encore des
experts, mais la confiance qu'on leur accorde est très limitée : cela
parce qu'ils manquent d'une compétence absolue et d'une méthode de
procéder et que la plupart s'abstiennent de donner des conclusions
formelles, chose qui fait entrer le doute dans l'esprit du public et de
ceux qui représentent l'autorité, de sorte que ce choix n'est fait que
pour se conformer à l'esprit de la loi.

L'esprit humain a aujourd'hui de hautes prétentions ; il n'est satis-
fait que lorsqu'il peut constater *de facto* et *de visu*, de sorte que, dans
n'importe quel genre de recherches, ce qui devrait dominer, c'est
l'observation et l'expérience. Les recherches des calligraphes n'étant
pas basées sur des méthodes scientifiques, il s'en suit qu'elles ont été
écartées lorsque la science a été introduite dans ce genre de recherches. Grâce aux progrès de la physique et de la chimie, et spécialement au microscope et à la photographie, les investigations sur les
écritures ont pris une autre direction : elles deviennent l'objet des
préoccupations des hommes de science.

C'est la photographie qui a été l'aide le plus puissant dans l'étude de
ces questions. La photographie, *enfant de notre siècle*, comme le dit
M. le professeur Dennsteldt, chimiste légiste à Hambourg, bien que
trop jeune pour être encore considérée comme une science ou un art
dans toute l'acception du mot, est cependant arrivée à un point de
développement assez important. Dans son développement, aidée par la
chimie, elle a poussé les industries dans la voie du progrès, leur
donnant des missions difficiles pour confectionner et perfectionner les

appareils et ustensiles dont elle avait besoin, de sorte que la science a indirectement profité de la photographie, tout en ayant l'air de travailler pour elle.

La photographie qui, au début, n'était qu'un divertissement, est devenue aujourd'hui un aide indispensable pour n'importe quelle branche de la science. Elle peut fixer en un moment et reproduire tout ce qui peut contribuer à expliquer un crime, un accident, etc., scène que les plus complètes descriptions ne représenteraient pas avec fidélité.

Elle fixe et retient le détail le plus insignifiant qui deviendra plus tard important. Bien que des procédés spéciaux ne soient pas nécessaires pour ces opérations, il n'en est pas moins vrai que c'est dans les ateliers, établis dans ce but, qu'on trouve les photographies les plus complètes. Celui de la police de Hambourg, sous la direction du Dr Roscher, et du laboratoire chimico-légal de la même ville, sous la direction du professeur Dennstedt, peuvent passer pour les modèles du genre.

Dans les instructions judiciaires, on fait usage de la *micro-photographie*, qui grandit, à l'aide du microscope, des objets invisibles et permet de les reproduire par la photographie. On arrive ainsi à fixer des phénomènes temporaires et passagers qui servent ensuite de pièces à conviction: cristaux, hémine, globules du sang, etc. C'est Sonnenschein qui, le premier, a révélé l'importance de la microphotographie ; son élève Jeserich, actuellement chimiste légiste à Berlin, a sensiblement développé les méthodes microphotographiques.

Et l'on n'a pas seulement ainsi un instrument de découverte, mais aussi un moyen grâce auquel les résultats obtenus par la voie scientifique deviennent, sous une forme facilement concevable, accessibles aux juges et aux jurés.

La photographie fait plus encore: elle permet à l'homme de voir là où son œil, même avec l'aide d'instruments d'optique, n'apercevrait rien. Il est ainsi possible de faire des comparaisons entre les divers photogrammes obtenus pour des objets minuscules: comparaison d'écritures, de cheveux, de filaments de tissus, de globules du sang de différents êtres animés.

Les circonstances sont encore plus favorables quand il s'agit de résoudre des problèmes qui, auparavant, ne pouvaient être étudiés avec succès que par le chimiste : il s'agit de prouver la falsifisation de documents. Il se présente là des questions qui se répètent constamment et dont la solution parait possible par suite de l'identité des cas.

Malgré cela, dit Dennstedt, bien que plusieurs, compétents ou non, se soient occupés de la solution de ces problèmes, on ne trouve dans la littérature que des données insignifiantes et insuffisantes en ce qui concerne la façon dont on a cherché à atteindre le but ou dont on a cru l'avoir atteint.

Cela est très regrettable, continue l'éminent chimiste ; la science progresse seulement sur la base des expériences faites par plusieurs, c'est par le travail commun qu'elle se développe et se fortifie. Les méthodes d'investigation usitées doivent être connues de tous et reconnues indiscutables, car elles sont appelées à faire la lumière dans des circonstances où l'erreur pourrait anéantir l'honneur et la situation d'un innocent.

Dennstedt et Schopff, dans leur important travail intitulé : *Einiges liber die Avendung der Photografie zur Entdeckung von Urkunden falschungen*, auquel nous avons fait de nombreux emprunts, réduisent la majorité des questions auxquelles les experts sont appelés à répondre, aux trois suivantes :

« 1) Les caractères que présente le document ont-ils été effacés par « voie mécanique ou chimique et, sur les caractères antérieurs, a-t-il « été ajouté de nouveaux signes ?

« 2) Deux caractères qui se trouvent dans un seul et même docu-« ment ont-ils été écrits avec la même encre ou avec des encres dif-« férentes ?

« 3) Les caractères du document ont-ils été écrits en même temps « ou à intervalles séparés et, dans ce cas, quels sont les caractères « les plus anciens ? »

Avant d'entrer dans l'exposé des moyens de recherche, il ne faut pas perdre de vue que les actes du falsificateur sont le produit d'un état psychique quasi-anormal dans lequel la conscience est troublée, ce qui facilite en quelque sorte le moyen de le reconnaître.

Revenant à la première question qui est posée par la justice, si les caractères d'un document ont été effacés mécaniquement ou chimiquement, il est recommandé, avant l'application de la photographie, d'établir par des recherches minutieuses à la loupe et au microscope si le papier ne présente pas quelques altérations. *Les grattages* peuvent presque toujours se reconnaître par la transparence locale, si on les examine à la lumière.

Suivant que la surface a été altérée, il est recommandé de faire une photographie plus agrandie, à la lumière incidente ou transversale. D'habitude, sur les surfaces filamentées une lumière latérale aussi vive que possible laissera voir, par les ombres ainsi produites, les inégalités existantes. Comme par suite de la grande variété des espèces de papier et de l'habileté plus ou moins grande du falsificateur, les apparitions peuvent différer, il est recommandé de faire plusieurs photographies tant à la lumière transversale qu'incidente, tant dia-

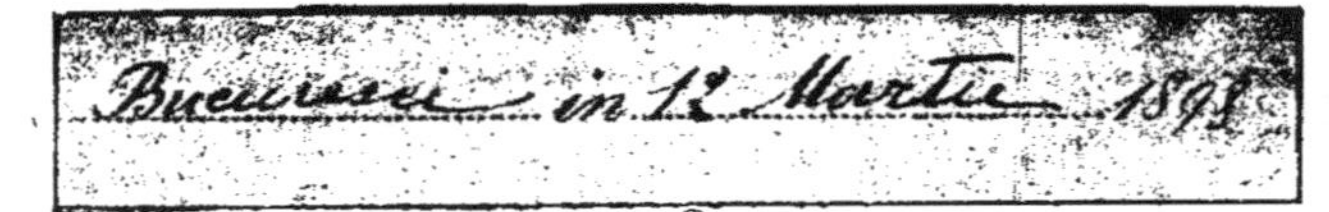

Figure 1.

Figure 2.

gonale qu'inclinée. La comparaison des diverses photographies permettra presque toujours de faire une réponse sûre à la question posée. Une confirmation du résultat obtenu est que la colle du papier étant altérée à l'endroit abîmé, le papier absorbe rapidement, à cet endroit, une goutte d'eau, tandis que les parties non atteintes par le canif ou la gomme résistent plus longtemps.

Il faut éviter l'action chimique d'autres matières, même si l'on croit que le document n'en sera pas abîmé, car on n'en est jamais sûr et il faut pouvoir se livrer à une seconde expérience.

On voit par là l'avantage des méthodes photographiques : elles n'altèrent en rien l'objet à examiner et permettent d'entreprendre un nouvel examen.

Si l'écriture a été enlevée par des moyens chimiques, réactifs, solutions de sels, le papier ne présente alors aucune modification visible à l'œil, mais la photographie les révèle, dans certaines conditions.

Même si le papier présentait une légére tache jaune, elle échapperait encore à l'organe visuel.

Ces modifications, si petites qu'elles soient, peuvent être facilement et sûrement reconnues au moyen de la plaque photographique. L'œil enregistre beaucoup plus faiblement que la plaque sensible.

La plaque ne donne pas la différence de couleur, mais seulement la différence d'intensité.

Les grattages et le traitement par les substances chimiques sont faits dans le seul but de faire disparaître les caractères et, dans ce cas, la plaque photographique réussit souvent à rendre visibles à nouveau les caractères disparus qui, autrement, ne pourraient se voir même avec la loupe.

D'ordinaire le falsificateur *n'est avancé* à rien par la disparition de l'écriture : il cherche à la remplacer par une autre et ici surgit une nouvelle difficulté

Un papier excellent, collé dans toute sa masse, peut seul résister au grattage ; à peu près aucun ne résiste aux moyens chimiques. Le collage se perd d'autant plus facilement qu'il était plus superficiel, le papier devient alors perméable et l'encre s'éboit. Si le falsificateur est prudent, s'il écrit avec une plume peu mouillée, il pourra en partie éviter cet inconvénient, mais pas entièrement, et une photographie agrandie peut très bien faire ressortir le rayonnement de l'encre.

Dans la fig. 1, nous *montrons* un faux. de grandeur naturelle, effectué par la voie mécanique : le mot *Mai* a été remplacé par celui de *Martie* en grattant l'*i* et en le remplaçant par *r* suivi des autres lettres.

La fig. 2 représente le même mot, grossi 33 fois. Là, on peut facilement constater le faux. On remarque d'abord autour de l'*r* des taches noires provenant de la première écriture qui n'a pu être complète-

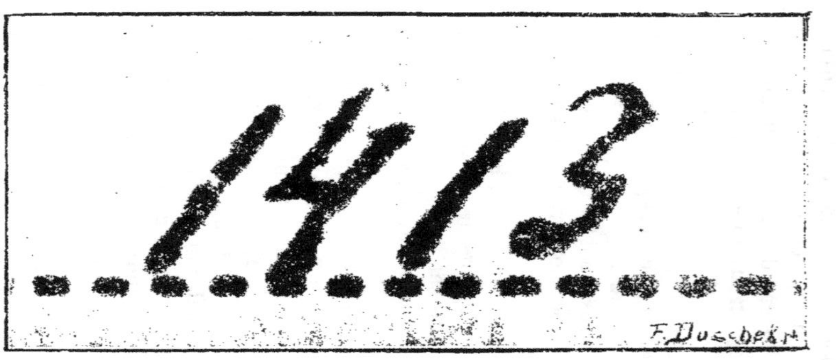

Figure 3.

Figure 4.

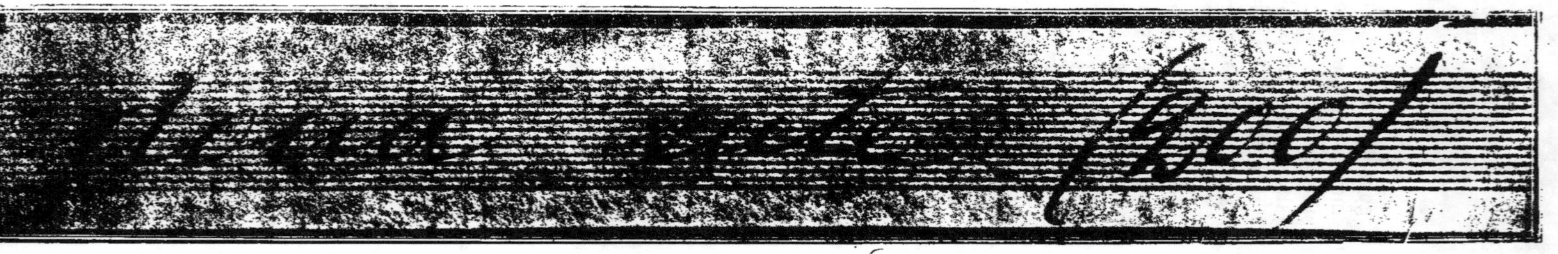

Figure 5

ment effacée et des ombres causées par le grattage, Plus loin, l'interruption brusque du trait qui lie *a* à *r*, le dentellement de la lettre et de l'arc supérieur de l'*r*, qui continue jusqu'à la base du *t*, tout cela, impossible à remarquer sur le document original, devient manifeste par le grossissement de la photographie.

La fig. 3 représente, en grandeur naturelle, un faux commis sur des chiffres; la fig. 4 est la reproduction, mais grossie 24 fois.

Le faux consiste daus la transformation partielle du nombre 1715 : le 7 est changé en 4 et le 5 en 3. Comme on le voit, le photogramme nous permet de constater les traces de l'arc supérieur du 7 et celles de la queue du 5. ainsi que les additions expressives, sur les côtés qui constituent l'angle de l'arc supérieur du 3, l'intensité plus prononcée de ces additions et les inévitables dentellements que l'on peut facilement observer.

La fig. 5 montre le photogramme, 5 fois grossi, d'un faux qui ne consiste pas en grattages ou décolorations, mais dans des additions permettant d'obtenir d'autres lettres et d'autres chiffres. Le faux (transformation du mot *noud* en *doud* et du 9 en 2), résulte des considérations suivantes : la base de l'ovale du *d* manque de la courbe caractéristique. La partie supérieure a le caraetére d'une addition réunissant avec difficulté les extrémités supérieures de l'*n*. On observe que le prolongement du *d* est ajouté, car commençant par en haut, il s'amincit vers le miiieu et ne coïncide pas parfaitement en ce qui concerne l'inclinaison et la continuation de la partie inférieure.

De même, on peut voir que l'ovale supérieur du 2 est complètement fermé, la tangente ne présente aucune courbe, l'arc inférieur est loin de représenter la caractéristique d'un 2, autant par la façon dont il est formé que parce que son niveau est beaucoup inférieur aux deux zéros.

La fig. 6 représente un faux effectué sur une traite. Le falsificateur a usé du procédé lithographique pour imiter parfaitement la signature, évitant ainsi les retouches inévitables, s'il avait opéré par imitation directe. Une fois la signature appliquée par ce procédé, le falsificateur, pour masquer l'encre lithographique, a cherché à passer, sur tout le tracé, de l'encre ordinaire, chose que le photogramme met en évidence, en indiquant même les régions où le tracé superposé ne complète pas en entier le tracé antérieur.

Il est, par conséquent, bon de recommander, pour les actes plus exposés à la falsification. quittances, traites, factures, etc., un papier solide et aussi sensible que possible aux influences chimiques et mécaniques. Le papier non blanchi et mal collé, coloré avec une substance organique rouge ou bleue facilement décomposable, ou le papier coloré avec du bleu-marin si sensible en présence des acides, sont

Figure 6.

plus spécialement recommandés dans ce but. Les administrations des postes semblent tenir compte de ces principes. Ainsi, par exemple, les quittances de la poste allemande sont faites sur du papier si ordinaire, mais en même temps si approprié au but, qu'il est à peu près impossible d'y faire le plus petit changement sans que cela se voie immédiatement.

* *

La deuxième question posée par la justice, « si les deux écritures, qui se trouvent sur un document, ont été écrites avec la même encre », est beaucoup plus difficile à résoudre.

Elle est trop vaste pour que nous la traitions ici, il faudrait d'abord faire un historique des encres employées et sur les transformations chimiques qu'elles subissent dès qu'elles sont étendues sur le papier.

Les encres à base de tannin sont difficiles à différencier par la voie chimique, à l'état fluide et encore plus lorsqu'elles sont séchées ; c'est la photographie qui nous donne le moyen de les examiner. En outre, la plupart des encres contiennent un colorant tiré du goudron ou des couleurs d'aniline qui, sous l'influence des agents chimiques, prennent diverses colorations qui sont enregistrées par la plaque photographique, avec le degré d'intensité particulier à chacune d'elles.

Il ne faut cependant pas perdre de vue l'erreur qui pourrait survenir par l'application du papier buvard sur un manuscrit encore humide ; dans ce cas, la photographie peut enregistrer une différence d'intensité, sans qu'il en résulte une différence d'encres.

La plaque photographique ne révèle pas les différences de couleurs, mais seulement les différences de clarté, contrairement à ce qui se passe pour l'œil humain. C'est dans cette différence que réside la supériorité de la photographie pour ce dont nous nous occupons, car si la plaque photographique enregistre autrement que l'œil, il ne faut pas oublier que les faux sont faits à l'aide de l'œil et pour l'œil, de sorte que souvent ce qui échappe à l'œil est saisi par le photogramme. Parmi les colorants, quelques-uns peuvent être révélés par la voie chimique. Mais il faut éviter ce procédé, parce qu'il altère le document.

Le procédé photographique, pour différencier les colorants spécifiques qui entrent d'ordinaire dans la composition des encres, devient encore plus sensible par l'emploi des plaques dites sensibles. Cela vient de ce que, par l'introduction de certains colorants dans la couche sensible de gélatino-bromure d'argent de la plaque, elle acquiert la propriété de retenir certaines couleurs du spectre et de faciliter le passage des couleurs complémentaires qui facilitent l'enregistrement d'autres couleurs (Dennstedt et Schöpff).

Les photogrammes ainsi exécutés nous révèlent des différences beaucoup plus accentuées qu'elles ne peuvent être perçues par l'œil ou imprimées sur les plaques ordinaires.

De sorte que les caractères foncés d'une écriture paraissent plus clairs sur l'épreuve positive et les caractères clairs apparaissent plus foncés ; ce qui prouve que les différences de lumière ont été la conséquence des deux colorants, en d'autres termes, que le document a été écrit avec des encres différentes.

*
* *

Enfin, la troisième question est « si les caractères d'un document « ont été écrits en même temps ou dans des temps différents et quelle « est celle des deux écritures qui est antérieure à l'autre. »

Pour constater cela, on se sert d'habitude de la méthode Sonnenschein qui consiste à attaquer les caractères par différents agents chimiques : suivant que leur disparition est plus ou moins rapide, on conclut à leur plus ou moins d'ancienneté. Bien entendu, il faut dans ce cas être sûr qu'on a écrit avec la même encre ; autrement, il est impossible d'établir la différence de temps. L'évaluation est possible ordinairement lorsque l'écriture ne date pas de plus d'un an. Il est difficile à la photographie de découvrir cela elle-même ; elle ne le peut que lorsque les caractères s'entrecroisent, car alors il sera facile d'établir quelle est celle des deux écritures qui a été superposée. Si au moment où le croisement a été fait, le premier trait était humide, ils se fondent alors tous deux si fortement qu'il devient difficile de les différencier ; si le premier trait était sec, la superposition devient alors facile à établir.

Si les encres sont mélangées de colorants divers, la distinction peut être facilement faite au moyen des procédés photographiques décrits plus haut ; si les encres ont été trop concentrées, nous les voyons alors, surtout à la lumière diagonale, sortir en relief l'une sur l'autre.

*
* *

Nous nous servons encore des moyens photographiques pour découvrir, dans certains cas, la falsification des billets de banque. On sait que, d'ordinaire, ces faux sont découverts par la comparaison du papier, de l'encre, des dessins d'ornementation et spécialement des filigranes transparents, dont l'exécution constitue pour les falsificateurs la plus grosse difficulté. Il y a cependant des cas où ces faux sont si habilement, si artistement exécutés, qu'il serait difficile de les établir par comparaison directe. La photographie, en nous offrant des photogrammes de toutes dimensions et mettant ainsi à notre disposition un champ plus vaste de comparaison, nous permet d'observer les plus petits détails dans le dessin, l'écriture, ainsi que dans l'appréciation des filigranes. Ainsi, par exemple, parmi les billets faux, il y en a qui sont exécutés avec tant de finesse, que l'œil pourrait difficilement en remarquer les imperfections. Grossis par le moyen de la photographie, on voit alors des défauts dans leur exécution, dus en grande partie au manque de moyens et aussi à l'état psychologique dans lequel se trouve le falsificateur, défauts qui deviennent d'autant plus visibles que le photogramme est plus grand.

La fig. 7 représente un billet de Banque faux, de 5 livres sterling, en grandeur naturelle. La photographie nous révèle le faux d'une façon beaucoup plus évidente que l'étude de l'original, en nous indiquant surtout la différence des encres. On observe, en effet, combien l'encre d'imprimerie est renforcée, par endroits où l'impression laisse à désirer, par l'encre ordinaire ; entre autres retouches, mentionnons celles de *Bank of England*, du numéro 59103 et l'auréole qui est autour du mot *Fine*.

La fig. 8 représente le photogramme en grandeur naturelle d'un faux billet de 20 francs.

Le faux en soi est aussi bien **exécuté** que possible, tant au point de vue du papier que du dessin d'ornementation et même des filigranes transparents.

Le photogramme met cependant en évidence la différence d'intensité entre les deux filigranes, chose qui échappe à l'œil lorsqu'on examine l'original.

Tandis que le filigrane de la tête couronnée est enregistré, celui de gauche (du N° 20) manque absolument.

Le faux devient plus évident si nous observons le petit nombre écrit en chiffres arabes, 08370641. Le falsificateur, dans l'impossibilité de trouver un moyen pour l'imprimer, a été obligé de l'exécuter à la main, se figurant que les signes étant petits, ils échapperont au contrôle de l'œil. Mais si les tremblements, les retouches, le manque d'égalité dans les distances échappent à l'observation directe, ils deviennent des plus frappants dans le photogramme grossi, comme on peut le voir dans le N° 9.

***

Une question fort importante, posée souvent par la justice, est si une écriture ressemble à un autre et si les deux ont été exécutées par la même main. Ici intervient la comparaison.

La plupart des questions de ce genre, en l'absence de méthodes sûres, sont expliquées par certains moyens tout à fait fantaisistes qui tendaient à se constituer en une science nouvelle, sous le nom de

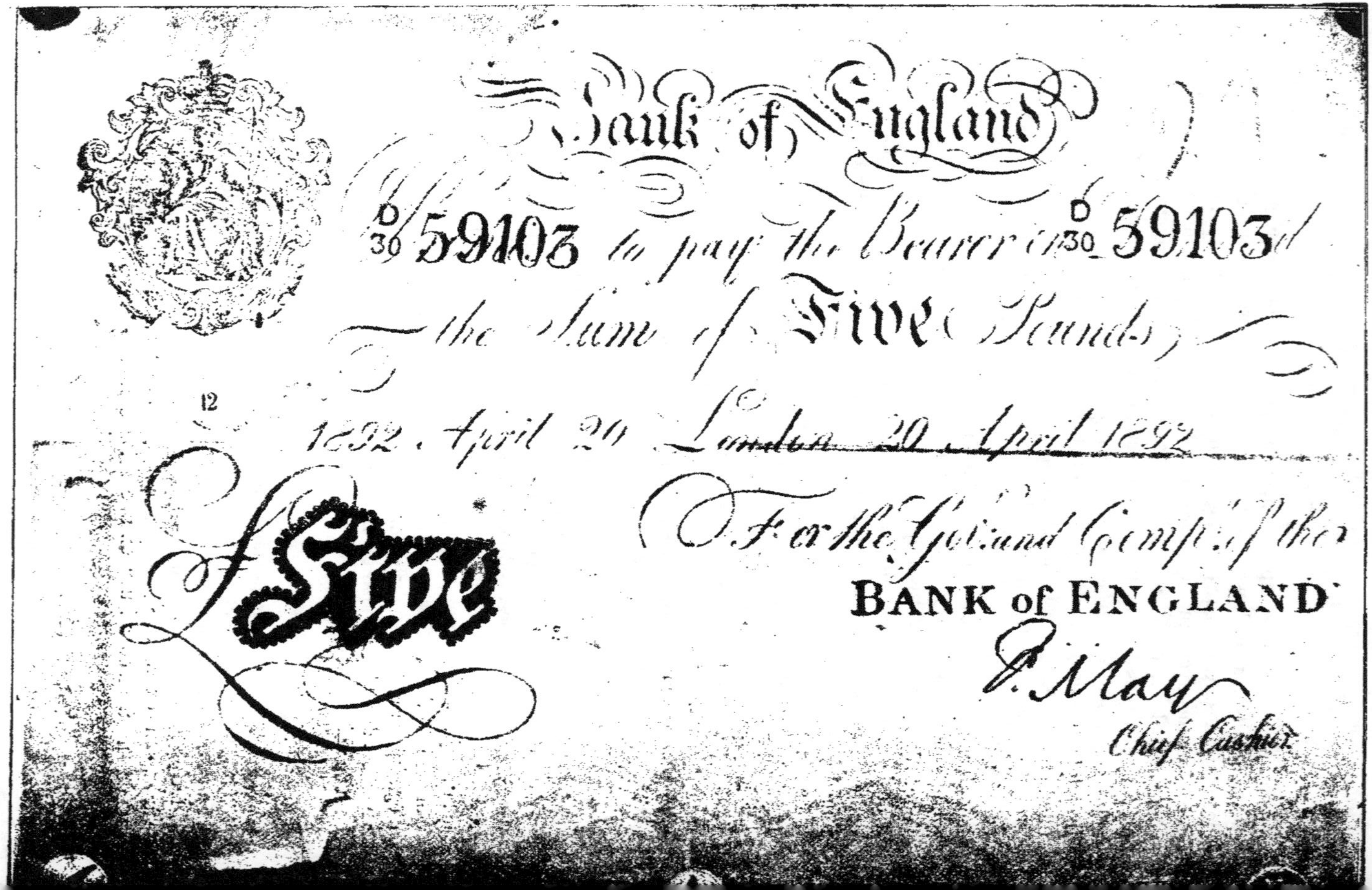

Bank of England

D/30 59103 to pay the Bearer on D/30 59103

the Sum of Five Pounds

1892. April 20 London 20 April 1892

For the Gov' and Comp'y of the

BANK of ENGLAND

F. May

Chief Cashier

Five

12

graphologie, qui essayait en même temps d'établir des relations intimes entre le caractère de l'individu et ceux de son écriture. Elle semblait vouloir remplacer la *phrénologie*, si tentante, à l'heure où elle florissait. Pour beaucoup, cependant, cette nuance d'occultisme se réduit à un jeu de société qui, sous le couvert d'application d'un principe, consiste en réalité à dépeindre le caractère d'une personne par les renseignements qu'on a antérieurement obtenus.

La comparaison de l'écriture a été, ces derniers temps, facilitée et établie sur certaines bases scientifiques, grâce à la photographie qui, permettant que le document soit reproduit en caractères aussi grands que l'on veut et en plusieurs exemplaires, facilite énormément la comparaison. Par ce moyen, Bertillon (1), chef du service anthropométrique de Paris, esprit ingénieux, très versé dans les choses de la technique de l'écriture, le même qui a imaginé le signalement anthropométrique, a été amené aux mêmes idées générales et aux mêmes principes qui dominent ce système et pour établir l'identification de l'écriture. En effet, il résulterait des comparaisons faites, que si les caractères graphiques présentent de la variabilité, d'un individu à l'autre, ils gardent une certaine fixité chez le même individu. On est par là amené à penser, à mesurer les caractères, au point de vue de l'inclinaison moyenne pour les lettres bouclées. *l*, *h*, *g*, ou non bouclées, *a*, *i*, de la hauteur moyenne, en prenant les lettres non bouclées comme unité de mesure; à déterminer ensuite exactement et même à traduire en expressions numériques la différence entre les traits appuyés et les traits fins, l'alignement des uns et des autres, et jusqu'à quel point il y a une corrélation entre les différents caractères, en d'autres termes, jusqu'à quel point une forme de lettre a la tendance d'attirer après soi une autre forme ou un autre caractère. L'esprit ingénieux de l'éminent expert ou, pour mieux dire, les observations psychologiques découlent d'une loi de causalité, comme il le reconnaît lui-même, et qui se rencontrent à la base de toutes les connaissances humaines, c'est « que les mêmes causes, dans les mêmes conditions, produisent toujours les mêmes effets. »

*
* *

De ce que nous avons dit plus haut nous pouvons affirmer que la photographie offre souvent à l'expert habile et consciencieux un concours précieux pour découvrir le faux en documents; nous pouvons même dire que la photographie permet quelquefois de tirer des conclusions certaines dans des cas où les autres moyens d'examen ne seraient d'aucune utilité.

(1) Alphonse Bertillon. *La comparaison des Écritures et l'identification graphique.*

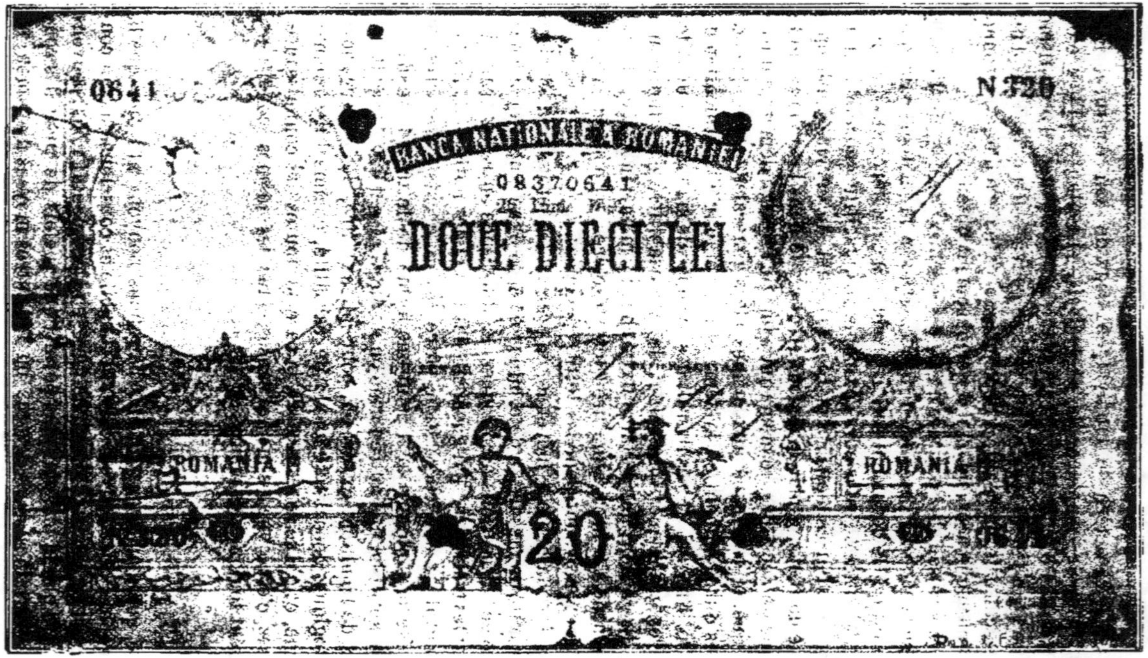

Figure 8.

Figure 9.

Malgré cela, ne craignons pas de reconnaître, dit Dennstedt, en ce qui concerne les procédés employés et les conclusions tirées des résultats obtenus, que le jugement subjectif jouit de beaucoup plus de liberté que lorsque l'examen est purement chimique. Si le chimiste a trouvé une quantité d'arsenic et s'il a travaillé conformément aux méthodes tant de fois expérimentées, la conclusion qu'il tirera sera absolument certaine, une erreur n'est pas possible. Il n'en est pas tout à fait de même dans les travaux photographiques, car si d'abord les dessins ne sont pas reproduits sur la plaque avec autant de certitude que les réactions chimiques, la reproduction dépendant de beaucoup de circonstances que nous ne pouvons écarter, ils donnent en outre lieu à plusieurs interprétations. De plus, il ne faut pas croire que de semblables travaux sont du domaine du photographe professionnel. L'expert doit aussi posséder une culture scientifique complète et savoir prévoir le mode et la direction de l'action qu'il entreprend, au point de vue optique aussi bien qu'au point de vue chimique. Il faut qu'il soit maitre de ses opérations et qu'il sache où le mèneront les procédés employés. Bien que les tribunaux soient absolument indépendants pour apprécier les preuves apportées, ce qui est très rationnel, il est cependant indispensable que l'expert motive son avis d'une façon aussi détaillée que possible. Baumert, chimiste légiste à Halle, s'exprime ainsi avec beaucoup de raison : « Dans la rédaction d'un rapport, nous devons toujours tenir compte du but dans lequel il est fait. Ce but est de donner un tableau fidèle de l'état des choses, une description de la façon dont l'examen chimico-légal a été fait jusque dans les plus petits détails, pour permettre ainsi au juge d'avoir plus facilement une opinion sur la question de savoir si l'examen effectué peut être ou non attaqué en ce qui concerne les méthodes employées. »

Si ces connaissances sont nécessaires pour un examen chimique dont les méthodes sont expérimentées et basées sur des expériences indiscutables, elles le sont encore plus pour les procédés photographiques. De même qu'il n'est pas permis à l'expert de dire dans son rapport qu'il est arrivé au résultat indiqué par les méthodes qu'il a employées sans plus donner d'explications, il est encore moins permis à l'expert en épreuves photographiques d'éviter de donner les éclaircissements les plus détaillés sur la façon dont il a obtenu ce résultat. On ne peut attribuer aucune valeur à l'avis de l'expert, quand il n'est pas motivé à tous les points de vue, alors même que le résultat correspondrait à l'état des choses.

En déffinitive, les personnes qui sont choisies comme experts doivent avoir toujours une compétence indiscutable, être familiarisées avec tous les moyens d'investigation, et initiées de telle sorte que, faisant une perquisition, il ne leur échappe rien de ce qui pourrait être utile ;

car le falsificateur comme le criminel savent bien qu'un jour viendra où le crime sera découvert ou soupçonné et cherchent à s'arranger de façon à égarer les recherches de la justice, échafaudant même des pseudo-preuves dans ce seul but. Les experts doivent être familiarisés avec tous les moyens de falsification, avec tous les articles de papeterie, avec les différentes manipulations usitées : grattages, effacements, décolorations, etc. Ils doivent aussi connaître la psychologie criminelle dont la littérature leur apprend les habiletés, les raffinements auxquels les criminels ont recours.

On voit par là que la recherche des faux ne se réduit plus comme autrefois à de simples comparaisons faites par des calligraphes. La science progressant, les faux ont progressé avec elle ; de là la nécessité de l'organisation d'un service spécial attaché à la justice, doté d'un personnel habile et ayant des moyens d'investigation suffisants.

Nous devons nous féliciter que notre justice, imitant l'exemple des grands Etats d'Europe, ait cherché à satisfaire aux nécessités de la science moderne... Le ministre actuel de la justice, M. C. Dissesco, a eu l'heureuse idée d'attacher à l'Institut médico-légal, qui rivalise comme organisation avec les meilleurs établissements similaires de l'étranger, une installation photographique de premier ordre. qui fonctionne au Palais de justice. (*Applaudissements.*)

M. Sreznewsky demande si les procédés employés par M. Minovici sont ordinaires ou spéciaux.

M. Minovici répond que ce sont tantôt les uns, tantôt les autres.

M. Silz demande comment se fait l'éclairement. M. Minovici répond : « Par transparence. »

M. Sreznewsky rappelle les travaux de M. Bominsky qui, dans le cours des sept dernières années, a fait des recherches spéciales sur cette question intéressante. Sa méthode s'appuie sur un nouveau procédé de renforcements photographiques des plus faibles traces et des plus faibles teintes que l'œil ne peut pas voir.

Ce système consiste dans la superposition de couches de collodion où l'image est invisible. La réunion d'une centaine de ces couches donne une image très visible.

Cette méthode a été employée non seulement pour le service de la justice, mais aussi pour les recherches des sciences naturelles. (*Applaudissements.*)

M. Namias (Rodolfo), de Milan a la parole pour deux communications :

I. — Sur l'emploi du permanganate de potasse en photographie

Par M. Namias (Milan).

Dans le Congrès photographique italien tenu à Florence en mai 1889, j'ai annoncé deux applications photographiques du permanganate en solution acidifiée par l'acide sulfurique, c'est-à-dire pour l'affaiblissement des négatifs au gélatino-bromure et pour l'obtention des positifs directs et des contre-types. Depuis cette époque, j'ai continué à expérimenter l'emploi de cet agent qui me semble précieux pour différents buts, et de ces recherches je vais vous entretenir. Je dirai avant tout que pour l'affaiblissement des négatifs au gélatino-bromure l'emploi de la solution de permanganate acidifiée par l'acide sulfurique a eu une approbation générale.

Un très grand nombre d'amateurs et de photographes de profession d'Italie m'ont informé qu'ils ont adopté cet affaiblisseur couramment et en sont très satisfaits, car il harmonise d'une manière parfaite les négatifs trop durs sans attaquer la gélatine et ne coûte presque rien. Je sais qu'on l'a adopté aussi pour affaiblir les épreuves sur papier au bromure et un amateur des plus distingués m'écrivait qu'après l'introduction de cet agent il réussit à sauver toutes les copies sur papier au bromure trop posées qu'on a bien souvent, et il peut abonder dans la pose toujours sans crainte de perdre une épreuve. Je répéterai ici la recette adoptée, bien qu'elle ait été publiée dans la plus grande partie des journaux photographiques :

Permanganate de potasse........	1/2	gramme
Acide sulfurique................	1	cc.
Eau...........................	1.000	—

Quand le négatif s'est affaibli à suffisance, on l'enlève et s'il montre des taches jaunes qui sont dues à la déposition d'un peu de bioxyde de manganèse, on le plonge dans une solution à 1 0/0 d'acide oxalique qui le clarifie aussitôt complétement.

Ici je parlerai de l'emploi de cet agent pour l'affaiblissement des négatifs au collodion et en espéce des négatifs pointillés obtenus à travers le réseau. Cet emploi que je viens d'étudier me semble pouvoir intéresser beaucoup les établissements photomécaniques. Je ferai remarquer avant tout un fait qui semble étrange. On sait que la solution du persulfate d'ammonium, comme l'ont découverte MM. Lumière et Seyeyetz agit comme réducteur très énergique sur les négatifs au gélatino-bromure. Or je constate que ce même agent n'a aucune action sur le négatif au collodion. ni si la solution du persulfate est acidifiée

par l'acide sulfurique. La façon différente dont se comportent les images
au gélatino-bromure et au collodion pourrait donner lieu à des considérations importantes sur la nature de l'image dans les deux cas et sur
la manière d'agir du persulfate : maintenant je ne m'occuperai pas de
cela. Au contraire, la solution sulfurique de permanganate exerce sur
les négatifs au collodion une action qui est encore plus énergique que
sur les négatifs au gélatino-bromure et on doit employer une solution
encore plus faible pour avoir une action régulière. Je prépare une
solution concentrée de réserve comme il suit :

Permanganate de potasse.......	2	grammes
Acide sulfurique du commerce..	20	cc.
Eau...........................	1,000	—

Cette solution se conserve très longtemps dans l'obscurité ; pour
l'usage, je prends un volume de cette solution et 9 volumes d'eau. En
plongeant dans cette solution le négatif au collodion fixé et lavé, on
observe qu'il s'affaiblit, mais d'une manière inverse à ce qu'il arrive
pour les négatifs au gélatino-bromure. En effet, le dernires teintes sont
les premières qui sont attaquées. On ne peut donc songer à appliquer
la méthode pour harmoniser des négatifs au collodion trop durs, mais
au contraire la méthode sert très bien pour clarifier les négatifs voilés.
C'est précisément ce qui importe le plus dans le cas des négatifs
tramés.

J'ai essayé la méthode pour ce but sur un grand nombre de négatifs
au collodion exécutés par moi-même et j'ai trouvé que la solution de
permanganate agit d'une manière plus efficace que la solution d'hyposulfite et prussiate rouge qu'on emploie ordinairement.

On arrive à clarifier très rapidement les négatifs tramés qui en ont
besoin en laissant les points très nets comme cela est nécessaire pour
obtenir des bons clichés sur zinc ou cuivre. La solution de permanganate qui a servi est jetée car elle ne peut plus servir, au reste on peut
dire que cette solution ne coûte presque rien.

On n'observe jamais, avec les négatifs en collodion, la formation des
taches brunes de bioxyde de manganèse et cela rend inutile un traitement avec l'acide oxalique comme on doit le faire avec les négatifs au
gélatino-bromure.

C'est que le collodion n'exerce pas comme la gélatine une action réductrice considérable sur le permanganate de potasse. Et je pense que
c'est peut-être à la répartition différente de l'argent (qui est distribue
dans la couche dans les négatifs au gélatinobromure et à la surface
dans les négatifs au collodion , qu'il faut attribuer la cause de l'action différente du permanganate dans les deux cas.

La solution sulfurique de permanganate agit comme affaiblisseur sur les négatifs au gélatino-bromure et au collodion renforcés par le bichlorure de mercure. Selon la nature du bain qui sert à noircir les négatifs blanchis par le bichlorure de mercure, l'action affaiblissante est plus ou moins considérable. De l'application de la solution sulfurique de permanganate pour l'obtention des positifs directs et de contre-types, j'ai parlé dans ma première communication : mais j'ai encore étudié la méthode dans le but de la rendre absolument certaine et parfaite. Maintenant j'obtiens par cette méthode des positifs directs et des contre-types sans insuccès et d'une manière très prompte. Je conseille à tous les établissements qui font des épreuves au charbon ou en photo-collographie d'essayer cette méthode facile qui permet d'obtenir un négatif renversé qu'on ne sait pas distinguer de l'original. La manière d'opérer que j'emploie maintenant est la suivante : Après l'exposition prolongée de la plaque (à couche très régulière) sous le négatif, je développe dans un bain à la glycérine que j'ai trouvé être le meilleur pour développer l'image en profondeur comme il est nécessaire dans ce cas. Le bain est composé ainsi :

Sulfite de soude cristallisé.........	30 grammes
Carbonate de potasse.............	50 —
Glycérine.......................	10 —
Bromure de potasium.............	1 —
Eau............................	1.000 —

La plaque est laissée dans le bain jusqu'à ce que le développement, en correspondance des parties plus transparentes du négatif, soit arrivé au fond de la couche, ce que l'on observe en examinant le négatif de la partie du verre. Pour obtenir cela, il est nécessaire de laisser la plaque dans le bain au moins une demi-heure : s'il se forme un peu de voile, cela importe peu. Alors le négatif est rincé à l'eau et au lieu de le fixer on le plonge dans la solution de permanganate de potasse acidulée par l'acide sulfurique. J'emploie la solution suivante qui agit promptement, sans attaquer la gélatine, le temps que la plaque reste dans le bain :

Permanganate du potasse....	2 grammes
Acide sulfurique de commerce...........	20 cc.
Eau................................	1.000 —

Si l'on tient la cuvette qui contient la plaque et le bain à une lumière intense, le développement se produit d'une manière très rapide. Le négatif renversé qu'on obtient est lavé pendant peu de temps, car on ne doit pas, dans ce cas, se débarrasser de l'hyposulfite, puis on le fait sécher. S'il est trop intense, on l'affaiblit par une solution très étendue de permanganate de potasse acidulée par l'acide sulfurique.

La réussite dépend toute du premier développement qui doit être poussé jusqu'au fond, sans se gêner du voile, car ce voile, comme on le comprend, ne reste pas dans le négatif renversé.

Si la gélatine de la plaque ne montre pas trop de résistance et a tendance à se détacher ou à donner des soulèvements de bulles dans le bain de permanganate, il suffit alors d'ajouter de l'alun à ce bain pour empêcher l'inconvénient. Au reste, avec les plaques de bonne qualité cela ne se présente pas. Je crois que cette méthode peut rendre des services précieux à tous les établissements de photo-collographie. Toutes les solutions se conservent très longtemps et après le premier développement qu'on peut bien ne pas surveiller, toutes les autres opérations marchent vite, et dans une heure on peut avoir le négatif renversé, tandis qu'avec la méthode plus parfaite par détachement de la pellicule, le temps est beaucoup plus long.

Le permanganate me semble pouvoir avoir d'autres applications en photographie. Les expériences que j'ai faites ne sont pas encore concluantes, et il me semble qu'il est inutile d'en parler. Ainsi une solution de permanganate acidulée par l'acide acétique, si elle est relativement très concentrée, n'agit pas comme affaiblisseur, mais après une action suffisamment longue et traitement avec une solution d'acide oxalique pour enlever la teinte brune, on obtient une image à l'argent avec une couleur claire comme dans les négatifs au collodion. Il ne s'agit pas d'un sel d'argent, car l'image résiste à l'hyposulfite. Si l'on emploie une solution acétique de permanganate très étendue, il se produit une teinte jaune d'une très grande uniformité et il semble en ce cas qu'il n'y a pas d'images. On peut ainsi harmoniser les négatifs trop durs. On peut aussi obtenir avec des plaques hors d'usage fixées des écrans jaunes. La solution acétique de permanganate, c'est un éliminateur parfait d'hyposulfite qui au contraire des autres n'affaiblit pas l'image, mais il est nécessaire de clarifier ensuite le négatif avec l'acide oxalique.

Une solution sulfurique de permanganate comme celle qui sert pour affaiblir les négatifs en gélatino-bromure détruit d'une manière vraiment complète l'image latente. Toutefois aussi après le traitement par l'acide oxalique la plaque ne montre presque plus de sensibilité. Mais j'ai trouvé qu'un traitement avec une solution étendue d'ammoniaque donne à la plaque la plus grande partie de sa sensibilité primitive. (*Applaudissements.*)

II. — Obtention d'images photographiques en relief,

Par M. Namias (Milan).

La propriété découverte par Pointevin de la gélatine bichromatée de perdre après l'exposition à la lumière la faculté de se gonfler dans l'eau froide est bien connue. Cette propriété a été appliquée pour obtenir des reliefs qu'on peut ensuite mouler en plâtre. Pour obtenir ces reliefs, on doit avoir des négatifs tout à fait spéciaux. Selon mes expériences, les négatifs de portraits, pris de profils et en saupoudrant très bien les parties noires du sujet avec de la poudre blanche, sont ceux qui se prêtent le mieux pour l'obtention des reliefs. Au contraire les négatifs des paysages, les reproductions des tableaux, etc. ne s'y prêtent pas. Le mieux de tout, c'est toutefois d'employer la méthode pour reproduire en relief des dessins faits avec certaines règles, car, dans ce cas, on peut réaliser exactement la condition d'avoir des négatifs dans lesquels les parties opaques correspondent aux saillies et les parties transparentes aux creux du bas-relief. Dans tous les sujets, on a des ombres portées qui faussent complétement l'effet de l'image relevée.

Je ne parlerai pas des règles pour obtenir les dessins adaptés pour ce procédé, car cet argument a été traité d'une manière exacte par M. Marion et sa conférence a été publiée aussi dans le Bulletin de la Société française de photographie, n° 13. Mais ce dont je veux parler ici, c'est de la partie chimique du procédé que j'ai eu occasion d'étudier au long.

Une condition importante pour réussir, c'est d'étendre avant tout la couche de gélatine sur une plaque de verre et ensuite de sensibiliser la gélatine par immersion dans une solution de bichromate. Si l'on étend sur le verre directement la gélatine bichromatée, on n'obtient jamais de bons résultats. Le point principal que je m'étais proposé de résoudre, c'était celui d'augmenter beaucoup le relief. Après avoir expérimenté plusieurs substances, j'ai trouvé qu'un mélange de gélatine et gomme arabique est celui qui se prête le mieux, car il donne un relief qui est beaucoup plus fort que celui qu'on obtient en employant la gélatine seule.

La solution que j'emploie est formée comme il suit :

Gélatine	20	grammes.
Gomme	10	—
Eau	100	cc.
Acide acétique	1	—

L'acide acétique a pour but de conserver la solution longtemps, aussi peut-on en préparer une quantité considérable qu'on introduit

dans des flacons bouchés qu'on fait chauffer au bain-marie pour liquéfier le contenu. On étend la dite solution sur des plaques à niveau bien
horizontal de manière à avoir une couche de 2 à 3 millimètres selon le
relief qu'on veut obtenir ; après refroidissement, on fait sécher les
plaques en position verticale. Pour la sensibilisation, le mieux que j'ai
trouvé c'est d'employer une solution de bichromate d'ammonium à 3 0/0
additionnée d'un excès d'ammoniaque de manière à transformer tout
le bichromate en chromate. En faisant ainsi, on obtient, après le
séchage des plaques qui exigent, c'est vrai, une exposition plus longue
que celles sensibilisées au bichromate, mais qui ont l'avantage de se
conserver beaucoup plus, c'est-à-dire jusqu'à dix jours ou plus et, en
outre, le relief est plus considérable, car le bichromate a toujours un
peu d'action en ce cas sur la gomme même pendant le séchage, tandis
que le chromate n'agit que très lentement. On pourrait craindre que,
dans la sensibilisation, la gomme, étant soluble, se dissolve, mais cela ne
se vérifie pas. L'exposition à la lumière doit se faire pendant un temps
assez long (un quart à une demi-heure au soleil) sous un négatif bien
intense de manière que les rayons tombent en direction le plus possible normale à la plaque. Ensuite, on doit produire le relief. Dans ce
cas, une difficulté se présente, car, par immersion de la plaque dans
l'eau, on obtient, à cause de la présence de la gomme, un gonflement
irrégulier et surtout un grain considérable qui déforme l'image. La
propriété de la gomme de donner un relief considérable ne pourrait
donc pas être utilisée si on ne trouvait pas un moyen de parer à l'inconvénient mentionné. J'ai constaté qu'on réussit dans ce but en faisant le
développement avec une solution d'alun à 2 0/0 au lieu de le faire avec
l'eau et encore mieux en employant la solution d'alun additionnée
avec 2 0/0 d'acide acétique. Cette solution n'empêche nullement le
gonflement de la gomme, mais empêche la gomme de se dissoudre, ce
qui est probablement la cause des inconvénients qui se produisent par
le gonflement avec l'eau. Après quelques heures d'immersion, on
obtient un relief considérable et parfait et la couche offre une résis-
tence très grande et j'ai constaté qu'on peut non seulement s'en servir
pour des moulages en plâtre, mais qu'on peut, en graissant faiblement
le relief et ensuite saupoudrant avec du graphite, obtenir directement
des reproductions parfaites en galvanoplastie. Dans le cas où l'on
veut employer directement le relief de gélatine pour la galvanoplastie, il est encore mieux de faire un petit bord sur la plaque sèche
avant ou après l'exposition à la lumière avec un vernis de gomme
laque. Ainsi on empêche complètement que la pellicule se détache
du verre par immersion prolongée dans la solution acide de sulfate
de cuivre. Je ne parlerai pas des applications des procédés des photo-
reliefs, car on les connaît. Non seulement on peut les appliquer

dans la céramique, l'orfévrerie et la décoration en général, ce qu'on fait déjà, mais encore je crois pour l'obtention de clichés en reliefs de sujets à traits, car le relief important qui est nécessaire pour l'impression en typographie des sujets à traits est bien plus facile à obtenir par ce procédé que par corrosion. *(Applaudissements.)*

Au sujet de cette dernière communication, M. MARION dit qu'il a présenté à la Société d'encouragement à l'industrie nationale un système analogue, mais dans lequel il emploie des matières différentes qu'il croit préférables à celles recommandées par M. Namias.

M. NAMIAS déclare que ce n'est pas son avis.

M. GRAVIER rappelle qu'il a montré, il y a quinze ans, des reliefs en gélatine et qu'il en reste trace dans les journaux photographiques de l'époque.

Le procédé de chromophotographie de MM. Sampolo et Brasseur.

M. CH. BRASSEUR — Ce procédé est le complément des procédés indirects de photographie en couleurs de Cros, du Hauron, Yves, Joly, Mc. Donough. Woods.

Son point de départ consiste en l'emploi d'un réseau polychrome pour obtenir un négatif unique représentant les valeurs relatives des couleurs du modèle. Ces réseaux polychromes sont bien connus, ayant été décrits par du Hauron et par Joly. Le spécimen soumis au Congrès à 21 lignes par millimètre.

De ce négatif unique, on peut extraire 1° par les moyens décrits plus loin, les trois négatifs qui y sont intercalés, et, à l'aide des procédés ordinaires de la photo-typographie, de la photo-lithographie, ou de tout autre procédé de reproductions industrielles, obtenir des impressions polychromes sur papier.

2. Un dispositif sur verre de ce négatif original, mis en contact avec un réseau polychrome positif dont les linéatures correspondent en nombre et en position à celles du réseau négatif, permet d'obtenir directement une reproduction en couleurs de l'original. (Voir du Hauron, Joly).

L'imprimeur peut donc, sans avoir vu l'original, vérifier l'exactitude de ses épreuves.

3. Les positifs tirés des trois négatifs intercalés peuvent servir pour la triple projection (voir du Hauron, Yves), ou peuvent être synthétisés par le procédé Woods.

4. Ces mêmes négatifs peuvent servir pour la production de photographies en couleurs par les procédés Lumière. Selle, Vogel, etc.

5. Le négatif original sert à la production de photocopies aux sels d'argent, au charbon, etc. et, fournit des épreuves en blanc et noir égales aux meilleures photographies orthochromatiques, toutes les couleurs ayant été photographiées.

Un nouvel outillage n'est pas nécessaire : toute chambre photographique d'amateur ou d'atelier étant utilisable. Il suffit d'y ajouter un réseau polychrome, soit dans un porte-trame spécial ayant un mouvement de va-et-vient, soit en utilisant le châssis ordinaire et corrigeant la distance focale. Le premier moyen est préférable, un seul écran étant suffisant pour obtenir une quantité illimitée de négatifs. La pose, quoique plus longue que pour la photographie ordinaire, est assez rapide. Il nous a été possible avec des objectifs Ross F. 5. 6. et Goerz F. 7. 7. de photographier un cheval au trot, une revue militaire, etc., en 1/55e de seconde. Cette rapidité est exceptionnelle. On peut, par un temps ordinaire, obtenir un cliché avec une pose variant de 1/15e à une seconde, à l'extérieur, et de 15 à 30 secondes dans l'atelier. Dans quelques semaines nous pourrons livrer au commerce des réseaux de différents formats, jusqu'à 20 par 24 centimètres à raison de 21 lignes par millimètre. Au début nous nous servions de réseaux du format 85 par 100 millimètres, ayant 9 lignes par millimètre, fabriqués avec une machine construite sous la direction de M. le professeur Joly. Les lignes étaient beaucoup trop visibles. Il m'a fallu trois ans pour parvenir à fabriquer d'une manière industrielle des réseaux plus fins et de formats convenables. Le chiffre de 21 lignes par millimètre a été adopté comme répondant à toutes les exigences commerciales ; les réseaux les plus fins pour demi-teintes (Lévy) dépassant rarement 7 lignes par millimètre, ce qui est l'épaisseur de notre ligne triplée.

Avant de décrire le procédé, j'ajouterais que le spécimen typographique envoyé est loin d'être satisfaisant ; c'est la première épreuve obtenue avec les nouveaux réseaux, et les couleurs des encres typographiques laissent beaucoup à désirer. Le réseau est un réseau négatif, dont les couleurs sont ajustées à la sensibilité de nos plaques.

Addendum. — Il est nécessaire d'employer les plaques panchromatiques. Le développement de ces plaques étant fort difficile, vu l'impossibilité d'éclairer le laboratoire d'une manière suffisante, il me vint à l'idée d'essayer de désensibiliser la plaque en la décolorant ou en détruisant la matière colorante, cause de la sensibilité spéciale aux rayons les moins réfrangibles. Nos plaques étant sensibilisées à la cyanine, je les trempe avant le développement dans une solution d'acide carbonique ou d'acide oxalique très faible. La plaque perd sa sensibilité spéciale. Je développe par la lumière rouge ordinaire, avec un révélateur sans alcali comme l'amidol ou le fer. Je n'ai fait que peu d'expériences et j'espère que d'autres, comme vos savants

fabricants de plaques panchromatiques résoudront cette question pour
toutes les teintures.

MANIÈRE D'OPÉRER.

Dans notre procédé, nous avons besoin d'un seul négatif de l'objet,
qu'il s'agisse d'une photographie d'après nature ou de la reproduction
d'une œuvre quelconque. Nous opérons de la façon suivante : Une
couche sensible N, sensibilisée, autant que possible, à tous les rayons
visibles du spectre, est exposée derrière un écran à négatif T et en
parfait contact avec ce dernier. Cet écran T est recouvert de petites
surfaces adjacentes et de la couleur voulue. Ces surfaces sont sous
la forme de lignes droites parallèles t, t^1, t^2 au nombre de deux
cents et plus par pouce. (Nos écrans ont maintenant 531 lignes par
pouce). Chaque troisième ligne t^1 ou surface, est d'une couleur vert
jannâtre transparente ; de même, chaque troisième ligne t^2 est d'une
couleur bleu violacé et, enfin, chaque troisième ligne t est d'une
couleur orange rougeâtre. On remarquera que les couleurs de ces
lignes correspondent à celles des écrans monochromes employés dans
les anciens procédés.

Avec ce négatif en lignes (ou avec un négatif fait d'après un positif
analogue en lignes) nous pouvons former, en nous servant d'un écran
G, des surfaces à impression séparées ou indépandentes, chacune de
ces surfaces constituant une image partielle. L'écran G est placé de
façon à ce que ses lignes opaques couvrent deux des images partielles,
tandis que les lignes transparentes correspondent à la troisième image
partielle. On place l'ensemble en avant d'une chambre photographique
à copier. Dans ce cas, le négatif et l'écran sont dans un plan parallèle
avec la plaque sur laquelle se trouve la couche sensible. Ceci posé,
on change trois fois successivement la position relative de la plaque
sensible et de l'ensemble (écran et négatif). Peu importe que l'on
remue cet ensemble ou la plaque, pourvu que le mouvement se fasse
toujours dans le même plan. On effectuera le mouvement dans une
direction perpendiculaire à celle des lignes opaques et transparentes
de l'écran. Ce triple mouvement exposera chaque fois une nouvelle
partie de la couche sensible toujours à la même image partielle du
négatif. Si, en effet, on met au foyer et à la place de la couche sensible
un verre dépoli, l'image partielle apparait comme constituée par des
lignes noires. Donc, l'action actinique sur la couche sensible est
limitée pratiquement à ces lignes formant image et on comprend que,
si l'on veut une épreuve positive qui occupe tout l'espace, ce triple
mouvement est nécessaire.

Il ne faut pas oublier que dans les procédés à trois impressions, la superposition des couleurs est nécessaire, jamais la juxtaposition. Nous pouvons aussi obtenir la continuité de l'image, en mettant l'image du positif ou du négatif, selon les besoins, légèrement hors de foyer. Cela ne change rien à la netteté apparente de l'image, la largeur maximum d'une ligne étant alors d'un $1/7^e$ de millimètre, ce qui est la limite de la vision ordinaire. Il est évident que le deuxième positif sera fait de la même manière après que l'on aura découvert la deuxième image partielle faisant partie du négatif composé; il en sera de même pour la troisième. Ces positifs, une fois obtenus, nous procédons par une des méthodes connues pour obtenir les surfaces à imprimer. L'impression des épreuves polychromes se fait par les méthodes ordinaires. (*Applaudissements.*)

M. ZENGER, directeur de l'Observatoire de Prague, décrit une utile simplification des objectifs par le choix raisonné des lentilles de crown, l'une biconvexe, l'autre biconcave, l'ensemble est apochromatique, la compensation de l'aberration est parfaite.

Mlle Benjamin JOHNSTON envoie, de Washington, de superbes photographies représentant les travaux photographiques de la femme en Amérique.

ÉLECTRO-CHIMIE

———

Présiden M. Henri Moissan, membre de l'Institut, professeur à l'Université de Paris, président du Congrès.

Vice-Présidents : M. Besnard (F.), vice-président de la classe 75 à l'Exposition universelle de 1900, Paris.

M. Bethmont, conseiller à la Cour des comptes, Paris.

M. Bullier, membre du conseil d'administration de la Société des carbures métalliques, Paris.

M. Gall, administrateur de la Société d'électro-chimie, Paris.

M. Lippmann, membre de l'Institut, professeur à la Sorbonne, Paris.

Secrétaires : M. Lebeau, professeur agrégé à l'Ecole supérieure de pharmacie, Paris.

M. Minet, ingénieur électricien, Paris.

Nous avons relevé sur la liste des membres qui ont assisté aux séances, les noms suivants : MM. de Tarragon, Teclu (Vienne), Hignette, Setlik (Prague), C. Limb, Wil. Palmaer, Stack, Defacqz, Fischer, Commelin, Georges Michel, Christomanos (Athènes), Th. Muller, Arrivant, Brochet, Bancelin, Zenghelis (Athènes), Bourgerol, Marie, Dr Korda, Dr Ludwig (Vienne), Brœmer, Ewald Sauer, Merle, Le Blanc, Dr Süss, Nastukoff, Dr Ernst Beutel, L.-F. Thorne, Margoches, A. Gérard, Güntz, Paul Sabatier, E. Javal, de Montais, G. Freyss, P. Hulin, Dr J. Fink, Peyrusson, V. Daix, Alexander Watt, Wehrung, Bloche, Guichard, Léonce Fabre, R. Blank, P. Jannettaz, Francisco Rio de la Loza, Alexandre Krakau, Stampa, de Saint-Etienne, Dr Hans Rehlen, Paul Thibault, S. Seidmann, R. Guilbert, E. Vigouroux, A. Laquist, J. Wolff, Minovici (Bucarest), A. Bergé, F. Schoofs, E. Schoofs, Hubou, L. Guillet, H. Salmon, Ferrari Perez, etc., etc.

———

La séance est ouverte à deux heures un quart. L'assemblée procède à la composition de son bureau qui est composé ainsi qu'il suit :

Président : M. Moissan.

Vice-Présidents : MM. Bancelin, Besnard, Bethmont, Bullier, Carletti, Gall, Guntz, Korda, Liebermann, Lipmann, Péterson, Von Grueber.

Secrétaires : MM. Lebeau et Minet.

M. Le Président. — D'après l'ordre que nous avons adopté, vient d'abord le rapport de M. Gin, sur l'utilisation des forces motrices en Autriche-Hongrie, industrie du carbure de calcium. M. Gin a la parole.

Utilisation des forces motrices en Autriche-Hongrie. Industrie du carbure de calcium.

Par M. Gin.

L'utilisation des forces motrices naturelles par la captation des chutes si abondantes en diverses régions de l'Autriche-Hongrie présente cet intérêt particulier qu'elle est la conséquence directe de l'installation dans ce pays de nouvelles industries électro-chimiques.

Les chutes captées dans ces dernières années sont les suivantes.

Meran sur l'Etsche	7.000 chevaux.
Paternion sur le Kreuznerback	600 —
Lend-Gastein sur le Teufenbach	4.000 —
Mattrei sur le Sill. affluent de l'Inn (Tyrol	1.500 —
Jaice Bosnie sur la Pliva	8.000 —
Lobkovice (Bohème sur l'Elbe	400 —
Kerka (Hongrie) sur la rivière du même nom	2.000 —

Les autres chutes dont l'installation est projetée sont :

Pretrozeny à la rencontre des Szill Bulgare et Transsylvanien où se trouvent deux chutes distinctes de 5.000 et 7.000 chevaux.

Almissa (Dalmatie) sur la Cetina	50.000 —

Une dérivation prise sur la même rivière à Krajelvac donnera une seconde chute de ... 6.000 — dont la captation est réalisée ou projetée.

Usine à carbure de calcium de Meran.

(Autriche-Hongrie.)

L'usine à carbure de calcium de Meran, la première qui ait été installée en Autriche-Hongrie, est située près de la station climatérique de Meran, dans le Tyrol autrichien, sur le torrent de l'Etsche, qui forme plus en aval l'Adige après son confluent avec l'Eisach.

L'Etsche prend sa source dans les glaciers du massif de l'Ortler. Un gigantesque cône de déjection. produit par le torrent de Partschins a formé dans le lit de l'Etsche un barrage d'arrêt qui constitue la chute utilisée pour la station d'énergie de Meran.

Le débit de l'Etsche à Meran est de 7 mètres cubes environ à l'étiage; le débit des crues au moment des plus hautes eaux atteint jusqu'à vingt fois le débit d'étiage; le débit moyen peut être évalué entre 10 et 12 mètres cubes.

La chute utilisée a une hauteur d'environ 90 mètres. Elle a été captée par la Société « l'Etschwerke », qui n'avait, au moment de sa formation, d'autre but que l'éclairage des deux villes de Meran et Bozen.

Mais la puissance disponible dépassant notablement celle que comportait l'entreprise primitive, la Société « l'Etschwerke » accueillit les propositions qui lui furent faites par « l'Acetylen gas Gesellschatt » de Budapest et Vienne, en vue d'affecter la puissance excédente à la fabrication du carbure de calcium.

A la suite de négociations engagées grâce à l'intelligente initiative de M. Teitelbaum, un contrat intervint entre les deux sociétés en vertu duquel cette puissance était cédée à bail à « l'Acetylen gas Gesellschaft » moyennant un prix annuel de location de 56 francs par cheval-électrique-an.

I. — Installation Hydraulique.

Le barrage de retenue des eaux est établi sur le territoire de Partschins, à 3 kilomètres en amont de la station génératrice d'énergie.

Son développement est de 40 mètres, ce qui lui permettrait de débiter en déversoir le volume des plus hautes crues avec une lame d'eau de 1 m. 60 environ. En réalité, cette hauteur de lame déversante n'est jamais atteinte, en raison de l'existence de vannes de décharge et d'un déversoir de surface pratiqué plus loin dans la paroi du canal d'amenée.

Le barrage de retenue a une épaisseur de 1 mètre en couronne; son parement d'amont est presque vertical et le fruit de son parement d'aval atteint environ 0 m. 60 par mètre. Les maçonneries sont solidement encastrées dans les blocs de granit qui forment le lit du torrent.

L'eau pénètre dans une première chambre de décantation, à travers une grille de 30 mètres de longueur, formée de barreaux mobiles qui s'appuient dans les échancrures de deux poutres en fer placées trans·versalement au lit du fleuve, et inclinée par rapport à son axe, de telle façon que les arbres, branchages ou corps flottants, arrêtés par cette grille, puissent facilement s'engager dans le pertuis de la vanne pour être rejetés en aval dans le lit du torrent.

La chambre de décantation qui fait suite à la grille a une longueur de 20 mètres et communique avec le canal d'amenée par quatre vannes d'alimentation, elle est munie d'une deuxième vanne de chasse par laquelle se fait l'évacuation des graviers déposés dans la chambre de décantation.

Le canal d'amenée établi sur la rive droite de l'Etsche suit le torrent à flanc de côteau et à ciel ouvert sur une longueur d'un kilomètre environ ; il s'engage ensuite en tunnel sous un éperon de la montagne et en ressort 2.800 mètres plus loin, pour se terminer par deux conduites métalliques qui traversent la route en souterrain et aboutissent à l'usine.

Un déversoir régulateur de 20 mètres de développement a été établi avant l'entrée du tunnel afin de pouvoir rejeter dans le torrent l'excès momentané du débit, lors de l'arrêt d'une ou plusieurs unités de la station génératrice.

Le tunnel a une largeur de 8 mètres comprenant le canal proprement dit et le chemin de circulation. Les parois ne sont recouvertes d'aucune maçonnerie ni enduit. A sa partie d'aval, le tunnel se termine pas une chambre d'eau très élargie afin d'atténuer les tourbillonnements à l'entrée des conduites.

Une vanne de décharge placée dans la paroi de la chambre d'eau sert à régler le débit d'après les nécessités du service et vient compléter l'action régularisatrice du déversoir placé en amont du tunnel.

Deux conduites en tôle de fer doux de 2 mètres de diamètre, installées dans un logement souterrain, amènent l'eau dans la salle des turbines et sont mises en communication avec celle-ci par l'intermédiaire de tuyaux de moindre diamètre sur lesquels sont installés les robinets-vannes d'alimentation.

Les turbines, actuellement au nombre de cinq, sont du système Ganz à axe horizontal. Elles sont munies de régulateurs automatiques combinant le principe de l'inversion de l'écoulement avec celui de la fermeture simultanée des orifices d'admission.

II. — INSTALLATION ÉLECTRIQUE.

La station génératrice comprend actuellement cinq alternateurs triphasés de 1.200 chevaux accouplés directement aux turbines sans interposition de manchons élastiques et tournant à la vitesse de 320 tours par minute.

Deux de ces machines alimentent l'éclairage des villes de Meran et Bozen, à la tension primaire composée de 10.000 volts ; deux autres alternateurs couplés en parallèle fournissent le courant nécessaire à l'usine de carbure de calcium ; le cinquième alternateur est actuellement en réserve et sera utilisé lorsque l'usine à carbure augmentera son matériel de production.

Les cinq génératrices fonctionnent à une tension qui peut, à volonté, être réglée à 10.000 ou 3.650 volts.

Les deux génératrices actuellement affectées à l'usine de carbure de calcium fournissent, par contrat, une puissance totale de 2.000 chevaux seulement, mais elles peuvent développer une puissance un peu supérieure, de telle sorte que lorsque la troisième génératrice leur sera adjointe, l'usine à carbure pourra disposer aux bornes des transformateurs d'une puissance nette de 2.000 kilowatts.

L'énergie est transportée par une ligne à trois conducteurs, qui passe dans le tunnel d'amenée et devient ensuite aérienne jusqu'à l'usine.

La ligne primaire dessert à son arrivée plusieurs groupes de transformateurs :

1° Deux groupes de trois transformateurs de la puissance respective de 260 kilowatts, pour l'alimentation des fours électriques ;

2° Un groupe de trois transformateurs triphasés de 20 kilowatts chacun, alimentant à 310 volts les moteurs qui actionnent le matériel mécanique.

3° Un groupe de trois transformateurs triphasés de 8 kilowatts chacun, fournissant l'éclairage de l'usine à la tension de 110 volts.

L'enroulement primaire de chacun des transformateurs de 260 kilowatts comporte trois bobines couplées en triangle. L'enroulement secondaire comporte également trois bobines fournissant chacune un courant normal de 2.500 ampères sous 33 volts, les bobines secondaires sont couplées en étoile.

Chaque four s'alimente simultanément aux trois transformateurs d'un groupe ; les bobines de même phase sont groupées en parallèle avec retour, et la canalisation secondaire est disposée pour atténuer dans la mesure du possible les effets d'induction mutuelle.

L'installation de la canalisation électrique et du matériel de transformation a été effectuée sous la direction de M. l'ingénieur Ross, de Vienne.

III. — FABRICATION DU CARBURE DE CALCIUM.

Fabrication de la chaux. — Le calcaire employé pour la fabrication de la chaux est extrait d'une carrière située à 1.000 mètres de hauteur sur le flanc de la montagne qui fait face à l'usine, le long de la rivière de l'Etsche. C'est un marbre cristallin très blanc et très pur, formé par l'agrégation de petits cristaux de 2 à 5 millimètres d'arrête affectant la forme de rhomboèdres inverses. Voici les analyses des divers échantillons prélevés au chargement du four à chaux :

	N° 1	N° 2	N° 3
Chaux	51.80	53.63	53.52
Magnésie	0.36	0.43	0.40
Silice	0.72	1.28	1.09
Alumine	0.14	0.32	0.23
Oxyde de fer	0.10	0.29	0.24
Anhydride carbonique	43.50	42.62	42.50
Eau et non dosé	0.38	1.43	2 02
Totaux	100	100	100

Le calcaire est amené à l'usine par un transporteur aérien automoteur qui dessert d'abord un four à chaux particulier. Un second transporteur aérien, actionné par moteur électrique, déverse le calcaire sur une plate-forme de dépôt disposée au pied du four à chaux. Le calcaire est repris à ce dépôt au fur et à mesure des besoins pour être élevé jusqu'au plancher de chargement du four à chaux à l'aide d'un ascenseur électrique.

Le four à chaux qui a été étudié par M. l'ingénieur Mendheim, de Munich, est à chauffage par gazogènes. Le creuset a une section elliptique ; à sa partie inférieure aboutissent des conduits d'arrivée des gaz combustibles ; au-dessous se trouvent la chambre de refroidissement et les portes de défournement.

Les gaz provenant de la combustion de charbon gras brûlé dans les gazogènes se rendent dans un carneau circulaire sur lequel se ramifient les canaux débouchant à l'intérieur du four. Ces canaux sont munis de vannes permettant de régler l'admission des gaz. Le four à chaux peut produire par jour 8 tonnes de chaux avec une dépense de 2.000 kilog. de combustible.

La chaux est chargée à sa sortie du four dans des wagonnets de 300 litres et transportée dans la salle de broyage des matières premières.

Broyage et mélange des matières premières. — L'installation de cette salle comprend un ascenseur électrique qui élève au troisième étage la chaux et le coke.

Ces matières premières sont ensuite concassées, broyées et mélangées dans des appareils disposés en cascade.

Le broyage s'effectue dans des appareils spéciaux comportant deux paires de cylindres à écartement variable réglant la grosseur des grains. Chaque jeu de cylindres est muni de ressorts leur permettant de s'écarter momentanément pour laisser passer les corps trop durs qui seraient accidentellement jetés avec les matières premières. On évite ainsi les arrêts et les accidents.

Lorsque la chaux et le coke sont granulés à la dimension la plus convenable pour la fusion électrique, ils sont emmagasinés dans les trémies qui alimentent des doseurs automatiques du système Gin et Leleux. Dans ces appareils, le dosage automatique des matières s'obtient en réglant par approximations successives leur débit; il y avait là un problème assez difficile qui a été résolu de manière très remarquable par les inventeurs.

La granulation et le mélange ont, d'ailleurs, une influence considérable sur la marche de 5 fours. Si ces opérations ne sont pas convenablement faites, il se forme dans le four des poches dans lesquelles l'oxyde de carbone s'accumule et acquiert parfois une pression assez considérable pour occasionner des éclaboussures dangereuses au moment des coulées. Cet inconvénient n'est du reste pas le seul, car lorsque les gaz parviennent enfin à crever ces poches, il se produit des soufflards qui rendent très irrégulier le fonctionnement du four.

Le mélange sortant des doseurs automatiques est ramené par une chaîne à godets dans la trémie d'alimentation des fours, à laquelle on a donné un volume convenable pour n'être astreint à faire fonctionner le broyage que dans le jour seulement.

Fours électriques. — Les fours électriques sont du système Gin et Leleux. Leur puissance respective est d'environ 200 kilowatts; ils sont disposés en batterie longitudinale dans une vaste salle de 40 mètres de longueur et de 10 mètres de largeur avec galerie parallèle de 7 mètres de largeur pour le cassage du carbure, la manutention des électrodes et la confection des soles.

La question de la continuité du travail dans les fours électriques a été résolue d'une façon tout à fait pratique : Les fours sont divisés en groupes de deux fours contigus, dont l'un est en fonction pendant que l'autre est vidé du carbure qu'il contient, puis rempli de matière première. Dès que l'opération a pris fin dans le premier, l'électrode de ce four est transportée dans le second. L'arrêt n'est nécessité que pour le remplacement des électrodes.

Ces électrodes, fabriquées à l'usine même par un procédé spécial, brûlent assez lentement et leur prix de revient est notablement moins élevé que celui des charbons électriques employés jusqu'à ce jour pour la fabrication du carbure de calcium. La dépense résultant de leur usure est d'environ 20 francs par tonne de carbure fabriqué.

Les gaz provenant de la réaction sont aspirés par un ventilateur et sont complètement enlevés par des canalisations latérales avant d'être arrivés à la partie supérieure du four. On évite ainsi le grave inconvénient de brûler l'électrode et les pièces de connexion et d'incommoder les ouvriers qui séjournent sur la plate-forme des fours pour le réglage de marche.

Les gaz éliminés se rendent dans une chambre à poussières après avoir abandonné une partie de leur chaleur aux matières premières introduites dans les fours en vue d'une fusion ultérieure.

L'enlèvement des gaz permet une notable économie dans la consommation des électrodes ; d'autre part la dépression causée par l'action du ventilateur favorise l'afflux d'une quantité d'air froid extérieur suffisante pour diluer l'oxyde de carbone au delà de la limite des mélanges explosifs ; enfin cette disposition assure en même temps une ventilation énergique de la salle et soustrait les ouvriers à l'action toxique de l'oxyde de carbone.

La coulée se fait par des orifices placés en avant du four et munis de becs d'une forme particulière pour éviter les projections ou éclaboussures latérales.

Toutefois, après quelques jours de marche, la cavité interne du creuset se garnit peu à peu de carbure solidifié et les orifices finissent par ne plus pouvoir être dégagés par les percuteurs en acier employés pour cet usage ; la coulée s'arrête alors. Quand il en est ainsi, l'électrode est levée progressivement et l'opération est arrêtée lorsque l'on a obtenu un pain de la hauteur de l'enveloppe métallique. L'électrode est alors enlevée à l'aide d'un treuil, et le chariot roulant, qui la tient suspendue, est transporté au-dessus d'un four jumeau d'attente dont la sole est déjà connectée avec la canalisation secondaire. Six minutes séparent l'instant de la rupture du courant dans le premier four, de l'instant de la mise en charge au régime normal dans le four jumeau.

Le rendement des fours Gin et Leleux dépasse, par kilowatt-jour mesuré aux bornes des fours, 5 kilogrammes de carbure cristallisé donnant plus de 300 litres de gaz par kilogramme.

Il faut bien remarquer que ce chiffre, qui est le plus élevé que l'on ait industriellement constaté jusqu'à ce jour, n'a pas été obtenu au cours d'essais de réception d'appareils pour lesquels toutes les dispositions sont généralement prises en vue de l'obtention d'un rendement favorable, mais qu'il résulte de l'examen des livres de magasin de l'usine, en fabrication courante, pendant les six premiers mois de marche.

Dans le semestre qui a suivi, le rendement en poids a été un peu diminué par suite d'un entretien insuffisant des fours et de la suppression de la ventilation, mais il redeviendra certainement plus élevé encore qu'il ne l'était primitivement dès que les perfectionnements récemment apportés aux fours Gin et Leleux auront été appliqués.

Nul doute que l'on arrive alors aux résultats constatés à l'usine de Milan où les essais de rendement en marche interrompue ont accusé une production de 6 kilogrammes de carbure par kilowatt-jour.

Nous croyons intéressant de reproduire ci-après quelques analyses faites par M. Guide, préparateur au Laboratoire d'électro-métallurgie de la Compagnie des procédés Gin et Leleux :

Constantes physiques : Densité, 2,22. Nettement cristallisé. Cristaux à grandes acettes couleur chocolat ou bleu d'acier, à reflets métalliques mordorés.

Composition chimique.	N° 1	N° 2	N° 3
Carbure de calcium............	94,2 0/0	92,2 0/0	91,0 0/0
Chaux.....................	0,9	1,8	1,9
Charbon...................	0,6	1,3	1,7
Siliciure de carbone...........	2,8	3,1	2,6
Non déterminés..............	1,5	1,6	2,8
Total..............	100 0/0	100 0/0	100 0/0
Gaz dégagé par kilogramme....	332 lit.	309 lit.	306 lit.

Analyse du gaz dégagé.	N° 1	N° 2	N° 3
Acétylène.....................	99,508	97,560	97,486
Méthane.....................	0,040	0,082	0,070
Hydrogène....................	0,061	1,040	0,840
Oxyde de carbone............	0,084	0,070	0,086
Azote.......................	0,230	0,310	0,290
Ammoniaque	0,032	0,514	0,610
Hydrogène sulfuré.............	0,018	0,064	0,073
Hydrogène phosphoré..........	0,006	0,098	0,092
Hydrogène silicié.............	Traces		
Non dosé....................	0,018	0,262	0,553
Total..............	100	100	100

Concassage et emballage du carbure. — Les pains de carbure, fabriqués dans la dernière partie de l'opération ont un diamètre de 1 mètre environ et pèsent 900 à 1.000 kilogrammes.

Ils se cassent facilement lorsque le centre est encore à la température du rouge sombre et se débitent aisément en gros blocs, qui sont ensuite portés au concassage pour être amenés aux dimensions que réclame la consommation. La cassure des blocs, lorsqu'elle est récente, présente des cristallisations miroitantes et mordorées dont l'aspect est suffisant pour montrer la pureté et l'homogénéité du carbure obtenu.

Le carbure de calcium, coulé en pains, doit être, avant d'être livré au commerce, cassé en morceaux de grosseur déterminée.

Les dimensions demandées sont très variables et dépendent généralement des appareils gazogènes dans lesquels le carbure est utilisé.

On adopte le plus souvent la classification suivante :

Tout venant..................	Morceaux de 5 à 10 cm.
Noix.........	« 2 à 5 »
Noisettes.................... .	» 1 à 2 »
Granulé.......	» 5 à 10 m/m
Tamisé......................	Poudres plus ou moins fines.

Le carbure brut est soumis à l'action d'un concasseur à mâchoires très robustes, dont on règle l'écartement suivant les besoins. En sortant de ce concasseur, les morceaux tombent dans la cuvette d'un élévateur à godets qui les déverse dans un troumel classeur à compartiments multiples auxquels correspondent des chambres de dépôt où s'emmagasine le carbure classé par ordre de grosseurs. Ces chambres se terminent à la partie inférieure par des trémies munies de trappes par lesquelles se fait l'emplissage automatique des bidons.

Les bidons qui servent à l'emballage du carbure sont fabriqués à l'usine même, avec un matériel spécial, à l'aide duquel s'effectuent très économiquement le cintrage des tôles, le repoussage des cannelures de renforcement, le découpage et l'emboutissage des fonds. On arrive ainsi, pour les bidons soudés, dans lesquels on expédie le carbure en emballage perdu, à un prix de revient un peu inférieur au prix actuel de vente du carbure. Or, comme l'on vend brut pour net, c'est-à-dire que l'emballage est payé comme carbure, il résulte qu'au prix actuel, le coût de cet emballage ne grève pas le prix de revient du fabricant·

L'usine à carbure de calcium de Paternion

L'usine de Paternion appartenant à la « Société d'Électro-Chimie de Venise » est située sur la rive droite du Krenznerbach, à peu près à 5 kilomètres du confluent de cette rivière avec la Drau et à même distance de la station de Paternion-Feistritz. Une route partant de cette station conduit à l'usine.

Aux environs de l'usine existent des carrières de pierres calcaires qui donnent de la chaux d'une très bonne qualité.

L'usine occupe le même emplacement que l'ancienne usine à plomb et à zinc du comte Henkel. A cet endroit le Krenznerback coule en cascades et peut fournir une chute totale d'au moins 60 mètres.

Barrage et canal d'amenée des eaux. — L'usine du comte Henkel n'utilisait que 25 mètres de chute. L'amenée des eaux se faisait par une galerie de 385 mètres de longueur pratiquée dans le rocher et se continuait dans une canalisation en tôle de 500 millimètres de diamètre et d'environ 58 mètres de longueur.

La force ainsi utilisée était d'environ 200 chevaux.

Pour l'usine à carbure de calcium le canal d'amenée a une longueur double de celle de l'ancien.

Le barrage a été constitué par un bâtardeau en palplanches et pierres. L'eau pénètre dans une première chambre à travers une grille inclinée de telle façon que les arbres, branchages ou corps flottants arrêtés par cette grille puissent facilement s'engager dans la rigole de chasse située sur un côté du canal. La longueur de cette chambre est de 283 m. 50 avec une pente de 0 m. 0025 par mètre.

Après cette première chambre l'eau pénètre dans un tunnel de 30 mètres de longueur pratiqué dans le rocher pour aller aboutir à une première canalisation en tôle de 1 mètre de diamètre et 60 mètres de longueur.

Ce tuyau aboutit à l'ancien tunnel de l'usine à plomb que l'on a utilisé après en avoir refait les parois. Les dimensions de ce canal ont été ainsi ramenées à 1 m. 60 hauteur sur 1 mètre de largeur.

Au bout de cette galerie se trouve la deuxième canalisation en tôle qui amène l'eau aux turbines. La longueur de cette dernière conduite en tôle est de 58 mètres, son diamètre est égal à celui de la précédente et l'épaisseur de la tôle employée dans cette construction est de 7 millimètres.

Le débit de la nouvelle chute ainsi aménagée est de 1.400 litres aux plus basses eaux et 2.100 litres aux plus hautes eaux.

L'usine est située à une altitude de 664 m. 50 au-dessus du niveau de la mer.

Le niveau des eaux du Krenznerback est à cet endroit de 660 m. 10 ou bien 4 m. 40 au-dessous du sol de l'usine.

La hauteur de la lame à la crête du barrage étant 722 m. 51, la hauteur totale de la chute est donc 62 m. 31, la perte de charge dans le canal d'amenée et les conduites en tôle étant à peu près de 2 mètres. la hauteur de chute utilisée est d'environ 60 mètres.

Ensemble de l'usine. — L'usine comprend quatre bâtiments occupant une superficie de 1.600 mètres carrés.

Le premier des bâtiments est affecté à l'emmagasinage du carbure. Il peut contenir une réserve de 800 tonnes de carbure.

Le deuxième bâtiment comprend un grand magasin pour les matières premières ainsi que des locaux pour la forge et le broyage. L'emplacement occupé par ce bâtiment est d'environ 380 mètres carrés.

Les autres bâtiments occupant une surface de 940 mètres carrés comprenant la salle des machines, la salle des fours électriques, les machines à mélanger les matières premières, une galerie de refroidissement pour le carbure et la salle de concassage et d'emballage. Enfin au-dessus de certaines de ces salles, ont été aménagés les bureaux et le laboratoire.

Salle des machines. — La salle des machines comprend trois turbines de

400 chevaux, fonctionnant sous une chute d'eau de 60 mètres avec un débit de 700 litres.

Au moment des basses eaux où le débit du Krenznerback n'est que de 1.400 litres, deux turbines seulement sont mises en marche; la troisième est en réserve et n'est utilisée qu'au moment des fortes eaux où le débit atteint 2.100 litres.

Chaque turbine commande directement en bout d'arbre un alternateur triphasé fonctionnant à la tension de 60 volts avec une vitesse de 350 tours par minute.

Pour faciliter toutes réparations aux machines, l'on a installé un pont roulant dans cette salle.

Broyage et mélange. — Dans la salle du broyage on a installé deux moulins à billes débitant respectivement 4.000 kilogrammes de chaux et 2.500 kilogrammes de charbon ; les matières finement pulvérisées tombent dans des wagonnets.

Ces wagonnets sont amenés sur une balance automatique et de là transportés au moyen de deux élévateurs dans la partie réservée au mélange située à 3 mètres au-dessus du sol.

Le mélange se fait dans un réservoir cylindrique en tôle, les matières suffisamment malaxées sont transportées par une vis d'Archimède dans la trémie d'alimentation des fours électriques. Cette trémie est placée au-dessus de la salle de refroidissement et la chaleur abandonnée par le carbure en se refroidissant est en partie utilisée à enlever l'humidité des matières premières.

Deux moteurs électriques transmettent la puissance nécessaire pour la mise en marche de ces divers appareils : Le premier d'une puissance de 16 chevaux commande les moulins à billes et les wagonnets; le second d'une puissance de 12 chevaux commande les élévateurs, mélangeur et vis sans fin.

Fours électriques. — La salle des fours a une longueur de 40 mètres et une largeur de 11 m. 50. Neuf fours doubles sont en service, l'emplacement nécessaire à l'installation de trois autres fours doubles a été réservé.

Un groupe de trois fours doubles reçoit l'énergie d'un alternateur triphasé; la puissance de chaque four est de 125 chevaux. Le courant est amené des bornes de l'alternateur aux bornes des fours par des barres en cuivre de 80 millimètres de hauteur et 10 millimètres d'épaisseur, la densité de courant ainsi obtenue est de 1 ampère 8 par millimètre carré. Dans leur parcours de la salle des machines aux fours électriques, ces barres sont placées dans des caniveaux et parfaitement isolées.

La connexion des conducteurs avec les électrodes se fait au moyen de câbles souples en cuivre de section égale à celle des conducteurs.

Sur chaque four double on a installé un tableau de distribution comportant les appareils suivants :

1 interrupteur pour 2.000 ampères, 1 ampèremètre pour l'intensité précédente et 1 lampe témoin fonctionnant au voltage de l'alternateur.

Concassage et emballage. — La façon dont le concassage et l'emballage se pratiquent étant assez connue, nous n'entrerons dans aucun détail pour cette partie de la fabrication du carbure de calcium.

Usine à aluminium et carbure de calcium de Lend-Gastein.

Cette usine appartient à la Société **Aluminium Industrie,** de Neuhausen.

Elle est située près de l'embouchure du Teufenbach, au bas de la chute de Gasteiner Ache, qui tombant d'une hauteur de 63 mètres lui assure une puissance de 4 à 5.000 chevaux.

Les constructeurs des turbines sont MM. Escher et Cᵒ, de Zurich.

L'usine a mal fonctionné au début et a dû suspendre plusieurs fois sa fabrication interrompue par des accidents sérieux.

Il ne nous est pas possible de donner la description du matériel de fabrication du carbure de calcium, la Société de Neuhausen refusant de donner aucun renseignement à ce sujet.

Usine à carbure de calcium de Mattrei.

L'usine de Mattrei, qui appartient à « Allgemeine Carbid und Acetylen Gesellschaft » de Berlin est située sur la ligne de Bozen à Innspruck à 8 kilomètres de cette dernière ville.

L'usine se trouve dans une gorge très resserrée dans laquelle débouche le Sill, qui lui fournit une puissance motrice de 1.500 à 2.000 chevaux.

Le Sill est un torrent impétueux qui descend du Brenner et se jette dans l'Inn.

Les turbines ont été fournies par la maison Ganz, de Budapest.

Le matériel électrique et les fours, par la maison Siemens et Halske.

L'usine a la forme d'un vaste quadrilatère, avec un four à chaux annulaire occupant un des angles.

Usine à carbure de calcium de Jaice.

Bosnie.

L'usine à carbure de calcium de Jaice est la propriété de la « Bos-

niche Electricitäts Actien Gesellschaft ». Elle est située près de la ville
de Jaice où la Pliva se jette dans le fleuve Verbas. La Pliva traverse
le lac « Oberen Pliva See » et en sort en impétueuses cascades qui se
précipitent dans le Unteren Pliva See.

Ces chutes offrent un paysage d'une surprenante beauté et certainement l'un des plus grandioses qui soient en Europe.

Le barrage de prise d'eau est établi à la sortie du lac supérieur.
L'avant-canal a plus de 3 kilomètres de longueur, il arrive jusqu'au-
dessus de l'usine en traversant 15 tunnels d'une section de 4 mètres
de largeur sur 3m.70 de hauteur.

A la fin de l'avant-canal se trouve une vaste chambre d'eau d'où
partent deux conduites en tôle de fer de 1 m.50 de diamètre.

La chute débitant à plein canal peut fournir une puissance totale
de 9.500 chevaux.

La force motrice est fournie par 8 turbines de 1.000 chevaux chacune, construites par la maison Ganz et Cⁱᵉ, de Budapest.

Le matériel électrique et les fours à carbure de calcium ont été
fournis par la maison Schuckert.

Les débuts de cette puissante usine ne semblent pas avoir été très
encourageants et de grandes modifications sont projetées dans le matériel de fabrication.

Usine à carbure de Lobkovice.

L'usine est installée sur l'Elbe en un seul bâtiment qui comprend la
salle des machines avec massifs pour les dynamos, la salle des fours
électriques, la salle du broyage, magasin et accessoires.

La force motrice est produite par trois turbines qui ont été calculées
de manière à fonctionner avec un débit de 10 mc 4 à la seconde sous
une chute de 1 m. 05 ou 11 mètres cubes sous une chute normale de
1 m. 40, chaque turbine peut donc fournir une puissance de 100 chevaux
minimum et 150 chevaux maximum avec une vitesse de 22 tours
5 à la minute.

La force totale utilisée est donc 300 chevaux minimum, et 450 maximum.

Le matériel électrique se compose d'un alternateur biphasé de
300 kilowatts et d'une excitatrice de 15 kilowatts.

Dans la salle des fours sont installés deux fours électriques avec
régulateur de fonctionnement des électrodes.

Au début de la mise en route de l'usine, la marche des fours était
intermittente et l'on fabriquait du carbure coulé et en pains. Par suite
du système de four adopté on a été obligé de renoncer à la première
de ces deux fabrications. Le carbure actuellement produit à l'usine

provient de la fabrication en pains, les blocs produits ont un poids moyen de 230 kilogrammes et suivant la force disponible, trois à quatre par jour, ce qui donne une production de 700 à 900 kilo-grammes.

Des analyses prélevées sur chaque pain de carbure, il résulte un rendement variant entre 290 et 300 litres de gaz acétylène sous une pression de 760 millimètres et une température de 15° centigrades.

Les matières premières parvenues à l'usine reviennent au prix de 22 fr. 60 la tonne de chaux et 58 francs la tonne de coke.

La production annuelle de l'usine qui s'élève à environ 300 tonnes, est entièrement consommée en Bohème. Cette production n'est que le tiers de la consommation de Bohème, le restant est importé des usines de Meran, Jaice, Lend Gastein.

Chute de Pétrozeny.

Cette chute qui a été étudiée par M. Gin appartient à « l'Acetylen Gas Actien Gesellschaft de Wien », elle est formée en aval de Pétrozeny par les rapides du Szill hongrois dont le débit varie entre 14 et 30 mètres cubes. La hauteur de chute est de 23 à 24 mètres à l'étiage et de 22 mètres pendant les hautes eaux.

Les chiffres de débit n'ont été donnés que comme des moyennes pour les périodes de basses eaux et de hautes eaux en spécifiant que la période de basses eaux ne dure pas plus de trois mois.

Le régime du cours d'eau est le suivant:

Débit minimum	13 mètres cubes		pendant 3 mois.
Débit intermédiaire	20	—	— 2 —
Débit des hautes eaux	26	— et plus	— 7 —

Dans ces conditions la puissance disponible serait de 3.000 chevaux pendant trois mois, 4.400 pendant deux mois et 5.700 pendant sept mois, soit une moyenne de 4.800 chevaux utilisables.

Cette chute est destinée à la fabrication du carbure de calcium.

En dessous de la première chute et après la réunion des Szill, bulgare et transylvanien, se trouve une deuxième chute de 7.000 chevaux que l'on se propose d'utiliser pour la fabrication de la soude caustique.

Chutes d'Almissa.

La grande chute d'Almissa appartient à un syndicat comprenant le groupe belge de l'Alumine, la maison Ganz, de Budapest, etc.

Elle serait obtenue par une dérivation de la Cetina au moyen d'un tunnel de 8 kilomètres.

La puissance serait de 50.000 chevaux environ et elle serait destinée à être consommée par diverses industries électrochimiques.

Rien n'est encore certain au sujet de l'aménagement de cette chute qui exigera des capitaux fort importants.

Deuxième chute d'Almissa.

La deuxième chute d'Almissa ou plutôt la chute de Krajelvac a été concessionnée à MM. Descovics, de Szepczynski et Gin.

La puissance constante est de 6.000 chevaux obtenus par une chute de 90 mètres de hauteur.

La puissance obtenue par une usine centrale installée au bas de la chute sera transmise à l'aide d'une canalisation triphasée fonctionnant sous 12.000 volts de tension jusqu'au port même d'Almissa où sera installée l'usine à carbure *(Applaudissements)*.

M. le Président remercie M. Gin de sa très intéressante communication.

M. le Président. — Je demanderai à M. Gin de vouloir bien nous donner quelques indications sur la perte de carbure de calcium dans les concasseurs.

M. Gin. — Il y a une perte différente suivant qu'on a affaire à du carbure coulé ou du carbure en pains ; le carbure coulé dans des wagonnets convenables ne donne pour ainsi dire pas de perte dans les concasseurs, la proportion de poussière est de 4 ou 5 0/0 ; la partie pulvérente perd son acétylène, surtout si l'état hygrométrique de l'air est bas. Mais pour les carbures en pains, il n'en est pas de même, parce qu'on décape la surface des pains, et il en résulte une perte assez considérable ; on est quelquefois forcé de faire un chédage, au moment où le carbure sort du concasseur pour enlever les morceaux qui contiennent de la chaux ou du charbon.

M. Houzeau. — Quel est le prix de revient des 100 kilog. de carbure?

M. Gin. — En Autriche, comme dans tous les autres pays, le prix de revient dépend essentiellement du prix de l'énergie électrique, des matières premières et de la main-d'œuvre. On peut compter en moyenne 208 francs la tonne, toutes les dépenses comptées. Dans une autre séance, je pourrai détailler les prix, parce que j'ai tous les éléments nécessaires.

M. le Président invite M. Besnard à lire son rapport sur les appareils d'éclairage au gaz acétylène.

Appareils d'éclairage au gaz acétylène,

Par M. Besnard.

Les différents appareils d'éclairage au gaz acétylène figurant à l'Exposition Universelle de 1900, soit à la Classe 74, aux Invalides, soit à l'annexe de Vincennes, ou soit dans les diverses sections étrangères, se divisent en cinq classes principales :

1° Les appareils portatifs et lampes à main. . . . . . 21 exposants
2° Les appareils à chute d'eau sur le carbure de calcium 9 —
3° Les appareils à contact, où l'eau attaque le carbure
   en dessous ou par compartiments séparés. . . . . . 35 —
4° Les appareils à chute de carbure dans une masse
   d'eau se subdivisant en 2 groupes :
   A. — A carbure granulé. . . . . 16 —
   B. — A carbure tout venant. . . . . 22 —
5° Les appareils à gaz acétylène dissous dans un liquide ou mélangé à l'air. . . . . 2 —
   Brûleurs divers . . . , ... 6 —

Je ne puis, dans le compte rendu que je suis chargé de faire à la dixième section d'Electrochimie, que donner la nomenclature des divers appareils exposés avec les noms des constructeurs ou inventeurs et une indication très sommaire des particularités qui distinguent ces divers appareils.

Mais il ne m'est pas permis encore, étant membre du Jury qui a examiné ces appareils, de donner une appréciation quelconque sur leur valeur respective, étant tenu à la plus grande discrétion, tant que le Jury supérieur n'aura pas approuvé et arrêté les récompenses définitives.

Je prie donc mes collégues d'excuser l'aridité de cette nomenclature que je ne puis, pour les raisons ci-dessus, vous présenter autrement que dans l'ordre alphabétique :

1° Lampes à main et appareils portatifs :

1 Alexandre Fernand, Paris. — Lampes alimentées d'eau au moyen de plaques poreuses.
2 Bleriot, Paris. — (Acétylitte ou carbure enrobé), lanternes de voitures, candélabres, etc., récipient genre Briquet à hydrogène.
3 Cahen et Doyer, Paris. — Lanternes de bicyclettes et de voitures, lampes portatives avec brûleurs horizontaux pour projections.

4 Cargues, à Bordeaux. — Lampes à main. Eau tombant goutte à
  goutte sur le carbure, vis à aiguille de réglage.

5 Chambaud, Paris. — Lampes avec brûleurs horizontaux pour
  projections, brûleurs divers.

6 Chardin, Paris. — Lampes genre Briquet à hydrogène et lampes à
  petite cloche intérieure.

7 Compagnie Universelle d'acétylène, Paris. — Appareils portatifs,
  candélabres, système des vases communiquants.

8 Compagnie Urbaine d'éclairage, Paris. — Candélabres, lanternes
  de voitures système Briquet à hydrogène avec couche de pétrole sur l'eau.

9 Deroy, Fils aîné, Paris. — Appareil portatif dit « Mininus », alimentation automatique d'eau sur le carbure.

10 Ducellier, Paris. — Lanternes à voitures et bicyclettes modèles riches.

11 Frossard et Cie. Ronchamps. — Lampes portatives système Vase
  de Mariotte et arrivée d'eau par tube capillaire.

12 Gillet et Forest, Paris. — Lampes dites photographiques.

13 Jaboeuf, à Lyon. — Lampes et lanternes, mèches de coton
  allant du réservoir d'eau au carbure.

14 Fesnell et Cie, Paris. — Lampes portatives et de voitures, candélabres, chute d'eau par tube capillaire.

15 Fayan, à Bayeux. — Douilles de lanternes de voitures à acétylène s'appliquant à toutes les lanternes.

16 Rozeaux, Paris. — Système Thiercelin et Rozeaux. Lampe
  portative ornementée à trémie intérieure et petite cloche
  régulatrice.

17 Sabatier, Comptoir de l'acétylène, Paris. — Candélabres et
  lampes portatives (vases communiquants).

18 Société de l'acétylène dissous, Paris. — Générateur Heliophore,
  alimentation par capillarité de l'eau placée à l'extérieur du
  gazogène.

19 Société internationale, Paris. — Candélabres et appareils portatifs, cloche à carbure granulé système des vases communiquants.

20 Tripier, Semur. — Appareils portatifs à projections, carbure
  granulé.

21 Wagner et Cie. — Candélabres, lampes portatives, boîtes de campagne système des vases communiquants.

2° Appareils à chute d'eau sur le carbure.

1 Brosseau (Société d'exploitation des brevets) à Levallois. — Ap-

pareils en fonte de fer, petite cloche intérieure, régulatrice commandant une aiguille; arrivée de l'eau goutte à goutte.

2 **Gillet et Forest, Paris.** — Appareil sans gazomètre système des vases communiquants, la pression régularisant l'arrivée de l'eau sur le carbure.

3 **Graignic à Pontoise.** — Appareil dit « Le Jumeau », 2 cloches accouplées qui, en descendant, font communiquer l'eau d'un réservoir avec les tiroirs à carbure.

4 **Lebrun et Cornaille à Paris.** — Appareil « Le Bruncor » à mouvement d'horlogerie par contrepoids avec gazomètre. L'eau est projetée sur un panier de carbure à mouvement de rotation.

5 **Massiès fils, à Lautrec.** — Gazomètre avec 2 générateurs sans compartiments. Un réservoir d'eau placé à côté de la cloche alimente le carbure à chaque descente de cette dernière.

7 **Fesnell et Cie, Paris.** — Un réservoir d'eau entoure le haut de la cloche du gazomètre, un tube de caoutchouc fixé d'un bout à un entonnoir et de l'autre au réservoir d'eau mobile, fait communiquer l'eau du réservoir avec les tiroirs à carbure à chaque descente de la cloche.

8 **Sabatier et Cie (Comptoir de l'acétylène), Paris.** — Appareil à vases communiquants, à grande presssion pour chalumeaux à braser.

9 **Tisserand, à Saint-Dié (L'Idéal).** — 2 gazogènes placés sur le dessus de la cloche, montent et descendent avec cette dernière. Les quatre paniers de carbure sont attaqués du haut en bas par l'arrivée de l'eau provenant de la cloche au moyen d'un tube *ad hoc*.

3° *Appareils à contact d'eau attaquant le carbure par le bas des paniers à compartiments ou autres dispositions analogues.*

1 **Ackermann, Marseille.** — Appareil « Le Phébus », appareil sans cloche, vases communiquants, refroidisseur d'eau.

2 **Alexandre Fernand, Paris.** — « Le Radius » sans gazomètre, vases communiquants.

3 **Arnould (Grand-Montrouge).** — Avec gazomètre, nombreux compartiments genre d'un damier.

4 **Beaudoin (Rochefort).** — « Le Rêve » avec gazomètre actionnant l'arrivée de l'eau sur paniers superposés.

5 **Blériot, Paris.** — Carbure acétylitte sans gazomètre, carbure enrobé dans du glucose et du pétrole formant un résidu de sucrate de chaux.

6 Bouquet (Saint-Pierre d'Oloron). —Le « Franco-russe », 1 générateur à paniers superposés placé au centre d'une cloche annulaire, un réservoir d'eau est mis en communication avec le gazogène à chaque descente de la cloche.

7 Brule et Cie, Paris. — Gazomètres et gazogènes à paniers.

8 Cahen et Doyer, Paris. — (Appareil Ozeray). Générateurs à paniers superposés placés directement sur une cloche de gazomètre.

9 Compagnie Urbaine d'éclairage, Paris. — Sans gazomètre un seul panier attaqué en dessous par l'eau recouverte d'une couche de pétrole.

10 Compagnie Universelle d'acétylène, Lacroix, directeur. — Appareil Héliogène, tiroirs ou paniers attaqués successivement, système des vases communiquants. Eau d'un réservoir à flotteur n'entrant dans le gazogène que lorsque la pression du gaz vient à baisser. Régulateur de pression.

11 Carpentier et Cie, Paris. — Gazomètre avec gazogène sur le côté.

12 Delaty, à Nexon. — « L'Etincelant », avec gazomètre et gazogène sur le côté, réservoir d'eau adjacent.

13 Deroy, fils aîné. — Cloche gazomètre, alimentation successive des gazogènes à paniers par équilibre de la pression du gaz et de la charge d'eau dans le réservoir.

14 Chardin, Paris. — Gazomètre avec gazogène à paniers, réservoir d'eau en charge au-dessus des gazogènes.

15 Frigent, à Lannion. — « Poids et mesure Bretons », cloche avec plusieurs gazogènes l'entourant. L'eau n'arrive sur le carbure que si la pression diminue et à chaque descente de la cloche.

16 Fourchotte, Paris. — Constructeurs Magnard et Cie, avec gazomètre. La cloche en descendant amorce une sorte de siphon qui alimente les gazogènes automatiquement sans mécanisme.

17 Lannois, à Arc-en-Barrois. — Gazomètre, 2 gazogènes à paniers alimentés par vases communiquants.

18 Leblond, à Darnetal. — 1 gazomètre, 2 gazogènes plongeant dans une cuve d'eau, appareil non automatique, tube caoutchouc reliant les gazogènes au gazomètre.

19 Legrand, à Ivry. — Gazomètre et 2 gazogènes à paniers alimentés par de l'eau en charge à chaque descente de cloche.

20 Lerormant, Fortier et Cie, à Puteaux. — 1 cloche et 6 générateurs reliés à un réservoir d'eau par des tubes flexibles.

21 Luchaire, à Paris. — Gazomètre et gazogènes adjacents. L'eau est amenée sur les paniers par la différence de pression du gaz d'une petite cloche régulatrice qui s'élève lorsque celle du gazomètre s'abaisse.

22 Martiret, à Nogent-sur-Marne. — « Le Savoyard » un gazomètre annulaire dans lequel on place 6 générateurs qui sont attaqués successivement.

23 Sabatier et Cie, Paris. — Comptoir de l'acétylène, gazogène à plusieurs paniers superposés reliés à la cloche par un tube flexible et amenant l'eau du gazomètre sur le carbure à chaque descente de la cloche.

24 Sécheron et Fouques, à Toulouse. — « Le Linx », appareils portatifs à dos d'homme, paniers intérieurs, genre briquet à hydrogène.

25 Société nouvelle d'éclairage à Paris. — Gazogène à 2 carburateurs (système des vases communiquants), 4 cartouches de carbure, enrobé de pétrole ou de matières grasses, enveloppées de papier sont placées dans chaque carburateur.

26 Syndicat des exposants français acétylénistes. — 2 usines pour l'éclairage des berges de la Seine entre le pont de la Concorde et le pont des Invalides. Gazomètres de 7 mètres cubes, 10 générateurs dans chaque usine de 60 kilog. de carbure l'un pour l'éclairage de 3.000 brûleurs divers. Pression initiale 30 centimètres. Alimentation d'eau par réservoir supérieur laissée aux soins d'un ouvrier.

Les générateurs sont placés dans un grand bac réfrigérant de 30 mètres cubes.

27 Torme, à Aix-les-Bains. — Gazomètre actionnant 2 tambours montés sur axe excentré et ayant une cloison verticale de séparation. La rotation du tambour obtenue par la descente de la cloche amène l'eau sous un panier de carbure suspendu sur le côté du tambour.

28 Tripoul, à Collian. — Appareil « L'Economie » à doubles cloches dans lesquelles sont suspendus des paniers à carbure genre briquet.

29 Wagner et Cie, Paris. — Appareil automatique « Américain » gazogènes à 4 paniers à 10 compartiments, soit 40, attaques successivement, système des vases communiquants sans gazomètre.

EXPOSANTS ÉTRANGERS.

1 Costa y Poncès, Espagne. — Cloche régulatrice tournant sur son axe et faisant manœuvrer par plan incliné à chaque descente et montée un contrepoids ouvrant un robinet. Chaque gazogène entourant la cloche reçoit une quantité d'eau égale à un volume. 12 gazogènes sont ainsi placés autour du gazomètre.

2 Falacio, Espagne. — Gazogène genre briquet à hydrogène.

3 Jacot et Schaller, (Suisse). — « Le Simplex, » un grand bac dans lequel sont suspendues 2 cloches au centre desquelles sont accrochés des paniers de carbure que l'eau attaque progressivement (genre briquet à hydrogène).

4 Meyer et Cie (Zurich). — Système « Héliodore ». Gazomètre avec 10 générateurs en batterie, un seau en métal rempli de carbure est enfermé dans chaque générateur et noyé successivement. L'eau est amenée d'un réservoir en charge au moyen d'un robinet de barrage actionné par la cloche du gazomètre.

5 Steiner, à Bucarest. — Paniers accrochés au haut de la cloche du gazomètre, genre briquet à hydrogène.

6 Société Suédoise d'acétylène. — Appareil « Suecia » un gazomètre, 2 générateurs avec paniers superposés, réservoir d'eau supérieur. A chaque descente de cloche une quantité d'eau cinq fois supérieure à celle nécessaire pour l'attaque du carbure d'un panier est envoyée dans le générateur. La quantité de gaz produite à chaque envoi d'eau est inférieure au volume du gazomètre.

Appareils à chute de carbure dans une masse d'eau.

Section A. — Carbure granulé.

1 Ackermann, à Marseille. — Clapet de la trémie actionné par un flotteur, appareil sans gazomètre, système des vases communiquants.

2 Allard, à Orléans. — Appareil « Le Phénix » avec gazomètre à double valve mesurant la quantité de carbure à faire tomber.

3 Bellissant, à Viels-Maison. — Appareil « Le Crypto » avec cloche intérieure agissant directement sur la soupape de la trémie.

4 Berger et Cie, Vienne, (Isère). — Cloche du gazomètre annulaire actionnant la valve de la trémie, le gazogène est au centre de la cloche et est muni d'une soupape de vidange.

5 Bordier, à Paris, système Guy. — Cloche régulatrice adjacente au gazogène qui actionne un levier ouvrant la valve du réservoir à carbure.

6 Compagnie Electro-Gaz, à Lyon. — Grand gazogène avec gazomètre dont la cloche actionne la soupape de deux trémies placées de chaque côté. Le carbure tombe dans une grande masse d'eau. La vidange peut se faire en marche de l'appareil.

7 Chardin, à Paris. — Gazomètre surmonté d'une trémie à carbure, le gaz acétylène est en contact direct avec le carbure.

8 Gouarne, à Paris. — Doubles trémies pour pouvoir recharger le
  carbure pendant la marche, elles sont placées directement
  sur la cloche. Une soupape cône est soulevée lors de la descente de la cloche.

9 Kieffer, à Paris. — Appareil « Le Pharogène » avec cloche gazomètre actionnant la valve. La trémie peut être rechargée de
  carbure pendant la marche.

10 Mehouas, à Dol de Bretagne. — Gazogène en fonte de fer à ailettes refroidissantes. La diminution de la pression fait agir
  le levier de la soupape d'une trémie en verre. Pas de cloche
  régulatrice. Barboteur en verre faisant pendant à la trémie.

11 Molé, à Laval. — Gazogène avec trémie. La pression du gaz
  chasse l'eau d'un récipient attaché à l'extrémité du levier
  actionnant la soupape. Un contrepoids placé à l'autre bout du
  levier n'étant plus équilibré par l'eau soulève la soupape du
  carbure. Une petite cloche régularise la pression.

12 Morelle, à Paris. — Trémie placée au-dessus de la cloche. Distributeur intérieur formé d'une série de godets sur plateau circulaire mu par la descente de la cloche.

13 Raynaud, à Tarare. — Gazomètre et gazogène avec trémie en
  verre. Un épurateur de même forme fait la symétrie de
  l'appareil. La cloche en s'abaissant appuie sur le levier de la
  soupape de la trémie.

14 Rozeaux, à Paris, système Thiercelin et Rozeaux. — Gazogène
  « Auto-Régulateur » petite cloche intérieure agissant sur des
  ressorts qui déterminent l'ouverture du bas de la trémie, et
  la tombée d'une quantité déterminée de carbure.

15 Société internationale à Clichy (M. Macé, directeur). — Le carbure est placé au-dessus de la cloche du gazomètre. La cloche
  en s'abaissant fait soulever directement le cône de fermeture
  et tomber le carbure dans le gazogène intérieur.

16 Tripier, à Semur. — « L'Etoile », Trémie en verre placée sur la
  cloche du gazomètre, nettoyage automatique.

Section B. — Carbure tout venant. Constructeur Diederichs.

1 Barthès, à Bourgoin. — Appareil « L'acétylénographe ». Godets
  triangulaires formant un polygone vertical placé au-dessus
  de la cloche qui fait ouvrir à chacune de ses descentes le fond
  d'un godet rempli de carbure. Le mouvement est obtenu au
  moyen d'un crochet et d'une chaîne.

2 Besnard père, fils et gendres, à Paris, système R. de Montais.
  — « Le Bayard » carbure placé dans des boules sphériques

se fermant par un petit loquet. Les boules percées de trous
d'un seul côté sont posées sur un support demi-sphérique qui
isole le carbure de l'air extérieur. A chaque descente de la
cloche tournant sur son axe par système de plan incliné une
boule est renversée dans le gazogène placé sous la cloche. Le
gazogène est à bascule et peut être nettoyé en marche.

3 Bleriot, à Paris. — Appareils avec 12 casiers intérieurs à fond
mobile s'ouvrant à chaque descente de la cloche du gazomètre.

4 Bouché-Boullet, à Chinon. — Le carbure placé dans un cylindre
est poussé par une tige de piston actionnée par de l'eau sous
pression, et tombe en quantité plus ou moins grande selon la
grandeur du modèle, dans le gazogène à chaque descente de
cloche.

5 Broqua, à Paris. — Système de boules remplies de carbure et
placées dans un cylindre ou plan incliné. Les boules tombent
successivement dans le gazogène à chaque emploi du gaz
contenu dans le gazomètre.

6 Cahen et Doyen. — Appareil Richard « L'Omnium ». 10 casiers
verticaux remplis de carbure s'ouvrant successivement à
chaque descente de cloche. Gazogène continu au gazomètre.

7 Compagnie générale de gaz acétylène. — « L'Archimède » Boîte
fermée hermétiquement contenant le carbure au milieu duquel
est placée une vis d'Archimède, actionnée par un contrepoids.
Le carbure est poussé dans le gazogène par la rotation de la
vis d'Archimède à chaque descente de la cloche.

8 Courtejarre, à Pantin. — Tambour de 12 à 24 cases remplies de
carbure, actionné par la cloche et ouvrant successivement
chaque case.

9 Javal, à Neuilly. — Couronne de gobelets dont le fond de chacun d'eux s'ouvre au-dessus du gazogène. Chute d'eau automatique sur le carbure aussitôt sa chute. Vidange automatique
de la chaux à chaque descente de la cloche.

10 Lepinay et Cie, à Chateauroux. — Appareil avec gazomètre et
gazogène surmonté d'une boîte contenant 10 à 15 godets. Un
levier attenant à la cloche actionne par engrenage la rotation
des godets, mouvement genre revolver.

11 L'hermite, à Louviers. — Appareil « l'Eclair », magasin à carbure
vertical ou horizontal, selon le modèle. Chaque case de magasin est ouverte successivement par des cames en forme
d'hélice sur un axe.

12 Fayan, à Bayeux. — Appareil dit « Le Lux » avec série de godets
remplis de carbure se déversant successivement dans le gazogène au moyen d'un levier actionné par la cloche.

13 Fourchotte, Magnard et Cie, constructeurs. — Carbure mis dans
  des casiers circulaires tournant sur axe, gen re revolver, à chaque descente de la cloche un casier s'ouvre et laisse échapper
  du carbure dans le gazogène.

14 Renous et Defforges, à Bordeaux. — Gazomètre et gazogène,
  12 boîtes contenant du carbure s'ouvre successivement par
  mouvement d'engrenage.

15 Sabatier, à Paris. — Générateur gazogène pouvant être placé
  à proximîté d'un gazomètre. Le carbure est jeté à la main
  dans le gazogène en quantité suffisante pour remplir la cloche
  de gaz.

ÉTRANGERS

1 Gustavson (Suède Koh y Noor). — Gazomètre avec gazogène alimenté par des boîtes rectangulaires remplies de carbure qui
  s'élèvent, se placent, au-dessus du gazogène, se vident et re-
  descendent mécaniquement. Le mouvement est obtenu par
  un contrepoids formé de grosses chaînes en fer.

2 Krebs à Bienne (Suisse). — Gazomètre et gazogène, godets de
  carbure genre revolver, mus par moyen de rochet et cre-
  maillère.

3 Parli et Brunschwyler à Bienne. —Appareil automatique « Gloria »
  avec godets genre revolver, rochet mu par la cloche. Autre
  appareil « Helvétia » où le carbure est jeté à la main dans le
  gazogène.

4 Palacios (Espagne). — Gazomètre et gazogène dans lequel on
  introduit le carbure à la main au moyen d'une double cuil-
  lère articulée à long manche.

5 Société « La Photolite » à Liége. —Gazomètre et gazogène surmonté
  de cônes remplis de carbure, s'ouvrant en dessous, système
  revolver.

6 Société norvégienne, « D. et Norske Acetylen gaz ». — Cloche du
  gazomètre donnant le mouvement, au moyen d'une chaîne, à
  une roue à rochet pour ouvrir les trappes de boîtes coniques
  en fonte que l'on remplit de carbure. Gazogène séparé du
  gazomètre « Excelsior »

7 Wegmann Hauser à Zurich. — Grand gazomètre actionnant par
  sa cloche une roue ou tambour denté ponr faire tomber le
  carbure dans le gazogène attenant. Même appareil où le carbure est jeté à la main dans le gazogène.

Appareils à gaz acétylène dissous dans un liquide ou autres.

Société de l'acétylène dissous à Paris. — Tubes de 1 litre à 300 litres remplis de briques très poreuses à 80 0/0 de vide. Ces récipients chargés d'acétone contiennent 10 fois leur volume de gaz acétylène par atmosphère.

Les tubes sont chargés à 10 atmosphères et renferment 100 volumes de gaz acétylène. Voiture contenant des récipients de 1 mètre cube, soit 100 mètres cubes d'acétylène disponible pour éclairage portatif.

Delaloye (Louis), Suisse. — Produit l'incandescence par le moyen d'un appareil mélangeur d'air et d'acétylène : 100 parties d'acétylène; 400 parties d'air comprimé à 4 centimètres d'eau.

Pour brûler sans incandescence dans les becs à gaz ordinaires il emploie : 35 parties d'air ; 65 parties d'acétylène.

Pour terminer cette énumération, je dois donner également la désignation des divers brûleurs à acétylène exposés, car la fonction du brûleur dans l'éclairage à l'acétylène est capitale, et cet éclairage n'a réellement commencé à se développer que lorqu'on a employé les brûleurs conjugués à entraînement d'air, Ceux employés précdemment se bouchaient fréquemment par un dépôt de carbone à l'orifice du bec.

Brûleurs à acétylène.

Lebrun et Cornaille, à Paris. — Becs en opaline forme bougie.

Sabatier et Cie, à Paris. — Becs à incandescence à l'acétylène.

Société de l'acétylène dissous à Paris. — Becs « Sirius », becs à incandescence consommant de 30 à 200 litres d'acétylène, puissance lumineuse de 110 à 1000 bougies.

Société des carbures métalliques à Paris. — Becs Bullier, becs conjugués à entraînement d'air en stéatite et en métal tête stéatite, de diverses formes, groupes de brûleurs.

Société d'exploitation du brevet Brosseau, à Levallois. — Bec brevet Malbec, tête stéatite, tige métal en tube pouvant se conjuguer à la main en faisant tourner les branches des brûleurs qui sont formés de tubes métalliques à frottement doux.

Société française d'incandescence par le gaz. — Système Auer becs multiples à incandescence pour lanternes et éclairage public.

Le prix de revient de l'unité de lumière par le gaz acétylène brûlé dans les différents becs pourra faire l'objet d'un rapport spécial.

J'indiquerai seulement que les brûleurs à incandescence présentés à l'Exposition n'ont besoin, pour obtenir un bon fonctionnement, que d'une pression minimum de 13 centimètres d'eau.

L'économie qui sera réalisée par l'emploi de ces brûleurs à incandescence à l'éclairage des petites villes, permettra à cette nouvelle industrie du gaz acétylène de produire la carcel-heure à environ 0,003 avec du carbure à 0 fr. 40.

Je n'ai pu, dans une vue d'ensemble de tous les appareils exposés en 1900, m'étendre sur les détails de construction et en décrire minutieusement le principe ou le mécanisme. Dans nos prochaines séances plusieurs inventeurs ou constructeurs feront les descriptions détaillées d'appareils appartenant aux cinq classifications que j'ai indiquées, et compléteront ainsi la présente nomenclature forcément limitée par une désignation sommaire.

Les congressistes que cette question d'éclairage intéresse particulièrement pourront en outre juger, dans les visites qu'ils feront à l'Exposition, des nombreux progrès réalisés dans cette jeune industrie depuis quelques années, et constater qu'à l'heure actuelle beaucoup d'appareils et de brûleurs exposés peuvent donner satisfaction complète, tant au point de vue de la bonne marche des appareils qu'à celui de la sécurité de leur emploi.

Je ne veux pas non plus terminer ce rapport sans adresser au nom de tous les exposants acétylénistes nos hommages et notre reconnaissance à M. Berthelot et à M. Moissan dont les découvertes scientifiques sur l'acétylène et sur le carbure de calcium ont fait éclore une nouvelle industrie d'éclairage à côté de l'éclairage électrique et de l'éclairage au gaz de houille. Chacune de ces industries répond à des besoins particuliers. L'éclairage à l'acétylène a ce grand avantage de pouvoir être installé dans les maisons les plus modestes et les plus isolées, et il permettra de les doter à peu de frais d'un très brillant éclairage.

Il n'est que de toute justice de rendre à nos deux illustres savants français, MM. Berthelot et Moissan, le tribut qui leur est si légitimement dû. (*Applaudissements.*)

M. Le Président remercie M. Besnard de sa très intéressante étude des appareils à acétylène.

La parole est à M. Lebeau pour une communication sur les siliciures de fer et sur un nouveau siliciure de cobalt.

I. — Sur les siliciures de fer,

Par M. Paul Lebeau.

Les combinaisons définies du fer avec le silicium ont acquis récemment un intérêt plus considérable par suite de l'apparition dans la métallurgie de ferro-siliciums riches préparés au four électrique. La connaissance de ces composés est en effet indispensable pour l'étude rationnelle des produits industriels.

L'étude des composés définis de fer et de silicium commence aux travaux de Hahn (1) qui a cherché à préparer des siliciures de fer en faisant réagir à la fois le silicium et le sodium sur un chlorure double de fer et de sodium obtenu par la calcination du fer réduit avec du chlorure d'ammonium et du chlorure de sodium. Le premier de ces procédés lui a permis d'obtenir un composé fondu renfermant 20 0/0 de silicium qui, traité par l'acide fluorhydrique, laissait un résidu cristallisé renfermant 50 0/0 de silicium et de fer auquel il attribue la formule Si^2Fe.

Dans un autre essai Hahn obtint un siliciure fondu moins riche en silicium auquel il donna la formule $Si^6\,Fe^{10}$. L'analyse lui avait fourni les résultats suivants :

			Calculé pour Si^9Fe^{10}
Si....	30.507	30.86	31.4
Fe ...	68.355	69.14	98.6

Plus tard Frémy (2) réussit à préparer un siliciure cristallisé renfermant 33 0/0 de silicium et 67 0/0 de fer en décomposant le chlorure de silicium par le fer au rouge. Ce composé répond sensiblement à la formule SiFe.

En 1895, M. Henri Moissan (3) a le premier isolé le siliciure $SiFe^2$ sous la forme cristallisée dans l'action directe du fer sur le silicium, à la température du four électrique ou du four à vent, ou bien encore dans le produit résultant de la réduction de l'oxyde de fer par le silicium.

Depuis cette époque G. de Chalmot (4) a indiqué la préparation de deux autres siliciures de fer Si^2Fe^3 et Si^2Fe.

Le procédé employé par de Chalmot pour préparer les siliciures de fer consiste à chauffer un corps tel que le quartz, le sable ou un silicate avec du charbon et du fer ou un composé de ce métal et parfois un fondant. On opère au four électrique et l'on maintient longtemps en fusion. Le charbon est, d'après l'auteur, complètement utilisé dans la réduction de la silice et il reste une combinaison de silicium et de fer renfermant le plus souvent de 25 à 30 0/0 de silicium. D'après de Chalmot ces ferro-siliciums seraient formés par un mélange de deux siliciures répondant aux formules Si^2Fe^2 et Si^2Fe.

En 1899 nous avons fait connaître (5) un procédé permettant d'ob-

(1) HAHN. — *Recherches chimiques sur les produits de la dissolution de la fonte dans les acides* (*Annalen der chemie und Pharmacie*, t. CXXIX, p. 57).

(2) Frémy. *Encyclopédie chimique*, article *Fer*, t. XX, p. 83.

(3) H. Moissan. Comptes rendus de l'Acad. t. CXXI. p. 13.

(4) De Chalmot. *American chemical J.* t. XVIII. p 118 et Brevets VSAP n°° 602975 et 602976.

(5) P. Lebeau, Comptes rendus de l'Académie des Sciences, t. CXXVIII, p. 933.

tenir le siliciure de fer SiFe très pur et parfaitement cristallisé. Ce mode de préparation était d'ailleurs applicable pour l'obtention des siliciures d'autres métaux tels que le fer, le nickel, le cobalt etc... Il consistait à faire réagir le métal dont on voulait obtenir le siliciure sur un excès de siliciure de cuivre à la température du four électrique de M. Moissan et dans certains cas au four à vent.

Le siliciure de cuivre que nous avons employé a été le plus souvent le siliciure industriel à 10 0/0 de silicium.

Pour la préparation du siliciure de fer SiFe, le siliciure de cuivre était grossièrement pulvérisé et mélangé avec 10 0/0 de son poids de limaille de fer aussi pure que possible. Nous opérions sur 400 grammes de siliciure de cuivre et 40 grammes de limaille de fer ou de fil de clavecin. Le mélange était placé dans un creuset de charbon que nous disposions dans le four électrique à creuset de M. Moissan. Le four était alimenté par un courant de 950 ampères sous 45 volts, et la durée de la chauffe était de quatre à cinq minutes.

On obtient un culot parfaitement fondu à cassure homogène très cristalline et d'un blanc métallique rappelant la cassure récente du siliciure de cuivre. Ce culot est concassé et les fragments obtenus sont traités dans une capsule de porcelaine par de l'acide azotique étendu de son volume d'eau. L'attaque est rapide au début puis il est nécessaire d'élever progressivement la température. L'excès de siliciure de cuivre se dissout peu à peu et l'on voit apparaître les cristaux de siliciure de fer encore empâtés de silice gélatineuse. Lorsque la masse est complètement désagrégée, on lave par décantation pour éliminer complètement l'azotate de cuivre. On verse ensuite sur le résidu 200 cc. à 300 cc. de lessive de soude ordinaire étendue de son volume d'eau et l'on maintient la capsule de dix à quinze minutes au bain-marie en agitant constamment son contenu.

On lave ensuite avec une grande quantité d'eau et les cristaux de siliciure de fer apparaissent alors très brillants, doués d'un vif éclat métallique. On traite de nouveau par l'acide azotique et par la soude jusqu'à ce que ces réactifs n'enlèvent plus trace de cuivre et de silice. On lave finalement à l'eau distillée et l'on sèche à l'étuve.

Le siliciure de fer que l'on obtient par ce procédé répond à la formule SiFe, Il diffère donc comme composition du siliciure SiFe^2 préparé par M. Moissan (1) au four électrique par union directe du fer et du silicium. Il est intéressant de rapprocher ce fait de la production du carbure de tungstène CTu, obtenu par M. Williams (2) en opérant la réduction de l'acide tungstique par le charbon en excès en présence de carbure de fer servant de dissolvant, alors que le car-

(1) H. Moissan, Comptes rendus, t. CXXI, p. 794.
(2) P. Williams, Comptes rendus, t. CXXVI, p. 1722.

bure préparé par M. Moissan (1) par union directe du carbone et du tungstène a pour formule CTu^2.

La présence d'un composé métallique servant de dissolvant, tel que la fonte de fer ou le cuivre silicié dans le cas qui nous concerne, semble donc suffisante pour donner naissance à une série de combinaisons de composition différente. Il est possible d'expliquer ce fait en considérant que ce dissolvant empêche d'atteindre une température aussi élevée que dans le cas d'une combinaison directe d'un métal avec le silicium ou le carbone, par le fait même de sa volatilisation, et perme d'obtenir, par exemple, un siliciure plus riche en silicium. Le siliciure ainsi formé étant susceptible d'être dissocié à plus haute température, comme d'ailleurs cela a été reconnu par M. Williams pour le carbure de tungstène CTu, qui se décompose au four électrique lorsqu'on le chauffe seul dans un creuset de charbon en donnant le carbure de tungstène CTu^2 et du graphite.

Le siliciure Si Fe a déjà été obtenu ainsi que nous l'avons déjà dit, par Fremy (2) dans l'action du chlorure de silicium sur le fer porté au rouge. Celui que nous avons préparé se présente soit en cristaux isolés tétraédriques, soit en cristaux groupés suivant un arrangement rappelant celui du silicium cristallisé.

La densité des cristaux à 15° est de 6,17. Ils rayent facilement le quartz, mais n'attaquent pas le corindon. Il ne sont pas magnétiques.

Le siliciure de fer n'est pas altéré visiblement dans un courant d'hydrogène ou d'oxygène sec à la température de la grille à analyse.

Le fluor l'attaque à froid avec incandescence en produisant du fluorure de fer qui conserve la forme des cristaux.

Le chlore et le brome réagissent également avec incandescence au rouge sombre.

Le soufre ne l'attaque pas au-dessous du rouge.

Les acides minéraux en solutions étendues ou concentrées sont sans action sur ce composé, sauf l'acide fluorhydrique et le mélange d'acide nitrique et d'acide fluorhydrique qui le dissolvent complètement.

L'analyse de ce siliciure nous a donné les résultats suivants :

				Théorie pour SiFe
Silicium 0/0	33.18	33.09	33.40	33.33
Fer 0/0	66.28	66.72	65.35	66.66

Cette composition était d'ailleurs indiquée par la préparation même qui fournit un rendement très voisin du rendement par rapport au fer employé.

(1) H. Moissan, Comptes rendus, t. CXXIII, p. 13.
(2) Fremy. *Encyclopédie chimique*, article *Fer*.

Poids de fer employé.......... ... .   40 grammes
SiFe correspondant calculé........   60   —
SiFe obtenu......................   57   —

La réaction se produit donc d'une façon assez nette, il n'entre en effet que fort peu de fer en solution dans l'acide nitrique pendant la désagrégation du culot. En changeant les proportions de métal et de siliciure de cuivre, nous avons pu préparer des composés de formules différentes. Dans le cas du fer on obtient, en employant une plus grande quantité de fer, le siliciure $SiFe^2$ pur et cristallisé. Pour le préparer on chauffe au four à vent dans un creuset de porcelaine brasqué de Doulthon un mélange de 150 grammes de fer (fil de clavecin) et 300 grammes de siliciure de cuivre à 10 0/0 de silicium. Le fer est donc en grand excès par rapport au silicium. On chauffe pendant plusieurs heures au coke, puis au charbon de cornue. Si l'opération a été bien conduite on obtient un culot bien fondu qui a pris la forme du creuset, de la couleur du bronze, et presque malléable. On traite le culot par l'acide azotique à 10 0/0 jusqu'à dissolution complète de la partie cuivreuse; il reste une masse cristalline spongieuse qui conserve souvent la forme primitive, constituée par un enchevêtrement de cristaux de siliciure.

On termine la purification du siliciure en le lavant à la soude à 10 0/0, puis finalement à l'acide azotique et à l'eau. La poussière cristalline résiduelle doit être entièrement attirable à l'aimant, le siliciure $SiFe^2$ étant magnétique.

Les cristaux ainsi obtenus répondent exactement à la formule $SiFe^2$. L'analyse peut en être faite en les dissolvant dans l'acide chlorhydrique, rendant la silice insoluble, et dosant le fer dans la solution :

	Trouvé		Calculé pour $SiFe^2$
Silicium....	19.22	19.37	20
Fer...............	80.84	80.10	80

Les cristaux sont brillants, d'un gris de fer. Ils sont formés de cristaux à pointements d'octaèdres groupés sous forme de dendrite. Leur densité est la même que celle du siliciure préparé par la méthode de M. Moissan.

Leurs propriétés chimiques sont également identiques. Nous avons constaté que ce siliciure était inattaquable par l'acide azotique étendu ou concentré, à froid ou à chaud. L'acide chlorhydrique le dissout, au contraire, assez facilement, surtout s'il est porphyrisé. Les lessives alcalines étendues (10 à 20 0/0 de NaOH) sont sans action à froid, mais une solution de soude à 50 0/0 de NaOH attaque superficiellement les cristaux après quelques heures de contact à froid; à chaud, la réaction s'accélère, de la silice entre en solution, et la liqueur tient en suspension des flocons d'oxyde de fer.

L'eau de chlore n'altère point ce siliciure de fer même après plusieurs jours de contact, tandis que les solutions des hypochlorites alcalins les ternissent, en même temps que de petites bulles gazeuses se forment à leur surface.

Nous avons dit plus haut que de Chalmot considérait les ferro-siliciums qu'il obtenait au four électrique comme formés d'un mélange de deux siliciures Si^2Fe^3 (25 0/0 Si) et Si^2Fe (50 0/0 de Si). Il semble difficile d'admettre *a priori* que les siliciures $SiFe^2$ et $SiFe$, antérieurement décrits par différents auteurs, ne se rencontrent pas dans ces produits.

Les procédés donnés par M. Moissan pour la préparation du siliciure $SiFe^2$ démontrent qu'il existe dans les ferro-siliciums à 10 0/0 préparés soit au four à vent, soit au four électrique, par l'action du fer sur le silicium ou par la réduction au moyen du charbon d'un mélange de silice et d'oxyde de fer. MM. Carnot et Goutal, en étudiant le résidu de l'attaque par l'acide sulfurique à 5 0/0 de SO^4H^2, d'un ferro-silicium pauvre en manganèse, en ont isolé une portion magnétique présentant la composition chimique de ce même siliciure de fer. D'autre part, M. Osmond (1), dans ses recherches calorimétriques sur les ferro-siliciums, a obtenu en traitant un échantillon à 11,72 0/0 de Si par le chlorure double de cuivre et d'ammonium, un résidn qui représente 59 0/0 du poids initial et contient 19,2 0/0 de silicium, c'est à-dire la presque totalité. La composition de ce résidu est encore très voisine de celle de $SiFe^2$. Enfin nous avons pu isoler ce même composé de ferro-siliciums industriels d'une teneur en silicium comprise entre 10 et 20 0/0. Pour cela nous avons épuisé ces produits bien pulvérisés par l'acide azotique étendu, puis par l'acide concentré, et pour enlever aussi complètement que possible la partie ferrugineuse soluble, nous avons terminé l'attaque en tube scellé. Le résidu est une poudre cristalline répondant très sensiblement à la formule $SiFe^2$ et ne renfermant jamais plus de 20 0/0 de silicium.

La présence du silicium $SiFe$ est également facile à observer dans les ferro-siliciums industriels à teneur en silicium supérieure à 20 0/0. Il n'est pas rare d'observer dans ces produits de véritables géodes tapissés de cristaux tetaaédriques de ce siliciure, parfois même on peut rencontrer dans la masse même du ferro-silicium une grande quantité de ces mêmes cristaux formant une sorte de feutrage.

Les analyses faites sur des cristaux de siliciures séparés mécaniquement et d'aussi belle apparence que possible nous ont donné une teneur

____

(1) Osmond. Comptes rendus de l'Acad., t. CXIII, p. 474.

en silicium toujours un peu faible. Cela tient à ce que ces cristaux soi
cimentés en quelque sorte par du silicium $SiFe^2$, ainsi qu'il est facil.
de le constater par l'examen d'une surface polie ayant subi un recuit.

Nous avons trouvé pour ces cristaux impurs la composition suivante :

				Théorie p. Si Fe.
Si	27.11	29.76	30.93	33.33
Fer	73.50	71.07	69.04	66.66

Tous ces chiffres sont supérieurs d'au moins deux unités à la teneur
lu silicium Si^2Fe^3 découvert par De Chalmot.

Nous avons d'ailleurs pu isoler ce siliciure $SiFe$ grâce à l'aide d'un
traitement très simple. Le ferro-silicium dont nous sommes parti présentait la composition suivante :

	0/0
Fer	59.04
Silicium	35.01
Ca	4.16
SiC + graphite	1.90

Ce ferro-silicium a été pulvérisé, puis traité par l'acide azotique qui
a éliminé le siliciure de calcium. Après l'action de cet acide on a lavé
par une lessive de soude étendue et finalement repris encore une fois
le résidu par l'acide azotique.

La matière pulvérulente restante est cristallisée et non magnétique.
L'analyse nous permet de l'identifier avec le composé $SiFe$.

			Théorie p. SiFe.
Si	33.00	33.28	33.33
Fe	66.08	66.19	66.66

Les siliciures $SiFe^2$ sont donc bien les constituants habituels des
ferro-siliciums industriels d'une teneur inférieure à 40 0/0. Nous avons
pu constater dans les ferrro-siliciums plus riches une autre combinaison du fer et du silicium, probablement le [siliciure Si^2Fe de De
Chalmot, mais nos recherches sur ce point ne nous permettent pas
encore de donner des résultats définitifs. Outre les siliciures de fer,
les ferro-siliciums industriels renferment souvent (surtout lorsqu'ils
sont riches en silicium) du siliciure de calcium, du siliciure de carbone et un peu de graphite. Il n'existe pas sensiblement de carbone
combiné si le produit n'est pas manganésifère. Nous pensons que la
connaissance parfaite des combinaisons du fer et du silicium est susceptible de rendre des services sérieux à la métallurgie.

(Applaudissements.)

II. — Sur un nouveau siliciure de cobalt.

Par M. Paul Lebeau.

Nous venons de montrer que l'action du fer sur le siliciure de cuivre fondu permettait d'obtenir les siliciures de fer définis et cristallisés $SiFe^2$ (1) et $SiFe$ et nous avons indiqué que ce procédé de préparation était susceptible de fournir également d'autres siliciures des métaux voisins du fer. Nous donnerons comme exemple la préparation d'un nouveau siliciure de cobalt.

M. Vigouroux a, le premier, décrit une combinaison définie de silicium et de cobalt répondant à la formule $SiCo^2$ qu'il obtenait en faisant réagir le silicium sur un excès de métal (2).

Le siliciure de cobalt que nous avons obtenu a pour formule $SiCo$. Sa préparation peut être calquée sur celle du siliciure de fer correspondant.

Préparation. — On chauffe, au four électrique de M. Moissan, dans un creuset de charbon, un mélange de 40 gr. de siliciure de cuivre à 10 0/0 et 40 gr. de cobalt en limaille ou en menus fragments. La durée de la chauffe est de 4 à 5 minutes pour un courant de 950 ampères sous 50 volts. On obtient dans ces conditions un culot fondu peu cassant qui, traité alternativement par l'acide azotique et une solution de soude, abandonne de très beaux cristaux de siliciure de cobalt.

On peut encore effectuer cette opération au four à vent mais il est nécessaire d'atteindre la température la plus élevée que peut donner un four bien construit pour fondre convenablement le mélange. Malgré cela, il arrive souvent qu'en raison de la durée de la chauffe et des déformations ou des fissures des creusets, les gaz du foyer interviennent et transforment une partie du silicium en produits azotés (3) et oxydés. Aussi est-il beaucoup plus avantageux d'employer le four électrique, la réaction est alors très régulière et l'on atteint un rendement voisin du rendement théorique. Par exemple 40 gr. de cobalt nous ont fourni 56 gr. de siliciure $SiCo$, la théorie exigerait 59 grammes.

Propriétés. — Le siliciure de cobalt se présente en cristaux prismatiques très brillants.

La densité à $+ 20°$ est égale à 6.30.

Il ne présente pas une très grande dureté. le verre est, en effet, faiblement entamé.

(1) P. Lebeau, Comptes rendus. t. CXXVIII, p. 933 : t. CXXXI, p. 383.

(2) E. Vigouroux. *Ann. Chim. Phys.*, 7e série, t. XII. p. 153.

(3) Dans ce cas la matière se réunit mal et reste en partie pulvérulente, elle laisse, après traitement par l'acide azotique, outre du siliciure de cobalt, une notable proportion d'une poudre d'un gris verdâtre, qui parait être formée par un mélange des azotures et oxycarbures de silicium décrits par Schutzemberger et M. Colson. Nous y avons constaté la présence de l'azote et du carbone.

Chauffé dans un courant d'hydrogène, il fond vers 444° en donnant une masse métallique à cassure cristalline d'un bel éclat métallique.

Le fluor réagit sur le siliciure de cobalt légèrement chauffé avec incandescence : il se dégage du fluorure de silicium et il reste du fluorure de cobalt. Le chlore ne l'attaque qu'au rouge sombre.

Chauffé dans l'oxygène, le siliciure de cobalt se transforme lentement vers 1200°. Le soufre est sans action à la température de fusion du verre.

Les gaz fluorhydrique et chlorhydrique donnent, au rouge, les fluorures et chlorures de cobalt et de silicinm et de l'hydrogène.

La vapeur d'eau oxyde le siliciure de cobalt à 1200° très incomplètement d'ailleurs ; la couche d'oxyde formée produit de belles irisations à la surface des cristaux. L'hydrogène sulfuré fournit du sulfure de cobalt et du sulfure de silicium. Le gaz ammoniac réagit à haute température avec fixation d'azote. Dans les mêmes conditions, c'est-à-dire vers 1300°, l'azote altère superficiellement ce composé.

Le siliciure de cobalt est inattaquable par l'acide azotique étendu ou concentré et par l'acide sulfurique concentré. Il se dissout lentement dans l'eau régale, plus rapidement dans l'acide chlorhydrique concentré.

Les lessives alcalines étendues sont aussi sans action, mais si on les concentre en présence du siliciure, l'attaque se produit et elle devient très rapide avec les hydrates alcalins fondus.

Les carbonates alcalins en fusion attaquent également le siliciure de cobalt.

L'azotate de potassium fondu est sans action au-dessous de sa température de décomposition. Le bisulfate de potassium ne l'altère pas sensiblement au rouge.

Analyse. — L'analyse du siliciure de cobalt a pu être faite très facilement en utilisant sa solubilité dans l'acide chlorhydrique.

	I.	II.	III.	IV.	Théorie pour SiCo.
Silicium	32.26	31.80	32.07	32.50	33.18
Cobalt....................	66.90	67 50	67.70	66.93	67.81

Les analyses 1 et 4 se rapportent à un échantillon souillé d'un peu de silicium de fer provenant du siliciure de cuivre industriel.

En résumé, le procédé de préparation des siliciures métalliques par l'action d'un métal sur le siliciure de cuivre, nous a permis d'obtenir un nouveau composé du silicium et du cobalt répondant à la formule SiCo comparable par sa composition et ses propriétés au siliciure de fer SiFe. Ce corps est remarquable par sa résistance aux agents d'oxydation et il est peu attaquable par les acides, sauf l'acide chlorhydrique. (*Applaudissements.*)

La séance est ouverte à 9 heures 10, sous la présidence de **M. Mois
son.**

Le procès-verbal de la dernière séance est adopté.

M. LE PRÉSIDENT. — La parole est à M. Marie, pour la communica
tion de son étude sur l'état actuel de l'industrie des produits organi
ques préparés par électrolyse.

Etat actuel de l'Electrochimie appliquée aux composés organiques

PAR M. C. MARIE

Préparateur de Chimie appliquée à la Faculté des Sciences

De même que la chimie minérale, la chimie organique a cherché, il
y a longtemps déjà, à utiliser l'énergie électrique pour la synthèse
d'un grand nombre de corps. Au point de vue des résultats acquis, ces
deux applications diffèrent d'une manière totale en ce sens que : tan
dis que la chimie minérale s'enrichissait d'un nombre considérable
de composés nouveaux, de constitution en général très simple, grâce
aux merveilleux résultats obtenus au four électrique par M. Moissan
et ses élèves, la chimie organique parvenait seulement, dans la grande
majorité des cas, à des corps déjà obtenus par les méthodes de synthèse
classiques.

L'électrochimie organique représente le plus souvent un simple
perfectionnement des procédés ordinaires, alors que l'électrochimie
inorganique, par l'imprévu des résultats obtenus, constitue en réalité
une rénovation totale de la chimie minérale.

Cette différence, jointe au lustre donné à l'électrothermie par la
découverte d'un corps aussi riche en applications que le carbure de
calcium, explique la canalisation des efforts scientifiques et industriels
par cette branche de l'électrochimie appliquée.

Au commencement d'une étude sur l'électrochimie organique, il
convient de se rappeler que de nombreux savants, ont en France, étu
die avec un succès démontré par les résultats obtenus l'action de
l'énergie électrique sur les composés organiques les plus divers. Dans

ce domaine nous pouvons citer les synthèses classiques de l'acétylène et de l'acide cyanhydrique réalisées par M. Berthelot qui, tout récemment encore, obtenait par l'effluve des composés sulfurés de la série grasse ; les travaux de Friedel sur l'électrolyse de l'acétone ; l'électrolyse des acides organiques étudiée par Bourgoin, Bouis et Wurtz en France, en même temps que par Kolbe en Allemagne, les travaux de Renard, Riche, Jaillard, Dehérain, d'Almeida sur les alcools, etc., etc.

Certains de ces travaux repris depuis sur de grandes quantités de matières avec l'aide d'une technique plus perfectionnée, n'ont pu que constater l'exactitude des résultats obtenus par ces premiers expérimentateurs.

Si des recherches purement scientifiques nous passons aux applications techniques, il nous faut rappeler les travaux de Gœpelsroder sur les applications de l'électricité à la synthèse des matières colorantes et à la teinture, ceux de Naudin sur la désinfection des alcools mauvais goût.

Les insuccès relatifs de ces procédés au point de vue industriel firent abandonner ce genre d'études pendant quelques années et l'absence d'une théorie permettant d'expliquer les résultats en apparence contradictoires obtenus fut sans doute pour beaucoup dans le discrédit jeté sur ces recherches. Les théories de MM. Ostwald, Arrhenius, Nernst, l'étude des conductibilités électriques de MM. Bouty et Kohlraùsch, en fournissant une base scientifique plus solide aux recherches électrochimiques, ont suscité depuis quelques années un grand nombre de travaux de laboratoire dont l'importance industrielle s'est affirmée par la prise de nombreux brevets.

Quoique encore à ses débuts, cette nouvelle période d'activité n'en a pas moins fourni de remarquables résultats et entassé des documents dont l'étude rapide est la raison d'être de ces pages.

Des trois formes d'utilisation possible de l'énergie électrique, arc, effluve, électrolyse, celle-ci seule a fourni à l'heure actuelle des résultats pratiques ; aussi nous en occuperons-nous exclusivement. Nous allons maintenant passer en revue les principales réactions nettes réalisées par voie électrolytique ; pour chacune d'elles, un exposé théorique en quelques mots sera suivi de l'étude des applications qui en ont été proposées.

Nous traiterons ensuite à part les procédés, ou les réactions dans lesquelles le courant joue un rôle soit secondaire, soit incomplétement expliqué.

Pour la simplicité des réactions qu'ils fournissent, nous considérerons d'abord les non-électrolytes, c'est-à-dire les corps nitrés, les cétones, les aldéhydes, les bases, telles que la pyridine, la quinoléine, etc.

Pour permettre le passage du courant, il faut ajouter à la solution plus ou moins aqueuse de ces corps un électrolyte, acide, base ou sel, grâce auquel l'eau décomposée fournit l'hydrogène ou l'oxygène nécessaire à la réaction oxydante ou réductrice cherchée. Nous étudierons successivement la fixation simple de l'hydrogène, l'enlèvement de l'oxygène, puis la fixation directe de ce dernier.

Comme exemple de fixation simple d'hydrogène nous rencontrons la transformation indiquée par Ahrens, brevetée par Merk, de la pyridine en pipéridine, de la quinoléine en dihydroquinoléine par simple électrolyse de la base dissoute dans l'acide sulfurique concentré.

La picoline ou méthylpyridine donne de même par fixation de H^2 la pipecoline et par une réaction tout à fait semblable, Ahrens a pu transformer les nitriles, principalement ceux de la série aromatique en amines correspondantes. C'est ainsi que le benzonitrile $C^6 H^5 CAz$ fournit la base correspondante $C^6H^5CH^2AzH^2$.

Appliquée à certains corps contenant le groupe CO, la réduction électrolytique les transforme en l'alcool secondaire correspondant. C'est ainsi que la cétone de Michler donne le benzhydrol, de même la tropinone qui a fourni à la fabrique chimique de Berlin la tropine, sans trace, et c'est là le point intéressant, de pseudo-tropine, corps que les autres procédés de réduction fournissent toujours en même temps.

Avec les réductions par enlèvement d'O et fixation d'H nous entrons dans la partie la plus étudiée de la chimie organique électrolytique. Un corps nitré tel que la nitrobenzène peut, en effet, ainsi que l'ont montré les travaux de Gattermann, Löb, Haber, etc., donner naissance à différents corps, suivant le milieu et les conditions dans lesquelles la réduction est effectuée. En solution alcaline on peut ainsi obtenir l'azo ou l'hydrazo, en solution acide, l'hydroxylamine substituée correspondante ou plutôt par transposition moléculaire, l'amido-phénol. Le nitrobenzène donne ainsi l'azobenzène, l'hydrazobenzène en solution alcaline, en solution acide le p. amido-phénol. Pour ce dernier, Gattermann démontre que sa formation est précédée de celle de la phényl-hydroxylamine, en réduisant le nitrobenzène en présence de benzaldéhyde qui fournit le dérivé benzylidénique correspondant. Dans la même réaction, Loeb remplace l'aldéhyde benzoïque par l'aldéhyde formique et obtient des produits polymérisés. Enfin Haber donne une preuve directe de la formation de l'hydroxylamine en l'extrayant en nature du produit de réduction du nitrobenzène seul.

La formation du p. amido-phénol à partir du nitrobenzène est brevetée par la fabrique d'Elberfeld. La réduction en solution alcaline, brevetée d'abord par Straub, est perfectionnée à la fabrique d'aniline A. Wulfing qui, en remplaçant l'hydrate alcalin employé par un acé-

tate alcalin, assure aux diaphragmes une plus large durée. La m. nitra-
niline ainsi réduite donne avec un rendement de 80 0/0 un hydrazoïque
nouveau le m. diamido-hydrazobenzène $AzH^2C^6H^4AzH$

$$AzH^2C^6H^4AzH$$

caractérisé par l'identité de la benzidine correspondante avec celle
obtenue par réduction directe de la dinitrobenzidine. L'électrolyse de
mélanges de nitrés donne à Löb des azoïques mixtes $RAz = AzR'$ en
même temps bien entendu que les azoïques simples dérivés des nitrés
employés.

Ces réactions très nettes ont été appliquées par différents savants à
un grand nombre de nitrés à fonctions variées, bases, aldéhydes, etc.,
et ont fourni la matière de nombreux brevets.

Parmi les composés oxygénés non nitrés réduits par électrolyse on
peut encore citer la cotarnine transformée par perte d'un oxygène en
hydrocotarnine (E. Bandow et R. Wolffeinstein), l'hydrastinine
$C^{11}H^{13}AzO^3$ qui fournit l'hydrohydrastinine $C^{11}H^{13}AzO^2$ et enfin,
d'après les travaux de Thomas, B. Ballu et Tafel, les composés tels que
l'acétanilide qui fournissent les amines substituées correspondantes.
L'acétanilide $C^6H^5AzHCOCH^3$ donne ainsi l'éthylaniline $C^6H^5AzHC^2H^5$.
Cette réaction appliquée par les mêmes auteurs à d'autres produits contenant le groupe CO les a conduits à transformer avec des rendements
d'au moins 70 0/0 la caféine en désoxycaféine, la benzoylpipéri-
dine en benzylpipéridine, etc.

Avant de quitter ce chapitre nous citerons encore la réduction de
bases acétoniques étudiée par la fabrique chimique de Berlin dans le
but de préparer des matières premières pouvant servir à la synthèse
des matières colorantes ou médicamenteuses.

Comme contre-partie de ces phénomènes de réduction à la cathode,
nous trouvons les phénomènes d'oxydation à l'anode. Phénomènes
bien plus complexes et par suite moins étudiés. Comme exemple de
réaction simple, il convient de citer les nombreux brevets pris tant en
France qu'à l'étranger pour préparer la vanilline au moyen de l'isoeugénol. L'oxydation dans ce cas transforme la chaîne latérale C^3H^5 de
l'isoeugénol en groupe aldéhydique

$$C\diagup\diagdown\substack{O \\ H}$$

La délicatesse de cette réaction est attestée par le grand nombre de
brevets où elle est étudiée. Parmi ceux-ci, nous pouvons citer les brevets français de Kolbe, Otto et Verley, les brevets allemands des successeurs du Dr Heyden à Radebeul et ceux de Haarmann et Reimer.

L'oxydation intéressante signalée par Elbs du p. nitrotoluène avec transformation en alcool p. nitrobenzylique n'est encore qu'un fait isolé dont on peut rapprocher cependant la transformation brevetée par les successeurs de Heyden du toluène sulfonamidé en o. Benzosulfonimide, plus connu sous le nom de saccharine.

A ces réactions nous devons ajouter celles qui ont pour objet de fixer les halogènes Cl, Br, I sur certaines matières organiques. La Société des usines du Rhône a breveté la préparation électrolytique de l'éosine et autres dérivés halogénés de la fluorescine. Dans ce procédé, le courant agissant sur le mélange des corps à chlorer, bromer ou ioder avec le sel alcalin halogéné correspondant sert simplement à produire la scission entre le métal alcalin qui se rend au pôle négatif tandis que le métalloïde libéré au pôle positif se combine à la molécule organique soumise à la réaction. Il n'est plus nécessaire d'employer un excès de brome ou d'iode et l'on obtient avec un rendement meilleur que dans les procédés ordinaires des matières colorantes de nuances plus pures.

A cette série se rattachent tous les antiseptiques iodés dérivés des phénols, l'aristol par exemple ou thymol diiodé dont la préparation électrolytique est brevetée par la fabrique chimique d'Elberfeld, et surtout l'iodoforme, le premier en date de ces produits, préparé par électrolyse dès 1884.

Nous aborderons maintenant l'étude des corps dits électrolytes c'est-à-dire des corps dissociés dans leur solution plus ou moins complétement. L'étude de cette classe de corps qui comprend les acides organiques et leurs sels est encore à l'heure actuelle du domaine de la chimie pure. Nous signalerons cependant les résultats obtenus, car c'est dans cette partie que nous trouverons le plus grand nombre de véritables synthèses.

Nous diviserons les travaux sur ce sujet en deux groupes : 1° l'électrolyte des acides gras ou de leurs sels ; 2° les synthèses réalisées. Depuis les travaux cités au commencement de cette étule, l'électrolyse des acides gras ou de leurs sels a été l'objet des recherches de Bunge en 1889, de MM. J. Hamonet et Petersen qui, en opérant sur des quantités de sels alcalins un peu considérables, ont pu isoler nettement tous les produits formés dans la réaction. M. Petersen a vérifié ainsi les vues de Kolbe sur ce sujet, et montré que la formation de carbure gras normal était générale, mais toujours liée à celle de carbures incomplets. Ses expériences précises ont montré l'influence des différents facteurs, concentration, intensité, sur le rendement dans les divers produits, et peuvent servir de modèles aux études de ce genre.

Quant aux synthèses réalisées, ce sont celles de MM. Brown et Walker qui, partant du sel éther d'un acide bibasique à n atomes de carbone produisent l'acide bibasique à nombre d'atomes de carbone double. Le succinate double de K et d'éthyle donne ainsi l'adipate d'éthyl éther de l'acide en C^8.

Celles de MM. Miller et Hofer qui électrolysent le mélange d'un sel d'acide gras et d'un éther sel d'acide bibasique; comme exemple on peut citer la synthèse de l'acide méthyl-hydrocinnamique au moyen de l'acétate de K et de l'éthylbenzylmalonate de K et d'éthyle suivant la réaction.

$$CH^3CO^2K \qquad \qquad \qquad \qquad \qquad \qquad \overset{\displaystyle CH^3}{\underset{\displaystyle COOC^2H^5}{|}}$$
$$C^6H^5CH^2CH \underset{\textstyle CO^2K}{\overset{\textstyle C'OOC^2H^5}{<}} = \overline{K^2} + 2CO^2 + C^6H^5CH^2CH$$

Une réaction de même ordre a conduit tout récemment M. J. Hamonet à la préparation des glycols au moyen des sels alcalins d'oxyacides subsistués dans l'oxhydryle.

Schématiquement la réaction est la suivante :

$$2 \ C^n H^{2n} \underset{\textstyle CO^2K}{\overset{\textstyle OR}{<}} = C^n H^{2n} \overset{\textstyle OR}{/} \qquad C^n H^{2n} \overset{\textstyle OR}{/}$$

Une simple saponification fournit ensuite le glycol cherché.

On peut encore citer ici les synthèses réalisées par Mulliken en enlevant par électrolyse le sodium de dérivés tels que le malonate d'éthyl sodé ou l'acétylacétonate de sodium. La soudure des résidus fournit ensuite avec le malonate l'éther éthane-tétra-carbonique avec l'acétyl-lacétonate le tétracétyléthane, réactions intéressantes sur ce que ces composés ne se forment pas par oxydation directe.

Avec ces réactions nous quittons le terrain des préparations électrolytiques nettes pour passer à l'étude d'actions plus complexes dans lesquelles le processus électro-chimique est encore à l'heure actuelle plus ou moins inconnu.

Le tannage électrolytique, étudié dès 1860 par Cross et Ward, depuis par Rehne, de Meritens, Gaulard et Kresser, a fait l'objet des recherches et des brevets pris depuis 1890 par Fœlsing, E. Jean, Pinna, Lormier, Westengard et Zeuner, Bing, etc., etc.

En sucrerie, nous trouvons un grand nombre de procédés brevetés pour la plupart en France par MM. Schollmeyer et Dammeyer, Van der Weyde et Luga, Meygret, Bouillaut et plus particulièrement pour les derniers parus, ceux de MM. Javaux, Gallois et Dupont, Ranson, Urbain et le procédé Say-Gramme, le seul à ma connaissance utilisé industriellement tant en France qu'à l'étranger.

A ces recherches se rattachent encore celles de Fœlsing et de Cerych sur la préparation d'extraits tannants ou des matières colorantes du bois de Quebracho.

Ces applications d'une importance industrielle considérable sont à l'ordre du jour des sections du Congrès comprenant ces industries ; elles doivent y être l'objet de rapports spéciaux, aussi avons-nous cru pouvoir passer aussi rapidement sur elles.

Dans les matières colorantes, nous citerons la préparation de colorants appartenant au groupe du bleu de méthylène, par le Dr **Klein** (1891) ; de colorants tels que les rosaniline, safranine, chrysaniline, etc., par Vogt (1894) ; de matières colorantes du triphenylméthane, par la Société pour l'industrie chimique à Bâle ; celle de matières colorantes orangées dérivées du stilbène, par la même société (1895) ; de matières colorantes pour mordants à partir des oxyacides aromatiques, **par la fabrique badoise d'aniline** (1896) ; de couleurs sulfurées ou nitrées dérivées de l'anthraquinone, par Weizmann (1897), et enfin de dérivés des composés hydroxylés, tels que la résorcine, les acides tannique, gallique, etc., par Vanbel et Alefeld (1898).

Parmi les préparations particulières où les procédés dans lesquels le courant joue un rôle mal déterminé) on peut encore citer le procédé de Moller (1897) pour préparer la levure, le courant servant d'une part à stériliser le moût, de l'autre à activer la fermentation en fournissant de l'oxygène ; le brevet de Deininger pour vieillir artificiellement les liquides alcooliques en les saturant d'abord d'oxygène, puis les soumettant à l'action du courant alternatif ; le procédé d'épuration de la glycérine par Perrier (1899) ; le procédé d'imprégnation du bois par Nodon Bretonneau (1899) au moyen d'une solution contenant du borax, de la résine, quelques pour cent de carbonate de soude. Le bois placé entre deux semelles de Pb qui amènent le courant est plongé dans cette solution chauffée à 90°-100°.

En terminant cette revue rapide des applications de l'électrochimie à la chimie organique, il convient de citer, à cause de l'origine électrochimique des matières premières : la préparation, par la fabrique badoise d'aniline, d'un oxydant jouissant de la curieuse propriété de transformer l'aniline directement en nitrobenzène, oxydant constitué par un mélange d'acide sulfurique et de persulfate d'ammoniaque. La préparation par la fabrique de matières colorantes d'Elberfeld d'un acide aldéhyde disulfonique au moyen de *l'acétylène* et de l'acide sulfurique à 50 0/0 SO^3, acide de formule :

$$\begin{array}{c} O \\ \diagdown \\ {} \\ H \diagup \end{array} C - CH \diagup^{SO^3H}_{\diagdown SO^3H}$$

dédoublable facilement par hydratation en acide formique **synthétique** et acide méthane disulfonique, suivant la réaction :

$$\underset{H}{\overset{O}{>}}C - CH\underset{SO^3H}{\overset{SO^3H}{<}} + HOH = HCO^2H + CH^2\,SO^3H^2$$

et enfin la préparation de l'éthène tétraiodé, découvert par M. Moissan,
obtenu depuis par M. Maquenne par l'action directe de l'iode sur l'acétylène et plus connu sous le nom de diiodoforme qui lui a été donné en
thérapeutique.

Il resterait maintenant à indiquer quelles sont, parmi ces réactions
si diverses et souvent si ingénieuses, celles qui sont l'objet d'une exploitation industrielle réelle. C'est malheureusement à l'heure actuelle
une chose impossible et là encore nous retrouvons une différence considérable avec la chimie minérale. Alors que celle-ci opérant sur des
masses énormes de matière, exige un matériel et des usines dont
l'existence même est une preuve de la vitalité des procédés employés,
l'électrochimie organique dans ses multiples applications traite des
quantités relativement faibles de produits d'un prix souvent élevé et
la fabrication d'un corps quelconque par ses méthodes peut subsister
dans l'usine même où la recherche de laboratoire fut effectuée, sans
que rien n'en transpire au dehors.

D'ailleurs ,de l'aveu même d'industriels qui se sont occupés de ces
questions, la période de tâtonnement n'est pas encore close, les applications des meilleures de ces réactions sont encore très faibles et les
nombreux brevets rencontrés au cours de cette étude sont seulement
des jalons posés, des communications préliminaires en quelque sorte,
permettant en toute liberté d'esprit de continuer les recherches dans
cette voie déjà si riche en résultats scientifiques acquis à l'heure actuelle, sûrement féconde en résultats pratiques dans l'avenir.

(Applaudissements).

M. LE PRÉSIDENT. — Nous remercions M. Marie de son intéressant
rapport, nourri de faits et rempli de choses nouvelles. Je l'avais prié
pour vous de préparer ce travail, parce que je pense que ce sont surtout ces questions nouvelles, en cours d'études, sur lesquelles il est
important de chercher à fixer nos renseignements.

M. Lebeau donne lecture du rapport de M. Mathews.

L'Industrie du carbure de calcium aux Etats-Unis.

Par JOHN A. MATHEWS, M. Sc., Ph. D., F. C. S.

C'était en 1894, que M. Thomas L. Willson découvrait que le carbure de calcium était produit dans quelques-unes de ses expériences
sur la réduction des oxydes réfractaires dans le four électrique, et
entre juin et décembre 1895, il a obtenu des brevets aux Etats-Unis

protégeant la manufacture du produit, les méthodes de sa conversion en acétylène, et protégeant en général l'utilisation de l'acétylène pur ou comme enrichisseur, en étant mélangé avec d'autres gaz pour l'éclairage.

Pendant les trois années courues, depuis l'obtention des brevets de M. Willson, cinq ou six usines ont été organisées dans quelques sections des Etats-Unis, mais leur production totale combinée était limitée, leur marche étant largement expérimentale.

Leur production en 1897, fut de 1.925 tonnes, leur valeur $134.750 (673.750 francs). En 1898, le contrôle complet de l'industrie aux Etats Unis était acquis par l'Union Carbide Company et cette Compagnie obtint le titre de possession en mai de la même année.

Depuis cette date, les chiffres officiels concernant la production totale en 1898 et 1899 n'ont pas été donnés au public ; mais d'autres faits fort intéressants concernant la condition de l'industrie m'ont été gracieusement accordés par les officiers de la Compagnie.

Quand l'Union Carbide Company a obtenu le contrôle de l'industrie toutes les usines, celles de Niagara (New-York) et Sault-Sainte-Marie (Michigan) exceptées, ont été fermées, et les usines à Niagara sont aujourd'hui la source principale du produit aux Etats-Unis. L'activité de la Compagnie à Sault-Sainte-Marie, à présent, concerne principalement le développement de la force motrice des chutes ; 20.000 H P. seront éventuellement capables d'utilisation pour cette manufacture.

Les usines à Niagara, avec 25.000 H P. efficaces, suffisent pour la demande actuelle, quoiqu'elles marchent en dessous de la moitié de leur capacité.

Six mois après, l'Union Carbide Company a pris commande (en décembre 1898). J'ai reçu d'un haut officier une communication m'informant que « la plupart du travail de l'année passée a été expérimental et c'est seulement pendant les mois derniers que l'industrie marche avec un succès commercial.

« Le prix minimum du carbure est $70 (350 francs), par tonne, en wagons, et le prix varie de ce chiffre à $90 (450 francs), par tonne en quantités plus minimes. Nous trouvons qu'une dépense de près de 300 H P. par vingt-quatre heures, est nécessaire pour un rendement d'une tonne de produit. Je me fais un plaisir de dire que les ventes de carbure de calcium croissent rapidement, à cause de beaucoup de petites installations isolées dans le pays, notamment dans l'Ouest, et principalement dans les environs, où ni le gaz artificiel, ni le gaz à l'eau ni l'éclairage électrique n'existent. »

Dans l'été de 1898, les usines de Niagara produisaient de 8 à 10 tonnes par jour, se servant de 2.500 H P. La demande était grande et rien n'était exporté. En moins d'une année, la production s'accrut de 20 à 30 tonnes par jour, et plus de 5.000 H P. étaient employés. En ce moment, je suis informé que la production est de 1000 tonnes par mois, avec l'utilisation de 10.000 H P.

Les usines de la Compagnie occupent un espace de 118.875 pieds carrés et leur équipement comprend 120 fours « Herrey ».

Ces fours ne fonctionnent pas continuellement mais, en relais. La capacité des usines est de 1000 tonnes par jour, avec 25.000 H P. en service. Le prix initial du carbure est estimé au-dessous de $38 (190 francs) par tonne.

Le four « Herrey » est assez bien connu. Il consiste en un grand tambour en fonte, monté sur un axe; à la périphérie sont des poches ou compartiments dans lesquelles les électrodes sont suspendus. C'est un four à arc de longueur fixe. Suivant des iudications récentes, le four est à action continue, chargé automatiquement et la rotation étant aussi automatique, les matériaux bruts sont portés sous l'influence de l'arc aussitôt que l'ampèremètre montre un certain accroissement en ampères, ce qui est dû à la production de carbure en fusion, qui possède une résistance toute différente de celle de la matière granuleuse du chargement initial.

En pratique, 100 parties de chaux sont additionnées de 70 de charbon, et 1,79 partie de ce mélange donne 1 de carbure de calcium. On se sert de chaux vive, exempte de magnésie et un carbure plus pur résulte quand on emploie un excès de charbon. On se sert d'un courant alternatif. La production du carbure par H. P. est diminuée quand les ampères s'élèvent et les volts s'abaissent.

La qualité du carbure produit à Niagara est excellente. Le rendement de gaz obtenu dans les générateurs de bonne construction est 99 0/0 d'acétylène pur. Le prix du carbure est encore $70 (350 francs) par tonne en wagons. Le carbure est garanti produire |5 pieds cubes par livre. La moyenne qualité donne 5,15 pieds cubes par livre et le carbure choisi 5,76 pieds cubes par livre.

Une usine montée au Canada par M. Willson à Sainte-Catherine produit environ 1.200 tonnes par an, avec l'emploi de 1.200 E. H. P. Ce carbure donne environ de 4,66 pieds cubes d'acétylène par livre. Des usines nouvelles à Ottawa ont été mises en marche récemment, et l'on espère avoir 5.000 E. H. P. sur demande le 1er août 1900.

A ces deux usines canadiennes on se sert de fours Willson à pot, mais modifiés, avec une électrode centrale de charbon, tandis que le fonds du creuset ou pot sert pour l'autre.

L'extension de l'industrie du carbure de calcium a été fortement entravée par des restrictions peu raisonnables, et fréquemment absurdes imposées par les compagnies d'assurances, relativement au placement en dépôts et service dans les villes, et par les restrictions exagérées et des taux excessifs. L'exportation du carbure n'est pas encore grande et cause des frais de transport excessifs et des taux d'assurances considérables demandés par certaines lignes de navigation.

(*Applaudissements.*)

M. LE PRÉSIDENT. — J'ai quelques observations à faire au point de vue historique au rapport de M. Mathews, à qui, cependant, nous adressons tous nos remerciements.

M. Mathews attribue la préparation du carbure de calcium au four électrique à M. Willson; il dit que M. Wilson a découvert et indiqué dans son brevet l'invention du carbure de calcium et l'application de l'acétylène comme gaz d'éclairage. Permettez-moi de rappeler quelques faits : c'est d'abord que l'auteur du rapport oublie de mentionner qu'il y a eu plusieurs brevets Willson pris en 1892 et 1893; dans le premier il est question de la fabrication de l'aluminium et du magnésium au four électrique, et dans un des derniers, de l'emploi de l'acétylène comme gaz d'éclairage. Or, j'ai publié entre ces deux brevets une note à l'Académie des sciences, dans laquelle j'ai indiqué la formation du carbure de calcium le 12 décembre 1892, tandis que le premier brevet de M. Willson n'a été rendu public que le 21 février 1893, qu'enfin dans ce premier brevet M. Willson n'a cherché, comme il le dit « qu'à surmonter les difficultés pratiques provenant dans le four d'un bain en fusion du minerai ou composé en traitement », ce qui élimine toute possibilité de fabrication du carbure de calcium.

Je reviens au premier brevet de M. Willson; ce brevet a pour but, dans dix longues pages, de décrire un four dans lequel on évite absolument, ainsi que je viens de le dire, tout bain de fusion. On veut faire l'aluminium, en employant de l'alumine en poudre et du charbon, en réduisant ce mélange, à peu près détonnant de poussière d'alumine et de charbon, par un arc électrique très intense et pendant quelques instants très courts. On arrive à faire de petits globules métalliques qui sont repris par un bain de cuivre, pour donner le bronze d'aluminium. Constamment M. Willson insiste dans son brevet sur ce point, qu'il regarde comme capital, qu'il est indispensable d'éviter tout bain de fusion; je citerai quelques lignes de ce premier brevet :

« Dans le maniement d'un semblable four électrique, (four à bain de fusion), dit-il, il y a de grandes difficultés pratiques du fait des fluctuations subites et considérables dans la résistance du four, lesquelles tiennent à l'ébullition du bain de fusion. »

Il faut aussi se rappeler quels étaient les deux fours électriques qui existaient à cette époque : le four de Siemens et Hutington avec un arc au-dessus du bain de fusion et le four de Cowles avec l'arc au centre même de la matière. Voilà les antériorités de Willson. Il remarque que dans ces fours, la marche est très pénible, il se produit des chocs ou arrêts brusques.

« Ces chocs qui se succèdent les uns aux autres, à intervalles si rapides et irréguliers qu'ils deviennent très funestes et produisent grand dommage à toute la machinerie. Il y a grande chance pour que l'armature de la dynamo soit brûlée, etc... »

Et, plus loin, encore :

« L'objet de mon invention est de surmonter les difficultés pratiques provenant dans le four d'un bain en fusion du minerai ou composé en traitement. »

En résumé, M. Willson employait un excès de charbon pour éviter toute fusion. Et, je le répète, dans les dix pages de sa patente, M. Willson revient constamment sur l'utilité d'éviter toute espèce de fusion. Trois pages plus loin, il répète encore : « Il ne se produit pas de bain de fusion et par conséquent pas d'ébullition dans le creuset. La présence du carbone pulvérisé semble avoir pour effet de maintenir la division de l'alumine, etc. ».

Il ajoute même : « La seconde méthode consiste à avoir un excès de charbon dans le creuset, suffisant pour se combiner avec l'aluminium naissant, formant un carbure d'alumium duquel le métal sera ultérieurement extrait. »

Enfin, M. Willson reprend cette poussière métallique reproduite par la réduction de l'arc sur le mélange d'oxyde et de charbon par un bain de cuivre et il obtient ainsi, (comment dirais je) en *évitant* les deux brevets antérieurs, le bronze d'aluminium. Il insiste ensuite sur la préparation du bronze de magnésium. A la fin de son brevet, dans ces quelques lignes où l'on a l'habitude d'englober la chimie tout entière, M. Willson ajoute :

« J'ai appliqué mon invention à la réduction d'autres métaux que l'aluminium, je la crois applicable à la réduction des métaux suivants : baryum, calcium, manganèse, strontium, magnésium, titane, tungstène et zirconium. »

Messieurs, est-il permis, si nous voulons parler sérieusement d'un brevet, de s'exprimer sur des questions aussi importantes de la chimie minérale par ces quelques mots?... Je crois avoir le droit d'en parler, car j'ai étudié chacun de ces métaux et je ferai remarquer que notamment le titane m'a demandé deux années de travail... M. Willson peut-il, dans ces conditions, exercer une revendication au point de vue de la fabrication de ces métaux? C'est toute la chimie des hautes températures qu'il a englobée, en employant ces mots : « Je crois. » Il ne donne aucune expérience, aucune analyse. Il n'a jamais fait aucune analyse du carbure de calcium dont il parle. Il ne cite aucune expérience, aucune propriété. Il va moins loin que ses devanciers dans le sujet, car il ne dit même pas si ce nouveau carbure est décomposé par l'eau en fournissant de l'acétylène, alors que l'on pouvait penser à la formation de différents composés du carbone et du calcium.

Je vous prie de remarquer que je ne cherche pas à diminuer la valeur du brevet de M. Willson ; mais il faut que nous restions chacun dans notre rôle. M. Willson est un ingénieur et il a travaillé comme un ingénieur.

Sans avoir aucune connaissance de ses travaux, j'ai poursuivi mes recherches comme un chimiste, j'ai indiqué d'abord la formation du carbure de calcium au four électrique, puis j'ai poursuivi cette étude, précisé la préparation et les propriétés et enfin j'en ai donné l'analyse

Après que j'ai eu publié l'analyse de ce carbure de calcium cristallisé, M. Willson a repris ses recherches et, dans un nouveau brevet, il est arrivé à reconnaître l'utilité d'un bain de fusion. En effet, s'il n'y avait pas de bain de fusion, il n'y aurait pas production de carbure de calcium cristallisé.

Mes publications avaient donc complètement modifié les idées de M. Willson sur la fabrication du carbure de calcium au four électrique.

(Applaudissements.)

M. Lebeau lit le rapport de M. Rossel sur l'industrie du carbure de calcium en Suisse.

Industrie du carbure de calcium en Suisse

Par M. ROSSEL.

Le carbure de calcium, une fois ses propriétés connues (vu leur grande importance, les travaux de M. Moissan ayant été répandus parmi les classes instruites), a, par son apparition, produit une véritable émotion. Jusqu'à cette époque, nos forces hydrauliques étaient peu utilisées, la fabrique de Neuhausen avait pris l'initiative et utilisait une partie de la chute du Rhin à Neuhausen (Schaffhouse) pour la fabrication de l'aluminium. La fabrique de Vallorbes faisait très bien des produits électrochimiques, entre autres du chlorate de potassium.

C'est dans cette dernière usine qu'ont été faites, sous l'initiative de son directeur, M. Boucher, les premières quantités de carbure ; Neuhausen a suivi et la ci-devant fabrique d'aluminium de Luterbach (Soleure) était transformée en fabrique de carbure.

Les débuts ayant été heureux et la demande surpassant de beaucoup l'offre, de forts capitaux furent mis à la disposition de l'industrie pour capter les forces motrices en Suisse. Neuhausen augmentait le nombre de ses machines et construisait Rheinfelden ; Luterbach se transfor-

maient en société d'électrochimie et captait le Rhin dans la Via Mala
à Thusis (Grisons); Siemens et Halske, en collaboration avec la Société
électrique de Wynau, construisaient une fabrique de carbure à Laugenthal; la Société genevoise d'électricité et de produits chimiques instal
lait une usine à Vernier, près de Genève; la Société valaisane de l'industrie s'installait à Vernayaz pour utiliser les forces de la Pisse-
Vache; une seconde société endiguait dans le même but la Lonza; on
construisait l'usine de Nidau actionnée par l'Aar à Hagneck (Berne) et
enfin les usines de P. et H. Spoerry à Flums (St-Gall) et celle de la
Société de Gurnellen (Uri) étaient créées.

Les millions pleuvaient, grâce aux dividendes de la Société de
Neuhausen et la forte demande de carbure, aux deux usines de Luterbach et de Laugenthal, qui ne pouvaient suffire à la demande.

Les renseignements que je suis à même de vous donner sur ces différentes usines seront loin de vous satisfaire, devant me borner à
vous dire ce dont je suis autorisé par les intéressés que j'ai consultés.
La nouvelle industrie doit lutter, actuellement, contre des difficultés
inattendues et chaque usine en particulier s'occupe de les surmonter;
le moment n'est par conséquent pas opportun pour des descriptions
complètes, ayant une valeur vraiment scientifique et pratique.

La grande usine de Neuhausen emploie pour la fabrication du carbure
2.000 à 2.500 H P. répartis sur deux usines et en partie en courant
continu, en partie en courant biphasé, l'énergie principale est surtout
employée pour la fabrication de l'aluminium, qui est en hausse de
fabrication, de sorte que la force indiquée est variable.

La Volta à Genève utilise dans les usines de Vernier 7.000 II P. en
courant biphasé, fournis par les générateurs de 1.000 H P. de la station de la ville de Genève à Chibres. Le courant est transmis aux usines,
sous une tension de 2.600 volts réduite à la tension voulue par des
transformateurs de 200 kilowatts environ de puissance unitaire et
réparti sur 12 fours de 500 H P. et 1 four de 1.000 H P.

La fabrique de carbure de Laugenthal, a été détruite par un incendie
le 5 juin 1900; elle avait été installée en 1897 par Siemens et Halske et
était exploitée en commun par eux et la Société électrique de Wynau,
dont les installations proviennent également de Siemens et Halske. Le
courant primaire avec sa longueur de conduite d'environ 6 kilomètres
était biphasé et transformé par 3 transformateurs à 3.000 ampères et
45 volts en courant secondaire. Les trois fourneaux de l'usine fournis-
saient environ 500 tonnes de carbure non coulé par an, et avaient cela
de particulier que les électrodes étaient mus automatiquement.

Les usines de la Lonza, établies à Gampel (Valais) utilisent deux
chutes créées sur la rivière de Lonza venant de la vallée de Lœtsch

La chute inférieure, de 115 mètres de hauteur, actionne 5 turbines de 500 H P. chacune, couplées directement avec des dynamos à courant alternatif biphasé à basse pression, de même puissance. La seconde chute de 225 mètres de hauteur actionne 10 turbines de 500 H P. chacune, couplées directement aussi avec un nombre égal de dynamos à courant alternatif diphasé à haute tension (5.000 volts).

Les 2.500 H P. électriques, obtenus à basse tension par la première chute, sont utilisés directement pour la fabrication du carbure de calcium, dans l'usine de Gampel. Quant aux 5.000 H P. à haute tension, ils sont transportés par une canalisation aérienne de 1.500 mètres de longueur, de la seconde centrale, également dans l'usine de Gampel, où actuellement 2.500 chevaux sont utilisés pour la fabrication du carbure après passage dans les transformateurs.

Quant aux 2.500 chevaux en plus, ils vont être utilisés prochainement.

La fabrique de carbure de Vernayaz (Société industrielle du Valais) est actuellement en liquidation et va passer en d'autres mains. La canalisation et les turbines sont installées pour 5.400 H P. ; on utilisait pour la fabrication du carbure 900 H P. La concession autorise l'utilisation de la Salante entre les cascades de Failloy et de Pisse-Vache, territoire de Salvair. La chute utilisable est de 500 mètres, l'énergie moyenne pour une année est de 3.500 H P., moindre en hiver, plus considérable en été, comme c'est le cas pour toutes les rivières dont la source sont les glaciers et les neiges éternelles.

Après 200 mètres de canalisation, la chute est endiguée par 550 mètres de tubes en fer, protégés par un tunnel, taillé dans le roc vif. Le courant électrique est fourni par un générateur à courant alternatif monophasé de 900 H P. actionné par une turbine.

La fabrique elle-même, éloignée des turbines d'environ 1 kilomètre, se trouve située près de la gare de Vernoya avec laquelle elle est raccordée par une voie de chemin de fer normal. Les fourneaux utilisés étant ceux de la « Deutsch-Gold und Silber-Scheide Anstalt » de Francfort, la transformation du courant a lieu suivant les exigences de ces fourneaux.

La fabrication a commencé en septembre 1899.

Les sommes dépensées jusqu'ici s'élèvent à 1.850.000 francs.

Les fabriques de P. H. Sperry, à Flums (St. Gall) et de Gurtnellen (Uri) sont en construction et disposent de forces motrices, qui permettraient l'utilisation de 9.000 H P. environ. Elles ont été uniquement établies dans le but de la fabrication du carbure de calcium ; il n'est pas possible aujourd'hui de dire quelle sera l'énergie utilisée et le système de fabrication.

La Société Suisse d'électro-chimie qui a son siège à Berne possède deux usines à carbure en activité. L'une à Luterbach (Soleure), la seconde à Thusis (Grisons).

La fabrique de Luterbach livre du carbure depuis 1896. Au début l'énergie était fournie par le canal de l'Aar et de l'Enıme, plus tard par la Société de Lynau en courant alternatif triphasé actionnant trois fourneaux ; les dimensions sont celles de la fabrique de Laugenthal, avec la différence qu'à Luterbach on ne fait et n'a fabriqué que du carbure coulé et non en bloc par un système et un voltage différents non interrompus.

La fabrique de Thusis a été construite sur le modèle de celle de Luterbach en utilisant les expériences faites pendant quatre ans. L'installation hydraulique est faite pour 6.000 H P. dont 3.000 H P. sont utilisés pour la fabrication du carbure et 500 pour la lumière électrique.

Le courant est biphasé et fourni par des dynamos génératrices de 1.000 H P, dont la tension est réduite par 12 transformateurs pour 12 fourneaux qui utilisent chacun 250 HP.

La fabrique de Thusis ne livre que du carbure coulé.

Un des plus grands travaux qui aient été faits en Suisse pour la correction des rivières, est celui de l'abaissement du niveau des lacs de Neuchâtel, Bienne et Morat au pied du Jura. Ce travail gigantesque qui a absorbé plusieurs années et des millions, a été accompli entre autres en modifiant le lit de l'Aar au moyen d'un canal conduisant les eaux de cette rivière dans le lac de Bienne, qui lui sert de bassin. Ce travail avait pour but l'assainissement de la contrée et la mise en culture de quelques mille hectares de terres marécageuses.

Par là on a obtenu à Hagneck où la nouvelle Aar se jette dans le lac de Bienne, une chute qui a été utilisée par *la Société électrique de Hagneck* pour la livraison de la lumière électrique à la contrée et à la *fabrique de carbure de Nidau*, distante de 8 kilomètres des générateurs.

L'installation est complètement terminée, la force motrice effective est de 5.000 H P. dont 1.800 sont livrés à la fabrique de carbure, qui vient de mettre ses fourneaux en activité.

La prise d'eau de Hagneck ainsi que celle de la ville de Genève à Chèbres sont de celles dont la visite doit être recommandée aux étrangers, qui s'intéressent à ce genre de construction.

Les turbines pour les installations électriques en Suisse sont livrées par les usines de Rieter à Winterthur et de Picard à Genève, les dynamos, en tant que les capitaux suisses sont engagés, par la fabrique bien connue de Genève (Société électrique), Orlikon et Baden, qui livrent également les transformateurs. En outre, plusieurs fabriques de carbure possèdent des machines et transformateus de Nuremberg et de Siemens et Halske. En Suisse, on ne fabrique pas de moulins pour le charbon et la chaux qui sont livrés soit par le Grusonwerk (Magdeburg) ou Speyerer et Co à Berlin.

Quant à la matière première pour la fabrication du carbure, nous possédons en Suisse du calcaire très pur, qui livre de la chaux à 99 0/0, complètement privée d'acide phosphorique (1). Le charbon est importé en totalité d'Allemagne ou de France, la Suisse ne possédant que de rares mines d'anthracite (Valais) et de charbon plus ou moins tourbeux.

Comme, étant donné le prix très élevé des charbons, toutes les usines cherchent à se procurer les meilleures qualités de carbone et que toutes sont arrivées à de bonnes conditions de fonte, on livre en Suisse des carbures de bonne qualité et qui correspondent aux exigences de la société allemande de l'acétylène, dont font partie les fabricants suisses.

On exige actuellement pour le carbure commerçable de bonne qualité, marchandise normale, 290 litres d'acétylène au kilo de carbure à 15° C. et 760 ^{mm} de pression. Les livraisons sont en général de 10 litres et même 20 litres au-dessus de ces conditions.

Ce qui manque actuellement au carbure, c'est l'écoulement, la production en Suisse dépassant, pour le moment, de beaucoup la consommation et on se demande ce qu'il en sera quand les deux nouvelles fabriques qui sont en construction seront en activité. Le champ d'action est la Suisse et l'Allemagne en Europe, beaucoup moins la France et l'Italie. La Suisse n'exporte pas en Autriche, les droits d'entrée y mettant obstacle.

Il est vrai qu'en Suisse et en Allemagne les installations au gaz acétylène pour l'éclairage augmentent, mais elles ne semblent pas être en proportion de la quantité de carbure que sont actuellement à même de fournir les fabriques de carbure.

En Suisse, dans les localités où on a fait des installations sérieuses, l'acétylène est très en vogue, ceux qui ont préféré ce moyen d'éclairage à l'électricité s'en trouvent très bien, c'est le cas pour les grands villages de Worb (Berne) et Rheineck (Saint-Gall). Plusieurs grandes usines : de mécanique, filatures, teintureries, sont dans le même cas. Une filature a même remplacé l'électricité par l'acétylène et se déclare très satisfaite, par le bel éclairage, qui facilite mieux le travail de nuit. La crainte du danger n'est cependant pas encore éteinte et la concurrence en profite le plus possible, malgré que nous n'ayons depuis deux ans, aucun accident à signaler ; certaines contrées hésitent encore à faire des installations d'acétylène, et il faudra un certain temps pour faire disparaître les préjugés.

(1) Voir le travail spécial envoyé à la section VII, chimie agricole.

Un grand progrès à signaler est que les appareils de construction douteuse ont entièrement disparu, pour faire place aux appareils dont M. Moissan a prédit la création ; ce sont ceux où le carbure tombe, pour la production du gaz, dans une quantité suffisante d'eau.

Nous avons fait la remarque que, par l'emploi de ces appareils, quand la chaux employée à la fabrication est exempte d'acide phosphorique, il suffit de faire barbotter le gaz produit dans une quantité suffisante d'eau, pour l'épurer d'une manière suffisante en vue de l'éclairage, ce qui dispense de l'emploi de purifications à l'acide chromique et au chlorure de chaux qui n'ont guère contribué au progrès de notre industrie.

Je ne veux pas m'étendre sur ce sujet, qui sera certainement discuté au Congrès et me contente de vous signaler un fait bien digne de remarque.

M. Landriset, chimiste et directeur technique des fabriques de Vernier, observateur des plus sérieux, a signalé dans une installation d'acétylène à Genève, la production, par la combustion du gaz, non seulement de l'acide sulfureux, mais de l'acide sulfurique anhydre. Les fumées blanches, qui se produisent souvent autour de la flamme et ont été remarquées partout, ne sont donc pas toujours dues, comme on le pensait, à la présence de l'acide phosphorique. L'appareil de l'installation dont je parle était une installation *à chute d'eau sur le carbure*, contenu en grande proportion dans un récipient, de sorte que la réaction produisait une très forte élévation de température.

Une analyse du gaz a fait constater un fort dégagement d'hydrogène sulfuré.

A propos du dégagement ou de la production d'hydrogène sulfuré, en même temps que celle de l'acétylène, la discussion ne me semble pas close et c'est pourquoi je prends la liberté d'en parler ici.

J'ai pu me convaincre, dans le laboratoire de M. Landriset qui a conduit l'expérience, que chaque fois où l'on fait tomber de l'eau lentement sur du carbure contenant du soufre (ce qui est toujours plus ou moins le cas), il y a dégagement d'hydrogène sulfuré, *qui ne se produit pas avec le même carbure, quand le carbure tombe dans l'eau.*

On ne peut guère expliquer ce fait qu'en admettant que, si le carbure est mis au contact de peu d'eau, la chaux formée ne s'hydrate pas et par conséquent ne combine pas l'hydrogène sulfuré qui se dégage ; au contraire, quand le carbure tombe dans l'eau, il y a hydratation et tout l'hydrogène sulfuré est combiné à l'état de sulfure de calcium.

Il me semble, que ce fait bien démontré, puisque, pour le prouver, il suffit de faire passer l'acétylène produit dans les deux cas dans une solution d'acétate de plomb, indique d'une manière indubitable de ne préconiser que les appareils à chute de carbure dans l'eau.

Il me reste à vous signaler que nous venons en Suisse de créer une société d'acétylinistes, dont se sont déclarés partisans tous les fabricants de carbure et les constructeurs d'appareils sérieux. Cette société a pour but de sauvegarder les intérêts de l'industrie du carbure et de l'acétylène en Suisse. Ses statuts sont acceptés. (*Applaudissements.*)

M. LE PRÉSIDENT. — J'ajoute un mot au sujet d'une remarque de M. Rossel, sur l'emploi de l'acétylène dans les fabriques suisses. Comme membre du Conseil d'hygiène du département de la Seine, j'ai été amené à contrôler le même fait qui est signalé par M. Rossel. Il est curieux de voir que dans beaucoup de fabriques où l'on a besoin d'une lumière intense, on se trouve très bien de l'emploi de l'acétylène. Je citerai des fabriques de chaussures, des ateliers de couture, dans lesquelles on emploie, soit du cuir noir, soit du tissu noir et dans lesquelles les ouvriers et les ouvrières ont besoin d'une lumière intense. Eh bien, dans beaucoup de ces fabriques, on emploie l'acétylène et on s'en trouve très bien. Il est vrai que dans ces fabriques qui comptaient jusqu'à deux cents et trois cents becs, il y avait un contremaître qui avait la responsabilité des appareils, qui étaient régulièrement nettoyés tous les matins et chargés à nouveau. Dans ces conditions, l'appareil fonctionne tous les jours ; l'emploi de l'acétylène devient économique. En tous cas, il répond très bien aux désiderata que l'on peut formuler.

M. KORDA. — M. Rossel n'a pas parlé dans son rapport de la crise assez importante que traverse la fabrication du carbure de calcium en Suisse. En ce moment il y a deux ou trois usines très importantes qui se voient acculés à la liquidation ou à la faillite. Il y a quelques jours, au Congrès de chimie, j'ai eu l'occasion de causer avec un très célèbre professeur de Zurich, qui m'a avoué être un des actionnaires et en sa qualité d'actionnaire et de savant électro-chimiste, il cherchait tous les moyens d'arriver à utiliser cette force hydro-électrique, et il ne trouve rien en dehors du carbure de calcium qui permettrait d'en tirer parti.

Eh bien, je crois que dans un rapport sur l'industrie de l'acétylène. M. Rossel aurait pu dire un mot sur ce point noir... Je veux bien qu'il ne faut pas trop insister sur les ombres ; cependant, il serait bon de montrer les difficultés, d'autant plus que cela peut servir d'enseignement pour l'avenir. Il n'y a pas, en Suisse, de régulateur pour la fabrication du carbure ; on comptait trop sur l'Allemagne, mais ce pays a ses usines particulièrement privilégiées. Les chemins de fer de l'Etat allemand qui consomment beaucoup de carbure de calcium, s'adressent tout naturellement aux usines d'Allemagne. La Suisse se trouve donc aujourd'hui avec une grande quantité de force hydraulique tout installée, et pas de marché. J'ai cru qu'il était bon que je me permette d'ajouter ces quelques mots.

M. LE PRÉSIDENT. — Vous touchez là à une question très importante La Suisse a été la première à subir le contrecoup de cet état de choses, parce qu'elle a un grand nombre de chutes d'eau, mais il est évident que malgré ce grand nombre de chutes d'eau, elle n'est pas très favorisée, parce que l'avenir de l'électro-chimie n'est pas aux petites chutes d'eau, mais aux grandes. Il ne faut pas oublier que l'installation d'une usine comme celle dont nous parlons demande des capitaux énormes; que le moindre chemin d'eau, et l'installation des turbines et des dynamos, si l'on veut marcher de façon à avoir quelque bénéfice, exige plusieurs millions. Il y a donc là un capital énorme qu'il s'agit d'amortir et la Suisse, au point de vue de la grande industrie, n'est peut-être pas très bien placée (sauf à Neuhausen et à Genève), pour faire autre chose que de l'éclairage ou de la petite industrie électro-chimique.

L'avenir est aux grandes chutes, il n'y a pas de doute à ce sujet. Après la découverte du carbure de calcium, il y a eu un grand engouement pour ce produit et tous ceux qui avaient une petite turbine à leur disposition pensaient à établir la fabrication du carbure. Naturellement, comme il arrive dans ces mouvements industriels, on rencontrera de grosses difficultés qui n'existeront pas seulement en Suisse. Si vous regardez la courbe de production en France, vous voyez qu'elle est montée depuis 1894 de 30.000 à 110.000 chevaux, et nous sommes à la veille d'être dans la situation de la Suisse : la France va fabriquer trop de carbure.

On a très bien compris que les grandes usines sont nécessaires et seules peuvent fabriquer à bas prix, que ces grandes usines s'installant et pouvant employer jusqu'à 10.000 chevaux, il est évident que le prix du carbure va baisser et la position critique que M. Korda nous signale pour la Suisse, nous allons la retrouver en France, où un certain nombre d'usines seront placées dans de très mauvaises conditions. En résumé, nous sommes à la veille d'une crise, non seulement en Suisse, mais dans les autres pays, parce qu'on a été trop vite et que l'industrie s'est lancée trop rapidement dans cette voie, ce que l'on ne pouvait empêcher.

Cependant, je crois qu'il y a lieu, conformément à ce que disait M. Korda, d'indiquer cette situation. Si nous avons le devoir, quand nous trouvons des choses nouvelles intéressantes, qui découlent de nos études, de les signaler afin qu'elles soient traduites ensuite en valeur industrielle, nous avons aussi le devoir, quand les bénéfices seront douteux, d'après nos prévisions, de l'indiquer. C'est ainsi que la question soulevée par M. Korda est très intéressante et qu'il est très important d'appeler un peu l'attention des sociétés et des capitalistes sur la situation des fabriques de carbure.

La France est à la tête du mouvement, nous venons de le voir par les différents rapports. En Amérique, depuis deux mois seulement, on utiliserait 2.000 chevaux et il ne faut pas prendre le chiffre de ces derniers mois, comme définitif; il est plutôt trop élevé. Il suffit de traverser les Etats-Unis pour voir qu'on n'emploie pas beaucoup d'acétylène, qu'il n'y a même pas de vélocipèdes qui soient éclairés de cette manière; la consommation est très faible. La fabrication et la consommation en Suisse sont beaucoup plus grandes; en Allemagne elles sont plus grandes qu'en Suisse, mais jusqu'ici, en Allemagne, la consommation répond à la fabrication, il n'y a pas de surproduction, parce que c'est surtout l'usine de Rheinfelden qui produit et qu'en même temps l'emploi de l'acétylène par les chemins de fer se développe beaucoup. Mais dans les autres pays, en France, en particulier, il y a certainement surproduction du carbure de calcium.

M. Korda. — Les chemins de fer, en Allemagne, ont compris de bonne heure l'importance du carbure de calcium et ils ont fait des conditions de transport qui n'existent pas ailleurs. Il y a quelque temps, une société allemande a installé une grande usine; tout le monde s'est demandé comment on allait pouvoir utiliser la production de cette grande usine. Eh bien, il y a deux jours, j'ai lu dans un journal spécial que les chemins de fer de l'Etat allemand ont accordé des tarifs de faveur tellement bas, pour le transport jusqu'à Hambourg, que cette usine se trouve dans de bonnes conditions d'exportation. La production allemande est donc favorisée au détriment de la Suisse et de la France.

M. le Président. — Vous abordez le côté économique de la question : ce qui crée cette situation, c'est qu'en Allemagne les chemins de fer sont dans les mains de l'Etat, ce qui n'existe pas en France.

Cependant, nous sommes ici pour arriver à des améliorations et si nous avons intérêt à ce qu'un tarif de chemin de fer sur certaines lignes soit abaissé pour vendre plus facilement notre carbure de calcium, s'il y a intérêt général pour l'industrie du carbure, vous n'avez qu'à formuler une demande que nous ferons voter à la Xe section, ensuite à l'assemblée générale et qui sera transmise au Comité des chemins de fer. Je suis bien convaincu que le Comité des chemins de fer fera le possible pour rendre réalisables les vœux du Congrès de chimie appliquée, au point de vue des tarifs de transport et des moyens de faire communiquer assez facilement — ce qui n'est pas toujours très commode en France — les lignes de bateaux avec les lignes de chemins de fer. Par conséquent, vous n'avez qu'à poser la question, à bien l'étudier, et à indiquer les raisons d'ordre général qui militent en faveur d'une solution déterminée. Nous prendrons cette demande, nous la ferons voter, puis nous la soumettrons au Comité des chemins de fer. (*Applaudissements.*)

I. — Electrolyse des solutions concentrées d'hypochlorites,

Par M. André Brochet,

Chef des travaux d'Electro-Chimie à l'Ecole de physique et de chimie industrielles de Paris.

Lorsque l'on électrolyse un chlorure alcalin, le chlore formé à l'anode réagit sur l'alcali de la cathode pour donner par voie purement chimique un hypochlorite, avec des rendements à peu près théoriques.

Cet hypochlorite entre alors lui-même en jeu, il se trouve en partie détruit :

1° Par réduction de l'hydrogène à la cathode ;

2° Par oxydation à l'anode. Laissons complètement de côté la théorie de cette oxydation et constatons simplement qu'il y a formation de chlorate et production d'un dégagement d'oxygène proportionnel à la teneur en hypochlorite. L'hypochlorite ne tarde donc pas à atteindre une valeur limite correspondant d'après Œttel à 13 gr. 7 de chlore actif par litre, j'ai montré qu'en présence de chromate on pouvait arriver à 23 gr. 5 (1).

Dans le but d'éclaircir la question, j'ai pensé qu'il serait intéressant de faire l'électrolyse des solutions concentrées d'hypochlorite. J'aurai préféré effectuer ces recherches sur le sel de potassium, mais l'hypochlorite de potassium ne se rencontre qu'à faible teneur, aussi ai-je employé l'hypochlorite de sodium qui existe dans le commerce très concentré ; cette concentration est d'environ 50° chlorométriques, ce qui correspond à environ 150 grammes de chlore actif par litre. J'ai fait cependant un essai avec le sel de potassium.

D'ailleurs dans l'électrolyse des chlorures alcalins les sels de potassium et de sodium se comportent identiquement de la même façon, les conclusions seront donc les mêmes, que l'on emploie l'un ou l'autre.

Tous ces essais ont été faits dans les mêmes conditions et avec le même appareil précédemment indiqué (*Bul. Soc. Chim.*, 3, t. XXIII, p. 198). Il se compose d'un bocal de 250 cc. fermé par un bouchon de caoutchouc maintenant deux électrodes en platine irridie.

(1) Comptes rendus de l'Académie des sciences.

Un tube de dégagement permettait de recueillir les gaz sur la cuve à eau. La quantité de liquide employé fut également de 200 cc. l'appareil était maintenu à température constante par un courant d'eau. Les dosages furent faits de la même façon. Pour l'hypochloryte 1 cc. était dilué à 50 cc.; généralement je faisais sur cette solution des prises de 10 cc.; en multiplant par 5 le nombre de centimètres cubes de liqueur de Penot, j'avais directement le degré chlorométrique.

Les alcalis étaient dosés en réduisant 10 cc. par un excès d'ammoniaque, chassant cet excès par ébullition et dosant l'alcali libre par une solution normale d'acide sulfurique avec la phtaléine comme indicateur.

Dans les tableaux qui suivent le pouvoir oxydant est évalué en chlore pour les 200 cc. (Cl^2 pour $ClONa$ et $3Cl^2$ pour $ClO^3 Na$). Pour ramener au litre, il faut donc multiplier ces valeurs par 5.

Les essais ont porté sur des solutions commerciales d'hypochlorite de sodium additionnées ou non d'alcali et de chromate, sur une solution sensiblement neutre et sur une solution d'hypochlorite de potassium. Je relaterai simplement ici la première série d'essais.

ÉLECTROLYSE DES SOLUTIONS ALCALINES D'HYPOCHLORITE DE SODIUM

Expérience I. — La solution d'hypochlorite de soude employée marquait 44° chlorométriques.

Pendant quatre heures la réduction fut à peu près totale, le dégagement d'oxygène à peu près constant correspondait à 55 0/0 de l'intensité et l'oxydation anodique à 45 0/0. L'effet utile était donc dans ces conditions une réduction efficace correspondant à 55 0/0 de l'intensité.

L'appareil fut abandonné pendant la nuit, le lendemain, soit dix-huit heures après le commencement de l'expérience, l'intensité était répartie de la façon suivante.

```
Oxygène dégagé........................... 30 0/0
Oxydation anodique....................... 70
Réduction cathodique..................... 17,4
```

Dans ces conditions l'effet utile était donc une oxydation efficace représentant 70 — 17,4, soit 52,6 0/0 de l'intensité.

Je ferai remarquer qu'à la fin de l'opération la solution marquait 1° chlorométrique.

TABLEAU 1.   EXPÉRIENCE I.

Durée	Chlore total	Hypochlorite		Chlorate
0 heures	32.6 grammes	44°	28 grammes	4.5 grammes
1 —	27.5 —	17°25	11 —	16.5 —

Expérience II. — Les résultats de l'expérience II faite avec une solution marquant 37° et tenant 10,4 grammes par litre de soude caustique sont réunis dans les tableaux II et III. Ces résultats ont été portés également sur le graphique ci-joint. Les courbes ainsi obtenues sont très intéressantes, les courbes I. II et III représentent l'hypochlorite, le chlorate et le mélange des deux sels toujours évalués en chlore correspondant. La teneur en hypochlorite décroît rapidement au début de l'opération, puis plus lentement, puis finalement devient constante, la solution marque alors environ 3°,5 chlorométriques, le chlorate croît d'une façon très rapide au début, puis de plus en plus lentement. Quant au mélange des deux sels, il décroît au début, puis croît à la fin, suivant d'ailleurs l'ensemble de la marche de l'électrolyseur, qui est au début une réduction, et à la fin une oxydation. comme nous le verrons dans un instant.

La courbe IV représente la réduction cathodique, cette réduction est à peu près constante et correspond à plus de 97 0 0 de l'intensité pendant un temps assez long, puisque la teneur en chlore actif arrive à 15° environ, la réduction diminue rapidement pour devenir finalement constante, elle représente alors environ 55 0/0 de l'intensité. La courbe V donne l'oxydation anodique également constante au début et représentant environ 50 0/0 de l'intensité. Cette oxydation commence également à varier, mais un peu plus tôt que la réduction, lorsque la solution ne renferme plus qu'une quantité de chlore actif correspondant à 20° environ.

Elle croît peu à peu et finalement devient constante, elle représente alors environ 78 0 0 de l'intensité. La courbe VI représentant l'oxygène dégagé est complémentaire de la précédente, de même la courbe de l'hydrogène dégagé qui ne figure pas, serait complémentaire de celle de la réduction. Voyons enfin la courbe VII qui représente l'effet utile du courant. Cette courbe se compose de deux parties, dans la première phase de l'électrolyse, la réduction cathodique étant beaucoup plus considérable que l'oxydation anodique, le résultat de cette première phase sera une réduction, puis le degré chlorométrique baissant, la réduction diminue, tandis que l'oxydation augmente; il arrive donc un moment où la réduction devient égale à l'oxydation, l'*effet utile* du courant serait alors nul si l'n'y avait pas transformation de l'hypochlorite en chlorate, il est nul au point de vue du dosage de l'oxygène total. Ensuite l'oxydation devenant plus considérable que la réduction, l'*effet utile* du courant sera alors une oxydation. La courbe VII passera donc par zéro et changera de signe ou du moins représentera une oxydation et non une réduction. L'*effet utile limite* sera donc une oxdation représentant environ 25 0/0 de l'intensité.

TABLEAU II.   EXPÉRIENCE II.

	Durée	Température	Oxygène dégagé	Oxydation anodique	Réduction cathodique	Effet utile	
						Réduction apparente	Oxydation apparente
45 minutes		17°	50.5 0/0	49.5 0/0	98.3 0/0	48.8	
105	—		50.8	49.2	98.4	49.2	
165	—	15°5	49.8	50.2	98.3	48.1	
225	—		40.3	56.7	97.3	40.6	
285	—	16°5	32.8	67.2	95.3	28.1	
345	—	16°5	28	72.	84	12	
375	—		25	74	78	4	
405	—	18°	21.1	75.9	66.4		9.5
435	—	17°	23.4	76.6	59		17.5
465	—	17°	21.9	78.1	55.3		22.8

Expérience III. — Elle a été faite avec une solution marquant 35°,25 et à laquelle on avait ajouté une certaine quantité de soude caustique ; l'alcalinité donna 32 grammes NaOH par litre.

Les résultats des mesures gazométriques et des dosages sont réunis dans les tableaux IV et V, ils sont comparables à ceux de l'expérience précédente comme allure générale ; nous en discuterons les différences tout à l'heure.

TABLEAU III   EXPÉRIENCE II.

Durée	Chlore total	Hypochlorite		Chlorate
0 minutes	30.4 grammes	37°	23.8 grammes	6.6 grammes
120 —	28 —	22°5	14.4 —	13.6 —
210 —	26 —	11°7	7.5 —	18.5 —
360 —	25 —	5°5	3.5 —	21.5 —
480 —	26.6 —	3°5	2.2 —	24.4 —

TABLEAU IV.   EXPÉRIENCE III.

	Durée	Température	Oxygène dégagé	Oxydation anodique	Réduction cathodique	Effet utile	
						Réduction apparente	Oxydation apparente
45 minutes		16°	49.5	50.5	98	47.5	
105	—		50.3	49.7	98	48.3	
165	—	17°	50.3	49.7	97.4	47.7	
225	—		59	41	91	50	
285	—		57.4	42.6	61	18.4	
315	—		55.7	44.3	44	0	0
375	—		50.5	49.5	10.9		38.6
405	—	17°5	49.4	50.6	5.4		45.2

TABLEAU V.   EXPÉRIENCE III.

Durée	Chlore total	Hypochlorite		Chlorate
0 minutes	29.5 grammes	35°2	22.6 grammes	6.9 grammes
120 —	27.9 —	21°7	13.9 —	11 —
240 —	27 —	9°5	6.1 —	20.9 —
360 —	27 —	1°2	0.8 —	26.2 —
420 —	28.9 —	0.4	0.3 —	28.6 —

Expérience IV. — Cet essai fut fait dans le but de voir quel est l'effet d'une grande alcalinité sur l'électrolyse de l'hypochlorite. La solution employée marquait 31°7 et tenait 144 grammes NaOH par litre.

Elle ne tarda pas à déposer du chlorure de sodium, lequel forma à la fin un dépôt abondant.

Les résultats de cette expérience figurent dans les tableaux 6 et 7. ils seront discutés avec les précédents.

TABLEAU VI   EXPÉRIENCE IV.

Durée	Température	Oxygène dégagé	Oxydation anodique	Réduction cathodique	Effet utile	
					Réduction apparente	Oxydation apparente
45 minutes	20°	51.8	18.2	97	48.8	
105 —	19	53.7	46.3	96	49.7	
165 —	21	58.7	41.3	89	47.7	
240 —	20	61.2	38.8	58.6	19.8	
285 —		67.8	32.2	36.4		4.2
345 —	19	71	26	16.4		8.6
405 —		82.9	17.1	4.9		12.2
465 —	19	87.3	12.7	2.1		10.6
495 —		88.5	11.8	1.4		10.1
765 —	19	91 5	8.5	0.7		7 8

TABLEAU VII   EXPÉRIENCE IV.

Durée	Chlore total	Hypochlorite		Chlorate
0 minutes	28.2 grammes	31°7	20.5 grammes	7.7 grammes
120 —	26.6 —	19°5	12.5 —	14.1 —
240 —	25.4 —	7°	4.5 —	21.2 —
360 —	25 —	1°2	0.8 —	21.2 —
480 —	26 4 —	0	0 —	26.4 —
510 —	28.5 —	0	0 —	28.5 —

ÉLECTROLYSE D'UNE SOLUTION SENSIBLEMENT NEUTRE D'HYPOCHLORITE DE SODIUM.

Expérience V. — Pour neutraliser l'alcali j'ai ajouté une quantité d'acide chlorhydrique correspondant à une fois et demie la valeur calculée, il y a lieu de remarquer, en effet, que l'acide chlorhydrique est détruit par l'hypochlorite et que les conditions de concentration où j'opérais étaient particulièrement mauvaises. Pour remédier dans la mesure du possible je plaçais dans un vase l'acide chlorhydrique et je projetais d'un coup la totalité de l'hypochlorite.

La solution ainsi obtenue marquait 25°4, malheureusement je n'ai pu avoir le dosage de l'acidité ou de l'alcalinité par suite d'un accident.

Les résultats se trouvent dans les tableaux VIII et IX. Je ferai remarquer qu'ici encore l'allure générale des résultats est la même, mais que la chute des différentes valeurs est très rapide, aussi l'opération fut-elle de très courte durée.

Autre remarque : deux heures environ après le dernier essai j'observais qu'une partie du liquide en excès que j'avais conservé était complètement décoloré ; j'en pris le degré chlorométrique que je trouvais de 1°6, cette solution s'était donc elle-même décomposée spontanément, ce qui tendrait à prouver que le milieu devait être légèrement acide.

TABLEAU VIII — EXPÉRIENCE V.

| Durée | Température | Oxygène dégagé | Oxydation anodique | Réduction cathodique | Effet utile | |
					Réduction apparente	Oxydation apparente
15 minutes	17°	66.2	33.8	98	64.2	
90 —		59.6	40.1	68	27.6	
105 —		11	59	62.6	3.6	
165 —	18	23.7	76.3	57		19.3
285 —	18	15	85	52.5		32.5

TABLEAU IX — EXPÉRIENCE V.

Durée	Chlore total	Hypochlorite		Chlorate
0 minutes	29.8 grammes	25°4	16.2 grammes	13.6 grammes
60 —	28.2 —	7°	4.5 —	21 3 —
120 —	28.2 —	3°4	2.2 —	26 —
180 —	30.1 —	3°2	2.1 —	28.3 —
360 —	33 —	3°2	2.1 —	30°9 —

DISCUSSION DES RÉSULTATS.

Considérons les expériences 2, 3 et 4. Nous avons discuté à propos de l'expérience 2 l'allure générale des courbes, nous n'y reviendrons pas, nous allons examiner maintenant l'influence de l'alcalinité sur les résultats obtenus.

La perte en hypochlorite est sensiblement constante dans les trois

essais, mais naturellement la teneur-limite varie avec le degré d'alcalinité de la solution, elle est de 3°5, 0°3 et 0°0 pour les teneurs de
10,32 et 144 grammes NaOH par litre. L'augmentation du chlorate suit
dans tous les cas la même progression que dans l'expérience 2, il a
cependant tendance à augmenter plus rapidement lorsque la teneur
en alcali est plus élevée. La somme chlorate et hypochlorite dans tous
les cas décroît d'abord, passe par un minimum pour s'élever ensuite.

La réduction presque totale dans les trois cas commence à diminuer
pour des teneurs en hypochlorites à peu près égales, *l'alcalinité n'a
donc pas d'influence sur la réduction de l'hypochlorite qui se fait aussi
bien dans tous les cas.* Cette réduction diminue d'autant plus que le
liquide est plus alcalin, mais cela tient simplement à ce que plus le
liquide est alcalin, plus le degré chlorométrique limite tend vers zéro,
et par conséquent moins la réduction sera élevée.

Au début de l'électrolyse la fraction d'intensité correspondant à
l'oxydation anodique est à peu près la même dans les trois expériences,
environ 50 0/0. Mais tandis que dans la première l'oxydation d'abord
constante s'élève et atteint environ 78 0/0, dans la seconde elle reste
sensiblement constante et dans la troisième elle décroît considérablement et finit par atteindre 8 0/0. Il y a là encore un fait très intéressant à noter, qui s'explique très simplement. Nous avons en présence
trois produits en solution : hypochlorite, chlorure et hydrate. Au
début de l'électrolyse l'hypochlorite est en grand excès par rapport
aux autres, c'est donc surtout lui qui est électrolysé, d'où ces valeurs
à peu près semblables ; mais lorsqu'il est en partie détruit l'alcali et le
chlorure entrent en jeu ; si l'alcali est en faible quantité, il y aura
surtout électrolyse du chlorure et par conséquent grande oxydation ;
si, au contraire, l'alcali est en quantité notable, l'oxydation sera d'autant plus faible qu'il y en aura plus ; en somme une fois l'hypochlorite
détruit, la solution se comporte comme une solution alcaline de chlorure.

Examinons maintenant l'*effet utile* de l'électrolyse : au début et dans
tous les cas la réduction est beaucoup plus considérable que l'oxydation, nous aurons donc affaire à une réduction représentant environ
50 0/0 de la quantité d'électricité fournie à l'électrolyseur, puis la
réduction diminuant, tandis que l'oxydation augmente, la réduction
efficace diminuera, passera par zéro et finalement on aura une oxydation. Suivant l'alcalinité la courbe changera d'aspect, plus elle augmentera, plus l'effet utile se produira tôt, et plus l'oxydation efficace
limite sera faible.

L'effet utile sera donc sensiblement toujours le même, en tous cas il
subira beaucoup moins de variations que la réduction ou l'oxydation, et
cela se conçoit assez ; au début, comme nous l'avons vu, l'hypochlorite

agit seul, les résultats seront donc meilleurs, constants ; à la fin, l'oxy
dation et la réduction subissent de grandes variations, mais lorsque
l'oxydation diminue par suite de l'augmentation de l'alcali, la réduction
suit la même direction également par suite de la diminution de l'hypochlorite ; l'effet utile et la différence entre ces deux valeurs ne seront
que très peu influencés.

II. — Sur les réactions accessoires de l'électrolyse.

Si après l'électrolyse d'une solution concentrée d'hypochlorite de
sodium, on dose la quantité de ce sel restant en solution, on remarque
que la quantité disparue ne correspond nullement à celle calculée, en
tenant compte d'une part de la réduction cathodique qui transforme
l'hypochlorite en chlorure, et d'autre part de l'oxydation anodique qui
le transforme en chlorate.

Il est disparu beaucoup plus d'hypochlorite que ne permet de le prévoir la théorie. L'inverse a lieu pour le chlorate, qui est obtenu en
plus grande abondance qu'on ne pouvait le présumer.

Il y a donc là un fait, paraissant, *a priori*, en désaccord avec la loi
de Faraday.

Prenons à titre d'exemple l'opération suivante :

On électrolyse pendant quatre heures avec une intensité de 2 ampères 200 cc. de solution, marquant 44° chlorométriques avant l'essai,
et 17°25 après, ce qui correspond à 28 et 17 grammes de chlore actif.
Le chlorate en solution est passé de 4,5 à 16,5 grammes. La méthode
d'Œttel a donné des chiffres à peu près constants, la réduction fut
totale et l'oxydation anodique correspondait à 45 0/0 de la théorie
environ.

Cherchons, d'après ces données, à calculer la quantité de chlorate
formé, et d'hypochlorite détruit par l'opération.

La quantité d'hypochlorite détruite par réduction correspond à
celle formée à l'anode, soit 1,325 grammes de chlore actif, par ampère-heure.

ou $\dfrac{13,52}{3,2}$ degré chlorométrique rapporté à un litre

ou $\dfrac{1,325}{3,2 \times 5}$ soit 2°07 rapporté à 200 cc.

La réduction pendant ces quatre heures étant sensiblement totale,
nous aurons donc du fait de la réduction une perte correspondant
à 2°07, soit une quantité d'hypochlorite correspondant à 1,325 grammes
de chlore actif.

Pour ce qui est de l'oxydation, deux parties de chlore (ou d'oxygène) formées par électrolyse, oxyderont et détruiront par conséquent l'hypochlorite correspondant à une partie de chlore (ou d'oxygène), pour donner le chlorate correspondant à trois parties de chlore ou d'oxygène. Un ampère-heure devra donc détruire au pôle positif et pour 200 cc., $\dfrac{2,07}{2}$ soit 1,035° chlorométrique, si le rendement était théorique. Mais comme nous l'avons vu, l'oxydation ne représente que 45 0/0 de la théorie, la destruction de l'hypochlorite, du fait de l'anode, sera donc de 1,035 × 0,45 soit 0,47° chlorométrique, soit l'hypochlorite correspondant à 0.3 gramme de chlore.

Nous voyons donc qu'un ampère-heure détruit, tant à l'anode qu'à la cathode, une quantité d'hypochlorite correspondant à 2°54, chlorométriques (toujours pour 200 cc.), ou à 1,625 grammes de chlore actif.

Quant au chlorate formé, il correspond à $\dfrac{1,325 \times 0,45 \times 3}{2}$ soit 0,894 de chlore.

Pour une durée de quatre heures à 2 ampères, nous aurons donc 8 ampères-heure qui détruiront l'hypochlorite correspondant à 13 gr. de chlore (1,625 × 8), soit 20°3, chlorométriques, et nous formerons le chlorate correspondant à 7,152 grammes de chlore (0,894 × 8).

Comme nous l'avons vu, le résultat des dosages est tout différent, la perte en hypochlorite est de 44°, 17,25 soit 26°75 ou 17,1 grammes de chlore. Quant au gain en chlorate, il est de 12 au lieu de 7,152, (toujours calculé en chlore).

On voit donc qu'il y a bien une certaine quantité d'hypochlorite détruite, plus grande que ne l'indique la théorie, d'autre part il y a une quantité correspondante de chlorate, qui se trouve formée en plus.

Ce fait m'a paru absolument général dans toutes les expériences que j'ai faites sur les hypochlorites. Voici comme on peut l'expliquer :

On sait que les hypochlorites sont relativement stables en milieu alcalin, mais au contraire en présence d'un excès de chlore ou en milieu acide, ils se transforment en chlorate et chlorure, la réaction peut même être accompagnée d'un dégagement d'oxygène. Fœrster et Jorre ont établi que cette oxydation avait lieu sous l'influence de l'acide hypochloreux, qui oxydait les hypochlorites et les chlorures. (*Journ. prakts Chem.*, 1899, p. 53).

J'ai indiqué dans un travail récent (*Bull. Soc. Chim.* 3, t. XXIII, p. 209), qu'il devait plutôt y avoir une auto-oxydation de l'acide hypochloreux, ainsi que semblent le montrer des recherches que je poursuis à ce sujet : d'autre part, il est connu que les solutions d'acide hypochloreux se décomposent d'autant plus rapidement qu'elles sont plus concentrées; au cours des mêmes recherches, j'ai remarqué que dans certaines conditions, la transformation de l'acide hypochloreux en acide chlorique est tellement rapide qu'il est impossible de suivre par le dosage la vitesse de transformation.

C'est la raison de cette « Réaction accessoire de l'Electrolyse ».

Par suite des actions chimiques qui se passent dans l'électrolyse d'un hypochlorite, le voisinage immédiat de l'anode est toujours acide; il en résulte qu'à côté de l'acide hypochloreux transformé en acide chlorique par voie électrolytique, et sur le mode d'oxydation duquel je n'insisterai pas aujourd'hui, une partie de cet acide hypochloreux très concentré, étant donné la teneur en hypochlorite, se transforme spontanément par auto-oxydation directe en acide chlorique, une partie également plus ou moins grande, suivant les conditions, donne de l'oxygène comme dans la décomposition spontanée des solutions d'acide hypochloreux ou d'hypochlorite.

On peut faire à cette théorie l'objection qu'elle ne peut se produire en milieu alcalin.

MM. Fœrster, Jorre et Muller (*Zeit., ch. Elektrochem.*, t. VI, p. 174), dans un intéressant mémoire que j'ai déjà cité plusieurs fois, admettent que la transformation de l'hypochlorite en chlorate est précisément due à la mise en liberté d'acide hypochloreux, sans discuter cette théorie; c'était simplement remarquer que les auteurs n'ont pas osé l'étendre à l'électrolyse en milieu alcalin. Je ne vois pas pourquoi. Ils ont été réduits à revenir à l'hypothèse d'Œttel, la formation primaire du chlorate. J'ai montré récemment. (*Bull. Soc. Chim.*, 3, t. XXIII, p. 00), que cette théorie était insoutenable et, à mon avis, les auteurs précités auraient bien pu généraliser leur première théorie qui, à mon avis, était meilleure que la seconde.

En effet on pourra toujours admettre que dans l'électrolyse des sels, sauf le cas de produits obtenus complètement insolubles, le voisinage immédiat de l'anode sera toujours acide, et le voisinage immédiat de la cathode toujours alcalin, quel que soit l'état d'alcalinité ou d'acidité du milieu.

On pourrait d'ailleurs citer un certain nombre de faits à l'appui de cette manière de voir.

La théorie que je propose s'applique donc parfaitement.

Quant au fait lui-même, je ne crois pas qu'un analogue ait été encore signalé; comme nous l'avons vu, il est totalement indépendant de l'action électrolytique, bien qu'étant provoqué par elle. Je propose donc de lui donner le nom de « Réaction accessoire de l'Electrolyse ».

Je dois faire remarquer que, dans le calcul précédent, j'ai considéré tout l'oxygène recueilli comme provenant de l'électrolyse, cela n'est pas absolument exact, car une partie provient évidemment de l'auto-oxydation de l'hypochlorite, malheureusement la méthode d'Œttel, pas plus qu'une autre, ne permet, à l'heure actuelle, de bien limiter les réactions, je dois ajouter qu'au point de vue du calcul cela ne tire pas à conséquence. Si une partie de l'oxygène dégagé provient de la réaction accessoire, une partie correspondante a été utilisée à transformer de l'hypochlorite en chlorate ; on peut donc dire que la réaction accessoire est encore plus importante que le calcul ne l'indique.

Importance de la réaction accessoire.

Dans l'exemple précité, le calcul indique que la réaction accessoire représente, pour une durée de quatre heures, une moyenne de 25 0/0 de la réaction électrolytique ; comme nous venons de le voir, ce chiffre est un minimum. La proportion est d'autant plus grande que la teneur en hypochlorite est plus considérable, c'est ainsi que dans un autre essai avec une solution marquant 84°, la réaction accessoire a atteint pendant la première heure 54 0/0 de la réaction électrolytique, et pendant la seconde, 25 0/0.

Il serait intéressant de voir comment se comporte la réaction accessoire, lorsque la teneur de la solution en hypochlorite baissé ; malheureusement à ce moment les valeurs pour l'oxydation et la réduction sont très variables et rendent les calculs très laborieux et presque impossibles. Dans le but de les simplifier, j'avais pensé supprimer un des facteurs, celui de la réduction par l'emploi du chromate, mais étant donné la grande concentration de l'hypochlorite, la réduction n'est jamais nulle, de sorte que les calculs sont, au contraire, plus compliqués, car on n'a pas au début une période constante pendant un temps assez long, comme dans le cas d'une électrolyse sans chromate.

Conséquence des réactions accessoires de l'Electrolyse.

Il serait intéressant de pouvoir suivre, comme je viens de l'indiquer, comment se comporte la réaction accessoire, lorsque la teneur en hypochlorite diminue, cela tout au moins en milieu neutre, voici pourquoi.

Nous avons vu que cette réaction accessoire diminue avec la teneur de l'hypochlorite, il y a lieu de se demander quelle en est la limite. Il est évident que plus le milieu est alcalin, plus cette limite doit correspondre à une teneur élevée de l'hypochlorite, l'alcali devant évidemment gêner la réaction : en milieu neutre, elle peut être assez basse.

Considérons maintenant l'électrolyse d'un chlorure ; nous savons d'après Œttel, que la limite de la teneur de l'hypochlorite correspond à 13,7 grammes de chlore actif par litre, par suite de la réduction et de l'oxydation de l'hypochlorite; si on supprime la réduction, on arrive, comme je l'ai indiqué, à 23,5 grammes de chlore actif par litre; or il y a lieu de se demander si cette limite est bien due uniquement à l'oxydation de l'hypochlorite et si la réaction accessoire de l'électrolyse ne serait pas la vraie cause de ce fait.

En tous cas il est certain que si la limite est bien due uniquement à l'oxydation de l'hypochlorite, il me paraît inutile de chercher à supprimer cette oxydation pour avoir des hypochlorites à titre plus élevé, car on serait bientôt arrêté à nouveau par la limite due à la réaction accessoire.

Pour terminer je ferai remarquer que ces réactions ne doivent pas être confondues avec celles indiquées par Fœrster, Jorre et Muller qui, dans leur théorie, indiquent la formation d'acide hypochloreux. Dans les conditions où ils se trouvent cet acide provient d'une réaction secondaire et la quantité d'acide hypochloreux qui entre en jeu est régie par la loi de Faraday. (*Applaudissements.*)

M. LE PRÉSIDENT. — Je remercie M. Brochet de sa communication. Je donne la parole à M. Dupont.

Nouvelles applications de l'électrolyse à la chimie analytique

Par F. DUPONT

PRÉPARATION ET ISOLEMENT DES SUCRES. — DOSAGE DE LA POTASSE ET DE LA SOUDE

Depuis quelques années déjà, l'électricité a réalisé des prodiges dans le domaine de l'électrochimie et de l'électrométallurgie, et l'on peut prédire que, dans un avenir très rapproché, c'est à ce merveilleux agent physique que le métallurgiste et le chimiste s'adresseront presque exclusivement pour la production et la fabrication, non seulement des métaux, mais aussi de leurs sels.

Dans le domaine de l'analyse chimique, l'électricité est restée confinée dans un petit nombre de laboratoires, et n'est pour ainsi dire appliquée qu'au dosage de quelques métaux et spécialement du cuivre.

Cependant l'électrolyse peut permettre d'isoler, de recueillir, de préparer et de doser, en dehors des métaux, soit directement, soit indirectement, des corps auxquels on n'avait pas songé à l'appliquer jusqu'ici; ou, si on y avait songé, on n'était pas arrivé à des résultats satisfaisants.

Nos travaux ont porté sur des recherches de deux catégories que nous allons passer rapidement en revue. Il s'agit de la préparation et de l'isolement des divers sucres extraits du règne végétal et du dosage de la potasse et de la soude.

Mais avant d'aborder ces deux questions, disons un mot de l'appareil électrolyseur qui nous a servi pour nos recherches.

ELECTROLYSEUR

Cet électrolyseur se compose essentiellement d'une cuve en bois ou en verre, divisée en trois compartiments, par deux cloisons poreuses. Ces deux cloisons poreuses peuvent être soit en papier parchemin, soit en fibre végétale, soit en plaques de porcelaine d'amiante. L'essentiel c'est qu'elles ne présentent pas de trous, pour qu'il n'y ait pas mélange des ions.

Les électrodes sont constituées par des plaques métalliques, dont le métal varie suivant le but à obtenir. Nous employons des plaques en platine ou en argent platiné, en tôle de fer, en plomb, en aluminium et en zinc.

La source d'électricité est produite soit par une dynamo à courant continu, sont par une batterie d'accumulateurs. Un rhéostat, un ampèremètre et un voltmètre complètent l'installation.

La densité de courant varie entre 25 et 50 ampères par mètre carré d'anode, sous une force électromotrice de 4 à 15 volts suivant les cas, et aussi suivant le dispositif adopté, et suivant la température des liquides.

I. — APPLICATION DE L'ÉLECTROLYSE A LA PRÉPARATION DU SUCRE DE BETTERAVES OU DE CANNES

On met le jus sucré dans le compartiment du milieu de l'électrolyseur, et de l'eau dans les deux compartiments latéraux. Dans le jus, plonge comme anode, une lame de plomb ou d'aluminium ou de fer ; la tôle de fer est employée comme cathode dans les deux compartiments latéraux à eau.

Aussitôt que les électrodes sont reliées aux bornes de la dynamo, l'électrolyse se produit. Sous l'influence du courant électriques les matières albuminoïdes du jus sont coagulées, insolubilisées et se précipitent. Les sels sont décomposés suivant les lois connues. Les bases solubles : potasse, soude et ammoniaque se retrouvent dans les compartiments négatifs, tandis que les acides minéraux et organiques se combinent à l'oxyde du métal de l'anode pour former des sels insolubles qui se précipitent. La chaux et la magnésie n'étant pas décomposées se précipitent au sein du jus sous forme de sels insolubles; une petite quantité reste en dissolution.

L'acide nitrique qui existe en assez forte proportion dans les betteraves, surtout dans celles qui proviennent de terres fortement fumées, est décomposé, transformé partiellement en ammoniaque que l'on retrouve dans les eaux négatives. Il y a aussi formation, au détriment de certaines matières albuminoïdes, d'ammoniaques composées que l'on retrouve à la cathode.

Quand le courant a passé un temps suffisant, toutes les matières organiques sont précipitées, toutes les bases solubles éliminées. Le jus est devenu clair, limpide et incolore, et ne précipite plus par le sous-acétate de plomb. Il ne reste en dissolution dans le jus à côté du sucre, que des traces de matières organiques, de chaux, de magnésie, et suivant l'anode employée, un peu de sel de plomb ou d'alumine ou de fer.

Si sur 100 grammes d'extrait sec, le jus initial de la betterave ou de la canne contenait 85 grammes de sucres et 15 grammes de matières étrangères, après électrolyse on trouve sur 100 grammes d'extrait sec 99 gr. 500 de sucres et 0 gr. 500 d'impuretés. C'est dire que le sucre existe alors dans le jus traité pour ainsi dire à l'état de pureté.

Il ne reste plus qu'à concentrer et à faire cristalliser. On obtient directement tout le sucre en beaux cristaux absolument blancs.

Quand on se sert d'anode en aluminium, on peut laisser dans le jus les sels d'alumine; si on emploie des anodes en plomb, on élimine la petite quantité de plomb resté en dissolution en le précipitant par l'acide sulfureux ou l'acide phosphorique.

Quand l'opération a été bien conduite, que la densité du courant n'est pas descendue au-dessous de 25 ampères, ni montée au-dessus de 50 par mètre carré d'anode, que la membrane poreuse ne présentait pas de trous, on retrouve dans le jus tout le sucre, ou plutôt tous les sucres qui étaient primitivement contenus; il n'en passe pas dans les compartiments négatifs qui ne contiennent que de la potasse, de soude et de l'ammoniaque. Il n'y a donc pas dialyse ou osmose, contrairement à ce que l'on croit. Les sucres restent intacts au sein du liquide positif.

Outre les avantages que ce procédé peut présenter au point de vue de la fabrication industrielle du sucre, on voit immédiatement combien il est précieux pour rechercher, isoler, identifier et doser les différents sucres dans une foule de végétaux.

Ce procédé est bien plus commode que celui qui consiste à précipiter les matières organiques par l'acétate de p'omb, à éliminer l'excès de plomb par l'hydrogène sulfuré, etc., car ce dernier laisse toujours dans la liqueur toutes les matières minérales, et y introduit de l'acide acétique, aussi est-il difficile de faire cristalliser les sucres ; tandis que ceux-ci cristallisent abondamment, à l'état de pureté parfaite au sein de la liqueur électrolytique, lorsqu'elle a été ensuite convenablement concentrée.

II. — Application de l'électrolyse a la préparation des autres sucres et des hydrates de carbone.

Outre de nombreux essais sur du jus de betteraves et de cannes, j'ai aussi soumis à l'électrolyse les sucs exprimés de la racine de gentiane — gentiana lutea — contenant du gentianose, étudié par Bourquelot; de la racine de cyclamen — cyclamen europœum — contenant du cyclamose ; des raisins, des cerises, etc., et toujours j'ai obtenu les sucres contenus dans ces jus à l'état voisin de la pureté absolue.

En soumettant le petit lait à l'électrolyse, puis évaporant et faisant cristalliser, on obtient immédiatement de grands cristàux incolores de lactose.

Je ne doute pas que cette méthode ne donne d'excellents résultats pour l'étude des autres sucres et des différents hydrates de carbone que l'on rencontre dans les végétaux, car les sucres et les hydrates de carbone ne sont pas altérés par l'électrolyse.

Nota. — On peut aussi opérer l'électrolyse des jus sucrés d'une autre manière :

On rend l'un des compartiments latéraux à eau positif, l'autre négatif ; le liquide sucré du compartiment médian subit l'électrolyse par influence. les acides passant à l'anode dans le compartiment positif, les alcalis à la cathode dans le compartiment négatif.

Ceite manière d'opérer a l'avantage de n'introduire aucun corps étranger dans le jus, mais elle a l'inconvénient d'exiger une grande force électromotrice, le voltage atteignant jusqu'à 50 volts, suivant la distance des électrodes et la température de la solution.

III. — Dosage de la potasse et de la soude.

a. Dans les jus des végétaux. — Nous avons vu que dans l'électrolyse des solutions sucrées. on obtient à l'anode, dans les compartiments négatifs, toute la potasse et toute la soude primitivement contenues dans le liquide, avec des traces plus ou moins fortes d'ammoniaque.

Si l'on évapore cette eau et qu'on calcine ensuite le résidu, on a un culot blanc formé d'un mélange de potasse et de soude. On le dissout dans l'eau distillée. et l'on dose la potasse par les procédés connus, par exemple à l'état de chloroplatinate de potasse et réduction par le formiate de soude. Par différence, on a la soude.

Ce procédé permet de doser avec beaucoup de précision la potasse et la soude contenues dans les sucs végétaux. Si l'on veut se contenter de doser en bloc les alcalis, potasse et soude, la seule pesée du culot suffit; on peut aussi avoir recours au titrage alcalimétrique.

De nombreuses analyses nous ont donné pour le jus de betteraves la moyenne suivante :

> Potasse pour 100 c. c. de jus à 1.070 de densité..... 0 gr. 301
> Soude .... 0 gr. 095

Lorsqu'on opère industriellement l'épuration des jus de betteraves ou de cannes, par l'électrolyse, on peut se servir pendant longtemps des mêmes eaux négatives jusqu'à ce qu'elles atteignent un degré de concentration élevée, 12 ou 13° Baumé. C'est là un moyen de préparation industrielle de la potasse et de la soude, comme résidu de la fabrication du sucre.

Un fait à signaler, c'est que le papier parchemin peut résister pendant près de 20 jours et fournir un bon travail, tandis que dans le procédé de l'osmose sans électrolyse, il est hors de service au bout de quelques jours. L'électrolyse exerce une action conservatrice sur la membrane poreuse.

b. Dans les terres. — On attaque l'échantillon de terre convenablement préparé, 100 grammes par exemple par cinq fois environ son poids d'eau bouillante additionnée de 10 0/0 d'acide sulfurique.

On fait bouillir une demi-heure, on laisse refroidir et on neutralise par du carbonate de chaux en poudre, puis on verse l'eau bouillie dans le compartiment positif de l'électrolyseur, contenant un anode en plomb, puis on fait passer le courant en ayant soin d'agiter constamment le mélange avec une baguette de verre. Au bout d'une heure et demie à deux heures, et même quelquefois trois heures, suivant la richesse de la terre en potasse et soude, l'opération est terminée ; il ne reste plus qu'à récolter le liquide négatif des deux compartiments latéraux à l'aide d'une pipette, en ayant soin de maintenir le courant électrique.

On évapore ce liquide à siccité, et après calcination au rouge sombre dans un creuset d'argent, on pèse. Le poids indique le total de la potasse et de la soude; on reprend par l'eau distillée bouillante et l'on dose la potasse par la méthode au chloroplatinate. Par différence, on a la soude.

Une terre de Roumanie qui, par les procédés ordinaires d'analyse — attaque à l'acide nitrique — avait accusé une teneur en KHO de 3.640 pour 1.000, a donné par le procédé que nous venons de décrire 3.627. *(Applaudissements.)*

M. COMMELIN fait la communication suivante :

Les accumulateurs électriques à gaz sous pression et les accumulateurs électriques à haute tension.

Systèmes COMMELIN ET VIAU.

I

L'accumulateur électrique à gaz sous pression est basé sur l'emploi au positif de l'oxygène ou tout autre gaz pouvant servir de dépolarisant, et du dépôt d'un métal au négatif.

Nous donnons d'abord la description sommaire de l'appareil de laboratoire dont la figure 10 est une représentation schématique :

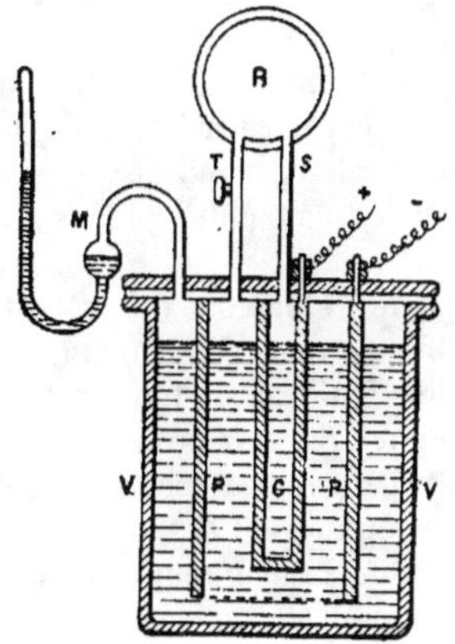

Figure 10.

L'anode se compose d'un charbon creux C communiquant par un tube S avec un réservoir R ; ce réservoir R est en relation, par un second tube à robinet T, avec le vase extérieur V.

La cathode se compose d'un cylindre en plomb antimonieux P qui entoure le charbon C.

L'électrolyte est une dissolution de sulfate de cadmium.

L'appareil étant hermétiquement clos, si nous faisons passer le courant (charge), il se produit un dépôt métallique de cadmium sur le négatif P et il se dégage de l'oxygène contre le charbon C. Cet oxygène s'accumule à la partie supérieure du vase V et, par le tube T, dans le réservoir R, d'où il se répand, par le tube S, dans l'intérieur du charbon C.

L'appareil est muni d'un manomètre M et, lorsque la pression atteint

1 kilog. (ce que nous avons reconnu comme bien suffisant), l'appareil est prêt à fonctionner.

On ferme le robinet T, et si l'on réunit les deux pôles (décharge), la pression qui était égale dans le vase V, le réservoir R et le charbon C, commence à diminuer dans le vase V, et cela par suite de la décomposition de l'eau par le cadmium qui passe à l'état de sulfate. L'hydrogène naissant se porte sur le positif C et rencontre dans les pores du charbon l'oxygène avec lequel il reforme de l'eau. L'oxygène étant sous pression et la pression dans le vase V allant en diminuant, il en résulte que cet oxygène tend continuellement à passer à travers les pores du charbon pour venir se combiner avec l'hydrogène, c'est-à-dire jusqu'à la disparition complète du cadmium déposé sur la cathode et de l'oxygène accumulé dans le réservoir et le charbon.

La f. é. m. de cet appareil est de 1 volt 50 et le débit est de 0,25 à 0,30 ampères par décimètre carré de surface de cathode.

Pour rendre cet appareil industriel, au lieu d'un charbon creux assez volumineux et d'un cylindre métallique, nous employons des rangées de petits tubes en charbon poreux serrés les uns contre les autres de façon à affecter la forme d'une plaque ; ces tubes aboutissent à une chambre commune.

Les chambres de tous les éléments d'une batterie communiquent entre elles ; de même tous les vases V communiquent entre eux (pour les gaz, mais non pour les liquides), de telle sorte que pour toute une batterie on n'a qu'un robinet T à manœuvrer.

La cathode se compose d'auges ou nacelles en celluloïd disposées les unes au-dessus des autres et au fond desquelles se trouve une lamelle de plomb qui règne dans toute la longueur de la nacelle et dont l'extrémité est réunie par une soudure autogène au conducteur négatif. C'est sur ces lamelles que le cadmium se dépose.

La figure 11 représente une coupe verticale d'un élément suivant les axes des petits tubes de charbon.

L'accumulateur électrique léger à haute tension se compose à l'anode d'un quadrillé en ébonite, sur lequel est rivé au plomb un cadre conducteur. Dans ce quadrillé est mise la pâte active, laquelle est peroxydée.

La cathode se compose d'une feuille en matière isolante, telle que celluloïd, ébonite, etc., sur les deux côtés de laquelle est appliquée une feuille de plomb repliée à la partie supérieure de 2/10 de millimètre d'épaisseur. Sur ces feuilles sont disposées, de 8 en 8 millimètres, des auges ou ailettes en celluloïd ou autre matière isolante et inclinées d'environ 10° sur l'horizon pour aider au dégagement des bulles de gaz. Ces ailettes sont destinées à maintenir le cadmium à différentes hauteurs dans le liquide et à l'empêcher de tomber au fond de l'appareil. Sur les bords extérieurs de ces ailettes s'applique une feuille de celluloïd perforée contre laquelle se bloque immédiatement l'anode ou positif au peroxyde de plomb.

Le liquide est une dissolution de sulfate de cadmium.

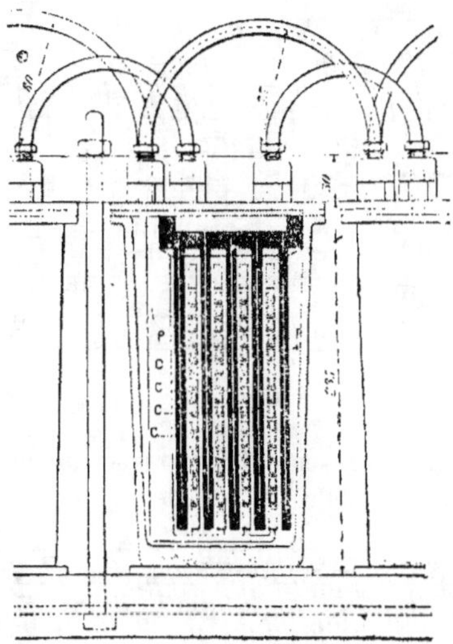

Figure 11.

Ceci posé, voici les différents phénomènes qui se produisent :

A la *charge*, formation de peroxyde de plomb au positif, dépôt de cadmium au négatif et mise en liberté de l'acide sulfurique dans la liqueur.

A la *décharge*, réduction du peroxyde de plomb, attaque du cadmium par l'acide sulfurique pour former du sulfate qui retourne dans la liqueur.

Lorsque l'appareil est entièrement déchargé, la liqueur ne contient plus que des traces d'acide sulfurique libre ; il n'y a, par conséquent, pas à craindre la sulfatation du positif, et cela nous permet de pousser dans certains cas spéciaux, comme ceux qui peuvent se produire dans l'automobilisme, la décharge jusqu'à des limites extrêmes, même au-dessous d'un volt.

Les secousses violentes et répétées sont favorables au dégagement des gaz et à l'homogénéité de la dissolution dans le liquide du sulfate qui se forme à la décharge.

La f. é. m. de l'appareil en décharge est de 2,20 à 2,15 volts et son rendement en ampères au kilog. de plaque est de 30 à 40 ampères :

30 ampères lorsque la cathode est constituée ainsi que nous venons de le dire ; 40 ampères lorsque l'âme de la cathode, au lieu de deux feuilles de plomb séparées par une feuille de celluloïd, est formée d'une lame de charbon de 2 millimètres d'épaisseur.

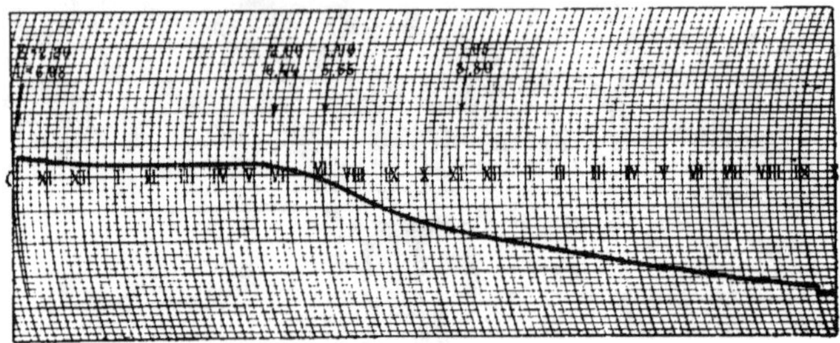

Figure 12.

Les figures 12 et 13 représentent des courbes de décharge d'un appareil muni du premier modèle de cathode.

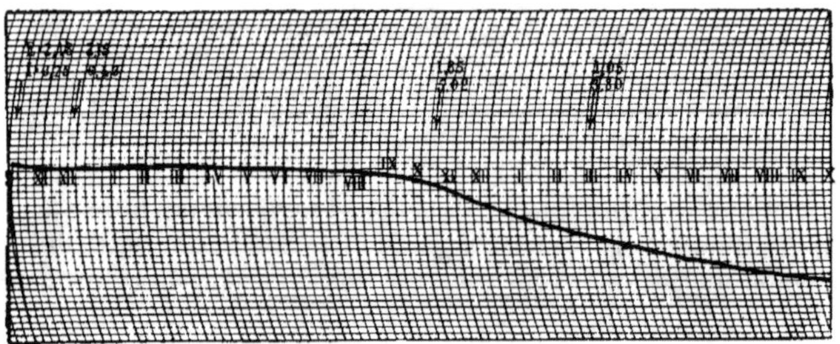

Figure 13.

Le poids des plaques est :

5 négatifs....... 700 grammes   total 2 k. 765
5 positifs........ 2.065   —

Pour la première courbe (22 avril 1900), le débit par kilogramme de plaque est :

$$\frac{77^{\text{A. H.}} 26}{2 \text{ k. } 76} = 28 \text{ A.}$$

Durée de décharge utile : treize heures.

Pour la deuxième courbe (28 avril 1900), le débit par kilog. de plaque est :

$$\frac{91 \; ^{\text{A. H.}} \; 96}{2 \text{ k. } 76} = 33 \text{ A.}$$

Durée de décharge : dix-sept heures.

Avant la deuxième décharge, l'électrolyte avait été un peu renforcé.

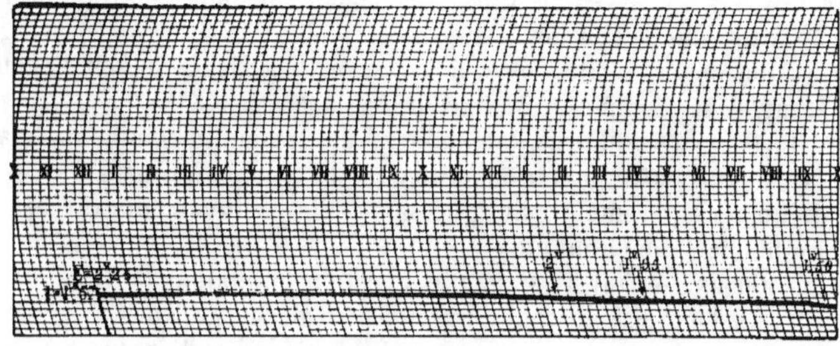

Figure 14.

La figure 14 représente une courbe de décharge d'un élément muni de cathode à âme de charbon.

Poids : 1 positif...... 500 grammes — 2 négatifs..... 300 — } total 800 gr.

Le débit par kilog. de plaque est :

$$\frac{31 \; ^{\text{A. H.}} \; 72}{0 \text{ k. } 800} = 39,65$$

Durée de décharge utile : vingt et une heures et demie.

Nous insistons sur ce point que, dans ces deux types d'accumulateurs, le celluloïd peut être remplacé par l'ébonite ou tout autre matière isolante.

Dans le cas où on ne voudrait pas employer le cadmium au négatif, on peut faire usage du plomb réduit sur nos cadres en ébonite et profiter ainsi de l'allègement de l'appareil. (*Applaudissements.*)

M. Brochet. — Quelle est la durée du charbon dans le premier accumulateur?

M. Commelin. — La durée du charbon dépend du nombre de charges. Je me suis déjà occupé de cette question, parce que le charbon se désagrége sous l'influence de l'oxygène, ce qui n'arrive pas avec le chlore..... Seulement, dans les appareils que nous allons construire maintenant, nos positifs sont constitués de petites baguettes de plomb et dans la pratique, nos tubes de charbon ne seront pas en charbon mais en plomb, pour dégager l'oxygène, tandis que les tubes de décharge seront en charbon.

M. Brochet. — L'appareil n'est pas pratique avec des tubes en charbon...

M. Commelin. — Si, il est pratique, mais il a moins de durée.

M. Brochet. — Eh bien ! quelle est la durée ?

M. Commelin. — Avec les tubes de charbon, il faut compter faire une quarantaine de charges.

M. le Président. — Du reste, nous aurons l'occasion de voir l'accumulateur de M. Commelin aujourd'hui à la classe XXIV.

M. Hulin. — Je voudrais demander à M. Commelin comment s'établit la relation entre la consommation de l'oxygène, qui paraît due à un phénomène purement physique, avec l'intensité de courant régie par un phénomène chimique ?

M. Commelin. — Oui, il y a une question chimique, puisque vous décomposez l'eau par le cadmium, mais en décharge, vous avez dans le petit réservoir une pression qui tend à faire passer l'oxygène à travers les pores du charbon. Voilà un fait physique. D'autre part, vous utilisez votre circuit suivant les circonstances et le courant s'établit conformément aux règles électriques.

M. Hulin. — Comment s'établit la relation entre la consommation de l'oxygène et l'intensité du courant ?

M. Commelin. — Un ampère libère deux grammes et une fraction de cadmium, je n'ai plus l'équivalent chimique exact dans la tête.

M. Hulin. — Je précise ma question et je demande s'il y a une relation rigoureuse entre l'intensité du courant et la consommation d'oxygène...

M. Commelin. — Non, il n'y en a point.

M. Hulin. — Comment se conserve à la charge l'accumulateur en circulation, puisqu'il n'y a plus de réaction chimique, au point de vue de l'oxygène ?

M. Commelin. — Il reste dans son charbon.

M. Peyrusson. — Je voudrais demander à M. Commelin quel est le rendement de l'appareil.

M. Commelin. — 95 0/0 en allant jusqu'au bout.

M. Peyrusson. — Quel avantage le cadmium a-t-il sur les autres métaux ? et est-ce que M. Commelin croit que son emploi est nouveau ?

M. Commelin. — Son emploi n'est pas nouveau et nous n'avons pas la prétention de l'avoir inventé, mais son avantage est d'être très léger et de fournir une force électro-motrice plus grande.

M. Peyrusson. — Et le zinc ?

M. Commelin. — Il est plus léger, mais il s'attaque.

L'emploi du sulfate de cadmium est breveté à ce point de vue.

M. Peyrusson. — Je l'ai breveté aussi en 1886.

M. le Président. — Ceci est une question à part. Le cadmium est plus adhérent que le zinc, mais il ne l'est cependant pas beaucoup, et la difficulté consiste à obtenir l'adhérence du cadmium sur la lame sur laquelle on le fait déposer. Souvent ce métal tombe au fond du vase.

M. le Président. — La séance est levée.

La séance est ouverte à 9 h. 15 sous la présidence de M. Moissan.

M. le Président. — Nous avons aujourd'hui, Messieurs, un ordre du jour très chargé, un grand nombre de rapports et de communications, et je prierai Messieurs les Membres du Congrès qui vont faire des communications d'être assez rapides.

Messieurs, comme je serai forcé de m'absenter pour m'occuper des intérêts généraux du Congrès, je vous demanderai la permission de faire tout de suite mes communications. (*Assentiments.*)

M. Moissan fait une communication sur la couleur du carbure de calcium et une autre sur les carbures de néodyme, de praséodyme et de samarium.

I. — Sur la couleur du carbure de calcium

Par M. Moissan

En étudiant les propriétés du calcium et de quelques-uns de ses composés, nous avons souvent obtenu du carbure de calcium par des méthodes nouvelles. Ce composé n'avait pas le même aspect que le carbure préparé au four électrique. Cette remarque nous a amené à poursuivre quelques expériences sur la coloration du carbure de calcium.

Nous avons établi, dans des recherches précédentes, que les carbures de potassium C^2K^2 et de lithium C^2Li^2 pouvaient se préparer en lamelles cristallines, transparentes, parfaitement cristallisées. Au contraire, lorsque nous avons préparé, le premier, au four électrique, les carbures de calcium, de strontium et de baryum cristallisés, nous avons décrit ces nouveaux composés comme des corps ne possédant qu'une légère transparence en lames très minces et présentant une surface mordorée caractéristique.

Cet aspect mordoré et la coloration des cristaux ne sont dus qu'à une impureté. Lorsque le carbure de calcium ne contient pas trace de fer, il est transparent comme le carbure de lithium ou le chlorure de sodium.

Nous citerons comme exemples les expériences suivantes :

1° Lorsqu'on chauffe au rouge sombre (1) le calcium métallique dans une brasque de carbone amorphe pur, provenant de la décomposition brusque de l'acétylène, on obtient un carbure de calcium blanc, décomposable par l'eau froide avec formation de chaux hydratée et dégagement d'acétylène. Ce carbure, examiné au microscope, est formé d'un amas de cristaux transparents ;

2° Lorsqu'on chauffe dans une brasque de carbone amorphe pur, l'hydrure de calcium CaH^2 dont nous avons indiqué la préparation par union directe de l'hydrogène et du calcium, on obtient un carbure de calcium C^2Ca blanc, qui, en lamelles minces, est entièrement transparent ;

3° Le résultat est identique lorsqu'on répète l'expérience précédente avec l'azoture de calcium cristallisé Az^2Ca^3 ;

4° L'acétylure acétylénique de calcium

$$C^2Ca, C^2H^2, 4AzH^3,$$

que nous avons obtenu à — 60° par l'action de l'acétylène sur le calcium-ammonium, laisse, par sa décomposition totale, un carbure de calcium C^2Ca, d'une grande blancheur, qui, au microscope, est transparent.

Enfin nous décrirons l'expérience suivante : nous avons pris ce carbure de calcium blanc, nous l'avons mélangé d'une petite quantité d'oxyde de fer, puis le tout a été fondu au four électrique dans un creuset de graphite pur. Après refroidissement, nous avons obtenu un carbure de calcium mordoré et semblable comme aspect au carbure préparé dans l'industrie.

Le carbure de calcium, absolument pur, est donc transparent ; lorsqu'il est marron et d'apparence mordorée, cet aspect doit être attribué à la présence du fer. Une trace de ce métal suffit pour produire cette coloration. (*Applaudissements.*)

II. — Préparation et propriétés des carbures de néodyme, de praséodyme et de samarium

Par M. Moissan.

A la suite de nos recherches sur les carbures de cérium et de lanthane, nous avions entrepris quelques essais sur la préparation des

(1) Cette synthèse du carbure de calcium se fait à basse température : on peut la réaliser en chauffant le mélange de charbon et de calcium dans un creuset de porcelaine au moyen de la flamme d'une lampe à alcool. Nous devons ajouter que la chaleur dégagée par l'union du carbone et du calcium est assez grande pour amener la fusion du carbure de calcium, fusion qui n'a pu être obtenue jusqu'ici qu'au moyen du four électrique.

carbures de néodyme et de praséodyme. Mais les sels que nous avions en ce moment dans notre laboratoire n'étaient pas suffisamment purs, et nous n'avons rien publié sur ce sujet. Depuis cette époque, M. Demarçay a présenté à l'Académie un important travail sur cette question et il a bien voulu mettre à notre disposition les oxydes qui ont servi à ses expériences. D'autre part, MM. Chenal et Douilhet nous ont offert une partie des beaux échantillons de sels purs de néodyme et de praséodyme qu'ils ont fait figurer à l'Exposition universelle de 1900. Je prie ces Messieurs d'agréer tous mes remerciements.

PRÉPARATION DU CARBURE DE NÉODYME

L'oxyde de néodyme dont nous sommes parti possédait la couleur mauve indiquée par M. Demarçay. Il répondait à la formule Ne^2O^3. Nous avons préparé un mélange intime de cet oxyde et de charbon de sucre, dans les proportions suivantes : oxyde, 250 grammes, carbone 26 grammes. Ce mélange est additionné d'essence de térébenthine en quantité aussi faible que possible et comprimé sous pression en forme de petits cylindres. Ces derniers sont légèrement calcinés, dans un creuset de porcelaine, au four Perrot, jusqu'à ce qu'ils ne dégagent plus de gaz combustibles.

Le produit, encore chaud, est enfermé dans des flacons bouchés à l'émeri et doit être conservé à l'abri de toute humidité. Ce mélange est placé dans le creuset de mon four électrique, et chauffé pendant quatre minutes, au moyen d'un courant de 900 ampères sous 50 volts. Après l'opération, on trouve dans le creuset une masse fondue qui, le plus souvent, se détache avec une grande facilité. Dans ce cas elle est constituée par du carbure de néodyme à peu près pur. Si la chauffe dure trop longtemps, le carbure de néodyme attaque le creuset, dissout des quantités variables de carbone et adhère à la paroi.

PRÉPARATION DU CARBURE DE PRASÉODYME

L'oxyde employé était d'une couleur brune et répondait à la formule PrO^2. Le mélange de cet oxyde et de charbon de sucre a été préparé, ainsi qu'il a été dit précédemment dans les proportions de : oxyde 250 grammes, carbone 32 grammes. La durée de la chauffe a été la même et le produit diffère peu, comme aspect, du carbure de néodyme.

Propriétés. — Nous avons étudié avec détails plusieurs réactions de ces nouveaux carbures sur les corps simples et composés, afin d'apporter quelques données nouvelles à l'étude de ces terres rares.

Le carbure de néodyme se présente, au microscope, en lamelles hexagonales, de couleur jaune un peu plus foncée que celle du carbure d'aluminium. Sa densité est voisine de 5,15. Le carbure de praséodyme a une couleur identique ; il possède aussi une apparence cristalline. Sa densité a été trouvée égale à 5,10.

Ces deux carbures sont irréductibles par l'hydrogène à la température du rouge.

Avec le fluor, il ne se produit pas de réaction sensible à la température ordinaire, mais, si l'on chauffe légèrement le carbure, une incandescence très vive se manifeste et la réaction se continue dans un courant de fluor. Les fluorures obtenus sont insolubles dans l'eau ; le fluorure de néodyme est blanc verdâtre, et le fluorure de praséodyme d'un jaune de soufre. La chaleur de la réaction n'a pas été suffisante pour les fondre, et ils ne sont pas facilement volatils.

Dans un courant de gaz chlore, ces carbures ne donnent pas de réaction à froid, mais, chauffés au-dessus du rouge sombre, ils deviennent incandescents et produisent des chlorures anhydres solubles dans l'eau avec un notable dégagement de chaleur. Nous avons eu plusieurs fois l'occasion d'insister sur cette facile production des chlorures par l'action du chlore sur les carbures métalliques.

Le brome réagit comme le chlore, c'est-à-dire toujours avec incandescence, tandis que la vapeur d'iode au rouge sombre réagit avec un dégagement de chaleur bien moindre, sans produire aucune lueur et en donnant un ou plusieurs iodures solubles dans l'eau.

Si l'on chauffe ces carbures vers 400°, dans un rapide courant d'oxygène, il se produit une belle incandescence, et l'oxydation du carbure est complète.

Avec le carbure de néodyme, il reste un oxyde de couleur mauve. Le carbure de praséodyme laisse un oxyde noir ; nous avons utilisé cette réaction pour le dosage du carbone.

Le soufre réagit à sa température d'ébullition, mais lentement. Les sulfures produits sont décomposés par les acides étendus, ils sont attaqués assez rapidement par l'eau bouillante et très faiblement par l'eau froide à la température d'ébullition du soufre, l'action de ce métalloïde n'est jamais totale ; il est nécessaire de chauffer jusqu'à 1000° pour avoir une réaction complète.

A 1.200° l'azote réagit sur ces deux carbures, mais la transformation n'est que superficielle et la quantité d'azoture formé est très faible. Cependant, le résidu jeté dans l'eau fournit, d'une façon bien nette, de l'ammoniaque. Nous verrons plus loin que d'autres expériences prouvent bien l'existence des azotures de néodyme et de praséodyme.

Ainsi que nous l'avons fait remarquer à propos de la préparation, le carbone se dissout avec rapidité dans les carbures de néodyme et de praséodyme fondus. Au moment du refroidissement, le graphite cristallise alors dans la masse, et l'on peut obtenir ainsi des carbures présentant une cassure d'un gris métallique rappelant la couleur de la plombagine.

Au contact de l'eau, la décomposition de ces carbures est aussi rapide que celle des carbures de cérium, de lanthane et d'yttrium. Il se produit un abondant dégagement gazeux, et il reste un oxyde hydraté. Cet hydrate est blanc verdâtre avec le carbure de néodyme, et violacé avec le carbure de praséodyme. Il se forme en outre une certaine quantité de carbures d'hydrogène liquides et solides.

Le mélange gazeux, analysé par le procédé que nous avons décrit précédemment, est formé surtout de gaz acétylène, d'une petite quantité d'éthylène, ou plutôt de carbures éthyléniques, et enfin de carbures forméniques.

Décomposition par l'eau du carbure de néodyme.

	1	2	3	4
Acétylène	66,22	65,12	65,80	67,20
Carbures éthyléniques	6,34	5,92	6,90	5,95
Carbures forméniques	27,44	28,66	27,30	26,85

Décomposition par l'eau du carbure de praséodyme.

	1	2
Acétylène	67,50	68,31
Carbures éthyléniques	2,50	3,57
Carbures forméniques	30,00	28,12

Les solutions d'acides se comportent différemment vis-à-vis de nos deux carbures, suivant la quantité d'eau qu'elles renferment. L'acide nitrique monohydraté n'attaque pas ces carbures, tandis que l'acide étendu dégage des carbures d'hydrogène dont la composition peut être modifiée par suite de la propriété oxydante du corps réagissant.

De même l'acide sulfurique concentré et bouillant est réduit avec dégagement d'acide sulfureux, et l'acide étendu réagit par l'eau qu'il contient.

Le gaz acide chlorhydrique n'agit pas à froid sur ces deux carbures, mais au rouge sombre la réaction se fait avec incandescence. Le produit de cette décomposition est soluble dans l'eau et fournit une solution rose pour le carbure de néodyme et verte pour le carbure de praséodyme.

Les deux carbures sont attaqués au rouge sans incandescence par l'hydrogène sulfuré, avec formation de sulfures dont les propriétés sont identiques à celles que nous avons indiquées à propos de la réaction du soufre sur les mêmes carbures.

Le gaz ammoniac réagit nettement à 1200° sur les carbures de néopyme et de praséodyme. Le premier a pris une teinte noire et le deuxième une coloration jaune. Le résidu, traité par l'eau, fournit des carbures d'hydrogène et un abondant dégagement de gaz ammoniac. Il existe donc bien des azotures de ces métaux.

Analyse. — Le carbure fondu a été traité par l'acide azotique étendu qui le dissout rapidement. Quand il renferme une petite quantité de graphite, on sépare ce dernier corps par filtration et l'on tient compte de ce poids. Le nitrate est évaporé à sec et calciné. Du poids de l'oxyde obtenu on peut calculer la quantité de métal renfermé dans le carbure.

D'autres déterminations ont été faites en précipitant la solution renfermant peu d'acide nitrique par l'oxalate d'ammoniaque, puis en calcinant l'oxalate. Dans cet autre procédé les chiffres étaient toujours un peu plus faibles.

Le carbone a été dosé sous forme d'acide carbonique par combustion directe dans un excès d'oxygène. Il est important que la combustion soit très active, afin qu'il ne reste pas une petite quantité de carbure non décomposé.

Cette méthode est encore celle qui nous a donné les meilleurs résultats, bien que les chiffres obtenus aient été un peu faibles (1).

Carbure de néodyme.

	1	2	3	Théorie Pour NeC^2
Néodyme pour 100.......	84,21	85,73	85,90	85,68
Carbone............	14,08	14,27	13,37	14,32

Carbure de praséodyme.

	1	2	3	Théorie Pour PrC^2
Praséodyme pour 100.....	84,60	85,10	84,91	85,41
Carbone....................	14,40	13,75	14,29	14,58

Conclusions. — En résumé, les oxydes de néodyme et de praséodyme, chauffés en présence de charbon au four électrique, fournissent des carbures cristallisés de formule NeC^2 et PrC^2. Ces carbures décomposent l'eau à froid en produisant un mélange de carbures d'hydrogène et l'oxyde hydraté. Nous avons démontré précédemment que les trois carbures alcalins terreux préparés au four électrique ne fournissent, par leur décomposition par l'eau, que de l'acétylène pur ; d'autre part, le carbure d'aluminium ne donne, dans les mêmes conditions, que du méthane. On sait aussi que le néodyme et le praséodyme appartiennent au groupe du cérium, groupe placé, d'après l'ensemble de ses propriétés, entre les métaux alcalino-terreux et l'aluminium. Il est

(1) Nous avons pris 143,6 pour poids atomique du néodyme et 140.5 pour le praséodyme.

assez curieux de remarquer que le carbure de néodyme et de praséodyme fournissent au contact de l'eau un mélange complexe d'hydrocarbures, riche surtout en acétylène et en méthane. De plus, nous
devons mentionner que la quantité d'acétylène donnée par ces différents carbures va en diminuant du cérium au néodyme et que le
néodyme et le praséodyme, métaux assez voisins pour avoir été longtemps confondus sous le nom de didyme, fournissent avec l'eau un
mélange de carbures de composition très voisine.

Enfin les carbures de cérium, de lanthane, de néodyme et de praséodyme répondent tous à la formule RC^2.

ÉTUDE DU CARBURE DE SAMARIUM.

L'oxyde de samarium Sa^2O^3, de couleur blanche, que nous avons
tilisé dans ces recherches, nous a été remis, d'une part, par **M. Demarçay** et, d'autre part, par MM. Chenal et Douilhet, auxquels nous
adressons tous nos remerciements.

Préparation du carbure de samarium. — Nous avons fait un mélange
de 200 grammes d'oxyde de samarium Sa^2O^3, et de 20 grammes de
charbon de sucre réduit en poudre fine que l'on agglomère par pression. En employant le dispositif que nous avons décrit précédemment,
on obtient, au four électrique, après une chauffe de quatre minutes,
avec un courant de 900 ampères sous 45 volts, un culot de carbure
fondu de 150 grammes.

Propriétés. — Le carbure de samarium possède un éclat plus métallique que les carbures de néodyme et de praséodyme. De petits fragments, examinés au miscrocope, étaient transparents, colorés en
jaune et quelques parcelles présentaient des fragments hexagonaux
bien nets. Sa densité était de 5,86.

Ce composé est irréductible par l'hydrogène à 1000°. Légèrement
chauffé, il devient incandescent dans un courant de fluor ou de chlore
en produisant les composés correspondants. Le brome et l'iode l'attaquent vers le rouge sombre.

Dans un courant d'oxygène à 400°, il brûle complètement, s'il est en
fragment assez petits, en laissant un oxyde d'un blanc jaunâtre. Le
soufre l'attaque de même, mais à une température beaucoup plus
élevée.

Ce carbure est décomposable par l'eau froide comme les carbures
métalliques de la même série, que nous avons déjà décrits. Il fournit
alors des carbures liquides et solides, et un dégagement gazeux qui
nous a donné à l'analyse les chiffres suivants.

	1	2
Acétylène	70,1	71,2
Carbures éthyléniques	7,6	8,1
Hydrogène et carbures forméniques	22,3	20,7

Les carbures d'hydrogène dégagés par le carbure de samarium, au contact de l'eau, présentent comme composition une grande analogie avec les gaz fournis par le carbure d'yttrium. Ce dernier produisait, en effet, 71,7 à 71,8 d'acétylène, tandis que le carbure de cérium en donnait de 78,47 à 80 pour 100.

Les acides, tels que l'acide sulfurique bouillant, sont réduits par le carbure de samarium ; lorsque ces acides contiennent de l'eau, la décomposition est d'autant plus violente que la quantité d'eau est plus grande.

L'hydrogène sulfuré attaque au rouge le carbure de samarium sans incandescence et avec formation de sulfure.

Le gas acide chlorhydrique réagit sur ce carbure au rouge sombre, l'incandescence est très vive. Le produit noir qui en résulte occupe, après la réaction, un volume beaucoup plus grand que le carbure primitif. Cette substance, jetée dans l'eau froide, donne une solution incolore et un précipité d'oxyde sans dégagement gazeux.

Analyse. — L'analyse du carbure de samarium a été faite par les mêmes procédés que celle des carbures de néodyme et de praséodyme, elle nous a donné les résultats suivants (1) :

Pour 100	1	2	3	4	Théorie pour SaC^2
Samarium.....	85,80	85,90	85,98	86,65	86,20
Carbone.......	13,50	13,46	»	»	13,79

Conclusions. — L'oxyde de samarium fournit facilement, en présence du carbone et à la température du four électrique, un carbure cristallisé de formule SaC^2 dont la composition est comparable à celle des carbures de cérium, de lanthane, le néodyme et de praséodyme. Ce carbure décompose l'eau froide comme les carbures alcalins-terreux, en fournissant un mélange complexe d'hydrocarbures où domine l'acétylène.

La décomposition par l'eau du carbure de samarium rapproche bien le métal de l'yttrium et l'éloigne du groupe des terres rares du cérium. (*Applaudissements.*)

M. GALL. — Je me demande si les intéressantes méthodes de préparation du carbure de calcium ne permettraient pas de déterminer les conditions thermiques de cette fabrication, ce qui serait très utile à cette industrie. On n'est pas d'accord sur la chaleur dégagée dans la combinaison du carbone et du calcium ; j'ai cru, si j'ai bien compris la communication relative à la préparation directe du carbure à l'acide du cabone et du calcium, qu'il y aurait un dégagement de chaleur au moment de la réaction, tandis que les chiffres que j'ai vus jusqu'à

(1) Nous avons pris 150 comme poids atomique du samarium.

présent dans les littératures chimiques donnent au contraire des constantes très faibles. N'y aurait-il pas moyen d'être fixé grâce aux travaux de M. Moissan?

M. Moissan. — La préparation du carbure de calcium pur par ce procédé permettrait, en effet, d'étudier les conditions thermiques de a combinaison.

M. Gall. — Ce serait un service à rendre à l'industrie.

M. Moissan. — Je crois que, cependant, avec le four électrique on se trouve dans des conditions un peu différentes des conditions thermochimiques, dans lesquelles le carbure se trouve au contact de l'eau. Il ne faut pas vouloir rapporter la température ordinaire, soit aux températures de 1500° de nos fourneaux, soit même à celle des fours électriques; certaines données, la chaleur spécifique par exemple varient dans des proportions considérables et souvent indéterminées; il faudra tenir compte de ces variations dans les déterminations que vous voudrez faire.

La parole est à M. Gall pour donner lecture de son rapport.

L'industrie du carbure de calcium en France.

Par M. Gall.

Si j'ai entrepris, pour répondre au désir de notre président, de vous présenter une note sur l'industrie du carbure de calcium en France, c'est beaucoup moins avec l'idée de vous soumettre un travail complet qui dépasserait d'ailleurs les limites du temps que vous pouvez nous consacrer, que parce qu'il nous a semblé nécessaire que ce sujet fût traité dans nos réunions. Nous désirions que l'énumération des questions spéciales à la fabrication du carbure provoquât un échange de vues entre les personnalités compétentes qui ont bien voulu assister à nos séances. Celui-ci a déjà eu lieu en partie et je réclame toute votre indulgence, ne pouvant apporter qu'une bien modeste contribution.

Il n'est pas, vous le savez, d'exemple dans la grande industrie chimique, dont le carbure de calcium constitue une branche nouvelle, d'un développement aussi rapide d'une découverte scientifique. Seule l'industrie des matières colorantes pourrait en offrir d'analogues, tout en n'ayant jamais atteint une semblable rapidité. Le carbure a aujourd'hui une place importante dans les transactions : il est connu du plus modeste marchand de produits chimiques, au même titre que les vitriols bleus ou verts, et nos cyclistes l'ont récompensé du service rendu en faisant connaître dans le dernier de nos villages l'éclatante lumière qu'il fournit.

Seules, les Compagnies de chemin de fer, dont l'organisation est, comme vous savez un peu... conservatrice, ont refusé jusqu'ici de remplir leur rôle, et de contribuer à l'effort considérable qui s'est produit dans des conditions qu'elles n'ont rien fait pour favoriser. Le carbure est encore un produit suspect, auquel on refuse le bénéfice de ces modérations de taxe, qui ont seules permis à des fabrications similaires au point de vue de la valeur des produits de se maintenir dans des régions éloignées des centres de consommation. La question sera traitée dans un rapport spécial avec tout le détail qu'elle comporte, mais au moment d'examiner les différents facteurs du prix de revient, nous avons le devoir de signaler à votre attention l'énorme charge qui pèse sur le carbure. Quand de toutes parts se produisent les préoccupations éveillées par le prix du charbon, on ne fait rien pour faciliter le transport de ce dérivé de la *houille blanche* qui met si heureusement en valeur les forces naturelles dont la France est si largement dotée !

L'historique de la découverte du carbure vous a été exposé au dernier Congrès : quant à son histoire industrielle, elle est trop récente pour qu'il soit permis de la traiter avec le recul indispensable à l'impartialité qu'on est en droit d'attendre. Il est permis de dire toutefois que l'application de la réaction si simple entre la chaux et le carbone, n'a pas été sans causer quelques déceptions. Beaucoup ont appris à leurs dépens que, pour obtenir un résultat vraiment industriel, ramener au minimum les questions de main-d'œuvre et d'entretien des fours, livrer régulièrement des produits d'un titre élevé, il fallait remplir un certain nombre de conditions que la pratique enseigne successivement, sans que personne puisse encore avoir atteint le voisinage de la perfection. On a dû en tout cas reconnaître que, pour grouper assez fortement dans un même établissement les diverses capacités nécessaires à la nouvelle industrie, il fallait renoncer à l'idée d'utiliser des petites forces et nous croyons être dans le vrai, en disant que 1000 HP sont aujourd'hui considérés comme le minimum possible d'une exploitation rationnelle.

Cette opération en apparence élémentaire, qui consiste à faire jaillir l'arc électrique dans un mélange de chaux et de charbon, exige pourtant un examen approfondi de bien des facteurs :

1° La production économique du courant électrique ;

2° La pureté des matières premières — des électrodes convenables ;

3° Un matériel de fours avantageux au point de vue de l'entretien et de la main-d'œuvre ;

4° La qualité et le titre du carbure obtenu.

Production du courant. — On sait qu'au début de la fabrication du carbure, on s'est adressé de préférence au courant continu par analogie avec ce qui avait été fait pour l'aluminium : dans cette fabrication, il se produit une véritable électrolyse qui exige l'emploi du courant continu. On a reconnu bientôt que la température étant seule en jeu, il n'y avait pas de raison de ne pas utiliser les divers avantages que donnent les courants alternatifs; les machines moins sensibles, exemptes des collecteurs qui, pour les courants de grande intensité constituent un des organes les plus susceptibles de la dynamo, sont aujourd'hui préférées des fabricants de carbure, et il nous sera permis de signaler tout particulièrement les services rendus à l'industrie du four électrique, par l'alternateur biphasé construit par M. Thury.

Les alternateurs à basse tension doivent pouvoir être installés dans le voisinage des fours, et il n'est pas toujours possible d'y arriver. On a recours alors aux installations avec transformateurs, plus coûteuses, auxquelles les ingénieurs n'ont recours qu'en dernier ressort, mais qui pourtant s'imposent lorsque les terrains dont on dispose sont insuffisants ou bien que la force qu'il s'agit d'utiliser est trop éloignée. Une usine de la Tarentaise, récemment installée, fonctionne ainsi avec un transport de force de 6.000 H P à 15.000 volts sans que le moindre inconvénient sérieux ait été reconnu.

La plupart, la totalité actuellement des usines françaises de carbure utilisent les forces naturelles avec des hauteurs de chute atteignant près de 400 mètres, mais nous ne serions pas complets en passant sous silence le mouvement qui se crée en ce moment pour la mise à profit, comme force motrice, du gaz des hauts fourneaux. Il est à espérer que les progrès naissants de l'électro métallurgie viendront offrir une utilisation de cette force pour l'industrie même qui permet de les recueillir, sans quoi il y aurait un certain péril pour les usines actuelles à voir s'installer des fours à carbure dans des localités comme Marseille, Boulogne-sur-Mer, Anzin, etc... où, grâce à la regrettable situation que nous mentionnions tout à l'heure, les produits fabriqués n'arrivent qu'avec des charges non compensées par le prix de revient de l'énergie électrique. Il ne faut pas perdre de vue qu'il y a là une réserve considérable susceptible de donner à réfléchir aux détenteurs des chutes. On estime que pour une production d'une tonne de fonte il y a 10 H P disponibles. — Un de nos collègues me citait hier un établissement métallurgique qui pourrait disposer ainsi de 20.000 H P

Matières premières. — A la chaux et au carbone sous une de ses formes, il faut avoir soin d'ajouter les *électrodes* et aussi quelquefois, comme on l'a dit spirituellement, le four lui-même qui, au moins au début, intervient plus que ne l'avaient désiré les fabricants.

Les fabricants de carbure ont bientôt reconnu la nécessité, pour obtenir un bon produit, d'employer des matières premières très pures. En ce qui concerne la chaux, les régions de Savoie et des Pyrénées sont admirablement pourvues de calcaires d'une grande pureté. Malheureusement, les anthracites du pays, presque toujours employés à la cuisson, sont, au contraire, très riches en cendres. Aussi a-t-on recommandé l'emploi des fours à gaz déjà employés avec succès en sucrerie. Le four à gaz est un four continu dont la marche doit être surveillée avec beaucoup d'attention, la chaux pour carbure devant atteindre un degré de cuisson très supérieur à la chaux de sucrerie où cette condition est moins sévèrement observée. De nombreuses observations ont établi la grande importance de la cuisson et de la non hydratation de la chaux utilisée à la fabrication du carbure.

Il n'est pas besoin de rappeler que les calcaires employés doivent être exempts de sulfates et de phosphates.

Les différentes variétés du carbone ont toutes, à l'exception sans doute de la plus rare, fait l'objet d'essais de fabrication du carbure. On a employé industriellement le charbon de bois, le coke et l'anthracite.

M. Hanekrop a fait connaître le résultat d'essais au charbon de bois qui méritent toute l'attention. La France produit dans la Nièvre des quantités considérables de charbon de bois, véritable sous-produit de la fabrication de l'acide acétique et du méthylène dont les progrès du chauffage au gaz dans les grandes villes ont diminué l'emploi. L'acétylène provenant du carbure au charbon de bois avait plus pur et le gaz étudié par M. Hanekrop ne renfermait plus que 73 cc. d'H^2S dans $1m^3$ d'acétylène contre 505 et 457 dans un gaz provenant de carbure au coke.

Les cokes qui sont les plus employés sont les cokes de gaz, le coke dit de fonderie étant, comme on sait, hors de prix. Malheureusement, les Compagnies du gaz distillent, même dans les grands centres, des charbons riches en cendres et l'inertie du consommateur n'a pas souci de cet état de choses. Plutôt que de s'attarder à solliciter des modifications dans des habitudes anciennes, les fabricants de carbure ont préféré s'adresser à l'anthracite que l'Angleterre continue à fournir dans d'excellentes conditions. Les anthracites des Alpes sont malheureusement trop impures : il convient toutefois de signaler l'ingénieuse solution trouvée par la Compagnie de Fives-Lille, sous la direction de notre collègue M. Korda : les anthracites de Bozel (Tarentaise) où se trouve l'usine, ayant des cendres constituées presque uniquement par de la silice, on a eu recours à un artifice qui permet d'obtenir en même temps que le carbure devenu sous-produit, un corps du plus haut intérêt pour la métallurgie, le ferro-silicium dont des échantillons remarquables ont figuré dans l'annexe de la classe 24.

Au début de la fabrication du carbure, on s'est imaginé que pour assurer le mélange intime des corps, et leur réaction immédiate, il était nécessaire d'employer le mélange à l'état pulvérisé. L'expérience a complètement modifié cette façon de voir et aujourd'hui, on

s'attache, au contraire, comme vous le savez tous, à préparer les matières employées, de telle sorte que les gaz puissent traverser facilement la masse, sans les entraînements de poussières qui, dans bien des
cas, sont encore la terreur des voisins des usines à carbure.

Le mode de concassage de la chaux est particulièrement important.
Il s'effectue généralement dans des broyeurs à cylindres cannelés et l'on
a reconnu l'utilité de séparer la poussière par un trommel avant le
chargement dans les fours, où la matière doit pouvoir laisser filtrer
les gaz comme c'est le cas dans le poêle à feu continu dont le cali-
brage du chargement a seul permis la marche régulière.

Aux deux matières premières dont nous venons de parler, il faut
ajouter les électrodes. Il est permis de dire que la fabrication française du carbure de calcium a été singulièrement entravée par l'obligation où elle s'est trouvée, à ses débuts, de s'approvisionner à l'étranger des électrodes qui lui étaient nécessaires ; la proportion d'électrodes employées par tonne de carbure étant un des importants facteurs du prix de revient, il en est résulté une lourde charge pour cette
industrie.

Quelle a été, quelle est actuellement cette consommation? Il est
d'abord difficile de s'entendre sur la façon d'exprimer les coefficients,
suivant qu'on y comprend ou non le réemploi des débris, des têtes
d'électrodes utilisées ultérieurement pour le garnissage des soles ou
pour l'arrivée du courant à la partie inférieure. Mais on ne peut
manquer de partager l'appréciation si sage formulée par le D^r Frœh-
lich dans un travail remarquable où éclatent la méthode et le doute
scientifique : La littérature relative au carbure est riche en indications
de hauts rendements et l'on n'a pas encore réussi à trouver un fabricant de carbure qui ait simplement des rendements moyens !

Donc, sans nous appesantir sur ce sujet délicat, nous croyons être
dans la vérité en constatant qu'on considère dans l'industrie du carbure
comme une très bonne moyenne une consommation de 50 à 60 kilogrammes d'électrodes par tonne de carbure produit.

La fabrication des électrodes de fours est aujourd'hui devenue une
industrie : le malaxage et la préparation des pâtes où le dosage exact
du charbon de cornue, la bonne préparation du goudron ont une grande
importance, le travail à l'aide de presses hydrauliques étudiées spécialement pour cette industrie et atteignant des pressions de 2.500.000 kilogrammes permettant d'obtenir ainsi des barres d'une pièce de 300 ×
300 millimètres, enfin les fours à récupération où elles sont portées
aux températures les plus élevées pour atteindre le maximum de conductibilité. Toutes ces questions représentent une série d'efforts successifs qui font le plus grand honneur aux fabricants.

Quelques chiffres empruntés à un travail de MM. Lambert et Strauss donneront une idée de la différence de qualité. En exprimant la résistivité en ohms-centimètres (résistance d'un cube de 1 centimètre de côté), nous trouvons : Dans une électrode de 250 × 250 d'une fabrication ancienne 0.017, tandis que dans une électrode 300 × 300 de fabrication nouvelle dans une usine disposant de tous les perfectionnements, la résistivité descend à près du tiers de ce chiffre 0.00613.

Il est intéressant de constater que les diverses parties de l'électrode présentent une conductibilité différente. On trouve, en effet, dans les parties latérales 0.0058, tandis que la résistivité s'élève à 0.00671 dans le noyau central, moins cuit.

De nouveaux progrès seront sans doute réalisés en appliquant aux grands électrodes les procédés de graphitation de MM. Girard et Stret, lesquels ont déjà permis d'obtenir les pièces de haute conductibilité qui ont rendu tant de services pour recueillir le courant des machines à courant continu.

Fours. — S'il est théoriquement, nous dirons presque schématiquement bien simple, l'appareil industriel dans lequel s'effectue la préparation du carbure a fait l'objet d'un nombre considérable de brevets : en réalité, les usines à carbure ont pour la plupart constitué leur modèle dont les détails de construction sont subordonnés souvent aux conditions même d'exploitation, en particulier à l'intensité du courant dont on dispose. Une grande division s'impose pourtant et tend à s'accentuer depuis les dernières publications, dues à d'éminents ingénieurs sans que toutefois leurs conclusions soient étayées de la haute confirmation que leur donneraient seuls les grands établissements qui produisent le carbure de calcium.

Les fours discontinus où l'on constitue un pain de carbure qu'on retire après solidification ont été, en somme, parmi les premiers fours, appliqués avec succès dans l'industrie du carbure. L'idée d'une sole mobile permettant de sortir le bloc de carbure a fait l'objet d'un brevet de M. Bullier, mais il a semblé que ce mode de travail devait être supplanté par les fours coulant, à alimentation continue et les premiers fours à pain construits en France ont été abandonnés. En Allemagne, au contraire, on a perfectionné ces appareils à un très haut degré, grâce tout spécialement aux ingénieurs de la Frankfurt en Scheide Anstalt, le Dr Pfleger et M. Birger Carlson ; ce dernier a publié une longue note où malgré quelques erreurs, on trouve pourtant une série de considérations des plus intéressantes. M. Carlson a notamment réuni les indications éparses dans la littérature sur les constantes physiques, chaleurs spécifiques de la chaux et du carbone, etc.

Prenant pour point de départ la chaleur de formation de la chaux fixée par M. Moissan à 145.000 calories, M. Corlson arrive à conclure à une consommation de chaleur qui sera de 2.667 calories dans les fours continus et tombera à 2.406 calories dans les fours discontinus, d'où on déduit une consommation respective de 3.43 kilowats-heure dans le premier cas ou 2.77 dans le second.

Le Dr Fröhlich a montré qu'on avait interprété dans un sens trop défavorable aux fours continus les coefficients que nous venons de rappeler. Mais si on les applique non pas au carbure théorique, mais au carbure à 86 0/0 de CaC^2 donnant 300 litres d'acétylène à 0° et 760, on voit que ce rendement théorique déduit de ces chiffres serait par W-K jour de 6 k. 8 dans le cas le plus favorable et de 9 k. 100 dans le cas de fours discontinus où le rapport entre la quantité de matières et le carbure à fabriquer est tel que la quantité de matière chauffée inutilement est réduite au minimum.

Nous croyons, que, comme le disait un ingénieur, il faudrait, pour que l'expérience fût vraiment concluante, qu'un essai comparatif pût être fait dans des conditions absolument comparables, avec des instruments de mesure semblables, les mêmes pertes sur les conducteurs, des électrodes de même conductibilité et aussi une même densité de courant, car sans vouloir découvrir aucun secret, tous les initiés savent qu'au début de la fabrication du carbure on a marché avec des densités de courant beaucoup trop fortes. On tend à diminuer beaucoup et comme on augmente en même temps la conductibilité des électrodes, il en résulte de nouvelles causes de divergences.

En France, où l'on a rendu hommage au perfectionnement des fours discontinus, on pense pourtant généralement que le four continu est plus rationnel. Il semble surtout se prêter à la constitution de fortes unités, et en admettant que le rendement par rapport à l'énergie soit un peu moins bon, il est par contre moins coûteux au point de vue de la main d'œuvre. On emploie aujourd'hui couramment des fours de 6, 9 et même 12.000 ampères à électrodes multiples. Il a fallu, Messieurs, une succession d'efforts dont on ne se fait pas facilement une idée pour arriver à amener ces courants de grande intensité soit à la sole des fours de façon à éviter toute perte d'énergie avant l'arc, soit à l'électrode; des dispositifs des plus ingénieux ont été inventés pour provoquer un serrage à la partie supérieure des électrodes et même rapprocher les conducteurs autant que possible du point de jaillissement. De modestes mécaniciens d'usines ont pris une place honorable dans ces recherches.

Après les modèles de fours que vous avez vus à l'annexe, nous devons vous rappeler le four à électrodes creuses présenté à l'exposition par la maison Siemens, étudié en France par M. Peyrard, de Grenoble. Pour des motifs du même ordre que le four discontinu, le four à électrodes creuses a été surtout, à ma connaissance, appliqué à des unités petites et moyennes. L'électrode cylindrique creuse avait déjà été proposée au début de la fabrication du carbure par un ingénieur suisse, M. Boucher, et offrait un intérêt spécial quand le travail de produits en poudre obligeait à chercher les moyens de faire sortir les gaz régulièrement.

Ce four, comme celui de M. Péterson, lequel supprima l'emploi des électrodes, aura sans doute des applications en métallurgie.

La question analytique devant être traitée dans des rapports spéciaux, je voudrais seulement insister auprès de vous sur l'utilité de voir adopter une méthode générale et unique d'analyse du carbure, vous signaler la grande importance de l'examen de l'acétylène dégagé. Les carbures qu'on trouve dans le commerce s'éloignent souvent assez fortement du produit pur. Vous savez que le carbure de calcium chimiquement pur est blanc, comme l'a montré M. Moissan dans sa belle préparation à l'aide du calcium. Or, aujourd'hui, certains carbures de calcium renferment du carbure de manganèse, lesquels donnent avec l'eau du méthane et de l'hydrogène. La détermination du volume gazeux n'est donc pas toujours suffisante.

J'avais à vous parler de la fabrication en France. Je crois avoir résumé les idées généralement admises et il me reste à vous donner quelques indications statistiques. J'éprouve tout de suite un assez grand embarras, car l'appréciation du nombre de chevaux d'un établissement est d'autant plus difficile à formuler que les intéressés eux-mêmes ne sont pas toujours très bien fixés. De très bonne foi, bien des créateurs d'établissements électrochimiques ont cru pouvoir compter sur des forces données, ont basé des calculs et des prévisions qui ont été publiées, et ces espérances ne se sont pas vérifiées. En matière agricole, il y a toujours, Messieurs, des phénomènes météorologiques que les plus anciens n'ont jamais constatés.

Quand on étudie l'utilisation d'une rivière pour l'installation d'une usine électrique, on doit, avant tout, se préoccuper de déterminer un débit minimum qui dépend de plusieurs facteurs : 1° d'abord l'étendue du bassin de la rivière, en un mot la surface de terrain qui est limitée par la ligne de partage des eaux ; 2° la quantité d'eau débitée annuellement, et enfin la nature générale de la région par rapport à la surface et au sous-sol.

J'ai consulté la table des chutes des pluies dans une région de la Savoie où seront installées plusieurs usines. La moyenne de la quantité d'eau tombée annuellement y atteint 1 m. 282. Un ingénieur hydraulicien très connu estime que seulement 60 0/0 de la quantité d'eau tombée dans cette région pénètre dans le sol ; le reste est évaporé et ne se trouve pas dans les cours d'eau.

Il est clair que ce dernier facteur dépend beaucoup des conditions locales, et vous voyez combien de points sont à considérer pour utiliser une chute. Mais il ne suffit pas que le rapport entre la surface du bassin et la quantité d'eau soit satisfaisante ; le débit devra d'ailleurs être vérifié par la méthode expérimentale et la mesure effectuée dans une période de basses eaux. Il faut donc non seulement que la région soit boisée de façon à retarder l'arrivée des eaux pluviales pour éviter des crues considérables — autant d'énergie inutilisée — il faut que la rivière soit pourvue d'un réservoir naturel, un lac ou un glacier. C'est surtout à ceux-ci que les cours d'eau les plus utilisés dans nos Alpes doivent la régularité qui permet de transformer en pays d'industrie des vallées jusqu'ici désolées de la Savoie et de l'Isère. — En effet, l'eau tombée n'est pas une unique distribution pendant toute l'année, elle est plus forte pendant deux saisons, le printemps et l'extrême automne et certaines rivières de nos Alpes présentent des irrégularités telles que leur utilisation industrielle n'offre qu'un intérêt de second ordre.

Après le Rhône, utilisé en premier lieu, quatre rivières de nos Alpes ont pris une importance toute particulière au point de vue de l'industrie électrochimique. Ce sont, en allant du Nord vers le Sud, l'Arve, l'Isère et ses affluents, l'Arc, la Romanche et le Drac.

Dans la vallée de l'Arve, Cheddé.

Dans la vallée de l'Isère, nous trouvons en construction l'usine de la Volta à Saint-Marcel, Bozel, la Radjah, Notre-Dame de Briançon, la Bathie, Albertville, Frogés, Lancey et, tout près de là, Saint-Beron sur le Guiers.

Dans la vallée de l'Arc, la Praz, Prémont, Saint-Félix, Esierre, sur un affluent, Calypso.

Sur la Romanche, Livet, Riouperoux, Gavet, Séchilienne.

Sur le Drac, Jarrie, Vizille et une importante chute à utiliser. Enfin d'importantes usines fonctionnent dans les Pyrénées.

Vous apprécierez, Messieurs, la difficulté de formuler un chiffre bien exact sur l'importance des installations consacrées en France cette année à la fabrication du carbure et j'ai l'impression que pour plusieurs motifs, dont celui que je viens d'indiquer, les chiffres réels sont au-dessous de ce qui a été publié.

Vous avez pu voir à l'annexe, Messieurs, qu'en estimant les usines électrochimiques en construction, les installations françaises dépassent 100.000 chevaux ; une estimation très proche de la vérité nous permet de dire que plus de 50 millions ont été consacrés à ces installations.

Sur ces 100.000 chevaux, M. Conques, vice-président de la Chambre de commerce de Lyon, évaluait à 30.400 chevaux les installations du sud-est de la France appliquées au carbure. Nous croyons que si ce chiffre représente bien les espérances des créateurs des usines, il est pourtant un peu au-dessus de la vérité.

Quoi qu'il en soit, s'il est sage d'admettre la nécessité de temps d'arrêts pour éviter les surproductions, nul ne peut estimer que nous soyons arrivés au bout de ce mouvement.

En Europe deux contrées sont particulièrement favorisées au point de vue des forces naturelles : la France et la Suisse d'une part, la Suède et la Norvége de l'autre. Permettez-moi de terminer en exprimant le vœu que l'amélioration des conditions de transport, en particulier une meilleure organisation de la navigation du Rhône, facilite l'exploitation des ressources exceptionnelles dont nous disposons dans les Alpes.(*Applaudissements*).

M. Moissan étant ensuite obligé de s'absenter cède la présidence à M. Gall.

M. Le Président — Je donne la parole à M. Lacroix.

Note sur le Transport du Carbure de Calcium

Par M. Lacroix.

Messieurs,

Je me suis efforcé de résumer d'une façon aussi exacte que possible les conditions actuellement appliquées par les grandes compagnies de chemins de fer et de navigation au transport du carbure de calcium.

Il ne m'a malheureusement pas été possible d'atteindre comme je l'aurais désiré le but que je m'étais proposé ; se retranchant en effet derrière la nouveauté du produit et des considérations d'un ordre plus ou moins discutable, chaque Compagnie applique une tarification personnelle variant elle-même dans chaque cas particulier. Le temps, d'autre part, m'a fait défaut pour pousser aussi avant qu'il l'eût fallu ces études si intéressantes.

Je me bornerai donc à vous soumettre purement et simplement les renseignements que j'ai pu recueillir, espérant qu'il vous sera néanmoins facile d'en tirer avec moi une conclusion profitable à la cause qui nous occupe.

Transport du carbure de calcium en France

Sur l'avis de la commission nommée en 1897, par les Compagnies de chemins de fer, pour étudier le classement des matières dangereuses, le carbure de calcium fut rangé dans la deuxième catégorie des matières explosibles, ce qui correspond à la première série du tarif général majoré de 10 0/0.

Cette tarification était évidemment prohibitive et à la fin de 1898 presque simultanément les Compagnies de P.L.M., du Nord et de l'Ouest décidèrent de taxer le carbure sous la condition d'être transporté par wagons de 5.000 kil., à la deuxième série du tarif général sur le réseau de l'Ouest, au barème 1 des tarifs spéciaux des réseaux du Nord.

Une homologation ministérielle intervenue le 19 avril 1900 a étendu aux réseaux d'Orléans, de l'Est, de l'Etat et du Midi le bénéfice de la 2ᵉ série du tarif général pratiqué par le réseau du P.L.M., au carbure transporté sur ces réseaux par quantités de 5.000 kil. et plus.

Enfin, à la même époque, le réseau de l'Etat a obtenu l'autorisation de taxer à la 3ᵉ série du tarif général le carbure transporté par wagons d'au moins 4.000 kil.

Le tableau suivant résume ces différentes modifications et permet de se rendre compte de la diversité de tarification adoptée par chaque Compagnie.

Nota. — Les chiffres de ce tableau ne comprennent pas les frais accessoires (frais de chargement et de déchargement, frais de gares), qui s'élèvent à 1 franc par tonne pour les expéditions par chargements complets de 4.000 et 5.000 kil. suivant les cas ; en ajoutant 1 franc. au chiffre indiqué, on obtient la taxe normale du carbure de calcium aux distances prévues pour les parcours particuliers à chaque réseau et pour les parcours communs (dernière colonne).

En étudiant ce tableau avec soin, tout esprit non prévenu sera certainement frappé des différences exagérées qui existent entre les divers tarifs et se demandera pourquoi une même marchandise devra payer pour le même nombre de kilomètres 22 francs, 24 francs, 30 francs, 40 francs, 46 francs ou 48 francs, suivant qu'elle passe par telle ou telle Compagnie.

Il y a là évidemment une anomalie qu'il est indispensable de faire disparaître au plus vite et qui est trop flagrante pour qu'il soit nécessaire d'y insister.

Toutefois nous nous permettrons d'attirer tout particulièrement votre attention sur les prix très avantageux consentis par les Compagnies de l'Ouest et du Nord ; ces concessions sont d'autant plus regrettables qu'elles ne servent guère qu'à permettre au carbure de Suède et bientôt peut-être d'Amérique de venir concurrencer sérieusement les carbures français qui sont presque tous produits dans les Pyrénées et qui doivent subir, pour arriver dans le Nord et dans l'Ouest, des tarifs infiniment plus élevés.

TRANSPORT DU CARBURE DE CALCIUM A L'ÉTRANGER

Si nous passons maintenant aux autres Etats d'Europe, nous verrons que les Compagnies étrangères ont compris que le transport du carbure ne présentait pas les dangers que l'on semble redouter en France et qu'elles ont adopté des tarifs moins prohibitif, comme on peut s'en rendre compte par le tableau suivant.

Ainsi donc, sauf en Suisse, toutes les Compagnies étrangères ont un tarif bien inférieur à celui des Compagnies françaises.

Pour un parcours de 300 kilomètres par exemple le carbure devra payer :

En Allemagne................ 27 f. 20
En Italie.................... 26 52
En Belgique................. 21 60

alors qu'en France le tarif commun s'élève à 40 francs.

Pour un parcours de 600 kilomètres la différence est encore plus sensible.

En Allemagne................ 47 f.
En Italie.................... 43 86
Union Belge-Hollandaise...... 33 50

Et en France....... 75 francs.

Ces écarts considérables entre les prix pratiqués par les Compagnies françaises et étrangères n'ont pas seulement comme résultat immédiat de favoriser l'importation des carbures étrangers, elles obligent les producteurs français à passer le plus possible, pour leurs transports, par les lignes étrangères, comme le démontrent clairement les exemples suivants :

1er exemple. — De Bellegarde, centre de production, à Lille, le prix du transport le plus économique pour 5 tonnes de carbure résulte de la combinaison suivante :

De Bellegarde à Hirson... 586 kil.   Tarif commun 118, P. L. M. et Est.. 75 fr. 70
De Hirson à Lille......... 121   Tarif 18, Barème *E.* Nord.......... 13 20
            707 kil.   Soit un total de.................. 88 fr. 90

Si au contraire, nous utilisons les tarifs d'exportation combinés avec les tarifs intérieurs de l'Etat belge et du Nord.

De Bellegarde à Tourcoing 749 kil.   Tarif commun d'Export, n° 300,
                     Barème 11................. 52 fr. 50
De Tourcoing à Mousceron   3 kil.   1re Classe................... 0 75
            752 kil. .... 53 fr. 25

A Mouscron on retire la lettre de voiture on en crée une seconde sur Lille et le second transport coûte :

De Mouscron à Tourcoing. 3 kil. .... 0 fr. 75
De Tourcoing à Lille...... 15 kil. 2 20
           18 kil. .... 2 fr. 95

Ainsi dans le second cas la marchandise parcourt 63 kilomètres de plus que dans le premier et elle paie 32 fr. 70 par tonne de moins.

Les producteurs qui adoptent ce second système sont, il est vrai, dans l'obligation d'acquitter les droits de douane mais à raison de 15 francs par 1000 kilos, le bénéfice est encore de 24 fr. 70 par tonne.

2ᵉ Exemple. — Le trafic de Bellegarde à Milan appartient à la voie du Mont-Cenis par la règle de l'itinéraire court. Voici les distances et le prix de 5 tonnes de carbures de Bellegarde à Milan par l'itinéraire Modane.

De Bellegarde à Modane.	233 kil.	Tarif P. V. 18. Barème 2	....	32 fr. 15
De Modane à Milan.......	239 »	» différentiel 14	....	22 48
Totaux.....	472 kil.	....		54 fr. 63 °/₀

Voici maintenant la distance et le prix par Genève et Chiasso, du même tonnage :

De Bellegarde à Genève..	31 kil.	Tarif P. V. 18	....	5 fr. 45
De Genève à Chiasso....	479 »	» exceptionnel 23	....	36 40
De Chiasso à Milan......	54 »	» Classe 9.	....	7 40
Totaux......	567	....		49 25

On gagne donc 5 fr. 38 par tonne en faisant suivre à la marchandise un itinéraire plus long de 95 kilomètres et si l'on expédie par 10 tonnes l'itinéraire détourné donne une économie de 12 fr. 48 par tonne.

Quant aux tarifs d'exportation proprement dits, ils ne sont intéressants qu'en tant qu'ils empruntent les voies ferrées étrangères, car les compagnies de navigation ne se prêtent en aucune façon à favoriser les transports du produit qui nous intéresse.

Les grandes compagnies telles que la Compagnie des Messageries Maritimes, la Compagnie Transatlantique, la compagnie des Chargeurs Réunis, refusent de transporter le carbure autrement que par 200 kil. maximum, sans aucune garantie et encore à des prix prohibitifs.

Seules, quelques compagnies privées, sans grande surface, acceptent cette marchandise à des conditions à débattre pour chaque cas particulier. Mais une difficulté se présente alors ; ces compagnies n'effectuant des départs qu'à intervalles irréguliers et très espacés, on est presque toujours dans l'obligation de supporter des frais de magasinage dans les ports d'embarquement, frais qui sont écrasants pour le produit transporté.

Cette situation est d'autant plus fâcheuse pour la production française que les compagnies de navigations étrangères de Gênes et de Hambourg, par exemple, se montrent infiniment plus faciles et que la Suède surtout, centre de production pouvant devenir des plus redoutables pour nous, possède une flotte de voiliers transportant d'une façon continue dans nos ports des marchandises de peu de valeur telles que de la glace, de la pâte de bois, etc., et s'estiment très heureux de rehausser les prix très bas de leur fret par une marchandise susceptible d'en relever sensiblement la moyenne.

Il y a certainement là un danger pour notre industrie, danger d'autant plus grand que la compagnie de l'Ouest, ainsi que nous l'avons constaté, favorise encore par des tarifs très réduits l'entrée en France du carbure étranger.

Tels sont, Messieurs, tous les renseignements que nous avons pu recueillir sur cette si importante question. La conclusion est facile à tirer de cette étude rapide ; les tarifs en France sont écrasants si on les compare à la valeur du produit transporté. D'autre part, il serait à souhaiter qu'un tarif uniforme sur tous les réseaux français fût appliqué à cette marchandise, présentant infiniment moins de dangers que les pétroles, chlorate de potasse, etc., lesquels jouissent de conditions incomparablement plus avantageuses. Enfin, il y aurait lieu de demander aux compagnies de navigation de vouloir bien examiner la question afin de permettre à l'industrie française de soutenir utilement la concurrence étrangère qui déjà pèse si lourdement sur elle.

Tarification actuelle du carbure de calcium en trafic interne par wagon complet de 5.000 kilog.

	Tarification primitive commune	Tarification actuelle							Tarif commun P.L.M..Orléans Est, État, Midi
		Nord	Est	P. L. M.	Orléans	Midi	Ouest	État	
A 100 kilom.	17.60	10.00	16.00	11.00	16.00	16.00	8.00	11.50	14 00
A 200 —	34.10	18.00	31.00	27.00	31.00	32.00	15.00	21.00	27 00
A 300 —	50.60	24.00	46.00	40.00	46.00	48.00	22.00	30.00	40.00
A 400 —	66.00	»	60.00	52.00	60.00	63.50	28.00	40.00	52.00
A 500 —	81.40	»	74.00	61.00	71.00	78.00	33.00	50.00	64.00
A 600 —	95.70	»	»	75.00	87.00	91.50	37.00	60.00	75.00
A 700 —	108.90	»	»	85.00	99.00	101.00	40.00	»	85.00
A 800 —	121.00	»	»	91.00	110.00	115.50	43.00	»	91.00

Tarification actuelle du carbure dans les pays suivants :

	Allemagne		Suisse		Italie	Belgique	Union Belge Hollandaise
	ST	10 T	ST	10 T	ST	ST	ST
100 kil.	10.70	8.80	15.00	14.00	12.24	10.60	10.50
200 —	19.00	16.20	28 60	26.80	19.89	17.60	17.50
300 —	27.20	23.70	40.00	36.30	26.52	21.60	21.50
400 —	35.50	31.10	—	—	32.64	—	25.50
500 —	41.50	37.10	—	—	38.76	—	29.50
600 —	47.00	43.00	—	—	43.86	—	33.50
700 —	53.00	48.00	—	—	48.96	—	—

(Applaudissements).

M. LE PRÉSIDENT. — Il est étonnant que dans cet asile de la science on ait eu à traiter une question de tarif, mais comme nous l'avons dit, elle a plus d'importance que beaucoup de facteurs de prix de revient ; c'est une question de vie ou de mort pour l'industrie du carbure de calcium, et nous vous demanderons de vouloir bien vous associer aux conclusions de M. Lacroix et de nous autoriser à transmettre vos vœux au ministère du Commerce et à la Chambre syndicale des produits chimiques, de façon à obtenir leur appui (*Approbation*).

M. Sabatier. — Développe ses deux communications.

Action des métaux sur l'acétylène

Par M. Paul Sabatier.
Professeur à l'Université de Toulouse.

Métaux alcalins

Dans son remarquable travail sur l'acétylène (*Ann. de Chem. et de Phys.* 1866: (4°S), IX, 385), M. Berthelot signala la combinaison directe de ce gaz avec les métaux alcalins, *potassium* ou *sodium*.

Il se forme ainsi avec élimination d'hydrogène des combinaisons issues d'une véritable fonction acide de l'acétylène, où les deux atomes de H peuvent être successivement éliminés, et remplacés par le métal :

$$C^2H\ Na$$
$$C^2\ Na^2$$

Ces corps sont immédiatement décomposés par l'eau avec formation de soude Na OH, et régénération d'acétylène libre.

M. de Forcrand en 1896, puis M. Matignon en 1897 (*Comptes rendus*, CXXIV, 775) reprirent l'étude de ces composés, et ce dernier savant précisa les conditions de leur formation.

Le sodium maintenu entre son point de fusion 97° et 190° absorbe aisément l'acétylène en donnant le dérivé monosodé C^2HNa.

Au-dessus de 210°, on obtient seulement C^2Na^2 parce que le dérivé monosodé chauffé à cette température se détruit en acétylène et dérivé disodique C^2Na^2. La préparation de ce dernier composé est donc facile à réaliser, si on maintient la température à 230°. C'est une matière blanche non explosive que l'eau attaque violemment en dégageant de l'acétylène.

Si la préparation est effectuée à température trop haute, elle a lieu trop vivement, et il y a destruction d'une partie de l'acétylène avec dépôt de carbure qui demeure mélangé au produit.

Cette perturbation, assez facile à éviter avec le sodium, l'est beaucoup moins avec le potassium dont les affinités sont plus grandes, et les composés potassiques sont beaucoup moins aisés à obtenir purs (1).

Métaux alcalino-terreux.

M. Moissan ayant isolé le *calcium* pur, métal doué d'une grande ac-

---

(1) Le lithium réagit facilement sur l'acétylène pour donner le carbure Li^2C^2.

tivité chimique, a trouvé qu'il agit violemment sur l'acétyléne, en donnant le carbure C^2Ca, en même temps que de l'hydrure CaH^2. Ce carbure est le même que celui qui a été préparé au four électrique par M. Moissan en fondant la chaux avec du charbon, et que l'industrie produit actuellement en quantités énormes pour servir à la préparation de l'acétyléne.

On voit que les métaux alcalins ou alcalino-terreux agissent directement sur l'acétyléne en s'y substituant à l'hydrogène, et donnent des carbures *du type acétyléné* que l'action de l'eau ramène immédiatement à l'acétyléne primitif.

Le *magnésium* donne lieu, plus difficilement il est vrai, à une formation analogue indiqué par M. Berthelot, et dont nous avons repris nous-mêmes l'étude, encore incomplète.

MÉTAUX PROPREMENT DITS.

L'action sur les autres métaux est complètement différente, et jusqu'à ces derniéres années, elle n'avait été l'objet que d'un petit nombre d'observations.

M. Berthelot (1866, *Comptes-rendus*, LXII, 906) avait constaté que la présence du fer facilite la décomposition pyrogénée de l'acétyléne : « Le fer, dit-il, détermine la destruction complète de l'acétyléne à une température plus basse et avec une vitesse plus grande que lorsque le gaz est seul : de là résultent d'une part du carbone et de l'hydrogène occupant un volume voisin de la moitié de celui de l'acétyléne primitif, et d'autre part des carbures *empyreumatiques* différents de ceux fournis par la chaleur seule. D'après la proportion de carbone déposé sur le fer, ces carbures doivent être plus riches en hydrogène que l'acétyléne et ses polymères. »

Nous trouvons aussi des observations anciennes sur la destruction de l'acétyléne en présence du platine (Schützemberger, *Traité de chimie* I, p. 723). « Lorsqu'on chauffe le platine en mousse dans un courant d'acétyléne, le carbure est décomposé avec incandescence, le platine se gonfle et se change en une poudre noire très divisée et très volumineuse, qui renferme des proportions de plus en plus considérables de carbone platinifère. Dans cette expérience, le métal ne s'enveloppe pas seulement d'une couche de noir de fumée, mais il se diffuse dans toute la masse par une sorte de cémentation. Cette réaction curieuse permet d'expliquer l'altération des vases de platine sous l'influence des flammes réductrices... »

Ces faits étaient complètement oubliés, quand, en 1896, MM. Moissan et Moureu (C. R. CXXII, 1241) publièrent un résultat extrêmement intéressant. Si sur du fer, du cobalt, du nickel récemment réduits par l'hydrogène, ou bien sur du platine divisé (noir, moussé), on dirige un courant rapide d'acétylène, on provoque ainsi, dès la température ordinaire ou par une légère chauffe, une incandescence très vive : il y a destruction de l'acétylène avec mise en liberté d'hydrogène et de charbon volumineux, et à cause de la température très haute que maintient localement la décomposition exothermique de l'acétylène, une portion de ce gaz subit la réaction de condensation, que M. Berthelot réalisait dans sa célèbre expérience de la cloche courbe, production de benzine, et carbures plus complexes.

L'industrie a pu songer à utiliser cette destruction soit pour préparer du noir d'acétylène, soit pour former des carbures aromatiques.

En 1897, dans un travail publié avec la collaboration de **M. Senderens**, nous avons obtenu une destruction analogue de l'*éthylène* avec foisonnement charbonneux, déterminée par le nickel réduit, vers 300°-350°. D'autre part, soit en 1897, soit en 1899 et 1900, nous avons pu réaliser très facilement par l'intermédiaire du nikel réduit, ou de quelques métaux voisins, l'hydrogénation de l'éthylène, et de l'acétylène, et nous avons pensé que cette hydrogénation devait intervenir dans une certaine mesure à la suite de la destruction partielle du gaz, dans les phénomènes de foisonnement charbonneux. Nous avons été ainsi amenés à reprendre l'étude de l'action de l'acétylène sur divers métaux divisés, *nickel, fer, cobalt* réduits, *platine* divisé (mousse ou noir), enfin *cuivre*. Ce dernier particulièrement nous a conduits à des résultats imprévus.

L'action de l'acétylène sur ces divers métaux se rattache à deux modes absolument différents, qui peuvent coexister : l'un d'eux peut être observé très facilement avec le cuivre, l'autre avec le fer. Avec le nickel, au contraire on aura habituellement superposition des deux modes.

Premier mode de réaction. — Le premier mode de réaction des métaux sur l'acétylène existe à peu près seul dans le cas du fer, du cobalt, du platine. C'est celui qui correspond au phénomène découvert par MM. Moissan et Moureu. Soit dès la température ordinaire, soit par un échauffement initial convenable, il y a destruction de l'acétylène avec incandescence localisée en un point de la masse : on observe un foisonnement charbonneux plus ou moins rapide, coexistant avec la production de carbures aromatiques. Mais l'hydrogène qui provient de la destruction de l'acétylène, pourra aussi réagir sur une portion de ce dernier gaz, et cette hydrogénation sera plus ou moins importante selon l'aptitude hydrogénante du métal employé : elle conduira selon les cas à des carbures éthyléniques et à des carbures forméniques gazeux et liquides. Ainsi ces derniers seront peu abondants dans le cas du platine, qui hydrogénera surtout en hydrocarbures gazeux. Précisons un peu plus dans le cas du fer.

Si l'incandescence est localisée et non suivie d'une colonne de métal chauffé, le phénomène de MM. Moissan et Moureu se produit sans perturbations appréciables ; il y a formation : 1° de charbon *noir* volumineux, dans lequel le métal se trouve disséminé.

2° De liquides plus ou moins colorés presque exclusivement aromatiques.

3° De gaz, qui sont un mélange d'acétylène non décomposé et d'hydrogène à peu près pur, seulement saturé de vapeurs de benzine.

Au contraire, si la colonne de fer réduit est maintenue tout entière à une température supérieure à 180°, l'hydrogénation de l'acétylène intervient dans des proportions notables. Les liquides et les gaz contiennent une certaine dose de carbures forméniques, et surtout de carbures *éthyléniques*, solubles au rouge foncé dans l'acide sulfurique concentré. (1)

Deuxième mode de réaction. — Dans d'autres cas, l'acétylène, au contact du métal, se transforme en un hydrocarbure solide très condensé, plus pauvre en hydrogène que l'acétylène, et donne en même temps une petite quantité d'hydrocarbures gazeux et liquides plus riches en hydrogène. Le métal qui détermine ainsi la transformation de l'acétylène, se diffuse dans la masse du carbure solide formé ; d'ailleurs le phénomène est d'autant plus rapide que la surface active du métal est plus grande, d'autant plus lent, que celui-ci se trouve plus disséminé dans la masse du carbure solide.

Le phénomène s'observe très facilement avec le *cuivre* sous toutes ses formes (2), lames, fils, poudre, mousse de métal récemment réduit, cette dernière forme étant la plus active de toutes.

Le cuivre réduit, traité par l'acétylène, ne subit à froid aucune modification appréciable. Mais si on élève sa température entre 180° et 250°, on voit qu'il brunit, tandis que la pression du gaz diminue rapidement par suite d'une condensation rapide de l'acétylène. Au bout de quelque temps le courant gazeux se rétablit, mais demeure très lent. Le cuivre gonfle rapidement en prenant une teinte moins foncée, et ne tarde pas à remplir le tube en obturant le passage du gaz : en même temps, il se dépose dans les parties froides du tube, des hydrocarbures liquides colorés en bleu ou en vert, et qui sont surtout constitués par des carbures éthyléniques et aromatiques. Les gaz contiennent une certaine proportion de carbures forméniques et d'hydrogène, mais la plus grande partie est éthylénique.

Si on prend la matière brune, solide, très légère, ainsi obtenue, et

---

(1) *Comptes Rendus.* Séance du 16 Juillet 1900.

(2) *P. Sabatier et J.-B. Senderens.* (Soc. chim. de Paris, 12 mai 1899. — Assoc. Franç., *Congrès de Boulogne,*sept. 1899. — *Comptes rendus* 1900, CXXX, 250).

si on la dispose en traînée mince dans un tube, on trouve que dans l'acétylène entre 180° et 250°, elle subit une réaction identique ; le foisonnement se produit de nouveau, et remplit encore le tube.

On peut encore le réitérer avec la substance obtenue : après trois ou quatre foisonnements successifs ainsi opérés dans l'acétylène entre 180° et 250°, on arrive à une matière qui ne se modifie plus par une nouvelle chauffe dans l'acétylène.

C'est un solide jaune plus ou moins foncé, qui, au microscope apparaît constitué par un assemblage de filaments très fins entortillés en une sorte de feutre : il est léger et mou ; par une légère compression, il s'agglomère en une matière semblable à l'amadou. Il brûle avec une flamme courte et fuligineuse en répandant une odeur faiblement citrine et aromatique, et laissant un léger résidu d'oxyde cuivrique noir. C'est un carbure d'hydrogène dans la masse duquel se trouve disséminées les faibles doses de cuivre qui ont servi à le former et dont la proportion limite est comprise entre 3 et 1, 3 0/0. La majeure partie de ce cuivre peut être enlevée par traitement prolongé à chaud avec de l'acide chlorhydrique : le carbure conserve un aspect et des propriétés identiques.

L'analyse élémentaire a conduit à une composition voisine de $(C^7H^6)^n$, pour ce carbure, que nous avons nommé *cuprène* à cause de son origine. C'est un corps dont la molécule est visiblement très condensée, car il ne possède aucune volatilité appréciable, et ne se dissout dans aucun des nombreux liquides que nous avons essayés. Soumis à l'action de la chaleur, il se décompose au-dessus de 400°, en dégageant des carbures pyrogénés complexes, et laissant un résidu charbonneux. L'acide sulfurique ne se colore pas à son contact même prolongé.

Il paraît donner lieu à des produits d'oxydation régulière, dont nous poursuivons l'examen. Le cuivre compact, en lames ou en fils, donne lieu au même phénomène. Il suffit de maintenir dans un courant d'acétylène vers 250° un fil de cuivre bien décapé, pour le voir se recouvrir assez rapidement d'une couche d'abord brune, puis jaune à mesure que son épaisseur s'accroît.

Ainsi l'acétylène agissant sur du cuivre entre 180° et 300°, se transforme pour la plus grande partie en *cuprène* solide, et on obtient en même temps, des gaz surtout éthyléniques, et des hydrocarbures liquides, colorés, peu fluorescents, où se trouvent surtout des carbures aromatiques, et des carbures gras incomplets.

Superposition des deux modes. — Si sur une colonne de *cuivre* réduit, chauffée seulement *en son milieu* vers 250°, on dirige brusquement un courant d'acétylène, on observe en ce point une vive réaction, qui peut quelquefois atteindre l'incandescence, et la chaleur ainsi que le foisonnement rétrogradent vers la partie antérieure et non chauffée du tube. On obtient alors un cuprène souillé de charbon : le premier mode dû à une incandescence locale, est venu se superposer à la formation régulière de cuprène.

Cette superposition des deux modes de réaction est habituellement obtenue dans le cas du nickel, mais généralement avec prédominance de l'action destructive par incandescence.

On peut réaliser seulement le deuxième mode, évitant l'incandescence initiale : nous avons pu y arriver en enlevant au métal réduit, l'hydrogène qui se trouve fixé sur lui, par exemple en le chauffant vers 250°, puis le laissant refroidir dans un courant d'azote. L'acétylène lui-même peut servir à supprimer l'hydrogène attaché au métal, et qui est la cause de l'échauffement initial d'où provient l'incandescence, à condition qu'on emploie un courant très lent de ce gaz : l'élévation de température qui a lieu dans ces conditions est trop faible pour compenser le rayonnement extérieur, et elle ne tarde pas à cesser, dès que tout l'hydrogène du nickel a été utilisé pour hydrogéner l'acétylène (1).

Dans ces conditions, on n'observe plus à froid ni même à 150° aucune réaction permanente ; ce n'est qu'au-dessus de 180°, qu'une réaction lente apparaît avec formation analogue à celle du cuivre : le nickel gonfle lentement et se remplit d'un hydrocarbure solide semblable au cuprène. Mais cette production est incomparablement moins rapide qu'avec le cuivre, et si on essaie de l'achever en accélérant le passage de l'acétylène, ou en élevant la température, l'incandescence locale se manifeste, et vient se superposer à la réaction lente selon le deuxième mode.

Avec une colonne de nickel réduit, *chauffé ou non*, sur lequel sans précautions on dirige un courant d'acétylène, on obtient de suite l'incandescence dans la partie antérieure de la colonne, et la destruction charbonneuse est toujours suivie de l'hydrogénation d'une portion de l'acétylène, parce que le nickel qui vient après, est capable de la réaliser même à la température ordinaire. Au début du phénomène, c'est donc le premier mode qui intervient seul.

Mais quand on le prolonge pendant un certain temps, l'incandescence se transporte peu à peu dans le tube, et si on maintient toute la longueur de ce dernier entre 180° et 300°, le nickel qui se trouve dans la portion antérieure disséminé par le charbon issu de l'incandescence, agit lentement pour donner le mode cuivrique : il en résulte, en même temps qu'une certaine proportion de gaz, des hydrocarbures liquides riches en carbures éthyléniques, et aussi un carbure solide, filiforme

(1) Nous avons pu également éviter l'incandescence en diluant le nickel dans une matière inerte, par exemple en partant pour le préparer, de ponce humectée de nitrate dilué de nickel, puis calcinée et réduite.

soyeux, qui imprègne, de plus en plus abondant, la masse charbonneuse, et fait passer peu à peu la couleur noire à une teinte brune.

On a donc finalement superposition des deux effets : dans une telle réaction, que nous avons pu poursuivre pendant plus de sept heures consécutives, l'incandescence se transportant peu à peu dans le tube, nous avons obtenu :

1° Des gaz qui comprennent à côté d'hydrogène libre et de vapeur de benzine, des proportions considérables d'éthylène et d'éthane;

2° Un carbure liquide vert fluorescent, dont la moitié passe à la distillation au-dessous de 150° en un liquide jaune clair; de 150° à 250°, il distille un liquide vert brillant (où existe peut-être une combinaison métallique). Ce liquide dont nous poursuivons l'étude, brunit peu à peu à l'air. Il contient à côté de carbures aromatiques, une certaine dose de carbures forméniques, et surtout de carbures linéaires incomplets ;

3° Un solide qui, n'est pas du charbon noir, mais un mélange brunâtre de charbon et de carbure solide analogue et sans doute identique au cuprène.

Le *cobalt*, comme le fer, fournit presque exclusivement la réaction d'incandescence : toutefois dans une action prolongée, nous avons pu observer la présence de traces de carbure filiforme, soit qu'il y ait intervention minime du deuxième mode, soit plutôt que le métal ait conservé des traces de cuivre ou de nickel, malgré les précautions prises pour le purifier. L'hydrogénation des carbures éthyléniques en présence du cobalt étant facile, la dose des produits forméniques y est toujours plus importante que pour le fer, aussi bien dans les gaz que dans les produits liquides.

MÉCANISME DE L'ACTION DES MÉTAUX PROPREMENT DITS SUR L'ACÉTYLÈNE

Deux sortes d'explication peuvent être données pour ces phénomènes :

1° Une première théorie se présente immédiatement à la pensée. Par analogie avec ce que donnent les métaux alcalins, alcalino-terreux, et même le magnésium, on peut admettre que le premier effet du métal sur l'acétylène serait de donner un acétylénure, en même temps que de *l'hydrogène*; tels que :

$$C^2Cu,$$
$$C^2Ni,$$
$$C^2Fe.$$

Mais ainsi que les prévisions l'indiquent, ces corps sont extrêmement instables, et aussitôt formés se détruisent. Si la chaleur dégagée

due aux deux réactions successives : formation du composé, puis des
truction en charbon et métal, est suffisamment grande, elle peut porter à l'incandescence la masse solide qui réagit ; on a alors du charbon,
de l'hydrogène plus ou moins utilisé pour hydrogéner l'acétylène voisin, et régénération du métal qui recommence une réaction identique,
et peut la poursuivre tant que son contact avec le gaz et par suite
l'intensité des réactions, sont suffisants pour maintenir l'incandescence. Accessoirement à cause de la haute température développée, il
y a condensation de l'acétylène en benzine et carbures aromatiques
supérieurs.

C'est le phénomène qui a lieu normalement avec le platine divisé,
le fer, le cobalt, habituellement avec le nickel réduit, exceptionnel-
lement avec le cuivre.

Si la chaleur dégagée par la production de l'acétylénure n'est pas
trop grande, il ne se détruit pas, mais réagit de suite sur l'acétylène
en excès et donne des produits condensés, en même temps que le métal régénéré. La formation du cuprène serait formulée par exemple :

$$C_2Cu + 6\,C^2H^2 = Cu - C^{14}H^{12}$$

Le métal redevenu libre donne lieu de nouveau à un phénomène
identique.

La réaction se présenterait ainsi habituellement avec le cuivre, et
aussi avec le nickel, quand on parvient à modérer suffisamment le
phénomène.

La seule objection, et elle est importante, qu'on puisse faire à cette
manière de voir, est qu'il n'est pas possible de manifester même avec
beaucoup de précautions la formation temporaire d'acétylénure métallique.

II° La très grande facilité des réactions d'hydrogénation que la présence des métaux étudiés permet de réaliser non seulement vis-à-vis
de l'acétylène, mais vis-à-vis de l'éthylène (elle fait l'objet d'un autre
rapport au Congrès), nous a conduit à adopter de préférence une autre
explication, qui n'est pas non plus exempte de tout reproche.

Les métaux étudiés pris à l'état très divisé jouissent de la propriété
de fixer de l'hydrogène, en donnant une formation partielle de véritables hydrures instables tels que NiH^2. On n'a pu les isoler à l'état
de composé défini, mais la formation partielle est incontestable et
aisée à vérifier.

Le platine, le nickel, sont les plus actifs, puis viennent par ordre
d'activité décroissante le cobalt, puis le cuivre et le fer.

Le métal récemment réduit par l'hydrogène contient une certaine
dose d'hydrure. Au contact de cet hydrure, l'acétylène s'hydrogène
immédiatement avec dégagement de chaleur, et si celle-ci est suffi-

sante, il y aura incandescence, amenant la destruction de l'acétylène :

$$C^2H^2 = C^2 + H^2$$

qui dégage beaucoup de chaleur et s'entretient d'elle-même une fois amorcée.

Si l'on a affaire à un métal peu ou point chargé d'hydrogène, platine, nickel chauffé préalablement dans l'azote, cuivre, il n'y a à froid aucune réaction.

Celle-ci ne se manifeste que vers 180°, température toujours la même pour les divers métaux, et qui doit être en relations avec les propriétés de la molécule d'acétylène. Peut-être à cette température (qui serait réduite à 140° pour l'éthylène), la formation de l'hydrure par de l'hydrogène pris à la molécule d'acétylène est-elle possible dans une certaine mesure ; et cet hydrure réagit aussitôt sur l'acétylène voisin, pour amener ou la destruction avec incandescence, ou la formation corrélative de produits d'hydrogénation et d'un carbure solide très condensé semblable au cuprène.

APPLICATIONS PRATIQUES DE L'ACTION DES MÉTAUX USUELS SUR L'ACÉTYLÈNE

De petites quantités de métal peuvent transformer d'énormes quantités d'acétylène (à peu près 100 fois le poids du métal dans divers essais).

Le *fer* et le *cobalt* donnent par incandescence une formation de charbon *noir* très léger, utilisable pour sa couleur, des liquides qui sont formés de carbures aromatiques, et de carbures gras complets et incomplets, enfin du gaz combustibles et éclairants.

Le *nickel* par incandescence dans l'acétylène donne un résidu solide non utilisable comme *noir*, beaucoup de carbure liquide qui sont un pétrole riche en produits aromatiques, enfin du gaz.

Le *cuivre* donne très facilement à partir de 180° une transformation de la plus grande partie de l'acétylène, en un produit solide, le *cuprène*. Il y a production simultanée d'une certaine quantité de carbures colorés, et il se dégage peu de gaz. Ce cuprène si facile à former pourra sans doute être utilisé par l'industrie, soit à cause de son extrême légèreté, soit à cause de sa combustion lente et régulière (préparation de matières explosibles), soit peut-être comme isolant pour remplacer la gutta-percha autour des fils de cuivre. J'ai fait quelques essais dans ce sens. (*Applaudissements.*)

Hydrogénation de l'acétylène en présence de divers métaux divisés.

Par M. Paul Sabatier.

Dans ses remarquables recherches sur les hydrocarbures fondamentaux, méthane, acétylène, éthylène, éthane, M. Berthelot obtenait directement au voisinage du rouge sombre, l'hydrogénation *partielle* de l'acétylène et de l'éthylène.

Dans la description de sa célèbre expérience de la cloche courbe, où l'acétylène chauffé seul se transforme lentement en benzine et carbures plus condensés, l'illustre chimiste ajoute : « L'acétylène, mêlé avec son volume d'hydrogène, se transforme au rouge sombre) plus lentement que s'il était libre : en demi-heure sur 100 parties d'acétylène, 52 avaient disparu et il s'était formé 12 parties d'éthylène » (*Comptes Rendus*, 1866, LXII, 907 . L'éthylène, lui-même, est hydrogéné directement dans des conditions analogues : chauffé avec de l'hydrogène vers 500°, il a fourni, en trois heures, 70 p. 100 d'éthane, à peu près, sans produits secondaires; et M. Berthelot ajoute : « Peut-être réussirait-on à opérer une combinaison totale en opérant à une température limite pendant un temps suffisant. » (*Comptes Rendus*, 1882 XCIV, 916).

M. P. de Wilde (*Jahresberichte*, 1866. 508, puis *Berichte*, 1874, VII, 352) observa que du noir de platine introduit dans un mélange d'acétylène (1 vol.) avec un excès d'hydrogène (plus de 2 vol.) combine rapidement les deux gaz dès la température ordinaire avec formation exclusive d'éthane : et il en est de même, quoique plus lentement, dans un mélange d'étylène et d'hydrogène en excès.

Tel était l'état de la question, lorsqu'en 1897, dans un travail que j'ai publié avec la collaboration de M. J.-B. Senderens, j'ai trouvé que le nickel réduit permet de réaliser très aisément, dès la température ordinaire, l'hydrogénation de l'éthylène : en présence d'un excès d'hydrogène, un courant d'éthylène se change régulièrement en éthane sensiblement pur, avec dégagement notable de chaleur. Le métal n'étant pas sensiblement altéré peut servir à provoquer la réaction pendant un temps très long.

Depuis lors (*Comptes Rendus*. 1899, CXXVIII. N73 et 1900. *Comptes Rendus*, CXXX, 1559, 1628, 1761 et CXXXI, 40 , nous avons pu réaliser de même à froid l'hydrogénation de l'acétylène en présence du nickel réduit et aussi à une température qui ne dépasse pas 200°, celle de l'acétylène ou de l'éthylène par divers métaux divisés, cuivre, fer, cobalt.

Platine

Le noir de platine, comme l'avait déjà observé de Wilde, permet de réaliser facilement, dès la température ordinaire, l'hydrogénation de l'*acétylène*. Une traînée de noir de 25 à 30 centimètres suffit pour transformer complètement en éthane un courant d'acétylène arrivant avec une vitesse de 40 centimètres cubes par minute et mélangé d'un volume au moins double d'hydrogène : on a, avec dégagement notable de chaleur (1), formation unique d'éthane, sans dose appréciable de composés forméniques supérieurs. Si le volume d'hydrogène est inférieur au double de celui de l'acétylène, il y a production corrélative d'éthylène.

Nickel.

Le nickel récemment réduit agit dès la température ordinaire, pour réaliser régulièrement l'hydrogénation d'acétylène, ou d'élhylène mêlés avec un excès d'hydrogène.

En dirigeant sur le nickel, refroidi dans l'hydrogène, un mélange de 1 volume d'acétylène et de plus de 2 volumes d'hydrogène, la réaction a lieu avec chaleur, la température du métal pouvant ainsi être portée à 150°. Une traînée de nickel de 35 centimètres de long suffit pour transformer pendant très longtemps un courant gazeux de 150 cc., par minute.

Quand l'hydrogène est en excès (volume supérieur au double de l'acétylène), on obtient exclusivement des carbures forméniques, principalement de l'éthane, accompagné de produits supérieurs gazeux et liquides.

On arrive ainsi à condenser une dose assez importante de carbures liquides incolores, distillant au-dessous de 140°, et dont l'odeur est absolument identique à celle des *éthers de pétrole*.

On facilite la réaction en maintenant toute la longueur du métal à une température voisine de 200°, les condensations ne se produisant pas alors sur une portion du métal : dans ces conditions, nous avons obtenu un liquide légèrement jaunâtre, contenant quelques produits moins volatils, et possédant avec le pétrole rectifié d'Amérique une extrême analogie de propriétés :

Composition, carbures forméniques, avec traces de carbures aromatiques.

(1) L'hydrogénation de l'*élhylène* n'est pas réalisée d'une manière permanente sans chauffer, au moyen du noir de platine : le phénomène qui se produit tout d'abord avec dégagement de chaleur, ne tarde pas à cesser, sans doute à la suite de la carburation du métal et il ne reprend régulièrement qu'en élevant la température au voisinage de 120°. Il y a alors production d'éthane, sans produits supérieurs gazeux ou liquides, ni décomposition charbonneuse d'une portion du carbure.

Odeur, absolument identique.

Aspect, fluorescence bleue tout à fait analogue.

Si dans le mélange gazeux, on augmente la proportion d'acétylène, les carbures *Ethyléniques* sont engendrés et apparaissent de plus en plus abondants soit dans les produits gazeux (éthylène, avec une certaine dose de propène et butène) soit dans les liquides condensés, qui se colorent fortemeut en rouge au contact d'acide sulfurique concentré.

Quand la proportion d'acétylène atteint ou dépasse celle de l'hydrogène, l'action propre du nickel sur le gaz seul apparaît, et le phénomène d'incandescence charbonneuse observé par MM. Moissan et Moureu apparaît, corrélatif avec la formation de quantités importantes de carbures aromatiques.

Cette action spéciale du métal sur l'acétylène n'intervient violemment que si ce gaz est abondant dans le mélange; mais elle a lieu très lentement dans tous les cas, et il en résulte que les produits liquides formés, contiennent une faible proportion de benzine et autres hydrocarbures aromatiques.

L'altération du nickel par suite de la réaction est très faible, et nous avons pu la continuer pendant vingt-neuf heures consécutives avec une même colonne métallique, qui était à la fin à peu près aussi active qu'au début de la réaction.

COBALT.

Le cobalt réduit mis en présence d'un mélange d'acétylène et d'hydrogène en excès ne détermine aucune combinaison à la température ordinaire ; mais la réaction se produit régulièrement au-dessus de 180° et peut être poursuivie très longtemps. Comme dans le cas du nickel, il y a formation d'éthane et de carbures forméniques supérieurs gazeux et liquides peu colorés d'odeur pétrolique. En présence d'un excès d'hydrogène, l'action se continue régulièrement, sans charbonnement visible, mais l'activité du métal diminue peu à peu, beaucoup plus que dans le cas du nickel. L'augmentation de la propriété d'acétylène donne lieu aux carbures éthyléniques, puis à l'incandescence charbonneuse bien connue.

FER.

L'activité du fer réduit, même obtenu par une réduction prolongée à température inférieure à 460°, est bien inférieure à celle du cobalt et surtout du nickel. Mis en présence du mélange d'acétylène et d'hydrogène en excès, il n'agit qu'au dessus de 180°, et les produits forméniques ainsi préparés, sont toujours mélangés d'une proportion notable de carbure éthylénique.

L'action propre de l'acétylène sur le métal a lieu lentement dans tous les cas, avec formation de charbon qui augmente peu à peu le volume de la masse, et il en résulte avec une diminution d'activité du phénomène, la production de doses importantes de benzine et de carbures cycliques. Les liquides qui se condensent, ont une coloration brune, et dégagent une odeur pénétrante qui rappelle celle de certains pétroles bruts américains.

Cuivre.

Le cuivre réduit réagit bien à 180^u sur un mélange d'acétylène et d'hydrogène en excès, mais c'est un agent peu actif d'hydrogénation, et même en présence de beaucoup d'hydrogène, il donne lieu à une forte proportion de carbures éthyléniques (éthylène, et homologues gazeux, carbures liquides).

Dès que la dose d'acétylène s'élève dans le mélange au voisinage de celle de l'hydrogène, la réaction spéciale du métal sur l'acétylène s'introduit et on observe la production du cuprène solide, qui accompagne plus ou moins la réaction d'hydrogénation.

Conclusions.

En faisant agir sur un courant régulier d'acétylène mélangé d'hydrogène en excès, divers métaux divisés, nous avons vu qu'ils peuvent à divers titres réaliser la combinaison des deux gaz.

La réaction se produit à froid avec le noir de platine ou le nickel réduit.

Elle n'a lieu qu'au dessus de 180°, avec la mousse de platine, le fer, le cobalt, le cuivre réduits.

Avec le noir de platine, elle ne donne lieu qu'à de l'éthane.

Avec *le nickel* (à froid ou à 200°), on obtient à côté de l'éthane, des carbures forméniques supérieurs, et particulièrement des carbures liquides *semblables à ceux qui constituent le pétrole américain.*

Il en est de même avec le cobalt.

Le fer et le cuivre tendent à introduire leur action propre, et fournissent à côté de beaucoup de carbures éthyléniques, des produits aromatiques.

L'emploi du nickel permettrait *théoriquement* d'arriver à la *synthèse des pétroles* : dans une expérience prolongée sept heures, environ 30 grammes d'acétylène ont fourni 3 grammes de pétrole soit 1/10. Il n'y a certainement pas lieu de songer à une utilisation pratique dans ces conditions, le produit obtenu ayant moins de valeur que l'acétylène. Mais la production si aisée par le contact du nickel ou du fer à température peu élevée de liquides très semblables aux pétroles naturels, nous apparaît comme l'une des causes possibles de la formation naturelle de ces composés importants. (*Applaudissements.*)

M. X... — A l'aide des expériences très intéressantes qui viennent de nous être communiquées par M. Sabatier, je crois qu'il serait désirable qu'avec le talent dont il a fait preuve à l'occasion de ses expériences, il put nous fixer sur un point très important au point de vue de l'acétylène et de l'emploi du cuivre pour son transport.

Dans les expériences scientifiques qui ont été faites par M. Préval. d'abord, et par M. Bertholot ensuite, l'explosibilité de la combinaison de l'acétylène et du cuivre, alors que l'acétylène était considéré comme une substance de laboratoire, on est arrivé à cette conclusion que l'acétylène et le cuivre étaient dangereux et formaient un corps détonnant qui pouvait avoir des conséquences graves, lorqu'on employait pour conduire l'acétylène les tubes de cuivre.

La question a été assez gravement interprétée pour que l'Etat d'une part, et les acétylénistes, d'autre part s'en soient préoccupés depuis que l'acétylène est entré dans la voie industrielle.

M. Sabatier peut-il nous dire s'il y a réellement danger à employer des tubes de cuivre pour conduire l'acétylène depuis les appareils où il est fabriqué jusqu'aux becs où on le brûle, et dans le cas où il y aurait quelque danger, à la température ordinaire, quelles seraient les précautions qu'il y aurait à prendre pour éviter du danger et pour pouvoir se servir de tubes de cuivre comme moyen de transport de l'acétylène.

M. SABATIER. — Il est très facile de répondre : les phénomènes que j'ai décrits sont différents des phénomènes d'altération possible des tubes de cuivre. A la température ordinaire, avec l'acétylène, aucune altération de la nature de celles que je viens d'indiquer ne se produit et se produirait-elle, aucune d'elles ne serait dangereuse dans les appareils de cuivre où l'on brûle l'acétylène.

Quant au danger que peut présenter la formation de l'acétylure de cuivre, il est réel parce que l'acétylène est un gaz qui n'est pas pur et qui amène avec lui des corps susceptibles d'attaquer le cuivre : les sels de cuivre, un sel cuivrique et surtout un sel cuivreux, mis en contact avec l'acétylure formeront de l'acétylure de cuivre. Ce n'est qu'au contact d'un sel de cuivre que le danger peut avoir lieu et ce danger est réel, en vérité, parce que la purification de l'acétylène est quelquefois faite d'une manière incomplète. Il suffit qu'il y ait de l'ammoniaque, une quantité d'oxygène pour attaquer le cuivre.

Le moyen de remédier au danger qu'on avait signalé, c'est de purifier avec soin l'acétylène pour empêcher la formation des sels de cuivre provenant de l'attaque du cuivre et des impuretés du gaz.

M. DE MONTAIS. — Lorsque j'ai fait mes premières expériences, j'ai constaté que si l'acétylène n'a une action que sur certains métaux, il n'en est pas moins certain qu'il y a danger lorsqu'on donne un coup à ces métaux. J'ai fait une expérience qui prouve qu'il serait dangereux par exemple, de chercher à déboucher, en le tournant, un écrou de cuivre qui serait trop serré.

J'avais enfermé pendant un certain temps, dans un tube de cuivre, de l'acétylène à pression normale, à base température, et j'avais mis dans ce tube de cuivre une lame de cuivre rouge. Au bout de deux ou trois mois, j'ai retiré le tout et après m'être mis à l'écart, j'ai fait porter légèrement la lame de cuivre rouge sur l'intérieur du tube de cuivre. J'ai obtenu des étincelles très caractéristiques et très rouges qui se détachaient, assez comparables à celles qui se produisent lorsqu'éclate une amorce. Il n'y aurait pas de danger si le gaz était pur.

M. LE PRÉSIDENT — Nous sortons un peu de la question qui est traitée en ce moment, puisque nous en arrivons à l'action de l'ammoniaque ; ce sont des dérivés qui résultent de l'ammoniaque contenu dans l'acétylène et que l'on peut éviter. D'un autre côté, l'acétylène a déjà assez d'ennemis et nous devons chercher, nous, au contraire, a affirmer que l'acétylène parfaitement épuré n'a pas d'action sur le cuivre à la température ordinaire et que par conséquent il n'y a pas de danger dans ces conditions.

Messieurs, c'est un agréable devoir pour un industriel qui s'occupe de carbure de calcium de remercier M. le professeur Sabatier de sa très intéressante communication et de lui dire que nous, qui savons particulièrement la portée d'une découverte scientifique, nous sommes heureux de voir que la question de l'hydrogénation de l'acétylène a été travaillée d'une façon aussi complète. Je demanderai à M. Sabatier si le cuprène a été étudié au point de vue de ses dérivés nitrés et amidés.

M. SABATIER. — Je n'ai pas perdu l'espoir d'étudier ces composés, mais j'ai été détourné du cuprène par l'étude de l'hydrogénation de l'acétylène parce que je tenais à terminer ces travaux pour les présenter au Congrès.

Et ainsi que je l'ai déjà indiqué à la Société Chimique en 1899, le cuprène est resté un peu en arrière, mais je me propose d'y revenir.

M. FOURCHOTTE décrit un appareil à acétylène qu'il a imaginé.

Description d'un appareil à acétylène,

Par M. Fourchotte.

L'appareil autorégulateur de production d'acétylène du système Fourchotte se compose de trois parties essentielles, savoir :

1º De deux gazogènes formés chacun de deux cylindres concentriques A et B, entre lesquels circule de l'eau destinée au refroidissement des gazogènes et du gaz produit.

Une cloche C fixée à sa partie supérieure par une fermeture à baïonnette, forme par son immersion dans cette eau, joint hydraulique pour chacun des gazogènes.

Dans le cylindre intérieur de chaque gazogène sont placés des seaux de chargement z renfermant le carbure; ils sont enfilés sur une tige à l'extrémité supérieure de laquelle est vissée une poignée permettant de les enlever ou de les placer d'un seul coup dans le gazogène.

Chacun des seaux z est divisé, par des cloisons pleines, en un nombre plus ou moins grand de compartiments percés chacun, dans leurs parois, de trous à des hauteurs différentes.

La vidange de chaque gazogène peut s'effectuer par un robinet K.

2º D'un gazomètre composé d'une cuve à eau H [à niveau constant, dans laquelle plonge une cloche L formant régulateur de pression et magasin pour l'acétylène.

3º D'un appareil d'automaticité réglant exactement la production du gaz sur la consommation et qui consiste en tube Q percé d'ouvertures a et fixé à la cloche L qui l'entraîne verticalement dans ses mouvements de montée et de descente. Dans un tuyau R rempli d'eau jusqu'au niveau extérieur de l'eau de la cuve H avec laquelle il communique par la tubulure E, plonge le tube Q qui télescope aussi sans frottement sur un autre tube S recourbé en U et dont la seconde branche débouche dans un entonnoir J, entre deux bossages X plus élevés que l'extrémité de la première branche du tube S sous le tube Q.

De l'entonnoir J partent en outre, de part et d'autre, des bossages X, deux tubes S, qui viennent déboucher, dans les gazogènes, sous les seaux à carbure.

Dans l'entonnoir J arrive constamment un filet d'eau par le robinet à pointeau V.

Grâce à cette disposition, il est facile de voir que, tant que les ouvertures a du tube Q seront au-dessus du niveau de l'eau dans le tuyau R, la pression à l'intérieur de ce tube sera la pression atmosphérique, et l'eau qui coule dans l'entonnoir J, entre les bossages X, débordera par l'extrémité de S dans le tuyau R, sans que son niveau puisse s'élever assez haut dans l'entonnoir J pour passer par-dessus les bossages X et s'écouler par les tubes S' qui la conduiraient dans les gazogènes.

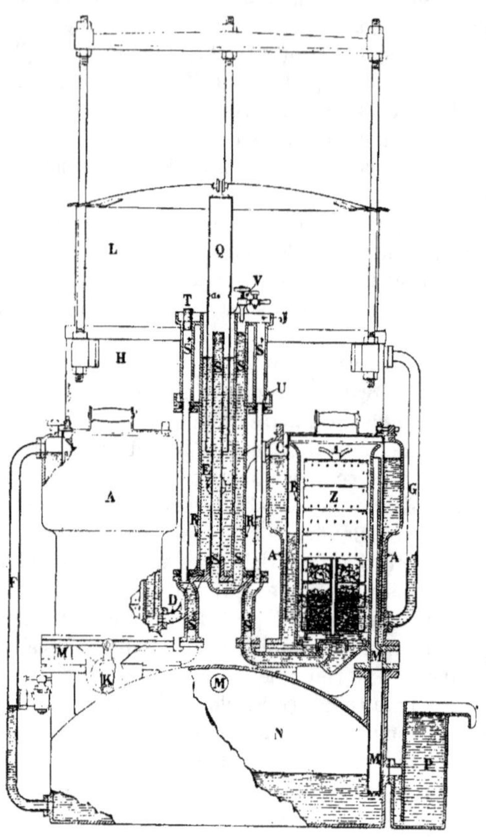

Du tuyau R, l'eau débordant de S passera dans la cuve H par la tubulure E, puis l'excès s'écoulera par le tube de trop plein F pour se rendre à la base du joint hydraulique de l'un des gazogènes. De la partie supérieure du joint hydraulique de ce premier gazogène part un tuyau incliné D conduisant l'eau en excès à la partie intérieure du joint hydraulique du second gazogène. Enfin un autre tube de trop plein G conduit l'eau en excès de la partie supérieure de ce dernier joint hydraulique au barillet N dont le niveau est maintenu constant par le siphon P.

L'acétylène produit dans les gazogènes se rend au gazomètre par les conduits MM. Il barbote dans l'eau du barillet N qui sert à la fois de refroidisseur, d'épurateur, de purgeur et de robinet hydraulique.

Examinons maintenant le fonctionnement de l'appareil, et pour cela, faisons l'hypothèse suivante :

Les seaux z sont pleins de carbure, les gazogènes sont fermés et la cloche L du gazomètre est soulevée par le gaz de telle sorte que les orifices a du tube Q sont au-dessus du niveau de l'eau dans le tuyau R. Nous avons vu, en décrivant l'appareil que, dans cette position, l'eau qui coule par le robinet V dans l'entonnoir J ne peut passer les tubes S et par conséquent se rendre aux gazogènes pour attaquer le carbure.

Mais si la cloche L descend par suite de la consommation du gaz, les ouvertures a viendront se noyer dans l'eau du tuyau R; la cloche continuant à descendre, l'air renfermé dans le tube Q se comprimera, fera baisser l'eau dans la branche du tube S sur laquelle il télescope et la fera remonter dans celle qui débouche dans l'entonnoir J. L'eau qui coule dans cet entonnoir passera alors par dessus les bossages X pour se déverser dans les tubes S' et aller attaquer le carbure des gazogènes.

Si l'un des tubes S' est fermé par un bouchon T, l'eau ne passera que par le tube S' resté ouvert pour entrer dans le gazogène correspondant. Elle montera alors entre les parois intérieures du gazogène et celles extérieures des seaux de chargement, attaquera le carbure que renferment ces seaux, en commençant par le seau inférieur et par le compartiment dont les ouvertures sont les plus basses. L'eau, après avoir décomposé le carbure de ce compartiment, continuera à s'élever à l'extérieur des seaux et pénètrera dans le compartiment suivant dont les ouvertures sont à un niveau immédiatement supérieur. L'attaque du carbure se fera donc ainsi de compartiment à compartiment et de seau à seau jusqu'à complet épuisement.

Dès que, par suite de la production de l'acétylène, la cloche du gazomètre se sera suffisamment soulevée pour que les orifices a sortent de l'eau du tuyau R, la pression dans le tube Q redeviendra égale à la pression atmosphérique, l'eau ne coulera plus dans les tubes S' et l'attaque du carbure cessera.

Il est facile de voir que, grâce à ces dispositions, la production de l'acétylène dans un temps donné est fonction du volume de l'eau qui coule dans l'entonnoir J pendant le même temps. On peut donc, avec un même appareil et sans aucune manœuvre, faire varier à volonté la quantité de gaz produit.

Comme les tubes S' sont ouverts à l'atmosphère, la différence des niveaux de l'eau dans ces tubes et dans les gazogènes correspondra à la pression du gaz dans ceux-ci, et en conséquence la hauteur de l'eau dans les tubes S' permettra de connaître exactement la hauteur de l'eau d'attaque dans les gazogènes. Pour ce motif, les tubes S' sont en verre sur une partie de leur hauteur, ils servent de tubes de niveau permettant de lire à un instant quelconque le degré d'épuisement du carbure dans les gazogènes.

De plus, les tubes S' communiquent entre eux par une gouttière U placée à la hauteur correspondante à l'attaque du carbure du dernier seau supérieur des gazogènes. Dans ces conditions, quand l'un des tubes S' étant fermé, le carbure du gazogène correspondant au tube S' ouvert sera sur le point d'être épuisé, l'eau d'attaque passera tout naturellement par la gouttière U pour aller attaquer l'autre gazogène rempli de carbure neuf, sans qu'on ait à s'en préoccuper.

On n'aura plus alors qu'à mettre le bouchon sur le tube S' correspondant au gazogène épuisé pour en opérer, en marche si c'est nécessaire, le nettoyage et le chargement en carbure neuf.

(Applaudissements.)

M. LE PRÉSIDENT. — La parole est à M. Nicolas Teclu, sur les appareils à production d'ozone.

M. NICOLAS TECLU développe sa communication en langue allemande.

Sur la préparation de l'ozone comme expérience de cours

Par M. NICOLAS TECLU.

Pendant mes études sur les conditions de la formation de l'ozone à l'aide du courant électrique, j'ai conçu une série d'appareils à ozone (1) dont la construction et la disposition conviennent particulièrement aux exigences de l'enseignement; leur description et leur manipulation sont exposées ci-après.

En général, ces appareils diffèrent selon la nature de la décharge électrique; leur disposition varie donc suivant que la formation d'ozone se produit par décharge d'étincelles ou par la décharge dite silencieuse; et ici encore il faut distinguer plusieurs cas, la décharge peut se faire par l'oxygène, l'air ou le verre.

La figure A représente le dispositif pour la préparation de l'ozone au moyen de la décharge par étincelles (2). L'introduction de l'air ou

(1) Ces appareils sont construits par la firme Franz Hugershoff, à Leipzig.

(2) D'après Heumann (Anleitung zum Experimentiren, p. 58), cette expérience se fait avec un eudiomètre.

de l'oxygène se fait par *a* au moyen d'un tube de caoutchouc relié à un réservoir de gaz. Dans la partie élargie sont fixés deux fils de platine de $0^{mm}.4$ d'épaisseur et distants de 2 centimètres pour la formation des étincelles; ces fils reçoivent en *b* et en *c* le courant électrique d'un élément Rhumkorff donnant des étincelles de 4 centimètres. L'ozone formée est dirigée par le tube *d* dans une solution d'iodure de potassium et d'amidon contenue dans le vase placé au-dessous; la coloration bleue prise par cette solution rend évidente la présence de l'ozone.

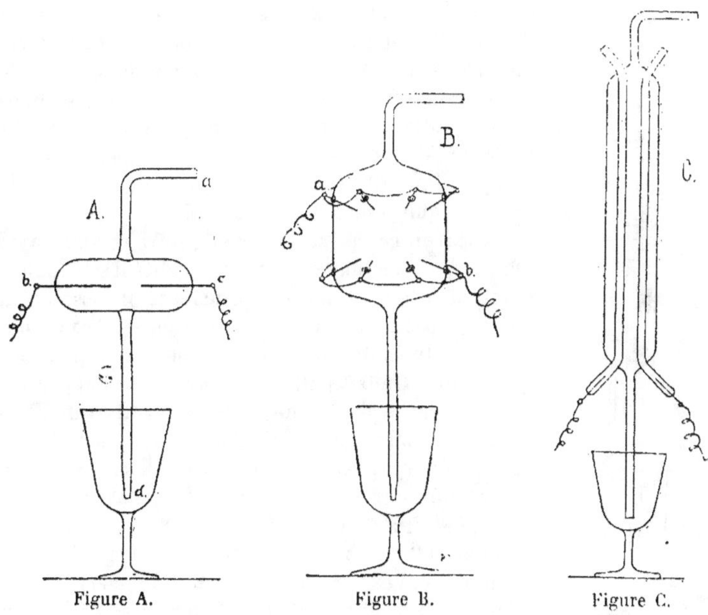

Figure A.   Figure B.   Figure C.

La formation de l'ozone par la décharge silencieuse, par l'air ou l'oxygène est réalisée au moyen de l'appareil représenté par la figure B. L'introduction du gaz, le passage du courant électrique et l'exécution de la réaction s'opèrent comme avec l'appareil précédemment décrit. Le dispositif diffère en ce que dans l'élargissement de l'appareil se trouvent un *a* et en *b* les fils de platine reliés à la canalisation électrique; ces fils ont $0^{mm}.4$ d'épaisseur, leurs extrémités se trouvent à une distance de 5 centimètres, de sorte que la décharge silencieuse se fait par une couche d'oxygène ou d'air de 5 centimètres de hauteur.

La disposition de la figure C convient très bien à la démonstration de l'action de la décharge électrique silencieuse. Elle consiste en un tube de verre d'environ 35 centimètres de longueur et 3 centimètres d'épaisseur, terminé aux deux extrémités par des ajutages d'environ 8 millimètres de diamètre. Dans l'intérieur du tube large, sont soudés selon la longueur, deux tubes de verre d'environ 8 millimètres de diamètre, espacés de 3 millimètres, et aussi parallèles que possible ; l'extrémité inférieure de chacun d'eux est munie d'un fil de platine pour recevoir le courant électrique; ces tubes peuvent contenir du

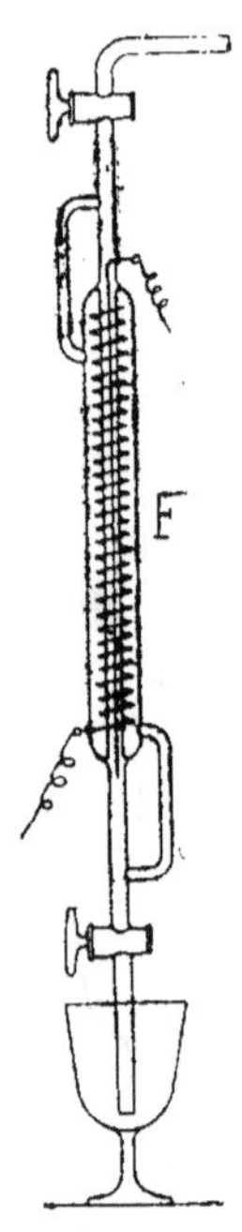

Figure E.

mercure ou avoir leurs parois intérieures revêtues d'un enduit métallique, ils peuvent être remplis avec des débris métalliques plus ou moins finement divisés ou encore traversés par des fils de métal (1). Pour remplir ces tubes on peut avec avantage employer des liquides incolores, transparents, bons conducteurs de l'électricité, comme par exemple, l'acide sulfurique dilué (2). La manipulation de l'appareil reste la même que pour les deux premiers.

L'appareil représenté figure D, offre certains avantages expérimentaux quoique en réalité il soit toujours établi d'après les mêmes principes; il possède une autre disposition pour l'introduction de l'oxygène et l'un des tubes ozonisateurs est beaucoup plus long que l'autre. On fait passer de l'air dans l'appareil en aspirant par *a*, l'oxygène peut être introduit par *b* ; avec cet appareil on peut exposer à des actions oxydantes énergiques, des liquides introduits dans le flacon inférieur au lieu d'iodure de potassium.

L'appareil à ozone de la figure E est particulièrement actif (3) ; un fil de platine est disposé à l'intérieur et à l'extérieur d'un tube de verre, droit, d'environ 8 centimètres de diamètre et 25 centimètres de longueur. Le fil intérieur tombe perpendiculairement dans le tube, le fil extérieur est enroulé en spirale sur celui-ci. Les extrémités de ces fils (supérieure pour le tube intérieur, inférieure pour le tube extérieur) traversent le verre aux endroits correspondants pour pouvoir être reliées à la canalisa-

(1) Les appareils de Babo. Siemens, Wills et Houzeau ont en réalité une disposition du même genre.

(2) La substitution au métal d'un conducteur liquide transparent a été adoptée pour les appareils de Thenard, Weslicenus, Kolbe, Berthelot et Siemens et Halske.

(3) Cet appareil se distingue de tous les autres en ce que tout l'ozone qui se forme prend naissance dans le voisinage immédiat des électrodes, quoique la décharge se fasse encore par le verre.

tion électrique comme il a été mentionné pour les appareils précédemment décrits. Sur ce tube droit on en a soudé un second de 1 cm. 5 de diamètre établi de telle sorte qu'en faisant passer de l'air ou de l'oxygène dans l'appareil, le gaz traverse les deux chambres. Avec ce dispositif chaque fil est entouré d'oxygène de tous côtés et la formation d'ozone se poursuit dans chaque espace, le long des électrodes ; de cette manière, il se forme une plus grande quantité d'ozone.

Pour la recherche de l'ozone, la solution suivante est particulièrement appropriée : on dissout 4 grammes d'amidon pour ozone (Ozonstärke) soluble (Carl Conrad à Kyritz) dans 300 centimètres cubes d'eau distillée en chauffant au bain-marie et en additionnant de 1 gramme d'iodure de potassium lorsque la première solution est refroidie. Avec ce réactif et l'un des appareils qui viennent d'être décrits on peut démontrer après quelques secondes la présence de l'ozone formé, que l'on emploie à la température ordinaire de l'oxygène ou de l'air, à l'état sec ou humide. (*Applaudissements.*)

M. LE PRÉSIDENT. — Nous sommes trop heureux de voir les étrangers prendre le chemin de nos séances pour ne pas remercier M. Teclu de sa communication et d'avoir bien voulu courir le risque de n'être compris qu'imparfaitement par l'assemblée (*Applaudissements*).

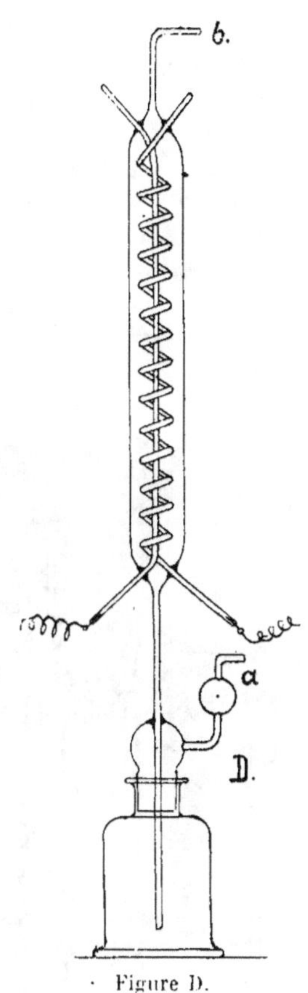

Figure D.

M. DEROY donne lecture de sa communication sur un gazogène de son invention.

Appareils à acétylène

Par M. DEROY

Aussi brièvement que possible, je vais vous décrire, messieurs, un des appareils à acétylène de ma composition : je tâcherai d'être aussi clair que possible et demande, en raison de mon peu d'habitude de parler en public, toute votre bienveillante indulgence.

Ce genre d'appareils peut être composé d'un nombre quelconque de générateurs. Celui que représente ce dessin en comporte seulement deux.

Voici comment il fonctionne :

L'attaque de l'eau s'effectue en nappe ascendante venant agir sur le carbure divisé dans les casiers superposés d'un panier de charge.

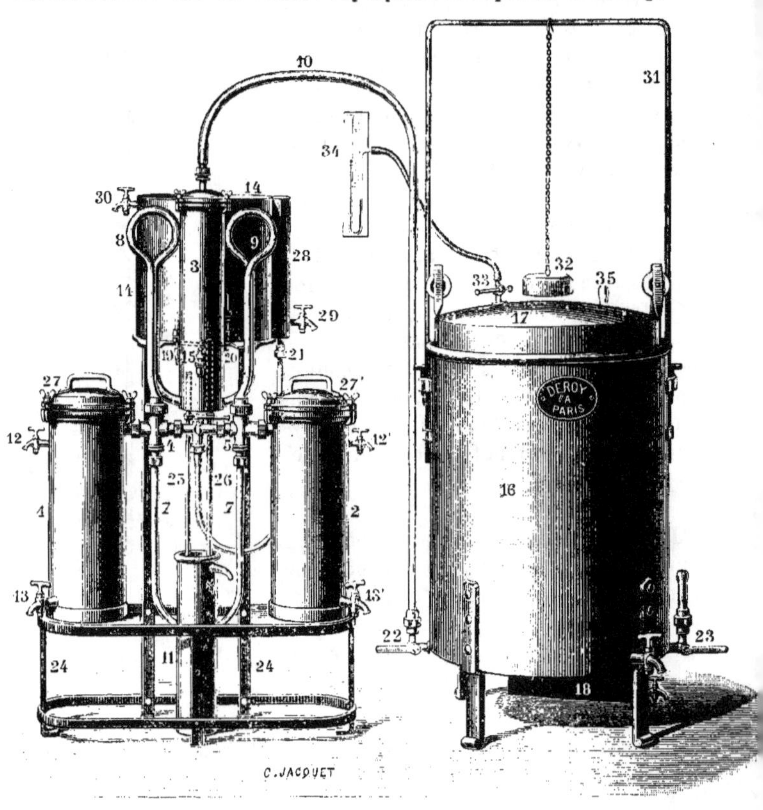

Cette attaque ne s'opère que suivant les besoins de la consommation de l'éclairage à produire et n'a lieu que lorsque la cloche du gazomètre est presque vide. Lorsqu'il reste assez de gaz pour que le contre-poids repose sur la cloche de toute sa charge, l'alimentation n'a pas lieu, mais le moindre allégement, à la descente, la détermine par ce fait que l'équilibre des pressions établies d'un côté par la hauteur de chute d'eau et de l'autre par le poids de la cloche surchargée, est rompu.

Cet équilibre existe à 1 ou 2 millimètres près du débordement de l'eau dans un des générateurs, mais est rompu au moindre allégement de la cloche : en sorte que dès que la cloche baisse tant soit peu, l'eau monte et l'alimentation s'opère immédiatement. L'équilibre se rétablit, l'alimentation cesse et ainsi de suite. Cette balance d'eau vient régulièrement, quelle que soit la consommation, fournir d'une manière automatique le gaz à l'éclairage, en alimentant strictement la quantité d'eau nécessaire à la décomposition du carbure et vient attaquer et épuiser successivement les casiers à carbure.

Lorsque le carbure du dernier casier d'un générateur est épuisé de son gaz, l'eau a atteint le niveau du tube de communication en U 7, et le trop plein passe au second générateur où la décomposition du carbure s'opère exactement comme il a été dit pour le premier.

Si, en cours d'éclairage, on voulait opérer la recharge du premier générateur, rien ne serait plus facile : il suffirait de tourner dans le sens du générateur en marche la clef du robinet d'alimentation 6. L'eau alors se dirigera directement sur ce dernier.

L'alimentation d'eau provient du réservoir supérieur 14, qui est un genre de vase de Mariotte modifié. Un niveau constant est maintenu à la hauteur de la prise du tube de réglage 21. Voici comment s'opère le réglage de l'alimentation, qui se fait une fois pour toutes.

Il suffit de monter où d'abaisser le tube mobile 21 et de l'arrêter au point voulu pour que, lorsque le poids reposant sur la cloche, le bruit caractéristique que produit l'entrée d'air dans le réservoir 14, au moment de l'écoulement d'eau, ne se perçoive pas et qu'ensuite il se manifeste, en soulageant légèrement ledit poids à la main. C'est tout.

Je vais expliquer, maintenant le parcours du gaz se rendant au gazomètre et de là à la consommation.

A son départ du générateur, le gaz passe par le tuyau ascendant et descendant 8, vient barboter dans l'eau du laveur lequel peut être alimenté par de l'eau du gazomètre, ce qui dans les appareils de petite ou de moyenne production est inutile, l'eau se renouvelant naturellement par les condensations.

Au sortir du laveur, le gaz franchit le serpentin condenseur, puis passant par l'épurateur 3 gagne par le tuyau 10 le gazomètre et par le tuyau 23 la canalisation.

La forme montante et descendante des tuyaux d'échappement de gaz des générateurs a été donnée pour permettre à l'arrêt, la formation d'un joint hydraulique, s'effectuant par l'effet de la pression inverse du générateur agissant sur l'eau du laveur et lui permettant en s'élevant dans les branches des tubes y attenant, de venir obturer celui des générateurs ne fonctionnant pas, ou bien les deux à l'arrêt complet. A la reprise de la production, l'eau est refoulée dans le laveur et le passage du gaz se rétablit normalement.

Pour fonctionner ou non, il n'y a donc aucun robinet à ouvrir ou à fermer.

Au-dessous du laveur existe un récipient 11 dans lequel plonge le tube par où s'écoule le trop plein d'eau de lavage évacuant les impuretés qui y ont été retenues.

J'ajoute que le gaz ne se forme qu'au fur et à mesure de la consommation quelle qu'elle soit, la cloche restant constamment basse et ne représentant, pendant qu'un des générateurs fonctionne, qu'un régulateur de pression. Ce n'est qu'à l'arrêt qu'elle monte quelque peu, en proportion du carbure humidifié contenu dans le casier attaqué. La charge du carbure d'un casier est calculé pour que la totalité du gaz qu'il peut produire soit égale à la capacité de la moitié du gazomètre, en sorte que, supposant l'éclairage cessant juste à l'instant où un casier viendrait à être attaqué et qu'à l'arrêt, son contenu puisse se décomposer entièrement, il ne pourrait jamais y avoir surproduction puisqu'un casier seulement serait attaqué et que le volume du gazomètre est suffisant pour recevoir le gaz acétylène que deux casiers pleins de carbure pourraient fournir.

Voilà en somme, Messieurs, la description de mon appareil Modèle A. Je suis à votre entière disposition pour répondre aux observations que vous jugeriez utile de me présenter. (*Applaudissements*).

M. DE MONTAIS décrit un appareil producteur d'acétylène à chute du carbure dans l'eau.

Générateur d'acétylène « le Bayard »

Par M. DE MONTAIS
Ingénieur.

Messieurs,

J'ai l'honneur et le plaisir de vous présenter mon générateur d'acétylène « le Bayard », ainsi nommé parce que nous le croyons comme le fameux chevalier sans peur et sans reproche.

Après avoir créé la belle industrie de l'acétylène, par son admirable four électrique, l'illustre Moissan émit cette théorie : « Le générateur d'acétylène idéal serait celui dans lequel, le carbure en morceaux, tomberait automatiquement, et au fur et à mesure des besoins de la consommation, dans un excès d'eau. »

Me basant sur les données du grand chimiste, j'ai étudié et construit un appareil dont la cloche, tournant sur elle-même, vient à chaque descente précipiter dans un excès d'eau des charges de carbure en morceaux, contenues dans des cartouches métalliques, sphériques, inaccessibles à l'air, tant qu'elles sont en attente, autour de l'appareil, mais largement accessible à l'eau, lorsqu'elles tombent dans le gazogène.

L'appareil que je vous présente est composé d'une cuve remplie d'eau dans laquelle monte et descend une cloche ou gazomètre : autour de la cuve sont rangées des demi-sphères, destinées à recevoir les cartouches, et à les conserver jusqu'au moment où la cloche les fait tomber dans le gazomètre à bascule placé au-dessous de la cuve.

La cloche tourne sur elle-même autour d'un pivot central.

Elle est munie d'un appendice latéral comportant un cliquet, dont la partie inférieure est inclinée.

On comprendra que cette partie inclinée, lorsqu'elle rencontre un des goujons des porte-cartouches, rivés autour de la cuve, oblige la cloche qui descend, à suivre ce plan incliné, et à descendre obliquement, en passant d'une cartouche à l'autre.

A un moment donné l'extrémité de l'appendice également taillée obliquement, rencontre un des leviers des porte-cartouches, le fait basculer, et précipite la cartouche dans le gazogène.

Aussitôt, la combinaison chimique se produit, la cloche se remplit de gaz, et remonte environ jusqu'aux trois-quarts de l'espace qui lui est réservé.

Dans ses mouvements de montée et de descente, la cloche est toujours maintenue par l'appendice, constamment engagé entre deux goujons, et qui assure le mouvement vertical de tout l'ensemble.

L'appendice passe d'un goujou à l'autre au moment où le cliquet qu'il comporte opère le mouvement de translation oblique, dont il a été question plus haut.

J'ai dit que mes cartouches étaient hermétiquement closes lorsqu'elles étaient en attente, mais largement accessibles à l'eau lorsqu'elles tombaient dans le gazogène.

Formées de deux demi-sphères embouties, dont une seulement est percée de trous nombreux, ces cartouches sont disposées dans les porte-cartouches formés eux-mêmes d'une demi-sphère métallique non ajourée.

Nous plaçons ces cartouches, la partie ajourée en bas, de sorte qu'elle soit complètement revêtue par la demi-sphère du porte-cartouche.

Dans ces conditions, le carbure est en vase clos, puisqu'il est complètement privé d'air, en haut par la moitié de la cartouche non ajourée, en bas, par la demi-sphère également non ajourée du porte-cartouche. Ce qui revient à dire que la charge de carbure est conservée à l'abri des attaques de l'humidité de l'air, dans une sphère métallique.

Mais au moment où le porte-cartouche bascule sous l'action de la cloche, la cartouche perd l'équilibre, tombe dans le gazogène alors largement accessible à l'entrée et à l'action de l'eau puisqu'elle est ajourée dans une de ses moitiés.

Passons au gazogène.

Pour obtenir un bon rendement, bien laver le gaz, le débarrasser de la plupart de ses impuretés, nous avons dit qu'il fallait un excès d'eau.

J'ai donc construit sous la cuve même un gazogène incliné et profond, dans lequel les cartouches, de par leur forme sphérique, roulent jusqu'au fond.

Le gaz immédiatement produit, monte verticalement, se divise en globules, de plus en plus petits, à mesure qu'ils montent en roulant le long de la partie supérieure, pour arriver à la chambre à gaz disposée au sommet du gazogène, et de là se rendre dans la cloche.

Ce point est très important : tout le monde connaît les inconvénients du gaz produit par la chute de l'eau, ou par l'arrivée de l'eau sous le carbure.

L'excès d'eau est d'une absolue nécessité, pour débarrasser le gaz d'une partie de ses impuretés, ammoniaque, hydrogène sulfuré, phosphoré, etc., et le laver aussi complètement que possible, c'est en même temps une sécurité complète, puisque le carbure complètement noyé, ne peut être porté à l'incandescence, et que le gaz se produit à basse température. J'ai dit que mon gazogène était à bascule, il l'est en effet, monté sur un axe horizontal, ce qui permet de le faire basculer sans effort pour effectuer son mélange rapide, et la reprise des cartouches qui servent indéfiniment.

Au sommet de ce gazogène se trouve un raccord rapide à baïonnette, qui le relie à la cloche. Sur la même conduite se trouve un robinet d'arrêt, dont le levier commande automatiquement l'entrée des cartouches dans le gazogène.

De sorte que, si la communication entre le gazogène et la cloche est fermée, l'entrée des cartouches dans le gazogène l'est également.

Réciproquement, si l'entrée des cartouches est ouverte, la communication entre le gazogène et la cloche l'est également afin de donner une issue au gaz produit.

Donc, ou bien le gaz ne peut se produire, ou bien, s'il se produit, il ne peut s'échapper, ce qui complète bien la sécurité de l'appareil.

Enfin, un tube fixé à la partie supérieure de la cloche, sert de soupape de sûreté pour le cas de surproduction causée par maladresse ou malveillance ; ce tube qui monte et descend avec la cloche sortirait de l'eau, si la cloche arrivait à son point maximum, et servirait à l'évacuation du gaz.

Par le fait même des dispositifs adoptés, aucune rentrée d'air n'est possible dans le gazomètre, le gaz y est donc toujours d'une pureté parfaite. Je crois avoir suffisamment expliqué le fonctionnement de mon générateur, pour avoir également bien démontré la sécurité complète, le fonctionnement automatique, la production du gaz à basse température, la pression absolument régulière, la vidange instantanée, et l'absence absolue d'odeur du « Bayard ». (*Applaudissements.*)

M. FOUCHÉ expose les procédés employées par la Compagnie de l'acétylène dissous.

Note sur l'Acétylène dissous

Par M. EDMOND FOUCHÉ.
Directeur de la Compagnie Française de l'Acétylène dissous.

L'acétylène, grâce à la remarquable découverte de M. Moissan, était déjà entré dans le domaine de la pratique et sa préparation avait déjà donné lieu à la création d'un nombre important d'appareils lorsque, en 1896, deux ingénieurs français MM. Claude et Hess eurent la pensée pour rendre ce gaz portatif, d'utiliser la propriété qu'il possède de se dissoudre dans certains liquides. L'idée, très justifiée, des inventeurs était d'obtenir une accumulation importante sans avoir besoin de faire usage des pressions élevées qu'exige la liquéfaction de l'acétylène et que la propriété endothermique de ce gaz rend extrêmement dangereuses.

Parmi les liquides qui jouissaient de la propriété de dissoudre à divers degrés l'acétylène, l'acétone fut particulièrement remarquée parce que ce produit est l'un de ceux qui possèdent au plus haut degré le pouvoir dissolvant recherché, qu'en outre il se prépare couramment d'une façon industrielle, est d'un prix peu élevé et qu'enfin étant relativement peu volatil (ébullition 56) il ne s'épuise que très lentement par le mélange de ses propres vapeurs avec celle de l'acétylène dégagé.

La quantité d'acétylène qui se dissout dans l'acétone, quantité qui est sensiblement proportionnelle à la pression, est de 24 fois le volume du liquide par atmosphères à 15° de température : en même temps le volume de l'acétone s'accroit de 4 centièmes. Par conséquent sous une pression effective de 10 kilogs par centimètre carré, un litre d'acétone préalablement saturé d'acétylène sous la pression atmosphérique, est capable d'absorber 240 litres d'acétylène en occupant un volume final de 1 litre 4. La simple ouverture d'un robinet permet à ce gaz accumulé de se dégager en même temps que la pression s'abaisse progressivement dans le récipient.

Une autre propriété très remarquable de cette dissolution fut découverte dès l'origine.

MM. Berthelot et Vieille (1) ont montré que si sous la pression de 10 atmosphères l'acétylène, soumis à l'influence d'un fil rougi ou d'une amorce de fulminate, est susceptible de se décomposer, il n'en est plus du tout de même du gaz incorporé par dissolution à l'acétone. Et la stabilité de la dissolution est telle que l'on peut, dans un récipient incomplètement rempli de liquide, faire détonner toute la partie supérieure gazeuse, sans que la partie inférieure liquide soit en quoi que ce soit altérée.

Des expériences ultérieures ont montré que cette stabilité se maintenait jusqu'aux environs de 20 kilogs de pression, avec la température de 15°.

On voit donc déjà que sous les pressions individuelles de 10 à 12 kilogs, la grande masse de l'acétylène emmagasiné dans des récipients, c'est-à-dire celle qui se trouve dissoute, est tout à fait inerte. Il n'y a d'explosible que le gaz supérieur qui est à une pression relativement faible et ne peut donner lieu, si l'on en provoque l'explosion qu'à une surpression assez faible, susceptible d'être contenue par la solidité des parois,

C'est là un résultat qu'il est impossible d'obtenir avec l'acétylène liquéfié pour lequel la surpression, en cas de décomposition, atteint jusq'à 5 et 6.000 atmosphères en faisant éclater les vases les plus résistants qui soient susceptibles d'une application pratique.

Ces propriétés déjà très remarquables ont été le point de départ des travaux de la Compagnie Française de l'Acétylène dissous, fondée en 1897, et qui depuis cette époque, grâce à de nombreux perfectionnements, à de nouvelles découvertes et à la création d'appareils spéciaux de diverses sortes, est parvenu à rendre pratique et véritablement industrielle l'idée ingénieuse des premiers inventeurs.

EMPLOI DES MATIÈRES POREUSES.

Le procédé, tel qu'il a été jusqu'ici décrit, présentait les inconvénients suivants :

1° L'acétylène se dissout très difficilement si l'on ne prend soin d'agiter le liquide ; inversement le dégagement du gaz se fait mal, par suite de phénomènes de sursaturation extrèmement accentués.

2° La présence d'une petite quantité de gaz explosible à la partie

(1) Comptes rendus de l'Académie des Sciences sur les dissolutions d'acétylène, par MM. Berthelot et Vieille.

supérieure du liquide, même dans des récipients d'une solidité appropriée, étant incompatible avec les conditions de sécurité en quelque sorte plus qu'absolues que l'on est en droit de demander aux appapareils destinés à être mis très nombreux entre les mains du public.

3° Pour certaines applications des plus importantes comme pour l'éclairage des voitures de chemin de fer, l'emploi d'un liquide combustible tel que l'acétone, susceptible en cas d'accident, de se répandre enflammé sur les décombres, était tout à fait inadmissible.

Toutes ces difficultés ont été résolues par un seul artifice consistant à remplir exactement les récipients, sans laisser aucun vide, avec une matière céramique à la fois solide, légère et poreuse, que l'on imprègne ensuite d'acétone.

Cette matière a un poids spécifique de 0,5. Elle présente un vide de 80 0/0 et possède des pores tellement fins que l'acétone une fois absorbé, ne peut plus s'écouler, étant maintenu en place par l'effet de la capillarité.

La grande division du liquide dans les pores de la matière céramique permet une dissolution beaucoup plus rapide de l'acétylène et supprime complètement à la décharge les phénomènes de sursaturation. Enfin le point le plus important, c'est que cette matière oppose à la propagation de l'explosion du gaz comprimé un obstacle infranchissable; elle se comporte comme ferait un faisceau de tubes très fins. M. le professeur H. Le Chatelier a montré que la propagation de l'onde explosive dans un tube très fin pouvait être complètement entravée si le tube était suffisamment étroit.

L'efficacité de ces corps poreux contre l'explosion de l'acétylène comprimé a été constatée au laboratoire central des poudres et salpêtres.

Il a été même reconnu en outre que la dissolution d'acétylène dans l'acétone, sous une pression assez élevée pour constituer un liquide explosif, redevenait inerte, c'est-à-dire tout à fait incapable de se décomposer lorsqu'elle était incorporée à la brique poreuse (1).

Le garnissage des récipients avec la matière poreuse permet donc au procédé d'accumulation de l'acétylène par dissolution dans l'acétone, de présenter toutes les garanties de sécurité désirables.

Quantité de lumière accumulée.

Ce qui fait que ce système présente un intérêt industriel de premier ordre, c'est qu'il fournit le moyen d'accumuler sous un poids

(1) Compte-rendu des séances du Conseil d'Hygiène publique et de Salubrité du Département de la Seine. 11 novembre 1898.

relativement faible, une quantité de lumière considérable pouvant être débitée avec la rapidité la plus grande.

Une comparaison avec le gaz portatif qui a rendu de grands services et est encore actuellement utilisé dans nombre d'applications, fera ressortir la supériorité de l'acétylène dissous.

D'une part le volume du gaz accumulé par dissolution étant 10 fois plus grand sous la même pression, que celui qui correspondrait à la loi de Mariotte, d'autre part la puissance lumineuse de l'acétylène étant 5 fois plus grande que celle du gaz portatif, on en conclut que le même récipient peut avec de l'acétylène dissous renfermer 50 fois plus de lumière qu'avec le gaz riche portatif.

La comparaison avec les accumulateurs électriques est également tout à l'avantage de l'acétylène dissous

On sait que dans ces appareils, un kilogramme de plaques peut fournir tout au plus 15 ampères-heures sous 2 volts, soit 30 watts-heures, correspondant à 10 bougies-heures, en supposant qu'il s'agisse de lampes à incandescence, ce qui est le cas le plus général.

Or l'acétylène peut être accumulé, dans les récipients, tels qu'on les construit actuellement, à raison de 33 litres par kilogramme de récipient. Ces 33 litres dans les becs ordinaires fournissent 40 bougies-heures, c'est-à-dire 4 fois plus que ce que peut fournir un kilogramme d'accumulateur.

MATIÈRES POREUSES SPÉCIALES POUR L'ACÉTYLÈNE SIMPLEMENT COMPRIMÉ.

La dissolution de l'acétylène dans l'acétone ne se fait pas d'une manière instantanée. Elle demande quelques heures, aussi est-il toujours nécessaire de faire revenir les récipients épuisés à l'usine de chargement au lieu de les remplir sur place comme cela se fait ordinairement avec le gaz d'huile comprimé.

Dans certaines applications, par exemple pour l'éclairage des voitures de chemin de fer, on peut trouver plus avantageux pour le service de laisser les récipients à poste fixe, mais dans ce cas, comme leur exiguité ne présente plus un intérêt capital, l'on peut se contenter d'acétylène comprimé sous la pression de 7 ou 10 kilogs, qui occupe un volume 10 fois plus grand que l'acétylène dissous, mais qui permet le chargement rapide des récipients. La propriété explosive de l'acétylène sous cette pression est neutralisée comme pour l'acétylène dissous, par le remplissage des récipients à l'aide d'une matière poreuse à base de charbon et de chaux.

Cette matière, à cause de la présence de la chaux qui décompose peu à peu l'acétone, ne pourrait être employée avec l'acétylène dissous. Pour le gaz simplement comprimé, elle présente l'avantage d'être extrêmement bon marché et de ne peser que 300 grammes par litre. Elle s'introduit sous forme de béton humide par un trou de bras ménagé dans la paroi des récipients.

Le séchage ne lui fait subir aucun retrait et, grâce à la propriété connue du charbon, de condenser les gaz, on arrive à ce résultat remarquable que les récipients ainsi garnis contiennent un peu plus de gaz (5 0/0 en plus) que s'ils étaient entièrement vides.

Ce système qui offre la même sécurité que l'acétylène dissous imprégnant des briques poreuses, permet d'employer les récipients utilisés pour le gaz d'huile. L'accumulation de lumière est alors cinq fois plus grande qu'avec ce dernier gaz.

Pour le remplissage de ces réservoirs qui ne rentrent pas à l'usine, on emploie soit des canalisations en fer dans lesquelles une pompe refoule l'acétylène depuis l'usine jusqu'au récipient, soit, si la distance est trop longue, des voitures ou des wagons citernes renfermant des masses considérables d'acétylène dissous, à une pression plus élevée que celle des récipients à remplir.

MATÉRIEL SERVANT A L'EXPLOITATION DE L'ACÉTYLÈNE DISSOUS

Le matériel spécial qui a dû être entièrement créé pour l'exploitation de ce procédé que nous venons de décrire comprend :

1° Les récipients ;
2° Les appareils de distribution :
3° Les appareils d'utilisation.

1° RÉCIPIENTS. — Les types de récipients les plus couramment employés sont les suivants :

Tube de 2 litres ayant 60 millimètres de diamètre et environ 750 millimètres de long. — Ce tube contient 200 litres de gaz. Il est monté sur une planchette portant les appareils accessoires et est utilisé pour des éclairages exceptionnels de courte durée. Son emploi est particulièrement avantageux pour l'éclairage des lanternes à projections dans lesquelles il permet d'obtenir, par l'emploi de l'incandescence, une intensité lumineuse supérieure à celle de la lumière oxhydrique ou oxy-éthérique et ce avec la plus grande simplicité de manœuvre que l'on puisse imaginer.

Il est aussi utilisé, à l'aide d'une monture appropriée, comme torche à acétylène, se portant sur l'épaule ou se piquant en terre. Il peut alors fournir 100 bougies pendant deux heures et demie ou 50 pendant cinq heures.

Ce tube se prête aussi d'une façon extrêmement avantageuse à l'éclairage dans les lanternes des automobiles pour lesquelles l'intensité de la lumière est si indispensable.

Pour cette application, 30 litres à l'heure suffisent amplement et 2 de ces petits tubes peuvent assurer un semblable éclairage pendant treize à quatorze heures.

Tube de 12 litres ayant 15 centimètres de diamètre et 70 de long. — Ce récipient, qui contient 1.200 litres d'acétylène est appliqué à l'éclairage des tramways. Au Tramway Funiculaire de Belleville, où l'éclairage des véhicules est entièrement fait à l'aide de l'acétylène dissous, un tube de 12 litres alimente les deux lanternes d'une voiture pendant quatre à cinq jours de suite sans être renouvelé.

Ces tubes montés sur des supports légers servent également à alimenter des réverbères portatifs pour l'éclairage des chantiers, parcs, jardins, etc. L'éclairage du bois de Vincennes pour la durée de l'Exposition, a été assuré à l'aide d'un assez grand nombre de ces appareils.

L'éclairage qu'on peut ainsi obtenir est de 150 bougies pendant dix heures, et, par l'emploi de l'incandescence, il atteint le chiffre élevé de 500 bougies.

Tonneaux de 100 litres. — Ces récipients sont constitués par un tube de 40 centimètres de diamètre et de 90 de long entièrement enveloppé de douves de tonneau, qui rendent la manutention facile, protègent le récipient contre les chocs, et l'abritent contre la chaleur du soleil.

La contenance de ce tonneau est de 10 mètres cubes d'acétylène, et il est tout particulièrement appliqué pour l'alimentation des installations fixes, tels que les éclairages d'ateliers, maisons de campagne, hôtels particuliers.

La quantité de lumière enmagasinée est de 13.000 bougies-heures. L'appareil est renouvelé, suivant l'importance de la consommation, tous les huit jours ou tous les mois. Pour des éclairages importants, on emploie simultanément plusieurs de ces tonneaux.

Voiture de 1 mètre cube. — Cette voiture comporte quatre grands réservoirs cylindriques de 40 centimètres de diamètre et de 2 mètres de long, ayant une capacité de 250 litres.

Cette voiture renferme 100 mètres cubes d'acétylène ; elle peut fournir ainsi un éclairage considérable, par exemple 3.000 bougies pendant cinquante heures ou encore 1.000 becs de 30 bougies pendant cinq heures.

Un tel éclairage, à défaut de fortes canalisations de gaz d'éclairage ne pourrait être obtenu par tout autre procédé, qu'à l'aide d'installations considérables et très coûteuses.

Cette voiture a déjà trouvé des applications tout indiquées dans l'illumination des fêtes, pour l'éclairage des grands théâtres forains, etc...

APPAREILS DE DISTRIBUTION

Les appareils de distribution sont extrêmement simples. Toute installation complète comporte, en outre du récipient :

Un détendeur d'une grandeur appropriée au débit à fournir et dont le rôle est de ramener la pression élevée et variable de l'acétylène, dissous, à une pression constante appropriée au fonctionnement des becs (environ 20 centimètres d'eau).

Une soupape de sécurité à mercure permettant au gaz de s'échapper librement, si, par suite d'une avarie quelconque, la pression tendait à s'élever outre mesure dans les canalisations. Cette soupape, constituée par un simple tube de fer plongeant dans du mercure, est d'un fonctionnement infaillible. Grâce à elle, les canalisations présentent la plus complète sécurité.

Un compteur, qui permet au consommateur de contrôler la quantité de gaz qu'il a à payer, sans qu'il soit obligé de s'en rapporter aux assertions des fournisseurs relativement à la contenance des récipients.

Tous ces appareils, y compris le compteur qui est du type dit « compteur sec » sont incongélables, aussi bien que le récipient lui-même. Le tout peut donc être mis à l'air, à l'extérieur des locaux à éclairer. ce qui ajoute encore à la sécurité du procédé.

APPAREILS D'UTILISATION

Les becs généralement adoptés par les acétylénistes sont des becs conjugués dits à entraînement d'air, d'un fonctionnement très satisfaisant. Ils sont construits pour des débits variant de 10 à 40 litres environ à l'heure et consomment de 7, 5 à 9 litres par carcel et par heure. Dans le but de réduire la dépense d'acétylène et aussi afin d'obtenir des foyers de lumière très intenses, la Compagnie française de l'acétylène dissous a cherché à résoudre le difficile problème de l'incandescence par l'acétylène. Elle est parvenue à établir un brûleur. dénommé « brûleur Sirius », qui remplit les conditions désirées. C'est-à-dire que le brûleur, tout en entraînant la quantité d'air nécessaire pour la combustion complète. ne laisse jamais rentrer la flamme dans l'intérieur de l'injecteur et ne produit jamais de flamme fuligineuse.

Les divers modèles établis dépensent de 20 litres jusqu'à 200 litres d'acétylène à l'heure, en produisant de 70 à 1.000 bougies avec une consommation qui varie de 3 litres par carcel-heure pour les petits becs à 2 litres seulement pour les gros.

Ces résultats, déjà très remarquables. sont encore plus intéressants lorsqu'on emploie l'acétylène sous une pression un peu haute, 1 mètre ou 1 m. 50 d'eau. par exemple.

L'éclat des manchons dans ces conditions devient tel que l'on obtient dans les lanternes à projections un effet lumineux supérieur à celui de la lumière oxhydrique, et pour l'éclairage des phares et des projecteurs, un éclat qui surpasse celui que peuvent fournir les meilleurs procédés actuellement adoptés, hormis l'électricité bien entendu.

Cet emploi de l'incandescence, grâce à laquelle il suffit une moyenne de 2 litres 1/2 d'acétylène pour produire un carcel pendant une heure, triple la capacité lumineuse des récipients à acétylène dissous, qui permettent ainsi d'accumuler sous une forme éminemment transportable une quantité de lumière véritablement prodigieuse.

(*Applaudissements.*)

M. LE PRÉSIDENT — Il y a là un entrainement d'acétone : quelle est la proportion entrainée dans l'acétylène ?

M. FOUCHÉ — La dépense d'acétone représente 0.05 par mêtre cube d'acétylène : cela augmente le mètre cube de Frs 0,05.

M. LE PRÉSIDENT — Est-ce que la totalité de l'acétone est entrainée ?

M. FOUCHÉ — Pas du tout. L'acétylène sort saturé de vapeurs d'acétone ; une expérience pratique de très longue durée avec le même récipient nous a permis de confirmer nos calculs. Quand les dispositions sont bien prises, il n'y a pas d'acétone entrainé : il y a simplement le gaz qui sort saturé d'acétone ; tous les six mois, on doit regarnir le récipient. Il existe un dispositif qui permet d'évaluer la quantité de l'acétone et de le remplacer ; mais en réalité cet acétone s'use. La majoration de l'acétylène est de Frs 0.15 quand on fait les opérations soi-même, je ne compte pas les amortissements, je parle des frais bruts et de l'usure de l'acétone : en plus du gaz, il y a donc Frs 0.15 par mètre cube.

M. LE PRÉSIDENT — Je vous rappelle que l'acétylène dissous a éveillé d'autant plus l'attention qu'il est venu après le terrible accident de M. Pictet, qui avait essayé d'employer l'acétylène liquide, et il représente une série d'efforts qui font, à mon avis, le plus grand honneur à la Compagnie d'Acétylène dissous, laquelle à beaucoup de mal à le faire employer par les Compagnies de chemins de fer. Je souhaite que cette Société réussisse à faire admettre ce procédé.

La séance est ouverte à 9 heures 1/4, sous la présidence de M. Gall.
M. Minet donne lecture de sa communication.

L'électro-chimie en 1900,

Par M. Minet.

En 1867, l'électro-chimie ne se manifeste guère que par les piles
primaires et la galvanoplastie ; alors il était difficile et coûteux de
produire de grande quantité d'électricité.

Elle s'affirme eomme industrie en 1878, à la suite des découvertes de
Paccinotti, Gramme, Siemens. dont la conséquence est la création de
puissantes machines électriques, et Fontaine donne à l'affinage des
métaux une grande impulsion.

En 1889, l'électro-chimie s'enrichit de l'*électro-métallurgie par voie
sèche*, qui fournit de nouveaux exemples de la *Chimie des corps
fluides anhydres*, et qui comprend deux modes bien distincts d'opérations : *réactions électrolytiques* ; *réactions électro-thermiques.*

L'*électro-métallurgie par électrolyse* a résolu le problème de la préparation de métaux purs tels que l'aluminium par Minet (1887), Hall
(1888), Héroult (1888-1889) ; le sodium par Grabau (1889) ; Minet (1890)et
Borchers (1893) ; Becker (1899) ; le magnésium par Grætzel ; le lithium
par Hiller et par Guntz ; le glucinium par Lebeau qui donne une nouvelle
preuve de l'avantage des fluorures dans l'électrolyse par fusion ignée.

Avec *l'électro-thermie* on produit la fusion des métaux, Siemens
(1881) ; les alliages tels que le ferro-alluminium, Cowles (1885-1886),
le cupro-aluminium, Héroult (1886-1887), le carborundum, Acheson ;
la transformation du charbon en graphite, Girard et Street (1893 ; et
enfin grâce aux recherches de M. Moissan (1892) les carbures, borures,
siliciures, boro-siliciures métalliques, en *constitution définie.*

Je dis constitution définie pour caractériser l'œuvre de M. Moissan
et la *différencier* nettement des recherches antérieures à celles de ce
savant.

En effet, les électro-chimistes comme Cowles, Héroult, Borchers,
Wilson, avaient pu entrevoir la possibilité de réduire, au four élec-

trique, les oxydes réfractaires, avec l'idée de produire des métaux purs, comme cela a dû être aussi la pensée première de M. Moissan; ces physiciens ont pu obtenir des carbures métalliques, mais ceux-ci se présentaient toujours en faible quantité, perdus dans de grandes masses de matières et leur constitution était mal définie; M. Bullier avait eu, également en 1890, l'idée d'appliquer le four électrique à la réduction des oxydes, et en fait, cet ingénieur a entrevu le premier l'importance industrielle du carbure de calcium pur et cristallisé, mais c'est à M. Moissan que revient réellement l'honneur d'avoir ajouté, par la multiplicité de ses expériences, l'importance de ses résultats, un chapitre nouveau à la science chimique.

On doit aussi à ce savant la préparation du fluor par électrolyse; celle du diamant par la méthode électro-thermique et une étude très complète sur les différentes variétés du carbone et leur transformation des unes dans les autres.

Les procédés d'électro-métallurgie par voie sèche n'ont pu être établis que par la création de tout un outillage et d'appareils qui portent le nom de fours électriques parmi lesquels il convient de citer ceux de Siemens (1879), Louis Clerc (1881), Cowles (1886-1887), Héroult (1886 et 1888), Minet (1887, 1890, 1891, 1899), Grabau (1890), Borchers (1880-1893), Willson (1890-1894), Moissan (1892), Violle (1892), Girard et Strett 1892, et depuis cette époque, les fours de Bullier, Gin et Leleux, Bertolus pour le carbure de calcium, Stassano, Heibling, François Clerc, pour la formation des alliages et la métallurgie du fer.

C'est aussi en 1889 que se produisent les accumulateurs au plomb que Planté avait créés, et que rendent pratiques Faure, Sellon, Volckmar; c'est à cette époque que se répandent les applications industrielles de l'électrolyse du chlorure de sodium dont les prototypes sont représentés par la *formation d'un liquide désinfectant ou décolorant*, avec les procédés Hermite, William, Webster, Kellner, Andréoli, Corbin; *la préparation des chlorates alcalins*, dont M. Brochet vient de faire une étude complète, par MM. Gall et de Montlaur; enfin, la *préparation de la soude, du chlore et de ses dérivés*, dont les procédés les plus répandus sont ceux de Castner-Kellner, Birgreaves-Bird, Hulin qui utilise indifféremment la voie humide et la voie sèche, Société Elektron de Francfort, Richardson et Holland, Vautin (voie sèche), Outhenin et Chalandre, Lesueur, Rhodin.

Les méthodes électrolytiques appliquées à la préparation des composés organiques et de la céruse, à la purification des jus sucrés, au tannage, au désétamage, bien qu'elles aient fait le sujet de nombreuses études et donné quelques résultats n'ont pas encore été consacrées par la pratique, au moins sur une grande échelle.

Au contraire l'électrolyse de l'eau, dans le but de la préparation de l'hydrogène et de l'oxygène, est devenue pratique à la suite des travaux du commandant Renard et de Garuti ; même observation pour l'ozone produit par les procédés Houzeau, Andréoli et Otto.

L'industrie électro-chimique française et étrangère en 1900

La force motrice appliquée à l'industrie électro-chimique serait actuellement, d'après une étude de Borchers, de 422.000 chevaux électriques, dont 388.000 sont empruntés aux forces naturelles.

TABLEAU 1. — *Industrie électro-chimique.*

PUISSANCE TOTALE DES INSTALLATIONS EXISTANTES ET EN VOIE D'EXÉCUTION

Pays.	Eau chevaux.	Vapeur chevaux.	Gaz naturel chevaux.	VALEUR des produits en millions de francs.
Transvaal	—	458	—	36
France	110.140	1.300	—	56
Suisse	38.950	—	—	15
Allemagne	13.800	16.170	—	70
États-Unis	72.300	11.750	2.500	500
Canada	1.500	—	—	0.6
Angleterre	11.500	8.150	—	12
Suède	29.000	—	—	10
Italie	29.500	—	—	12.5
Espagne	7.100	—	—	3.5
Belgique	—	1.000	—	9.7
Russie	6.000	1.500	—	5.6
Norvège	31.500	—	—	9
Autriche	27.500	—	—	12.5
Totaux	378.790	10.320	2.500	743.4

Le tableau I indique comment se partage cette force entre les puissances où l'électro-chimie est en faveur ; la valeur correspondante des produits obtenus annuellement serait de 750 millions dont 600 millions environ représentent la valeur des métaux affinés, et 250 celle des autres produits.

La force appliquée en France se répartit ainsi par produit, y compris les usines en projet.

TABLEAU II. — *Électro-métallurgie.*

	Chevaux.
Carbure de calcium	50.000
Aluminium	15.000
Carborundum	2.000
Affinage de métaux et divers	8.000
Total	75.000

Électro-chimie.

Chlorate de potasse...	14.000
Soude, chlore et dérivés..	26.000
Total...	40.000
Total général..	115.000

Le tableau III donne la production annuelle du carbure de calcium d'après notre confrère *Kraft und Licht* dans les divers pays.

TABLEAU III. — *Production du carbure de calcium.*

Pays	Tonnes métriques	Valeurs
Canada..	1.500	562.500
Etats-Unis..	60.000	22.500.000
Allemagne..	12.444	4.666.500
Angleterre..	8.000	3.037.500
France..	35.000	13.125.000
Italie...	29.450	11.043.759
Norvège..	24.500	9.187.500
Autriche..	21.000	8.875.000
Russie..	6.000	2.250.000
Suède...	25.000	9.375.000
Suisse..	28.250	10.593.750
Espagne..	5.000	1.873.000
	256.244	96.111.500

Il résulte de ces chiffres que le prix moyen de vente du carbure de calcium serait de 370 francs la tonne. On pourrait aussi en déduire la force réellement appliquée dans chaque pays à la production du carbure ; si l'on admet une marche normale de 333 jours par année, avec production journalière de 3 kilogrammes de carbure par cheval électrique dépensé, chaque cheval-année en produira une tonne et le nombre de chevaux appliqués réellement à l'industrie du carbure sera représenté par le même chiffre que le nombre de tonnes produites. La puissance appliquée dans le monde entier à la préparation du carbure serait, dès lors, de 250.000 chevaux environ.

Avec le tableau IV nous avons la force dépensée dans l'électrolyse des chlorures alcalins.

TABLEAU IV. — *Électrolyse des chlorures alcalins.*

	Chevaux électriques
France..	40.000
Angleterre..	12.500
Allemagne..	10.000
Suisse..	8.800
Autriche..	4.500
Russie..	2.500
Suède et Norvège....................................	8.000
Etats-Unis..	6.100
	94.100

Le tableau V rappelle la production actuelle de l'aluminium.

TABLEAU V. — *Industrie de l'aluminium en 1898.*

Quantité de métal en tonnes

France	565
Suisse	800
États-Unis	2.350
Angleterre	315
	4.030

Les 4.000 tonnes d'aluminium produit annuellement représentent une valeur marchande de 12.000.000 francs et nécessitent une puissance électrique de 25.000 chevaux.

A signaler, à propos d'aluminium, l'application heureuse que vient d'en faire M. Hans Goldsmith à la préparation des métaux tels que le chrome et le manganèse, et les efforts pour l'expansion de ce métal faits en France par MM. Charpentier-Page, Thiébault, Corbin, Partin, Lenud et Maillard et les Forges de Sedan.

Le prix du métal pur en lingot est de 3 francs le kilogramme environ.   (*Applaudissements.*)

M. PEYRUSSON. — Je voudrais dire quelques mots qui seront un corollaire à la communication de M. Minet.

L'électro-chimie est destinée à produire une révolution dans l'industrie chimique à tous les points de vue ; elle permet d'opérer sur les corps sans employer de composés et elle présente une supériorité sur la chaleur à un point de vue spécial sur lequel je voudrais appeler votre attention.

Les isomères peuvent être évités dans de grandes proportions par les préparations électrolytiques lorsque vous pouvez, dans l'électrolyseur, opérer avec une température fixe, courante, très constante et bien réduite. Si l'appareil se prête à ce que l'électrolyte subisse dans toutes ses parties l'action électrolytique, vous évitez les isomères dans une proportion considérable; or la difficulté est là, et je voulais vous présenter un petit appareil qui résout cette difficulté.

C'est une hélice ; le liquide entre par la partie supérieure; il est obligé de suivre tous les contours de l'hélice qui représentent développés une longueur de plus de 5 mètres. Cela vous permet d'obtenir une régularisation complète de l'action électrolytique, en réglant l'écoulement et la densité du courant, naturellement. Comme chaque partie de l'électrolyte est séparée des autres et subit une action bien indépendante et fixe, rien n'est simple comme de régler l'appareil, de façon que l'électrolyte soit électrisé d'une manière régulière et uniforme.

Je ne puis entrer dans beaucoup de détails et je vous demande d'excuser ma réserve Ce procédé, qui permet d'éviter les isomères, dans une grande proportion, est appelé je crois, à rendre un certain service dans les préparations de la chimie organique, qui sont à l'ordre du jour d'une façon très sérieuse.

Sur l'invitation de M. Moissan, je devais vous présenter cet appareil lors de la visite que vous avez faite à l'Exposition, comme je n'ai pu le faire, j'ai voulu vous en parler ce matin. (*Applaudissements.*)

M. LE PRÉSIDENT. — Cet appareil est-il appliqué à l'électrolyse dans la pratique?

M. PEYRUSSON. — Non, cet appareil n'est pas dans la pratique, mais il est sur le point d'y entrer, et c'est pour cela que je suis obligé de faire des réserves. Il y a une cloison poreuse qui permet de refroidir ou de chauffer à volonté, d'obtenir une température constante, ce qui présente beaucoup d'avantages.

M. CLERC fait connaître quelques résultats de recherches qu'il a entreprises dans le but de produire au four électrique des métaux aussi peu carburés que possible. Il insiste sur les inconvénients dus à la présence des gangues dans les traitements au four électrique, et il signale à ce sujet la production accidentelle de ferro-silicium qu'il a observée en voulant préparer du fer avec des minerais siliceux.

Certains de ces ferro-siliciums renfermaient jusqu'à 80 0/0 de silicium.

M. LEBEAU. — M. Clerc nous a parlé de la production du silicium dans les fours électriques, il nous a dit qu'il avait eu connaissance de la production de ferrosilicium contenant jusqu'à 80 0/0 ; on peut aller beaucoup plus loin.

M. Moissan a indiqué la réduction de la silice par le charbon avec production de silicium libre, pur. J'ai eu l'occasion de préparer d'assez grandes quantités de silicium pur dans une opération qui, je dois vous le dire, n'était pas destinée tout d'abord à ce résultat.

En essayant différentes méthodes de traitement de l'émeraude au four électrique, j'avais au début de mes recherches employé la réduction de l'émeraude par le charbon.

Grâce à l'obligeance de M. Bullier, j'ai pu faire une expérience sur 100 kilog. d'émeraude. La chauffe ayant été insuffisante ainsi que la quantité de charbon ajouté, il s'est produit dans cette opération une masse de silicium fondu de plusieurs kilog. ce qui montrait la possibilité de régler la réaction, de façon à obtenir du silicium pur. Ce dernier se présente sous la forme d'un produit à cassure brillante ayant la couleur du silicium obtenu dans les laboratoires. Il peut titrer jusqu'à 97 et 98 0/0 de silicium pur.

Je crois qu'il était bon de rappeler ici ces résultats.

M. Guntz. — En Allemagne, on vend couramment du silicium qui doit être, n'est-ce pas, préparé par ce procédé ?

M. Lebeau. — Je l'ignore, il [y a eu un certain nombre de brevets concernant la préparation du silicium qui ont été pris dans ces dernières années.

M. Palmaer donne lecture de sa communication.

Utilisation des forces motrices en Suède

Par M. W. Palmaer.

Comme l'on a donné à la section des rapports très complets sur l'utilisation des forces motrices en France, en Suisse, en Autriche-Hongrie et en Amérique, j'ai cru qu'il serait d'un certain intérêt de donner quelques renseignements sur la dite utilisation en Suède.

En Suède, les chutes d'eau présentent la singularité d'avoir de larges quantités d'eau à une hauteur peu élevée. De là résulte que, pour les adapter, on est obligé de construire de vastes bâtiments très coûteux, et en Suède on n'est nullement aussi bien situé qu'en Savoie, en Suisse et même en Norvège, où l'on a des hauteurs de chute très considérables qui, pour le même nombre de chevaux, permettent une installation moins chère.

Quant à la fabrication du carbure de calcium, ce don précieux que l'industrie de tous les pays en premier lieu doit à M. Moissan, nous avons pour celle-ci quatre usines. La plus ancienne est celle de la « Société anonyme d'énergie électrique de Trollhalttan », à Trollhalttan. Là, on opère d'après un procédé de M. de Laval, encore tenu secret. Cette usine fournit un carbure de premier ordre, du reste exposé à l'exposition universelle (classe 87, Suède). Deux usines suédoises opèrent d'après le procédé de « Deutsche Gold-und Silberscheideanstalt » à Francfort. L'une de ces deux usines est celle de la « Société anonyme pour la production des superphosphates » à Stockholm, dont l'usine est située à Mansbo, au bord du puissant fleuve de Datelfven ; l'autre appartient à la « Société anonyme d'énergie électrique d'Oerebro », située à Skramforsen. Le four de « Deutsche Gold-und Silberscheideanstalt », dont on connaît les principes par les mémoires de M. Birger Carlson et de M. Pfleger dans le « Zeitschrift für Elektrochemie » est un four à arc voltaïque et à courants alternatifs à marche discontinue. Ce four-là absorbe environ 130 kilowatts et donne dans une opération de trois heures de durée 110 kilogrammes de carbure. Il travaille d'une manière très satisfaisante, comme j'ai eu l'occasion de le voir à Francfort. La quatrième usine suédoise est celle d'Alby, appartenant à la « Société anonyme de carbure de calcium d'Alby ». Là on opère d'après les brevets de M. Petterson. Son produit est aussi exposé ici. Les nombres de chevaux employés jusqu'ici pour la fabrication du carbure de calcium sont en ce moment à Trollhalttan 1.000-2.000 ; à Mansbo vers 2.000 ; à Skramforsen 1.800 ; à Alby 1.800. Cependant les usines, dont je viens de parler, disposent de chutes d'eau très remarquables ; seulement elles n'en ont jusqu'ici utilisé qu'une partie fractionnaire. Par conséquent la production de carbure de calcium n'est pas, en Suède, très grande, mais elle pourra rapidement s'accroître si la consommation du carbure s'augmentait.

La fabrication du chlorate de potassium par l'électrolyse est en Suède d'ancienne date ; elle y fut introduite en 1894 par M. O. Carlson, directeur de la Société anonyme pour la production des superphosphates» à Stockholm. L'usine est située à Mansbo, au même lieu que l'usine de carbure de calcium de la même société. On y a travaillé avec environ 2.000 chevaux, mais on pourrait en employer jusqu'à 6.000. On y prépare encore les chlorates de sodium, de baryum, ainsi que les perchlorates de potassium et d'ammonium. Dernièrement, une nouvelle fabrique de chlorate a été ouverte à Alby ; elle appartient à la « Société anonyme électro-chimique d'Alby » et elle a exposé son produit à l'Exposition universelle. Elle pourrait travailler avec 3.000 chevaux. C'est étonnant qu'on ait établi de nouvelles usines de chlorate, car les usines électrolytiques déjà existantes peuvent sans difficulté produire tout ce qu'on consomme dans tout le monde de ce produit. L'explication de ce fait pourrait être qu'on n'a pu jusqu'ici, par l'électrolyse des chlorures de sodium et de potass'um, atteindre plus de 60 0/0 du rendement théorique. Peut-être les fondateurs de la nouvelle fabrique espèrent-ils pouvoir arriver à un résultat plus favorable.

Le blanchîment à l'aide d'hypochlorite de sodium préparé par électrolyse est pratiqué en Suède. On a commencé, il y a onze ans, chez un fabricant de cellulose, à préparer l'hypochlorite avec l'appareil bien connu de M. Hermite. Tout allait à merveille au point de vue technique et économique. Mais après six ou sept ans, les appareils étaient tout à fait abîmés par l'attaque du chlore, depuis on n'a plus recommencé. Maintenant la préparation d'hypochlorite est installée à Billingsfors, où se trouve une usine pour la fabrication de la cellulose à l'aide d'hydrate de sodium. Cette fabrique appartient à la « Société anonyme de Billingsfors ». L'installation y a été faite par la Société Schuckert, à Nuremberg. Avec 400 chevaux, comptés à l'axe de la turbine, on peut blanchir 4,000 à 5.000 tonnes de cellulose par an ; à cette force, il faut ajouter une centaine de chevaux pour les pompes, etc. L'hypochlorite est préparé dans des électrolyseurs spéciaux et le blanchîment s'accomplit dans un autre réservoir. La solution d'hypochlorite contient de 15 à 20 grammes de chlore actif par litre. Le blanchîment est à peu près achevé en six heures et complétement dans vingt-quatre heures. Enfin la solution est versée dans un ruisseau ; la perte de chlorure de sodium est donc assez notable, puisqu'elle monte jusqu'à 300 kilogrammes par tonne de cellulose. L'électrolyse réitérée de la solution qui contient beaucoup de matières organiques offre des difficultés.

Enfin, il y a en Suède une usine pour la fabrication électrolytique de l'hydrate de potassium et du chlore. Cette usine, située à Bengsfors, appartient à la « Société électrochimique de Bengsfors. Après cinq ans d'expériences la fabrication marche très bien, la méthode est due au directeur de la Société, M. Lilljequist. Pendant ces expériences on a travaillé seulement avec 200 chevaux, mais dans le plus court délai on en aura 400. J'ai bien vu cette usine, seulement il m'est impossible, par discrétion, de communiquer autre chose que le procédé s'y fait à cathode de mercure et que la lessive est obtenue dans un état de concentration assez élevé. Elle est encore concentrée par évaporation à 50 0/0 et contient seulement 1/2 0/0 de chlorure de potassium.

On voit par conséquent, qu'en Suède, nous n'avons pas jusqu'ici beaucoup profité des forces motrices. Ce fait dépend en partie d'une circonstance assez singulière. C'est qu'on n'a pas encore la certitude parfaite de savoir à qui appartiennent les chutes d'eau de la Suède. L'Etat, qui en ces derniers temps, a pris un vif intérêt à l'utilisation des chutes d'eau pour l'usage des chemins de fer, s'est souvenu des anciennes lois, déjà oubliées, d'après lesquelles l'Etat posséderait lui-même laplupart des chutes d'eau suédoises. Cette question est maintenant l'objet d'une lutte judiciaire, dont on ne voit pas la fin dans l'avenir le plus prochain. Je pourrais mentionner que la Société de Trollhalttan qui a acheté des propriétaires prétendus 75.000 chevaux, ne pourra les utiliser avant que cette question importante soit résolue.

(Applaudissements).

M. LE PRÉSIDENT. — En remerciant M. Palmaer, je lui demanderai un renseignement, celui de savoir si c'est bien le procédé au mercure qui est appliqué en Suède pour l'électrolyse du chlorure de sodium. Est-ce que c'est le procédé Hasper ?

M. PALMAER. — Oui, c'est ce principe.

M. LE PRÉSIDENT. — Vous disiez qu'on obtenait des solutions concentrées de potasse ?

M. PALMAER. — On peut arriver à une concentration de 50 0/0.

M. LE PRÉSIDENT. — Maintenant, au sujet de la propriété des chutes d'eau, est-ce que vous croyez que le droit de riveraineté permettrait au possesseur de terrain, en Suède, d'être vraiment propriétaire de la chute d'eau ?... Je n'ai pas bien compris ce que vous avez dit à cet égard.

M. Palmaer. — Le propriétaire du terrain possède une partie de la chute d'eau, mais à l'heure actuelle l'Etat se réclame de l'ancien droit, d'après lequel il posséderait la chute entière.

M. le Président. — L'Etat veut mettre la main sur les chutes d'eau.

M. Zenghelis donne lecture de sa cammunication.

Sur les changements du potentiel électrique pendant les réactions chimiques,

Par M Zenghelis.

Si on plonge un métal dans une dissolution de sel du même métal, il se produit un potentiel électrique, qui reste pendant un certain temps assez constant, si la température ne change pas et si aucune réaction chimique ne se produit.

Mais si la constitution du sel dissous change, le potentiel électrique change aussi; parce que le potentiel électrique dépend, d'après la formule de Nernst de la concentration du sel ou pour mieux dire de la concentration de la partie dissociée du sel.

En effet la formule de Nernst

$$\pi = \frac{0.0002}{n} \, T \log. \frac{P}{p}.$$

où π représente le potentiel électrique, T la température absolue, n l'atomicité du métal, P la pression dissolvante et p la pression osmotique des ions du métal, démontre que π dépend de la pression osmotique si tous les autres facteurs restent invariables.

Ainsi une fois le potentiel électrique, entre un métal et une solution d'un sel du même métal dépendant d'une manière rigoureusement régulière de la concentration, il est clair qu'en déterminant la force électromotrice d'une pareille électrode, nous pouvons définir à peu près la concentration d'une solution.

Ainsi M. Goodwin a appliqué ce fait à la détermination de la solubilité des sels extrêmement peu solubles et Behrend s'est servi de l'électromètre comme indice dans les analyses volumétriques.

Il est évident alors que ces déterminations de la force électromotrice peuvent être appliquées dans plusieurs cas pour nous éclairer sur plusieurs réactions chimiques qui ne peuvent être révélées ni par voie analytique, parce que cette réaction ne donne pas lieu à la formation d'un précipité ou à un changement de couleur, ni par voie thermochimique, parce qu'il ne se produit pas de changements de température assez considérables pour pouvoir être constatés par le thermomètre.

Et ces cas se présentent, par exemple, dans la formation d'un sel complexe, dans la décomposition d'un sel, et, en général, dans la formation d'un sel nouveau, autrement dissocié, soit que le sel formé est soluble, soit qu'il se précipite comme insoluble, parce que, même dans ce dernier cas, une partie du sel extrêmement petite reste toujours en solution.

Dans le premier cas, c'est-à-dire dans la formation d'un sel complexe, le nombre des ions diminue, car une partie seulement du nouveau sel contenant des ions du métal est dissociée et, par conséquent, p devenant petit, le potentiel électrique augmente.

Dans le second cas, c'est-à-dire quand il y aura eu une décomposition, le nombre des ions augmentera et la force électromotrice diminuera.

Je n'abuserai pas des instants de MM. les membres du Congrès en énumérant les différentes observations que nous avons faites sur ce sujet au cours de mes recherches, pour déterminer les forces électromotrices qui se produisent dans ces dites circonstances, et qui représentent les anomalies auxquelles nous nous attendions, ainsi que le faisait prévoir la théorie développée plus haut.

Je me bornerai seulement à vous donner, à titre d'exemples, quelques applications de ce qui précède.

Si on plonge un fil d'argent dans une solution de carbonate de soude, et qu'on y ajoute une goutte d'une solution de nitrate d'argent, un précipité de Ag_2CO_3 se forme, et il se produit une force électromotrice qui dépend du nombre des ions de l'argent, provenant de l'extrêmement petite quantité du Ag_2CO_3 qui se trouve dissoute et dissociée.

Comme il n'y a qu'un seul sel de carbonate — c'est-à-dire le carbonate neutre — de l'argent qui peut se former, la force électromotrice ainsi produite reste constante pour un temps assez long. Ainsi nous avons trouvé que, pendant une heure, elle n'a pas changé de plus d'un millivolt, la force électromotrice ainsi observée étant 818 mv.

C'est tout à fait autre chose si on répète cette expérience avec les carbonates du plomb ou du cuivre.

Avec le plomb nous avons constaté ce qui suit : Au début de l'expérience une force électromotrice — 179 mv. : aussitôt après, 168; après 5 minutes, 130; après 10 minutes, 112; après 100 minutes, 31 mv. seulement.

Avec le cuivre au début. — 776 mv. : aussitôt après, 750 mv.; après 15 minutes 717; après 60 minutes, 745.

Le même phénomène s'est produit avec les phosphates de Cd, de Pb, de l'argent, du cuivre etc., comme le tableau suivant le démontre.

$Pb^3(PO^4)_2$		$Cd^3(PO^4)_2$		Ag^3PO^4	
	+ 143 mv.		+ 177 mv.		+ 677 mv.
	134 »		+ 165 »		636 »
Après 5'	109 »	Après 5'	3 »	Après 5'	604 »
» 8'	88 »	» 10' —	8 »	» 15'	596 »
» 10'	67 »	» 15' —	45 »	» 60'	624 »
» 12'	19 »	» 60' —	53 »	5 heures	603 »
» 100' —	14 »				

Les mêmes irrégularités se sont répétées avec les arséniates, quelques hydroxydes et sels basiques de mêmes et autres métaux.

Nous pouvons très facilement expliquer ces irrégularités, par ce que nous avons précédemment dit, en admettant que quand on précipite un phosphate, etc., de ces métaux, d'abord les sels acides se forment, et ce n'est qu'après quelque temps que se forment les sels neutres, qui, en général, sont plus dissociés que les premiers, comme Walden, par exemple, a trouvé dans les phosphates.

Les alcalihydroxydes du zinc nous présentent un autre exemple beaucoup plus intéressant.

Il est bien connu qu'une solution étendue d'un zincate, saturée d'un hydroxyde alcalin se décompose si elle est chauffée. Pourtant on n'avait pas encore défini la concentration dans laquelle cette décomposition avait lieu.

En observant le potentiel électrique qui se produit par le zinc plongé dans une solution 0,1N. de ZnO^4 saturé par quelques gouttes d'hydroxyde alcalin, au lieu d'un potentiel électrique d'à peu près 600 mv. auquel nous nous attendions, d'après notre calcul, nous avons trouvé à notre grande surprise 112 mv.

Ce phénomène ne pouvait s'expliquer que par l'augmentation soudaine des ions du zinc à la suite d'une réaction quelconque.

La chose la plus simple était d'admettre que quoiqu'aucun précipité ne se fût formé, le sel alcalhydroxydique du zinc était déjà décomposé à froid.

Pour constater ce fait nous avons préparé des solutions de ZnO^4 de différentes concentrations, saturées toujours d'hydroxyde alcalin, et nous les avons laissées bien bouchées dans des flacons fermés à l'émeri.

Quinze heures après nous avons remarqué un abondant précipité blanc cristallin, déposé dans la solution 0,1N., tandis qu'un jour plus tard le même précipité s'est présenté à la solution 1/4 N. ; douze jours après le précipité s'est formé dans la solution 1/2 N. tandis que les solutions plus conceutrées sont restées limpides, même aprés un mois. Ce précipité se composait d'oxyde de zinc.

Nous avons chauffé les mêmes solutions, et nous avons observé des phénomènes analogues, c'est-à-dire que les solutions 0,1N et 1/4N se sont aussitôt décomposées, l'oxyde de zinc s'étant déposé. la solution 1/2 N s'est décomposée de même, mais aprés un long échauffement, tandis que les solutions plus concentrées sont restées immuables.

Ce qui nous prouve que les solutions de sels de zinc saturées de potasse caustique jusqu'à redissolution du sel formé, qui sont d'une concentration moindre que 1/2 N se décomposent en hydroxyde alcalin et oxyde de zinc. Cette décomposition se fait aussitôt à chaud, tandis que, à froid, celle-ci ne se produit qu'après un temps plus ou moins long.

Ainsi nous avons trouvé pour une solution :

2 N	842.5 mv.	Après 30'	843 très const.
1 N	815 »	» 30'	818 »
1/2 N	688 »	» 10'	665 »
		» 60'	642 un peu

Ici le potentiel commence à être un peu inconstant à la même concentration, juste où la décomposition commence à se faire.

0,1 N..........	112 mv.	Après
5'.............	67 »	»
1 heure.......	36 »	»
20 »	81 »	»

C'est alors précisément à la même concentration de la décomposition que la force électromotrice s'abaisse spontanément.

Des exemples ci-dessus on peut conclure que l'on peut très bien appliquer les mesures du potentiel électrique à l'analyse chimique.

Nous avons déjà mentionné que M. Behrend les a appliquées comme indices dans les analyses volumétriques.

Le principe sur lequel s'appuie le travail de M. Behrend. c'est qu'au moment de sursaturation d'un sel par un autre sel, formant par double décomposition un sel insoluble. le potentiel électrique produit subit un grand et brusque abaissement qui peut être bien perçu par l'électromètre.

Cette méthode si intéressante. au point de vue théorique, ne présente pas d'avantages sérieux au point de vue pratique, puisque nous avons. dans plusieurs cas, des indices pour s'en servir dans les analyses volumétriques en grand nombre et très sensibles.

Des mesures du potentiel électrique nous aurions pu nous en servir pour déterminer immédiatement la quantité du sel ou du métal en conséquence. contenu dans une solution, à l'aide des formules de **Nernst** et Ostwald, renfermant tous les éléments pour la calculer.

Malheureusement ces calculs faits directement par nous sur un grand nombre de sels d'argent, de mercure, de cuivre, de zinc et d'autres, n'ont pas donné toujours une approximation supérieure de 10 p. 100, ce qui, sans démontrer que les formules de Nernst ne sont pas exactes, ne peut non plus nous suffire pour déterminer la quantité du sel contenu.

Nous nous sommes dès lors servi d'une méthode indirecte pour atteindre ce but.

Si on construit un couple électrique dont les deux pôles sont formés du même métal, soit l'argent, plongé dans une solution du même métal, soit du nitrate d'argent, de la même concentration, il est évident que la force électrique du couple sera nulle.

Maintenant, pour trouver, quelle sera la quantité de nitrate d'argent contenu dans une solution de ce sel, nous n'avons qu'à former un couple dont l'un des pôles, par exemple le pôle négatif, se forme d'un fil d'argent plongé dans cette solution donnée, tandis que l'autre se compose aussi d'argent plongé dans une solution d'une contenance exactement déterminée et d'une concentration plus grande.

En diluant cette solution jusqu'à ce que la force électrique devienne nulle, nous n'avons qu'à mesurer la quantité d'eau additionnée pour calculer la contenance inconnue du nitrate d'argent dans le pôle négatif.

A l'appui de la méthode énoncée nous pouvons citer les deux cas suivants :

1° La détermination de l'argent contenu dans une solution du même métal et réciproquement du chlorure de soude ou d'un autre chlorure.

2° La détermination du sucre contenu dans l'urine.

Ces deux déterminations ont été faites de deux manières.

Par la mesure du volume de ces solutions et par la détermination du leur poids. La première nous amène très vite au résultat, mais elle est moins exacte; la seconde, elle, est plus exacte, mais elle exige un temps plus long puisque il nous faire 3 ou 4 pesées.

Pour la détermination d'un chlorure on opère comme il suit :

On met dans un flacon jaugé 100 cent. cubes de cette solution, on ajoute 100 centimètres cubes d'une solution de nitrate d'argent d'une concentration connue et suffisante pour sursaturer les 100 centimètres de ces chlorures et après avoir laissé bien déposer le précipité de AgCl, on aspire 10 centimètres par une pipette très exacte, on les verse dans un petit verre et on forme de cette solution et d'un fil d'argent le pôle négatif, en formant le pôle positif par un fil d'argent

plongé dans 10 centimètres cubes de la première solution de nitrate.
Les deux solutions se communiquent par une petite mèche imprégnée
également dans les deux solutions.

Maintenant, par une burette bien exacte on laisse par goutte couler
de l'eau au pôle positif jusqu'à ce que la force électrique du couple
devienne nulle; la concentration des deux solutions étant la même,
nous n'aurons qu'à calculer celle du pôle négatif.

Nous y arrivons immédiatement en lisant les centimètres cubes
d'eau dépensée de la burette.

D'une facon analogue on peut déterminer le sucre dans l'urine.

Ayant préparé une solution de sulfate de cuivre additionnée de potasse caustique, on réduit à chaud une partie de cette solution par
l'urine contenant du sucre, on laisse refroidir, on filtre et on fait de la
partie filtrée et du fil de cuivre le pôle négatif, tandis que le pôle positif se compose du cuivre plongé dans la même solution de cuivre non
réduite, dans laquelle, comme on a fait avec le nitrate d'argent, on verse
par une burette de l'eau jusque à l'anéantissement de la force électromotrice, et on calcule après le cuivre réduit.

Les résultats obtenus par cette méthode ont donné une approximation moyenne de 2 à 3 0/0, quelquefois même à peine de 5 0/0, mais on
obtient de meilleurs résultats par la pesée des solutions au lieu de la
détermination de leurs volumes, ce qui nous a donné dans ces deux
cas une approximation qui souvent n'avait pas dépassé le 1 0/0.

Comme vous voyez, Messieurs, en principe notre méthode s'applique
à ces deux cas énoncés.

Il est sûr qu'en perfectionnant la méthode dans quelques détails on
peut parvenir d'une manière très directe, simple et rapide, à des résultats
aussi exacts que ceux qu'on obtient par les méthodes volumétriques
et, justement en ce moment, nous sommes occupés à l'amélioration
de notre méthode sur ce point.

C'est pour cette raison que nous avons supprimé les détails de ce
travail et les différents numéros obtenus, en ne décrivant pas non
plus la disposition des appareils, qui était d'ailleurs la même que celle
avec laquelle nous avons fait nos mesures électromotrices, précédemment publiées dans le *Zeitschrift* et qui est aussi décrite dans le même
journal par Ostwald.

En un mot, ce sont des mesures de la force électromotrice faites
d'après la méthode de Poggendorf avec un électromètre Lippmann modifié par Ostwald. *(Applaudissements.)*

M. Hubou donne lecture de sa communication sur le noir d'acétylène.

Le noir d'acétylène et ses dérivés

Par M. E. Hubou.

La fabrication du carbure de calcium donne toujours une proportion assez notable de déchets et de poussiers dont il est difficile de tirer parti. L'écoulement de ces déchets ne peut se faire qu'au détriment de la qualité du carbure vendu. Il en résulte une diminution de rendement du carbure en acétylène très préjudiciable pour les consommateurs. Ainsi, pour une installation d'éclairage de 100 becs, brûlant 3.000 heures par an, à raison de 20 litres de gaz à l'heure, on consommera 20 tonnes d'un bon carbure rendant 300 litres d'acétylène au kilogramme et 23 tonnes d'un carbure mêlé de déchets ne rendant que 260 litres, soit 3 tonnes en plus de celui-ci. En supposant ces deux carbures achetés au même prix, 400 à 500 francs la tonne, c'est une perte sèche pour le consommateur de 1.200 à 1.500 francs par an.

Il est donc indispensable pour le développement de l'industrie de l'acétylène que les carbures livrés soient de première qualité. Mais il faut pour cela que les usines de carbure trouvent un emploi rémunérateur de leurs sous-produits. Ici donc, comme dans toute grande industrie, vient se poser le problème de l'utilisation des résidus d'usine. La réalisation de ce problème économique devient une nécessité commerciale en raison, d'un côté, des besoins des consommateurs, et de l'autre, de la concurrence des usines de production.

La solution que je préconise consiste à utiliser sur place les carbures de mauvais rendement en les transformant en un produit d'usage très répandu et très varié, en noir commercial ou carbone amorphe. J'ai donné à ce nouveau noir le nom de *noir d'acétylène* pour le différencier des noirs commerciaux déjà connus et en bien marquer l'origine.

C'est à la fin de 1897 que j'ai eu l'idée d'appliquer à l'industrie des noirs le carbone résultant de la décomposition de l'acétylène, en examinant le dépôt pulvérulent et volumineux qui se formait dans les coupes des lampes de voitures éclairées à l'acétylène, quand les becs s'obstruaient et que la flamme devenait fuligineuse. Les essais de ce carbone recueilli m'ayant démontré sa haute puissance colorante, j'ai cherché un procédé industriel qui permît de l'obtenir sans pertes. J'ai constaté que la nature endothermique de l'acétylène se prêtait admirablement à cette fabrication sans pertes du nouveau noir et j'ai adopté comme mode de production la décomposition en vase clos de l'acétylène comprimé à une pression initiale peu élevée.

La présente communication a pour but de démontrer la supériorité du noir d'acétylène sur les autres noirs commerciaux légers, la facilité de le produire industriellement en grandes quantités et le bénéfice qu'on est en droit d'espérer de cette fabrication, malgré le prix élevé de l'acétylène.

Mode de production des noirs commerciaux ordinaires.

Jusqu'à ce jour, les noirs commerciaux ont été obtenus en brûlant incomplètement à l'air des matières organiques, solides, liquides ou gazeuses, riches en carbone : huiles, résines, essences, naphtaline, pétrole, gaz d'huile ou de pétrole, etc. On obtient ainsi des noirs légers connus sous le nom de noir de fumée, noir de lampe, noir de naphtaline, noir de pétrole, noir de Francfort, etc. Il y a ainsi de très nombreuses sortes de noirs et leurs prix varient dans des limites considérables, depuis 0 fr. 50 jusqu'à 10 francs le kilogramme : cela dépend du mode de fabrication et de la qualité des produits au point de vue de leur pureté, de leur degré de finesse et de leur puissance colorante.

Les noirs communs et de qualité inférieure s'obtiennent avec des résines et des huiles lourdes de goudron : ils sont recueillis dans des chambres ou des cheminées où ils se déposent et d'où on les enlève en raclant les parois.

On obtient des produits plus purs en faisant lécher des surfaces refroidies par des flammes éclairantes d'huiles ou de gaz. Les flammes sont produites soit par des lampes à huile de construction ordinaire, soit par combustion dans des becs appropriés du gaz d'huile fabriqué dans des usines spéciales. Un des procédés consiste à faire passer un courant d'eau froide à l'intérieur d'un cylindre poli tournant autour de ses tourillons et à faire brûler au-dessous une rangée de becs : le cylindre est enveloppé d'un manteau en tôle à un intervalle de quelques centimètres. Le noir déposé sur la surface refroidie est entraîné par un mouvement lent de rotation et enlevé par une brosse au fur et à mesure de sa formation. Dans un autre procédé, le noir se dépose sur un disque métallique horizontal à rebord saillant, également refroidi par un courant d'eau : les flammes brûlent en dessous. Le noir formé est entraîné par la rotation du disque et enlevé par un racloir métallique qui le fait tomber dans une trémie.

Quel que soit le procédé, le noir est toujours obtenu par *une flamme* et par combustion de l'hydrocarbure en présence de l'air. L'expérience a même démontré qu'une grande admission d'air est avantageuse pour l'amélioration de la qualité du noir; mais la combustion étant alors plus complète, le rendement du gaz qui le produit est de beaucoup diminué.

Rendement et qualités des noirs ordinaires.

En fait, le rendement en noir ne dépasse pas 20 à 25 0/0 du poids de a matière première : on en perd ainsi les trois quarts ou les quatre cinquièmes.

On a cherché depuis longtemps à supprimer cette perte considérable de matière première et à obtenir directement le carbone pur par dédoublement des hydrocarbures. On a fait dans ce but de nombreux essais, les uns par voie pyrogénée, les autres par électrolyse sous l'action de courants de haute tension : ce qui montre bien l'intérêt que présente l'obtention d'un carbone pur sans pertes. Mais aucun d'eux n'a pu être réalisé industriellement.

En outre de ce faible rendement de 20 à 25 0/0, les noirs légers déjà connus ont l'inconvénient d'être toujours de composition très variable, par suite de l'admission variable de l'air servant à la combustion des hydrocarbures employés et par suite de la température souvent irrégulière de leur formation. Ils doivent être triés suivant leur degré de finesse et de pureté et, pour en obtenir des noirs de qualité supérieure, il faut les soumettre à des lavages ou à des calcinations en vue de les débarrasser des goudrons et matières grasses qui les souillent.

Certains noirs de fumée ne renferment guère plus de 80 0/0 de carbone : le reste consiste en matières salines et en parties huileuses ou résineuses entraînées avec le carbone pendant la combustion. Voici la composition, déterminée par M. Moissan, d'un noir de fumée obtenu par la décomposition pyrogénée de l'huile de pétrole :

$$\begin{array}{ll} \text{Carbone} & 87,19 \\ \text{Hydrogène} & 2,77 \end{array}$$

Ce chiffre de 2,77 d'hydrogène englobe l'hydrogène de l'eau entraînée et l'hydrogène combiné : ce dernier appartient à une matière organique, vraisemblablement sous forme de carbure. On constate, en effet, la présence constante d'hydrocarbures dans le carbone amorphe.

Ce même noir brut a été purifié par des épuisements successifs par la benzine, l'alcool et l'éther qui entraînent une quantité notable d'hydrocarbures. Après dessiccation, il est loin d'être encore pur. Il retient avec une très grande énergie une petite quantité de carbures d'hydrogène et de l'eau dont il est impossible de le débarrasser : il renferme aussi un peu d'azote. Après avoir été chauffé dans le vide à la température de ramollissement du verre, pour le polymériser et le rendre plus maniable, il perd encore une certaine quantité d'eau et des traces de carbures d'hydrogène. La poudre noire alors obtenue fournit les chiffres suivants :

	1	2
Cendres	93,21	92,86
Hydrogène	1,01	1,20
Cendres	0,22	0,31

Ainsi, malgré toutes les précautions, on trouve toujours une petite quantité d'hydrogène à l'état d'hydrocarbure et d'eau. Cette quantité d'eau est beaucoup plus grande quand on ne dessèche pas dans le vide et au rouge sombre.

L'eau résulte de la *combustion* de l'hydrocarbure : elle existe toujours dans les noirs déposés qui, en raison de leur état poreux, l'absorbent et en retiennent forcément des quantités plus ou moins notables. On peut donc dire, en résumé, que tous les noirs de commerce, même les noirs de première qualité, ne sont pas et ne peuvent pas être formés de carbone pur : cela résulte nécessairement de leur mode de production.

Emploi de l'acétylène comme matière première.

Examinons maintenant l'emploi, comme matière première, de l'acétylène.

L'acétylène est le plus riche en carbone de tous les hydrocarbures connus, il en renferme 92,3 0/0 et il ne contient donc que 7.7 0/0 d'hydrogène.

Comparativement aux autres hydrocarbures et en se servant des procédés ordinaires, c'est-à-dire en le brûlant incomplètement à l'air, il est certain qu'il donnera un meilleur rendement en noir et un noir plus pur. C'est, en effet, ce qu'a constaté M. Moissan. Mais ce carbone résultant de la combustion incomplète de l'acétylène n'est pas non plus de toute pureté. Sa teinte n'est pas homogène : certaines parcelles sont plus ou moins brunes ; sa purification par épuisements successifs fournit un peu d'hydrocarbures et il retient également une petite quantité d'eau non volatile au rouge sombre.

La production du noir d'acétylène par le procédé de la combustion incomplète ne serait en outre pas rémunératrice industriellement. En effet, en comptant le carbure de calcium au prix de revient de l'usine, soit à 250 francs la tonne, le mètre cube d'acétylène avec du carbure à 290 litres coûte 3 kg. 4 × 0,25 = 0 fr. 85.

En supposant qu'on ait un rendement en noir d'acétylène atteignant même 30 0/0, c'est-à-dire supérieur au rendement ordinaire des noirs, il faudrait pour 1 kg de noir, consommer au moins 3 à 4 mètres cubes d'acétylène. Ce kilogramme de noir reviendrait donc, rien qu'en matière première, à 2 fr. 90 c'est-à-dire à un prix supérieur à celui des beaux noirs de pétrole.

Ce n'est donc pas dans les procédés ordinaires qu'il faut espérer trouver l'application de l'acétylène à la production du carbone amorphe. On pourrait, il est vrai, utiliser dans ce but les réactions chimiques permettant d'absorber l'hydrogène, par exemple en se ser-

vant du chlore ou du brome : mais ici encore le prix de revient serait
trop élevé.

Il vaut mieux, à tous points de vue, employer une méthode différant
totalement des autres et s'appuyer sur ce fait que l'acétylène est facilement décomposable sous l'action d'une source d'énergie d'une force
vive suffisante. En effet, en même temps que ce gaz est le plus riche
en carbone, il jouit de cette propriété, essentielle au point de vue de
la production du noir et qui n'appartient pas aux autres hydrocarbures
communs, c'est qu'il est *endothermique*, c'est-à-dire formé avec absorption de chaleur et qu'il suffit d'une faible source d'énergie étrangère,
calorifique ou électrique, pour le décomposer en ses éléments, carbone
et hydrogène. Mon procédé consiste à utiliser cette propriété de l'acétylène pour le décomposer à l'abri de l'air et en obtenir ainsi, *sans
oxydation*, le carbone que j'appelle Noir d'acétylène.

On peut réaliser cette décomposition à la *pression ordinaire* en chauffant le gaz dans des tubes à 780° ou en l'y soumettant à l'étincelle
d'induction ; mais l'opération est lente et soulève de grandes difficultés
pratiques : elle n'est donc pas industrielle.

Il vaut mieux opérer *sous pression* et profiter des propriétés explosives de l'acétylène. Ainsi que l'ont montré MM. Berthelot et Vieille,
quand l'acétylène est comprimé au-dessus de 2 atm., il devient explosif
sous l'action d'une faible source d'énergie étrangère. Une amorce de
fulminate, les étincelles d'induction, la simple ignition d'un fil métallique porté à l'incandescence par un courant de pile suffisent pour que
l'échauffement et la décomposition opérés en un point de la masse se
propagent instantanément dans toute cette masse gazeuse comprimée,
en la décomposant en carbone et hydrogène.

Dans un récipient hermétiquement clos et bien privé d'air, on introduit de l'acétylène comprimé à une pression peu élevée, pratiquement
entre 2 et 5 atm., et on le fait détoner. La décomposition est [instanta-
née et donne :

1° Du carbone pur qui se dépose en masse volumineuse et compacte
dans le récipient et le remplit complètement : c'est lui qui constitue
notre noir d'acétylène.

2° De l'hydrogène, résidu dont le volume est égal à celui de l'acétylène introduit. Cet hydrogène est recueilli également en vue de son
utilisation partielle dans les opérations ultérieures et en vue de ses
applications industrielles.

Appareil d'expérience.

Le dessin ci-joint représente notre appareil d'expérience. Celui-ci
se compose d'un tube en acier, A, très résistant, fermé à ses extrémi-

tés par des obturateurs à vis et à joint métallique, B, B'. L'obturateur B porte un robinet à pointeau servant à l'introduction de l'acétylène sous pression et à la sortie du gaz après la réaction : il porte, en outre, un bouchon de mise de feu, F, auquel est fixé un petit fil métallique, F', qui doit être porté à l'incandescence par le passage d'un courant électrique. Un des pôles du circuit électrique est relié au bouchon de mise de feu F qui est isolé, et l'autre est fixé à la masse du tube A : le courant peut être établi ou interrompu au moyen d'un commutateur. L'obturateur B' porte un robinet pointeau R' servant à l'évacuation du gaz et un bouchon à piston M avec une petite masse de cuivre formant *crusher* et destiné par son écrasement à mesurer la pression au moment de la décomposition de l'acétylène. Le tube A est maintenu fixé à son support par deux colliers T.

On introduit dans ce tube de l'acétylène comprimé, par exemple à 4 atm., et on lui fait faire explosion à l'abri de l'air, en fermant le circuit de la pile sur le fil métallique qui se trouve ainsi porté à l'incandescence et commence la décomposition de l'acétylène en contact, décomposition qui se propage immédiatement dans toute la masse du gaz.

La pression dans le tube monte instantanément à 25 atm. pour l'exemple choisi et retombe aussitôt; elle revient bientôt à la pression de 4 atm. : elle est due au gaz restant qui est de l'hydrogène résultant de la décomposition de l'acétylène.

On ouvre le robinet pointeau R pour laisser échapper cet hydrogène qu'on recueille dans un gazomètre après l'avoir fait passer dans des flacons laveurs. On ouvre ensuite les bouchons obturateurs pour retirer le carbone pulvérulent en masse, qui remplit toute la capacité du tube.

L'ouverture de ce récipient ayant eu lieu à l'air, on prend la précaution de chasser tout l'air qui a pu rentrer quand on a enlevé le carbone et après que les bouchons obturateurs ont été replacés en renvoyant dans le tube l'hydrogène de cette précédente opération. Cet hydrogène est introduit par le robinet R et sort par le robinet R' en enlevant les dernières traces d'air.

On ne laisse ainsi dans le tube A que de l'hydrogène à la pression atmosphérique et on recommence l'opération en faisant arriver de l'acétylène comprimé. La nouvelle opération et toutes les suivantes se feront donc sur un mélange comprimé d'acétylène et d'hydrogène. Avec un mélange à 5 atm., par exemple, nous aurons introduit dans le tube de l'acétylène à 4 atm. : le récipient clos contiendra un mélange de 1/5 d'hydrogène et de 4/5 d'acétylène que nous ferons ensuite détoner comme précédemment.

Ce mode opératoire présente deux avantages essentiels. Nous sommes certain d'avoir éliminé complètement l'air et, de plus, la réaction due à l'explosion du mélange est moins énergique que celle de l'acétylène employé seul. On peut ainsi faire varier, au gré que l'on veut, la force de la détonation, en variant les proportions d'acétylène et d'hydrogène, le mélange ne détonant que sous l'action de l'acétylène qu'il contient.

Comparaison du nouveau procédé avec les anciens.

Notre procédé de production du noir d'acétylène diffère donc essentiellement de tous ceux qui ont été employés jusqu'à présent dans l'industrie des noirs et il a sur eux les avantages suivants :

1° Le noir d'acétylène est obtenu instantanément et en masse volumineuse qui remplit toute la capacité du récipient ;

2° Il est pratiquement pur. L'analyse montre, en effet, qu'il ne renferme pas moins de 99,8 0 0 de carbone et aucun des autres noirs commerciaux n'a pu atteindre encore ce degré de pureté ;

3° Il est de composition régulière. Les noirs fabriqués par les procédés ordinaires renferment toujours des hydrocarbures condensés, des produits jaunes résultant de l'oxydation de la matière première et de l'eau intimement absorbée. Le noir d'acétylène ne contient qu'une très faible quantité de polymères et aucun produit d'oxydation. Tandis que les autres noirs présentent toujours une teinte plus ou moins rousse et fauve due aux produits d'oxydation et que conservent même les noirs les plus chers, le noir d'acétylène est franchement noir avec une teinte légèrement bleutée qui est justement très recherchée dans l'industrie des noirs ;

4° Par le fait de sa production, à l'abri de l'air et sans oxydation, le noir d'acétylène s'obtient sans pertes. On obtient, pour ainsi dire, la totalité des 92.3 0 0 de carbone que le gaz contient et le rendement est, par suite, quatre fois supérieur à celui du meilleur gaz d'huile ;

5° Les produits gazeux, résidus de la fabrication de ce noir et recueillis spécialement, ont eux-mêmes une réelle valeur commerciale. L'hydrogène, dont une partie sert dans l'opération même, reste, pour la plus grande partie, disponible, et peut être utilisé aux emplois industriels les plus divers. Il ne coûte rien en raison de la vente du noir d'acétylène. Il est possible d'en tirer un parti avantageux, d'abord pour l'aérostation : c'est, en effet, le plus léger de tous les gaz ; ensuite pour le chauffage, l'émaillage, la lumière oxhydrique, etc. ; il a, en effet, le pouvoir calorifique le plus élevé ; sans compter les autres applications.

Jusqu'à ce jour, l'hydrogène industriel n'a encore pu être vendu moins de 0 fr. 80 le mètre cube : le prix de revient qui est atteint en le produisant par l'électrolyse de l'eau est au moins de 0 fr. 54. Notre procédé, dans lequel l'hydrogène est un sous-produit, permet, au contraire, d'obtenir ce gaz à un prix de revient pour ainsi dire nul, par suite de la valeur marchande du noir d'acétylène que nous chiffrons ci-après. C'est celui qui réalise la production de l'hydrogène à meilleur compte.

Ainsi que le fait remarquer justement M. H. de Parville, il est assez curieux d'avoir à constater que l'acétylène qui est un gaz assez lourd, puisque sa densité est voisine de celle de l'air, peut servir à préparer le plus léger des gaz connus.

Par notre procédé, nous obtenons pour 1 mc. d'acétylène décomposé :

1 mc. d'hydrogène ;

Et 1 kg. de noir d'acétylène.

Il nous permet, en outre, d'obtenir en variant les conditions d'expérience, d'autres produits chimiques de valeur commerciale importante, sur lesquels je pense insister prochainement avec plus de détails et que je ne fais que signaler aujourd'hui.

Fabrication industrielle du noir d'acétylène.

Il convient maintenant d'étudier le procédé au point de vue industriel.

Appareil industriel.

L'appareil précédemment décrit n'est qu'un appareil de laboratoire : l'appareil destiné à fabriquer industriellement le noir d'acétylène permettra d'en obtenir facilement de 400 à 500 kg. par jour, c'est-à-dire de produire par an de 120 à 150.000 kg de noir d'acétylène et autant de mètres cubes d'hydrogène.

Est-il possible de fabriquer ainsi industriellement et sans danger cette quantité de noir d'acétylène et de sous-produits ?

Examen des objections au procédé.

1° *Au point de vue de la matière première.* — La production de l'acétylène est solidaire de celle du carbure de calcium. Or, on fabrique actuellement plus de 200.000 tonnes de carbure par an et de nouvelles usines ne cessent de se monter dans les différents pays où la force motrice est à bon marché. On l'obtient en chauffant au four électrique à la haute température de l'arc, un mélange de chaux et de coke qui sont des matières premières de peu de valeur. Sa production peut donc prendre un développement, en quelque sorte illimité, si nombreuses qu'en soient un jour les applications qui, pour le moment du moins, sont à peu près limitées à l'éclairage.

Pour obtenir 100.000 kg de noir d'acétylène et 100.000 mc. d'hydrogène, il suffit de 340 tonnes de carbure, c'est-à-dire à peu près le dizième et demi de la production annuelle d'une usine de carbure un peu importante fabriquant 3.000 tonnes. Le carbure de calcium et, par suite l'acétylène qui en dérive par la simple action de l'eau sur ce corps, est donc une source de noir commercial aussi abondante que les hydrocarbures les plus communs, au même titre que le pétrole et le gaz de pétrole le sont en Amérique pour les noirs de pétrole.

2º *Au point de vue du danger.* — Nous utilisons les propriétés explosives de l'acétylène et, à ce point de vue, on peut, *a priori*, soulever des objections sur le danger qui peut en résulter. Examinons quelle en est la valeur en nous référant aux expériences de MM. Berthelot et Vieille.

L'acétylène est réellement dangereux quand il est liquéfié ou fortement comprimé.

Liquéfié, sa pression instantanée de décomposition atteint plus de 5.500 kg. par centimètre carré et sa force explosive est voisine de celle du coton-poudre. Fortement comprimé à des pressions dépassant 50 atm., sa pression de décomposition atteint des valeurs onze fois supérieures à celles de la pression initiale. A 21 atm., la pression au moment de la décomposition est encore plus de dix fois supérieure ; mais déjà la vitesse de l'onde explosive est très inférieure à celle d'un mélange tonnant d'oxygène et d'hydrogène.

Si, au contraire, la pression est inférieure à 10 atm, et s'abaisse de 10 à 2 atm, le rapport des pressions initiales et finales descend au-dessous de 8 et baisse rapidement jusqu'à 4. Il en est de même qour la vitesse d'explosion : ainsi, avec de l'acétylène comprimé à 6 atm, elle est moitié moins grande que celle d'un mélange tonnant de gaz de houille et d'air dans un moteur à gaz ; dans ce cas, en effet, la durée de l'explosion est de 66,7 millièmes de seconde, tandis qu'elle n'est que de 33 millièmes de seconde avec le mélange tonnant. Le tableau suivant, extrait de l'étude de MM. Berthelot et Vieille, indique bien ces résultats.

Pression initiale absolue en kilogr. par cent. carré	Pression en kilog. par cent. carré observée aussitôt après l'explosion	Durée de l'explosion en millièmes de seconde	Rapport des pressions initiales et finales
11,23	92,73	26,1	8,24
11,23	91,73	39,2	8
5,98	43,13	»	7,26
5,98	41,73	66,7	6,98
5,98	41,53	45,9	6,94
3,50	18,58	76,8	5,31
3,43	19,53	»	5,63
2,23	10,73	»	4,81
2,23	8,77	»	3,93

On peut dire que la pression, au moment de la décomposition de l'acétylène, atteint pour une pression de :

Pression initiale en atmosphères absolues		Pression au moment de la décomposition en atmosphères
6 atm.	la valeur maximum de	45 atm.
5	— —	35
4	— —	25
3	— —	16,5
2,5	— —	11,5

Les pressions maxima, dans les limites de pression initiale que nous admettons pour la fabrication du noir d'acétylène, sont donc comparables à celles que l'on constate dans les moteurs à gaz tonnant. Dans ces conditions l'explosion de l'acétylène dans des appareils de résistance convenable ne présente pas plus de danger que l'explosion des mélanges tonnants.

Nous n'atteignons jamais les pressions élevées sous lesquelles sont emmagasinés et transportés l'acide carbonique, le chlore, l'oxygène, l'hydrogène, gaz dont l'emploi est de plus en plus répandu dans le commerce. Nos réservoirs sont soumis à une pression bien moindre que celle des réservoirs des tramways à air comprimé, qui est de 80 atm.

En opérant avec de l'acétylène *seul* sous la pression de 4 atm. la pression dans nos cylindres résultant de la décomposition endothermique de ce gaz n'atteint pas une valeur supérieure à celle qui se produit dans les moteurs à gaz, à pétrole ou à essence et qui se repète à raison d'au moins 80 explosions par minute.

Comme d'autre part nous n'opérons pas avec de l'acétylène pur, mais avec de l'acétylène mélangé d'hydrogène, le mélange que nous employons est moins explosif et la pression finale au moment de la décomposition est moins élevée que si l'on opérait avec de l'acétylène pur auquel correspondent les valeurs maxima précédentes. Nous pouvons donc affirmer que la fabrication du noir d'acétylène est aussi simple et ne présente pas plus de dangers que la conduite des moteurs à gaz tonnant dont l'emploi est universel.

3° *Au point de vue de la production et de la vente du noir d'acétylène.* — Notre appareil industriel permettra de fabriquer de 100.000 à 150.000 kg. de noir d'acétylène par an. Cette quantité est appelée à être d'un écoulement facile sur le marché.

En effet les emplois des noirs légers actuels sont très variés et considérables. Pour la France seulement on constate, d'après la statistique officielle des douanes de 1897, qu'il y a été importé 905.000 kg. et qu'il en a été exporté 282.500 kg. La production totale relative à notre pays s'élève donc à plus de 1.180.000 kg. par an. La majeure partie des noirs importés provient d'Allemagne, d'Espagne, de Belgique et des Etats-Unis. Il est impossible de donner des indications précises sur les diverses variétés introduites par ces différents pays, attendu qu'elles ne sont désignées par les douanes que par voie d'assimilation. Les noirs de fumée communs prédominent évidemment : mais les noirs légers de qualité supérieure interviennent encore, dans cette quantité totale de noirs consommés seulement en France, pour une proportion qu'on peut estimer au moins à 250.000 ou 300.000 kg.

Les essais du noir d'acétylène décrits ci-après montrent qu'il s'applique très bien à tous les emplois des noirs légers de bonne qualité dont les principaux sont : les encres typographiques, la gravure et la photogravure, les vernis et les laques, les cuirs, les cirages de luxe, les papiers peints, les couleurs, les impressions sur tissus, etc. Il n'est pas exagéré, par suite, en se fondant sur les appréciations de fabricants compétents, de compter sur une vente probable, tant en France qu'à l'étranger, des 100.000 kg. de noir qu'il est facile de fabriquer, s'il est démontré que le prix de vente ne dépassera pas les prix des qualités de noirs correspondantes.

4° *Au point de vue du prix de revient*. — On a objecté que la fabrication du noir d'acétylène ne pouvait être assez économique pour être rendue industrielle, et cela en raison, d'une part, du prix élevé du carbure, et, d'autre part, de la valeur peu élevée du noir de fumée. Voici l'objection telle qu'elle figure dans les *Informations Techniques de la Société* (*Bulletin* de janvier 1900. — Deuxième quinzaine, d'après l'*Engineer* du 11 août 1899). « Le noir de fumée vaut au plus de 50 à 75 fr. les 100 kg. Or le carbure de calcium contient environ 40 0/0 de son poids de carbone. Si on admet le prix de 500 fr. la tonne, les 100 kg. de noir, en supposant l'utilisation complète, coûteront 125 fr. de matière seule. Il faudrait donc des avantages bien extraordinaires pour faire passer sur cette différence de prix. Comme le dit le journal dont nous extrayons ce qui précède, l'acétylène paraît jusqu'à nouvel ordre plus propre à produire de la lumière que du noir. »

La fin de notre communication a pour but de démontrer que cette assertion part de données inexactes et qu'au contraire l'industrie naissante du noir d'acétylène et de ses dérivés est appelée à être au moins aussi fructueuse que celle de l'acétylène servant à l'éclairage.

Résultats des essais du Noir d'acétylène.

Nous avons déjà montré que le noir d'acétylène, par son mode de préparation, était supérieur aux autres noirs commerciaux. D'autre part, les avis des négociants les plus compétents, qui en ont fait l'essai, se résument ainsi :

Le noir d'acétylène est un noir nouveau, caractéristique et spécial ayant sa valeur propre.

Il a pour lui l'avenir d'un grand marché.

Voici les principaux essais qui ont conduit à ces conclusions :

Le noir d'acétylène est pur, noir avec une teinte légèrement bleutée, sec, privé de matières grasses, d'une ténuité et d'une légèreté extrêmes. Il se mêle en toutes proportions aux huiles, aux gommes, à la dextrine, à la colle et aux essences. Essayé au blanc de zinc dans les mêmes conditions que les autres noirs, il donne un gris argentin d'un ton absolument uniforme, tandis que les autres donnent un gris de ton inégal. Quand il a été mêlé avec de l'huile et qu'on applique le mélange sur un buvard, on trouve autour du centre noir une tache annulaire bien blanche.

Les peintures à l'huile faites avec ce noir ne laissent pas de grumeaux et s'étalent bien régulièrement. Elles sont d'un noir franc, onctueux, chaud à l'œil. Exposées à l'air, elles ne changent pas de ton et ne se craquèlent pas.

Les encres lithographiques fabriquées avec ce noir présentent les avantages suivants. L'encre couvre bien la pierre et ne l'encrasse pas, ce qui permet de tirer un plus grand nombre d'exemplaires et facilite le travail de l'ouvrier qui n'a pas à nettoyer sa pierre aussi souvent qu'avec les encres fabriquées avec les autres noirs. De plus, l'encre au noir d'acétylène se distribue mieux, les finesses et les détails viennent également mieux.

Le noir d'acétylène convient également bien pour les encres typographiques et présente l'avantage considérable de donner des encres *d'une composition régulière,* ce qu'il est très difficile d'obtenir avec les autres noirs. Il est employé avec avantage notamment pour l'impression des gravures et des vignettes. J'ai l'honneur de vous présenter quelques épreuves tirées avec une encre typographique au noir d'acétylène, en comparaison avec une encre fabriquée avec le meilleur noir de gaz de pétrole : vous constaterez que la comparaison est loin d'être au désavantage du noir d'acétylène, dont les épreuves sont moins lourdes et ne présentent pas la teinte jaune des autres.

En photogravure et en gravure, le noir d'acétylène présente également une réelle supériorité sur les autres noirs employés (noir léger pur, noir de Francfort, noir Bouju) : les épreuves sont très nettes; tous les détails et les demi-teintes sont conservés. Les autres noirs donnent des tons plus lourds qu'il faut ensuite baisser au moyen de laque blanche. Le noir d'acétylène évite cet emploi : avec lui la photogravure se rapproche de la gravure.

Le noir d'acétylène préparé à l'eau est superbe et il s'applique naturellement à la photographie au charbon. Il en est de même de son emploi pour l'encre de Chine.

De même pour les cuirs, en particulier ceux de veaux vernis et cirés, où les qualités requises pour les noirs sont d'être de tout premier ordre. Ces noirs doivent être neutres, sans aucune trace de matières grasses, légers, pour se mêler en toute proportion à l'huile et y rester en mélange intime sans former de dépôt, ce qui arrive avec les noirs lourds ; enfin quand le noir sert à faire un apprêt fluide, ce qui est le cas pour le vernis, il doit être d'un noir franc. Or ces qualités, nous avons vu que le noir d'acétylène les possède au plus haut degré. En outre, pour les cuirs de veau servant à l'exportation, le noir employé doit résister aux températures tropicales : c'est bien ce qui a été constaté avec les peintures au noir d'acétylène qui ne changent pas de ton et ne se craquèlent pas.

Le noir d'acétylène fait de très beaux cirages et remplace avantageusement le noir Bouju.

Pour les vernis gras, on en trouvera également un fort écoulement. Il en est de même pour les impressions sur tissus. Le noir d'acétylène est franchement noir, donne de très beaux gris-enlevage indigo et des gris-réserve sous noir d'aniline, tandis que le noir de fumée est trop roux et ne fournit que des bistres.

Enfin le noir d'acétylène s'applique bien à la fabrication des laques sèches, vu qu'ensuite il se délaye bien à l'eau à l'encontre du noir d'aniline.

VALEUR COMPARATIVE DES DIFFÉRENTS NOIRS

Ainsi donc en parcourant la liste des plus importantes applications des noirs dans l'industrie, sans compter certaines applications spéciales pour lesquelles il est essayé actuellement, on voit que le noir d'acétylène est en mesure de rivaliser avantageusement avec les plus beaux noirs et qu'en raison de sa valeur propre il peut être payé le même prix.

C'est donc avec les noirs fins et non avec les noirs communs qu'il doit être comparé. Les prix de 0 fr. 50 et de 0 fr. 75 qu'indique l'*Engineer* s'appliquent aux noirs communs. Le tableau suivant donne les prix des différentes sortes de noirs relevés exactement.

	fr.	
Noir léger ordinaire	0 65 le kilogr.	par exemple pour peintures
Noir léger fin	0 75 —	des voitures à voyageurs.
Noir d'huile calcinée	1 30 —	
Noir de pétrole d'Amérique de.	1 50 à 2	
Noir de lampe calciné	2 90 —	
Noir Bouju	3 00	
Noir de Francfort de	2 40 à 6	

Les noirs ci-dessus énoncés comportent différentes qualités dont le prix augmente avec le nombre de calcinations qu'ils ont subies.

Nous avons vu que le noir d'acétylène a une valeur au moins égale à celle des plus beaux noirs de gaz de pétrole d'Amérique, qu'il remplace avantageusement le noir Bouju et rivalise avec le noir de Francfort. Son prix de vente ne doit donc pas être au-dessous des autres et en le fixant à 2 francs le kilogramme, nous croyons rester plutôt dans une limite inférieure. Nous montrerons plus loin que ce prix de 2 francs pourrait ne pas être la limite réellement inférieure à laquelle on puisse descendre sans que l'exploitation du noir d'acétylène cesse d'être fructueuse.

Evaluation du prix de revient du Noir d'acétylène.

Le prix de vente moyen étant ainsi fixé à 2 francs, examinons le prix de revient du noir d'acétylène.

Matière première. — Ce prix de revient dépend essentiellement du prix d'achat du carbure de calcium.

Tout d'abord nous posons en principe que ce serait une erreur économique de fabriquer le noir d'acétylène en dehors d'une usine de carbure de calcium. Ainsi que nous l'avons indiqué au début de cette communication, cette fabrication doit être solidaire de l'usine de carbure et annexée à elle. Deux raisons essentielles l'exigent. C'est d'abord la possibilité d'utiliser *sur place* les résidus, les poussiers et, en général, les carbures de rendement inférieur au rendement normal, ce qui permet de réserver pour l'éclairage à l'acétylène les carbures à haut rendement et d'affirmer ainsi une marque de fabrication supérieure. Ensuite ce sont les tarifs élevés de transport du carbure de calcium ; il serait peu économique de faire venir à grands frais, des usines des Alpes et du Jura, le carbure pour le transformer en noir d'acétylène à Paris.

Dans ces conditions, le prix de 500 francs la tonne admis dans l'article précité est exagéré, puisqu'il comprend le prix de vente et le prix de transport du carbure et il convient de baser le prix de revient du noir sur celui du carbure pris à l'usine.

Le prix de revient de la tonne de carbure est l'objet d'appréciations très diverses. Il dépend, toutes choses égales d'ailleurs, surtout du rendement des fours électriques. Dans certaines usines, on n'obtient pas plus de 2 kg. 400 de carbure par cheval-jour ; d'autres obtiennent 3 kg. et plusieurs affirment réaliser 3 kg. 33. Il en résulte des différences importantes dans les prix de revient.

Ainsi, dans les usines dont le rendement est de 2 kg. 4 de carbure par cheval-jour, la tonne revient à 275 francs. Pour la même énergie dépensée, une augmentation de rendement correspond à une réduction de prix qui n'est pas moins de 25 0/0 pour un rendement de 3 kg. et de 38 0/0 pour un rendement de 3 kg. 33 au lieu de 2 kg. 4. Le prix de la tonne ressort ainsi aux environs de 210 francs dans le premier cas et de 180 francs dans le second. Du reste, certains constructeurs d'usines et de fours électriques garantissent un prix de revient de 200 francs. Afin d'être plus sûr de ne pas nous éloigner de la vérité, nous admettrons pour la tonne de carbure un prix moyen de 250 francs.

Nous supposons pour le moment que le carbure employé est de même qualité que celui qui sert à l'éclairage, c'est-à-dire rend 290 litres d'acétylène au kilogramme. Il en faut donc 3 kil. 4 pour produire 1 mc 3 de gaz. Comme, avec notre procédé, 1 mc 3 d'acétylène donne 1 kilogramme de noir, ce dernier reviendra avec du carbure au prix de 250 francs, à :

$$3 \text{ kil. } 4 \times 0,25 = 0 \text{ fr. } 85.$$

Ce prix s'abaisserait à 0 fr. 68 si on arrivait à produire couramment le carbure à raison de 200 francs la tonne :

2° *Amortissement et entretien de l'installation.* — L'installation nécessaire à la production de 100.000 kilogrammes de noir d'acétylène doit comprendre :

Un générateur d'acétylène avec gazomètre capable de donner par jour 350 mc 3 de gaz;

Une pompe;

Un moteur actionnant cette pompe et manœuvré soit électriquement par une dérivation du courant de l'usine, soit au besoin par le gaz hydrogène obtenu sans frais :

Un accumulateur où l'acétylène est comprimé par la pompe pour être envoyé ensuite dans l'appareil à noir d'acétylène. Cet accumulateur est du type de ceux qu'emploie la Société de l'Acétylène dissous, c'est-à-dire qu'il est formé intérieurement de briquettes imbibées d'acétone, de manière à rendre la compression de l'acétylène jusqu'à 10 atmosphères absolument sans danger, ainsi que l'a démontré M. Vieille dans son rapport à la Commission d'hygiène ;

Un appareil producteur de noir d'acétylène;

Enfin les canalisations, les récipients de noir et le gazomètre à hydrogène.

Nous estimons que cette installation nécessite une première mise de fonds d'au plus 50.000 francs.

L'amortissement et l'entretien de cette installation, comptés à 12,5 0/0 par an, représentent une somme de 6.250 francs qui, répartie sur 100.000 kilogrammes de noir, donne, par kilogramme : 0 fr. 0625.

3° *Main-d'œuvre et frais généraux.* — Il suffira de cinq ouvriers pour assurer le travail dont quatre manœuvres et un ouvrier chef

	Francs
4 manœuvres à 90 francs par mois....	4.320
1 ouvrier chef à 150 francs par mois........	1.800
Total.................	6.120

Les frais généraux seront très faibles, étant donné que, la fabrication du noir d'acétylène étant annexée à celle du carbure de calcium, il n'en résultera pour les bureaux de l'usine qu'un léger surcroît de travail. Nous les comptons néanmoins à raison de 60 0/0 de la main-d'œuvre, soit $\dfrac{60}{100} \times 6.120 = 3,680$ francs.

Les frais généraux de la main-d'œuvre se monteront ainsi à 9.800 francs, c'est-à-dire par kilogramme de noir à $\dfrac{9.800}{100.000} = 0$ fr. 098 :

4° *Emballages*. — Les emballages se font par fûts de 20 kilogrammes net, coûtant 1 fr. 50 et, par suite, reviennent par kilogramme à 0 fr. 075.

En résumé :

Le prix de revient du kilogramme de noir d'acétylène s'établit ainsi :

	Francs
Carbure de calcium........................	0,8500
Amortissement et entretien de l'installation..	0,0625
Main-d'œuvre et frais généraux..............	0,0980
Emballages	0,0750
Total......................	1,0855

Ce prix de revient ne dépassera donc pas 1 fr. 10 par kilogramme. Il s'établirait à 0 fr. 915 avec du carbure à 200 francs.

Bénéfice net.

La vente du noir d'acétylène ayant été estimée à un prix moyen de 2 francs le kilogramme, doit, par suite, laisser sur le prix de revient un bénéfice net de :

$$2 - 1,10 = 0 \text{ fr. } 90 \text{ par kilogramme.}$$

Soit, pour une production de 100.000 kg. de noir d'acétylène, un bénéfice net de 90.000 francs.

L'usine a, pour cette fabrication du noir, employé 340 tonne de carbure à rendement normal. Elle réalise donc, en vendant à l'état de noir d'acétylène ce carbure qui lui coûte 250 francs un bénéfice net par tonne égal à :

$$\frac{90.000}{340} = 265 \text{ fr.}$$

C'est comme si elle vendait la tonne de carbure :

$$250 + 265 = 515 \text{ fr.}$$

Actuellement, ce même carbure, pris à l'usine, est vendu, pour l'éclairage à l'acétylène, à un prix qui ne dépasse pas beaucoup 350 fr. Avec notre mode d'utilisation, l'usine, au lieu de gagner 100 francs par tonne, en gagnera 265.

On arrive donc à la conclusion suivante absolument contraire aux assertions que nous avons citées :

Il est plus avantageux de transformer sur place le carbure de calcium en noir d'acétylène que de le vendre directement aux consommateurs pour produire l'éclairage à l'acétylène.

On peut se demander à quel prix le noir d'acétylène devrait être vendu si, en le fabriquant, l'usine voulait se contenter d'un bénéfice net de 100 et même de 150 francs par tonne de carbure, correspondant à celui que lui doit donner la vente du carbure à l'éclairage. Une tonne de carbure à rendement normal produit 290 kg. de noir d'acétylène. Par suite, le bénéfice par tonne de carbure, réparti sur sur ces 290 kg. de noir, correspond :

Pour un bénéfice sur le carbure.	A un bénéfice par kilogr. de noir.
De 150 fr.	De 0 fr. 51
De 100 fr.	De 0 fr. 34

Il suffirait de vendre le kilogramme de noir d'acétylène :

Dans le premier cas :	1 fr. 10 + 0 fr. 51 = 1 fr. 61
— second —	1 fr. 10 + 0 fr. 34 = 1 fr. 44

Ainsi donc, avec du carbure coûtant 250 francs la tonne, l'usine, même en vendant le noir d'acétylène à raison de 1 fr. 50 seulement le kilogramme, aurait encore avantage à s'en annexer la fabrication, puisqu'elle ne gagnerait pas moins qu'en vendant le carbure directement aux consommateurs.

Si le carbure était produit à 200 au lieu de 250 francs, et ce sera à une date prochaine le prix de revient régulier, le prix du noir pourrait baisser jusqu'à 1 fr. 30, sans que sa fabrication cessât d'être rémunératrice.

En tout cas, ainsi que nous l'avons montré, en raison des cours des autres noirs auxquels le noir d'acétylène est comparable, ce serait en déprécier la valeur de vendre ce nouveau noir à un prix moyen inférieur à 2 francs le kilogramme.

La fabrication du noir d'acétylène est donc bien une opération industrielle fructueuse. Nous n'avons cependant envisagé jusqu'à présent que le bénéfice donné par la vente du noir seul, et il nous reste à examiner les bénéfices qui résulteront de l'utilisation des sous-produits et qui s'ajouteront au précédent.

Utilisation des sous-produits.

1° *Utilisation des résidus et des déchets du carbure de calcium.* — La fabrication du carbure de calcium comporte d'assez nombreux déchets, qu'elle se fasse au four continu ou au four intermittent. Avec le four continu, on peut obtenir des coulées de carbure dont le rendement est inférieur à 265 litres d'acétylène, limite au-dessous de laquelle l'Union allemande de l'Acétylène vient de décider que le carbure pourra être refusé. Au four intermittent, le bloc de carbure est recouvert d'une couche de scories contenant encore, avec de la chaux et du coke, une proportion de carbure de calcium assez notable ; on réemploie, il est vrai, dans les charges ultérieures des fours, ces scories avec les portions du mélange non converties, mais on perd ainsi le prix du travail qu'a nécessité la formation du carbure de calcium qu'elles contiennent. En outre, quel que soit le mode de fabrication, le carbure de calcium doit ensuite toujours être livré en morceaux de la grosseur du poing ou d'une noisette, et pour cela être soumis à des concassages et broyages qui donnent lieu à de nombreux fragments et à des poussières. Or, un carbure de première qualité doit être autant que possible emballé exempt de poussières et ne doit, au moment de la réception, renfermer que celles provenant du transport.

Il y a donc, en fait, dans les usines, une quantité notable de carbure dont la fabrication a coûté une dépense inutile. On peut en utiliser une partie en le vendant avec le carbure à rendement normal, ce qui diminue alors la qualité du carbure livré aux consommateurs, et on est obligé de repasser la plus grande partie au four électrique, c'est-à-dire avec une nouvelle dépense d'énergie. Ces déchets ne peuvent, du reste, être gardés longtemps sans emploi, en raison de la décomposition rapide du carbure sous l'action de l'humidité.

Avec notre procédé, ces déchets sont immédiatement transformés sur place en noir d'acétylène et moyennant des frais de transformation minimes sont convertis en un produit marchand valant plus de 1 fr. 50 le kilogramme.

A titre d'exemple, supposons que les déchets d'usine s'élèvent à 12 0/0 soit à 360 tonnes pour une production totale de 3.000 tonnes de carbure et admettons qu'ils renferment du carbure rendant en moyenne seulement 100 litres d'acétylène par kilogramme, ces 360 tonnes de déchets qui autrement auraient été inutilisées seront capables de donner 36.000 m. c. de gaz et de produire 36.000 kg. de noir en même temps que 36.000 m. c. d'hydrogène. La valeur de ces déchets est pour ainsi dire nulle : en tout cas, quoi qu'on veuille la chiffrer, elle ne sera jamais comparable à la valeur marchande des 36.000 kg. de noir d'acétylène.

En outre les 2.640 tonnes de carbures restantes auront un rendement minimum qui pourra être garanti par kilogramme à 300 litres d'acétylène à 0° C. Elles prendront une plus-value appréciable qui, étant seulement de 10 francs par tonne, donnera encore plus de 25.000 francs de recettes supplémentaires.

En résumé, l'adoption de notre procédé pour l'utilisation des résidus de carbure permet de supprimer la dépense d'énergie qu'il faut pour les retraiter au four électrique, transforme ces déchets, de valeur à peu près nulle, en un produit d'une réelle valeur commerciale et assure à l'usine une marque de fabrication supérieure par la vente de son carbure absolument garanti de première qualité.

2° Réutilisation de la chaux. — Nous ne citerons que pour mémoire la possibilité de réutiliser la chaux résultant de la décomposition du carbure de calcium ; il s'en forme 87,5 0/0 de la quantité de carbure employé, mais à l'état d'hydrate.

Cette chaux, recueillie dans des bassins de décantation, pourrait être facilement régénérée à l'état de chaux vive en la chauffant avec l'hydrogène résultant de la décomposition de l'acétylène et qui ne coûte rien. On récupérerait ainsi 300 tonnes de chaux vive pour 340 tonnes de carbure employé, au cas où la chaux amenée à pied d'œuvre reviendrait à un prix assez élevé pour qu'il y eût intérêt à le voir diminué. Avec un prix de 25 francs la tonne, on économiserait 7.500 francs.

Utilisation des carbures alcalino-terreux autres que le carbure de calcium — Si la chaux hydratée laissée comme résidu de la fabrication de l'acétylène au moyen du carbure de calcium n'a qu'une valeur négligeable, il n'en sera plus de même des résidus qu'on obtiendra en se servant des autres carbures alcalino-terreux.

M. Moissan a montré qu'on pouvait aussi facilement fabriquer au four électrique du carbure de baryum et du carbure de strontium par l'action de l'arc sur un mélange de charbon et de carbonate de baryte ou de strontiane. Ces deux carbures donnent aussi à froid, par la réaction de l'eau, de l'acétylène pur et, en outre, des oxydes, baryte et strontiane, d'une grande valeur commerciale.

$$BaC^2 + H^2O = BaO + C^2H^2$$
$$StC^2 + H^2O = StO + C^2H^2$$

Ces deux carbures n'ont jusqu'à présent reçu encore aucune application industrielle; les gisements de minerais de baryte et de strontiane étant bien moins répandus que ceux de carbonate de chaux, c est le carbure de calcium qui a été fabriqué exclusivement jusqu'ici pour la production de l'acétylène servant à l'éclairage, par suite du prix peu élevé des matières premières et du peu d'intérêt qu'il y a à garder le résidu de chaux.

Il en est autrement du moment qu'on utilise l'acétylène *dans l'usine même de carbure*, comme notre procédé a pour but de le faire. Dans ces conditions la production du noir d'acétylène et de ses dérivés s'associe à la fabrication de la baryte et de la strontiane et le rendement industriel est ainsi intégralement réalisé.

Prenons comme exemple la baryte : ses emplois sont nombreux ; nous ne citerons que celui de la préparation de l'oxygène par le procédé Brin et celui de l'hydrate de baryte cristallisé, $BaO + 9H^2O$, en sucrerie. Les fabriques de sucre en consomment de 1,5 à 2 kilos par tonne de betterave : une fabrique qui travaille 20 millions de kilogrammes de betteraves par an emploierait donc de 30 à 40 tonnes de cet hydrate cristallisé.

Or 1 tonne de carbure de baryum permet d'obtenir 950 kilogrammes de baryte anhydre ou près de 2 tonnes (1.954 tonnes) d'hydrate cristallisé et 138 kilogrammes de noir d'acétylène. La vente du noir payerait la presque totalité du prix de revient de la tonne de carbure et les 2 tonnes de baryte cristallisée seraient à peu près tout bénéfice ; actuellement, cette baryte hydratée vaut de 250 à 280 francs la tonne. On peut donc espérer réaliser de plus grands avantages industriels en transformant le carbonate de baryum en carbure et celui-ci en baryte et en noir d'acétylène qu'en continuant à employer les procédés actuels de fabrication de la baryte.

4º *Utilisation de l'hydrogène.* — Nous avons constaté que le volume d'hydrogène recueilli après la décomposition en vase clos de l'acétylène était égal au volume de ce gaz ; en même temps qu'on obtient 100.000 kilogrammes de noir, on recueille 100.000 m³ d'hydrogène.

Cet hydrogène, sous-produit de la fabrication du noir, a un prix de revient nul et peut se vendre par suite à un prix inférieur à celui qui a été atteint jusqu'à ce jour. On le vendra avec profit tout comprimé à raison de 0 fr. 40 le mètre cube : en déduisant les frais de compression qui se monteront au maximum à 0 fr. 10, on en tirera donc par mètre cube un bénéfice de 0 fr. 30. En tenant compte de l'hydrogène qui est utilisé dans la réaction de décomposition de l'acétylène, il nous reste 75.000 m³ d'hydrogène disponibles qui, vendus, représenteraient un bénéfice de 75.000×0 fr. $30 = 22.500$ francs.

Jusqu'à ce jour les emplois industriels de l'hydrogène avaient été des plus restreints en raison de son prix de production trop élevé. Préparé au moyen du fer et de l'acide sulfurique, il coûte plus de 2 francs le mètre cube. Mais, préparé au moyen de l'électrolyse de l'eau, son prix de revient s'abaisse à 0 fr. 54 le mètre cube et le prix de vente est de 0 fr. 80.

Grâce à cette diminution considérable, l'application de l'hydrogène à l'aérostation militaire est devenue générale dans les principaux pays civilisés. On le transporte comprimé dans des cylindres en acier sous une pression de 150 à 200 atmosphères. Ces tubes, qui pèsent une trentaine de kilogrammes, ont une longueur d'un peu plus de 2 mètres et un diamètre d'environ 0 m. 12. Ils contiennent chacun un volume variant de 5 à 5,4 m³. Les parcs aérostatiques, en Allemagne, notamment, comprennent deux ballons captifs, douze voitures à gaz contenant chacune vingt cylindres, deux chariots de matériel et un chariot-treuil. Chaque ballon a une capacité de 600 m³ environ. Il faut six voitures à gaz pour le gonfler et l'opération dure de 20 à 25 minutes. Aussitôt vidées, les voitures vont se réapprovisionner auprès de la *colonne de gaz* qui marche avec les sections de munitions en tête des convois.

En France on emploie également les voitures à hydrogène comprimé : elles sont dues au commandant Renard de Chalais-Meudon. Dans la campagne Sud-Africaine actuelle, les Anglais emploient avec succès les ballons militaires gonflés à l'hydrogène.

D'après les données précédentes, on voit que le gonflement de deux ballons exige, pour deux ascensions, 2.400 m³ de gaz qui coûtent, rien que comme prix du gaz, 2.400 × 0 fr. 80 = 1.920 francs. Avec l'hydrodrogène préparé par notre procédé, ce volume de gaz coûterait moitié moins cher, soit seulement 960 francs.

L'hydrogène à bon marché recevra également des applications importantes pour le chauffage dans toutes les industries qui emploient le chalumeau à gaz et qui ont besoin de chauffer les pièces dans une atmosphère de gaz pur.

Il est enfin une autre application qui peut, dans un avenir prochain, prendre un développement considérables, si les premiers essais déjà faits se confirment industriellement. Ce sont les accumulateurs électriques à gaz oxygène et hydrogène comprimés qui, dès que leur réalisation sera devenue pratique, remplaceront les accumulateurs au plomb, si encombrants, si coûteux d'entretien et dont néanmoins l'emploi est général dans toutes les branches de l'industrie électrique.

L'hydrogène à bas prix, telle est la condition essentielle pour que les applications diverses de ce gaz prennent tout le développement qu'elles comportent. Notre procédé, où l'hydrogène est un sous-produit, donne la solution la plus simple de ce problème.

Résumé.

Notre procédé de fabrication du noir d'acétylène et de ses dérivés par la décomposition de l'acétylène en vase clos est un procédé industriel nouveau qui, appliqué dans une usine de carbure, permet :

1° D'obtenir sans pertes un noir commercial de valeur au moins égale à celle des plus beaux noirs déjà connus ;

2° D'utiliser sur place les résidus et déchets des carbures de calcium et d'assurer ainsi aux usines une marque de fabrication supérieure, les carbures vendus pouvant être absolument garantis de première qualité ;

3° Ce réaliser par la transformation sur place des carbures de calcium à l'état de tout-venants un bénéfice au moins égal à celui que donne la vente directe de ces carbures pour l'éclairage à l'acétylène ;

4° D'utiliser les autres carbures alcalino-terreux, notamment le carbure de baryum, qui n'ont encore reçu aucune application industrielle : la fabrication du noir d'acétylène et de ses dérivés payant à peu près les frais de fabrication du carbure et le résidu, la baryte, dont l'importance commerciale est considérable, pouvant être obtenu à un prix de revient inférieur au prix de revient actuel ;

5° D'obtenir comme sous-produits des corps de valeur commerciale importante et notamment de l'hydrogène en résolvant ainsi le problème de la production de ce gaz à bon marché, son prix de vente pouvant être bien inférieur à ceux auxquels on peut arriver par les autres procédés même les plus récents.

Pour ces diverses raisons, la fabrication du noir d'acétylène et de ses dérivés est destinée à prendre, dans un avenir prochain, un grand développement industriel. Elle est appelée à suivre les progrès de l'industrie des carbures alcalino-terreux, de même que l'industrie si florissante du noir de pétrole a suivi celle des pétroles d'Amérique.

J'ai cru bien faire, Messieurs, d'apporter au Congrès les premiers résultats de mes recherches sur le noir d'acétylène et ses dérivés : ils permettront peut-être de développer en France, plus qu'elle ne l'a été jusqu'à ce jour, une branche importante de l'industrie chimique.

(Applaudissements.)

M. Hollard donne lecture de sa communication.

Principes de l'analyse électrolytique.

Par M. HOLLARD.

On a trop souvent insisté, en analyse électrolytique, sur la séparation des métaux, basée sur les différences de tensions, de polarisation de leurs sels. Vous connaissez le principe auquel je fais allusion.

Tout sel métallique, de même que tout acide et toute base, se sépare électrolytiquement sous l'influence d'une tension électrique minima, dite tension de polarisation.

Ce principe n'est pas rigoureusement vrai en analyse, parce que, comme l'a montré Nernst, cette tension de polarisation dépend de la concentration du métal et que cette concentration diminue à chaque instant au fur et à mesure que le métal se dépose.

La tension de polarisation e se compose, si l'on néglige la tension $r\,i$ nécessaire à vaincre la résistance r du bain, de deux valeurs tout à fait indépendantes l'une de l'autre : 1° de la tension E_a nécessaire pour séparer les anions à l'anode; 2° de la tension E_c nécessaire pour séparer les cations à la cathode.

Chaque sorte d'anion ou de cation a, pour une même concentration, une valeur déterminée (E_a ou E_c).

Le tableau ci-contre donne quelques valeurs trouvées par Nernst pour les tensions relatives à quelques anions et cations en concentration normale (c'est-à-dire à $\dfrac{m}{v}$ grammes par litre, m étant le poids moléculaire et v la valence de l'ion.

Tensions électriques pour des concentrations normales (valeurs
trouvées par Nernst).

A la Cathode (Σ_c)		A l'anode (Σ_a)	
$\overset{+}{\text{Ag}}$............	— 0,78	$\overset{-}{\text{I}}$............	0,52
$\overset{++}{\text{Cu}}$............	— 0,34	$\overset{-}{\text{Br}}$............	0,94
$\overset{+}{\text{H}}$............	0,0	$\overset{-}{\text{O}}$............	1,08
$\overset{++}{\text{Pb}}$............	+ 0,17	$\overset{-}{\text{Cl}}$............	1,31
$\overset{++}{\text{Cd}}$............	+ 0,38	$\overset{=}{\text{OH}}$............	1,68
$\overset{++}{\text{Zn}}$............	+ 0,71	$\overset{=}{\text{SO}^4}$............	1,9
		$\overline{\text{HSO}^4}$............	2,6

La tension de polarisation minima nécessaire pour effectuer une électrolyse quelconque s'obtiendra en faisant la somme :

$$e = E_c + E_a$$

C'est ainsi que le sulfate de cuivre, en concentration normale, exige pour sa séparation électrolytique la tension :

$$e = 1,9 — 0,34 = 1,56 \text{ volt.}$$

Les valeurs E_c et E_a dépendent de la concentration des cations et des anions. — En analyse électrolytique où il y a toujours un grand excès d'anions par rapport aux cations à précipiter, la concentration des anions ne varie pas suffisamment au cours de l'électrolyse pour faire varier sensiblement la valeur E_a Au contraire, la concentration des cations qui se précipitent sur la cathode diminue constamment au cours de l'électrolyse jusqu'à ce qu'elle devienne pratiquement nulle; il en résulte des variations sensibles pour E_c et par suite pour e. Ces variations sont données par la formule de Nernst.

$$E_c = \frac{K}{v} \log \frac{P}{C} \text{ volts}$$

K est une constante pour une même température, v est la valence du métal précipité; C est la concentration des ions du métal et P est la *tension de dissolution* de ce métal. L'idée de tension de dissolution a été suggérée dans la théorie des ions par l'analogie qu'on a établie entre le phénomène de l'ionisation et celui de la vaporisation (1). De même qu'un liquide (ou d'ailleurs tout autre corps) possède une certaine tendance à passer à l'état de vapeur et que la mesure de cette tendance est exprimée par sa tension de vapeur; de même une substance susceptible d'envoyer des ions en solution tend à passer à l'état d'ions et la mesure de cette tendance est exprimée par sa tension de dissolution.

D'après la formule précédente, on voit que si la concentration C des ions du métal qui se dépose sur la cathode diminue en progression géométrique, la valeur E_c augmentera en progression arithmétique. À la température ordinaire (17°), on trouve que si la concentration est réduite au $1/10^e$ de sa valeur, E_c augmente de $\dfrac{0{,}0575}{v}$ volts, v étant la valence du métal considéré.

Considérons, en particulier, une solution de sulfate de cuivre en concentration normale, c'est-à-dire contenant $\dfrac{63}{2}$ grammes de cuivre par litre; cette solution peut être considérée comme pratiquement dissociée. Au fur et à mesure que la concentration des ions Cu diminuera par suite du dépôt du cuivre sur la cathode, les valeurs de E_c et de e seront les suivantes :

Concentration (Nombre de gr. par litre)	E_c	e
31,5000	— 0,31	1,56
3,1500	— 0,31	1,59
0,3150	— 0,28	1,62
0,0315	— 0,25	1,65
0,0031	— 0,22	1,68
0,0003	— 0,19	1,71

Les concentrations plus petites sont pratiquement nulles en analyse. Les augmentations de la tension de polarisation auraient été encore

(1) L'application de la formule de vaporisation de Clapeyron aux ions a été développée dans la *Revue générale des sciences* du 30 décembre 1899.

plus rapides si nous avions considéré des sels à métaux monovalents.

Les considérations qui précèdent peuvent donc être formulées ainsi.

La tension minima à mettre aux bornes d'une cuve électrolytique croît avec la dilution du sel.

Si maintenant on classe les métaux par ordre décroissant de tension de polarisation pour une concentration déterminée, on voit que la différence des tensions de polarisation de deux métaux consécutifs est bien souvent inférieure aux variations de cette tension au cours de l'électrolyse.

Métaux	Solution à 1 molécule. — Gr. par litre	
	Sulfates	Chlorures
Manganèse	2,715	2,131
Zinc	2,421	1,813
Cadmium	2,062	1,484
Fer	1,993	1,397
Cobalt	1,881	1,295
Nickel	1,798	1,290
Etain	—	1,225
Plomb	—	1,215
Hydrogène	1,662	1.061
Bismuth	1.110	0,995
Antimoine	—	0,934
Arsenic	—	0,760
Cuivre	1,385	—
Mercure	0,920	—
Argent	0.926	—
Palladium	—	0,241
Platine	—	0,170
Or	—	0,060

En résumé, une méthode d'analyse basée *exclusivement* sur la séparation successive des métaux par accroissement graduel de la tension électrique aux bornes ne serait pas exacte. Ce principe permettra cependant de séparer les métaux ayant des tensions *très* différentes. On pourra par exemple séparer le cuivre ou l'argent, d'avec le nickel et le fer, comme nous le faisons d'ailleurs dans l'analyse du cuivre industriel.

Il faut donc chercher d'autres principes pouvant servir de base à la séparation électrolytique des métaux. Je vais être ainsi amené à vous parler des *sels complexes.*

Les solutions employées en électrolyse, que ce soient des solutions acides, basiques ou neutres, peuvent contenir le métal à l'état de *sel simple* (sulfate de cuivre, nitrate d'argent, etc...), de *sel double* (sulfate de nickel et d'ammonium, etc...), ou de *sel complexe* (zincate de sodium, arséniate de potassium, etc...).

Un *sel simple* envoie son métal vers la cathode à l'état d'ions.

Un *sel double* se comporte à l'électrolyse comme un mélange de deux sels simples, c'est-à-dire que les deux métaux se dirigent vers la cathode à l'état d'ions.

Un *sel complexe* est un sel qui, en solution, se dissocie pour donner, non pas des ions-métal, comme dans les sels simples ou doubles, mais des ions *complexes* où entre le métal.

Les sels complexes que l'on rencontre le plus souvent en analyse sont les arséniates, les antimoniates, les sulfhydrates doubles de sodium, les oxalates doubles alcalins, les cyanures doubles de potassium. La dénomination de *doubles* appliqué aux sulfhydrates, aux oxalates et aux cyanures est donc impropre; nous la remplacerons par celle de *complexes*.

Dans les solutions des sels complexes, un des métaux est le cation, le reste de la molécule est l'anion complexe contenant l'autre métal. Ce dernier ne pourra se déposer électrolytiquement que si l'anion complexe se dissocie à son tour ou si l'on décompose cet anion par un courant à forte tension. Voici quelques exemples de sels complexes dissociés en ion complexe contenant l'un des métaux et en cation constitué par l'ion de l'autre métal :

$$Cu^3 (AsO^4)^2 = 3\overset{++}{Cu} + \overline{\overline{AsO^4}}$$
arseniate de cuivre

$$K^2 [Zn(OH)^4] = 2\overset{+}{K} + \overline{\overline{Zn(OH)^4}}$$
zincate de potassium

$$K^2 [(C^2O^4)Zn] = 2\overset{+}{K} + \overline{\overline{(C^2O^4)^2Zn}}$$
oxalate complexe de
zinc et de potassium

$$K [(CAz^2)^2Ag] = K + \overline{(C^2Az^2)^2Ag}$$
cyanure complexe d'argent
et de potassium

Dans un certain nombre de sels complexes, l'ion complexe est déjà en partie dissocié comme l'a montré Freudenberg, le métal engagé dans cet ion se dépose alors directement à la cathode comme pour un sel simple, avec cette grande différence cependant que les concentrations des ions de ce métal étant toujours très faibles, la tension aux électrodes doit être plus grande que pour un sel simple. Les cyanures complexes alcalins d'or, d'argent, de mercure et de cadmium ont des ions en parties dissociés et s'électrolysent facilement ; d'ailleurs la présence de cette dissociation se reconnaît par les précipités de sulfures que donnent ces sels complexes lorsqu'on les additionne d'acide sulfhydrique. Au contraire les cyanures alcalins complexes de platine.

d'arsenic, et de fer ont des ions complexes non dissociés : ils ne précipitent pas par l'hydrogène sulfuré et n'envoient pas non plus de métaux à la cathode sous l'influence du courant, à moins qu'on emploie des tensions suffisamment élevées pour les décomposer chimiquement (1).

Vous voyez tout de suite l'application qu'on peut faire de ces ions complexes en analyse : On commencera par séparer les différents métaux, contenus dans un mélange, par groupes, en utilisant la différence des tensions de polarisation relatives à ces groupes à condition que cette différence soit très grande. Puis dans chacun de ces groupes on tâchera de séparer les métaux en engageant un ou plusieurs d'entre eux dans des ions complexes ; et alors : ou bien le dépôt électrolytique de ces métaux ne pourra se faire, ou, si l'ion complexe est partiellement dissocié, le dépôt se fera, mais avec une tension de polarisation qui pourra être assez grande par rapport à celle des autres métaux pour que la séparation en soit rendue possible.

II. — INTENSITÉ DU COURANT.

L'*intensité* du courant règle, conformément à la loi de Faraday, la quantité de métal déposé dans un temps donné. Il semble donc qu'on puisse calculer aisément, d'après cette loi, le temps nécessaire pour priver complètement d'un métal déterminé un bain. Il n'en est rien, car le bain contient toujours des cations étrangers à ce métal, en particulier des ions $\overset{+}{H}$. La concentration de ces ions est assez faible pour qu'au début de l'électrolyse elle soit négligeable par rapport à la concentration du métal à déposer ; la quantité de métal déposé est alors proportionnelle à la quantité d'électricité qui passe, conformément à la loi de Faraday. Mais lorsque le bain s'est appauvri en métal, la concentration des ions de celui-ci est comparable à celui des ions $\overset{+}{H}$ (pour ne parler que des ions $\overset{+}{H}$). La loi de Faraday s'applique toujours, mais à condition de tenir compte du dépôt à la cathode non seulement des ions métal, mais encore des ions $\overset{-}{H}$.

Cette concentration des ions $\overset{+}{H}$, d'ailleurs, augmente souvent au fur et à mesure que l'électrolyse se prolonge, ce qui retarde encore la fin de l'opération, c'est ce qui a lieu dans l'électrolyse du sulfate de cuivre où la quantité d'acide sulfurique du bain augmente proportionnellement à la quantité de cuivre déposé, puisque pour chaque équivalent de cuivre déposé il y a un équivalent d'acide sulfurique formé :

$$SO^4Cu + H^2O = SO^4H^2 + O + Cu$$

(1) Freudenberg (*Zeit. phys. Chem.* XIII, 97).

Or l'acide sulfurique étant fortement dissocié en ions $\overset{+}{H}$ et $\overset{=}{SO^4}$, sa production amène dans le bain de nouveaux ions $\overset{+}{H}$.

Ainsi, dans une analyse électrolytique, la plus grande partie de l'élément à séparer se dépose pendant les premiers moments et les dernières parties se déposent beaucoup plus lentement.

La *densité* du courant, c'est-à-dire le rapport de l'intensité à la surface totale de l'électrode sur laquelle se fait le dépôt doit être comprise entre certaines limites. En effet, le degré de poli et le degré de compacité du dépôt, facteurs très importants en analyse électrolytique, dépendent en partie de la densité du courant. En outre, une trop grande densité peut provoquer sur l'électrode un dégagement gazeux qui altère ou qui retarde la formation du dépôt.

III. — Les électrodes

Les électrodes doivent être inattaquables par les agents employés, cela va de soi ; de plus elles doivent offrir une forme telle que la densité du courant sur l'électrode qui reçoit le dépôt soit aussi homogène que possible. Les électrodes idéales seraient constituées par deux sphères concentriques, le liquide se trouvant entre ces deux sphères.

Classen et Riban, pour se rapprocher le plus possible de cette forme idéale, se servent d'une capsule hémisphérique destinée à recevoir le dépôt électrolytique, l'autre électrode est située à l'intérieur de la première et est constituée par un petit disque (Classen) ou par une petite capsule hémisphérique (Riban), concentriques l'une et l'autre à la grande capsule.

Dans ces deux appareils l'électrode destinée à recevoir le dépôt sert de récipient au bain, on ne pourra donc y électrolyser que des bains parfaitement filtrés et non susceptibles de donner des précipités au cours de l'électrolyse. De plus, la face interne seule de la capsule est utilisée comme surface active. Avec les appareils suivants, au contraire, on peut laisser des précipités au fond du bain : et sans les filtrer, effectuer l'électrolyse (1). En outre le dépôt se faisant sur les deux faces de l'électrode, il faut moins de platine.

L'appareil classique de Riche consiste en deux creusets concentriques, le creuset intérieur qui est sans fond reçoit le dépôt électrolytique.

La dépense de platine est encore plus faible dans les appareils de Luckow et dans celui que j'ai l'honneur de vous présenter où les électrodes qui ne reçoivent pas le dépôt sont réduits à leur plus simple expression.

(1) Ce cas se présente, en particulier, dans l'électrolyse du cuivre, en présence de l'étain (bronze) où le métal étranger reste à l'état d'oxyde insoluble dans le bain sans nuire au dépôt du cuivre.

L'appareil de Lukow est constitué par un tronc de cône destiné à recevoir le dépôt, et par une spirale située à l'intérieur, constituant l'autre électrode ; le seul inconvénient de cet appareil c'est que la densité du courant est plus forte à l'intérieur du tronc de cône qu'à l'extérieur.

L'appareil que j'ai fait construire (fig. 1) est constitué par un cylindre un peu évasé en feuille de platine destiné à recevoir le dépôt et par une cage entourant ce cylindre à l'intérieur et à l'extérieur ce qui rend la densité du courant à peu près égale à l'intérieur, et à l'extérieur du cylindre Cette densité est cependant moins homogène que dans l'appareil de Classen, et surtout celui de Riban.

Pour certains dépôts peu adhérents lorsqu'ils sont déposés en grande quantité comme le bioxyde de plomb, je remplace la feuille de platine constituant l'électrode par une toile métallique dépolie par des procédés mécaniques ou chimiques. L'usage de la toile métallique a été indiqué il y a déjà longtemps par Millet.

Analyse du cuivre industriel
par voie électrolytique

Par M. Hollard

Le *cuivre* est séparé et dosé par voie électrolytique.

Les impuretés du cuivre sont séparées de la façon suivante : le *nickel*, le *cobalt*, l'*argent*, le *plomb*, par voie électrolytique ; l'*arsenic*, l'*antimoine* et l'*étain* par distillation ; le *soufre* et l'*or* par précipitation.

Le *fer* est dosé par volumétrie.

Appareils d'électrolyse. — Ce sont les électrodes représentées par la figure 1 ci-contre (1). Les dimensions de ces électrodes adoptées pour la présente méthode sont les suivante : électrode A ; diamètres des bases : 4 cm. 3 et 3 cm. 2 : génératrice : 6 cm. 5. Électrode B ; diamètres des bases : 4 cm. 5 et 5 cm. 5. — Suivant la nature des éléments à déposer électrolytiquement sur l'électrode A, on se servira d'électrodes à surface polie ou rugueuse. Le cuivre, l'étain, le plomb (à l'état d'oxyde) se déposeront de préférence sur une surface rugueuse ; l'antimoine, le nickel, le cobalt sur une surface polie ; l'argent indifféremment sur une surface polie ou rugueuse. La distance qui sépare le bord inférieur de l'électrode A, du pied de l'électrode B, au cours de l'électrolyse, doit être de 0 cm. 8 environ.

Pratique de l'électrolyse. — *Dosage du cuivre (électrolyse en solution acide)*. On pèse 10 grammes de matière en copeaux, débarrassés

(1) Ces électrodes sont faites chez Caplain et Saint-André, Paris.

par l'éther et par l'aimant des matières grasses et des parcelles de fer provenant de l'outil. Ces copeaux sont introduits dans un verre de Bohême de 500 cc. environ (diamètre inférieur, 6 cm. 5, hauteur, 18 cm.) (2). On verse dans celui-ci 20 cc. d'acide sulfurique, puis 30 cc. d'acide nitrique (1), après avoir tout d'abord immergé les copeaux de cuivre dans une quantité d'eau suffisante pour que l'attaque soit modérée. Le vase est alors recouvert d'un entonnoir dont les bords reposent à l'intérieur de ceux du verre et forment ainsi une petite gouttière dans laquelle quelques gouttes d'eau forment un joint hydraulique parfait. On chauffe doucement pour achever la fin de l'attaque.

La dissolution est complète pour un cuivre affiné. Les cuivres non affinés laissent un résidu insoluble : dans ce cas, on chauffe après l'attaque pour rassembler le précipité et aussi le débarrasser des sels de cuivre qu'il pourrait conserver.

La solution de cuivre étant étendue à 300 cc., on y plonge complètement les électrodes A et B, qui communiquent, la première avec le pôle —, la seconde avec le pôle + d'une batterie. La base de l'électrode B doit être aussi près que possible du fond du verre. On ferme le vase par deux demi-verres de montre qui ne laissent passer que les tiges des électrodes et l'on fait passer à travers le bain un courant de 1 ampère.

Lorsque la coloration bleue du liquide commence à disparaître, alors qu'il reste moins de 50 milligrammes de cuivre dans le bain, on réduit le courant à 0,5 ampère et on ajoute au bain de l'eau oxygénée pure (environ 20 centimètres cubes d'eau oxygénée à 12 volumes); on renouvelle cette addition de temps en temps.

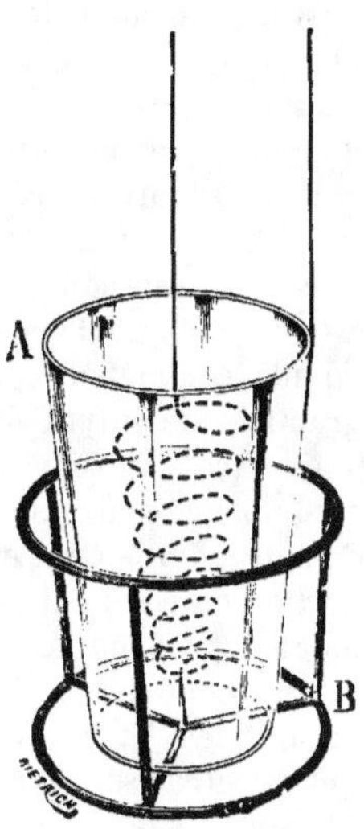

Figure 1.

(1) Cette grande hauteur est destinée à éviter les projections du bain en dehors du vase, pendant l'électrolyse.

(2) Si l'on veut opérer sur un poids de métal différent de 10 grammes, on prendra les quantités d'acide suivantes :

Pour 1 gr. de cuivre 20 cc. d'acide nitrique et 6 cc. d'acide sulfurique.

—	2	—	21	—	8	—
—	5	—	25	—	15	—
—	20	—	40	—	35	—

Avec 20 grammes, on met le liquide encore chaud à l'électrolyse, autrement il cristalliserait.

Pour 5 grammes et au-dessous, on peut se servir d'électrodes plus petites, à condition d'employer une intensité de courant plus faible.

L'eau oxygénée fait passer les ions As^{+++} et Sb^{+++} à l'état d'ions AsO^4, SbO^4 qui ne peuvent se déposer sur la cathode.

Lorsque la solution ne contient plus de cuivre, on retire le vase de sa solution, et on plonge rapidement les électrodes successivement dans deux vases d'eau distillée ; on les détache ensuite de leur support, et on plonge l'électrode recouverte de cuivre dans l'alcool concentré, puis mouillée d'alcool, dans une étuve où elle est séchée à 90° pendant 10 minutes environ ; enfin on la pèse. Le poids trouvé, diminué de celui de l'électrode, représente le poids du cuivre, plus celui de l'argent qui s'est déposé en même temps que le cuivre. On déduira donc du poids du cuivre le poids de l'argent déterminé ultérieurement. Si le cuivre à analyser contient du plomb, une partie seulement de celui-ci s'est déposé sur l'électrode B, à l'état d'oxyde, le reste du plomb étant resté dans la liqueur.

La précipitation du cuivre dans les conditions indiquées exige environ vingt-quatre heures.

Avec les cuivres très riches en arsenic et en antimoine, il est impossible, même en employant de l'eau oxygénée, d'empêcher une partie de ces corps de se déposer avec les derniers milligrammes de cuivre. On est alors obligé d'arrêter l'électrolyse lorsque la coloration bleue du liquide commence à disparaître, alors qu'il reste moins de 50 milligrammes de cuivre dans le bain. Le reste du cuivre est déposé sur une autre électrode avec un courant de 0,5 ampère. Ce cuivre est accompagné d'arsenic et d'antimoine qui lui donnent une couleur brune ou noire. On pourra employer l'eau oxygénée afin de réduire la proportion de ces impuretés sur le cuivre. Lorsque le cuivre sera totalement déposé, on le dissoudra dans de l'acide nitrique pur (40 cm.), et la solution neutralisée par de l'ammoniaque pure exempt de matières organiques (1), et ajoutée en excès sera étendue à 300 centimètres, puis électrolysée $(I = 0,5$ ampère). Le cuivre se déposera ainsi complètement sans entraîner d'impuretés.

Dosage du nickel et du cobalt (par électrolyse en solution de sulfate double ammoniacal) (2). — Le bain qui a servi à l'électrolyse du cuivre et qui en contient les impuretés est évaporé à sec jusqu'à ce qu'il ne reste plus que quelques gouttes d'acide sulfurique. Après refroidissement, on reprend par de l'acide chlorhydrique et de l'eau ; on chauffe pour achever la dissolution. La solution portée à 70° environ est débarrassée de l'arsenic, de l'antimoine et de l'étain par l'hydrogène sulfuré. Le liquide filtré est chauffé jusqu'à élimination du gaz sulfhydrique. On peroxyde ensuite le fer par addition d'acide nitrique et ébullition du

---

(1) La présence de matières organiques donnerait lieu à un dépôt de charbon sur le cuivre.

(2) D'après la méthode de Frésenius et Bergmann.

liquide. Celui-ci est ensuite évaporé à sec au bain de sable jusqu'à l'apparition de fumées blanches de vapeurs sulfuriques. Le résidu est repris par de l'acide au 1/5, puis par de l'eau, de façon à tout dissoudre. La solution est alors additionnée d'ammoniaque, et d'acide sulfurique s'il y a lieu, de façon à contenir pour 100 cc. de liquide 8 à 11 d'ammoniaque combiné à l'acide sulfurique. On ajoute ensuite un petit excès d'ammoniaque pour précipiter le fer; on fait bouillir. On laisse refroidir et on ajoute encore 12 à 20 cc. d'ammoniaque libre à 10 0/0, pour 100 cc. de liquide. On étend à 250 cc. ; on laisse le peroxyde de fer se rassembler au fond du verre. On plonge complètement dans la partie claire les électrodes et on fait passer un courant de 0,5 ampère. Au bout d'une nuit le nickel et le cobalt sont complètement précipités. On lave et on sèche l'électrode A comme il a été dit pour le cuivre; enfin on pèse. Si l'on désire avoir isolément les teneurs en nickel et en cobalt, on les sépare et dose par les méthodes connues.

Quantité maxima de métal à précipiter pour avoir un dépôt très adhérent : 0 gr. 2.

Une très forte proportion de peroxyde entraîne du nickel : on redissout dans ce cas le précipité de peroxyde de fer dans de l'acide sulfurique et on électrolyse le reste du nickel comme ci-dessus :

Dosage du fer (par volumétrie). — Le peroxyde de fer est jeté sur un filtre, puis dissous dans le moins possible d'acide chlorhydrique et dose par l'iode (méthode de Mohr). Nous n'opérons cependant pas comme Mohr, à chaud, mais à froid et en remplaçant l'amidon par du sulfure de carbone, réactif déjà préconisé par Giraud. Voici la méthode telle que nous l'appliquons :

La dissolution acide de chlorure ferrique, introduite dans un flacon bouché à l'émeri, est additionnée de bicarbonate de soude qui neutralise la plus grande partie de l'acide et remplit le récipient de gaz carbonique. La solution acide qui doit être jaune sans nuance de rouge est étendue à 100 cm^3 puis additionnée de 2 cm^3 environ de sulfure de carbone, puis de 5 cm^3 d'une solution à 60 0/0 d'iodure de potassium. On bouche aussitôt après le flacon et on agite. Il se sépare une quantité d'iode proportionnelle à la quantité de fer.

$$Fe^2Cl^6 + 2\,KI = 2\,FeCl^2 + 2\,KCl + 2\,I$$

Cet iode est dosé au moyen d'hyposulfite de soude (à 12 grammes par litre) qu'on verse jusqu'à ce que la solution ainsi que le sulfure de carbone soit complètement décolorés, on aura soin d'agiter après chaque addition d'hyposulfite.

Dans les conditions précitées, la quantité d'iode séparée est *rigoureusement* proportionnelle au fer.

Dosage du plomb (par électrolyse en solution acide). — Une nouvelle prise de 10 grammes de cuivre est attaquée par de l'acide nitrique étendu contenant 50 cc. d'acide nitrique à 36° B. Le liquide, filtré s'il y a lieu, étendu à 350 cc. est soumis à l'électrolyse, l'électrode A étant reliée au pôle + et l'électrode B au pôle —. L'intensité du courant doit être de 0,3 ampère. Au bout de dix-huit heures, le plomb s'est intégralement précipité sur l'électrode A à l'état d'oxyde en un dépôt très adhèrent, brun ou noir, suivant l'épaisseur, tandis que le cuivre s'est déposé en partie sur l'électrode B. L'électrode A est alors plongée successivement dans deux vases remplis d'eau distillée, puis introduite dans une étuve que l'on chauffe progressivement jusqu'à 200°. Dans ces conditions, il suffit de multiplier le poids de l'oxyde trouvé par 0.866 pour avoir le poids correspondant au plomb métallique.

Quantité maxima de plomb à déposer pour avoir un dépôt adhérent : 0 gr. 2. En remplaçant la feuille de platine constituant la cathode par une toile métallique dépolie, on arrive à en déposer des quantités beaucoup plus considérables (1).

Dosage de l'argent (par électrolyse en solution de cyanure, et volumétrie). — Si le cuivre est riche en argent, on dissout dans l'acide nitrique ($d = 1.2$) le cuivre déposé électrolytiquement sur l'électrode A ; nous savons qu'il contient la totalité de l'argent. Dans le cas contraire on dissout une nouvelle prise de 10 grammes à 50 grammes de cuivre suivant sa teneur présumée en argent. On fait bouillir pour chasser les vapeurs nitreuses; on filtre s'il y a lieu et on précipite le liquide, porté à 70° environ, par quelques gouttes d'acide chlorhydrique, on maintient cette température jusqu'à ce que le chlorure d'argent soit bien rassemblé. On filtre, on lave avec de l'eau chande et on redissout le précipité dans du cyanure de potassium. Le courant doit être de 0,05 ampère. Au bout d'une nuit le précipité est complet:

Ce précipité pourrait être pesé, mais il est plus court de le dissoudre dans de l'acide nitrique étendu de son volume d'eau et de le titrer au sulfocyanure (méthode de Volhardt). Mais pour que la précision à laquelle conduit cette méthode dépasse celle que fournit la pesée, il faut déterminer la fin de la réaction non pas, comme le dit Volhardt, par l'apparition de la coloration rouge due au sulfocyanure ferrique, mais par le retour, au moyen de nitrate d'argent titré, de cette coloration rouge à la coloration blanche du sulfocyanure d'argent. La netteté de ce dernier passage est, en effet, incomparablement plus grande.

On dissout donc l'argent dans 100 cc. environ d'un mélange à volumes égaux d'eau et d'acide nitrique; on chauffe à l'ébullition après l'attaque pour éliminer toute vapeur nitreuse. La dissolution refroidie est additionnée de 5 cc. d'alun de fer ammoniacal à 20 0/0, puis d'une solution titrée de sulfocyanure d'ammonium jusqu'à coloration rouge.

(1) Avec la toile il faut avoir soin de laver plus longtemps le dépôt après électrolyse : le cylindre sera laissé dans le deuxième vase d'eau distillée : un quart d'heure.

On ajoute ensuite une solution titrée de nitrate d'argent (à 2 gr. d'argent par litre) jusqu'à ce que la coloration rouge passe au rose, puis *brusquement* au blanc. Les solutions titrées de sulfocyanure d'ammonium et de nitrate d'argent se correspondent exactement, de sorte qu'il suffit de retrancher du nombre de centimètres cubes de sulfocyanure versés, le nombre de centimètres cubes de nitrate d'argent versés et de multiplier par 2 cette différence pour avoir le poids de l'argent en milligrammes.

Dosage de l'arsenic (par distillation et volumétrie) (1). — On introduit dans un ballon A (voir fig. 2 ci-après), d'une contenance de 300 cc. environ, 5 gr. de métal réduit en copeaux avec 50 gr. de sulfate ferrique (2). Puis on verse par l'intermédiaire de la boule C et du robinet T,

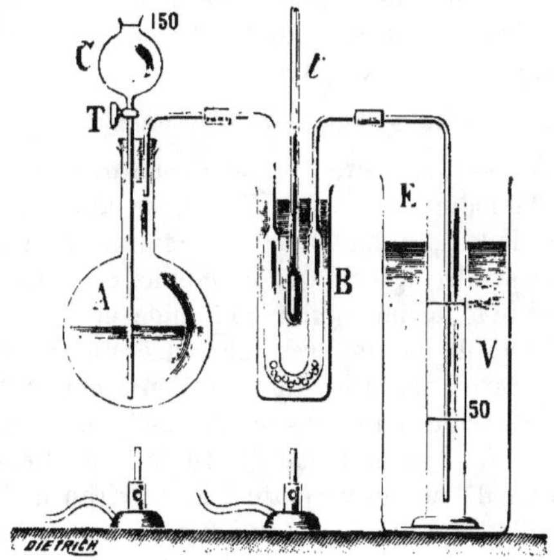

Figure 2.

150 cc. d acide chlorhydrique pur ordinaire. On ferme, aussitôt après le robinet T et après s'être assuré que la température du bain d'huile B est de 150 à 175°, on chauffe le ballon A d'abord doucement. Le métal se dissout et l'arsenic distille à l'état de chlorure arsénieux ; ce chlorure est retenu dans l'éprouvette E dans laquelle on a introduit d'avance 50 cc. d'eau. On arrête l'opération quand il a passé 35 cc. de liquide dans l'éprouvette E, ce qui a lieu une demi-heure environ après qu'on a commencé à chauffer le ballon A. Dans ces conditions, l'arsenic passe seul dans l'éprouvette E et l'antimoine reste dans le ballon A.

(1) A. HOLLARD et L. BERTIAUX, *Bul. Soc. Chim.*, 1900.

(2) Ce sulfate doit être bien débarrassé de toutes traces de vapeurs nitreuses par des évaporations, en présence d'un excès d'acide sulfurique, précédées de la pulvérisation de la matière.

Le tube en U retient toutes les projections qui pourraient provenir de A. La solution arsénieuse obtenue par distillation est titrée par l'iode. Nous rappelons les détails de cette opération : on ajoute à la solution refroidie de l'ammoniaque jusqu'à réaction alcaline, On rend de nouveau légèrement acide au moyen de quelques gouttes d'acide chlorhydrique, puis on ajoute un petit excès de bicarbonate de soude. La solution est enfin refroidie, additionnée de 5 cc. d'eau d'amidon à 1 0,0 et titrée à l'iode jusqu'à coloration bleue persistante.

PRÉPARATIONS DES LIQUEURS TITRÉES. — *Acide arsénieux.* — Peser 3 gr. 300 d'acide arsénieux pur (ce qui correspond à 2 gr. 5 d'arsenic) en poudre fine et 9 gr. de bicarbonate de soude. Traiter le mélange par 500 cc. d'eau bouillante et prolonger l'ébullition jusqu'à ce que tout l'acide arsénieux soit dissous. Refroidir, ajouter 2 gr. de bicarbonate de soude et compléter à 1 litre.

1 cc. = 0 gr. 0025 d'arsenic.

Solution d'iode. — Dissoudre 3 gr. 3 d'iode pur dans 50 cc. d'une solution à 20 0/0 d'iodure de potassium ; diluer à 1 litre et titrer au moyen de 20 cc. de la solution d'acide arsénieux : 1 cc. de la solution d'iode doit correspondre à 0 gr. 001 d'arsenic. On aura soin de faire tous les dosages sur le même volume de liquide et de tenir compte du nombre de dixièmes de centimètres cubes nécessaires pour obtenir la coloration bleue permanente sur une solution exempte d'arsenic.

On reprendra de temps en temps le titre de la solution d'iode.

Solution d'amidon. — On fait bouillir 10 gr. d'amidon de pomme de terre dans un litre d'eau. On y ajoute 1 gr. environ d'alun de potasse qui joue le rôle d'antiseptique, puis 2 à 3 grammes de bicarbonate de soude et, après refroidissement, on décante la liqueur claire. Cette solution se conserve plusieurs mois.

Dosage de l'antimoine (par distillation et électrolyse). — Le liquide qui est resté dans le ballon A et qui tient en dissolution le cuivre ainsi que ses impuretés moins l'arsenic est versé dans un ballon de 600 centimètres dont le fond a été préalablement recouvert d'un enduit qui puisse lui permettre de supporter une haute température (1). On introduit dans ce ballon 100 centimètres d'une solution de chlorure de zinc (2) ayant pour densité 2,00, puis on distille l'antimoine à l'état

---

(1 Cet enduit s'obtient en plongeant le ballon dans une bouillie très claire de terre à four délayée dans de l'eau tenant en dissolution un peu de borate de soude, et en suspension un peu de magnésie. Lorsqu'on a plongé le ballon dans ce liquide on l'en retire, on le sèche et on recommence jusqu'à ce que l'on juge l'enduit assez épais.

(2) C'est Ulke (*Engineer and Mining Journal*, p. 727, 1898), qui a préconisé le premier le chlorure de zinc pour la séparation de l'antimoine dans le cuivre par distil-

de chlorure en faisant passer pendant tout le temps de l'opération, à travers la masse contenue dans le ballon, un courant d'acide chlorhydrique gazeux (1). Le chlorure d'antimoine est reçu dans une fiole contenant de l'eau, et refroidie extérieurement par de l'eau froide. Vers la fin de la distillation, on voit passer par le tube de dégagement des fumées blanches; on arrête la distillation quand ces fumées ont cessé de passer.

Le tube de sortie du ballon au lieu d'être coudé à angle droit comme pour le ballon A est coudé à angle aigu, de façon à faciliter le départ des vapeurs lourdes constituées par les chorures d'antimoine et d'étain. On chauffe le ballon au moyen d'un fourneau Wisnegg à couronne qui chauffe le fond du ballon uniquement et on évite ainsi les soubresauts. Une feuille d'amiante, enfilée sur le col et reposant sur la partie supérieure du ballon rend la température du ballon plus homogène et protége le bouchon de caoutchouc contre les atteintes de la chaleur.

La partie distillée est neutralisée par l'ammoniaque, puis additionnée d'acide chlorhydrique en excès, enfin traversée par un courant d'hydrogène sulfuré qui précipite l'antimoine. Le sulfure d'antimoine est filtré, lavé avec une solution d'acide sulfhydrique, puis dissous dans un mélange à volumes égaux de cyanure de potassium à 20 0/0 et de sulfure de sodium concentré (de densité 1,22 et préparée suivant les indications de Classen). La solution ainsi obtenue et qui doit occuper un volume de 220 cm^3 est introduite dans un verre de Bohême de 6 centimètres de diamètre; on y plonge les électrodes qui doivent se trouver complètement immergés et l'on fait passer un courant de 0,05 ampère. L'antimoine se dépose ainsi intégralement et forme un dépôt métallique gris d'acier très adhérent.

Pour avoir un dépôt très adhérent, il ne faut pas dépasser 0 gr. 05 comme quantité d'antimoine à déposer.

Dosage de l'or (à l'état métallique) (2). — 100 grammes de cuivre sont dissous dans 750 cc. d'acide nitrique de densité 1,2; après dissolution on fait bouillir pour chasser les vapeurs nitreuses et on filtre.

Le filtre qui contient tout l'or est séché, puis, le tout est brûlé. On coupelle le résidu de la combustion avec du plomb et un petit morceau d'argent. Le bouton d'argent, obtenu par coupellation, et qui contient tout l'or, est dissous dans de l'acide nitrique de densité 1,2. L'or resté insoluble est séché et pesé.

Détails de l'opération. — Combustion du filtrat. Le filtre et son

lation, mais d'après la méthode qu'il indique il ne faut pas moins de trois distillations successives pour avoir la totalité de l'antimoine.

(1) L'acide chlorhydrique gazeux est obtenu par addition continue et régulière d'acide sulfurique à la solution chlorhydrique du commerce, ces deux liquides étant exempts d'arsenic.

(2) D'après Riche.

contenu sont déposés sur une petite feuille de plomb pur, aussi mince que possible, ayant la forme d'un carré de 7 centimètres de côté environ (les feuilles que nous employons ont été laminées et pèsent environ 20 grammes). On allume le filtre, puis on le laisse se consumer tout seul; après la combustion, on dépose sur la petite feuille de plomb, un morceau d'argent de quelques centigrammes. Enfin on enveloppe le tout avec la petite feuille de plomb, en formant un petit paquet aussi serré que possible. On porte celui-ci au moufle dans une coupelle déjà rouge. Après la coupellation, le petit bouton obtenu est placé dans un matras d'essayeur rempli au 1/5e par de l'acide nitrique pur (exempt de chlore) de densité 1,2. On chauffe lentement le matras légèrement incliné, jusqu'à ce que les vapeurs nitreuses aient été chassées. On décante ensuite avec le plus grand soin le liquide clair, puis on remplit le matras au tiers avec de l'eau et on décante de nouveau. On recommence le lavage s'il y a lieu; enfin, on remplit complètement le matras d'eau, puis on le retourne brusquement dans un petit creuset en terre, dit *creuset à recuire*. Lorsque l'or s'est bien déposé dans le creuset, on relève le matras. L'eau qui reste dans le creuset est décantée et celui-ci est porté au bord d'un moufle; lorsqu'il est bien sec, on l'introduit à l'intérieur du moufle où il est porté à la température du rouge sombre pendant quelques minutes. Après refroidissement, l'or qui doit être bien jaune est versé sur le plateau d'une balance d'essayeur et pesé.

Dosage du soufre (à l'état de sulfate de baryum). — On attaque de 5 à 20 grammes de cuivre, suivant sa richesse en soufre, par de l'eau régale chargée d'acide nitrique, et l'on dose le soufre dans la liqueur par les méthodes connues. (*Applaudissements.*)

M. Le Président. — Vous avez pu vous rendre compte, Messieurs, des conséquences que peut avoir cette théorie sur les solutions au point de vue analytique. M. Hollard, en publiant récemment son ouvrage sur l'électrolyse, a rendu un très grand service, notamment aux personnes qui n'ont pas la connaissance de la langue allemande, parce qu'on y trouve admirablement résumées et, d'une façon très claire, toutes les données les plus récentes des travaux d'Oswald. Je voudrais lui demander de compléter cette partie théorique de ce travail, en attaquant la question des applications analytiques.

M. Oswald, dans son petit traité d'application de la théorie à la chimie analytique, a plusieurs chapitres très intéressants, et ce que vous venez de dire concernant les états d'oxydation serait très intéressant à grouper dans un ouvrage spécial.

M. Hollard. — C'est ce que je compte faire dès que j'en aurai le loisir.

La séance est ouverte à deux heures un quart sous la présidence de
M. LEBLANC.

M. GALL prie le Congrès d'excuser M. Moissan, qui ne peut assister
à la séance, et prie M. le Prof. Leblanc de vouloir bien présider la
séance.

M. MARIE donne lecture de sa communication sur l'analyse par voie
électrolytique des silicates et des chromates.

Analyse par voie électrolytique des silicates et des chromates. Application à l'analyse des verres plombeux et des chromates de plomb,

Par M. Ch. MARIE.

Les deux principales méthodes de séparation du plomb, fondées
sur sa précipitation par l'hydrogène sulfuré ou l'acide sulfurique
en présence d'alcool, l'amènent à une forme sulfure ou sulfate, qui ne
se prête pas au dosage électrolytique, à cause de son insolubilité dans
l'acide azotique étendu. L'acide azotique transformant facilement le
sulfure en sulfate, je ne considérerai que ce dernier sel.

Pour effectuer la dissolution du sulfate de plomb dans l'acide azotique, je me suis arrêté après quelques essais à l'emploi de l'azotate
d'ammoniaque, réactif qui n'introduit aucune substance fixe et peut
être facilement éliminé dans les opérations analytiques ultérieures.
Cette dissolution se fait de la manière suivante :

Le sulfate de plomb est placé dans le verre de Bohême où se fera
l'électrolyse, puis attaqué par l'acide azotique, auquel peu à peu on
ajoute des cristaux d'azotate d'ammoniaque. Pour favoriser la dissolution on chauffe au bain-marie. Quand tout le sulfate est dissous, on
étend avec de l'eau chaude, puis on électrolyse dans les conditions
ordinaires (1) en maintenant la température à 60°-70°. Les quantités
de réactifs nécessaires sont les suivantes : pour 0 gr. 3 de sulfate, il
faut environ 5 grammes d'azotate d'ammoniaque; quant à l'acide azoti-

_____

(1) RIBAN, *Traité d analyse chimique quantitative par électrolyse*, p. 153.

que, sa quantité est déterminée par cette condition qu'après dilution le liquide doit contenir 10 0/0 d'acide libre. Le sulfate se dissolvant plus facilement dans l'acide un peu étendu que dans l'acide concentré, il faut, avant d'ajouter ce dernier, verser quelques centimètres cubes d'eau sur le sulfate à dissoudre. En trois heures, avec une électrode en platine dépoli d'une surface de 90 cq. et une intensité de $0^A,3$ on dépose facilement 0 gr. 4 de bioxyde de plomb.

Cette méthode permet d'appliquer l'électrolyse à l'analyse des verres à base de plomb. Il suffit d'attaquer le verre finement pulvérisé par l'acide fluorhydrique additionné de la quantité nécessaire d'acide sulfurique pour transformer les bases en sulfates. Un excès d'acide sulfurique un peu considérable nuit en effet à la dissolution du sulfate de plomb, dissolution qui se fait comme il est dit plus haut. Après l'électrolyse on peut procéder immédiatement au dosage des métaux alcalins si le produit analysé ne contient aucun métal du groupe du fer ou du groupe des alcalino-terreux.

Dosage du plomb dans les chromates. — Les chromates de plomb se dissolvent plus facilement encore que le sulfate dans le mélange d'acide azotique et d'azotate d'ammoniaque. Pour 0 gr. 5 de chromate, 2 grammes d'azotate suffisent ; quant à l'acide azotique, il suffit que la liqueur finale en contienne 10 0/0. L'électrolyse s'effectue exactement comme dans le cas du sulfate ; l'acide chromique est complétement ramené pendant l'opération à l'état de sel de sesquioxyde de chrome précipitable directement par l'ammoniaque.

Par la simplicité des opérations analytiques et l'exactitude des résultats qu'elle fournit, cette méthode facilitera l'analyse de produits industriels importants, les silicates et les chromates de plomb.

(Applaudissements).

M. Leblanc donne lecture d'une commuuication en langue allemande.

Proposition pour l'unification de la nomenclature électrochimique,

Par M. Leblanc.

Au IIIe Congrès International de Chimie Appliquée, à Vienne, on a, sur ma proposition, adopté les trois lois suivantes relatives à l'électrochimie et présentées par la Société allemande d'Electrochimie :

1° Conductibilité. La conductibilité est exprimée en ohm et centimètre. Un corps possède l'unité de conductibilité lorsqu'un cylindre de ce corps de un centimètre carré de surface et un centimètre de hauteur a une résistance de 1 ohm.

2° La conductibilité moléculaire est le quotient de la conductibilité décrite précédemment par le nombre de gramme-molécules dissoutes dans un centimètre cube.

3° La quantité d'électricité nécessaire pour la séparation de l'équivalent-gramme (95.540 coulombs) sera désignée par la lettre F (en souvenir de Faraday).

En même temps, je fus, étant membre de la Commission des Unités-Mesure de la Société électrochimique allemande, chargé de soumettre de nouvelles propositions au IV° Congrès international à Paris, au cas où cela serait nécessaiae.

Dans les deux années qui viennent de s'écouler, la question est restée au même point, je ne puis donc vous faire de proposition nouvelles, je veux simplement attirer votre attention sur la question suivante intimement liée à notre thème.

Vous connaissez tous le nom de M. Kohlrausch, président actuel de la Physikalisch-Technischen-Reichanstalt, et vous savez que ses travaux sur la conductibilité sont la base de nos sciences de ce ressort.

Il y a actuellement une grande confusion pour la signification des valeurs de la conductibilité : conductibilité spéciale, conductibilité équivalente, mobilité électrique, concentration équivalente, etc., qui sont souvent désignées par les divers auteurs par des caractères différents. Il ne s'agit ici que de valeurs variables et la fixation de caractères déterminés pour leur signification est moins importante que la fixation des unités, et la signification des constantes. Mais, je crois que, sous ce rapport, l'unification serait avantageuse et faciliterait l'étude surtout aux lecteurs qui ne lisent que de temps en temps des traités physico-chimiques.

Précisément, M. Kohlrausch vient de publier en commun avec M. Holborn un petit ouvrage sur la « Conductibilité des Electrolytes ». Dans ce livre, en prenant comme base les trois lois précédentes, on a fait un choix soigneux de certains caractères nécessaires pour les valeurs différentes. Il me paraît désirable que cette notation se répande partout. Je l'ai suivie dans la deuxième édition de mon traité d'Electrochimie qui vient de paraître et je fais la proposition suivante :

Le IV° Congrès International recommande aux auteurs de suivre autant que possible la mode de notation choisie par MM. Kohlrausch et Holborn dans leur ouvrage sur « La Conductibilité des Electrolytes » et d'indiquer toujours le sens précis des caractères employés pour éviter les erreurs.

Les notations principalement recommandées sont les suivantes :

1° En se basant sur l'unité de conductibilité définie antérieurement, on représente la *conductibilité électrique* (ou *conductibilité spécifique*) d'un corps, c'est-à-dire la conductibilité que possède ce corps sous la forme d'un cylindre de un centimètre carré de surface et un centimètre de hauteur, par k.

2° n représente la *concentration équivalente* d'une solution, c'est-à-dire la concentration mesurée par les équivalents-grammes du corps dissous dans un centimètre cube de la solution : $\varphi = \dfrac{s}{n}$ représente la dilution en $\Big\{$ centimètres cubes.

 équivalent-gramme ;

3° $\dfrac{x}{n} = \Lambda$ représente la conductibilité-équivalente ;

4° l_Λ , $l\varkappa$ représentent les mobilités électrolytiques de l'anion et du cation.

On a $l\varkappa + l_\Lambda = \Lambda$.

et $\dfrac{l_\Lambda}{\Lambda}$ ou $\dfrac{l_\Lambda}{l_\Lambda + l\varkappa} = n$ la vitesse proportionnelle de l'anion.

5° Les vitesses exprimées en centimètres-secondes [pour une différence de potentiel de un volt par centimètre seront représentées par U pour les cations et V pour les anions.

J'ajouterai que l'on trouve indiqué dans l'ouvrage de MM. Kohlrausch et Holborn le rapport de ces valeurs récemment définies à celles qui étaient le plus souvent employées par d'autres auteurs qui se basaient souvent sur l'unité Siemens.

Cela est très agréable.

Vous voyez, Messieurs, que ma proposition n'oblige pas, ce qui ne serait pas de mise, mais pour y revenir, elle fait ressortir ce qui est désirable.

J'en demande la discussion. (*Applaudissements*).

M. Brochet a la parole pour faire un résumé de la proposition faite par M. Leblanc.

M. Brochet. — Au dernier Congrès de chimie appliquée, un certain nombre de conclusions avaient été adoptées, et M. le Professeur Leblanc avait été chargé de vous présenter au Congrès suivant des modifications, s'il y avait lieu ; ainsi qu'il vient de vous le dire, aucun changement n'est survenu dans les unités adoptées ; mais M. le professeur Leblanc croit qu'il serait bon de demander à toutes les personnes qui font des publications en électrochimie, et notamment en ce qui regarde la conductibilité de l'électrolyte, de vouloir bien adopter les notations proposées par MM. Kohlrausch et Holborn, dans l'ouvrage qui a été publié il y a un an sur ce sujet. Et c'est pour unifier toutes ces notations que M. le professeur Leblanc vous propose d'émettre le vœu que tous les électrochimistes emploient à l'avenir la notation de

MM. Kohlrausch et Holborn, de façon à faciliter la lecture des mémoires à ceux qui n'ont pas une grande habitude de l'électrochimie.

M. Gall. — La question qui vient d'être soulevée est assez complexe et elle soulève des questions qui doivent être étudiées d'une façon un peu plus approfondie qu'on ne pourrait le faire ainsi à l'improviste.

C'est pourquoi nous pensons qu'il y aurait plutôt lieu de nommer une commission qui, d'ici le prochain congrès, aurait à faire un rapport sur cette question.

Il serait très utile que l'on puisse se mettre d'accord pour ces dénominations relatives aux conductibilités et que d'ici au prochain congrès, on arrive à une solution. A ce point de vue, nous ne pouvons que remercier M. Leblanc d'avoir soulevé la question. Nous aurons à voir dans quelle mesure nous pouvons adopter ce qui a été proposé par MM. Kohlrausch et Holborn. Nous vous proposons donc de nommer une commission de 12 membres, dont voici une liste : MM. Moissan, Blondin, Guntz, Gall, Hollard, Lippmann, Dr Leblanc, Dr Classen, Etard, Palmaer, Brochet, Lebeau, Muller, Marie.

M. Muller. — Je voudrais demander à ce propos s'il ne serait pas possible de représenter par une lettre spéciale les densités du courant. Actuellement, on ne les représente que par un nombre, et on ne sait pas si le nombre se rapporte à des centimètres carrés, des décimètres ou des mètres carrés.

(La question est renvoyée à l'étude de la commission.)

Préparation de l'acétylène

Par M. Paul Lacroix

Dès le début de nos travaux sur l'intéressante question qui nous occupe, nous avons demandé à l'expérience seule de nous indiquer la solution satisfaisante de ce problème si simple en apparence, mais en réalité fort complexe : utiliser industriellement la réaction de l'eau sur le carbure de calcium.

Bien des systèmes ont été proposés pour atteindre ce résultat. Ils peuvent tous se classer en trois grandes catégories :

Appareils à contact, genre briquet à hydrogène.

— à chute de carbure dans l'eau.

— à chute d'eau sur le carbure.

Sans parti pris ni préférence quelconque, nous avons expérimenté ces trois méthodes, après avoir constaté que, judicieusement appliquées, elles étaient toutes susceptibles de donner des résultats identiques, quant au rendement en gaz pour un carbure de même nature ;

nous avons cependant cru devoir donner la préférence à la troisième qui nous a semblé présenter les plus grands avantages.

Elle nous a permis de créer des appareils d'une simplicité extrême et d'une très grande robustesse, dans lesquels nous avons pu, sans le secours d'aucun mécanisme quelconque, nous rendre absolument maîtres de la production de gaz, quelles que fussent les quantités d'eau et de carbure tenues en réserve dans les appareils mêmes.

Une seule objection nous arrêtait encore : l'élévation de température qui se produit dans les appareils à chute d'eau et les polymérisations qui peuvent en résulter. Nous avons alors étudié très attentivement cette question de l'échauffement et entrepris dans cet ordre d'idées toute une série d'expériences.

Nous allons exposer dans ce qui va suivre les résultats auxquels nous ont conduit nos recherches.

TEMPÉRATURE PRODUITE. — POLYMÉRISATION

La polymérisation de l'acétylène sous l'action de la chaleur est un fait connu depuis longtemps dans les laboratoires, et que M. Berthelot a mis en évidence au moyen d'une expérience fort simple. En chauffant de l'acétylène dans une cloche courbe sur le mercure, à la température de ramollissement du verre vert, il vit le gaz diminuer peu à peu de volume et donner naissance à des produits goudronneux. Au bout d'une demi-heure il ne restait plus que 3 0/0 du gaz primitif. Il s'était formé de la benzine C^6H^6, du styrolène C^8H^8, etc.., avec un résidu d'hydrogène, 2 0/0 d'acétylène et un peu d'hydrure d'éthylène.

Cela suffit à montrer l'influence de la température sur la constitution même du gaz. La question est de savoir si la chaleur dégagée par la mise en présence de l'eau et du carbure de calcium est assez considérable pour produire des polymérisations notables dans un appareil bien conçu.

Or, il résulte de nos observations que l'élévation de température, indépendamment de la chaleur dégagée par la réaction, peut tenir à trois causes principales :

1° Nature du carbure employé ;

2° Pression sous laquelle le gaz est produit ;

3° Impossibilité pour la chaux de se dilater librement pendant l'hydratation du carbure de calcium, par suite des mauvaises conditions dans lesquelles l'appareil producteur est construit :

1° *Nature du carbure employé.* — Les usines fabriquent du carbure de deux façons : en grandes masses se refroidissant lentement et retirées en bloc du four électrique après solidification, ou par coulées.

C'est toujours le même corps, répondant à la même formule C^2Ca, mais, si l'on peut s'exprimer ainsi, dont le tempérament change complètement dans les deux cas.

Le carbure refroidi en gros pains cristallise en grands cristaux très brillants de couleur mordorée; le carbure coulé cristallise en petits cristaux plutôt grisâtres, dont l'ensemble présente souvent l'aspect de la cassure de la fonte de fer aigre.

Le premier carbure décompose l'eau avec une rapidité et une violence extrèmes. Il peut ainsi, par l'énergie considérable de l'attaque, provoquer des températures élevées, lorsqu'il est mis en excès en présence de l'eau.

Le second carbure, au contraire, produit une réaction infiniment plus modérée et ne donne point lieu, comme le premier, à des dégagements tumultueux de gaz.

L'expérience nous a prouvé qu'à conditions égales, la réaction du carbure dans un même volume d'eau était quatre fois plus rapide pour le carbure à grands cristaux que pour le carbure coulé.

Cette différence de tempérament tient uniquement au mode de cristallisation et aussi probablement à une grande absorption d'azote dans le cas de la coulée.

Le carbure cristallisé en pains convient donc surtout aux appareils à chute de carbure dans l'eau, encore n'est-il guère pratique pour la granulation car, trop hygrométrique, il s'hydrate très vite au simple contact de l'air pendant les manipulations.

Le carbure coulé, au contraire, convient à tous les systèmes d'appareils indistinctement. C'est sous cette forme, du reste, que le fabriquent aujourd'hui presque exclusivement toutes les grandes usines.

2° *Conséquences de la pression pendant la production du gaz.* — Nous rappellerons une expérience de M. Raoul Pictet en vue de la liquéfaction directe du gaz acétylène, au moyen de la pression de production du gaz en vase clos.

Dans un récipient à parois très résistantes et renfermant 5 kilogrammes de carbure de calcium, on injectait de l'eau au moyen d'une pompe. Le gaz produit devait se liquéfier dans un deuxième récipient également clos, maintenu dans un milieu réfrigérant et en communication directe avec le premier.

Or la température s'éleva très rapidement avec la pression et tout à coup se produisit, dans l'appareil, une explosion heureusement sans conséquences fâcheuses, grâce aux précautions prises.

La pression avait atteint 300 atmosphères, et M. Pictet constata que toute la masse gazeuse s'était dissociée : l'hydrogène avait été mis en liberté et le carbone s'était déposé sur les parois de l'appareil en poussière extrèmement fine. Cette dissociation avait pour cause l'élévation de température due à l'influence de la pression et qui avait été telle que le carbure était devenu incandescent.

Tout le monde se souvient que parmi les premiers appareils à acétylène qui ont paru, plusieurs produisaient le gaz sous quelques atmosphères de pression. Les constructeurs ont dû renoncer à cette méthode, car ils ont observé que l'échauffement allait croissant avec la pression, suivant une courbe extrêmement rapide.

En présence de ces constatations, nous nous sommes livrés à de très nombreuses expériences sur ces très importantes questions, et il résulte de nos études que jusqu'à 5 mètres de colonne d'eau, la pression n'exerce aucune influence appréciable sur la température de réaction, qui demeure ce qu'elle est à la pression atmosphérique.

Nous avons conclu qu'il n'y avait aucun inconvénient à atteindre, dans la pratique, cette pression de 2 mètres de colonne d'eau que, toutefois, nous avons évité de dépasser.

3° Conséquences du tassement de la chaux provenant de l'hydratation du carbure de calcium. — Nous appellerons tout particulièrement l'attention sur ce fait extrêmement important, quelle que soit la nature du carbure employé.

Nous avons constaté que la chaux résultant de l'hydratation du carbure de calcium occupe sensiblement trois fois le volume de carbure mis en œuvre. On ne tient pas toujours suffisamment compte de cette particularité et, dès lors, le carbure se trouvant tassé dans des récipients trop petits, il en résulte une hydratation seulement partielle, pouvant occasionner des à-coups très fâcheux dans la production du gaz et aussi d'importantes surproductions. En outre, cet état de choses favorise considérablement l'échauffement de la masse de carbure et par suite la formation de polymères au détriment du rendement.

Nous citerons quelques expériences qui mettent en lumière le fait que nous venons d'avancer.

Dans un panier cylindrique de 15 centimètres de diamètre sur 30 de profondeur et constitué par un grillage léger, nous avons mis du carbure en morceaux de grosseurs diverses, de manière à le remplir aussi complètement que possible. Au centre de la masse se trouvait un thermomètre à mercure.

Nous avons immergé entièrement, et pendant quelques instants, ce panier dans un baquet plein d'eau. Dès que la réaction nous a semblé avoir atteint son maximum, nous l'avons retiré de l'eau, et en moins d'une minute le thermomètre accusait 220° C. A ce moment, le grillage se brisa sous la pression de la chaux.

Nous avons renouvelé cette expérience avec un nouveau panier semblable au premier, mais fabriqué avec un grillage très résistant.

En outre, ce nouveau panier pouvait, par le jeu d'une clavette, être ouvert instantanément sur toute sa hauteur.

En opérant comme précédemment, le thermomètre atteignit rapidement 250° C. A ce moment nous avons ouvert le panier. En quelques instants, la température était descendue au-dessous de 100°.

Une autre expérience montre bien à quel point la compression du carbure, surtout s'il est bien cristallisé, joue un rôle important au point de vue de l'échauffement.

Dans ce même panier, nous avons serré fortement du carbure choisi dans les blocs dont les cristaux étaient les plus grands possible et après l'avoir retiré de l'eau où nous l'avions immergé pendant quelques instants, nous avons pu constater qu'en certains points le carbure devenait incandescent.

Enfin, dans un récipient plat et très large, nous avons accumulé en pyramide des morceaux de carbure coulé, simplement posés les uns sur les autres, mais ne touchant pas les parois du récipient. Au centre de cette pyramide se trouvait un thermomètre.

Nous avons alors projeté de l'eau sur la masse. Plusieurs fois, et dans les mêmes conditions, nous avons répété cette simple expérience en projetant de l'eau de toutes les façons possibles.

Jamais la température n'a dépassé 86° C. C'est que, dans le cas où nous nous étions placés, la chaux avait la liberté la plus complète de dilatation.

Comme on le voit, il est nécessaire que, dans les générateurs, le carbure de calcium soit toujours disposé en couches minces et à l'état très divisé. C'est là une condition essentielle. La chaux doit pouvoir se dilater très librement et la capacité de générateur être telle que cette chaux puisse être largement noyée dans une masse d'eau relativement importante, après l'hydratation.

Dans ces conditions, la température, nous l'avons constaté, demeure toujours normale, c'est-à-dire que, ne dépassant pas 86° C., elle ne peut, à beaucoup près, atteindre le point de formation de polymères susceptibles de diminuer notablement le rendement en gaz.

Il résulte de tout ce qui précède qu'un appareil, basé sur le principe de la chute d'eau sur le carbure, doit réunir les conditions suivantes :

1° Production de gaz sous une pression inférieure à 2 mètres de colonne d'eau.

2° Disposition des générateurs de telle sorte que la chaux provenant de la réaction puisse se dilater librement et sans résistance aucune.

3° Possibilité de noyer très largement les résidus, en quelque sorte pendant la réaction même.

Ces conditions remplies, tout appareil à chute d'eau sur le carbure donnera un rendement, ne le cédant en rien à celui des appareils utilisant le principe inverse.

Pour nous, appréciant au plus haut point les très grands avantages de la suppression de tout mécanisme, nous n'avons point hésité à concentrer tous nos efforts sur le seul principe nous permettant d'atteindre l'extrême limite de simplicité, de robustesse et de durée des organes essentiels des appareils producteurs de gaz, lesquels placés entre toutes les mains doivent être à l'abri de tout dérangement possible.

Les appareils Héliogène, système Capelle-Lacroix, réalisent pleinement les conditions que nous venons d'énumérer. Ils nous ont donné toujours les meilleurs résultats.

DESCRIPTION DES APPAREILS HÉLIOGÈNE

Les appareils Héliogène se composent d'un gazomètre à déplacement d'eau A, en communication constante de pression avec un siphon T alimenté par une prise d'eau en charge, indépendante du gazomètre (Fig. 1 et 2).

L'eau destinée à la réaction est empruntée par le siphon T à un réservoir H, alimenté automatiquement par une prise d'eau en charge au moyen d'un robinet à flotteur. On n'a dès lors pas à s'occuper de la question d'eau, ce qui offre à la fois une sécurité plus complète dans la marche de l'appareil et une réelle simplification dans les manipulations

En outre, la source d'eau d'alimentation étant illimitée, l'eau arrivera toujours en quantité suffisante et le noyage complet des résidus de chaux sera toujours assuré sans nuire en rien à la marche de 'appareil.

Le gazomètre A contient une masse d'eau qui n'a rien de commun avec l'eau du réservoir d'alimentation ; elle reste à demeure dans le gazomètre et ne fait que s'y déplacer sous l'effet de la pression de gaz.

Comme on le voit, le rôle de l'eau du gazomètre est limité à *l'emmagasinement du gaz*; au contraire, celle du bassin H ou, si l'on veut, du siphon T, sert exclusivement à sa production.

La branche postérieure du siphon pénètre, par sa partie supérieure, dans la cuve A pour aller se raccorder au bassin H au moyen d'un tube recourbé (Fig. 2).

La seconde branche du siphon T aboutit au distributeur D qui la met eu communication à la fois avec les deux générateurs (ou batteries de générateurs) B et B' au moyen des tubes J et J' et avec le gazomètre au moyen du tube recourbé H dont l'extrémité débouche dans la chambre à gaz du gazomètre.

Le distributeur D, à trois robinets, commande l'écoulement de l'eau dans les générateurs. En relevant verticalement la béquille du robi-

Figure 1.

net central R, on intercepte l'arrivée de l'eau dans le distributeur. On dirige l'écoulement de l'eau vers les générateurs en rabattant cette béquille horizontalement à droite ou à gauche. Dès que le générateur vers lequel est rabattu la béquille est épuisé, l'eau se déverse

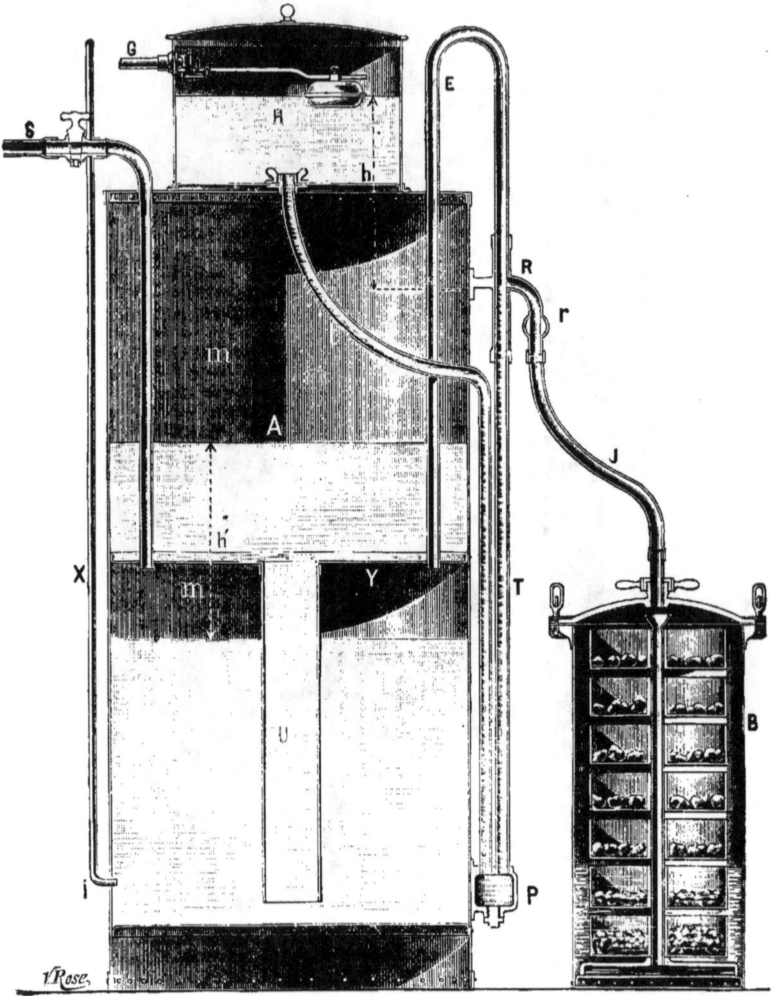

Figure 2. — Appareil Héliogène, Système Capelle-Lacroix (Coupe schématique).

dans le second générateur, sans que l'on ait à toucher à la béquille.

Les robinets r et r' ne servent qu'à isoler les générateurs pour leur rechargement. A l'état normal, les béquilles qui les commandent doivent être rabattues verticalement comme l'indique la figure.

Fonctionnement des appareils Héliogène

Le fonctionnement de l'appareil est la résultante d'un équilibre constant de pression entre le siphon T. alimenté par le bassin H et le gazomètre à déplacement d'eau A.

Le siphon T, le bassin H et le générateur B constituent un ensemble que nous appellerons le gazogène.

Le tube recourbé E sert de *trait d'union* entre le *gazomètre* et le *gazogène* et permet ainsi à la pression du gazomètre de se répercuter dans le siphon et de régler l'écoulement de l'eau dans les générateurs.

L'eau du bassin H est conduite par le siphon T, jusqu'au distributeur D, qui la déverse d'abord dans celui des deux générateurs (ou batteries de générateurs) B', vers lequel la béquille du robinet central R est dirigée.

Le gaz se produit aussitôt, remonte jusqu'au distributeur en passant par le même tube J ayant servi à l'arrivée de l'eau et, conduit par le tube recourbé E, se rend dans le compartiment inférieur du gazomètre dont il refoule l'eau dans le compartiment supérieur.

Or la pression dans le gazomètre étant constamment proportionnelle à l'importance de l'emmagasinement du gaz, deviendra bientôt suffisante pour refouler l'eau, dans le siphon, en contrebas de l'orifice d'écoulement du distributeur D.

A partir de ce moment, la production de gaz sera constamment subordonnée aux variations de pression dans le gazomètre, c'est-à-dire aux exigences de la consommation.

En effet, si l'on prend du gaz dans le gazomètre, la pression diminuant permettra à l'eau du siphon d'atteindre à nouveau l'orifice de déversement du distributeur. Il en résultera une nouvelle production d'acétylène.

Inversement, la consommation cessant, la pression se rétablira aussitôt, suffisante pour refouler l'eau en contrebas de l'orifice de déversement du distributeur. La production de gaz s'arrêtera immédiatement.

Or, il est facile de se rendre compte qu'il y a équilibre constant entre la colonne d'eau *h'*, représentant la pression du gaz dans le gazomètre, et la colonne d'eau *h*, égale à la différence de hauteur entre les niveaux de l'eau dans le bassin d'alimentation et dans le siphon. L'appareil peut donc être considéré comme une véritable *balance hydrostatique* dont le gazomètre règle les mouvements. La sensibilité de cette balance est d'ailleurs doublée, grâce à une particularité sur laquelle nous croyons devoir attirer l'attention.

En effet, la section du siphon étant négligeable par rapport à la surface du réservoir H, tout refoulement d'eau en T n'aura aucune influence sensible sur le niveau en H qu'on peut regarder comme invariable.

Dès lors, toute variation du niveau de l'eau dans le compartiment inférieur *m* du gazomètre produisant une variation égale et en sens inverse dans le compartiment supérieur *m'*, la dénivellation dans le siphon T sera égale à la somme de ces deux déplacements, si bien que la balance constituée par l'appareil est à bras de leviers inégaux, le petit bras étant à la commande, c'est-à-dire dans le gazomètre et le grand bras, de longueur double, à la distribution, c'est-à-dire dans le siphon.

L'application de ce principe si simple a permis de réaliser un appareil doué à la fois d'une grande puissance et d'une sensibilité parfaite dans lequel, sans l'intermédiaire d'aucun organe mécanique quelconque, et avec une sûreté de fonctionnement absolue, l'eau peut aussi bien, selon les besoins de la consommation du gaz, couler à flots dans les générateurs ou suinter en un mince filet imperceptible.

La grande supériorité des appareils « Héliogène » consiste dans *l'immobilité complète de leurs organes*. L'eau seule s'y déplace, obéissant aux fluctuations de la consommation. C'est là une garantie de sécurité inappréciable; car, quelles que soient les circonstances, ils sont, de ce fait, à *l'abri de tout dérangement*. Aucune cause extérieure n'empêchera la production de gaz si l'on en demande à l'appareil, rien ne fera que l'eau puisse s'écouler dans les générateurs dès que la consommation cessera.

Enfin, une des particularités, et non des moins intéressantes, de ces appareils, consiste dans la *très grande élasticité de leur fonctionnement*. Celui-ci sera toujours aussi parfait, que le bassin H soit plein jusqu'aux bords ou qu'il contienne seulement quelques centimètres d'eau, alors même que le gazomètre renfermerait éventuellement un volume d'eau très différent, en plus ou en moins, de celui qu'il doit normalement contenir. Toujours l'équilibre de pression s'établira entre le gazomètre et le siphon; toujours, quelles que soient les circonstances, le fonctionnement régulier de l'appareil sera assuré.

DISTRIBUTEUR. ATTAQUE SUCCESSIVE ET AUTOMATIQUE DES GÉNÉRATEURS.

Le distributeur D (fig. 3 et 4) commande l'écoulement, dans les générateurs, de l'eau qui lui est amenée du bassin d'alimentation H par le siphon T.

Il se compose de trois robinets, R, r, r' ; les deux robinets latéraux r et r' ne servent qu'à isoler ou interrompre la communication entre le distributeur et le (ou les) générateur qui leur correspond.

R est le robinet distributeur proprement dit : sa clef d est percée d'une lumière principale, de section au moins égale à celle du siphon et d'une lumière secondaire o perpendiculaire à la première, et de section beaucoup moindre.

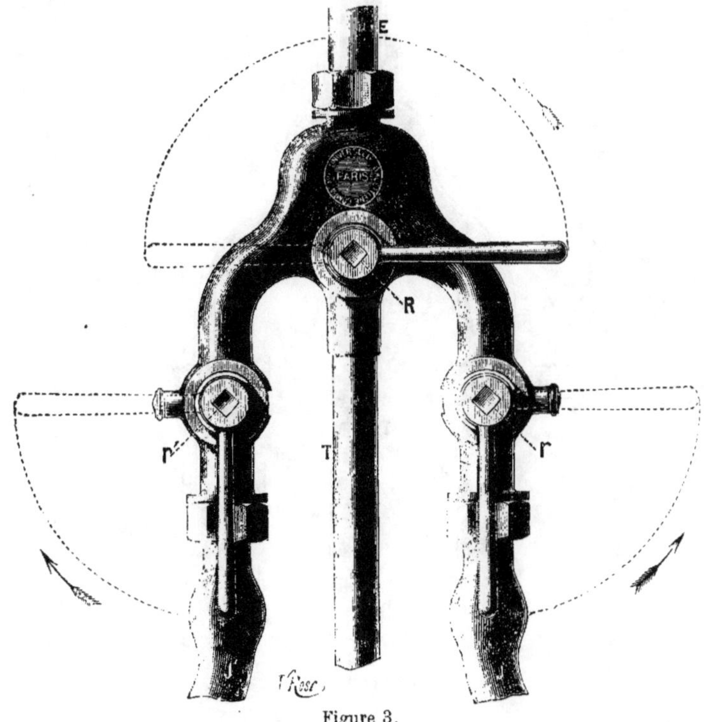

Figure 3.

Munie d'une béquille de commande orientée dans le sens de la lumière o, la clef se meut dans une monture pourvue de deux orifices latéraux v, v', percés suivant le prolongement de la lumière o lorsque la béquille est horizontale et surmontée d'une cheminée c ouverte à sa partie supérieure et qui est percée elle-même de deux autres ouvertures x, x', de section égale à celle de la lumière o du robinet d.

La somme des sections des orifices o, x, x' est au plus égale à la section du siphon.

Un arrêt, convenablement disposé sur ce robinet, limite sa course à 180°, permettant de diriger la béquille horizontalement à droite ou à gauche, comme l'indique la figure 3, ou de la relever verticalement pour arrêter tout écoulement dans le siphon T.

Nous pouvons maintenant nous rendre compte exactement du fonctionnement de l'ensemble du siphon et du distributeur que nous venons de décrire.

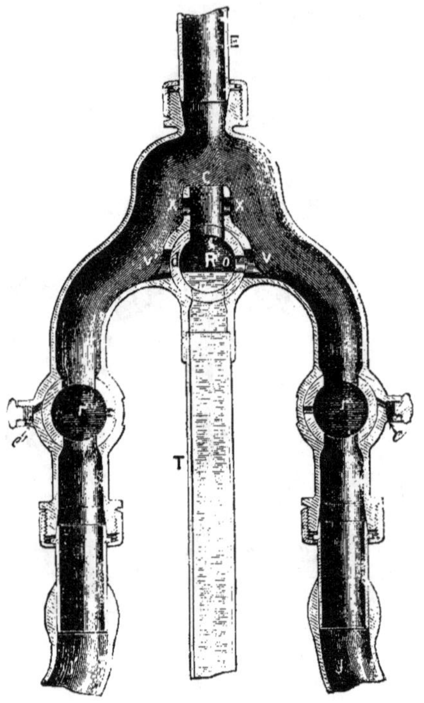

Figure 1.

Nous supposons, comme l'indiqué la figure 2, le gazomètre et le siphon en équilibre de pression sous colonne d'eau égale à la différence de hauteur entre le niveau de l'eau dans le bassin H et la lumière o du robinet d, cette lumière se trouvant en regard de l'orifice v de la monture.

Si nous empruntons en S du gaz au gazomètre, la pression diminuera et l'eau du siphon T, s'élevant dans le distributeur, sera déversée par la lumière o du robinet d et l'orifice v dans le distributeur B, de façon à maintenir la pression constante dans l'appareil, jusqu'à épuisement du carbure de calcium contenu dans ce générateur.

Si, dès lors, nous empruntons toujours du gaz au gazomètre, le générateur B n'en produisant plus, la pression diminuera à la fois dans le
gazomètre et dans le siphon et l'eau s'élèvera dans ce dernier.

Or nous avons dit plus haut que la section de la lumière *o* du robinet
d est très inférieure à celle du siphon ; il s'en suit que cette lumière,
ne pouvant donner passage qu'à une faible portion de l'eau que le
siphon est susceptible de fournir, sera noyée, et que l'eau, s'élevant
dans la lumière principale du robinet *d* et dans la cheminée *c*, se
déversera dans le générateur B' pendant le remplissage du générateur
B. On le voit, le *remplissage du générateur B ne jouera aucun rôle pour
la mise en œuvre du générateur B'*, laquelle s'effectuera, non par le
déversement du trop plein du générateur B, mais parce que la diminution de pression dans l'appareil, résultant de la continuité de la
consommation du gaz, aura permis à l'eau de s'élever dans la cheminée, en raison de la différence des sections des voies du robinet *d*.

Il en sera de même dans le cas d'une consommation plus forte que
celle pour laquelle l'appareil a été construit. La lumière devenant trop
faible pour déverser tout le volume nécessaire pour la production
demandée, sera rapidement noyée et l'eau s'élèvera jusqu'aux orifices
de la cheminée pour faire produire à la fois aux deux générateurs le
gaz nécessaire à la consommation.

REMARQUE. — On ne se sert des robinets *r* et *r'* que pour isoler et
recharger le générateur correspondant quand il est épuisé. Mais si,
pour une raison quelconque, on voulait isoler un générateur qui con-
tînt encore du carbure humide, mais non épuisé, on pourrait craindre
qu'il ne se produisît dans le générateur une pression dangereuse par
suite de formation de gaz dans un espace clos. Pour obvier à cet
inconvénient, le distributeur porte latéralement, à hauteur des robinets *r*, *r'*, deux ventouses d'échappement *e* et *e'*, grâce auxquelles le
générateur, dès qu'il est isolé du gazomètre, est mis en communication
avec l'atmosphère. Tout danger d'accumulation de gaz en vase clos est
donc écarté.

Les appareils « Héliogène », dont nous venons de décrire à grands
traits les organes principaux et le fonctionnement, sont exploités par
la compagnie universelle d'Acétylène, 36, rue de Châteaudun, à Paris.
Appliqués avec succès dans les conditions les plus diverses, ils ont
reçu la consécration d'une expérience de plusieurs années et l'accueil
le plus flatteur auprès du public. Ils alimentent aujourd'hui plus de
30.000 becs et sont employés sur une grande échelle pour l'éclairage
de nombreux établissements, parmi lesquels figurent une vingtaine
de gares de chemins de fer sur les réseaux du Midi, de l'Est et du
P. L. M... *(Applaudissements.)*

Gazogène Javal

Le Gazogène Javal est basé sur le seul principe scientifiquement admis pour les appareils producteurs d'acétylène :

La chute de morceaux de carbure de calcium dans un excès d'eau.

Il ne comporte ni organes délicats, ni robinets, mais seulement un ensemble de dispositifs plus rustiques les uns que les autres qui assurent, sans aucune possibilité de dérangement :

La conservation indéfinie du carbure en réserve ;

La chute en temps voulu d'une charge de carbure ;

La production, sans excès possible, d'un volume connu de gaz ;

Le refroidissement périodique du générateur ;

L'évacuation automatique des résidus.

Grâce à ce dispositif d'évacuation automatique des résidus, qui supprime les manipulations longues et répugnantes, parfois même dangereuses, du nettoyage, tout se borne au rechargement en temps opportun, d'un distributeur.

FONCTIONNEMENT

Chaque fois que la réserve de gaz est près d'être épuisée, la cloche A (fig. 4) tire en descendant sur la chaîne a ; celle-ci, par l'intermédiaire du fléau b et de la tige c met le levier d en contact avec l'une des broches e fixées sur la couronne C, ce qui détermine l'avancée de cette couronne sur ses galets de roulement f.

Le fermoir g de l'une des boîtes renversées D (fig. 5), d'une étanchéité parfaite, que la couronne supporte rencontre la butée h fixée sur la porte E de l'entourage F : la boîte s'ouvre et la charge de carbure qu'elle contient et qui est proportionnée à la capacité de la cloche tombe dans l'entonnoir G du générateur H.

La chute du carbure sur la palette i détermine le soulèvement du déclic k et, par suite, le déversement dans la manche K de l'eau que contient le basculateur I ; ce basculateur, alimenté par un robinet à flotteur, est équilibré de telle façon que, plein d'eau et déclenché, le poids de l'eau qu'il contient l'entraîne vers la manche et que, soulagé de ce poids, il revient s'enclencher de lui-même.

Le carbure, entraîné par l'eau avec une vitesse telle qu'il n'a pas le temps de dégager une quantité appréciable de gaz avant d'avoir dépassé la cloison l, se précipite sur la grille à mailles serrées m, sur laquelle le dégagement a lieu immédiatement.

Le gaz se lave à l'état naissant en traversant la colonne d'eau que contient le générateur ; une partie passe autour du flotteur L, l'autre passe dans la manche par l'ouverture n puis, rencontrant la cloison l qui en empêche la moindre quantité de s'échapper à l'extérieur rentre dans le générateur par l'ouverture *o* ; le gaz se rend du générateur au gazomètre par les tubes *p-q-r* en traversant au passage l'Intercepteur-Purgeur *M* qui, par son trop-plein, évacue les eaux d'entraînement et

Figure 1

de condensation, et qui empêche les retours de gaz du gazomètre au générateur, lorsque, tous les mois, on a à ouvrir le bouchon de visite *o*.

pour enlever les matiéres solides contenues dans le carbure qui se sont accumulées sur la grille *m*.

L'adduction d'eau souléve le flotteur *L* relié à la bonde *s*, reposant sur le siége *t*, par la tige et la chaîne *u-u* entre lesquelles est interposé le ressort à compression *v*; par suite de l'effort produit la bonde se décolle puis, entraînée brusquement par la détente du ressort, livre un large passage aux résidus de la chute précédente accumulés dans le cône *N*; le niveau se rétablit et la bonde revient se coller vigoureusement sur son siège dés qu'il s'est échappé une quantité d'eau et de résidus équivalente au volume d'eau déversé par le basculeur, volume qui a été calculé de façon à répondre aux exigences des règlements administratifs.

CHARGEMENT

Le fonctionnement qui vient d'être expliqué se renouvelle automatiquement et sans jamais, pour aucun motif, nécessiter l'arrêt de l'appareil, à la seule condition de ne pas oublier le rechargement du distributeur; opération qui ne demande que quelques minutes et ne se renouvelle qu'à des intervalles plus ou moins éloignés et jamais, même avec la marche la plus rapide, inférieurs à six heures.

Figure 5.

Pour procéder à cette opération tout se borne à :

Ouvrir la porte de l'entourage, ce qui déplace la butée d'ouverture des boîtes fixée sur cette porte et permet de faire tourner le distributeur à la main, sans risquer de provoquer l'ouverture des boîtes pleines pouvant rester ;

Faire tourner le distributeur et enlever au fur et à mesure qu'elles se présentent, les boîtes vides, reconnaissables à leur couvercle pendant, pour procéder à leur remplissage ou à leur remplacement par des boîtes remplies d'avance ;

Refermer la porte de l'entourage.

Des explications qui précédent il ressort nettement que le gazogène Javal réunit les avantages suivants :

Le chargement se fait sans avoir besoin ni d'ouvrir ni d'arrêter l'appareil, d'où suppression des dégagements de gaz et des rentrées d'air, et, à tout moment, on peut se rendre compte de la quantité de carbure qui reste sur le distributeur.

La prodution est nettement déterminée sans excès possible.

La marche peut être rapide sans qu'il y ait à craindre d'échauffement et la consommation peut, sans inconvénients, être arrêtée brusquement.

La pression, en marche lente comme en marche rapide, est constante.

La décomposition du carbure a lieu à basse température et dans un excès d'eau, c'est-à-dire dans les meilleures conditions.

Le carbure est employé en morceaux, tel qu'on le trouve dans le commerce, ce qui supprime les manipulations occasionnant des pertes de rendement, et évite les inconvénients du carbure granulé qui, se décomposant à la surface de l'eau, produit de très fortes élévations de température.

Le gaz se forme au milieu d'un grand volume d'eau, ce qui produit son lavage efficace à l'état naissant et retient une grande partie des impuretés.

Les résidus sont évacués automatiquement à mesure de leur production et dans les conditions déterminées par les réglements de police, c'est-à-dire étendus de dix fois leur volume d'eau.

Enfin l'appareil fonctionne absolument automatiquement par un ensemble d'organes robustes, non susceptibles de dérangements et il est toujours prêt à fonctionner même après un très long arrêt.

M. GALL. — Où se trouvent vos appareils?

M. JAVAL. — Mes appareils sont à Vincennes et aux Invalides, ils ne sont pas encore dans l'industrie; les derniers perfectionnements datent du mois de mars, j'y suis arrivé après des études qui m'ont pris quatre ans.

M. BERGER. — Quelle est la capacité de ces boîtes?

M. JAVAL. — 500 grammes et la grosseur du carbure concassé est calculée de manière à pouvoir entrer dans la boîte.

M. BERGER. — Pour une puissance d'appareil représentant 800 litres de carbure, quelle serait la dimension approximative de l'appareil?

M. JAVAL. — Je n'ai pas construit de gros appareils. En principe, je ne crois pas à l'utilité de l'appareil automatique pour les grosses installations. Dans ces dernières, en effet, on a un personnel capable de faire les manipulations nécessaires et il est inutile de faire la dépense d'appareils automatiques. Mais, en principe, on pourrait faire cet appareil pour un très gros débit, au lieu d'avoir une boîte de 250 grammes, aurait-on une boîte de 100 kilogrammes, que cela marcherait de la même façon; mais il faudrait avoir peut-être une trentaine de bidons de 100 kilogrammes, ce qui rendrait l'appareil trop dispendieux pour une grosse installation.

M. BERGER. — N'y a-t-il pas quelque inconvénient à faire tomber une grande quantité de carbure?...

M. JAVAL. — C'est une question technique. Je ne suis pas assez au courant des questions scientifiques pour y répondre. J'ai suivi tous les travaux faits par les spécialistes et j'ai cru comprendre que, quelle que soit la masse de carbure tombant dans l'eau, il n'y a aucune crainte s'il n'y a pas d'élévation de température très considérable. et en même temps une compression. Or, dans mon appareil, il n'y a pas de compression et pas d'élévation de température ; le maximum de pression est de 15 centimètres... Je regrette de ne pas avoir apporté les diagrammes donnant la pression.

M. COMMELIN. — Si j'ai bien compris l'explication de M. Javal, l'eau est rejetée automatiquement de l'appareil?

M. JAVAL. — Oui, l'appareil répond au règlement de police qui veut qu'on envoie les résidus à l'égout. Il reste toujours de l'eau dans l'appareil... C'est par un jeu de trop-plein qu'est amenée la production de gaz. C'est par un détail de construction que je suis arrivé à ne jamais avoir plus de deux litres d'air qui se trouvent noyés dans près de 150 litres dans le plus petit appareil.

M. X.... — Quelle est la perte due à la dissolution de l'acétylène?

M. JAVAL. — J'ai une perte de gaz d'a peu près 1/2 0 0. Je prétends que la plupart des appareils ont une perte plus grande. J'ai obtenu des rendements de 305 et 308 au kilogramme ; je crois qu'on ne peut pas demander pratiquement à un appareil industriel un rendement supérieur moyen de 300. J'arrive à 305, avec d'excellents carbures naturellement ; la perte est donc insignifiante.

M. HUBOU. — Je désirerai poser au congrès certaines questions relativement à la constitution d'un cahier des charges pour la fourniture du carbure de calcium. L'Union allemande de l'acétylène a établi dernièrement des conditions de fournitures que je vais vous résumer en deux mots : un kilogramme de carbure devra rendre 200 litres d'acétylène, mesurés à 15°, à la pression de 760 millimètres de mercure ; au-dessous de 265 litres la livraison pourra être refusée. Le carbure ne devra pas contenir plus de 5 0 0 de poussière, etc.

En France, il nous est facile d'accepter ces conditions : au lieu de 200 litres nous en demanderons 300, à 15° ; chaque litre déterminera une réduction d'un trois centièmes sur le montant de la facture. Au-dessous de 265 litres, la livraison, comme l'Union allemande l'a dit, pourra être refusée.

Un autre point essentiel : le degré de pureté de l'acétylène résultant de la décomposition du carbure par l'eau... M. Gall a bien voulu nous faire remarquer hier qu'avec le carbure de calcium, on rencontrait parfois du carbure de manganèse, introduit dans le but d'augmenter le rendement, l'acétylène renferme alors du méthane et de l'hydrogène.

Par conséquent, quand nous demandons qu'un kilogramme de carbure de calcium nous donne 300 litres de gaz, il ne suffit pas de dire 300 litres de gaz, il faut savoir de quel gaz on veut parler : est-ce de l'acétylène pur, est-ce de l'acétylène mélangé de méthane et d'hydrogène? quelle est la proportion de méthane et surtout la proportion d'hydrogène? Voilà un premier point sur lequel j'appellerai votre attention.

Mais il en est un autre qui est également intéressant, surtout pour le consommateur, il s'agit des impuretés dangereuses au point de vue de l'éclairage : il s'agit de l'hydrogène sulfuré, de l'ammoniaque, mais surtout du phosphure et du siliciure d'hydrogène. Nous savons que cette combustion va nous donner dans le premier cas de l'acide méta-phosphorique, dans le second cas de la silice, et il nous est facile de constater, qu'en brûlant de l'acétylène, qui renferme une proportion notable de siliciure et de phosphure d'hydrogène, on aperçoit une fumée blanche et des gouttelettes d'acide méta-phosphorique. reconnaissable avec du papier de tournesol.

Je demande donc quelle est la quantité de phosphure d'hydrogène et de siliciure d'hydrogène qu'on peut tolérer dans un acétylène commercial.

En résumé :

1° Quelle est la proportion d'acétylène pur que doit contenir l'acétylène commercial ?

2° Quelle est la quantité des impuretés susceptibles d'accompagner l'acétylène, la proportion maximum que l'on doit tolérer en phosphure d'hydrogène et en siliciure d'hydrogène ?

M. Gall. — La meilleure manière d'arriver à la solution demandée par M. Hubou et qui donnera satisfaction à tous les acétylénistes, est de nommer une commission chargée d'étudier la question avec toute l'attention nécessaire et qui soumettra en temps utile une résolution au Congrès, soit à celui-ci, si la chose est possible, soit à un prochain congrès, ou qui aurait qualité même pour informer tous les acétylénistes de la décision qu'elle aurait prise.

M. Javal. — Au cas où une commission de ce genre serait nommée. je demanderais qu'elle soit chargée de décider la grosseur du criblage qui pourra être adoptée, parce qu'il serait utile d'obtenir du carbure criblé à une dimension donnée, ce qui n'est pas plus difficile pour le carbure que pour le coke, par exemple : il pourrait y avoir par exemple 5 ou 6 grosseurs. pour les appareils qui travaillent avec du granulé jusqu'à ceux qui travaillent avec du tout venant.

Il serait donc très utile qu'à la question qui vient d'être posée s'adjoigne celle du concassage et c'est une seule et même commission qui pourrait s'occuper du tout.

M. Besnard. — Cela ne me semble plus être une question scientifique, une commission scientifique ne peut déclarer quelle est la valeur marchande, en quelque sorte, d'un carbure. Un fabricant de carbure peut ne vouloir fabriquer qu'une seule qualité et nous n'avons pas le droit de lui imposer quoi que ce soit à cet égard. Tout ce que nous pouvons faire c'est d'émettre le vœu que le carbure fabriqué corresponde aux besoins des divers appareils.

Au contraire, comme le disait très bien M. Hubou, s'il est admissible que dans le carbure de calcium industriel il y ait une proportion d'impuretés, il est bon que celle-ci soit déterminée par un congrès scientifique qui décide la limite d'mpureté au-dessous de laquelle l'acétylène ne sera plus commercial.

Il ne faut pas mélanger les deux questions.

Je me rallie donc à la proposition de M. Hubou et demande qu'elle ait l'appui du congrès. C'est là une question internationale, de façon à ce que, lorsque nous aurons à nous procurer, en Allemagne, du carbure de calcium, il rentre dans les règles édictées par la commission. J'estime que ce sera là un des bons travaux du congrès.

M. Javal. — Je dis qu'il serait à désirer que les différents fabricants se mettent d'accord pour nous fournir une même unité de grosseur, et c'est un vœu simplement que je demande au congrès d'émettre.

M. Guntz. — Je demanderais qu'en France on ne soit pas plus exigeant qu'en Allemagne et qu'on se contente de 290 litres au lieu de 300. La plupart des fours existants donnent des rendements de 290 litres seulement.

Je demande que la commission s'occupe de cette question et j'émets le vœu qu'on se contente de 290 litres.

M. Hubou. — Sous la réserve d'une diminution d'un 290ᵉ au lieu d'un 300ᵉ.

M. Gall. — La proposition qui vient d'être faite a notre adhésion, mais nous éprouvons le besoin de consulter M. Moissan pour savoir dans quelle mesure il y aurait lieu de s'entendre avec la section de chimie analytique, ou de réserver la question pour le congrès de l'acétylène et nous vous prierons de remettre à demain matin la prolongation de la discussion sur cette question. *Adopté.*)

Sur les ozoneurs

M. Seidmann, au nom de M. Otto. — Les *ozoneurs* imaginés et construits par MM. Otto, grâce à la mobilité d'une électrode qui coupe successivement et automatiquement les étincelles en les empêchant de se transformer en arc, permettent d'augmenter considérablement le rendement en ozone. Etant donné qu'ils sont entièrement en métal (fer), à l'exclusion de toute diélectrique en verre, leur emploi industriel est incomparablement plus sûr et moins coûteux que les ozoneurs à diélectriques employés jusqu'à ce jour (1).

1 Le texte de la communication de M. Otto ne nous est pas parvenu. (*Note de la Rédaction.*)

M. Guntz. — Quel est le rendement en ozone ? Vous avez indiqué, je crois, qu'on obtenait un kilog. d'ozone pour 28 kilog-watts, ce qui représentait à peu près un rendement de 12 0/0 de l'énergie totale transformée en ozone. On est donc obligé de fournir une certaine quantité d'énergie électrique pour former cet ozone ; est-ce bien le nombre de 12 0/0 que vous avez cité ?

J'ai fait des expériences avec M. Berthelot, et nous avons obtenu presque le maximum de ce qu'on peut obtenir ; mais dans les appareils où l'on opère d'une façon différente, quel est le rendement pour 100 kilogrammes par exemple ?

M. Seidmann. — Nous n'avons pas travaillé dans les conditions idéales du laboratoire.

M. Guntz. — Au point de vue industriel ?

M. Seidmann. — Etant donné que notre ozone stérilisait l'eau, nous nous sommes placés dans les conditions les plus défavorables ; nous n'avons pas refroidi l'eau, parce que cela coûte cher. Nous avons travaillé avec un appareil de 150 volts.

Nous nous sommes placés dans les conditions moyennes ordinaires.

Une dépense d'énergie de 42 watts nous donnait 1 gramme 1/2 d'ozone par heure et 35 grammes pour 24 heures.

Un membre. — Quels sont les microbes pathogènes qui sont détruits par l'ozone ?

M. Guntz. — La question a été traitée à l'Institut Pasteur ; tous les microbes pathogènes sont détruits ; seulement il y a une difficulté, c'est qu'il faut que l'eau ne renferme pas de matières albuminoïdes, parce que ces matières sont oxydées avant les bacilles. Il faut donc, dans ce cas, des quantités d'ozone très grandes, parce qu'avant d'oxyder les bacilles, il faut oxyder les matières organiques.

L'ozone est employé aussi comme désinfectant de l'air et il est expérimenté dans certains hospices contre la tuberculose ; on étudie cette question dans un hôpital de Paris, l'hôpital Boucicaut. On se sert là d'un appareil comprenant 40 ou 50 disques pour désinfecter une grande salle. Les médecins ne se sont pas encore prononcés sur cette application de l'ozone. Je n'ai pas de compétence pour traiter cette question mais il me semble qu'il sera très possible de faire fonctionner les appareils pendant que les malades dorment, afin de ne pas les gêner pendant le jour.

M. Gall. — Un kilog. d'ozone a besoin, n'est-ce pas, de 28 kilog. wast ?

M. Seidmann. — Oui, nous sommes arrivés à cette indication avec un wattmètre.

M. Gall. — Ces appareils rotatifs ont été surtout établis pour les hôpitaux. Vous avez cependant fait allusion à une usine des environs de Paris, ce sont les établissements de la Société de Courbevoie.

J'ai eu l'occasion de visiter cette installation très remarquable et qui, je crois, marche avec 150 chevaux, mais j'ai constaté que les ozonateurs étaient simplement des plateaux posés sur une série d'étagères, et ce n'était pas des appareils rotatifs. Ces appareils, qui m'ont paru très simples, servent à fabriquer des quantités assez considérables de vanilline. Il est même très intéressant de voir fonctionner sur une grande échelle ces plateaux disposés dans une chambre d'où jaillissent les effluves de l'ozone...

M. Seidmann. — Je n'ai pas dit qu'on employait cet appareil, il y a cependant une maison qui fabrique de l'ozone avec cet appareil, que je ne puis désigner.

Cet appareil est pratique en ce sens que les étincelles électriques se coupent automatiquement et régulièrement. Nous avons fait des expériences qui nous ont prouvé sa solidité.

M. Stock fait en son nom et au nom de M. Moissan une communication sur les siliciures de bore.

Préparation et propriétés de deux borures de silicium : SiB³ et SiB⁶

Note de MM. Henri Moissan et Alfred Stock.

Schutzenberger a fait connaître un siliciure de carbone de formule SiC à l'état amorphe (1). Le même composé, préparé en cristaux par M. Achesan a été le point de départ de l'industrie du carborundum. L'un de nous a démontré que le borure de carbone CB^6, dont la composition avait été établie par Joly (2), peut se préparer en grande quantité au four électrique (3). Ces deux composés: siliciure de carbone et borure de carbone ont des propriétés similaires qui les rapprochent l'un de l'autre : leur aspect particulier, leur résistance aux réactifs, et enfin leur dureté. Le siliciure de carbone raye le rubis, mais ne raye pas le diamant, tandis que le borure de carbone peut tailler des facettes sur un diamant de peu de dureté.

Les analogies si nombreuses que présentent les composés du carbone et du silicium permettaient de prévoir l'existence de combinaisons similaires entre le bore et le silicium.

Nous avons essayé, tout d'abord, de préparer ces nouveaux borures, par union directe des éléments. Mais la combinaison du bore et du silicium ne s'effectue qu'à une température très élevée et nos pre-

1 *Comptes rendus*, t. CXIV, p. 1089.

2. *Comptes rendus*, t. XCVII, p. 456.

3 Moissan, *Comptes rendus*, t. CXVIII, p. 556.

miers essais, tentés au four électrique, ont été infructueux. Dans ces
conditions, la matière même des vases intervient avec facilité et com-
plique l'expérience. Si l'on emploie un creuset de charbon, il se produit tout d'abord du borure de carbone et du siliciure de carbone.
Enfin, il ne faut pas oublier qu'à cette température élevée, l'oxyde
de carbone, l'acide carbonique et l'azote réagissent avec facilité sur le
bore et sur le silicium.

Nous avons dû alors employer un dispositif particulier que nous
décrirons en quelques lignes.

Nous avons pris un tube de terre réfractaire de 20 centimètres de
longueur et de 4 c. 5 de diamètre, dont les extrémités étaient fermées
par deux manchons de même substance. Ces derniers donnaient passage à deux électrodes en charbon de 3 centimètres de diamètre. La
distance entre les deux électrodes était environ 12 centimètres, et
notre tube de terre réfractaire portait une ouverture latérale qui
permettait d'emplir l'appareil avec un mélange bien desséché, de
cinq parties de silicium cristallisé et d'une partie de bore pur. Nous
employons 120 grammes de ce mélange.

Le silicium avait été obtenu au moyen du procédé de M. Vigouroux (1), et le bore avait été préparé par la méthode décrite par l'un
de nous (2).

Pour assurer le passage du courant au début de l'expérience, les
deux charbons étaient réunis par quelques minces fils de cuivre. L'ouverture latérale de notre tube cylindrique en terre réfractaire était
fermée par un couvercle de terre, puis recouvert, ainsi que les manchons des extrémités, d'une petite couche de terre réfractaire. Enfin
tout l'appareil disposé dans une boite de tôle était entouré de sable
sec.

Nous avons utilisé un courant alternatif de 45 volts que nous pou-
vions régler à volonté grâce à une résistance métallique. Dans nos
expériences, la durée de la chauffe était de cinquante à soixante secondes et l'intensité du courant atteignait au maximum 600 ampères.
Comme il est important d'éviter la formation d'un arc à l'intérieur de
l'appareil, on avait soin d'avancer les électrodes au fur et à mesure
que le volume du mélange diminuait par suite de sa fusion.

En réalité, nous formions nos borures de silicium dans un bain
de silicium en fusion en nous servant de ce dernier comme conducteur
du courant.

Après refroidissement, si la durée de la chauffe a été suffisante, on
trouve dans l'appareil un culot de forme allongée, parfaitement fondu,
très riche en silicium, et qui recouvre tout le fond du tube réfractaire.

(1) *Annales de Chimie et de Physique* (7 . t. XII, p. 153.
(2) Moissan, *Comptes rendus*, t. CXIV, p. 394.

La surface de ce dernier est aussi attaquée, mais comme la durée de la chauffe est très courte, cette attaque est tout à fait superficielle. Elle n'a aucune action sur le résultat final. La surface du culot est nettoyée et l'on sépare les extrémités qui touchaient aux électrodes, et qui sont souillées par du siliciure de carbone. La masse fondue est ensuite concassée en petits fragments qui présentent l'aspect du silicium fondu et qui souvent renferment des géodes tapissees de petits cristaux très brillants.

Cette substance est traitée par un mélange d'acide fluorhydrique et d'acide azotique qui possède la propriété bien connue de dissoudre le silicium. Il faut avoir soin de refroidir le mélange des acides pendant cette attaque qui ne doit se faire que sur de petites quantités de matière. Si l'on laissait, en effet, la température s'élever, les borures produits entreraient en dissolution.

Dès que le dégagement des vapeurs rutilantes est terminé, on sépare le résidu inattaqué par décantation, on lave à l'eau et l'on sèche. On obtient ainsi des cristaux noirâtres souillés d'une quantité plus ou moins grande d'impuretés. Après avoir séparé les cristaux à l'aide d'un tamis, on soumet ces derniers à une purification par la potasse fondue au creuset d'argent.

On emploie de la potasse ordinaire, non déshydratée, et il est important que la température ne s'élève pas beaucoup au-dessus de son point de fusion. En ayant soin d'agiter au moyen d'une spatule, une demi-heure de chauffe suffit le plus souvent pour dissoudre tout ce qui est amorphe. Les cristaux sont ensuite lavés à l'eau, puis à l'acide azotique étendu, puis à l'eau bouillante, puis enfin séchés à 130°.

Les cristaux, ainsi obtenus sont noirs et doués d'un grand éclat, ils paraissent, à l'œil nu et même au microscope, être d'une parfaite homogénéité. Ils renferment cependant deux combinaisons différentes de bore et de silicium, ainsi que nous avons pu nous en assurer par une longue série d'analyses. Il nous a été tout à fait impossible de faire aucune séparation par la méthode des densités, mais en utilisant l'action de différents réactifs, nous avons pu dans ce mélange, détruire l'un ou l'autre des deux borures. C'est ainsi qu'en traitant le mélange brut des deux composés par un grand excès d'acide nitrique à l'ébullition, il ne reste qu'un seul borure dont la formule devient constante et répond au symbole : SiB^3. Au contraire, en fondant le mélange avec de la potasse, cette fois bien déshydratée, et à une température élevée, on détruit ce premier composé et l'on obtient un autre borure dont la formule SiB^6 devient aussi constante. Ce dernier corps se trouve en quantité plus grande que le précédent 80 à 90 pour 100).

Propriétés. — Ces deux nouveaux borures de silicium appartiennent à cette série de corps dont nous parlions précédemment et dont le siliciure et le borure de carbone étaient jusqu'ici les seuls représentants.

Ainsi que ces deux composés, ils sont d'une très grande dureté, ils rayent avec facilité le cristal de roche et même le rubis le plus dur. Nous pensons que ces composés sont moins durs que le borure de carbone, car ils n'ont pas donné de stries sur la surface bien polie d'un diamant. Nous devons faire remarquer cependant que nous n'avons pas essayé de tailler un diamant avec cette poudre sur une meule d'acier.

Le borure de formule SiB^3 a une densité de 2,52. Il se présente le plus souvent sous forme de lamelles rhomboïques, de couleur noire, qui, lorsqu'elles sont très minces, deviennent transparentes, et prennent une teinte qui varie du jaune au brun.

Au contraire le borure de silicium de formule SiB^6 se présente toujours en cristaux épais opaques, et avec des faces assez irrégulières.

Sa densité est de 2,47. Ces deux composés conduisent l'électricité.

Les deux borures légèrement chauffés sont attaqués par le fluor avec un grand dégagement de chaleur et de lumière. Le chlore réagit au rouge avec incandescence, et le brome ne les attaque que lentement à la température de ramollissement du verre. A cette même température, l'iode est sans action.

Chauffés à l'air, ou même dans l'oxygène, ils ne s'oxydent que difficilement, grâce à la couche de silice et d'acide borique qui se forme à leur surface et qui les protège contre une altération plus profonde. L'azote ne réagit pas sur ces borures à la température de 1000°.

Ces nouveaux composés sont inattaquables pour les acides halogénés et très lentement décomposables par l'acide sulfurique concentré et bouillant.

Ainsi que nous l'avons fait remarquer précédemment, l'acide nitrique concentré attaque assez rapidement le borure SiB^6, et beaucoup plus lentement le borure SiB^3.

La potasse anhydre fondue attaque énergiquement le borure SiB^3. La réaction peut même se produire avec incandescence. Au contraire, dans les mêmes conditions, le borure SiB^6 ne se décompose que lentement et à une température beaucoup plus élevée. L'azotate de potassium fondu ne les attaque ni l'un ni l'autre, mais les carbonates alcalins en fusion ou un mélange de carbonate et d'azotate les décomposent au rouge avec vivacité.

Analyse. — Ces deux borures ont été attaqués par la potasse fondue au creuset d'argent. La partie, non décomposée, qui restait après ces attaques, était filtrée dans un creuset de Gooch, pesée à nouveau et employée pour une analyse ultérieure. Ce n'est que lorsque deux ou trois analyses successives obtenues dans ces conditions étaient concordantes, que nous avons regardé le borure employé comme une espèce définie.

La solution filtrée était divisée en deux parties, dont l'une servait au dosage de la silice et dont l'autre donnait la teneur en acide borique. Ce dernier dosage était effectué par un titrage au moyen de soude en présence de mannite (1). Le borure de formule SiB^6 renfermait une petite quantité de fer vraisemblablement à l'état de siliciure.

Nous avons obtenu, pour des échantillons provenant de préparations différentes, les chiffres suivants :

	1	2	3	Théorie Pour SiB^3
B.......	54 18	53 10	54.43	53.75
Si.......	45.86	46.44	46.01	46.25

	1	2	3	4	Théorie Pour SiF^6
B.......	69.07	69.36	69.09	»	69.91
Si.......	29.89	30.10	29.15	»	30.09
Fe.......	»	»	»	0.99	»

Conclusions. — En résumé, le bore et le silicium se combinent directement à haute température en produisant deux borures cristallisés de formule : SiB^3 et SiB^6.

Ces deux nouveaux composés sont solubles dans le silicium fondu d'où l'on peut les retirer par un traitement à l'acide fluorhydrique et à l'acide azotique. Ces deux borures ont une densité voisine et possède une grande dureté. Tous deux rayent le rubis avec facilité. Ils résistent à la plupart de nos réactifs, mais le borure SiB^3 est plus attaquable par la potasse, tandis que le composé SiB^6, beaucoup plus riche en bore, se détruit avec beaucoup plus de facilité dans l'acide nitrique concentré. Il est curieux de rapprocher cette formation simultanée des deux borures de silicium, SiB^3 et SiB^6 de celle des deux borures de carbone qui prennent naissance d'une façon tout à fait comparable dans l'action du bore sur le carbone. (*Applaudissements.*)

1 JONES. *Amer. Journ. of Science*, VII, 117 : STOCK. *Comptes rendus*, t. CXXX, p. 516.

La séance est ouverte à 9 h. 1/4.

M. Moissan développe sa communication sur l'action du fluor et de l'acide fluorhydrique sur le verre et sur la production de l'ozone par l'action du fluor sur l'eau.

Action de l'acide fluorhydrique et du fluor sur le verre,

Par M. Moissan.

Depuis longtemps déjà, différents expérimentateurs ont insisté sur l'action que peut exercer une impureté sur la mise en train d'une réaction. On a discuté pour savoir si tel corps, par exemple, qui se combine avec facilité à l'oxygène, ne deviendrait pas inerte ou si sa température de réaction ne serait pas reculée par suite de la présence d'une trace d'eau. Ces expériences touchent à des questions théoriques intéressantes; mais, à cause des difficultés qu'elles présentent, on comprend fort bien qu'elles aient été souvent contredites. Il nous suffira de rappeler sur ce sujet les travaux de Dubrunfaut et ceux de Dumas, ainsi que les expériences plus récentes sur le même sujet de Brereton Baker, de Dixon, de Gutmann et de Lang.

D'autre part, nous rappellerons aussi que, dans ses études de thermochimie, M. Berthelot a insisté maintes fois sur le rôle important, au point de vue de la combinaison, que peut jouer une trace d'un composé intermédiaire qui se forme, se dédouble, puis se reproduit ainsi sans cesse, entraînant ainsi l'union totale des deux corps mis en réaction.

Nous avons pensé que cette étude de l'influence d'une trace d'impureté pouvait être reprise au moyen du fluor: ce corps simple étant le plus actif de tous ceux que nous connaissons.

On sait que, dans des expériences déjà anciennes, Louyet avait indiqué que l'acide fluorhydrique sec n'attaquait pas le verre. On s'est servi quelquefois, pour constater l'attaque du verre par l'acide fluorhydrique et les fluorures, de l'aspect que prenait le verre mis au contact de ces corps. Le verre était dépoli. Mais il peut arriver, quand l'acide fluorhydrique liquide réagit sur le verre dans des conditions de concentration déterminée, que le verre sorte de ce liquide avec un poli parfait, bien que, par la balance, on constate nettement une diminution de poids. Le phénomène est analogue au polissage de certains calcaires durs par l'action de l'acide chlorhydrique étendu.

Nous avons déjà fait remarquer (*Action de l'anhydride fluorhydrique sur l'anhydride phosphorique, Bull. Soc. Chim.*, 3ᵉ série, t. V, p. 458) que les expériences de Louyet comportaient une autre cause d'erreur. Ce savant avait desséché son acide fluorhydrique au moyen d'anhydride phosphorique, et il pensait ainsi obtenir des vapeurs d'acide fluorhydrique absolument privées d'eau. Or, l'anhydride fluorhydrique réagit à la température ordinaire sur l'anhydride phosphorique pour donner naissance à un gaz que nous avons découvert en 1886 : l'oxyfluorure de phosphore PFl^3O. Ce gaz sec n'attaque pas le verre.

Action de l'acide fluorhyrique sur le verre. — Pour étudier l'action de l'acide fluorhydrique sur le verre, nous avons décomposé d'abord des fluorures exactement privés d'eau par l'acide sulfurique monohydraté bouilli dans un tube de verre retourné sur du mercure bien sec. Dans ces conditions, il se produit rapidement de l'acide fluorhydrique qui reste gazeux pour peu que la température soit supérieure à $+ 20$, et le verre est de suite attaqué. Mais on peut objecter à ces expériences que l'acide sulfurique monohydraté contient de l'eau et que l'acide fluorhydrique formé n'est pas absolument sec. Si l'on remplace l'acide sulfurique monohydraté par l'acide de Nordhausen riche en anhydride sulfurique, on voit se dégager un corps gazeux qui ne tarde pas à se condenser dans l'excès de liquide acide et qui est formé en grande partie d'acide fluosulfonique étudié par Thorpe et Walter Kirman.

Dans ces expériences le verre est encore attaqué. Pour éviter les objections dues à l'emploi de l'acide sulfurique qui dissout l'acide fluorhydrique, nous avons fait réagir l'anhydride fluorhydrique sur le verre absolument sec.

L'expérience était disposée de la façon suivante : une nacelle de platine, remplie de fluorhydrate de fluorure de potassium fondu dans un courant de gaz sec, était introduite encore chaude et à l'abri de l'humidité de l'air dans un tube de platine parfaitement desséché. Ce tube de platine était fermé par des ajutages à vis de même métal. Il était traversé par un courant de gaz carbonique pur, séché par de la ponce phosphorique et de la tournure brillante de sodium. Il n'entrait pas naturellement dans l'appareil de liége ou de caoutchouc. Les joints étaient formés de tubes à frottement doux, recouverts de paraffine, corps qui n'est pas attaqué par l'acide fluorhydrique.

L'extrémité de l'ajutage de platine, qui était disposé après la nacelle renfermant le fluorure venait déboucher dans un tube de verre recourbé en forme d'U et qui avait été séché au préalable avec le plus grand soin. L'autre branche du tube en U laissait passer un tube abducteur dont l'extrémité trempait dans du mercure recouvert d'acide sulfurique. Cette expérience étant ainsi préparée, on laissait passer le courant d'acide carbonique absolument sec, pendant deux heures à la température ordinaire. On interceptait ensuite le courant de gaz et l'on chauffait lentement la nacelle contenant le fluorure. De l'acide fluorhydrique gazeux se produisait aussitôt en abondance, et, dès qu'il arrivait au contact du verre, ce dernier était d'abord dépoli, puis rapidement corrodé.

Après une expérience de quinze minutes, le tube avait perdu de son poids une quantité de 0 gr. 532.

Cette expérience répétée plusieurs fois nous a toujours donné les mêmes résultats.

La conclusion que nous en tirons est la suivante : l'acide fluorhydrique gazeux attaque le verre à la température ordinaire.

Action du fluor sur le verre, — Nous devons rappeler tout d'abord que le fluor liquide obtenu vers — 187° par M. Dewar et l'auteur de cette note, n'agissait pas sur le verre à cette basse température. Mais dans toutes les expériences sur le fluor gazeux que nous avons décrites jusqu'ici, ce gaz attaquait toujours le verre. Nous rappellerons que ce fluor était préparé par électrolyse du fluorure de potassium en solution dans l'acide fluorhydrique. Par suite d'une action secondaire du métal alcalin mis en liberté au pôle négatif, l'hydrogène se dégageait à ce pôle, tandis qu'au pôle positif on recueillait le fluor. Ce corps simple était purifié des vapeurs d'acide fluorhydrique qu'il entraînait forcément, par son passage dans un petit serpentin de cuivre maintenu à — 23°, enfin, par son contact avec du fluorure de sodium bien sec. Le fluor ainsi préparé ne fumait plus à l'air ; mais comme nous le faisions remarquer plus haut, il attaquait toujours le verre. Après avoir varié l'expérience que nous avons décrite précédemment, et nous être assurés qu'une très petite quantité d'acide fluorhydrique répandue dans un gaz inerte suffisait pour dépolir le verre, nous avons cherché à retenir avec plus de soin les dernières traces d'acide fluorhydrique et pour cela nous nous sommes adressés à un procédé physique.

L'acide fluorhydrique bout à + 19°,5 ; il se solidifie d'après Wroblesky à la température de — 92°. Nous avons pensé que, étant donné le point de liquéfaction du fluor, — 187° (Moissan et Dewar), et celui de l'acide fluorhydrique, il nous serait facile de débarrasser le gaz fluor des dernières traces d'acide en portant le mélange gazeux à une température un peu supérieure au point de liquéfaction du gaz fluor.

Le fluor préparé dans un appareil de cuivre et purifié ainsi que nous l'avons indiqué précédemment, passait ensuite dans un petit tube de verre plongé dans l'air liquide. L'extrémité de ce tube en U était terminée par une série d'ampoules séparées les unes des autres par des étranglements. L'extrémité du tube à ampoules était mise en communication avec une atmosphère d'air absolument desséché. On produit ensuite un dégagement régulier de gaz fluor et bientôt tout l'air de l'appareil est chassé par déplacement. Le tube de verre s'emplit de gaz fluor, on scelle les ampoules dans la partie étranglée au moyen de la flamme du chalumeau. Le fluor, réagissant sur le verre sec, dans la partie étranglée même chaude, ne peut pas produire la plus petite quantité d'acide fluorhydrique, puisqu'il n'y a pas d'hydrogène en présence.

Après l'expérience, on reconnaît que le verre n'a pas été dépoli, et j'ai l'honneur de mettre sous les yeux du Congrès plusieurs de ces ampoules remplies de fluor, préparées depuis deux semaines et dont la surface a conservé le brillant du jour.

Une de ces ampoules est-elle portée sur la cuve à mercure? On voit en brisant la pointe que le mercure monte, dans le tube de verre, d'une petite quantité : qu'il se forme, à la surface du métal, une petite couche de crasse de fluorure de mercure, et que l'attaque s'arrête. Nous avons pu conserver ainsi pendant plusieurs jours du fluor pur dans des appareils de verre sur la cuve à mercure. Si l'on agite le tube, la pellicule de fluorure se brise et l'absorption se produit avec facilité. L'ampoule s'emplit alors complètement de mercure et, si ce métal est bien privé d'humidité, l'attaque du verre n'a pas lieu.

Nous avons reconnu ensuite que ces expériences pouvaient réussir en refroidissant l'acide fluorhydrique à une température moins basse que celle fournie par l'air liquide, à condition que le fluorure de sodium qui sert à purifier le fluor soit bien sec. Nous avons condensé les vapeurs d'acide fluorhydrique entraînées, grâce à un mélange d'acide carbonique et d'acétone, qui donne avec facilité — 85°. Nous avons pu alors préparer, avec du verre sec, un certain nombre de ces ampoules et nous avons reconnu que le fluor bien exempt de vapeurs d'acide fluorhydrique n'attaquait pas à la température ordinaire le cristal, le verre blanc, le verre vert et le verre de Bohême. Bien plus, des ampoules de ces différents verres, remplies de fluor et maintenues pendant deux heures à une température de 100° dans l'eau bouillante, n'ont pas été attaquées. Il va de soi que ces expériences ne réussissent qu'avec des verres parfaitement secs et propres. La plus petite trace de matière organique adhérente au verre étant brûlée par le fluor à la température ordinaire et fournissant de l'acide fluorhydrique, ce dernier intervient plus ou moins rapidement et l'attaque se produit.

Je considère cette dernière expérience comme importante, car elle semble bien démontrer l'action exercée sur le verre par une très petite quantité d'acide fluorhydrique noyée dans un grand excès de gaz fluor. Si l'une de nos ampoules de verre, remplies de fluor, contient une impureté organique imperceptible, adhérente à la paroi, on ne voit aucune attaque se produire tout d'abord. Mais, plusieurs jours après, la surface du verre devient irisée, puis un léger voile se forme autour du point où se trouvait la matière organique, et finalement tout l'intérieur de l'ampoule ne tarde pas à se dépolir.

Dans une autre expérience, nous avions du fluor placé dans un tube de verre sur le mercure sec depuis trois jours et le tube avait conservé toute sa transparence. Nous avons alors fait passer dans le tube un petit fragment de fluorure de potassium fondu, corps très hygroscopique qui avait fixé pendant deux minutes de contact avec l'air atmosphérique une petite quantité d'humidité. Dès que ce fluorure eut pénétré dans l'atmosphère gazeuze de fluor, on vit en quelques minutes le tube s'iriser à sa partie inférieure et cette irisation ne tarda pas à s'élever dans tout le tube.

Nous ajouterons que pour nettoyer complètement nos ampoules de verre de toute trace de matière organique, nous avons liquéfié le fluor dans un petit serpentin de verre, puis en laissant ce serpentin reprendre une température plus élevée, nous avons balayé ainsi tout le tube à ampoules par du gaz fluor qui ne laisse subsister aucune matière organique. Les ampoules sont ensuite scellées et le verre n'est plus attaqué. Ces expériences nouvelles, en nous permettant de manier le fluor pur sur la cuve à mercure dans des appareils en verre, nous ont permis de donner une forme nouvelle à la combustion du soufre, de l'iode, du brome, du silicium et du carbone.

Les corps gazeux qui se produisent dans ces réactions peuvent, dès lors, être étudiés avec plus de facilité et l'on peut se rendre compte de suite des variations de volume. (*Applaudissements.*)

Production d'ozone par la décomposition de l'eau au moyen du fluor.

Par M. MOISSAN.

Lorsque, dans une réaction, l'oxygène est mis en liberté à basse température, on peut remarquer que ce corps simple se polymérise avec la plus grande facilité et qu'il se forme de l'ozone. Nous citerons comme exemple l'action de l'acide sulfurique sur le bioxyde de baryum ou sur le permanganate de potassium. Il est vrai que si la réaction produit quelque dégagement de chaleur, l'ozone se détruit et nous n'en retrouvons plus que des traces. A cause même de l'instabilité de l'ozone à la température ordinaire sa destruction peut être totale.

L'action du fluor sur l'eau vient apporter une nouvelle preuve de cette facile polymérisation de l'oxygène à basse température.

Nous avons démontré en 1891 que le fluor en présence de l'eau à la température ordinaire décomposait ce liquide, avec formation d'acide fluorhydrique et d'ozone. Nous avons même fait remarquer qu'en laissant tomber quelques gouttes d'eau au milieu d'une atmosphère de fluor, l'ozone qui se produisait était assez concentré pour apparaître avec la belle couleur bleue indiquée par MM. Hautefeuille et Chappuis.

Nous avons répété ces expériences au moyen d'un courant de fluor plus abondant, préparé dans un appareil en cuivre. Nous avons pu ainsi faire passer un grand volume de fluor dans une petite quantité d'eau.

Le fluor est amené par un petit tube de platine, dans un barboteur à eau maintenu à la température constante de 0°. Il passe ensuite dans un ballon de Chancel à fond rond, tel que ceux qui sont utilisés pour prendre la densité des gaz.

Lorsque l'appareil de Chancel est rempli par déplacemet d'oxygène ozonisé, on titre ce dernier au moyen d'une solution d'iodure de potassium, en présence d'un excès d'acide sulfurique, pour éviter la formation d'iodate. L'iode mis en liberté est enfin dosé par l'hyposulfite de sodium.

Pour introduire la solution d'iode dans le ballon, sans perdre d'ozone, on dispose sur la tubulure centrale un entonnoir effilé dans lequel on verse le liquide additionné d'acide sulfurique. On refroidit ensuite assez fortement le ballon au moyen d'acide carbonique solide et d'acétone. Le gaz se contracte, et en ouvrant le robinet, le liquide pénètre dans l'intérieur.

La solution d'iodure de potassium dans l'acide sulfurique est introduite ainsi en plusieurs fois jusqu'au moment où le gaz ne colore plus l'iodure de potassium. On reconnaît la fin de la réaction en portant le ballon à la température du laboratoire et en faisant passer, gràce au robinet, une bulle de gaz dans la solution d'iodure qui se trouve dans l'entonnoir. Cette bulle ne doit produire aucune coloration. Après agitation on débouche le ballon et l'iode libre est dosé par l'hyposulfite.

Nous citerons comme exemple les expériences suivantes qui ont été conduites avec beaucoup de régularité.

Durée de l'expérience	Ozone par litre	
	En volume	En poids
	cc.	gr.
1° Cinq minutes......................	56,3	0.1207
2° Dix minutes......................	90,7	0,1945
3° Trente minutes....................	143.9	0,3085

En ramenant à 100 centimètres cubes nous avons :

1° Cinq minutes, en volume....................	5 cc. 63
2° Dix » »	9 cc. 07
3° Trente » »	11 cc. 39

D'après cette expérience, la teneur en ozone du gaz produit était en volume de 14,39 0/0 ; à partir de ce moment, la quantité d'ozone reste à peu près constante. Ainsi que ces chiffres l'indiquent, c'est une proportion assez élevée. En réalité, la concentration de l'ozone produit par le fluor au contact de l'eau est plus grande que celle qui est fournie par les analyses précédentes. En effet, le déplacement de l'air du ballon par l'ozone exige un temps assez long pendant lequel l'ozone concentré se décompose.

D'autre part, l'influence de la vitesse est très grande.

Dans nos expériences, cette vitesse était de 3 litres à l'heure. Plus le courant de fluor sera rapide, en ayant bien soin toutefois de refroidir l'eau à la température de 0°, et plus la concentration de l'ozone sera forte.

Il se fait ici un équilibre entre les deux réactions suivantes :

1°) Formation d'ozone bleu par décomposition de l'eau par un excès de fluor ;

2) Destruction de l'ozone par l'élévation de la température ambiante.

Dans plusieurs séries d'expériences, lorsque la vitesse du courant de fluor est inférieure à 3 litres par heure, la teneur de l'oxygène en ozone variait de 10 à 12 0/0. Dans d'autres expériences, où l'on ne refroidissait pas l'ampoule qui contient l'eau à la température de 0°, la teneur en ozone était beaucoup moins élevée.

Cette formation si facile de l'ozone concentré par l'action du fluor sur l'eau, à la température de 0°, pourrait peut-être devenir le point de départ de quelques applications.

La préparation du fluor par voie électrolytique est encore délicate, mais elle n'est point coûteuse. De plus, l'ozone ainsi obtenu ne renferme pas trace de composés oxygénés de l'azote. Nous évitons dans cette formation de l'ozone toute réaction secondaire, et si cette nouvelle préparation devenait industrielle, elle mettrait en évidence la grande activité chimique du gaz fluor. (*Applaudissements.*)

M. Gall. — Je n'ai guère qualité pour commenter les résultats obtenus par M. Moissan, mais qu'il me permette de lui exprimer mon admiration pour sa belle expérience et de le remercier d'avoir bien voulu venir nous l'exposer lui-même en ce moment. (*Applaudissements*).

M. Moissan. — Messieurs, je vous remercie et je voudrais dire un mot sur une proposition qui a été faite hier par notre vice-président, M. Gall, à la suite de la communication de M. Le Blanc, relative à une question très complexe concernant l'adoption de nouvelles désignations unitaires employées en électrochimie. C'est là, comme vous le savez, une très grosse question. Vous avez nommé une commission comprenant MM. Moissan, Blondin, Guntz, Hollard, Gall, Lippmann, Le Blanc, Classen, Etard, Palmaer, Brochet, Lebeau, Muller et Marie.

Cette commission se réunira aussitôt le congrès terminé. Je demande qu'on veuille bien lui confier la solution de la question, elle jugera en dernier ressort ; mais je proposerai en même temps que la question soit soumise au Congrès international de Physique qui se réunira dans quinze jours. (*Cette proposition est adoptée.*)

M. le Président ajoute : une autre question délicate concerne l'analyse du carbure de calcium et de l'acétylène. Je vous propose pour étudier cette question de nommer une commission composée de MM. Moissan, Gall, Lunge, Bullier, Lacroix, Hubou, Lebeau. (*Adopté.*)

M. le Président : Je vous ferai remarquer que cette commission de l'analyse du carbure de calcium et de l'acétylène demandera peut-être la création d'une commission internationale. Nous ne pouvons pas le faire de suite parce qu'il y aurait à mettre en mouvement les différents gouvernements, ce qui est toujours très long. Cette commission serait dans une certaine mesure comparable à celle des poids et mesures et elle aurait pour but, non pas d'imposer, mais de discuter, de conseiller certaines méthodes analytiques... Il va de soi que ces méthodes se modifieront, comme tout se modifie en chimie, tant qu'il y aura des découvertes nouvelles.

Mais la commission pourrait sans doute prévenir les difficultés qui peuvent s'élever entre vendeurs et acheteurs et éviterait ainsi beaucoup de procès en employant et en conseillant les meilleures méthodes; elle éviterait aussi des frais d'expertise, ce qui parfois n'est pas négligeable.

Nous allons renvoyer toutes ces différentes questions à une commission unique, qui aboutira vraisemblablement à la création d'une commission internationale pour la solution de ces questions.

Messieurs, nous avons été pendant très longtemps sans nous entendre beaucoup lorsque nous parlions des propriétés de l'aluminium. Beaucoup de gens l'ont regardé comme un excellent métal : il est léger, il possède des propriétés intéressantes selon quelques-uns : d'autres, au contraire, l'ont regardé comme un métal de mauvaise qualité sur lequel on ne peut pas se fier et on a été jusqu'à l'appeler le métal de la déception... Tout le monde avait raison, et ceux qui prétendaient que l'aluminium avait des qualites et ceux qui certifiaient qu'il était rempli de défauts.

C'est un bon métal dans certains cas. lorsqu'il est pur, et 'il est mauvais quand il est impur, s'il est souillé par exemple par du silicium ou du sodium. Pendant longtemps, on a eu l'habitude, que je crois mauvaise comme chimiste, de doser l'aluminium par différence.

On arrivait ainsi à des analyses très commodes pour le vendeur, puisqu'elles contenaient jusqu'à 102 et 103 0 0 de métal. Vous savez que le silicium en particulier était très difficile à éviter. Mais ce problème délicat a été résolu, notamment par Secrétan, et la pureté de l'aluminium devient de plus en plus grande. En se purifiant l'aluminium est devenu plus malléable et aujourd'hui il s'estampe et se travaille avec facilité.

J'ai pensé rendre service à l'industrie en demandant à M. Defacqz. qui s'était occupé de la question de l'analyse de l'aluminium, de nous fournir un rapport sur ce sujet.

M. Defacqz donne lecture de son rapport.

Analyse de l'Aluminium industriel

Par M. Defacqz

Comme un très grand nombre de produits, l'aluminium industriel. surtout au début de sa fabrication courante, contenait une petite quantité d'impuretés ; dans de certains cas elles sont négligeables puisqu'elles ne modifient que peu les propriétés du produit ; mais on eut vite démontré que pour ce métal il était loin d'en être ainsi

La question des impuretés devint donc de tout premier ordre. et l'analyse rigoureuse qualitative et surtout quantitative de l'aluminium s'imposait.

Un certain nombre de méthodes naissaient alors.

Bientôt il devenait intéressant de rechercher s'il n'était pas possible d'en fixer une sûre, qui réponde à la fois à la pratique industrielle, étant donné les exigences de pureté que l'aluminium demande pour ses applications. C'est ce que nous nous sommes efforcés de faire dans ce rapport.

Nous ne nous occuperons donc ici que de l'analyse du métal commercial et non de ses alliages, sauf celui de cuivre à 3 ou 3 0 0 : nous limiterons de même l'analyse aux impuretés courantes, Si, Fe, C, Na.

Nous diviserons le travail en trois grandes parties :

I. — Exposé par ordre chronologique des principales méthodes qui ont été indiquées depuis ces cinq dernières années.

II. — Critique, suivant nous, de ces méthodes.

III. — Conclusions dans lesquelles nous indiquerons la méthode modifiée ou non qui semble devoir être préférée.

Nous ferons suivre d'un indice bibliographique dans lequel nous indiquerons non seulement les originaux de ces méthodes, mais tout ce qui se rattache à cette importante question de l'analyse de l'aluminium industriel.

I. — Les principales méthodes indiquées depuis ces cinq dernières années sont :

1° Méthode de MM. Moissan, décembre 1895 ;

2° — Gouthière, décembre 1896 ;

3° — James Otis Handy, décembre 1896 :

4° — F. Jean, janvier 1897 ;

5° — Balland, juin 1897 ;

6° — Baldy, janvier 1899 (1).

1° Méthode de M. Moissan

Le résumé de la méthode est le suivant : On effectue d'abord un essai préliminaire pour s'assurer si l'aluminium contient ou non du cuivre ; l'essai s'effectue en mettant 2 grammes environ de métal en solution chlorhydrique et en précipitant la liqueur par l'hydrogène sulfuré en ayant bien soin de la chauffer et de la tenir tiède pendant quelques heures pour le cas où il y aurait peu de cuivre.

On passe alors au dosage proprement dit et l'on détermine successivement le silicium, l'aluminium, le sodium, le carbone.

Deux cas peuvent se présenter :

1° L'aluminium contient du cuivre ;

2° L'aluminium ne contient pas de cuivre.

Aluminium sans cuivre. — On prend 3 grammes environ de métal, on les dissout dans l'acide chlorhydrique étendu en ajoutant quelques gouttes d'acide azotique, puis le résidu, s'il y en a un, entrepris par les carbonates alcalins en fusion ; le produit fondu est traité par l'acide chlorhydrique étendu, et on ajoute cette deuxième solution à la première. Tout est donc dissous.

On dose la silice par évaporation à sec de la liqueur, et calcination

(1) L'exposé complet de ces différents procédés étant fort long, nous nous bornerons à faire pour chacun un résumé débarrassé des détails analytiques, il sera important de se reporter à l'indice bibliographique pour les originaux.

du résidu sec à l'étuve à air à 128° au maximum, jusqu'à ce qu'il n'y ait plus de vapeurs acides. — Cette précaution est indispensable, d'une part, pour obtenir que toute la silice soit insolubilisée ; d'autre part, pour que l'alumine formée puisse être remise en solution. — On reprend le résidu sec par l'acide chlorhydrique étendu, on chauffe quelques instants, la silice seule reste insoluble.

Du filtre on fait de la liqueur un volume déterminé, puis sur une portion (25 cc. par exemple) de cette liqueur, on précipite ensemble fer et alumine par un très léger excès d'ammoniaque et quelques gouttes de sulfhydrate; on a à la fois, après lavage et calcination, $Al^2O^3 + Fe^2O^3$.

Sur une autre portion (100 cc. par exemple) on dose pondéralement le fer en le séparant de l'aluminium par la potasse chaude en excès.

Pour obtenir le sodium on se base sur la décomposition du nitrate d'aluminium qui s'effectue à plus basse température que celui de sodium ; on transforme alors le nitrate alcalin débarrassé de celni d'aluminium par calcination et filtration en chlorure; ce dernier est dosé par l'azotate d'argent ; de la quantité de chlore on déduit le poids du sodium.

Pour avoir le carbone, M. Moissan attaque l'aluminium par le bichlorure de mercure, puis volatise dans un courant d'hydrogène ; le résidu est alors brûlé dans un courant d'oxygène et l'anhydride carbonique est recueilli dans un tube à potasse : du poids d'acide carbonique on déduit la quantité de carbone.

Aluminium avec cuivre. — Quand le métal contient du cuivre : 3 à 6 0/0, on fait un dosage de cuivre par voie électrolytique.

Dans la liqueur faite comme primitivement, on précipite le cuivre par l'hydrogène sulfuré et on continue l'analyse comme dans le premier cas.

MÉTHODE DE M. GOUTHIÈRE

L'auteur traite à la fois le dosage de l'aluminium commercial et des alliages. Dans ce procédé l'auteur met l'aluminium en solution dans de la soude.

On prend de 5 à 10 grammes de métal en copeaux et on chauffe avec une solution de soude au 1/3, on a en solution l'aluminium et un résidu noir, qui, suivant que l'on a affaire à du métal ou un alliage, varie de composition; ici il peut contenir le cuivre et le fer à l'état d'oxyde.

Ce résidu est dissous dans l'acide azotique, la solution électrolysée donnera le cuivre ; la solution restante, à laquelle on aura ajouté les eaux de lavages, donnera le fer que l'auteur dose par précipitation par l'ammoniaque.

Quant a l'aluminium, M. Gouthière indique que dans la plupart des laboratoires industriels il est dosé par différence ; en tout cas, ajoute-t-il, on peut y arriver en suivant la méthode indiquée par M. Moissan.

Pour obtenir le silicium l'auteur dissout une prise d'essai du métal dans l'acide chlorhydrique dilué avec 3 à 4 cc. d'acide azotique, il évapore la solution à sec et il chauffe le résidu de 110 à 120° ; ce dernier repris par l'acide chlorhydrique étendu donne la silice.

Pour le carbone, M. Gouthière emploie la méthode de Boussingault au chlorure mercurique, ou celle au chlorure de cuivre qui sert au dosage du carbone dans les aciers.

MÉTHODE DE M. JAMES OTIS HANDY

M. James Otis Handy ne parle dans son mémoire que de l'analyse de l'aluminium commercial ; il en consacre un autre exclusivement au dosage des alliages.

Le dissolvant employé dans ce procédé est un mélange d'acides dans les proportions suivantes :

$$100 \text{ cc. } AzO^3H - (D = 1.42)$$
$$300 \text{ cc. } HCl - (D = 1.20)$$
$$600 \text{ cc. } SO^4H^2 \text{ à } 25 \text{ } 0/00$$

Le dosage du silicium, du fer, du cuivre s'effectue de la manière suivante :

On dissout 1 gramme de métal en copeaux dans 30 cc. du mélange ci-dessus ; la dissolution opérée, on évapore rapidement jusqu'à dégagement d'abondantes fumées sulfuriques ; on reprend le résidu par l'eau acidulée sulfurique ; on chauffe, le sulfate d'alumine se dissout ainsi que celui de fer et de cuivre ; la silice est insolubilisée. On ajoute alors à la solution 1 gramme de Zn en poudre ; le fer est ramené au minimum d'oxydation, le cuivre est précipité. On filtre et on lave le résidu dans la solution ; on dose le fer par le permanganate de potassium. La partie restante sur le filtre est lavée à l'eau chargée d'acide azotique, le cuivre est dissous, on le dose par le cyanure.

Le résidu final qui, d'après l'auteur, est formé de silicium et de silice, est fondu aux carbonates alcalins ; l'insolubilisation de la silice est effectuée par l'acide sulfurique. On fait de plus un dosage de silicium en traitant l'aluminium par l'acide chlorhydrique en présence d'un peu d'acide fluorhydrique ; on filtre et le résidu est traité comme précédemment.

Pour doser le sodium, la méthode consiste à calciner l'aluminium en

solution nitrique avec du chlorhydrate d'ammoniaque et du carbonate
de chaux, puis à reprendre par l'eau, à ajouter à la solution du carbonate d'ammoniaque pour précipiter la chaux, à filtrer et évaporer
et à calciner légèrement pour avoir finalement le chlorure de sodium
que l'on pèse.

Le dosage du carbone s'effectue de la même manière que dans la
méthode de Moissan ; mais l'acide carbonique est transformé en carbonate de baryum.

Pour avoir l'aluminium, on fait une solution chlorhydrique avec
quelques gouttes d'acide azotique ; on élimine le cuivre par l'hydrogène
sulfuré, on fait avec la liqueur un volume déterminé (500 cc.) et sur une
partie de cette solution on précipite par l'ammoniaque en prenant
les précautions habituelles.

MÉTHODE DE M. F. JEAN.

L'auteur traite la question d'une façon générale : analyse de l'aluminium et de ses alliages ; nous ne retiendrons que ce qu'il dit de l'analyse du métal.

Dans ce procédé on dissout encore l'aluminium (10 grammes en copeaux) dans l'acide chlorhydrique étendu ; mais les gaz résultant sont
dirigés dans des tubes à boules contenant du brome et de l'eau ; quand
l'attaque est terminée le produit des boules est chauffé pour chasser
le brome et on y dose alors le soufre, le phosphore, l'arsenic qui sont
respectivement à l'état d'acide sulfurique, phosphorique, arsénique.
La solution chlorhydrique est filtrée sur filtre taré séché à 100° et
pesé ; on calcine ce filtre et par différence de poids l'auteur obtient
le carbone ; dans le résidu de cette calcination, on dose la silice par
la méthode habituelle.

La solution chlorhydrique primitive est débarrassée du cuivre par
l'hydrogène sulfuré, on filtre, on en fait un volume déterminé et sur
une quantité également déterminée, on évapore à sec pour avoir la
silice qui était en solution. La liqueur filtrée de cette silice servira à
doser le fer par une liqueur titrée de protochlorure d'étain.

Le sodium est dosé par M. F. Jean par la méthode employée par
M. Moissan qui a été modifiée de façon à obtenir la soude à l'état de
carbonate afin de faire ensuite un dosage alcalimétrique [1].

MÉTHODE DE M. BALLAND.

Le procédé indiqué par M. Balland porte le nom : « Essai des usten-

----

[1] L'aluminium est probablement dosé par différence, il n'est pas fait mention
de son dosage particulier.

siles d'aluminium. » L'auteur a cherché un moyen pratique et rapide de s'assurer si les divers ustensiles en aluminium en usage dans l'armée remplissent bien les clauses du cahier des charges.

On peut diviser ces essais en deux parties.

1° Aluminium seul.

2° Aluminium contenant du cuivre.

Ils sont basés sur la solubilité de l'aluminium et du fer et la presque insolubilité des impuretés et du cuivre dans l'acide chlorhydrique au 1/5° dans le premier cas, au 1/10e dans le deuxième.

Aluminium seul. — On prend 0 gr. 5 de métal que l'on attaque par 10 cc. HCl et 50 cc. eau ; l'opération se fait à la température ordinaire d'abord, à 10)° à la fin.

La solution obtenue après filtration est divisée en deux. On dose dans l'une le fer pondéralement après séparation de l'aluminium par la potasse : dans l'autre on obtient le mélange $Al^2O^2 + Fe^2O^3$ par l'ammoniaque : on a sur le filtre, d'après l'auteur, le C et le silicium : on lave, on pèse après calcination.

Aluminium et cuivre. — On opère comme précédemment en prenant deux fioles et en attaquant par cc. HCl et 50 cc. eau.

L'une de ces fioles après filtration laisse un résidu qui contient le cuivre et les impuretés. L'autre fiole, à laquelle on a ajouté quelques gouttes d'acide azotique, donne après filtration, un résidu de carbone et de silicium.

Dans les solution filtrées on dose comme précédemment le fer et l'aluminium.

MÉTHODE DE M. BALDY.

La méthode de M. Baldy consiste à attaquer et à oxyder une quantité pesée d'aluminium ; l'opération s'effectue dans un appareil spécial assez compliqué. Il se forme du gaz carbonique que l'on recueille dans du sucrate de chaux, une solution et un résidu.

Pour connaître la quantité de carbone, on dissout le carbonate de calcium formé dans un certain nombre de cc. d'acide chlorhydrique titré et on dose l'excès d'acide non saturé par l'alcalimétrie.

La solution contient le fer et l'alumine ; on les sépare par la potasse en excès ; et dans la liqueur filtrée on précipite l'alumine par le phosphate de soude en présence d'acétate d'ammoniaque, après avoir acidulé la liqueur par l'acide azotique ou chlorhydrique.

Le résidu qui contient la silice et le graphite est pesé sur filtre taré après dessiccation à l'étuve à 100° ; on l'incinère ensuite dans une capsule de platine : le poids des cendres est celui de la silice ; par différence on a le graphite.

II et III. — Critiques et Conclusions.

Comme nous le faisions remarquer dans les préliminaires de ce rapport, les impuretés jouant un rôle capital dans les propriétés si curieuses et si intéressantes de ce métal, la méthode la plus convenable d'analyse d'un aluminium industriel doit être, *avant tout*, aussi rigoureuse que possible pour le dosage *de tous les éléments* que l'on y rencontre actuellement, c'est-à-dire Si, Fe, Al, C, Na, quelquefois Cu.

Les procédés de MM. Jean et Gouthière ont, à notre point de vue, le grave inconvénient de ne doser l'aluminium que par différence ; il est vrai que M. Gouthière indique que si on veut le doser on peut prendre la méthode indiquée par M. Moissan ; quant à celle de M. Balland, c'est, d'après l'auteur même, un procédé d'essai employé pour un cas particulier devant répondre aux exigences d'un cahier des charges : il en est de même de la méthode de M. Baldy dont le côté théorique est intéressant, qui pourra rendre des services pour le dosage du carbone, mais qui pour l'analyse de l'aluminium industriel, n'apporte aucun avantage aux précédents procédés.

La méthode de M. James Otis Handy, bonne dans son ensemble, ne me paraît pas dans les détails aussi rigoureuse que celle de M. Moissan. Aussi je conclus en faveur de cette dernière, à laquelle on pourrait faire quelques légères additions.

1° Vérifier, quand on a pesé la silice, qu'elle est entièrement soluble dans l'acide fluorhydrique.

2° Précipiter le mélange d'oxyde d'aluminium et de fer par la méthode de M. Stock (précipitation par un mélange d'iodure et d'iodate à chaud) qui a l'avantage de donner une alumine grenue et par conséquent se lavant beaucoup plus rapidement. *(Applaudissements.)*

INDICE BIBLIOGRAPHIQUE

H. Moissan. — Sur les impuretés de l'aluminium industriel. Comptes rendus de l'Académie des Sciences, t. CXIX, p. 12.)

Balland. — Sur les ustensiles en aluminium. (Comptes rendus, t. CXXI, p. 381.)

H. Moissan. — Sur la présence du sodium. (Comptes rendus, t. CXXI, p. 794.)

H. Moissan. — Analyse de l'aluminium. (Comptes rendus, t. CXXI, p. 851.)

Balland. — Essai des ustensiles d'aluminium. (Comptes rendus, t. CXXIV, p. 1.313.)

H. Moissan. — Analyse de l'Aluminium. (Comptes-rendus, t. CXXV, p. 276.

Balland. — Essai des ustensiles d'aluminium. (Comptes-rendus, t. CXXV, p. 431.)

Ed. Defacqz. — Impuretés de l'aluminium et de ses alliages. (Comptes rendus, t. CXXV, p. 1.174.

Ernst Fahrig. — Aluminium industriel et quelques unes de ses propriétés. (Comptes-rendus, t. CXXVIII, p. 582.)

A. Minet. — Sur les impuretés de l'aluminium. (Comptés rendus, t. CXXVIII, p. 1163.)

H. Gouthière. — Analyse de l'aluminium et des alliages. (Annales de Chimie analytique, 1896, p. 265.)

Balland. — Sur les essais de l'aluminium. (Annales de Chimie analytique, 1898, p. 109.)

F. Baldy. — Essai de l'aluminium et du zinc à l'aide de l'acide chlorique. (Annales de Chimie analytique, 1900. p 201.)

F. Jean. — Analyse de l'aluminium et de ses alliages. (Revue de Chimie industrielle, 1897, p. 5.)

J Otis Handy. — Analyse de l'aluminium. (Journal of. Americ. Chem. Soc., 1896, p. 766.)

Gooch et Havens. — Séparation du fer et de l'aluminium. (Chem. Report, 1897, p. 44.

Sibbers. — Sur l'analyse d'aluminium. (Pharm. Zeit., 1897, p. 622.)

A. Stock. — Sur un nouveau procédé de dosage de l'aluminium. (Comptes rendus, t. CXXX, p. 175.)

M. Fischer développe sa communication.

Sur la production du tétrasulfate de Plomb par électrolyse

par M. Fischer.

L'électrolyse de l'acide sulfurique au moyen d'électrodes en plomb est un des plus intéressants problèmes de l'électrochimie. C'est lui qui constitue la base des accumulateurs de valeur pratique, malgré tous les efforts tentés soit par la science soit par l'industrie pour arriver à un rendement supérieur. Au fond des constructions les plus variées des accumulateurs modernes on retrouve toujours la polarisation de deux plaques de plomb immergées dans l'acide sulfurique étendu.

Quels sont les phénomènes chimiques qui se passent au sein d'un accumulateur? Cette question née en même temps que l'accumulateur a passionné beaucoup d'expérimentateurs, provoqué de nombreuses discussions. Elle est loin pourtant d'être suffisamment éclairée. Si les phénomènes cathodiques, la réduction de l'oxyde et la mise en liberté du métal, nous sont connus depuis longtemps, il n'en est pas de même des réactions qui se passent à l'anode et nous savons bien peu de choses sur le mécanisme de la formation du peroxyde de plomb.

A l'instigation de mon maître, M. Elbs, directeur du *Physikalisch-chemisches Laboratorium*, à Giessen, j'ai entrepris une série d'expériences dans le but d'expliquer ces phénomènes anodiques. Ce sont elles que je vais avoir l'honneur de résumer devant le Congrès ; elles m'ont conduit à la préparation du tétrasulfate de plomb, du sel correspondant au plomb tetravalent de formule

$$(SO^4) = Pb = SO^4$$

J'ai préparé ici les 3 expériences suivantes :

I — Un vase contenant de l'acide sulfurique de densité 1.2. et deux électrodes en plomb, C'est le type d'un accumulateur ordinaire de Planté. L'appareil a marché depuis deux heures de même que les suivants.

Le vase II contient de l'acide de densité 1.7, de plus la cathode est formée par un serpentin de plomb, maintenu froid par une circulation intérieure d'eau.

La même disposition se retrouve dans le 3ᵉ vase dont l'acide de densité 1.7 a été en outre additionné d'une certaine quantité de sulfate d'ammonium.

Vous pouvez constater que les vases 2 et 3 sont munis de diaphragmes pour éviter que le soufre et le sulfure de plomb qui se produisent toujours dans l'électrolyse de l'acide sulfurique de densité 1.7 avec des cathodes de plomb, ne viennent souiller les produits dont nous visons l'isolement.

Comme je viens de le dire, l'électrolyse a déjà duré deux heures. Examinons maintenant les changements produits par le courant dans ces trois vases.

Nous remarquons immédiatement les aspects différents des anodes.

Dans le vase 1, le modèle de l'accumulateur ordinaire, c'est la réaction classique, il y a eu formation de peroxyde de plomb qui s'est déposé en couches brunes sur l'anode.

Dans les vases 2 et 3, les anodes, fortement attaquées par l'électrolyse, ont conservé leur surface métallique et brillante : de plus les électrolytes se sont troublés, tiennent en suspension des corps blancs dans 2, jaunes dans 3. J'ai pu caractériser par l'analyse le précipité blanc comme le trétasulfate de plomb. $SO^4 - Pb = SO^4$ et le précipité jaune du vase 3 où nous avions préalablement ajouté du sulfate d'ammonium, comme un sulfate double d'ammonium et de plomb tétravalent selon le symbole.

$$(NH^4)^2\ SO^4\ Pb\ (SO^4)^2$$

J'ajouterai de suite que l'on peut obtenir avec la même facilité les combinaisons jaunes correspondantes du potassium, rubidium et cœsium. Tous ces sels doubles diffèrent du tétrasulfate simple par leur stabilité beaucoup plus grande et leur presque insolubilité dans l'acide sulfurique concentré.

Le tétrasulfate simple est en effet sensiblement soluble dans l'acide sulfurique, il s'altère avec la plus grande facilité, l'eau le décompose instantanément. Si, à l'aide d'une pipette, je fais tomber dans un excès d'eau un peu du liquide pris dans le vase 2, j'obtiens aussitôt un précipité brun de péroxyde et l'anode qui avait gardé jusqu'ici sa surface brillante se recouvre aussitôt du même péroxyde si je la plonge dans l'eau. Elle ressemble maintenant à l'anode du vase 1, c'est-à-dire à l'anode d'un accumulateur ordinaire. La réaction se fait d'après la formule :

$$Pb\ (SO^4)^2 + 2\ H^2O = PbO^2 + 2\ H^2SO^4$$

Je rappellerai ici que cette formule est entièrement d'accord avec la théorie donnée par M. Elbs pour la charge des accumulateurs qui se produirait d'après lui en deux phases :

$$\overset{+\ +\ +\ +}{Pb} + 2\ \overset{----}{SO^4} = \overset{IV}{Pb} \Big\langle \begin{matrix} SO^4 \\ SO^4 \end{matrix}$$

$$Pb \Big\langle \begin{matrix} SO^4 \\ SO^4 \end{matrix} + 2H^2O = PbO^2 + 2\ H^2SO^4$$

Pour isoler le tétrasulfate de plomb il faut observer les précautions suivantes :

1° Employer un acide dont la densité est supérieure à 1,65 ;

2° Eviter une élévation de température dépassant 50°.

3° Opérer avec une densité de courant comprise entre 0,5 et 10 ampères par décimètre carré. Quand la densité du courant tombe au-dessous de 0,5 ampères, le plomb de l'anode réagit avec le tétrasulfate d'après le symbole

$$Pb + Pb\ (SO^4)^2 = 2\ PbSO^4$$

et on n'obtient presque que du sulfate de plomb. Cela correspond à la décharge spontanée des plaques des accumulateurs par la réaction locale.

$$PbO^2 + Pb + 2\ H^2SO^4 = 2\ PbSO^4 + 2\ H^2O$$

D'autre part, quand la densité du courant dépasse 10 ampères par décimètre carré, l'acide sulfurique, en raison de sa mauvaise conductibilité, s'échauffe tellement au voisinage de l'anode qu'il y a décomposition du tétrasulfate formé avec dégagement d'oxygène.

$$Pb\ (SO^4)^2 = PbSO^4 + SO^3 + O$$

Je dois vous signaler que le tétrasulfate de plomb n'est pas le seul corps se produisant dans cette électrolyse. Il y a également formation d'un peu d'ozone et d'une petite quantité de sulfate de plomb.

Peut-être le fait que les plaques sont fortement rodées explique-t-il la destruction des grillages dans les accumulateurs dont la masse active n'est pas assez poreuse. Dans ce cas, l'acide se concentre à l'intérieur de la masse, et dès qu'il a atteint une densité voisine de 1.7 les cadres s'attaquent comme nous avons vu les électrodes s'attaquer dans nos expériences.

Pour terminer ma communication, j'ajouterai que j'ai pu réaliser aussi la préparation du tétrasulfate de plomb par voie purement chimique. Il se produit en effet dans l'action de l'acide sulfurique fumant sur le bioxyde de plomb et les plombates alcalins et alcalino-terreux à basse température. (*Applaudissements.*)

M. MULLER. — Je demanderai à M. Fischer s'il croit que la réaction est normale ; il n'ignore pas que l'année dernière il y a eu une discussion très vive au Congrès électrochimique allemand, où la majorité a été d'avis que ces réactions sont non réversibles. Or il résulte des expériences que l'accumulateur qui fonctionne normalement est réversible et que par conséquent cette réaction serait en contradiction avec cette réversibilité.

Je voudrais savoir son opinion personnelle sur les conditions dans lesquelles se produit cette réaction dans les accumulateurs.

M. FISCHER. — On ne peut rien voir à cet égard, l'acide est trop étendu; mais sans doute cette réaction n'est pas réversible.

M. MULLER. — L'accumulateur normalement n'est pas réversible, mais quand on prend la force électromotrice d'un accumulateur couvert ou qui fonctionne lentement, la réversibilité se produit. Il y a des expériences qui prouvent que la force électromotrice ne dépend que de la concentration de l'acide sulfurique.

M. GALL. — Le tétrasulfate de plomb se dissout-il dans l'acide sulfurique ?

M. FISCHER. — Oui, mais il est stable.

M. GALL. — Est-ce que vous avez déterminé la quantité de tétrasulfate dissous dans une concentration donnée d'acide sulfurique?

M. FISCHER. — Non.

M. GALL. — M. Berthelot avait fait ces déterminations et il serait très intéressant de compléter ces indications.

Sur la préparation industrielle du fluor

Par C. POULENC et M. MESLANS.

Le fluor a été isolé pour la première fois en 1886, par M. H. Moissan en électrolysant dans un tube en U en platine et à l'aide d'électrodes de platine fixées aux deux ouvertures par des bouchons de fluorine, un mélange d'acide fluorhydrique anhydre et de fluorure de potassium. Dernièrement M. Moissan a remplacé le tube de platine par un tube de cuivre de même forme, en conservant les autres dispositions essentielles de son premier appareil.

En vue d'étudier les applications pratiques du fluor, nous nous sommes proposé de résoudre d'abord le problème assez délicat de la préparation industrielle de ce gaz.

Le dispositif de M. Moissan donne d'excellents résultats au laboratoire : mais pour réaliser un appareil qui permette d'obtenir le fluor dans des conditions industrielles, nous avons dû adopter des dispositions tout à fait différentes et nous préoccuper de résoudre les trois points essentiels suivants :

1° Suppression des isolements en fluorine et, d'une façon générale, de tout joint dans la cellule anodique où le fluor se forme ;

2° Constitution d'un diaphragme, inactif au point de vue électrolytique, séparant les cellules anodiques et cathodiques, n'apportant qu'un faible accroissement à la résistance de l'électrolyte, et permettant cependant une séparation efficace des gaz hydrogène et fluor ;

3° Réalisation de dispositifs permettant d'accroître à volonté la surface utile des électrodes, tout en réduisant au minimum l'épaisseur de la couche d'électrolyte interposée entre elles, et par conséquent de réduire la résistance de l'appareil et par cela même d'augmenter le rendement utile de l'énergie électrique et de diminuer l'échauffement du bain.

Nous avons réalisé, en grande partie du moins, ces diverses conditions, en employant comme diaphragme une sorte de boîte de cuivre percée seulement d'ouvertures latérales convenables au niveau des électrodes et munie d'un tube de cuivre, brasé à la partie supérieure et qui servira au départ du fluor.

Cette cellule qui renferme l'anode (en platine par exemple) est plongée dans l'électrolyte de façon que ses ouvertures latérales soient placées au-dessous du niveau du liquide qui fait garde ; celui-ci est contenu dans une boîte également en cuivre, dont les parois mêmes servent de cathodes.

Les cellules anodiques sont isolées de la cuve cathodique par un simple joint en caoutchouc qui assure en même temps l'étanchéité de l'appareil ; cela est possible, puisque ce joint n'est soumis qu'à l'action des vapeurs d'acide fluorhydrique et non à celles du fluor.

Dès que le courant passe dans l'appareil, la boîte anodique entière fonctionne comme anode et décompose l'électrolyte. Du fluor se sépare sur ses parois de cuivre, mais celles-ci sont aussitôt recouvertes d'une couche, très mince, mais isolante, de fluorure de cuivre et, dès lors, seule l'anode de platine continue à électrolyser le mélange, et est le siège d'un dégagement de fluor. Les parois métalliques de la cellule anodique sont transformées par la couche de fluorure de cuivre en un diaphragme inactif : celui-ci, convenablement ajouré dans sa paroi située en regard des anodes, livre passage au courant qui traverse l'électrolyte, tout en maintenant séparés les gaz fluor et hydrogène isolés à l'anode et sur la surface de cuivre du vase externe qui sert de cathode.

L'appareil que le dessin représente en coupe réalise ces différentes conditions.

B est une cuve rectangulaire en cuivre qui renferme l'électrolyte (mélange d'acide fluorhydrique anhydre et de fluorure de potassium). Un couvercle M également en cuivre est fixé sur elle à l'aide de boulons; un joint de caoutchouc J assure l'étanchéité.

L'ensemble en est réuni au pôle négatif de la source d'électricité ; des lames de cuivre C sont réunies aux parois de la cuve et sont destinées à fonctionner ainsi que celles-ci comme cathodes. Cette cuve est refroidie extérieurement par un bain réfrigérant.

A, A sont des boîtes de cuivre de forme rectangulaire, allongées et plates, fermées en bas, et munies à la partie supérieure de tubes R servant à la fois de support aux boîtes et de dégagement au gaz fluor. Ces tubes sont isolés du couvercle à l'aide d'un joint de caoutchouc L servant en même temps à assurer l'étanchéité et qui est fixé par des rondelles et des écrous P.

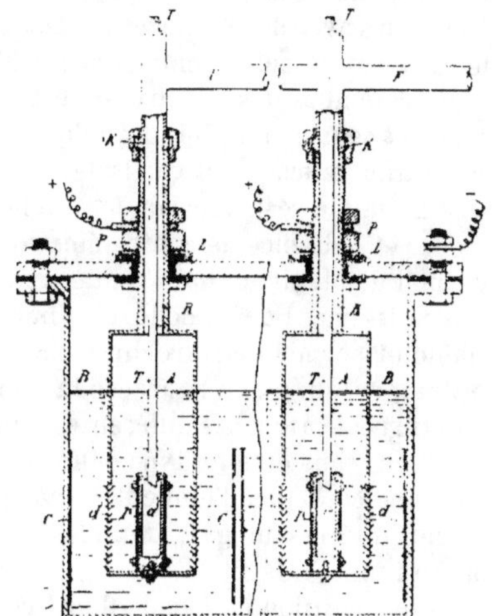

a, a sont des anodes, elles sont constituées par des boîtes de cuivre plates sur lesquelles sont boulonnées des plaques de platine et à l'intérieur desquelles circule, amené par des tubes T, T, un courant de liquide réfrigérant.

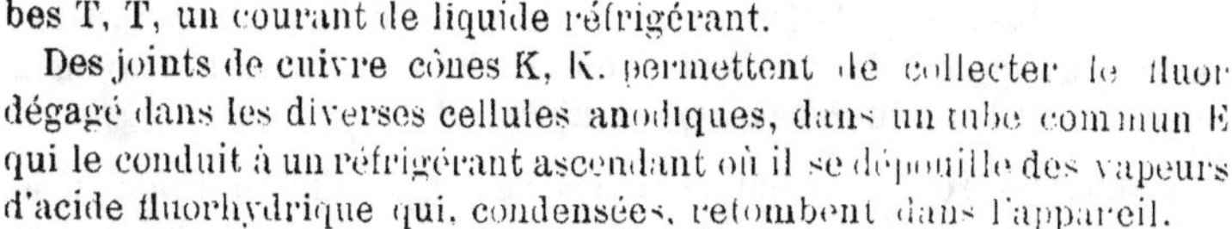

Des joints de cuivre cônes K, K. permettent de collecter le fluor dégagé dans les diverses cellules anodiques, dans un tube commun E qui le conduit à un réfrigérant ascendant où il se dépouille des vapeurs d'acide fluorhydrique qui, condensées, retombent dans l'appareil.

L'hydrogène formé dans les espaces cathodiques sort par le tube H et est soumis de même à un refroidissement énergique pour retenir les vapeurs acides.

Les parois des boîtes A, A, sont ajourées dans la portion située en face des anodes, et des lames de cuivre minces D D pliées en V et fixées les unes au-dessus des autres à une distance convenable constituent un diaphragme peu résistant quoique efficace au point de vue de la séparation des gaz hydrogène et fluor.

L'ensemble des boîtes anodiques A et des anodes *a* est relié au pôle positif de la source électrique; toute la partie des boîtes A A ainsi que ces lames *d d*, qui plongent dans l'électrolyte, se recouvrent, dès le début du passage du courant, d'une mince couche isolante de fluorure de cuivre, qui les transforme en un diaphragme indifférent vis-à-vis de l'électrolyte; dès lors, seules les plaques de platine anodiques sont le siège d'une action électrolytique et du dégagement du fluor.

Grâce à l'ensemble de ces dispositions :

1° Le fluor n'ayant de contact, jusqu'à sa sortie de l'appareil, qu'avec des parois métalliques, les joints qui n'ont à supporter que l'action de l'hydrogène chargé de vapeurs d'acide fluorhydrique peuvent être constitués avec des matières organiques, telles que le caoutchouc que le fluor eût détruit. L'emploi de fluorine est donc évité;

2° L'étendue des électrodes est illimité et le rapprochement de celles-ci peut être réduit à quelques centimètres avec cependant une séparation efficace des gaz isolés.

3° La faible résistance de la couche d'électrolyte qui sépare les électrodes et l'absence de contre-électrolyse sur les parois de séparation permet d'obtenir un haut rendement de l'énergie électrique. Enfin le refroidissement de l'anode en diminue l'attaque d'une façon appréciable et permet de refroidir moins énergiquement la masse de l'électrolyte, ce qui a une heureuse influence sur le régime de l'électrolyse.

Cette réalisation des différentes conditions que nous avons énumérées au début, sans être un type définitif encore, permet cependant d'aborder avec confiance l'étude de l'industrie du fluor et des applications de cet intéressant gaz, dont les grands travaux de M. Moissan ont montré tout l'intérêt.

La préparation de l'acide fluorhydrique anhydre ne saurait être un obstacle à cette préparation industrielle du fluor, et nous effectuons sans difficulté la distillation du fluorhydrate de fluorure de potassium fondu dans des alambics construits tout entier en cuivre sans avoir à redouter l'attaque du métal. (*Applaudissements.*)

M. GALL. — Tout ceux qui ont été à l'annexe de l'Exposition où se trouvent les appareils de M. Meslans savent la peine que celui-ci s'est donnée pour faire aboutir industriellement les nouvelles recherches sur le fluor de M. Moissan.

Nous ne pouvons que le remercier de nous avoir si libéralement mis au courant de tous les détails de son appareil. (*Applaudissements.*)

M. GUICHARD a la parole pour développer sa communication sur la préparation de la fonte de molybdène au four électrique par la molybdénite.

Préparation de la fonte de molybdène au four électrique par la molybdénite.

Par M. Marcel Guichard.

A la suite des travaux de M. Moissan sur la préparation des métaux purs fondus au four électrique, il était intéressant de voir quelle serait l'action de la très haute température produite par le four électrique sur les composés naturels des métaux, les minerais. M. Moissan, lui-même montra que par traitement du fer chromé naturel au four électrique, on peut préparer avec facilité des ferro-chromes.

Nous avons appliqué cette idée au minerai de molybdène le plus important et avons préparé ainsi la *fonte de molybdène* à partir de la *molybdénite* ou bisulfure naturel.

Nous décrirons tout d'abord nos expériences sur l'action de la chaleur sur le bisulfure de molybdène artificiel pur qui nous ont conduit à isoler un nouveau sulfure, le sesquisulfure de molybdène cristallisé; nous montrerons que le sesquisulfure, soumis lui-même à l'action de l'arc électrique, est détruit et transformé en molybdène; nous donnerons ensuite l'application de ces expériences à la préparation de la fonte de molybdène à partir de la molybdénite; enfin, nous décrirons les méthodes d'analyse employées dans ces recherches.

I. — Bisulfure de molybdène artificiel.

Dans le but d'obtenir des quantités assez considérables de bisulfure de molybdène, nous avons examiné les modes de formation de ce corps, afin d'en tirer une méthode de préparation rapide et simple de sulfure pur.

La formation du bisulfure à partir du trisulfure, par perte de soufre, sous l'influence de la chaleur, ne convient pas, car le trisulfure est un précipité difficile à laver et à sécher.

Scheele a obtenu le bisulfure par l'action du soufre ou de l'hydrogène sulfuré sur l'acide molybdique; mais l'acide molybdique pur, exempt de bioxyde, est long à préparer et, d'autre part, d'après Svanberg et Struve (1), il est difficile d'obtenir une transformation complète de l'acide molybdique en bisulfure, par l'action de l'hydrogène sufuré gazeux.

Dans leur méthode d'extraction de l'acide molybdique de la molybdénite, Svanberg et Struve obtiennent du bisulfure impur par l'action, au four à vent, du soufre sur le molybdate de potasse impur. Ils puri-

___

(1) Svanberg et Struve. *Sur quelques combinaisons du molybdène* Journ. f. prakt. Ch., 1848, t. XLIV, p. 257.

fient ce sulfure par l'eau chaude, le carbonate de potasse et l'acide chlorhydrique.

En 1889, de Schulten (1) a obtenu de petites quantités de bisulfure en cristaux microscopiques, en fondant du carbonate de soude avec du soufre, et ajoutant ensuite peu à peu de l'anhydride molybdique.

Enfin, en 1895, H. Arctowsky (2) a montré qu'il se forme du bisulfure par l'action pe l'hydrogene sulfuré gazeux sur le pentachlorure en vapeur. Nous avons constaté que le sulfure ainsi produit renferme une petite quantité de chlore, même après avoir été porté au rouge dans le courant d'hydrogène sulfuré.

Après de nombreux essais, nous nous sommes arrêté aux deux préparations suivantes, qui donnent l'une le bisulfure cristallisé, l'autre le bisulfure amorphe.

Bisulfure cristallisé. — On fait un mélange de 150 grammes de carbonate de potasse, 310 grammes de soufre et 200 grammes de bioxyde de molybdène obtenu par calcination du molybdate d'ammoniaque pur. Cé mélange est chauffé en creuset au four à gaz Perrot et maintenu une demi-heure à la température maxima que peut produire ce four. Après refroidissement, le culot, formé de polysulfure de potassium, de sulfomolybdate de potassium et de bisulfure est repris par l'eau qui laisse insoluble le bisulfure cristallisé. Le poids obtenu est de 80 grammes.

Si l'on substitue au bioxyde de molybdène le molybdate d'ammoniaque, en faisant un mélange de 150 grammes de carbonate de potasse, 280 grammes de soufre et 200 grammes de molybdate d'ammoniaque, le rendement est moins élevé, mais le sulfure est très bien cristallisé; nous avons ainsi obtenu des paillettes de plusieurs millimètres, de forme hexagonale et de couleur gris bleu, rappelant la molybdénite naturelle. L'analyse de ce bisulfure donne :

	I	II	Calculé pour MoS^2
Molybdène 0/0	59.96	59.85	60.00
Soufre	10.19	»	10.00

Cette préparation donne donc du bisulfure cristallisé, mais elle n'est pas avantageuse, parce qu'une partie du molybdène passe à l'état de sulfomolybdate alcalin.

Bisulfure amorphe. — Pour obtenir facilement le bisulfure amorphe pur, nous opérons de la façon suivante : 50 grammes de molybdate

(1 De Schulten. *Reproduction artificielle de la molybdénite.* (*Bull.* de la *Société minéralogique de France,* 1889, t. XII, p. 515.)

2) H. Arctowsky, *Doubles décomposition entre composés gazeux* (*Zeit. anorg. Ch.,* 1895, t. VIII, p. 213.)

d'ammoniaque cristallisé, pulvérisé finement, sont mélangés avec 100 grammes de soufre: le mélange est tassé dans un creuset n° 9 placé avec son couvercle dans un creuset n° 14. L'intervalle entre les deux creusets est rempli de noir de fumée. On chauffe le tout au four Perrot pendant une heure.

Le sulfure ainsi produit renferme encore une très petite quantité d'oxygène, ainsi que le montre son analyse : molybdène 0,0 60.21, soufre 37,69. Calculé pour MoS^2 60 et 40. On le mélange de nouveau avec son poids de soufre, et on le chauffe une seconde fois dans les mêmes conditions. On obtient alors le bisulfure parfaitement pur. L'analyse donne :

	I	II	Calculé.
Molybdène 0/0	59.70	60.01	60.00
Soufre	40.53	»	40.00

Dans cette préparation, la totalité du molybdène est transformée en sulfure gris bleu pulvérulent.

Si l'on remplace le molybdate d'ammoniaque par le bioxyde de molybdène, on n'arrive pas à la sulfuration complète.

Propriétés. — Nous avons repris l'étude de quelques propriétés du bisulfure de molybdène.

La densité du bisulfure cristallisé a été trouvée égale à 4,80 à 14°. Les densités déterminées par divers auteurs pour la molybdénite naturelle varient entre 4.4 et 4,9. De Schulten a trouvé pour la molybdénite qu'il a reproduite artificiellement 5,06 à 15°. La densité du bisulfure amorphe que nous avons préparé est 4,88 à 14°.

L'action du chlore et du brome, de l'oxygène sur le bisulfure est connue depuis longtemps. Le fluor attaque le bisulfure cristallisé et le bisulfure amorphe avec incandescence, le premier en chauffant légèrement, le second à froid. Le soufre en dissolution dans le sulfhydrate d'ammoniaque ou le chlorure de soufre, ne se combine pas au bisulfure, en tube scellé à 200°. La phosphore est également sans action à la température de ramollissement du verre. L'acide chlorhydrique sec n'agit pas au rouge.

Von den Pfordten (1) a montré que le bisulfure chauffé fortement dans un courant d'hydrogène sec est complètement transformé en métal. Nous avons cherché si, par l'action ménagée de l'hydrogène, il était possible d'obtenir un sous-sulfure avant d'arriver au métal. L'hydrogène commence à agir sur le bisulfure cristallisé un peu avant le rouge. La réduction est encore très lente un peu au-dessous du point de ramollissement du verre. En 30 heures, 0 gr. 123 de bisul-

---

(1) Von den Pfordten. *Réduction du sulfure de molybdène* D. ch. G. 1885. t. XVII. p. 731.

fure ont perdu, peu à peu, à cette température (1) 25.20 0/0 du poids primitif. Or, le bisulfure, en se transformant en sesquisulfure ou en protosulfure doit perdre 10 0/0 de son poids dans un cas, 20 0/0 dans l'autre. Il semble donc que, à la plus basse température à laquelle la réduction par l'hydrogène commence à être sensible, cette action se poursuive peu à peu jusqu'au métal, sans s'arrêter à un sous-sulfure. Nous reviendrons plus loin sur cette action de l'hydrogène.

Enfin nous avons étudié l'action de la chaleur sur le bisulfure de molybdène et cette action nous a donné des résultats intéressants. Elle nous a conduit à isoler le sesquisulfure de molybdène et à la préparation du molybdène fondu à partir de la molybdénite.

Les expériences faites en vue d'étudier l'action de la chaleur sur le bisulfure de molybdène, ont porté soit sur le bisulfure cristallisé, soit sur le bisulfure amorphe. Les poids de matière employée ont varié de 30 à 60 grammes.

Au four à vent, alimenté par du charbon de cornue, le bisulfure de molybdène amorphe, fortement chauffé dans un creuset de porcelaine entouré d'une double brasque de charbon, devient brillant, et cristallin, mais ne présente pas trace de fusion, de plus, le creuset de porcelaine est fortement attaqué et le sulfure se trouve mélangé d'une assez grande quantité d'impuretés.

Pour effectuer aisément un grand nombre d'expériences à des températures très élevées, nous avons employé le four électrique de M. Moissan.

La plupart de nos essais ont été faits à l'aide d'un four à tube de charbon chauffé par un arc de 900 ampères et 50 volts. Les temps de chauffe ont varié de 2 à 4 minutes.

Pour quelques essais, afin d'éviter le contact du charbon, le sulfure était placé directement dans la cavité d'un petit four électrique et chauffé de 20 à 40 minutes avec un arc de 45 ampères et 50 volts.

Lorsque le bisulfure de molybdène a été chauffé jusqu'à fusion, il a perdu une partie de son soufre et l'on obtient des masses à cassure gris métallique, ne rayant pas le verre, et se polissant facilement à la lime, formées par l'enchevêtrement d'un grand nombre d'aiguilles cristallines. On trouve souvent à l'intérieur, des cavités tapissées d'aiguilles facilement détachables.

La teneur en soufre de ces masses cristallines est très variable, comme le montrent les analyses suivantes :

	I.	II.	III.	IV.
Soufre 0/0	29.3	20.24	17.81	22.5

(1) Il faut remarquer qu'il est difficile de maintenir très constante, pendant un grand nombre d'heures, une température élevée sur une grille à gaz.

Ces variations tiennent à ce que le sous-sulfure formé est dissociable à une température peu supérieure à la température à laquelle il prend naissance, par dissociation du bisulfure lui-même. Les masses fondues obtenues doivent être considérées comme formées par des aiguilles de sous-sulfure unies par du molybdène métallique.

II. — SESQUISULFURE DE MOLYBDÈNE

Pour isoler le sous-sulfure, il suffit de traiter un culot bien cristallisé par l'eau régale étendue et froide, qui dissout le molybdène non combiné; les aiguilles devenues libres se détachent et on les lave et sèche à 110°. Ces aiguilles, qui ont souvent plusieurs millimètres de long, sont gris d'acier, un peu plus dures que la molybdénite; leur densité à 15° est 5,9. Elles sont constituées par un sesquisulfure de molybdène Mo^2S^3, comme le démontrent les analyses suivantes effectuées sur des échantillons provenant de préparations différentes :

	I.	II.	III.	IV.	Calculé pour Mo^2S^3.
Molybdène 0/0	66.85	66.33	66.58	66.14	66.66
Soufre 0/0	32.63	»	32.92	»	33.33

Propriétés. — Le fluor attaque le sesquisulfure de molybdène légèrement chauffé avec incandescence. Le chlore le transforme avant le rouge, en pentachlorure de molybdène et chlorure de soufre. Le brome l'attaque également, mais à température plus élevée.

L'iode ne donne aucune action au point de fusion du verre.

L'oxygène produit, au-dessous du rouge, une vive incandescence; la chaleur dégagée suffit pour faire fondre l'acide molybdique formé. A l'air, le sesquisulfure, porté au rouge sur une lame de platine, se recouvre de bioxyde brun violet qui se transforme ensuite en acide molybdique volatil; finalement il ne reste aucun résidu. Les oxydants énergiques, tels que le chlorate de potasse, l'azotate de potasse, le bioxyde de plomb réagissent sur le sesquisulfure avec un vif dégagement de chaleur et production de lumière.

Le soufre en vapeur, entrainé par un courant d'acide carbonique sur le sesquisulfure porté au rouge, le transforme en bisulfure gris bleu, sans changement de forme cristalline.

Une expérience quantitative nous a donné une augmentation de 10,88 0/0 du poids du sulfure employé. Théoriquement, le sesquisulfure doit absorber 11.11 0/0 de son poids de soufre pour se transformer en bisulfure. La transformation est donc totale. C'est la réaction inverse de celle qui a donné naissance au sesquisulfure par dissociation du bisulfure.

Le phosphore ne déplace pas le soufre du sesquisulfure au rouge.

L'eau agit seulement à l'état de vapeur surchauffée ; au rouge, il y a formation le te d'hydrogène sulfuré.

L'acide chlorhydrique gazeux ou dissous ne produit aucune attaque de ce sulfure. L'acide sulfurique n'a de même aucune action.

L'acide azotique concentré produit une vive attaque à chaud, avec formation d'acides molybdique et sulfurique. L'eau régale concentrée agit de même. L'eau régale et l'acide azotique dilués n'ont pas d'action à froid. La potasse fondue l'attaque peu à peu. Nous avons montré plus haut que, par réduction du bisulfure, à la plus basse température possible, on n'obtient que du molybdène, la réduction ne s'arrêtant pas au sesquisulfure. En étudiant la réduction par l'hydrogène du sesquisulfure cristallisé, nous avons constaté qu'elle se produit dans les mêmes conditions que celle du bisulfure : deux nacelles ont été placées à côté l'une de l'autre dans un tube de porcelaine chauffé à la température maxima d'une grille à gaz et traversé par un courant rapide d'hydrogène sec ; après 5 heures, l'une des nacelles qui renfermait du bisulfure (0 gr. 102) avait perdu 15 0/0 de son poids ; l'autre renfermant du sesquisulfure (0 gr. 192) avait perdu 12 0/0. On voit que les deux sulfures sont sensiblement réduits avec la même rapidité, à une même température ; il est donc impossible de préparer le sesquisulfure par réduction du bisulfure dans l'hydrogène.

Le sesquisulfure de molybdène, maintenu quelque temps à la haute température de l'arc électrique, se dissocie entièrement en donnant du molybdène métallique fondu.

Au contact du charbon, ce métal forme le carbure défini Mo^2C décrit par M. Moissan (1).

De sorte que, si le bisulfure lui-même est maintenu assez longtemps à très haute température, il donne directement du molybdène carburé, sans que l'action s'arrête au sesquisulfure.

En résumé, nous avons obtenu, par l'action d'une température très élevée sur le bisulfure de molybdène, un sesquisulfure cristallisé ; le nouveau sulfure peut, dans la vapeur de soufre, au rouge, redonner le bisulfure.

On sait que le bisulfure peut être obtenu d'autre part en portant le trisulfure à une température inférieure au rouge. Le bisulfure est donc le sulfure stable au voisinage du rouge.

Le sesquisulfure se dissocie lui-même à une température voisine de celle où il se forme et donne du molybdène métallique. Il n'y a donc pas de sulfure de molybdène stable à très haute température.

On voit donc que si l'on part du trisulfure MoS^3, on peut obtenir,

(1) H. Moissan. Préparation et propriétés du molybdène pur fondu (*C. R.*, t. CXX, p. 1320).

par des dissociations successives, à des températures de plus en plus élevées, d'abord le bisulfure MoS^2, puis le sesquisulfure Mo^2S^3, enfin, le métal désulfuré.

Le sesquisulfure correspondant au sesquioxyde qui est la combinaison la moins oxygénée du molybdène.

III. — MOLYBDÉNITE. PRÉPARATION DU MOLYBDÈNE

L'intérêt qui s'attache à la molybdénite vient de ce qu'elle constitue le minerai le plus abondant et le plus pur du molybdène.

Nos expériences ont porté sur un échantillon de molybdénite de Suède. Il se présente en morceaux foliacés à aspect graphitique, de couleur gris bleu. Il renferme, outre le soufre et le molybdène, une petite quantité d'impuretés : fer, silicium, traces de manganèse et de sélénium. Le sélénium y a été découvert de la manière suivante : 20 grammes de molybdénite sont grillés dans un tube traversé par un courant d'oxygène : le soufre et le sélénium sont transformés en anhydride sulfureux et sélénieux ; dans les parties froides du tube, l'anhydride sélénieux est réduit par l'anhydride sulfureux, et il se fait un anneau rouge de sélénium. Si l'on fait passer les gaz dans l'eau, il se produit, en outre, un précipité rouge de sélénium. La composition de cette molybdénite est la suivante :

Molybdène 0/0..............	59.5	60.05
Soufre 0/0.................	39.07	38.8
Fer 0/0....................	0.9	0.6
Silicium 0/0..............	0.1	»

Action de la chaleur sur la molybdénite. — Lorsqu'on chauffe la molybdénite dans un tube de charbon, au four électrique de M. Moissan, avec un arc de 350 ampères et 60 volts, il se produit déjà un dégagement de soufre et les morceaux de molybdénite perdent leur brillant ; quelques-uns présentent des traces de fusion ; avec un arc de 900 ampères et 50 volts, en deux minutes, il y a fusion de la molybdénite avec dégagement abondant de soufre ; les morceaux conservent grossièrement la forme qu'ils avaient avant la chauffe ; ils ont une cassure cristalline et renferment des géodes garnies d'aiguilles de sesquisulfure. Dans les mêmes conditions, en chauffant trois minutes, le sesquisulfure lui-même est dissocié, et la décomposition est presque complète. Le métal produit renferme encore du soufre. Enfin, en cinq minutes, le métal formé se sature de carbone qui chasse les dernières portions du soufre. La fonte obtenue ne renferme plus ni soufre ni silicium ; la quantité relative de fer a un peu augmenté ainsi que le montrent les analyses suivantes :

Molybdène 0/0.............	91.3	91.8	»
Fer 0/0....................	2.1	2.1	»
Carbone total 0/0...........	7.2	6.61	»
Graphite 0/0...............	»	»	1 09

Il est donc facile d'obtenir, par traitement direct de la molybdénite naturelle au four électrique, un métal ne renfermant d'autre impureté qu'un peu de fer. Ce fer, du reste, ne modifie pas beaucoup ses propriétés ; M. Moissan (1) a, en effet, montré que le molybdène, comme le fer, peut se cémenter au contact du carbone, que la fonte de molybdène peut être affinée superficiellement, par contact avec le bioxyde, à une température inférieure à son point de fusion. Enfin le métal cémenté peut acquérir une grande dureté par la trempe.

La préparation du molybdène que nous donnons pourra donc être utilisée avec avantage le jour où le molybdène aura quelques applications.

<h3 style="text-align:center">IV. — Méthodes d'analyse</h3>

Pour doser le soufre et le molybdène dans les sulfures de molybdène, nous avons employé la méthode suivante qui donne des résultats satisfaisants. Le sulfure est attaqué par l'acide azotique ou par fusion avec l'azotate de potasse et le carbonate de soude. Dans les deux cas, le molybdène est transformé en acide molybdique et le soufre en acide sulfurique. L'acide azotique est détruit par évaporation avec l'acide chlorhydrique. On précipite ensuite l'acide sulfurique par le chlorure de baryum en solution chlorhydrique. L'acide molybdique reste en solution ; on élimine ensuite l'excès de chlorure de baryum par le moins possible d'acide sulfurique, puis, après filtration, on additionne la liqueur d'acétate d'ammoniaque en excès, et on précipite l'acide molybdique par l'acétate de plomb à chaud. L'acétate d'ammoniaque empêche toute précipitation de chlorure et de sulfate de plomb. L'acide sulfurique et l'acide molybdique sont ainsi pesés sous forme de sulfate de baryte et de molybdate de plomb.

Pour doser le molybdène seul dans un sulfure de molybdène, il suffit de l'oxyder par l'acide azotique, d'évaporer à sec la liqueur après que l'attaque est terminée, et de calciner l'acide molybdique au-dessous du rouge pour chasser l'acide sulfurique. On pèse l'anhydride molybdique obtenu. Lorsque le sulfure est très facile à oxyder à l'air, on peut encore le transformer en anhydride molybdique par simple grillage à basse température ; le grillage se produit quelquefois avec incandescence, et, dans ce cas, il peut y avoir des pertes par volatilisation d'anhydride molybdique.

(1) H. Moissan, Préparation et propriétés du molybdène pur fondu (C. R., t. CXX, p. 1320; Bull. Soc. chim., 1895, t. XIII, p. 666).

L'analyse de la molybdénite naturelle a été faite de la façon suivante. On attaque la molybdénite par l'azotate de potassium fondu, en évitant d'élever la température, car la réaction devient facilement incandescente. Après attaque, on dissout dans l'eau, on évapore à sec en présence d'acide chlorhydrique. On reprend par l'eau acidulée par l'acide chlorhydrique qui laisse très peu de silice (1). Dans la liqueur, on précipite le fer par l'ammoniaque, puis le soufre par le chlorure de baryum.

Le molybdène est dosé, après attaque par l'azotate de potasse, par précipitation au moyen de l'azotate mercureux ou plus simplement par l'acétate de plomb, en présence d'acétate d'ammoniaque en excès.

On peut aussi griller la molybdénite dans un courant d'oxygène au rouge vif; l'acide molybdique se sublime dans le tube, et il reste un résidu de fer et de silice. On dissout l'acide molybdique dans l'ammoniaque, on évapore le molybdate d'ammoniaque à sec et on le décompose par une légère calcination à une température inférieure au rouge. Le molybdène est ainsi dosé sous forme d'anhydride molybdique. Les fontes de molybdène, exemptes de soutre, obtenues par la dissociation de la molybdénite, ont été analysées en les brûlant après pulvérisation, dans un courant d'oxygène; l'acide carbonique formé était absorbé dans des tubes à potasse pesés, ce qui donnait le carbone total. L'acide molybdique sublimé était recueilli par l'ammoniaque et transformé en molybdate de plomb, le fer restait sous forme d'oxyde dans la nacelle où se trouvait la fonte. Le graphite se dose en attaquant la fonte par l'acide azotique; il reste insoluble et on le pèse sur filtre taré.

V. — CONCLUSION

Le molybdène métallique n'a pas d'applications; quelques essais ont été faits en vue d'étudier l'influence que subissent les propriétés de l'acier lorsqu'il renferme de petites quantités de molybdène.

On a cherché aussi à utiliser le molybdène pour désoxyder le fer après la première période du convertisseur Bessemer. Le molybdène pourrait peut-être, après de nouvelles expériences, trouver là une application intéressante. Voici comment s'exprime à ce sujet M. Moissan : « Je pense que le molybdène pourrait être utilisé dans les mêmes conditions que le manganèse et l'aluminium : il aurait l'avantage : 1º de fournir un oxyde volatil, l'acide molybdique qui se dégagerait immédiatement en brassant toute la masse: 2º en léger excès, il laisserait dans le four un métal aussi malléable que le fer, en pouvant se tremper comme lui. La poudre de molybdène que l'on a cherché à uti-

---

(1) Cette silice peut retenir un peu d'acide molybdique et son poids est un peu élevé.

liser jusqu'ici dans l'industrie ne peut rendre les mêmes services, parce qu'elle brûle rapidement sur le bain au contact de l'air avant d'avoir produit aucune action utile » (H. Moissan, *Le Four électrique*).

De nouvelles expériences doivent donc être tentées dans cette voie. Il est possible que le faible pouvoir réducteur du molybdène soit un obstacle à son utilisation comme désoxydant en métallurgie.

Si quelques nouvelles applications du molybdène prennent naissance, la préparation que nous donnons d'une fonte de molybdène exempte de soufre et de silicium, en une seule opération à partir du minerai pourra devenir pratiquement intéressante (1).

(Applaudissements).

M. Defacqz prend ensuite la parole pour une communication sur la préparation de la fonte de tungstène.

Préparation d'une fonte de tungstène par la réduction du woolfram au moyen du charbon au four électrique.

Par M. Ed. Defacqz.

La fonte de tungstène peut être facilement préparée en réduisant au four électrique, comme l'a indiqué M. Moissan, l'acide tungstique par du charbon.

Le plus abondant des minerais de tungstène, le woolfram, étant un tungstate de fer et de manganèse dont les impuretés sont, sous différentes formes, de la silice et de la chaux, nous avons pensé opérer la réduction par le charbon sur le minerai même. La haute température du four électrique volatilise en effet le manganèse, la silice sépare la chaux et le fer qui viennent comme un laitier surnager au-dessus du métal fondu.

Nous avons employé pour cette opération du minerai de Zinwald (Bohème) dont l'analyse avait été préalablement faite sur un échantillon moyen prélevé avec soin.

Nous n'indiquerons pas la méthode que nous avons employée ; nous ne donnerons que les résultats : nous avons trouvé :

	I	II
TuO^3	71.76	72.17
SiO^2	1.69	1.93
FeO	7.60	8.36
MnO	16.30	15.50
CaO	2.28	1.98

(1) Ce travail a été poursuivi au laboratoire des Hautes Études de M. Moissan, à Paris.

Ce minerai est alors mélangé de charbon (coke de pétrole) dans les proportions suivantes :

Minerai............... 100 parties
Coke de pétrole...... 11 —

On se sert d'un four électrique à creuset de M. Moissan et l'on chauffe de dix à douze minutes avec un courant de 950 à 1.000 ampères sous 50 à 60 volts.

On obtient alors une masse métallique bien fondue et au-dessus une scorie qui s'en détache facilement ; il s'est formé en effet entre la fonte et la scorie une petite quantité de carbure de calcium qui a l'air ne tarde pas à se déliter et favorise ainsi leur séparation.

L'analyse de cette masse métallique nous donne alors les nombres suivants :

Tu...............	92.53	92.65
Si....	0.19	0.51
Fe...............	2.37	2.15
Carbon total.......	5.21	5.96
Mn...............	—	—
	100.60	100.27

Quant à la scorie elle a été également analysée et on a trouvé :

	I	II
TuO^3...............	10.60	10.90 (1)
SiO^2...............	1.41	1.10
Fe^2O^3...............	4.35	4.10
CaO...............	87.98	87.92

Le temps de chauffe fait varier l'aspect et la composition du produit obtenu : lorsqu'on l'abaisse à 8 minutes, on obtient une masse spongieuse ; l'analyse démontre qu'il y a encore du manganèse (0,5 0/0) du fer (5 0/0), il n'y a que peu de carbone : la silice et la chaux ne sont plus éliminées par manque de formation de laitier.

On a donc avantage à aller jusqu'à fusion complète malgré la teneur finale en carbone.

En résumé, si le temps de chauffe est suffisant, le minerai de tungstène, le wolfram, peut donc être réduit avec facilité au four électrique et fournir de suite une fonte assez pure : le manganèse et le calcium ont complètement disparu, le silicium et le fer ont diminué dans une notable proportion ; ces réactions sont produites grâce à la température élevée du four électrique et grâce à la scorie qui s'est formée ; elles semblent donc bien démontrer que le traitement direct des

(1) L'acide tungstique trouvé provient non seulement de celui qui préexiste combiné à la chaux dans la scorie mais encore d'une petite quantité de métal libre et très divisé qui la noircit à la partie qui se trouve en contact avec le culot.

minerais au four électrique peut produire des métaux assez purs pour entrer directement dans la pratique industrielle. (*Applaudissements.*)

M. Gall. — Ces méthodes permettent de traiter aisément, vous le voyez, Messieurs, des minerais qui jusqu'ici étaient la terreur des métallurgistes.

Communication de M. Gin sur l'action du carbure de calcium sur divers corps organiques.

Action du carbure de calcium sur divers corps organiques.

Par M. Gin.

En 1895, M. de Forcrand, espérant obtenir l'éthylate de calcium, fit agir du carbure de calcium sur l'alcool éthylique absolu, en tubes scellés.

Le gaz produit par la réaction avait la composition C^4H^6 ou nC^4H^6 et le résidu était de la formule CaO, C^2H^6O ou $CaOnC^2H^6O$ par fixations successives d'alcool éthylique.

J'ai essayé de préparer le méthylate de calcium, en faisant agir le carbure de calcium sur l'alcool méthylique absolu.

L'opération se faisait dans un digesteur de Payen surmonté d'un réfrigérant destiné à séparer les vapeurs d'alcool entrainées. Le gaz provenant de la réaction était recueilli dans un absorptiomètre de Raoult et traité par le chlorure cuivreux ammoniacal.

L'absorption par ce réactif atteignit constamment 95 à 98 0/0 du volume total. Le gaz dégagé était donc de l'acétylène et j'avais d'abord pensé que la réaction pouvait s'écrire :

$$2CH^4O + CaC^2 = C^2H^2 + (CH^3O)^2Ca.$$

A l'analyse, j'ai reconnu que le résidu n'était pas le méthylate de calcium et j'ai dû établir comme suit la formule de réaction :

$$2CH^4O + CaC^2 = 3C^2H^2 + CaO$$

CaO fixe à son tour de l'alcool méthylique et donne le composé $4CH^4O, CaO$.

Les phénomènes sont donc identiques à ceux observés par M. de Forcrand pour l'alcool éthylique.

Action du carbure de calcium sur l'aldéhyde éthylique

La réaction peut être obtenue dans le digesteur de Payen avec réfrigérant séparateur.

Il se produit de l'hydrate de chaux et de l'acétyléne d'aprés l'équation simple :

$$2C^2H^4O + CaC^2 = CaO, H^2O + 3C^2H^2$$

ACTION DU CARBURE DE CALCIUM SUR L'ACÉTONE

La réaction se produit en vase ouvert au moyen du carbure de calcium pulvérisé.

On ne constate aucun dégagement gazeux ; le précipité formé est ver-verdâtre ; calciné il donne environ 67 0/0 de CaO.

Le liquide filtré et distillé dans un appareil à distillation fractionné donne : 1º une partie gazeuse soluble dans le chlorure cuivreux ammoniacal, mais n'y produisant aucun précipité ; 2º un liquide incolore distillant avant 100º et un liquide jaune non volatil au-dessous de 100º.

Je poursuis l'étude de cette réaction intéressante. (*Applaudissements.*)

M. Lebeau donne lecture d'un mémoire de M. Moissau sur le phosphure de calcium.

Préparation et propriétés du phosphure de calcium cristallisé,

Par M. MOISSAN

On sait qu'en faisant réagir la vapeur de phosphore sur la chaux portée au rouge, Thénard a obtenu un produit amorphe de couleur rouge cinabre dont la composition répondait à la formule brute P^2CaO. Ce nouveau corps, qu'il a appelé phosphure de chaux, se décomposait en présence de l'eau, et cette réaction lui a permis d'établir l'existence et les propriétés des divers hydrures de phosphore. Antérieurement, Dulong avait indiqué une méthode générale de préparation des phosphures par l'action de la vapeur de phosphore sur le métal. Ces expériences avaient été reprises par Vigier.

Ce dernier procédé n'était applicable à la préparation du phosphure de calcium qu'à la condition d'avoir du métal pur, ce qui n'avait pas été réalisé avant nos recherches.

Préparation du phosphure de calcium cristallisé au four électrique.

Le phosphure de calcium peut se préparer au four électrique par la réduction du phosphate tricalcique au moyen du charbon. Seulement cette préparation exige quelques précautions, à cause de la décomposition relativement facile du phosphure de calcium à la haute température du four électrique.

Nous avons préparé tout d'abord du phosphate tricalcique pur par précipitation. Ce composé, après dessiccation a été calciné, au four Perrot, puis réduit en poudre fine, enfin mélangé de charbon dans la proportion suivante :

<pre>
Phosphate tricalcique.. 310
Noir de fumée 96
</pre>

Cette poudre a été additionnée d'une petite quantité d'essence de térébenthine, de façon à l'agglomérer par compression sous forme de petits cylindres. Ces derniers sont ensuite calcinés au four Perrot, au milieu d'une brasque de noir de fumée.

Le mélange intime de phosphate de calcium et de charbon est enfin placé dans le creuset du four électrique et soumis pendant quatre minutes à l'action d'un arc de 950 ampères sous 45 volts.

Après refroidissement, on retire du creuset une masse fondue qui ne doit pas être adhérente aux parois, ce qui n'a lieu que lorsque la chauffe n'a pas été trop prolongée. Dans ce dernier cas, la masse de phosphure de calcium sera souillée, sur le pourtour, d'une petite quantité de carbure de calcium. Au contraire, si la chauffe a été insuffisante, le phosphure est mélangé de phosphate fondu non réduit, au milieu duquel on distingue nettement des cristaux rouges de phosphure.

Pendant cette préparation au four électrique, il ne se dégage qu'une très petite quantité de vapeurs de phosphore. Mais si l'on continue de chauffer, lorsque la réduction est complète, le phosphure de calcium formé est décomposé à son tour, le phosphore distille en abondance et sa vapeur brûle à la sortie du four. Finalement le calcium s'unit au carbone et il ne reste que du carbure de calcium ne renfermant qu'une très petite quantité de phosphure.

Ainsi que nous le faisons remarquer plus haut, lorsque l'on veut avoir du phosphure de calcium pur par ce procédé, il est important de ne pas chauffer trop longtemps.

On peut encore obtenir ce phosphure de calcium fondu, en chauffant au four électrique, dans un creuset de charbon, le phosphure de chaux de Thénard préparé par l'action d'un grand excès de vapeur de phosphore sur la chaux maintenue au rouge. Avec un arc de 800 ampères sous 50 volts, la fusion se fait en sept ou huit minutes. Il reste une masse bien fondue, rouge foncé, souillée de carbure de calcium.

Préparation du phosphure de calcium amorphe par union directe
du phosphore et du calcium.

Pour réaliser cette synthèse, on prend un tube de verre de Bohême fermé à l'une de ses extrémités et au fond duquel a été disposée une notable quantité de phosphore rouge bien sec. Une nacelle de porcelaine placée dans la partie antérieure du tube renferme le calcium sous forme de petits cristaux. Le vide est fait dans cet appareil, puis l'on chauffe, vers le rouge sombre, le calcium sur lequel on fait arriver lentement la vapeur de phosphore. Une incandescence se produit et bientôt le métal est entièrement transformé en phosphure. Ce dernier composé répond à la même formule que le phosphure obtenu au four électrique, ainsi que nous l'établirons plus loin.

Propriétés. — Le phosphure de calcium, préparé au four électrique ou par union directe des deux corps simples, possède la même coloration lorsqu'on l'examine au microscope en poudre fine. Il se présente en fragments d'un rouge brun dont la couleur est voisine de celle de l'azoture de calcium. Lorsqu'il a été préparé au four électrique, il possède une cassure cristalline et, de plus, lorsque la réduction n'a pas été complète, on rencontre des cristaux nettement formés de couleur rouge foncé, au milieu du phosphate fondu.

Le phosphure de calcium est difficilement fusible ; nous ne l'avons fondu qu'au moyen du four électrique. Dans la combinaison du phos·phore avec le calcium, combinaison qui se produit toujours avec incan·descence, on n'obtient jamais qu'une masse amorphe.

A la température de ramollissement du verre de Bohême, le phos·phure de calcium se dissocie lentement dans le vide. Le départ d'une petite quantité de vapeur de phosphore est très net. La tension de dissociation n'atteint que quelques millimètres.

Sa densité à $+ 15°$ est de 2,51.

A 900, le phosphure de calcium n'est pas sensiblement altéré dans une atmosphère d'hydrogène.

Le chlore ne réagit point à froid sur le phosphure de calcium, mais il suffit de chauffer légèrement à une température voisine de 100°, pour déterminer le commencement de la réaction qui se poursuit ensuite avec une vive incandescence. Il se forme du chlorure de calcium et des vapeurs de chlorure de phosphore. L'action du brome est, en tous points, comparable à l'action du chlore, et la vapeur d'iode attaque ce phosphure vers le rouge sombre.

La combustion du phosphure de calcium dans l'oxygène se produit vers 300° avec une vive incandescence. Il se forme de la chaux et de l'anhydride phosphorique. Le soufre réagit de même vers 300°. La décomposition du phosphure se fait encore avec un grand dégagement de chaleur, production d'un sublimé jaune, et formation de sulfure de calcium.

L'action de l'azote sur le phosphure de calcium nous a semblé par·ticulièrement intéressante. En effet, si l'azote pouvait chasser le phosphore de cette combinaison, on passerait facilement du phosphure à l'azoture de calcium.

Nous avons démontré précédemment que l'azoture de calcium se décomposait avec facilité au contact de l'eau en donnant de l'ammoniaque, réaction susceptible d'applications industrielles. Mais la chaleur de formation du phosphure de calcium paraît plus élevée que celle de l'azoture, car tous nos essais, jusqu'à la température de 900°, ont été infructueux.

Le phosphure de calcium, chauffé dans une atmosphère d'azote à 900°, n'a pas varié de poids et n'a pas donné ensuite une quantité notable d'ammoniaque par sa décomposition par l'eau.

A 1200°, l'azote se fixe partiellement sur le calcium, avec départ d'une petite quantité du phosphore, mais la réaction est loin d'être complète et le résidu en présence de l'eau fournit un mélange d'ammoniaque et d'hydrogène phosphoré, ce dernier en grand excès. On se trouve ici en présence d'une dissociation du phosphure de calcium.

Chauffé dans la vapeur d'arsenic à la température de fusion du verre, le phosphure de calcium n'a pas été attaqué.

Le bore et le carbone sont sans action à la température de 700°. Dans le four électrique, il n'en est plus de même et le carbone chasse le phosphore du phosphure de calcium pour produire du carbure de calcium fondu.

Les hydracides gazeux réagissent avec énergie sur le phosphure de calcium. Le gaz acide chlorhydrique l'attaque avec incandescence au rouge.

Vers 700°, l'hydrogène sulfuré ne produit pas d'attaque sensible. Il en est de même du gaz ammoniac.

La réaction de l'eau sur le phosphure de calcium est très importante. Au contact de l'eau froide, ce corps est de suite décomposé avec formation d'hydrate de chaux et de gaz hydrogène phosphoré. Si le phosphure de calcium est en fragments cristallins, l'hydrate de chaux qui se produit ralentit la réaction. Au contraire, si le phosphure est en poudre, la réaction est violente.

Lorsque le phosphure a été suffisamment chauffé au four électrique, l'hydrogène phosphoré qui se produit dans la décomposition par l'eau n'est pas spontanément inflammable au contact de l'air. Le nouveau produit se différencie donc bien du produit de Thénard. Cependant la réaction de décomposition est encore complexe et l'on n'obtient pas tout le phosphore du phosphure en hydrogène phosphoré PhH^3. Quelques échantillons moins chauffés nous ont donné avec l'eau un hydrogène phosphoré souillé d'hydrogène libre. Au contraire, lorsque le phosphure avait été porté à une température très élevée, il ne se produisait plus d'hydrogène, mais on recueillait un peu le gaz acétylène.

Les acides n'attaqueront ce phosphure que d'après la quantité d'eau qu'ils peuvent contenir. Ainsi, avec l'acide nitrique monohydraté, l'attaque est presque nulle à froid ; à chaud elle est très lente. Avec l'acide nitrique ordinaire, l'oxydation est rapide à froid ; il se produit des vapeurs nitreuses et un gaz spontanément inflammable.

De même l'acide sulfurique fumant n'attaque pas le phosphure à froid, tandis que la décomposition est violente avec l'acide sulfurique étendu.

L'alcool absolu, l'éther, la benzine, l'essence de térébenthine ne réagissent pas à la température ordinaire.

Au contraire, les oxydants l'attaquent avec violence, le chlorate et lé bichromate de potassium en fusion l'oxydent avec incandescence. Si l'on chauffe légèrement un mélange de permanganate de potassium et de phosphure de calcium en poudre, la réaction est violente, elle se produit avec incandescence et explosion.

Les gaz protoxyde et bioxyde d'azote l'oxydent de même à chaud avec une vive incandescence. Il se fait de la chaux et une très petite quantité d'azoture.

Analyse du phosphure de calcium. — Le phosphure de calcium a été décomposé par oxydation directe au moyen de l'acide nitrique fumant. Le métal a été précipité à l'état de sulfate de calcium en milieu alcoolique, et l'acide phosphorique dosé ensuite sous forme de phosphate ammoniaco-magnésien. Nous avons trouvé ainsi les chiffres suivants :

	I	II	III	IV	Théorie pour Ph^2Ca^3
Ca..........	65,82	65,71	65,38	65,40	65,93
Ph..........	»	33,70	33,92	33,85	34,06

Nous devons rapprocher de ces chiffres les nombres fournis par la synthèse. L'expérience a été disposée ainsi que nous l'avons indiqué précédemment ; la nacelle a été pesée vide, puis pesée remplie de calcium, et enfin pesée lorsqu'elle renfermait [le phosphure de calcium formé.

	I	II
Ca.....................	66,37	66,12
Ph.....................	33,53	35,11

Conclusions. — En résumé la réduction du phosphate tricalcique par le charbon fournit dans certaines conditions un phosphure de calcium cristallisé, de couleur rouge foncé, répondant à la formule Ph^2Ca^3. La réaction la plus curieuse de ce nouveau composé est sa facile décomposition par l'eau froide avec formation d'hydrate de chaux et d'hydrogène phosphoré.

Il est assez curieux de faire remarquer à ce sujet qu'un grand nombre de composés binaires du calcium présentent cette curieuse propriété de décomposer l'eau froide en fournissant un oxyde hydraté et en donnant une combinaison gazeuse de l'hydrogène uni à l'autre élément du composé binaire.

L'hydrure de calcium décompose l'eau froide avec dégagement d'hydrogène. Le carbure de calcium décompose l'eau froide avec dégagement d'acétylène. L'azoture de calcium donne la même réaction avec production d'ammoniaque. Nous voyons aujourd'hui que le phosphure de calcium peut aussi donner l'hydrogène phosphoré.

Enfin M. Lebeau vient d'indiquer que les arséniures et antimoniures de calcium cristallisés se conduisent de même en fournissant les hydrures correspondants ou les produits de leur décomposition, si ces hydrures sont instables à la température de l'expérience. La généralité de cette réaction nous parait intéressante.

Nous ferons remarquer enfin que la plupart de ces nouveaux composés ont été préparés au moyen du four électrique.

(Applaudissements).

M. Lebeau fait ensuite une communication sur les arséniures alcalino-terreux.

Sur la préparation et les propriétés des arséniures alcalino-terreux,

Par M. P. Lebeau.

La plupart des métaux sont susceptibles de s'unir directement à l'arsenic avec dégagement de chaleur. Malgré cette facilité de combinaison, le nombre des arséniures métalliques définis et cristallisés est fort limité. Leur préparation présente en effet un assez grand nombre de difficultés dont nous nous sommes rendu compte en essayant d'appliquer les méthodes connues jusqu'à ce jour.

L'action directe de l'arsenic sur un métal donne en général des composés d'aspect métallique, fondus, à cassure cristalline mais presque toujours constitués par un arséniure défini en solution dans un excès d'arsenic ou de métal, ou encore dissolvant l'excès de l'un ou l'autre de ses constituants. C'est ainsi, par exemple, que les arséniures alcalins préparés par union directe renferment toujours un excès de métal ou d'arsenic en dissolution. Les produits ainsi obtenus présentent une composition variable pour chaque expérience, alors même que l'on a mélangé les deux corps simples dans le rapport correspondant aux formules assignées à ces composés par Gay-Lussac et Thénard. Cela tient à ce qu'au moment de la réaction qui se fait avec un grand dégagement de chaleur il se volatilise une partie notable de l'arsenic ou du métal avant que la combinaison ne soit complète. On observe un fait analogue dans la préparation de l'arséniure de zinc.

L'hydrogène arsénié réagissant à chaud sur les métaux ne donne pas de meilleurs résultats. La facile décomposition de ce gaz à la température ordinaire du laboratoire, en arsenic et hydrogène, nous ramène presque toujours au cas précédent. Quant aux précipités que donne l'hydrogène arsénié dans les solutions métalliques, nous pouvons dire que jusqu'ici ni leurs propriétés, ni leurs circonstances de formation n'ont été suffisamment étudiées.

Ce que nous venons de dire des arséniures s'applique également à une classe de composés voisins : les antimoniures. Nous avons pensé qu'il était utile de reprendre méthodiquement l'étude de ces combinaisons binaires métalliques de l'arsenic et de l'antimoine. Il était en outre intéressant de reconnaître si l'emploi des méthodes du four électrique que mon maître, M. Henri Moissan, a déjà rendu si fécondes, ne permettrait pas d'obtenir aisément des arséniures et des antimoniures définis et en même temps d'étudier leur stabilité à ces températures élevées.

Nous avons tout d'abord entrepris une série d'expériences, notamment sur la réduction des arséniates et des antimoniates par le charbon. Ces essais préliminaires ont fourni des résultats satisfaisants qui nous ont encouragé à poursuivre ces recherches. Nous présenterons ici l'étude que nous avons faite des arséniures de calcium, de strontium et de baryum.

I. — ARSÉNIURE DE CALCIUM.

Historique. — La préparation de l'arséniure de calcium a été tentée par Soubeiran (1) en faisant passer sur la chaux vive des vapeurs d'arsenic entraînées par un courant d'hydrogène. Il fit des essais comparatifs avec la baryte et la chaux :

« Dans ces expériences, dit-il, la baryte devient noire et il se fait de l'arséniate et de l'arséniure de baryum. La décomposition est toujours très imparfaite et des parcelles d'oxyde obéissent seules à l'action décomposante de l'arsenic. La chaux présente des phénomènes tout à fait semblables. » Récemment (2 dans son *Étude des propriétés du calcium pur*, M. Moissan a signalé la formation d'un arséniure de calcium dans l'action des vapeurs d'arsenic sur ce métal.

Cette réaction nous a servi à préparer un arséniure de calcium de

(1) SOUBEIRAN. *Mémoires sur les arséniures d'hydrogène*. (*Annales de Chimie et de Physique*. 2ᵉ série, t. XLIII. p. 112.

(2) H. MOISSAN. *Propriétés du calcium*. (*Comptes rendus de l'Académie des Sciences*, t. CXXVII, p. 584.)

synthèse identique à celui que nous avons obtenu au four électrique par réduction de l'arséniure de calcium par le charbon.

PRÉPARATIONS DE L'ARSÉNIURE DE CALCIUM.

Préparation de l'arséniure de calcium au four électrique. — On fait un mélange intime d'arséniate de calcium et de charbon (arséniate tricalcique sec et coke de pétrole). L'arséniate de calcium a été préalablement desséché par calcination au four Perrot. On emploie les proportions suivantes :

Arséniate de calcium....... 100 parties
Charbon 30   »

On ajoute un peu d'essence de térébenthine de manière à pouvoir obtenir par compression des agglomérés de consistance suffisante. On calcine ensuite afin d'éliminer les produits volatils et l'on remplit avec la masse obtenue les creusets de charbon qui doivent être disposés dans le four électrique.

Ces creusets sont chauffés de deux à trois minutes avec un courant de 950 à 1000 ampères sous 45 volts. Le creuset est retiré du four et immédiatement recouvert d'une plaque de charbon afin d'éviter l'oxydation de la substance. Cette dernière est recueillie encore chaude et on la conserve dans des flacons bien bouchés ou mieux dans des tubes scellés.

On obtient ainsi une masse fondue renfermant un arséniure de calcium presque toujours mélangé d'un peu de carbure de calcium et de graphite.

On peut encore employer au lieu de creuset un tube de charbon fermé à l'une de ses extrémités, et dans lequel on introduit le mélange d'arséniate et de charbon. Ce tube est disposé dans le four électrique à tube. On chauffe dans ce cas quatre minutes avec un même courant.

Préparation par union directe du calcium et de l'arsenic. — Nous avons utilisé l'action de l'arsenic sur le calcium pour préparer une certaine quantité d'arséniure en vue de le comparer avec le corps obtenu au four électrique.

A cet effet, un tube de verre de Bohéme de 0 m. 50, fermé à l'une de ses extrémités, est placé sur une grille à analyse de manière à pouvoir être chauffé sur les 2/3 de sa longueur.

On a disposé au fond de ce tube une certaine quantité d'arsenic récemment sublimé, puis une ou deux nacelles de porcelaine remplies de cristaux de calcium. Le tube de Bohême est relié à une pompe à mercure qui permet de faire le vide dans l'appareil. On volatilise l'arsenic, et l'on élève ensuite progressivement la température dans la portion du tube renfermant les nacelles. Lorsque le rouge sombre est atteint, une réaction très vive se produit, le calcium brûle dans la vapeur d'arsenic avec une belle incandescence. On cesse alors de chauffer, et lorsque le tube est complètement refroidi, on laisse rentrer de l'air sec. Le produit restant dans les nacelles est un arséniure de calcium pur.

Préparation au moyen du gaz hydrogène arsénié liquéfié et du calcium. — Le gaz hydrogène arsénié liquéfié réagit lentement sur le calcium cristallisé et le transforme complètement par un contact prolongé en une matière d'un brun rougeâtre qui retient de l'hydrogène arsénié. Cette substance est vraisemblablement une combinaison d'hydrogène arsénié et d'arséniure de calcium. Dans le vide, et sous l'influence d'une élévation de température, le produit prend une teinte plus foncée en même temps qu'il se dégage un gaz entièrement absorbable par le sulfate de cuivre. Le résidu brun est de l'arséniure de calcium pur.

Préparation par l'action de l'hydrogène arsénié sur le calcium-ammonium. — Nous avons étudié l'action de l'hydrogène arsénié sur le calcium ammonium préparé par la méthode de M. Moissan (1).

Dans un tube en U nous avons placé une certaine quantité de calcium cristallisé. Ce tube identique aux tubes en V à robinet que l'on emploie pour les analyses organiques avait l'une de ses branches en communication avec un tube à dégagement se rendant sur la cuve à mercure, l'autre était relié à un tube en T portant un robinet à trois voies permettant de faire passer dans l'appareil successivement un courant de gaz ammoniac et un courant de gaz hydrogène arsénié.

Lorsque le tube en U a été complètement purgé d'air, et mis en communication avec l'appareil producteur de gaz ammoniac, on a refroidi à 80° au moyen d'un mélange d'anhydride carbonique solide et d'acétone. Le gaz s'est immédiatement liquéfié, et il s'est produit du calcium ammonium, que l'on a maintenu en solution dans un excès de liquide. A ce moment, on a fait arriver le gaz hydrogène arsénié, et interrompu le courant de gaz ammoniac. La solution bleue de calcium ammonium se décolore peu à peu, et le liquide prend une teinte jaune analogue à celle d'une dissolution de chromate neutre de potassium; en même temps il se dépose un corps cristallisé de couleur jaune clair. Ce produit, dont nous n'avons pu encore déterminer exactement la composition est une combinaison d'arséniure de calcium avec l'hydrogène arsénié et le gaz ammoniac. Chauffée dans le vide à 150°, elle se dissocie en laissant de l'arséniure de calcium brun.

Toutes ces préparations nous ont donné un arséniure de calcium de

(1) H. MOISSAN. *Préparation du lithium ammonium, du calcium ammonium et des amidures de lithium et de calcium* (*C. R. de l'Acad. des Sciences*, t. CXXVII, p. 685).

composition identique. Seule la réduction de l'arséniate de calcium par le charbon constitue une véritable préparation qui permettrait de produire l'arséniure de calcium en grande masse, avec autant de facilité que le carbure de calcium.

Analyse et synthèse de l'arséniure de calcium. — Les corps que nous avons obtenus, soit par réduction de l'arséniate de calcium, soit par union directe du calcium et de l'arsenic, soit par l'action de l'hydrogène arsénié liquide, sur le calcium ou sur le calcium-ammonium, présentent la même composition et répondent à la formule As^2Ca^3, ainsi que l'établissent les résultats analytiques ci-dessous :

1º Arséniure de calcium préparé au four électrique.

			Théorie p. As^2 Ca^3
Ca	15.18	44.83	44.44
As	51.83	55.17	55.55

Cet arséniure renfermant toujours une petite quantité de **carbure de calcium** et de graphite, l'analyse a dû être faite de la façon suivante :

Un fragment d'arséniure bien homogène a été divisé rapidement et sur ce même échantillon, on a déterminé la quantité de carbure de calcium et l'arsenic en dosant l'acétylène dégagé en même temps que l'hydrogène arsénié, sous l'action de l'eau.

L'arsenic a été dosé en faisant passer les gaz résultant de la décomposition par l'eau d'un poids donné d'arséniure dans deux tubes à boules juxtaposés renfermant une solution de nitrate d'argent. On oxydait par l'eau de brome qui éliminait aussi l'excès d'argent et l'arsenic précipité à l'état d'arséniate ammoniaco-magnésien était pesé sous cette forme après dessiccation à 100° jusqu'à poids constant.

Le résidu d'hydrate de calcium et de graphite, après l'action de l'eau, était repris par l'acide azotique étendu, le graphite insoluble était recueilli et pesé sur filtre taré. Dans le liquide filtré, le calcium était précipité sous forme d'oxalate et pesé à l'état d'oxyde. Les chiffres donnés plus haut représentent le rapport de l'arsenic au calcium après déduction des impuretés :

2º Arséniure de calcium préparé par l'action du calcium sur l'arsenic.

	I	II	III	Théorie p. As^2 Ca^3
Ca	44.44	43.42	45.62	44.44
As	55.18	56.87	55.31	55.55

Arséniure de calcium préparé par l'action de l'hydrogène arsénié liquide sur le calcium.

		Théorie p. As^2 Ca^3
Ca	43.98	44.44
As	54.89	55.55

4° Arséniure de calcium provenant de l'action de l'hydrogène arsenié liquide sur le calcium ammonium.

		Théorie p. $As^2 Ca^3$
Ca...........................	44.23	44.44
As...........................	51.79	55.55

Enfin nous avons réalisé la synthèse en poids de l'arséniure de calcium.

Un poids exactement déterminé de calcium cristallin a été placé dans une nacelle de nickel tarée, on a soumis ce calcium à l'action des vapeurs d'arsenic dans le vide, à la température du rouge sombre; après combinaison, on a laissé refroidir et pesé ensuite le composé formé, ce qui permettait de calculer l'augmentation du poids pour cent de calcium.

			Théorie p. $As^2 Ca$
Augmentation 0/0	225.92	226.13	225 0/0

Toutes ces déterminations confirment la formule $As^2 Ca^3$.

Propriétés de l'arséniure de calcium. — L'arséniure de calcium préparé au four électrique a l'aspect d'une masse fondue à texture cristalline, rappelant le carbure de calcium. Pulvérisé et examiné au microscope, il se présente en fragments transparents, d'une coloration rouge brun presque identique à celle de l'azoture de calcium décrit par M. Moissan (1).

L'arséniure que l'on obtient par union directe est d'aspect tout différent.

Examiné avec un faible grossissement, ce composé paraît opaque et d'éclat métallique ; il a conservé la forme cristalline du calcium, et qui tend à montrer que sa fusion ne se produit qu'à une température relativement élevée. C'est à cette circonstance que nous devons que l'arséniure de calcium ne dissolve pas un excès d'arsenic qu'il serait presque impossible d'éliminer par volatilisation. Ce même arséniure, broyé en petits fragments et observé sous un grossissement de 300 diamètres, apparaît transparent et d'une coloration semblable à celle de l'arséniure préparé au four électrique. L'aspect métallique est dû à un faible dépôt d'arsenic qu'il est difficile d'éviter totalement pendant le refroidissement.

L'arséniure de calcium ne présente pas une grande dureté. Il raye la calcite, mais ne raye pas le verre, sa densité est 2,5 à + 15°.

Ce composé est d'une activité chimique assez grande : aussi le fluor l'attaque à froid, le chlore vers 200° ; la vapeur de brome et la vapeur

---

(1) H. Moissan. *Préparation et propriétés de l'azoture de calcium. Comptes rendus de l'Académie des Sciences*, tome CXVII, p. 497.

d'iode réagissent avec incandescence au-dessous du rouge. Dans ces réactions il se produit des combinaisons halogénées correspondantes.

L'arséniure de calcium, chauffé dans l'hydrogène, ne change pas d'aspect et ne donne pas d'hydrure vers 700-800°. Il reste inaltéré dans l'air ou l'oxygène sec. Dès que l'on élève la température, il s'oxyde d'abord lentement, puis brûle avec éclat surtout dans l'oxygène pur, avec formation d'arséniate de calcium fondu lorsque ce gaz est en excès. Si, au contraire, le courant d'oxygène est lent, il se sublime de l'acide arsénieux et même de l'arsenic. Le soufre réagit au rouge sombre avec incandescence en donnant un sulfure double.

Le bore est sans action à 1000° ; il en est de même du carbone. Toutefois ce dernier peut décomposer complètement l'arséniure de calcium à la température du four électrique en donnant du carbure de calcium ; après une chauffe de huit à dix minutes, l'arsenic est complètement éliminé. Cette réaction montre combien il est difficile d'obtenir un arséniure absolument exempt de carbure ; aussi la durée de la chauffe ne doit-elle jamais dépasser trois minutes.

Un très grand nombre de composés réagissent sur l'arséniure de calcium. L'eau fournit notamment une réaction intéressante ; l'arséniure la décompose à froid avec formation d'hydrogène arsénié AsH^3 sans hydrogène et d'hydrate de calcium. La décomposition a lieu très régulièrement comme celle du carbure de calcium, c'est un excellent procédé de préparation de l'hydrogène arsénié. Tout l'arsenic est éliminé à l'état d'hydrure gazeux. Avec l'arséniure obtenu par synthèse, la réaction est un peu différente ; la décomposition se produit brusquement ; il se forme, outre l'hydrogène arsénié, un produit floconneux brun, d'aspect identique à l'arséniure solide signalé dans la décomposition par l'eau des arséniures alcalins.

Le gaz renferme une certaine quantité d'hydrogène libre qui peut atteindre 7 à 8 0 0. La chaleur dégagée dans cette réaction est certainement la cause de cette production secondaire d'hydrure solide et d'hydrogène. A l'air humide, ce corps se décompose d'une façon constante ; il faut donc éviter de le manier en trop grande quantité au contact de l'air humide et d'opérer toujours sous une hotte à fort tirage, si l'on ne veut pas être incommodé par l'hydrogène arsénié résultant de cette décomposition.

L'hydrogène sulfuré et les hydracides gazeux réagissent au rouge ; il se sublime de l'arsenic et il reste un sel de calcium correspondant à l'hydracide employé.

Les oxydants réduisent l'arséniure de calcium avec facilité, notamment l'azotate, le chlorate et le permanganate de potassium, qui l'oxydent avec un grand dégagement de chaleur et de lumière. Projeté dans l'acide azotique fumant, l'arséniure n'est pas sensiblement attaqué à froid; si l'on chauffe légèrement, l'attaque commence et est rapidement complète.

L'acide sulfurique concentré est réduit déjà à froid à l'état d'acide sulfureux.

Un très grand nombre de sels métalliques sont décomposés par l'arséniure de calcium. Les chlorures mercureux et mercurique fournissent du chlorure de calcium et un sublimé de mercure et d'arsenic; il se forme en outre un peu de chlorure d'arsenic. Le fluorure de plomb donne du fluorure d'arsenic et un résidu gris renfermant du plomb et du calcium en partie à l'état de fluorures. Les fluorures, chlorures, bromures et iodures alcalins ne sont pas réduits à 1000°.

II. — ARSÉNIURE DE STRONTIUM.

L'arséniure de strontium n'avait pas encore été préparé jusqu'ici.

Le strontium métallique étant très difficile à préparer, nous avons dû nous servir exclusivement de la réduction de l'arséniate de strontium par le charbon pour préparer l'arséniure de ce métal.

Le mélange d'arséniate et de charbon est préparé ainsi que nous l'avons indiqué pour l'arséniure de calcium. Les proportions employées sont les suivantes :

Arséniate de strontium................ 100 p.
Coke de pétrole pulvérisé... .... 18 p.

La durée de la chauffe est de trois minutes pour un courant de 950 ampères sous 45 vols. La préparation réussit également bien dans un tube de charbon, comme dans le cas du composé de calcium.

Le produit doit être introduit chaud dans les flacons que l'on ferme hermétiquement ou mieux encore dans des tubes scellés.

L'analyse de l'arséniure de strontium a été faite de la même façon que celle de l'arséniure de calcium.

Le strontium a été pesé sous forme de sulfate. Les chiffres ci-dessous expriment le rapport du strontium à l'arsenic, déduction faite de la petite quantité de carbure de calcium qui s'est formé en même temps.

	I	II	III	Théorie p. $As^2 Sr^3$
Sr. 0/0.......	62.83	63.13	62.97	63 63
As...........	37.17	36.88	37.03	36.36

L'aspect de l'arséniure de strontium n'est pas sensiblement différent de celui de l'arséniure de calcium. Comme ce dernier il est transparent au microscope et présente une coloration brun rouge.

Sa densité à + 15° = 3.6.

D'une façon générale il s'attaque plus facilement que le composé de calcium.

Le fluor réagit à froid avec incandescence et production de fumées blanches de fluorure d'arsenic. Le chlore l'attaque avec production d'incandescence vive à + 160°. Dans le brome la réaction s'effectue au-dessus de 200°. Il brûle également dans la vapeur d'iode surchauffée.

L'oxygène et la vapeur de soufre donnent lieu à une combustion vive au-dessus du rouge sombre. Les autres métalloïdes se comportent d'une façon identique avec ce composé comme avec celui du calcium.

Le carbone le décompose à la température du four électrique et le transforme intégralement en carbure.

III. — ARSÉNIURE DE BARYUM.

Nous avons relaté plus haut l'expérience de Soubeiran concernant l'action de la vapeur d'arsenic sur la baryte caustique. Ce savant a également fait réagir l'hydrogène arsénié sur cet oxyde. Nous rappellerons exactement son expérience :

« En chauffant de l'hydrogène arséniqué dans une cloche courbe avec de la baryte pure et bien exempte d'eau, cet oxyde se décompose : il devient noir sans qu'il y ait production de lumière et de l'hydrogène pur remplit la cloche : quelques portions de gaz arséniqué sont cependant décomposées par le seul effet de la chaleur. Aussi un léger enduit d'arsenic tapisse quelques points de la cloche. La matière brune en laquelle s'est changée la baryte, est un mélange d'arséniure, d'arsénite et de baryte (1). » Nous n'avons eu connaissance d'aucun travail publié depuis cette époque sur les arséniures alcalino-terreux.

La difficulté de la préparation du baryum pur ne nous a permis d'employer, comme pour le strontium, que la réduction de l'arséniate de baryum par le charbon.

Nous avons utilisé le mélange suivant :

> Arséniate de baryum...... .... 70 p.
> Coke de pétrole......................... 10 p.

Durée de la chauffe trois minutes avec un courant de 950 ampères sous 45 volts.

Le produit obtenu est de l'arséniure de baryum sensiblement pur.

Le baryum a été pesé sous forme de sulfate et, comme pour les arséniures précédents, les chiffres ci-dessous représentent le rapport du baryum à l'arsenic en tenant compte du carbure de baryum existant dans les échantillons analysés. Il nous a été possible d'obtenir un arséniure à peu près pur ne renfermant que des traces de carbure. Les analyses 4 et 5 se rapportent à cet échantillon.

(1) Soubeiran, *Loc. cit.*

	II	III	IV	V	Théorie p. As^2Ba^3
Ba...	73.40	72.13	72.91	72.65	72.80	73.27
As...	26.60	27.57	27.09	24.98	25.32	26.73

L'arséniure de baryum présente une coloration un peu plus foncée que les deux autres arséniures alcalino-terreux. Au microscope sa coloration est sensiblement la même. Il paraît plus fusible et donne une masse plus compacte.

Sa densité est de 4.1 à + 15°.

Ses propriétés chimiques sont tout à fait comparables à celles des arséniures de calcium et de strontium, quoique nettement plus énergiques. Il brûle à froid dans le fluor, le chlore et même le brome.

Un fragment d'arséniure de baryum projeté dans le brome liquide s'enflamme, tournoie à la surface du liquide en donnant une incandescence très vive.

Dans l'oxygène il brûle vers 300° et dans la vapeur de soufre au-dessous du rouge sombre.

D'une façon générale il présente une activité chimique plus grande que les arséniures de calcium et de strontium.

CONCLUSIONS.

Des recherches que nous venons d'exposer il résulte :

1° Que l'emploi du four électrique permet d'obtenir des arséniures cristallisés par la réduction des arséniates au moyen du charbon.

2° Le calcium, le strontium et le baryum donnent avec l'arsenic des composés répondant à la formule As^2X^3, type de formule des azotures de ces métaux.

3° Ces composés ont la propriété de décomposer l'eau à la température ordinaire en donnant de l'hydrogène arsénié gazeux et l'hydrate alcalino-terreux correspondant, ce qui rapproche ces corps de l'hydrure et du carbure de calcium.

4° Les arséniures alcalino-terreux sont des combinaisons douées d'une grande activité chimique et le composé de baryum paraît être celui qui possède cette propriété au plus haut point.

5° Nous avons pu préparer l'arséniure de calcium par des procédés nouveaux qui permettront d'obtenir dans un grand état de pureté les composés de l'arsenic et des métaux formant des métaux ammoniums.

6° Nous avons signalé la formation d'une nouvelle classe de composés résultant de la combinaison de l'hydrogène arsénié avec les arséniures métalliques.

7° Enfin la préparation même des arséniures alcalino-terreux au four électrique montre que ces composés présentent une stabilité que nos connaissances antérieures sur les arséniures métalliques ne nous permettaient pas de supposer. (*Applaudissements.*)

M. GALL. — Je me permettrai d'adresser un reproche à M. Lebeau, c'est d'avoir mis cette communication très modestement à la fin du Congrès ; il a ainsi privé certains de nos collègues de l'entendre, je crois que beaucoup de fabricants de carbure l'auraient écoutée avec intérêt.

Je saisis cette occasion pour remercier M. Lebeau de la peine qu'il a prise et du dévouement qu'il a apporté dans ses fonctions de secrétaire *Applaudissements*.

M. MACÉ présente un appareil à acétylène de son invention.

M. GALL, président, remercie les congressistes de leur assiduité et déclare clos les travaux de la dixième section.

SÉANCE GÉNÉRALE DE CLOTURE

(28 juillet 1900)

La séance générale de clôture du Congrès a eu lieu le samedi,
28 juillet, à 3 h. 1/2, dans le grand amphithéâtre de la Sorbonne,
sous la présidence de M. Henri Moissan, assisté des membres de la
commission d'organisation, des Présidents de sections, des Vice-Présidents du Congrès et de tous les délégués des gouvernements et des
sociétés savantes.

M. Leygues, ministre de l'Instruction publique, qui devait présider
la séance, en ayant été empêché, s'était fait représenter par M. Troost,
membre de l'Institut.

Comme à la séance d'ouverture, la musique du 113ᵉ régiment d'infan-
terie a fait entendre les meilleurs morceaux de son répertoire.

M. Moissan, Président. — Messieurs, j'ai à présenter aux membres
du quatrième congrès les excuses de M. le ministre de l'Instruction
publique, qui n'a pas pu venir au milieu de nous. Il est retenu auprès
de M. le Président de la République par la réception de Sa Majesté le
Schah de Perse.

M. le ministre de l'Instruction publique a délégué pour le remplacer
le doyen de la section de Chimie de l'Académie des Sciences, M. Troost,
auquel je suis heureux de souhaiter la bienvenue. (*Applaudissements.*)

Nomination de la Commission internationale des Congrès.

M. Moissan. — Messieurs, il y a longtemps qu'il est question dans nos
différents congrès de nommer une Commission internationale. Nous
avons discuté cette idée au dernier Congrès de Vienne, et nous en avions
déjà parlé au précédent congrès qui s'est tenu à Paris. Nous espérons
maintenant la voir aboutir grâce à la commission que vous avez
nommée. Après en avoir délibéré entre nous, deux idées différentes
se sont trouvées en présence : Prendre un représentant de chacune
des nations qui font partie de tous les Congrès de Chimie appliquée,
ce qui nous aurait fait une vingtaine de membres, ou choisir simplement les anciens présidents de tous nos Congrès. Nous avons pensé

qu'en prenant une commission de vingt membres, nous nous réduisions d'une façon presque fatale à l'inaction. Quand il y a vingt membres dans une Commission, en général, il n'y en a qu'un qui travaille, et quand on est trente on ne travaille plus du tout. Nous avons pensé que, pour aboutir, il fallait créer une petite commission.

Nous avons songé alors à prendre pour membres de cette Commission les anciens présidents des différents Congrès. De telle sorte que la commission se composerait aujourd'hui de M. Hanuisse, président du premier congrès, Lindet président du deuxième congrès, M. le chevalier von Perger, président du troisième congrès, de M. Moissan, président du quatrième congrès et enfin du président du cinquième congrès, que vous avez à nommer. Comme il est indispensable qu'il n'y ait jamais le moindre conflit entre cette commission internationale et le comité chargé d'établir le prochain Congrès, nous avons pensé à faire présider cette Commission par le chimiste qui sera mis à la tête de la Commission d'organisation du futur Congrès. De telle sorte que si vous votez ce que nous vous proposons, ce serait le président du cinquième Congrès qui serait président de la Commission. Une fois que le cinquième Congrès aura été tenu dans la ville que vous allez désigner, ce sera le président du sixième Congrès qui sera le président de la dite Commission internationale. Nous augmenterons ainsi cette commission tous les deux ans d'un nouveau membre. Nous avons pensé que c'était la solution la plus pratique. Nous vous proposons de nommer cette fois, d'une façon définitive, la Commission internationale composée de tous les présidents des différents Congrès.

M. le Dr Herzfeld propose de nommer pour cette commission les secrétaires généraux des quatre derniers Congrès, ainsi que le président et le secrétaire général du futur congrès.

M. F. Sacis appuie cette proposition.

M. Moissan met aux voix les deux propositions.

La première proposition, qui consiste à former la commission des anciens présidents des différents congrès, est adoptée.

En conséquence, la *Commission internationale des Congrès* sera composée pour les années 1901 et 1902 de MM. Hanuisse, président du Congrès de Bruxelles (1894); Lindet, président du Congrès de Paris (1896); Ritter von Perger, président du Congrès de Vienne (1898); M. Moissan, président du Congrès de Paris (1900), et du président d'organisation du Congrès de 1902. (A la fin de la séance, Berlin ayant été choisi pour siège du prochain Congrès, et M. Otto Witt ayant été nommé président de la Commission d'organisation de ce Congrès, ce dernier devient président de la *Commission internationale*).

M. Moissan. — Maintenant, Messieurs, je donne la parole à M. Dupont pour la lecture de son rapport sur les travaux du Congrès.

Rapport sur les travaux du IVᵉ Congrès international de Chimie appliquée

Par F. DUPONT,

Secrétaire général.

Messieurs,

Vous avez été tenus, jour par jour, au moyen de l'édition spéciale quotidienne de la *Revue des Sciences*, au courant des travaux du quatrième Congrès international de Chimie appliquée. Je me bornerai donc à appeler plus spécialement votre attention sur les résolutions prises, les vœux adoptés, les desiderata formulés. Il me serait d'ailleurs matériellement impossible de vous donner un tableau complet des travaux considérables accomplis pendant cette semaine, malgré une chaleur inaccoutumée, par nos infatigables collègues qui ont discuté plus de deux cents questions dans leurs dix sections, dont quelques-unes, éprouvant comme un regret de se séparer, siégeaient encore ce matin.

SECTION I. — CHIMIE ANALYTIQUE. — APPAREILS DE PRÉCISION

C'est autour de cette section, dont le programme est très vaste, que gravite une grande partie de l'intérêt du Congrès. Elle embrasse d'une façon générale toute la chimie analytique et tous les appareils de mesure dont se sert le chimiste dans son laboratoire. Plus spécialement elle s'occupe cependant de l'analyse des matières soumises à l'impôt et aux droits de douanes; mais quelles sont les matières qui aujourd'hui, d'une façon ou d'une autre, ne sont pas tributaires des impôts variés que les nécessités budgétaires imposent aux gouvernements !

Il y a un intérêt de premier ordre à ce que les méthodes employées pour l'analyse de ces matières soient autant que possible à l'abri des erreurs et soient surtout identiques dans les différents pays qui opèrent entre eux des transactions commerciales. C'est par des sommes énormes que se chiffrent chaque année les avantages ou les préjudices causés, soit à l'Etat ou aux particuliers, soit aux acheteurs, par des analyses dont la discordance provient la plupart du temps des différences de méthodes employées, de poids atomiques différents pris pour base des calculs, de non-concordance de graduation et de jaugeage des instruments dont on s'est servi.

C'est ainsi que, suivant qu'on adoptera le poids normal de 16 gr. 19 ou celui de 16 gr. 29 pour la détermination du titre des sucres commerciaux, on aura sur le résultat une différence de plus de *un demi pour cent*, ce qui est considérable et représente, au point de vue fiscal, pour la production annnelle de la France, une différence de près de 1.000.000 de francs.

Les inconvénients sont de même nature si les instruments sont jaugés et gradués d'après des principes différents. Les poids atomiques de certains métaux qui font l'objet de transactions commerciales importantes ne sont pas fixés d'une façon certaine, et les uns adoptent un chiffre, les autres un autre. Suivant que l'on prendra celui-ci ou celui-là, pour le calcul des analyses, on lésera ou on favorisera l'une des parties. C'est ainsi que l'on citait un chargement de minerais de chrome qui donnait lieu à une différence de prix de plusieurs milliers de francs, suivant que l'on adoptait pour le poids atomique l'un des deux chiffres sur lesquels on dispute.

Pénétrée de l'importance de cette question, la section I lui a consacré sa première séance. Elle a décidé, après les rapports et observations présentés par MM. Henriot, Clarcke, Fabre, Lunge, Engel, Christomanos, Buisson, Lacombe et Sidersky, d'émettre les vœux suivants :

1er **Vœu.** — *Le Congrès, espérant que l'adoption du poids atomique de l'oxygène = 16, comme base, conduira à une plus grande fixité et à une simplification dans le calcul des poids atomiques, s'associe aux travaux de la Commission internationale des poids atomiques.* (*Adopté*).

2e **Vœu.** — *On demande la création d'un Comité international ayant pour mission d'indiquer aux chimistes les méthodes qui doivent être adoptées et les coefficients qu'ils doivent employer dans les différents calculs qu'ils ont à faire pour les analyses commerciales.*

La section a désigné pour faire partie de cette Commission : MM. Lunge (Suisse), von Grueber (Allemagne), Clarcke (Etats-Unis).

Le Congrès voudra bien désigner les autres membres.

M. Moissan. — Il y a là une question très importante ; il est vraisemblable que nous serons forcés d'arriver à la création d'une Commission internationale qui devra non pas imposer, car elle n'en a pas le droit, mais conseiller certaines méthodes d'analyse dans les cas douteux pour éviter des procès ou des rapports d'experts. Je crois qu'il serait peut-être prématuré en tant que Congrès de prendre une décision sur ce point aujourd'hui. J'estime qu'il serait préférable d'aboutir à la création d'une Commission internationale. Il est vrai que cela ne peut pas se faire sans l'appui des différents gouvernements, ce qui demande toujours du temps. Nous pouvons voter aujourd'hui tout ce que nous voudrons, mais tant que notre Commission internationale d'analyse n'existera pas, nous n'aurons rien de bien solide derrière nous. Ce qu'il faudrait ce serait renvoyer ce vœu à la Commission internationale en lui donnant comme mandat de faire son possible pour arriver à la création d'une Commission internationale analytique. Cette dernière serait comparable jusqu'à un certain point à la Commission internationale du mètre. Il ne faut pas trop demander au Congrès ; par conséquent je vous prie de renvoyer à la Commission internationale des Congrès de chimie qui fera son possible pour obtenir la création d'une Commission internationale d'analyse. *(Adopté.*

M. Dupont continue la lecture de son rapport :

Le vœu suivant, proposé par M. Vivier, a été pris en considération :

3ᵉ Vœu. — *Il sera nommé par la Commission internationale du Congrès un Comité international chargé d'établir une table des constantes physiques et chimiques, dont l'usage sera obligatoire pour tous les chimistes officiels des Etats adhérents et pour tous les chimistes libres, dans les cas où ils seront appelés comme experts devant une juridiction quelconque.*

Ce Comité serait chargé d'établir une table provisoire officieuse de ces constantes et de préparer la table officielle.

M. Moissan. — Je pense, Messieurs, que le travail doit être préparé avant d'être envoyé à la Commission internationale. Je crois qu'il sera même impossible à la Commission internationale des analyses de rendre obligatoire un poids atomique quelconque. Nous pouvons dire aux gens qui ont des marchés sur analyses qu'ils peuvent prendre les poids atomiques que la Commission internationale aura adoptés, mais dans aucun cas, nous ne pouvons rendre obligatoire un chiffre, un poids atomique, en un mot une constante. N'oublions pas que la science est sans cesse en mouvement. Ce que nous avons de mieux à faire est de renvoyer à la Commission internationale. (*Adopté.*)

M. Dupont lisant :

À la suite de la communication de M. Arnaut de Gramont sur l'application de l'analyse spectrale à la chimie analytique et aux produits industriels, la section a émis les deux vœux suivants :

4ᵉ et 5ᵉ Vœu. — *1° Que les indications spectroscopiques données dans les mémoires soient exprimées en longueurs d'onde, ou rapportées à l'échelle et à la dispersion adoptées dans l'atlas des spectres lumineux de M. Lecoq de Boisbaudran;*

2° Que toute publication relative à un corps simple nouveau soit accompagnée de la représentation de son spectre de lignes, spectre de dissociation caractéristique de l'élément lui-même et permettant son identification certaine.

M. Moissan, président. — Ce sont là deux vœux dont l'adoption sera très utile et nous devons nous y associer. Je propose de les renvoyer à la Commission internationale. (*Adopté.*)

6ᵉ Vœu. — *L'Assemblée décide à l'unanimité la nomination d'un Comité dont feraient partie : MM. Lunge, Engel, Jules Wolff, Mestre. Ce Comité serait chargé de désigner aux chimistes : 1° les indicateurs qu'ils doivent choisir de préférence dans les divers essais de l'analyse volumétrique; 2° le mode d'emploi de ces indicateurs. Ce Comité aurait surtout à s'occuper des indicateurs employés pour l'acidimétrie et l'alcalimétrie.*

M. Moissan. — Je pense que nous n'avons qu'à sanctionner cette demande. Voilà une bonne commission formée de gens compétents et peu nombreux. Nous leur demanderons de faire un rapport, lequel sera inséré dans les comptes rendus du Congrès.   (*Adopté.*)

M. Dupont lisant :

7ᵉ Vœu. — *La Commission nommée par le Congrès de Vienne en 1898 pour présenter les meilleures méthodes d'analyse des engrais et des fourrages, composée de MM. le Dʳ Daffert, de Vienne; Dʳ von Grueber, de Vienenburg; Dʳ Marker, de Halle; professeur Menozzi, de Milan; Dʳ Schneidewind, de Halle; D. Sidersky, de Paris; Dʳ Wiley, de Washington, a indiqué, dans un mémoire présenté, les méthodes qu'elle croit devoir recommander. Mais ses travaux n'étant pas terminés,*

*elle demande au Congrès la prorogation de ses pouvoirs, avec
adjonction de M.M. Pellet, Lasne, Vivier, Aulard et Lacombe,
pour la France ; Preicht et Fitjens, de Stassfurth, pour l'Allemagne, Lunge, pour la Suisse, et mission de se mettre en rapport avec la Commission nommée par le Congrès des Stations
agronomiques françaises qui poursuivent le même but.*

M. Sidersky. — Il y a un malentendu : la Commission internationale
nommée à Vienne a parfaitement terminé ses travaux et son rapport
a été accepté par la première section du Congrès. Seulement comme
ce rapport ne contient que des principes de méthodes, sans entrer dans
leurs détails, la section a prié la Commission de bien vouloir rester en
fonction afin qu'au prochain Congrès elle puisse ajouter quelques
détails.

M. Dupont lisant :

8ᵉ Vœu. — *M. Sidersky a présenté en son nom et au nom de
M. F. Dupont une proposition tendant à adopter une échelle
saccharimétrique unique dont le poids normal serait 20 grammes de sucre pur en 100 cc. de solution et dont le point 100°
correspondrait à un angle de 26°36.*

*(La section a conclu à la nomination d'une commission
pour solutionner la question.)*

M. Moissan, président. — Je demande à renvoyer cette question à
la Commission internationale. (*Adopté.*)

9ᵉ Vœu. — *Après un rapport de M. Lacombe, la Section
demande au Congrès de nommer une Commission chargée d'étudier la meilleure méthode à employer pour le dosage de la potasse
dans les salins. Cette question offre une importance commerciale
considérable, car les différents analystes qui s'occupent de ces
dosages fournissent actuellement des résultats si discordants qu'il
est impossible de prolonger plus longtemps cette situation anormale.*

M. le Président. — Si vous le voulez bien, Messieurs, cette question
sera renvoyée à la Commission des engrais qui peut très bien la
résoudre. Il est inutile de nommer Commissions sur Commissions.

Adopté).

M. Dupont :

10ᵉ Vœu. — *La Section, à la suite d'un Rapport de M. Chuard*

(Lausanne), émet le vœu que les Gouvernements et notamment le Gouvernement français, réglementent l'emploi de l'acide sulfureux dans le vin, mesure déjà prise dans un certain nombre d'Etats.

M. Moissan. — Cette question est encore très importante et nous allons lui donner, si vous le voulez bien, une sanction différente. Nous demanderons à la Commission de nous faire un rapport que nous adresserons au ministre. Ce dernier le fera transmettre au Comité consultatif des Arts et Manufactures. La question sera ainsi jugée directement. Je vous demande donc de renvoyer simplement à la Commission de façon qu'elle nous donne un rapport qui sera transmis au Ministre. *(Adopté).*

M. Dupont. — M. Chuard a déjà présenté un travail sur ce sujet.

M. Moissan. — Le travail de M. Chuard sera envoyé directement au ministre du Commerce et de l'Industrie. *(Adopté).*

M. X... — Et au ministre de l'Agriculture. Il y a là des questions agricoles très importantes.

M. Moissan. — Alors nous renvoyons aux deux ministères, comme cela se fait très souvent. Les comités consultatifs se renvoient journellement de l'un à l'autre les travaux qui touchent tout à la fois à l'Industrie et à l'Agriculture.

M. Dupont. — Le Congrès de Vienne avait nommé une commission internationale pour l'unification des méthodes d'analyse des produits du napthte. Cette commission, par l'organe de son secrétaire, M. Gouthmann (Russie), a demandé à la section de proroger ses travaux jusqu'au prochain Congrès, ce qui a été accepté; mais M. Gouthmann demande, en outre, que le Congrès lui accorde une subvention de 300 à 400 francs pour couvrir les frais que cette Commission aura à faire pour mener à bien sa tâche.

11ᵉ Vœu. — *L'Assemblée générale du Congrès confirme la prorogation des pouvoirs de la commission composée de MM. le professeur Engler (Carlsruhe) président; Dʳ Holde (Berlin), vice-président; professeur Klaudy (Vienne); professeur Zoloziecky (Lemberg); Borrerton (Redwood-London); Maberg (Etats-Unis d'Amérique); Thoma (Amsterdam); Kharitschkoff (Russie); Gouthmann (Russie), secrétaire.*

(Adopté.)

Enfin la résolution suivante a été votée :

12ᵉ Vœu. — *Que le prochain Congrès recherche un procédé pratique de dosage des acides formique, propionique et butyrique dans l'acide acétique et les acétates du commerce.*

(Adopté.)

Tels sont les vœux et résolutions d'ordre général adoptés par par la section I ; mais là ne s'est pas borné son travail. Elle a entendu de nombreuses et intéressantes communications de MM. Cazeneuve, Sörensen, Lasne, Oddo Joseph, Démichel, Amagat, Ferdinand Jean, Jules Jean, Duchemin, Sidersky, Christomanos, Martin Perls, Lunge, von Grueber, Dʳ Krause, Rocques, Mestre, Meillère, comte Arnaud de Gramont, Engel, Christensen, Mastbaum, Halphen, Pellet, etc.

Les comptes rendus *in extenso* vous les feront connaître.

SECTION II. — INDUSTRIE CHIMIQUE DES PRODUITS INORGANIQUES

Un grand nombre de questions ont été traitées dans cette section et ont donné lieu à des communications du plus haut intérêt.

La détermination des températures élevées, la construction et la marche des fours en céramique et en verrerie ont été traitées par MM. Boudouard, Lunge, Gianoli, Granger, Gobbe, Emilio Damour et l'on a pu constater que les fours construits pendant ces dernières années, d'après les principes posés par M. Damour dans sa remarquable étude présentée au Congrès de 1896, avaient tous fonctionné d'une façon irréprochable.

Les progrès récents réalisés dans la grande industrie de l'acide sulfurique ont été mis en lumière par MM. Pierron et Hasenclever.

M. Guillet, dans un travail considérable et minutieux, a fait connaître l'état actuel de la fabrication des produits inorganiques en France. Il donne une statistique complète des usines et des quantités fabriquées des divers produits.

Les comptes rendus *in extenso* feront connaître ces travaux, de même que d'autres très remarquables de M. Séquard sur les terres rares, de M. Coignet sur l'industrie du phosphore, de MM. Parvillée et Reynaud sur les applications industrielles de la porcelaine, de M. Cloez, sur la fabrication du plâtre, de M. Do-

remus sur l'acide fluorhydrique et les fluorures, de M. Chevallet
sur les procédés de lavage des gaz industriels, de M. Lucion sur
les déterminations calorimétriques, de M. Bloche sur l'état actuel
de l'industrie du bioxyde de baryum et de l'eau oxygénée.

A la suite de la communication de M. Bloche, la section a émis le
vœu suivant :

*A l'heure actuelle, le transport du bioxyde de baryum, en
France, doit être fait en fûts de fer, mais on laisse voyager le
produit d'importation en fûts de bois ; la Section demande que
les Compagnies de chemins de fer laissent voyager le bioxyde de
baryum de fabrication française dans des fûts de bois.*

M. Moissan. — Je demande que cette question soit renvoyée directement au ministre du Commerce et de l'Industrie qui la transmettra,
s'il le juge convenable, au Comité consultatif des Arts et Manufactures.

M. X... — La question a déjà été soulevée par la Chambre syndicale des produits chimiques, il y a trois ans, mais elle est restée sans
solution aucune.

M. Moissan. — C'est peut-être parce que la question a été adressée
directement au ministère des Travaux publics, et non pas au ministère de l'Industrie et du Commerce.

Nous serions très heureux de connaître exactement le vœu émis par
la Chambre syndicale, qui viendrait ainsi appuyer les conclusions
données par notre section.

M. Dupont :

Section III. — Métallurgie. Mines, Explosifs

Cette section a entendu une série de savantes communications sur l'échantillonnage des minerais (Campredon) ; le dosage
du soufre dans les minerais (Pellet) ; l'utilisation de la chaleur
dans les fours (Boudouard, Damour, Le Chatelier) ; la métallo-
graphie microscopique et un nouveau microscope pour l'étude
des métaux (Le Châtelier) ; la constitution des fers et des aciers
(Carnot, Goutal) ; les différents états allotropiques du fer et de
l'acier, suivant la température, la pression et les éléments étrangers qui leur sont ajoutés (Le Châtelier) ; sur l'analyse des produits sidérurgiques (Namias).

A la suite de cette communication, la section, à l'unanimité, *a
émis le vœu que la question du dosage du soufre, du manganèse
et du phosphore dans les produits métallurgiques fût mise à l'or-*

*dre du jour du prochain Congrès et fît l'objet d'un rapport préa-
lablement imprimé et distribué.*

(Adopté).

Les matières explosibles, dont la fabrication a pris de nos
jours une importance considérable, qui ne fera que grandir
encore, ont eu les honneurs d'une séance. Tous ceux qui ont
pris part à la discussion, MM. Vieille, Pétersen, Guchez, Thomas, Barthélemy, Bertoni, sont *d'accord pour demander des modifications aux règlements auxquels le transport de ces matières
est soumis.*

(Adopté.)

Section IV. — Industrie chimique des Produits organiques

Cette section, qui embrasse un domaine très vaste, poursuivait
encore le samedi matin, 28 juillet, le cours de ses savantes déli-
bérations sous la présidence de M. Lindet. Une séance a été con-
sacrée aux communications de MM. Kostaneki, Schell, Zaccha-
rias sur les matières colorantes végétales naturelles.

La tannerie a donné lieu à des études très intéressantes de la
part de M. Ferdinand Jean, chimiste spécialiste de cette industrie, de MM. Bruère, Goegg, Bruel frères. A la suite d'un rapport
présenté par ces deux derniers sur les préjudices causés à l'industrie du cuir et à l'agriculture par le taon, ou œstre du bœuf
(*Hypoderma Bovis*), la section a voté à l'unanimité la résolution
suivante :

1er Vœu. — « *La Section IV. considérant que les taons (œstres
du bœuf) causent un préjudice considérable à l'industrie de la
tannerie, et par conséquent à l'agriculture, émet le vœu que M. le
ministre de l'Agriculture appelle l'attention de MM. les professeurs départementaux sur ce préjudice, et fasse placarder une
instruction semblable à celle qui a été placardée en Allemagne,
prescrivant l'étrillage des animaux au pâturage, conformément
au rapport qui sera inséré aux comptes rendus du Congrès.*

*(Ce vœu a été adopté à l'unanimité et renvoyé
à M. le ministre de l'Agriculture).*

La recherche des falsifications et des mélanges dans les huiles
de graissage paraît facile, d'après la méthode indiquée par

M. Lecoq (Belgique) et qui consiste à distiller le produit au moyen de la vapeur d'eau surchauffée.

Signalons encore, au point de vue des falsifications, la communication de M. Rabaté, sur l'analyse des matières résineuses.

M. Arachequesne, qui s'est fait l'apôtre des emplois industriels des alcools dénaturés et qui voudrait en voir grandir la consommation, a fait voter les vœux suivants par la section :

« Le Congrès international de chimie appliquée, considérant l'immense intérêt qu'il y a pour tous les pays agricoles à créer de nouveaux débouchés à l'alcool dans les emplois industriels, ainsi que dans les emplois à l'éclairage et au chauffage domestiques et à la production de la force motrice, émet les vœux suivants :

2e Vœu. — 1° Que, dans tous les pays représentés au Congrès par leurs délégués, les emplois de l'alcool destiné à la fabrication des produits pharmaceutiques et chimiques, soient dégrevés de tous droits de fisc ou d'octroi, ainsi que les autres matières premières nécessaires à la fabrication de ces produits, s'il y a lieu, même lorsque ces matières premières sont grevées de droits pour la consommation directe;

3e Vœu. — Que, pour les alcools dénaturés destinés aux usages de l'éclairage et de la force motrice, outre le dégrèvement des droits, il soit prescrit aux administrations fiscales chargées d'assurer la dénaturation, de choisir, avant tout, des dénaturants appropriés à ces usages, peu coûteux, à pouvoir calorifique élevé, et ne renfermant aucune substance solide fixe ou possédant un point de volatilisation très supérieur à celui de l'alcool;

4e Vœu. — Que toute fraude par revivification de l'alcool dénaturé soit punie sévèrement;

5e Vœu. — Que les constructeurs d'appareils de distillation ou de rectification soient tenus de déclarer au fisc toute fabrication, vente ou réparation d'appareils distillatoires;

6e Vœu. — Qu'à l'avenir, et pour toutes les relations internationales, l'alcoométrie pondérale centésimale soit substituée aux divers systèmes d'alcoométrie actuellement en usage.

M. Moissan. — La proposition de M. Arachequesne, qui a déjà été votée par la section, sera renvoyée à l'examen de M. le ministre du Commerce et de l'Industrie pour être transmise, s'il y a lieu, à la Commission de l'alcool nommée récemment au ministère pour étudier cette question.

M. X... — Nous vous proposons de renvoyer d'abord à la Commission d'analyses.

M. von Grueber. — Je vous prie de renvoyer cette proposition à la Commission internationale. Il y a là des principes qui intéressent toutes les législations et non pas seulement la législation française.

M. Moissan. — Nous ne devons pas oublier que la Commission internationale d'analyses n'est pas encore nommée. Je vous disais précédemment que la Commission internationale ferait son possible pour arriver bientôt à créer une Commission internationale d'analyses, mais pour le moment nous n'avons que la Commission du Congrès qui pourrait s'occuper de cette question.

M. von Grueber. — Je vous demanderai de renvoyer le vœu à la Commission du congrès.

M. Moissan. — Nous renvoyons alors à la Commission internationale qui en aura la charge vis-à-vis du prochain congrès et vis-à-vis de la future Commission internationale d'analyses. (*Adopté.*)

M. le Dʳ Herzfeld. — Je crois devoir faire remarquer que nous sommes ici un Congrès international, je voudrais demander à M. le président s'il ne croit pas utile de renvoyer tous ces vœux non seulement à MM. les ministres français, mais encore avec prière de les transmettre aux divers gouvernements.

M. Moissan. — Il y a, en effet, des questions qui devront être transmises à différents pays, mais nous n'avons pas le droit de le faire par nous-mêmes. Nous n'aurons ce droit que lorsqu'il y aura une Commission internationale d'analyses.

M. Herzfeld. — C'est de cette façon que l'on a agi au Congrès de Vienne ; il n'y aurait donc pas d'innovation. Vous avez formé une commission composée de quatre personnes. Il faudra que les quatre personnes se réunissent et je me demande si, étant éloignées les unes des autres, elles pourront prendre des résolutions d'accord.

M. Moissan. — Il existe déjà un certain nombre de Commissions semblables. Ainsi, pour quelques données relatives à des questions de science, nous avons des Commissions internationales, dont les membres ne se voient pas, mais s'écrivent. Ils arrivent très bien à faire leur travail. Il ne faut pas croire que les présidents des congrès ne fassent rien. Je vous assure qu'il y a des présidents qui travaillent ! *Rires et applaudissements.*

M. Dupont. — Si le temps ne faisait défaut, nous devrions dire quelques mots des communications de M. Klason sur la composition des huiles obtenues par le traitement du bois en vue de la fabrication du papier par les bisulfites; et celle de M. J. Wolff sur la racine de chicorée qui, avec ses 15 0/0 d'inuline, paraît être une excellente matière première pour la fabrication de l'alcool; de celle de M. Frenkel, sur la sénilisation des bois;

De celle de MM. Walter Reid, sur le velvril, un nouveau produit destiné à remplacer le caoutchouc et la gutta-percha dans un grand nombre d'applications;

De M. Besson, sur la préparation du chloral et du chloroforme;

M. Thomas, sur la viscose;

De M. Jurgensen, sur l'emploi industriel des grignons d'olives;

De M. Juillard, sur l'action de l'acide oxalique sur l'huile de ricin;

De M. Mastbaum, sur la détermination de l'acidité des huiles.

De M. de Brévans, sur l'altération des substances alimentaires;

Guillemard, sur les sels de chlorophylle;

Pierron. Alix, Riché, sur l'utilisation des gaz comme force motrice; mais nous sommes forcé de nous borner.

A la suite d'une communication de M. Bruère :

7ᵉ Vœu. — *La section IV émet le vœu que le dosage, dans les jaunes d'œuf, de la matière grasse qui en fixe la valeur marchande, soit fait par un procédé uniforme, au moyen d'un dissolvant unique; celui-ci semble devoir être choisi parmi les éthers de pétrole; l'éther éthylique, la benzine, le sulfure de carbone et le tétrachlorure de carbone semblent devoir être écartés.*

(Adopté.)

Enfin, M. Jules Garçon a attiré l'attention du Congrès sur une question un peu nouvelle et de la plus haute importance, je veux dire la bibliographie scientifique qui est de nature à rendre aux chimistes, aux savants, aux industriels, les plus grands services, pour faciliter leurs recherches en vue d'industries à établir, de procédés à perfectionner, de travaux à poursuivre, de brevets à prendre ou à combattre, de questions quelconques à étudier.

Nous ne pouvons, il me semble, que nous associer au vœu déposé par l'auteur :

8e Vœu. — *Que des répertoires bibliographiques analytiques, comprenant tous les documents en toutes langues, soient mis, le plus tôt possible, à la disposition de chaque industrie pour la période rétrospective s'arrêtant à 1900 et que les répertoires soient continués.*

(Adopté.)

Section V. — Sucrerie.

Cette section avait un programme extrêmement chargé, aussi n'a-t-elle terminé ses travaux que ce matin. Ceux qui ont pu suivre ses discussions, et ils sont très nombreux, ont assisté à un véritable cours de sucrerie faite par une élite de conférenciers.

MM. Vivien, Manoury, Horsin-Déon, Ragot, Pellet, Ventre-Pacha, Strohmer, Sachs, Schell, Slasski en ont tour à tour présidé les séances, sous la direction de M. Gallois.

La diffusion et son contrôle ont donné lieu à trois rapports de MM. Vivien, Naudet et Lallemant.

La carbonatation continue (Naudet), la sulfitation (Horsin-Déon, Aulard), l'épuration par la baryte (Aulard et Dupont), par le sulfure de baryum (Segay), par l'électrolyse (Aulard), le raffinage (Aulard), l'utilisation des mélasses comme combustible en sucrerie de cannes (Manoury), l'évaporation (Saillard), ont rempli plusieurs séances au cours desquelles les progrès récemment réalisés dans les différentes phases de la fabrication du sucre ont été passés en revue.

MM. Pellat, Pellet, Aulard, Claassen, Strohmer, Sachs, Andrlik, Ventre-Pacha, Weisberg, Saillard, Powloski, Fradiss, ont apporté d'utiles contributions au contrôle chimique de la fabrication.

La section a émis les quatre vœux suivants :

1er Vœu. — *Il y a une véritable campagne à entreprendre pour amener la réforme du régime fiscal du sucre et de ses dérivés pour l'alimentation du bétail. Pour la faire aboutir le plus tôt possible et obtenir le dégrèvement des sucres dénaturés et des mélasses employés à la nourriture du bétail, les seuls efforts des physiologistes et des agronomes seraient insuffisants. Il faut que l'opinion publique s'y associe.*

La question est si importante pour les cultivateurs, les éleveurs et les consommateurs, qu'on ne peut douter, qu'éclairés par la science sur les bienfaits de la réforme, tous ceux qui ont souci du progrès auront à cœur d'en hâter l'avènement par leurs revendications auprès des pouvoirs publics.

Ce vœu a déjà été exprimé par le Congrès de l'alimentation rationnelle du bétail en 1899.

M. Vivien. — Il s'agit là de l'emploi du sucre comme alimentation pour les animaux. Cette question est en instance devant les pouvoirs publics depuis 1873. Nous sommes débordés par la production du sucre. Je demande à notre honorable président de bien vouloir employer toute son autorité auprès des pouvoirs publics pour faire aboutir le plus tôt possible le dégrèvement des sucres dénaturés employés pour la nourriture du bétail.

M. Moissan. — Une question de dégrèvement est toujours très difficile à résoudre. Quand on vient dire à un ministre : Vous pouvez avoir une diminution de bénéfices dans votre budget, il ne vous reçoit pas très bien. Cependant la question telle qu'elle est formulée pourra être transmise directement au ministère de l'Agriculture.

M. Vivien. — Aux ministères de l'Agriculture et des Finances. Les recettes du budget de M. le ministre des Finances ne seront nullement diminuées, puisque les consommateurs continueront à acheter tout autant de sucre. Jusqu'à présent on n'en donnait pas au bétail, à l'avenir, on pourra en donner. Il n'y aura aucun préjudice. Il s'agit seulement d'éviter la fraude. Depuis six ans, M. le ministre des Finances me demande des échantillons de sucre parfaitement dénaturé, qui ne puisse être consommé par l'être humain. Tous les ans j'en envoie et j'attends toujours la solution. Cette question est renvoyée devant un comité ; M. Lindet pourrait nous dire lequel.

M. Lindet. — Devant le Comité consultatif des arts et manufactures.

M. Vivien. — Devant le Comité consultatif des arts et manufactures, soit, mais il nous faudrait une solution.

M. Moissan. — Vous ne pouvez mieux vous adresser car, vous avez devant vous à cette séance le représentant du ministre qui est vice-président du Comité consultatif auquel ces rapports seront renvoyés. Vous voyez que vous êtes très bien placé pour faire aboutir votre demande ! (*Applaudissements.*)

M. Vivien. — Je remercie d'avance M. Troost de tout ce qu'il fera pour cette question.

M. Moissan. — La question sera donc renvoyée au ministre pour être transmise au Comité consultatif des Arts et Manufactures. (*Adopté.*)

M. Dupont continue la lecture de son rapport :

A la suite du rapport de M. Strohmer sur l'analyse des graines de betteraves, la section a voté la résolution suivante :

2ᵉ Vœu. — *Attendu que les normes et métho des actuellement en usage pour déterminer la valeur de la graine de betteraves comprennent différents défauts de nature à faire du tort au producteur et à l'acheteur, attendu que, d'autre part, la question de la détermination des germes malades en vue d'apprécier la valeur de la graine de betteraves ne peut être considérée jusqu'à présent comme complètement étudiée, la section V du quatrième Congrès international de Chimie appliquée prie le président de ce Congrès d'instituer une Commission internationale qui aura à étudier ces questions, présentera un rapport au prochain Congrès et formulera des décisions définitives.*

Cette Commission pourrait comprendre, pour chaque pays, deux représentants du contrôle des semences, deux représentants des producteurs de graines et deux représentants des fabricants de sucre.

M. Moissan. — Renvoyé à la Commission internationale qui nommera des délégués et un rapport sera présenté au prochain congrès. (*Adopté.*)

M. Dupont continue la lecture de son rapport :

3ᵉ Vœu. — *A la suite de la communication de M. Sachs sur le contrôle chimique en sucrerie, la section V exprime l'avis que, pour le moment, le procédé élaboré par M. Sachs pour contrôler le travail des fabriques de sucre est le meilleur et que son application générale est recommandable pour le contrôle dans toutes les sucreries.*

(Adopté.)

Proposition de M. Lindet après la discussion qui a suivi la communication de M. Pellat sur l'influence de la température sur le pouvoir rotatoire du sucre :

4ᵉ Vœu. — *Les membres français réunis à la section V rappellent que la Commission d'unification des méthodes d'analyse auprès du ministère des Finances, a adopté, comme poids normal du saccharimètre, le chiffre 16 gr. 29 indiqué déjà par le deuxième Congrès international de Chimie appliquée, au lieu de 16 gr. 19 employé jusqu'ici, et émettent le vœu que l'administra-*

*tion française adopte le plus rapidement possible le chiffre de
16 gr. 29.*

M. Moissan. — Nous allons renvoyer à M. le ministre des Finances
pour être transmis, s'il y a lieu, au Comité consultatif des Arts et Manufactures. (*Adopté.*)

M. Dupont :

Section VI. — Industrie chimique des fermentations

Comme la précédente, cette section, présidée par M. Durin, a
beaucoup travaillé, et ses discussions ont été suivies par un nombreux auditoire.

La distillerie ou fabrication des alcools a donné lieu à de nombreuses communications dues à MM. Barbet, Effront, Fernbach,
Quantin, L. Lévy, Guillaume, Arachequesne, Courtonne, Sorel,
passant successivement en revue la fermentation, la distillation
et la rectification.

On s'est beaucoup occupé aussi des alcools au point de vue
hygiénique, analytique et industriel.

MM. Quantin et Lang ont surtout insisté sur les méthodes
d'analyse à employer pour doser les impuretés ; mais il faut bien
convenir que toutes les analyses laissent encore beaucoup à
désirer et qu'aucune n'a encore réussi à résister à l'épreuve du
temps. La vinification n'a pas été oubliée. M. Rocques a montré
les bons résultats obtenus en stérilisant la vendange par la chaleur (procédé Kuhn) et en la réensemençant ensuite avec des
levures pures.

M. Semichon, représentant le département viticole de l'Hérault,
pour combattre les méthodes fantaisistes d'analyse des vins,
méthodes dont le nombre augmente tous les jours, a demandé à
la Section la nomination d'une Commission d'unification d'analyse des vins.

La brasserie a provoqué des communications de la part de
MM. Schwarz (appareil de réfrigération) ; Krutwig, de Liège
(influence de la composition de l'eau sur le trempage de l'orge).

Les vœux émis par la Section sont les suivants :

1er Vœu. — *Que l'on réunisse et examine les méthodes analytiques en usage dans les divers pays pour les eaux-de-vie et liqueurs et qu'il soit soumis à temps à l'approbation du cinquième*

Congrès de chimie appliquée, un projet imprimé d'accord, en vue de l'analyse et de l'appréciation des eaux-de-vie et liqueurs.

(*Renvoyé à la Commission internationale des analyses.*)

2ᵉ Vœu. — *Dans l'analyse des eaux-de-vie, le Congrès demande, qu'en cas d'expertise légale, la petitesse du coefficient d'impuretés ne soit pas, à elle seule, considérée comme une preuve suffisante d'une addition d'alcool d'industrie aux eaux-de-vie naturelles.*

(*Adopté et renvoyé à la future commission des analyses.*)

La Section adopte les vœux suivants déjà votés précédemment par le Congrès international du commerce des vins, spiritueux et liqueurs :

3° Vœu. — *Que toutes les douanes adoptent l'alcoomètre centésimal pour mesure du degré alcoolique ;*

4ᵉ Vœu. — *Que toutes les douanes s'accordent sur la nomenclature et le dosage des substances dont la présence dans les boissons peut être considérée comme licite, et qu'elles uniformisent les méthodes d'analyse ;*

5ᵉ Vœu. — *Que toutes les douanes adoptent, notamment :*
a. Pour le dosage de l'alcool dans les vins, l'alambic d'essai exclusivement ;
b. Pour le dosage de l'acidité, l'évaluation en acide sulfurique ou en acide tartrique, mais en un seul acide ;
c. Pour le dosage de l'extrait sec, l'évaporation ;
d. Qu'il soit recherché une méthode d'analyse des vins et des spiritueux, et qu'un choix soit fait des instruments divers à employer.

M. Moissan. — Messieurs, il me semble que ces propositions demanderont, pour être mises au point, une somme de travail assez grande. Je vous propose de les renvoyer à la Commission internationale du Congrès, qui transmettra cela plus tard à la Commission internationale d'analyse. Il n'y a qu'une Commission internationale d'analyse qui puisse aborder cette question dont l'étude exigerait de nombreux essais. Il sera très intéressant d'avoir sur ce sujet un rapport sur lequel on pourra discuter au prochain congrès. (*Adopté.*)

M. Dupont ·

6ᵉ Vœu. — La Section VI s'associe aux vœux déjà votés par la Section IV relatifs *aux emplois de l'alcool industriel.*

(*Adopté.*)

Section VII. — Chimie agricole

Dans la Section VII, qui avait : pour Président, M. Dehérain ; pour Vice-Présidents et Présidents de séance : MM. Paterno, Schneidewind, O. Liebermann, Wiley, Lezé ; pour Secrétaires : MM. Gabriel Bertrand et Garola, — cinq ordres de questions étaient inscrits au programme : L'étude des sols et des engrais a été traitée par MM. Dehérain, Aubin, Liebermann, Menozzi, Garola, Schneidewind, Kosovitch et Malpeaux, qui ont montré les effets de l'ameublissement et de l'aération des terres, discuté les méthodes d'analyse des sols et des engrais, notamment des superphosphates, les effets de l'ensemencement des terres par les ferments microbiens, etc. On a été d'avis qu'il n'y avait pas lieu d'attacher une grande importance à la distinction faite entre l'acide phosphorique soluble dans l'eau et l'acide phosphorique soluble dans le citrate ; de même, l'ensemencement des ferments microbiens ne paraît pas avoir donné jusqu'ici, des résultats bien probants.

De très intéressants rapports ont été présentés sur les plantes industrielles, notamment par MM. Geschwind, Dybowski, Malpeaux, Dehérain, sur les plantes sucrées : betteraves, cannes, érables ; de M. Dybowski, sur les plantes à caoutchouc ; de M. Charabot, sur les plantes à parfums.

M. Wiley a signalé l'utilisation des tiges de maïs desséchées, moulues et imprégnées de mélasses, comme nourriture pour les animaux.

La laiterie, cette industrie domestique d'une importance considérable dans tous les pays, a été l'objet de plusieurs rapports.

M. Lezé a étudié la composition ou plutôt la constitution de la crème et du beurre ; M. Rocques a signalé les résultats de la stérilisation du lait en grand par les actions combinées de la pression et de la chaleur.

Avant de se séparer, la Section VII a émis le vœu *qu'il soit adopté une substance antiseptique pour la conservation des échantillons de lait destinés à l'analyse. Une commission pourrait être nommée pour le choix de cette substance. Le bichromate de potasse, le chloroforme paraissent déjà répondre à ce but.*

(Renvoyé à la Commission internationale des analyses).

SECTION VIII. — HYGIÈNE, CHIMIE MÉDICALE ET PHARMACEUTIQUE, FALSIFICATION DES DENRÉES ALIMENTAIRES

Président : M. A. Riche.

Vice-Présidents et Présidents de séances : MM. Piutti, Ludwig, Jorissen, Marty.

Secrétaires : MM. G. Halphen et Vicario.

Cette section a abordé de nombreuses questions de médecine, de physislogie, d'hygiène, de falsification des denrées alimentaires dont le résumé nous entraînerait trop loin.

Qu'il nous suffise de dire que l'analyse de l'urine, à laquelle la médecine demande de plus en plus la confirmation du diagnostic, a été traitée d'une façon très complète par MM. Patein, Denigès, Grimbert, Moreigne, Desgrès, Meillère ;

Que les fasilfications des denrées alimentaires, notamment des huiles, des eaux-de-vie, du vin, etc. ont fait l'objet, de rapports et de discussions de la part de MM. Halphen, Quantin, Rocques, Jorissen, Minovici, Butureano, Schoofs, Sanglé-Ferrière, Liebermann, Riche, Barillé, André, etc. ;

Que MM. Denigès, Gérard, Desgrez. Meillère, Grimbert, de Brévans, Berger, Ogier, Moreigne, Piutti, Christomanos, Portes, Aly-Zachy, Hénocque, ont apporté le fruit de leur science et de leurs études à la discussion de nombreuses questions de chimie médicale et pharmaceutique.

La section a émis les vœux suivants :

I. — Sur la proposition de M. le Dr Patein :

1er Vœu. — *a. Le sous-acétate de plomb doit être rejeté comme agent de défécation de l'urine. On le remplacera par l'acétate neutre de plomb suivant la formule de Courtonne ou mieux par le nitrate acide de mercure, en observant les précautions recommandées par M. Patein.*

b. On adoptera pour le degré saccharimétrique le chiffre 2.065 indiqué par M. Grimbert.

c. La liqueur de Fehling sera titrée en glucose anhydre ; si on a fait le titrage en sucre interverti, on fera la correction néces-saire : 5 grammes de sucre interverti correspondant à 4 gr. 80 de glucose.

d. Il est nécessaire de faire les dosages de sucre urinaire à la fois par les méthodes optique et volumétrique ; on doit trouver les mêmes chiffres par les deux méthodes.

e. Si on se sert du procédé Causse, on l'emploiera avec les modifications indiquées par Denigès et Bonnans.

> *(Adopté et renvoyé à la Commission internationale du Congrès pour être soumis à la Commission interna-tionale d'analyse.*

II. — Sur la proposition de M. Hénocque :

2ᵉ Vœu. — *Pour faciliter l'unification de la représentation des spectres de bandes tels que les montre le spectroscope à vision directe, la section VIII propose l'adoption de l'échelle de Abbe, modification Hénocque.*

3ᵉ Vœu. — *Pour la coloration du spectre, on adoptera les éten-dues de plages colorées telles que les a établies M. Rood, et que M. Hénocque a fait représenter en une série de 12 teintes plates.*

M. Moissan. — Il y a dans la proposition de M. Hénocque un côté physique qui est important à signaler. Chaque fois que nous aurons une question mixte qui relève tout à la fois de la chimie et de la phy-sique, il faut que nous soyons d'accord avec les physiciens. Je vous propose donc de renvoyer cette question à la Commission internatio-nale et, au préalable, je vous demande la permission de la soumettre au Congrès de physique qui doit se réunir dans une quinzaine de jours.

M. le Dʳ Hénocque. — J'ai déposé au congrès de physique la même demande pour l'unification des échelles. Je présenterai moi-même ce vœu et demanderais son appui pour cette échelle qui est destinée à l'unification de la représentation des spectres de bandes.

M. Moissan. — Je remercie M. le Dʳ Hénocque de sa très intéres-sante observation qui vient à l'appui de ce que je disais. Je prie M. le Dʳ Hénocque de nous transmettre le résultat de sa présentation au congrès de physique, qui viendra appuyer le vœu du congrès de chimie. (*Adopté.*)

III. — M. Dupont : Sur la proposition de M. Rocques, la VIIIᵉ sec-tion décide qu'il y a lieu d'adopter les vœux suivants :

4ᵉ Vœu — *Quelles sont les méthodes analytiques qu'il convient* *de préconiser dans l'état actuel de la science pour effectuer les analyses des eaux-de-vie et alcools ;*

5ᵉ Vœu. — *Quelles sont les conclusions que l'on peut en tirer : Comment y a-t-il lieu d'interpréter les résultats de l'analyse pour établir la nature des eaux-de-vie ;*

6ᵉ Vœu. — *Quelle est la quantité d'impuretés que l'on peut tolérer dans les eaux-de-vie de consommation, et nomme pour étudier cette question une Commission composée de MM. Riche, Blarez, Bruylans, Buturéano, Gley, Halphen, Dʳ Lang, Nicloux, Rocques, Sanglé-Ferrière, Villavecchia et Wauters.*

> *(Ce vœu étant analogue au 2ᵉ vœu formulé par la section VI, le Congrès la renvoie à la Commission internationale des Congrès.)*

IV. — La section renvoie à l'examen de la Commission ci-dessus nommée, la proposition suivante de M. Quantin :

7ᵉ Vœu. — *Il n'y a pas lieu de fixer de minimum à la dose des impuretés que doivent contenir les eaux-de-vie de vin, de cidre, les kirschs, les cognacs, les rhums et tous les spiritueux en général.*

> *(Renvoyé à la Commission internationale).*

V. — Sur la proposition de M. Sonnié-Moret, la VIIIᵉ section émet le vœu suivant :

8ᵉ Vœu. — *Comme elle l'avait déjà reconnu en 1896, lors du 2ᵉ Congrès de Chimie appliquée, la VIIIᵉ section pense à nouveau qu'il serait on ne peut plus utile, pour les bons résultats à retirer du Congrès, que les rapports annoncés comme devant être lus à ce dernier soient portés à l'avance à la connaissance des membres de la section.*

Elle émet donc le vœu que ces rapports soient dorénavant imprimés à l'avance et distribués aux membres du Congrès pour que ceux-ci pussent en prendre connaissance à loisir, et, lors de la lecture en séance de section, apporter les observations et critiques que leur aura suggérées la lecture, à tête reposée, de ces rapports.

On pourrait, dans ces conditions, prendre des décisions et sanctionner celles-ci par des votes; toutes choses qui sont impossibles avec la façon actuelle de procéder.

> *(Le Congrès s'associe à ce vœu, tout en reconnaissant qu'il peut être d'une réalisation assez difficile.)*

VI. — Sur la proposition de M. Piutti :

9ᵉ Vœu. — *La VIIIᵉ section du IVᵉ Congrès international de Chimie appliquée, à Paris, émet le vœu que la Commission internationale du prochain Congrès, ou bien le comité provisoire de la ville où aura lieu le futur Congrès, adresse à tous les adhérents du Congrès actuel au moins un an avant la date du Congrès, un questionnaire sur les principaux problèmes d'intérêt général qui devront être traités.*

> *(Adopté.)*

SECTION IX. — PHOTOGRAPHIE.

Cette Section n'a tenu qu'une seule séance par suite de la coïncidence du Congrès de Photographie proprement dit.

Elle a entendu les très intéressantes communications de MM. Minovici, Namias, Marion, Gravier, Brasseur, Zenger, etc.

SECTION X. — ELECTROCHIMIE.

Les travaux de la section X ont été suivis par un auditoire assidu et nombreux, et ce résultat est dû autant à la compétence qu'à la haute notoriété des rapporteurs à la tête desquels occupe une place à part le dévoué président du Congrès, M. Moissan, qu'à l'intérêt et à l'importance des questions traitées.

Par les nombreuses expériences qui ont accompagné les communications, celles-ci ont en outre acquis un intérêt tout particulier.

Les travaux de la section présenteront pour ainsi dire un tableau synoptique ou mieux un inventaire de toutes les forces motrices naturelles actuellement exploitées dans le monde pour la fabrication des produits chimiques et notamment du carbure de calcium.

MM. Gin, Petersen, Rossel, Mathews, Gall, Palmaer, etc., nous ont présenté ces intéressants inventaires. On y voit que l'in-

dustrie du carbure de calcium, source de cette belle lumière
de l'acétylène, a pris un développement très grand qui n'est rien
encore comparé à celui que l'avenir nous réserve. C'est là une
industrie dont l'humanité sera redevable à deux illustrations de
la science chimique française, MM. Berthelot et Moissan.

(Applaudissements).

Parmi les produits que le four électrique a permis de fabriquer
avec facilité, un certain nombre et des plus intéressants ont eu
les honneurs de plusieurs séances. C'est d'abord naturellement le
carbure de calcium, puis les carbures de néodyme, de praséodyme et de samarium (Moissan), le phosphure de calcium (Moissan); les siliciures de fer, le glucinium et ses alliages, les arséniures alcalino-terreux (Lebeau); les borures de silicium (Moissan
et Stock); la fonte de molybdène (Marcel Guichard); la fonte de
tungstène (Defacqz).

Des communications très intéressantes ont été faites sur
l'électrolyse par différents auteurs, notamment par M. Brochet
sur l'électrolyse des solutions concentrées d'hyposulfites; par
M. Hollard sur les principes de l'analyse électrolytique; par
M. Marie sur le dosage électrolytique du plomb; par M. F. Dupont sur l'extraction des sucres.

L'éclairage à l'acétylène a donné lieu à de nombreuses communications de la part de MM. Besnard, Fourchotte, Deroy, Fouché,
de Montais, Lacroix, Javal, Paul Macé, etc.

Parmi les questions traitées dans cette section, je citerai encore,
pour me borner, les suivantes : Meslans et Poulenc : appareil
pour la production industrielle du fluor; Fischer : tétrasulfate de
plomb; Defacqz : analyse de l'aluminium ; Seidmann : sur les
ozoneurs Otto; Zenghelis : sur les changements de potentiel électrique pendant les réactions chimiques; Peyrusson : description
d'un électrolyseur; Nicolas Teclu : appareils pour la formation de
l'ozone; Sabatier : action des métaux sur l'acétylène; hydrogénation de l'acétylène en présence de divers métaux divisés ; Minet : l'électrochimie en 1900: Le Blanc : sur l'adoption de désignations unitaires en électrochimie; M. Moissan, qui ne connaît
pas la fatigue et dont les découvertes sont inépuisables, a fait encore
des communications sur la production de l'ozone par la décomposition de l'eau par le fluor, sur l'action de l'acide fluorhydrique

et du fluor sur le verre, et ce matin, la moitié du Congrès assistait à l'une de ses conférences.

A la suite d'une communication de M. Lacroix sur le transport du carbure de calcium, la section a émis le vœu suivant :

Que les Compagnies de chemins de fer et de navigation étudient la question du transport du carbure de calcium de manière à donner satisfaction à l'industrie.

Elle a terminé ses travaux en *nommant une Commission chargée d'étudier les désignations unitaires fondamentales en Electrochimie. Cette Commission est ainsi composée :*

MM. Moissan, Blondin, Guntz, Hollard, Gall, Lippmann, D^r Le Blanc, Dr Claassen, Etard, Palmœr, Brochet, Lebeau, Muller, Marie.

M. Moissan. — Il y a là deux questions : la première c'est le transport du carbure de calcium par eau ou par voie de terre. Pour cette question, qui est très importante, il serait peut-être préférable de renvoyer au ministre compétent.

Quant à la seconde, qui a pour but d'étudier la fixation de certaines constantes, vous avez entendu les noms des chimistes choisis pour former la Commission ; je vous propose de les accepter et nous ferons plus tard comme nous avons fait pour la question du Dr Hénocque, nous soumettrons les résultats au Congrès International de physique. Puis la Commission Internationale, appuyée alors sur le vœu du congrès de physique, reprendra la question.

(*Adopté, applaudissements.*)

La section X a aussi nommé une commission chargée d'étudier les conditions d'échantillonnage et d'analyse du carbure de calcium et l'analyse du gaz acétylène ainsi que les proportions d'impuretés tolérables. Elle comprend : MM. Moissan, Gall, Lunge, Bullier, Lacroix, Hubou, Lebeau.

(*Adopté.*)

Telle est, trop rapidement et trop incomplètement résumée, l'œuvre du IVe Congrès international de Chimie appliquée. Si, dans les Congrès futurs, l'on doit tenir la séance générale de clôture quelques heures seulement après la clôture des travaux de session, je conseillerai de ne plus charger le Secrétaire général du Rapport d'ensemble sur les travaux du Congrès, parce que, absorbé par de multiples besognes matérielles, n'ayant pu assister à aucune séance, il n'est pas en état de fournir en si peu de temps un Rapport suffisamment précis. Ce sera une innovation heureuse que de charger chaque secrétaire de présenter un Rapport d'ensemble sur les travaux de la Section dont il aura suivi toutes les séances.

Avant de terminer, qu'on me permette de remercier nos collègues étrangers qui ont eu la délicate attention d'aller déposer une couronne sur la tombe de l'immortel Pasteur, qui avait été désigné pour être, avec son illustre confrère, M. Berthelot, Président d'honneur du Congrès de 1896.

Je remercie aussi ces mêmes collègues des palmes déposées au pied des monuments qui consacrent la gloire impérissable de Nicolas Le Blanc et de Lavoisier. Ils nous ont prouvé ainsi que la confraternité scientifique n'est pas un vain mot et que les sentiments d'amitié qui se manifestent et se sont manifestés au cours de nos Congrès survivront inaltérés dans nos cœurs au-dessus de toutes les frontières.

(Applaudissements.)

Qu'on me permettre encore de saluer d'un souvenir ému la mémoire de deux de nos collègues qui viennent de disparaître subitement : Kjeldhal, mort il y a quelques jours, avant d'avoir pu se rendre au Congrès, dont il avait préparé le succès dans son pays, le Danemark, comme président de la Commission d'organisation; Bor, professeur de Chimie à l'Ecole de Pharmacie d'Amiens, tombé frappé d'insolation à Paris, alors qu'il suivait nos travaux.

(Applaudissements.)

M. Moissan. — Messieurs, vous venez d'entendre l'excellent rapport de M. Dupont. Je m'associe à ses conclusions au point de vue de la fatigue du secrétaire général, mais j'ajouterai qu'on ne s'en douterait guère à entendre le rapport qu'il vient de nous lire.

Maintenant, je crois qu'il y a peut-être une conclusion à tirer des travaux dont vous venez d'entendre une rapide analyse. Il est utile que nous fassions notre instruction d'un Congrès sur l'autre et que chacun de nos Congrès comporte une somme de connaissances de plus en plus grandes. Je pense que si nous voulons véritablement faire aboutir les vœux que nous proposons aux pouvoirs publics, il est indispensable que les questions soient simples, nettes, et très bien étudiées. Comme président du Congrès, je me permettrai de vous faire remarquer que nous avons trop de propositions, il faudrait que nous ayons moins de vœux à enregistrer, car il est certain que si nous nous présentons devant les administrations des différents pays avec un grand nombre de demandes, rien n'aboutira.

Il me semble aussi que nous avons adressé à la Commission internationale certains vœux qui demandent encore trop de travail et d'études. Il ne faut prendre que les questions qui sont mûres, je pense que ce sera le meilleur moyen de les faire aboutir.

Choix de la ville de Berlin pour tenir, en 1902, le V⁰ Congrès international de chimie appliquée.

M. Moissan donne lecture d'une lettre par laquelle MM. Ha>encle-ver et de Grueber, au nom de la Société chimique allemande, agissant tant en leur nom personnel qu'au nom des principales Sociétés chimiques allemandes, savoir :

Die deutsche chemische Gesellschaft ;

Der Verein zur Wahrung der Interessen der chemischen Industrie Deutschlands ;

Der Verein deutscher Chemiker ;

Der Verein deutscher Dünger-Fabrikanten ;

Die deutsche elektrochemische Gesellschaft ;

Der Verein der deutschen Zucker-Industrie ;

Die im Institut für Gährungsgewerbe und Stärkefabrication vertretene Verbände :

Der Verein deutscher Zucker-Techniker.

proposent de choisir Berlin pour tenir le V⁰ Congrès, en 1902.

Cette proposition est votée à l'unanimité.

A la demande de M. Moissan, la Commission d'organisation est constituée de la manière suivante, sous le patronage de la *Société chimique de Berlin* :

Président.

M. Otto Witt, professeur de technologie chimique à l'Ecole technique supérieure de Charlottenburg ;

Membres.

MM. le docteur Liebermann, professeur de chimie pure à l'Ecole technique supérieure de Charlottenburg ;

Van-t-Hoff. professeur à l'université de Berlin ;

Hasenclever. administrateur général de la Société *Rhenania* ;

le docteur Caro, administrateur de la *Badische Aniline Cie*, à Mannheim ;

le docteur Holtz, directeur de la Société de produits chimiques Schering et Cie, à Berlin ;

le docteur Herzfeld, chimiste en chef du laboratoire du Syndicat des fabricants de sucre allemands, professeur à l'Université de Berlin ;

le docteur CLAASSEN (de Dormagen), président de la Société des techniciens sucriers allemands ;

le docteur DELBRÜCK, directeur de la station d'essais de l'Association des fabricants d'alcools d'Allemagne, professeur à l'Université de Berlin.

Enfin les présidents des Sociétés chimiques énoncées ci-dessus.

De plus, il est entendu que cette Commission pourra se compléter comme elle l'entendra.

M. MOISSAN. — Messieurs,

Mes dernières paroles seront des paroles de remerciements pour nos dévoués secrétaires qui n'ont pas failli à leur tâche pendant cette lourde semaine, pour le savant directeur de la *Revue générale des sciences* qui tous les matins nous a donné avec la plus grande régularité un compte rendu de 16 à 20 pages des séances de la veille, comme aurait pu le faire un grand journal politique. Je suis certain d'être aussi votre interprète en adressant tous nos remerciements à la musique du 115e de ligne qui a bien voulu nous prêter son brillant concours. (*Applaudissements.*)

J'ajouterai que je dois aussi des remerciements à tous les membres du Congrès, car ce sont eux qui en ont assuré la réussite. Le résultat général n'a pu être atteint que grâce aux efforts de chacun. Votre bienveillante collaboration a rendu facile la marche du IVe Congrès de chimie appliquée. (*Applaudissements.*)

Je n'ai plus, Messieurs. qu'un souhait à exprimer : c'est que vous emportiez un bon souvenir de votre séjour auprès de nous. (*Applaudissements.*) Le Comité d'installation a fait tout le possible pour vous rendre ce séjour agréable. Il aurait vivement désiré vous offrir une température plus clémente, mais les météorologistes n'ont pas voulu entendre nos prières. Pour combattre cette température torride nous n'avons pu que vous offrir des rafraîchissements. Nous avons l'intention bien arrêtée de continuer ce soir dans le même ordre d'idées. (*Applaudissements.*)

Je pense, messieurs, que nous avons fait œuvre utile. Le rapport si bien fait de notre dévoué secrétaire général vient de vous démontrer que plus de 200 questions différentes ont été étudiées dans nos dix sections. Je tiens à vous rappeler que, aujourd'hui à midi, certaines sections n'avaient pas épuisé leur programme et ne voulaient pas encore se séparer. J'ai vu le moment où nous aurions besoin d'employer la force pour amener les congressistes à cette dernière réunion.

(Rires et applaudissements).

On sent, messieurs, à l'ardeur qui vous anime, combien la chimie est une science vivante et quelle importance elle occupe à la fin de ce siècle. Comme la fatalité antique, la science marche sans jamais s'arrêter. Grâce à elle les forces de la nature s'assouplissent et obéissent à la volonté de l'homme. Des transformations se produisent que le génie le plus audacieux n'aurait osé rêver. La science crée et transforme l'industrie qui fait la richesse des nations. Chaque peuple lui apporte son tribut de découvertes et à chaque peuple qui sait la comprendre elle donne une nouvelle énergie. Elle mélange les races et l'invention de la locomotive a fait plus pour le mouvement des idées que les écrits des plus grands philosophes. En servant la science nos congrès ont une véritable utilité. (*Applaudissements.*)

Messieurs, je déclare terminés les travaux du IVe congrès international de chimie appliquée. (*Applaudissements prolongés.*)

Banquet (28 Juillet)

Le samedi soir 28 juillet, a eu lieu à l'Hôtel Continental un banquet auquel plus de 300 Congressistes ont pris part, sous la présidence de M. GEORGES LEYGUES, ministre de l'Instruction publique et des Beaux Arts.

Parmi les convives se trouvaient : MM. Moissan, — Durin, — Lindet, — Dupont, — Cannizarro, — Dehérain, — Barrias, — Chandler, — Darboux, — Pallain, — Troost, — Lunge, — Arm. Gautier, — Grœbe, — Pellet, — Lemoine, — Paterno, — Gallois, — le général Sebert, — Guignard, — Gariel, — Wiley, — Ad. Carnot, — von Grueber, — Piutti, — Christomanos, — Clarke, — Konowaloff, — Sœrensen, — Haller, — Etard, — Ventre-Pacha, — Jorissen, — Claassen, — Petersen, — Walter-Reid, — Vivien, — G. Bertrand, — Engel, — Sachs, — Landolt, — Bruylants, — Davanne, — Wauters, — Vincente de Laffite. — Kournakoff, — Le Châtelier, — Rising. — M. et Mme Aloïs Schwartz, — Miss Ida Welt, — Mmes Paterno et Menozzi, — MM. Hanriot, — Tawildaroff, — Olivier, — Barbet, — Jaubert, — Feltz, — Manoury, — Silz, — Bordas, — Desgrez, — Stampa, — Hasenclever, — Schneidewind, — de Loverdo, — Krolopp, — Troude, — L. Lévy, — Phillippe, — Arachequesne, — Robert, — Kossutany, — Munroe, etc., etc., et tous les délégués officiels.

M. MOISSAN, Président du Congrès, se lève le premier et porte le toast suivant :

Messieurs.

Je lève mon verre en l'honneur du chef de l'Etat, de M. Emile Loubet, Président de la République Française. (*Applaudissements.*)

Je vous propose ensuite le toast de notre président, M. le ministre de l'Instruction Publique et des Beaux-Arts, Grand Maitre de nos Universités. (*Applaudissements.*)

Je tiens à le remercier bien sincérement en notre nom à tous, d'avoir bien voulu accepter la Présidence du IV⁰ Congrès international de chimie appliquée et la présidence de notre Banquet. (*Applaudissements.*)

M. Durin, Vice-Président du Congrès :

Messieurs.

Au nom de *l'Association des Chimistes de Sucrerie et de Distillerie,* je prie MM. les délégués étrangers et les délégués des Sociétés Savantes de vouloir bien agréer tous nos remerciements pour le concours qu'ils ont bien voulu accorder à notre Congrès et qui lui a assuré le succès. Ils nous ont témoigné une très grande sympathie, que nous avons partagée de notre côté et qui a rendu très faciles tous nos rapports de confraternité internationale.

La chimie pure a été hautement représentée à notre Congrès, car on ne peut pas la séparer de la Chimie appliquée. La Chimie pure est l'avant-garde de la Chimie appliquée. Toutes les conquêtes de la Chimie pure trouvent leur application et concourent au progrès matériel et élèvent le niveau intellectuel et moral de tous les peuples.

Je lève mon verre en l'honneur de tous nos collègues qui ont la Science pour idéal.

Les hommes de Science constituent une grande famille dont les aspirations sont les mêmes, dont les membres parlent la même langue.

Nous avons tous été très heureux de vous voir, MM. les délégués, et membres du Congrès, et nous nous retrouverons, avec plaisir, réunis dans deux ans à Berlin.

A votre santé à tous, Messieurs ! (*Applaudissements.*)

M. Lunge, de Zurich, répond au toast de M. Durin et en un éloquent discours, il vante l'hospitalité française et exprime sa satisfaction d'avoir assisté à l'inauguration de la statue de Lavoisier ; il constate avec satisfaction que les Etats-Unis d'Europe sont fondés, sinon dans le domaine de la politique, tout au moins dans le domaine de la science. Il boit à la solidarité des nations unies par la science, au succès des Congrès internationaux de chimie appliquée et porte finalement la santé de M. Moissan auquel il souhaite une longue carrière.

(*Applaudissements.*)

M. Cannizzaro, premier vice-président du Sénat italien, délégué de l'Académie dei Lincei :

Messieurs.

Au nom des délégués des Académies, je vous propose de boire à la prospérité de la République française et au succès de ces Congrès qui, en réunissant les hommes de science des différentes nations, répandent la fraternité entre tous les peuples.

(*Applaudissements.*)

M. Dupont, secrétaire général, parle au nom du comité d'organisation et boit à la santé de ses collaborateurs. Il porte un toast aux membres du Comité de patronage, aux membres donateurs, au délégué de M. le ministre du Commerce et de l'Industrie, salue MM. Troost, Carnot, Armand Gautier, Lemoine, Barrias, le général Sebert, Gariel et Dehérain. Il boit à la presse scientifique et agricole. (*Applaudissements.*)

M. Lindet, vice-président du Congrès :

Messieurs,

Je porte la santé de M. Berthelot. Sa place est vide, mais il est évident qu'il est près de tous les cœurs.

Hier, Messieurs, nous avons vu combien la justice chimique était lente et notre cher président nous a rappelé qu'il avait fallu attendre cent ans pour que Lavoisier eût sa statue dans Paris.

Aujourd'hui où la chimie a pris un tel développement notre reconnaissance serait moins tardive et je suis bien certain que M. Berthelot n'attendra pas un siècle pour avoir sa statue, ce qui la reporterait au cinquante-quatrième congrès de chimie appliquée. D'ailleurs nous ne désirons qu'une chose : c'est que ses travaux et ses publications se poursuivent encore pendant longtemps; il nous doit comme Chevreul un siècle de découvertes.

Je bois à la santé de notre Président d'honneur (*Applaudissements*).

M. Moissan porte le toast suivant :

Monsieur le Ministre,
Messieurs,

C'est un conte de fées que je veux vous raconter. Nous avons entendu tant de communications sérieuses dans nos sections que nous pouvons bien nous réjouir en disant des contes.

Il y avait une fois auprès du berceau d'un jeune enfant une belle fée qui lui tint le langage suivant : Tu es tout jeune, sans force, sans défense, et cependant voici ce que tu feras :

Tu confieras à la terre une petite graminée qui, avec du travail, te sera rendue au centuple. Quand tu feras ta récolte, partage avec ceux qui n'ont rien.

Avec le raisin de la vigne fais une liqueur fermentée pour te soutenir et t'égayer, mais n'en abuse pas.

Prends la pierre ocreuse du chemin et tu en tireras un métal qui te servira à te défendre, puis à attaquer; ne t'en sers pas contre ton frère.

Tu trouveras dans la nature une pierre noire qui, chauffée, te fournira de quoi remplacer la nuit la lumière du soleil et te permettra de fonder de grosses sociétés par actions. Dans cette opération, il te restera une boue noire et gluante dont tu tireras des couleurs aussi éclatantes que celles de l'arc-en-ciel. Prends cette pierre noire, prends l'eau qui coule, et tu feras de la force avec laquelle tu amèneras à l'état liquide les métaux les plus durs et avec laquelle tu feras du carbure de calcium.

Retire des végétaux les principes actifs, que les pharmaciens te vendront ensuite aussi cher que possible, et qui serviront aux malades et aux médecins.

Tu prendras la glaise du jardin et tu prépareras un métal léger. N'en fabrique pas en trop grande quantité. (*Applaudissements.*)

Tu retireras du sel de la mer, un métal pour faire du feu avec de l'eau.

Tu attendras longtemps avant de connaître complètement l'analyse de l'air que tu respires, mais plus tard, tu en feras un liquide très froid dont tu pourras tirer de nombreuses applications.

Prends le sel de la mer, décompose-le par l'acide sulfurique et pendant un siècle tu feras péniblement de la soude pour t'apercevoir ensuite qu'il y a d'autres procédés beaucoup plus simples.

Tu apprendras à cultiver la betterave et à en retirer du sucre pour fonder aussitôt l'Association des chimistes de sucrerie et de distillerie.

Enfin, tu réuniras tous les deux ans les chimistes du monde entier dans le Congrès international de Chimie appliquée. (*Applaudissements.*)

Surtout, dans les affaires que tu entreprendras, fais bien attention aux tarifs de douane et de chemins de fer, ainsi qu'à l'abondance de l'eau et aux facilités des transports. Et la fée ajouta : « Va, mon fils, la nature t'appartient, tu es chimiste. » Et l'enfant, en effet, accomplit les souhaits de la bonne fée, ou du moins le plus grand nombre. Il lui en reste encore beaucoup à accomplir, c'est pourquoi nous nous réunissons tous les deux ans. Confiant, j'attends de prochaines découvertes et je vous propose de boire au V⁰ Congrès de Chimie appliquée.

(*Vifs applaudissements.*)

M. Sachs porte le toast suivant :

Messieurs,

Je viens d'avoir la mission de M. le Conseiller Ludwig et de M. le Conseiller Strohmer, délégués d'Autriche-Hongrie, qui vous prient de les excuser de n'avoir pas pu assister à ce banquet et vous remercient de tout cœur de l'accueil aimable que vous leur avez fait. Il va sans dire que je fais la même déclaration au nom de tous les délégués des gouvernements.

M. Dupont m'a fait l'honneur de rappeler que j'étais l'organisateur du premier Congrès. Cela n'est pas tout à fait exact. Nous avons bien essayé en Belgique de commencer l'organisation des Congrès, mais je dois vous avouer que nous avons eu bien peur d'échouer, et c'est certainement ce qui serait arrivé si nous n'avions pas eu l'appui de la France par l'Association des chimistes de sucrerie et de distillerie, avec M. Dupont comme secrétaire. Ces messieurs nous ont prêté leur concours ; ils sont venus en grand nombre à Bruxelles, et, sans eux, le premier Congrès de Bruxelles n'aurait pas réussi et, par conséquent, il n'aurait pas été question des autres.

Je crois donc que nous devons l'organisation des Congrès non pas à la Belgique, mais en première ligne à la France. (*Applaudissements*).

L'Association des chimistes de sucrerie et de distillerie de France a tenu encore à organiser le deuxième Congrès toujours avec M. Dupont comme cheville ouvrière.

M. Moissan, notre honorable président, et M. Dupont ont également conduit les chimistes français au Congrès de Vienne et dans cette ville nous avons scellé l'union des chimistes.

Aujourd'hui, nous sommes réunis dans un Congrès parfaitement réussi et encadré dans cette belle Exposition Universelle que nous admirons tous.

Je peux donc dire que si les quatre Congrès ont réussi, c'est tout d'abord à nos collègues français que nous le devons et à la France en général.

Je bois donc à la France représentée par son gouvernement, puis à notre honorable président de l'Association des chimistes de sucrerie et de distillerie de France et à son secrétaire, M. Dupont. (*Applaudissements*).

M. Leygues, ministre de l'Instruction publique et des Beaux-Arts, prononce le toast suivant qui, à chaque phrase, soulève de longs applaudissements.

Messieurs,

C'est avec un sentiment de grande fierté que je me lève pour prendre la parole au milieu de vous.

Je sens vivement l'honneur qui m'échoit aujourd'hui en présidant ce banquet, quand je vois réunis à cette table tant de savants illustres qui ont voué leur vie entière aux recherches désintéressées et tant d'industriels éminents qui, par leur activité, ont contribué partout à accroître le bien-être et la fortune publique.

Quand j'étais enfant, j'éprouvais pour les chimistes une admiration profonde, mêlée d'une certaine crainte respectueuse et superstitieuse.

Je ne me trompais pas, le chimiste est un homme habile et puissant, qui a su asservir toutes les forces de la nature. M. Moissan, tout à l'heure, dans l'allégorie charmante que vous avez entendue, vous l'a dit en termes très clairs, mais comme il est chimiste, il a pourtant dissimulé une partie de la vérité. (*Applaudissements.*)

Il nous a parlé des brillantes couleurs que vous tirez de la houille ; il nous a parlé de la chaleur, de la lumière, des choses superbes que vous faites avec presque rien ; il n'a oublié qu'une chose, c'est de dire que le chimiste fabriquait les poisons les plus substils, ainsi que les plus formidables explosifs, et je frémis en pensant que si vous le vouliez demain, en associant vos efforts, vous seriez peut-être capables de réduire en poussière notre brillante planète.....

Mais éloignons de notre esprit ces craintes et ces hypothèses. En vérité, vous avez accompli, en vous réunissant dans ce Congrès, une œuvre d'une portée considérable. L'un de vos Délégués, tout à l'heure, le rappelait éloquemment en disant que vous aviez constitué les Etats-Unis de la Science. Cela est vrai, vous avez constitué les Etats-Unis de la Science ; cela se dit en très peu de mots, et pourtant, c'est là une grande œuvre. Hier, Messieurs, je crois pouvoir dire que devant la statue de Lavoisier qui vous est apparue et nous apparaît encore aujourd'hui comme un des autels élevés à la science universelle, je crois pouvoir dire que les savants étrangers accourus de tous les points du monde ont scellé un nouveau pacte de fraternité. (*Applaudissements.*)

Messieurs, le monde marche très vite ; les idées évoluent rapidement. Qui aurait cru, il y a cinquante ans, que la Science qui vivait, souvent isolée dans sa tour d'ivoire, en descendrait, se mêlerait à la foule, au travail international et lui apporterait le concours de son savoir et de son expérience ? (*Applaudissements.*)

Vous avez réalisé ce progrès immense pour votre honneur, et, je peux le dire sans rhétorique, pour le bien de l'humanité tout entière. Vous avez uni le savoir et l'activité humaine et, en prêtant tous les jours votre concours à l'industrie, au commerce, à l'agriculture, vous, savants désintéressés, qui ne travaillez que pour la vérité, la gloire et l'honneur, il se trouve que vous contribuez de la manière la plus grande à élargir le savoir, mais aussi et surtout à accroître le bien-être des hommes

Messieurs, cette Union du Travail et de la Science se réalise partout, dans tous les pays d'Europe, comme chez nous.

Il y a peu de mois, j'avais l'honneur d'inaugurer à Lyon un Institut de Chimie, et, chose qui aurait paru paradoxale il y a quelque temps, je voyais les représentants de la tannerie s'intéresser à notre œuvre et s'asseoir à nos côtés. Nous aurions soulevé peut-être bien des sourires et des épigrammes, au siècle dernier, si nous avions dit aux

tanneurs que nous allions leur montrer à fabriquer du cuir et à le
fabriquer le meilleur possible. Cet état d'esprit révèle un progrès
important que nous voyons se réaliser chaque jour.

J'ai bien voyagé, j'ai l'humeur très vagabonde; je n'ai pas encore
passé la grande mer, je ne suis pas allé jusqu'aux Etats-Unis, mais
c'est une lacune que je vous promets de combler le plus tôt possible.
En parcourant l'Europe entière, en étudiant et regardant, je me suis
vite rendu compte de ceci. C'est que partout, dans tous les pays,
quelle que soit l'étendue de leur territoire, — car les nations ne sont
pas grandes seulement par la surface de terre qu'elles couvrent sur
le globe, — je me suis aperçu que partout il y avait à apprendre et à
admirer.

Quand vous vous réunissez dans vos Congrès, vous abrégez les
distances, et vous nous faites gagner aux uns et aux autres beaucoup
de temps; puisque chacun de vous apporte ce que le génie de sa
nation a produit de plus élevé et de plus pur, et que, libéralement,
vous le livrez à vos confrères.

C'est là la beauté et l'utilité des Congrès. Mais ils ont une autre
utilité, et on vous la signalait aussi tout à l'heure d'une façon très
éloquente. On vous a dit: La science ne gagne pas seule à ces réunions
périodiques; les relations personnelles deviennent plus étroites, plus
cordiales et plus franches. C'est là, en effet, une des grandes utilités
de ces Congrès.

Il faut se voir, il faut se connaître. Il faut, quand il s'agit de
sciences et de bien international, effacer les frontières et quand on se
rencontre, quand on se pénètre mieux, quand on finit par aller jusqu'au fond du génie de chaque nation, que de préjugés tombent, que
de malentendus se dissipent, et que de jugements se rectifient!

Ah! Messieurs, cela n'est pas possible, mais l'idéal serait que l'on
constituât, dans chaque nation, périodiquement, de grandes caravanes
d'hommes éclairés, cultivés, à l'esprit large, qui iraient ainsi visiter
toutes les nations d'Europe et qui rapporteraient ensuite dans leur
propre pays les fleurs exquises de ce qu'ils auraient pu récolter dans
leur voyage.

Je crois que cette fraternité que nous rêvons tous, que nous sou-
haitons tous, que nous n'avons pas seulement sur les lèvres, mais que
nous avons dans le fond du cœur, s'établirait bien vite.

Mais cela, c'est un rêve, et aujourd'hui, il suffit pour notre joie et
notre honneur de voir une caravane plus restreinte comme celle qui
est réunie ici. (*Applaudissements.*)

Je lève mon verre à la Science Universelle et, du plus profond de
mon âme, au nom du Gouvernement de la République, au nom de la
France, je bois à toutes vos patries. (*Longs applaudissements.*)

Nous venons de rendre compte de ce qui a constitué le Congrès de chimie proprement dit. Mais au cours de ses travaux, bien que l'Exposition offrit aux Congressistes un champ d'études suffisamment vaste pour que la Commission d'organisation n'ait pas cru devoir mettre de visites d'usines dans le programme du Congrès, différentes réceptions, excursions et cérémonies ont eu lieu. Nous devons les relater par ordre de date.

Visite de la Sorbonne

M. le Ministre de l'Instruction publique et des Beaux-Arts avait invité les membres du Congrès à visiter la Sorbonne et ses différents laboratoires. Malheureusement ses occupations ne lui ont pas permis d'être présent. Après avoir vidé une coupe de champagne, les congressistes parcoururent les laboratoires de MM. Troost, Lippmann, Haller, Riban et Dastre dont les honneurs leur furent faits par ces éminents professeurs.

Banquet et Visite à l'Exposition

Le 24, après les séances de sections du matin, les Congressistes se sont réunis à midi en un banquet, au *Restaurant Lyonnais* à l'Exposition, sous la présidence de M. MOISSAN. Ce banquet, tout intime, fort bien servi par M. Crozet, le propriétaire de l'établissement, a été empreint de la plus grande cordialité.

Au dessert, M. MOISSAN porte le toast suivant qui est plusieurs fois couvert d'applaudissements :

« Messieurs,

« Il y avait dans l'Antiquité un dieu qui s'appelait Janus. Il avait deux visages, l'un triste et l'autre gai, de façon qu'en en faisant le tour on pouvait choisir celui qui s'adaptait le mieux à ses impressions. La chimie est un peu comme Janus. Elle a deux visages. Il y a la bonne Chimie, il y a aussi la mauvaise.

« Les Phéniciens allaient chercher à grand'peine le minerai des îles Cassitérites pour en retirer de l'étain, qu'ils fraudaient ensuite avec du plomb.

« La Chimie a inventé les couleurs minérales pour y ajouter ensuite le plus possible de sulfate de baryum.

« La Chimie nous a donné les couleurs d'aniline qui teignent la soie de façon si brillante ; en même temps elle a appris à certains fraudeurs à charger les soies de 90 0/0 de matière étrangère.

« La Chimie nous a appris à retirer le plus de sucre possible de la canne et de la betterave ; puis elle a inventé la saccharine pour le frauder.

« Quant aux vins, je me suis laissé dire que certains avaient été fraudés, nous ne nous en sommes pas aperçus aujourd'hui, nous n'avons pas bu de vin chimique. *Applaudissements.*)

« Oui, à côté de la préparation nouvelle, de suite la falsification. Hélas ! c'est l'éternelle histoire de la vie : le mal se mélange au bien et la fable d'Esope est toujours vraie.

« La Chimie pourrait donc être comparée au sabre de M. Prudhome qui devait servir à défendre nos institutions et au besoin à les combattre. Mais elle a cependant un avantage sur ce sabre historique, c'est que c'est elle qui aide à poursuivre les fraudeurs. C'est par ses essais, ses méthodes, par ses analyses, souvent très délicates, que l'on arrive à reconnaître la fraude. La Chimie panse elle-même ses blessures.

« En dernier lieu, nous pouvons nous arrêter à cette pensée consolante que si, en Chimie, la vertu n'est pas toujours récompensée, le vice est souvent puni.

« Messieurs, je bois à la bonne Chimie.» (*Applaudissements prolongés.*)

M. SETLIK, délégué de la Société chimique de Prague, répond en portant un toast à la science.

M. LE PRÉSIDENT donne connaissance du télégramme suivant de la Société des chimistes tchèques, de Prague, qui soulève d'unanimes applaudissements :

La Société envoie ses meilleurs souhaits pour le parfait succès du Congrès et félicite le Comité d'organisation d'avoir entrepris cette œuvre à la fois si importante pour les progrès de la Chimie appliquée et les bonnes relations entre ceux qui la pratiquent, quelles que soient leur langue et leur nationalité.

M. le Dʳ BERNSTEIN, directeur scientifique de la *Badische Anilin und Soda Fabrik*, s'exprime ainsi :

Messieurs, quoique je ne parle pas bien le français, permettez-moi de vous exprimer mes sentiments, ainsi que ceux des savants étrangers qui sont venus à Paris pour faire partie de ce Congrès vraiment admirable. Le Comité d'organisation a particulièrement droit à nos remerciements les plus sincères pour la peine qu'il s'est donnée pour organiser ce Congrès.

Il nous a fait un si bon accueil, que nous sommes vraiment enchantés de la manière dont nous avons été reçus ici.

Je bois, Messieurs, à la libre France ! (*Applaudissements.*)

M. Durin. — Messieurs, je ne vois pas parmi nous d'étrangers, mais seulement des amis, et je bois à tous les amis du IVᵉ Congrès international de chimie appliquée (*Applaudissements*).

M. Christomanos (d'Athènes) remercie M. le président d'avoir bien voulu réunir ici les chimistes et organiser ce Congrès dont la réussite est admirable. Il boit à la santé de M. Moissan son président, et à celle de M. Dupont, son secrétaire général.

M. Dupont remercie M. Christomanos, et lève son verre à sa santé et en l'honneur de la Grèce, son illustre patrie.

Enfin, M. Gallois porte la santé des dames qui ont bien voulu assister au banquet.

M. Moissan. — Messieurs, nous ne nous sommes pas réunis à l'Exposition seulement pour déjeuner. Je trouve que le IVᵉ Congrès de chimie appliquée oublie un peu qu'il est venu ici pour voir l'Exposition universelle et que nous nous attardons trop longtemps entre le café et les liqueurs. Nous avons à nous rendre d'abord à la Salle des Illusions, et pour cela M. Martine voudra bien prendre la tête du long serpent que nous allons former pour visiter les différentes classes.

Messieurs les secrétaires voudront bien élever au-dessus de leur tête les numéros des différentes sections pour que nous puissions nous grouper à la sortie de la Salle des Illusions.

L'Exposition universelle étant un peu grande et ne pouvant être visitée que partiellement cette après-midi, chaque section sera dirigée par son secrétaire ou son président qui lui fera faire une visite spéciale.

(M. le président donne lecture de la note comprenant l'indication des sections et les noms des secrétaires).

Je vous prie donc, Messieurs, de vous rallier autour de vos secrétaires en sortant de la Salle des Illusions (*Applaudissements*).

On se rend ensuite dans la Salle des Illusions, puis les congressistes groupés par sections, visitent l'Exposition, sous la conduite de conférenciers qui leur font voir et leur expliquent tout ce qui peut les intéresser.

Visite à l'Institut Pasteur

Le 25, après-midi, les congressistes se sont rendus à l'Institut Pasteur, où ils ont été reçus par M. Duclaux, directeur, et M. Roux, sous-directeur, qui leur ont fait les honneurs de ce grand établissement. Cette visite était d'autant plus intéressante que l'Institut est en train de doubler matériellement et scientifiquement son importance par la construction de nouveaux laboratoires et d'un hôpital, et la création de plusieurs grands services de chimie physiologique. Les laboratoires et l'hôpital sont actuellement édifiés, et, pour qu'ils puissent servir, il n'y a plus qu'à en terminer l'aménagement intérieur. Les membres du Congrès en ont admiré l'heureuse disposition ; tous ont été émerveillés d'une organisation qui, jusque dans le détail, a été combinée de façon à permettre aux savants de poursuivre à l'aise les recherches les plus variées et les plus délicates, d'obtenir en abondance des matières, venins, diastases, etc., qu'on ne s'est jusqu'à présent procuré qu'en quantités infimes et sur la structure desquelles notre ignorance actuelle est extrème. Les visiteurs ont aussi grandement admiré l'hôpital destiné au traitement et à l'étude de diverses maladies infectieuses. L'Institut Pasteur est aujourd'hui l'un des plus grands établissements scientifiques du monde, et, de toutes les écoles de biologie, celle où l'on apprend le mieux à expérimenter. Grâce à l'accroissement de ses locaux, il va pouvoir accueillir un plus grand nombre d'élèves et donner ainsi satisfaction à quantité de demandes que le défaut d'espace et l'insuffisance du personnel enseignant l'avaient jusu'alors empêché d'agréer. Les savants étrangers qui l'ont visité hier supputaient les immenses services qu'il rendra de plus en plus à leurs compatriotes désireux d'aller apprendre la microbie à sa vraie source : dans la maison de Pasteur.

Réception à l'Hôtel de ville.

Le même jour, à 5 heures du soir, a eu lieu la réception par la municipalité de Paris, des membres du Congrès, dans les salons de l'Hôtel de Ville.

M. Grébauval, président du Conseil Municipal, entouré des membres du Bureau et d'un grand nombre de ses collègues, M. Autrand, secrétaire général de le Préfecture de la Seine, M. Laurent, secrétaire général de la Préfecture de Police, ont fait aux invités les honneurs de l'Hôtel de Ville.

M. Moissan a pris la parole en ces termes :

Monsieur le Président,

Messieurs les Membres du Conseil Municipal de la Ville de Paris,

J'ai l'honneur de vous présenter le IV° Congrès international de Chimie appliquée.

Nous sommes un Congrès pacifique et cependant, M. le Président, nous faisons des révolutions. Car il n'y en a pas de plus profonde que celle que peut apporter la Science dans l'industrie, c'est-à-dire dans la richesse des nations.

Sachant le puissant intérêt que la Ville de Paris porte aussi bien aux recherches pures qu'aux recherches technologiques, nous avons tenu, en réunissant le Congrès à Paris, à venir vous présenter nos respects.

Reconnaissants envers la Ville de Paris des efforts qu'elle fait pour l'Enseignement à tous les degrés, depuis l'Enseignement primaire, l'Enseignement secondaire jusqu'à l'Enseignement supérieur, nous avons tenu à prendre comme armes parlantes de notre Congrès les armes mêmes de Paris.

Nous sommes heureux de nous ranger sous votre bannière, et nous espérons que nos Congrès Internationaux de Chimie appliquée, Congrès vivants qui se réunissent successivement dans chacune des capitales et où les Municipalités nous font partout le grand honneur de nous recevoir, nous espérons, dis-je, pour ces Congrès, que la devise de la Ville de Paris sera toujours vraie : *Fluctuat nec mergitur*! (*Applaudissements prolongés.*)

M. Grébauval, président du Conseil municipal, a répondu :

Monsieur le Président,
Messieurs,

Le Conseil municipal de Paris doit d'abord vous présenter ses excuses pour la manière un peu sommaire dont il vous reçoit aujourd'hui. Mais vous savez qu'en cette année exceptionnelle nous accueillons ici — avec un réel plaisir — beaucoup de congrès, et nous ne faisons pas souvent les choses aussi bien que nous le voudrions.

La science a parlé avec vous, Messieurs. Nous, nous ne sommes pas des savants, mais simplement des hommes de bonne volonté, des administrateurs. Nous sommes de ceux qui admirent chaque fois qu'il se présente un progrès nouveau, et, lorsque vous rappeliez tout à l'heure les efforts que Paris a pu faire dans l'ordre des choses qui vous intéressent plus particulièrement, vous disiez — ce qui est fort exact — que rien ne nous est indifférent qui développe le patrimoine de l'humanité. (*Vifs applaudissements.*)

Il y a cent ans à peine que la chimie véritable existe; auparavant elle s'essayait dans d'obscurs laboratoires. Rappeler l'époque des alchimistes, c'est presque évoquer les contes de fées. Cependant, c'est bien de ces laboratoires, de ces cornues quelque peu diaboliques qu'est sortie une science aussi précise, aussi importante que la vôtre.

La chimie est née avec ce siècle, elle s'est développée avec lui et par l'étude consciencieuse de tous les grands savants, aussi bien à l'étranger qu'en France, qui ont, à tour de rôle, élargi son domaine. Nous sommes arrivés à connaître ce qui paraissait si étrange et mystérieux à nos pères : la loi des corps, leur composition, toutes les combinaisons qui leur donnent naissance.

A ce point de vue, la chimie peut revendiquer une très grande part dans le patrimoine que nous léguerons au siècle prochain.

A votre congrès, Messieurs, collaborent des hommes qui ont fait leurs preuves. Je ne parle pas pour vous, Monsieur le Président, je blesserais votre modestie : quand on est arrivé à faire du diamant, on se passe des rayons du soleil. (*Très bien ! — Bravos.*)

Mais je parle aussi et surtout pour les hôtes que vous nous amenez, pour les savants étrangers, pour ces hommes qui, dans leur pays, travaillent avec la même conscience, la même énergie que les nôtres et qui, aujourd'hui, peuvent constater que la France est un grand et beau pays, et que la ville de Paris est une grande et belle ville et aussi un vaste laboratoire de travail et de progrès. (*Applaudissements.*)

Nous avons à vous remercier, Messieurs les chimistes, de ce que vous avez apporté de bien, des améliorations multiples que vous avez réalisées, des luttes que vous avez engagées contre l'ignorance.

Nous vous remercions de tous ces avantages procurés à l'ouvrier manuel, ainsi que de toutes les précautions qui, par vos soins, sont prises et qui immunisent certaines professions des dangers qu'elles couraient autrefois.

Nous vous remercions de l'œuvre sociale que vous avez accomplie.

Et lorsque nous vous voyons, avec tant de simplicité, faire de si grandes choses, nous n'éprouvons qu'un regret, c'est que, dans les hasards où nous sommes et dans la vie fiévreuse qui nous agite, nous n'ayons pas le temps d'être des hommes de laboratoire comme vous, et nous estimons que tout l'honneur est pour nous de vous recevoir aujourd'hui dans cette maison commune.

Je termine, Messieurs, en buvant à la science que vous représentez, à la chimie qui a grandi par vos études et celles de vos maîtres. Je bois à tout ce qui fait progresser l'humanité ; je bois à toutes les conquêtes pacifiques : je bois à vous tous ! (*Applaudissements prolongés.*)

M. Autrand, secrétaire général de la Préfecture de la Seine, prononce le discours suivant :

Messieurs,

M. le Préfet de la Seine, empêché d'assister à cette réception gracieuse, m'a donné, avec la mission de vous exprimer ses regrets, celle de vous apporter ses plus cordiales sympathies.

J'ai ainsi le grand honneur, dont je me félicite, comme déléguétdu représentant de l'Administration du Gouvernement de la République, de saluer non seulement les Maîtres distingués de la Science française, mais ces savants étrangers qui, en venant assister à ce Congrès International, ont attesté, suivant la parole de votre illustre président d'honneur, que la Science, elle aussi, peut revendiquer les idées supérieures d'union, de solidarité et de fraternité universelles.

Au nom de M. le Préfet de la Seine, je vous exprime tous nos respects, toute notre sympathie et notre admiration (*Applaudissements*).

M. CHÉRIOUX, président du Conseil général de la Seine, s'exprime ainsi :

M. le Président,

. Messieurs,

Je ne puis que m'associer aux éloquentes paroles prononcées par M. Grébauval et, au nom du Conseil Général de la Seine et du Département, je vous souhaite la bienvenue.

Je salue en vous les Maîtres de la Science, tous ces citoyens venus de tous les points du globe dans Paris, assister à ce magnifique Congrès.

Je vous souhaite donc la bienvenue, Messieurs. Je bois à votre émancipation, à vos progrès et surtout à vos succès! (*Applaudissements*).

Après une promenade dans les salons de l'Hôtel de Ville, un lunch a été offert aux Congressistes.

Visite au Château de Chantilly

L'après-midi du jeudi 26 a été consacré, malgré la chaleur accablante de la journée, à la visite du Château de Chantilly et de ses dépendances.

Guidé par l'aimable conservateur adjoint du Musée de Condé, M. Macon, dans toutes les parties de ce château célèbre, si intéressant à parcourir tant au point de vue de l'art qu'au point de vue historique, les excursionnistes ont pu admirer et photographier à leur aise les façades, les intérieurs et les objets d'art ou de curiosité. Toutes les pièces du château ont été ouvertes en notre honneur. Un lunch et des rafraîchissements, particulièrement appréciables en cette saison, avaient été préparés pour les congressistes.

Chacun est revenu heureux d'avoir été initié en quelques heures aux richesses artistiques accumulées par les soins du duc d'Aumale dans le magnifique domaine des Condé, dout il a fait don à l'Institut de France.

Hommage à Pasteur

Un groupe de Congressistes a tenu à accomplir ce même jour 26 juillet un pieux pèlerinage à la crypte de Pasteur. Ce sont principalement des chimistes suisses, qui ont pris l'initiative de cette manifestation.

Nous tenons à reproduire ici le procès-verbal qu'ils ont rédigé à cette occasion.

« Les chimistes suisses ayant ressenti une réelle émotion lors de leur visite à la crypte de Pasteur, ont désiré manifester leur profonde admiration à une des plus grandes gloires scientifiques de la France, en déposant une couronne sur son tombeau. Mais comme les découvertes de Pasteur n'ont pas eu de frontières, sachant que tous les chimistes du monde lui conservent un égal souvenir de respectueuse piété, les chimistes suisses ont désiré associer tous leurs collègues à cet hommage rendu à un fils de France, et l'inscription du ruban de la couronne porte ces simples mots : « Les chimistes étrangers à l'im-« mortel Pasteur. Souvenir de respectueuse reconnaissance. IVe Con-« grès de chimie appliquée. Paris, juillet 1900. »

Inauguration de la statue de Lavoisier.

L'inauguration, place de la Madeleine, du monument élevé par souscription publique internationale à Lavoisier, a eu lieu le 27, sous la présidence de M. Leygues ministre de l'Instruction publique, à l'occasion du Congrès international de chimie appliquée qui comptait au nombre de ses adhérents la plupart des souscripteurs à la statue du créateur de la chimie moderne.

Le monument, du sculpteur Barrias, représente l'illustre savant au moment où il fait la démonstration d'une de ses importantes découvertes.

Le bras droit étendu semble désigner dans le vide l'appareil qui doit amener la démonstration d'une théorie discutée. La main gauche repose sur une cornue.

Deux bas reliefs décorent le socle en granit rose des Vosges, œuvre de l'architecte Gerhardt. Ils représentent, l'un, Lavoisier dans son laboratoire, dictant à sa femme une de ses découvertes; l'autre, une séance à l'Académie des sciences où, devant Vicq-d'Azir, Berthollet, Laplace, Lagrange, Condorcet, il démontre l'existence de l'oxygène dans l'air par la calcination du plomb.

La base du monument porte l'inscription suivante :

ANTOINE-LAURENT LAVOISIER

1743-1794

Fondateur de la Chimie moderne

Souscription internationale émise sous le patronage
de l'Académie des Sciences

M. Berthelot, secrétaire perpétuel pour
les Sciences Physiques

1900

Sur l'estrade avaient pris place les membres de l'Académie des Sciences, en uniforme, le Comité du monument, les membres du Congrès international de chimie appliquée, le préfet de la Seine, le préfet de police et une foule de notabilités scientifiques.

Au pied de la statue, trois couronnes de lauriers et de fleurs naturelles avaient été déposées par les membres du Congrès, et par les chimistes russes et allemands.

À l'arrivée du ministre, le voile dont la statue était recouverte tombe, et M. Darboux, secrétaire perpétuel de l'Académie des sciences, donne lecture du discours de M. Berthelot, président du comité, puis M. Moissan, secrétaire du comité, a remercié les souscripteurs français et étrangers qui ont tenu à rendre à Lavoisier un hommage mérité.

M. de Selves, préfet de la Seine, au nom de la ville de Paris, prend livraison de la statue. Enfin M. Leygues, dans un magnifique discours très applaudi, a remercié, au nom du Gouvernement de la République, tous ceux qui ont contribué à perpétuer par ce monument de bronze et de pierre le souvenir du grand savant et du philosophe de génie que fut Lavoisier.

Nous reproduisons les discours de MM. Berthelot, Moissan et Leygues.

Discours de M. BERTHELOT, *membre de l'Académie française, secrétaire perpétuel de l'Académie des Sciences.*

Messieurs,

La cérémonie à laquelle nous vous convions aujourd'hui, sous les auspices de l'Institut de France, de la Ville de Paris et du Gouvernement de la République, est un témoignage éclatant de l'état de la civilisation de notre siècle et de la reconnaissance des hommes pour ceux qui se sont dévoués à les servir. En effet, la gloire de Lavoisier est une gloire pure, fondée uniquement par de grandes découvertes scientifiques, qui ont transformé à la fois les connaissances générales

de l'esprit humain sur la constitution du monde, enrichi l'industrie
des peuples modernes dans des proportions pour ainsi dire illimitées,
et concouru par là même à l'affranchissement intellectuel, moral et
matériel des peuples : telle est l'œuvre de la science moderne. Ces
titres de gloire sont ceux de ses représentants les plus élevés, Galilée,
Newton, Liebnitz, Lavoisier. Le rapprochement de ces noms montre
que toutes les nations concourent à l'œuvre commune : aucune à cet
égard ne saurait prétendre au monopole de la science pure ou de la
science appliquée.

Lavoisier a bien mérité des hommes, au point de vue philosophique,
parce qu'il a établi la loi fondamentale qui préside aux transformations chimiques de la matière ; il en a bien mérité au point de vue
pratique, parce que cette loi est devenue la base des industries innombrables, fondées sur ces transformations, et la source des règles de
l'hygiène et de la thérapeutique qui en découlent : Lavoisier est l'un
des grands bienfaiteurs de l'humanité ! Voilà pourquoi est érigée la
statue qui se dresse en ce moment sous vos yeux, cette œuvre de notre
célèbre sculpteur Barrias ; voilà ce qui a fait le succès de la souscription internationale, à laquelle ont concouru les savants des deux hémis-
phères : Allemands, Anglais, Américains, Russes, Italiens, pour se
borner aux plus nombreux, tous les peuples se sont joints aux Français pour rendre ce témoignage public de reconnaissance et de leur
admiration ; témoignage mérité par les découvertes dues au génie de
Lavoisier, et qui ont tant concouru à accroître le patrimoine commun de
l'humanité. Je dois d'abord en remercier les représentants des nations
réunis devant cette statue, érigée sur l'une des grandes places de la
Ville de Paris.

C'était là un honneur réservé autrefois aux hommes de guerre et
anx hommes d'Etat qui ont ensanglanté la surface de la terre, trop
souvent sans aucun profit durable pour la nation dévouée à leur fortune ; aussi le philosophe ne saurait-il envisager leur œuvre qu'avec
une profonde tristesse. Aujourd'hui les peuples plus éclairés commen-
cent à mettre au premier rang la renommée des savants, des penseurs
et des artistes. L'avenir, ayons-en la ferme confiance, continuera à
grandir la mémoire des hommes qui ont servi la race humaine, et à
rejeter dans l'ombre les êtres de sang et d'intrigue qui l'ont asservie
et plongée dans le malheur.

Ce sont les travaux de Lavoisier, dont il convient de parler ici. Ils
se rapportent à une découverte fondamentale, dont il dérivent tous,
celle de la constitution chimique de la matière, et de la distinction
entre les corps pondérables et les agents impondérables, tels que la
chaleur, la lumière, l'électricité, dont les corps pondérables subissent
l'influence. La découverte de cette distinction a renversé les anciennes

conceptions, qui dataient de l'antiquité, et qui s'étaient perpétuées jusqu'à la fin du siècle dernier. Quatre éléments, répondant aux divers états physiques des corps, la terre, l'eau, l'air et le feu, constituaient, disait-on autrefois, toutes les substances existant dans la nature. En associant ces éléments en différentes proportions et par des voies diverses, on devait pouvoir produire tous les corps et les transformer les uns dans les autres : de là les opinions régnantes au moyen âge sur la transmutation des métaux. A la vérité, les expériences prolongées des savants sérieux n'avaient jamais réussi à établir en fait cette transmutation, pas plus qu'elles n'y ont réussi de nos jours. Mais les préjugés sont tenaces, surtout lorsqu'ils demeurent appuyés sur des idées mystiques.

Une erreur non moins capitale que la transmutation était celle de la variabilité de poids des corps soumis à l'influence de la chaleur, variabilité constatée en apparence par l'observation courante et universelle; précisément comme l'avait été l'opinion du mouvement du soleil autour de la terre : je veux dire que la variabilité du poids des corps semblait constatée en chimie par l'usage de la balance, usage constant depuis les origines les plus lointaines de notre science. C'est en effet une erreur des plus singulières, quoique fort accréditée, que l'assertion d'après laquelle l'usage de la balance en chimie daterait seulement de la fin du siècle dernier. En réalité, cet usage figure déjà dans les écrits chimiques rédigés il y a seize cents ans. Il était dès lors courant en chimie, aussi bien que dans la pratique des métiers : on le voit représenté sur les monuments de l'Ancienne Egypte. Ainsi, de tout temps, tout le monde avait observé qu'une multitude de corps soumis à l'action de la chaleur perdent leur poids et disparaissent ; ce qui arrive, par exemple, aux corps combustibles d'usage universel, tels que le charbon, les huiles, les matières organiques. De là cette opinion fondée sur l'évidence la plus apparente, et qui a eu cours jusqu'au temps de Lavoisier, à savoir que la matière pesante peut se transformer en chaleur et disparaître ; tandis que la chaleur, au contraire, peut être fixée, dans des conditions inverses, et devenir matière visible et pondérable. Observons qu'on ne supposait par là aucune création : le principe fondamental que « rien ne se perd et rien ne se crée » a toujours été proclamé comme l'une des bases de la science depuis l'antiquité ; mais les éléments seuls, tels qu'on les reconnaissait alors, étaient regardés comme invariables.

Les opinions qui précèdent ont donné lieu à bien des systèmes et notamment à celui du phlogistique, imaginé par Stahl au commencement du XVIIIe siècle, lequel semblait établir des liens réguliers entre la plupart des phénomènes chimiques attribuables à l'action de la chaleur : les corps combustibles étaient réputés riches en phlogistique, ou chaleur fixée, dont l'élévation de la température déterminait le départ.

Tel était l'état de la science vers 1772, au moment où parut Lavoisier. Dix années lui suffirent pour la transformer de fond en comble. Il établit, en effet, par les expériences les plus précises, une distinction capitale et méconnue avant lui, entre la nature des corps que nous connaissons et la chaleur et autres agents susceptibles de les modifier : c'est la distinction entre les corps pondérables et les agents impondérables, chaleur, lumière, électricité, agents dont l'intervention ne change rien au poids des premiers corps.

Deux causes avaient concouru à déterminer l'erreur de ses prédécesseurs ; d'abord l'intervention des gaz, à peine entrevus autrefois, et que l'on ne savait guère peser et distinguer les uns des autres avant le xviiⁱⁱⁱᵉ siècle ; et en second lieu l'ignorance de la composition de l'air et de celle de l'eau, réputés jusque-là des éléments indécomposables.

Certes un seul homme n'aurait pu suffire à l'ensemble des recherches qui ont établi l'existence des propriétés des gaz, ainsi que la constitution de l'air et de l'eau. Sous ce rapport, il est incontestable que Lavoisier a profité des travaux partiels de ses prédécesseurs et de ses contemporains. Mais il eut le mérite capital d'en démontrer les liaisons et d'en donner la véritable interprétation : c'est là son œuvre géniale. Montrons-en la portée et le véritable caractère.

D'après les apparences, la matière du charbon, celle du soufre, celle des huiles, semblent disparaître pendant la combustion, et se dissiper au sein de l'atmosphère : les combustibles paraissent ainsi perdre leur qualité pesante et se transformer en chaleur. Au contraire, pendant la calcination des métaux, ceux-ci augmentent de poids, phénomène moins apparent ; car il exige des mesures exactes. Quelques observateurs les avaient faites ; mais ils se croyaient autorisés à en conclure que la chaleur employée à calciner les métaux se transformait en ce moment en matière pondérable.

Telles sont les deux questions fondamentales auxquelles s'attacha Lavoisier. Sa première découverte consista à établir par des expériences exactes la véritable signification des phénomènes de la combustion des corps combustibles et de la calcination des métaux. Il démontra que l'air intervient, dans tous les cas, par un élément pesant qui y est continu, et dont l'addition explique l'accroissement de poids des métaux calcinés, accroissement égal à la perte de poids éprouvée par l'air. Ce même élément pesant de l'air concourt, en brûlant le charbon, le soufre, les huiles, à former des composés gazeux, dont Lavoisier détermina également le poids. Il établit ainsi, ce qui n'avait jamais été fait avant lui. que la matière des corps pesants conserve un poids invariable dans la suite des métamorphoses chimiques : la chaleur et les autres agents du même ordre n'interviennent jamais, ni pour augmenter, ni pour diminuer le poids des corps originels. Cette distinction fondamentale entre la matière pondérable et les agents impondérables est l'une des plus grandes découvertes qui aient été faites ; c'est l'une des bases des sciences physiques, chimiques et mécaniques actuelles.

Lavoisier la poussa plus loin, en nous faisant pénétrer plus avant dans la constitution même de la matière pondérable. Il reconnut en effet que celle-ci se présente à nous, dans toutes les expériences connues, comme constituée par un certain nombre d'éléments indécomposables, ou corps simples, qui s'ajoutent ou se combinent entre eux pour former tous les corps composés. Tous ces éléments subsistent intacts, en nature et en quantité, à travers toute la série des métamorphoses innombrables que les corps simples ou composés subissent au cours des actions tant naturelles qu'artificielles, je veux dire celles que provoque l'art des laboratoires. Le poids de chacun des éléments demeure ainsi constant, aussi bien que celui de l'ensemble de leurs composés.

C'est là une nouvelle vérité fondamentale, vérité empirique, constatée pour toutes les actions exercées par les forces connues jusqu'à ce jour, quels que puissent être les systèmes et conceptions relatifs à l'unité de la matière et les réserves théoriques concernant les possibilités ignorées de l'avenir. Or ces forces, ces agents comprennent et surpassent infiniment les ressources de tous ceux auxquels avaient recours les alchimistes du moyen âge : d'où cette conclusion que la croyance à la transmutation des métaux, à la pierre philosophale, en tant que réalisées autrefois, n'a jamais reposé que sur des illusions et des chimères, parfois mystiques, trop souvent charlatanesques.

Ces deux lois fondamentales de la nature : distinction entre les corps pondérables et les agents impondérables, et invariabilité de nature et de poids des corps simples une fois établies, Lavoisier en tira aussitôt les conséquences les plus importantes sur la composition des acides et des oxydes métalliques, sur la composition de l'air, sur celle de l'eau, sur la composition des matières organiques, sur le rôle de la chaleur en chimie, sur la chaleur animale, enfin sur la nature de la respiration en physiologie.

Il est nécessaire de les résumer brièvement ici, avant de montrer quelles ont été les suites de ces découvertes dans le cours du xixe siècle, comment elles sont devenues le point de départ à la fois des idées théoriques des chimistes, des physiciens et des physiologistes modernes, et la base des applications les plus fructueuses pour l'humanité en hygiène, en médecine, en agriculture et dans les industries, aujourd'hui innombrables, qui sont fondées sur les transformations chimiques de la matière.

Rappelons d'abord que Lavoisier, toujours appuyé sur la mesure du poids total des corps, tant solides ou liquides que gazeux, découvrit et prouva le rôle décisif de l'oxygène dans la formation des oxydes métalliques et dans celle de la plupart des acides : il établit par là le caractère véritable du phénomène de la combustion, et il en déduisit la composition, jusque-là ignorée, de l'acide carbonique, la nature simple du carbone, du soufre et du phosphore, dont les propriétés expliquèrent les faits attribués naguère au phlogistique, tandis que l'oxygène, l'hydrogène et l'azote prenaient le rôle chimique attribué naguère à la chaleur. Enfin il reconnut la composition générale des matières organiques : toutes ces relations, démontrées par des expériences exactes, lui sont dues exclusivement.

Quelle part propre doit être attribuée maintenant à Lavoisier dans la découverte capitale de la nature composée de l'air et de l'eau, découverte à laquelle il concourut avec Priestley et Cavendish ? C'est ce qu'il serait trop long d'expliquer ici en détail : il suffira de dire qu'il écarta seul de la composition de l'air et de l'eau la notion erronée du phlogistique, maintenue par ses contemporains.

Toutes ces découvertes, accumulées dans la courte durée d'une dizaine d'années, et accomplies avec une ardeur et une énergie inex primables, n'ont pas été la simple constatation de faits isolés : c'étaient au contraire les conséquences logiquement déduites et expérimentalement démontrées des deux lois fondamentales dues au génie de Lavoisier. Ainsi les chimistes et les physiciens passèrent subitement de la notion des éléments antiques, envisagés jusque-là comme des corps substantiels, à une interprétation qui les transforma en de pures qualités phénoménales, d'ordre physique et non chimique, je veux dire la solidité, la liquidité, la gazéité, représentant trois états fondamentaux de la matière, dont sont susceptibles en principe tous les corps simples ou composés. C'est à cette occasion que Lavoisier, dans un passage mémorable, annonça l'existence de l'air liquide, que nous avons vue réalisée de nos yeux. Quant au quatrième élément, il répondait à la chaleur, appelée aussi calorique, et réputée fluide impondérable. Il ne restait plus qu'un pas à faire pour dépouiller à son tour la chaleur de sa qualité substantielle, c'est-à-dire pour l'envisager, ainsi que Laplace le faisait déjà en 1780 et que nous le faisons aujourd'hui, comme la force vive des molécules pesantes.

Je n'insisterai pas davantage sur les conceptions et les expériences de Lavoisier relatives à la chaleur, à sa mesure, et à son rôle en chimie. Mais on ne saurait passer sous silence, en raison de son importance capitale en physiologie et en médecine, la découverte géniale qu'il fit des causes de la chaleur animale et du mécanisme chimique de la respiration. Lavoisier y fut conduit, comme toujours, en suivant avec une constance invariable les conséquences de ses premières découvertes sur la combustion. S'il est vrai que la chaleur dégagée dans les phénomènes chimiques soit, dans la plupart des cas, le résultat d'une combustion, il doit en être de même, pensa-t-il, de la chaleur animale. Or, à cette époque, l'origine en était complètement méconnue. Cependant Priestley avait observé que l'oxygène est par excellence l'élément respiratoire de l'air introduit dans les poumons ; l'air qui en sort est d'ailleurs chargé d'air fixe, d'après Black. Ces faits étaient connus, mais on ne les avait ni rapprochés entre eux, ni rapprochés de la production de la chaleur animale : ce fut Lavoisier qui en tira les conséquences, découvrant comme toujours les véritables liaisons des phénomènes. S'il y réussit, c'est parce qu'il avait établi la vraie composition de l'air fixe, en tant que formé par la combinaison du carbone et de l'oxygène, — d'où le nom d'acide carbonique, — et c'est en outre parce qu'il avait reconnu la vraie composition élémentaire des matières constitutives du corps des animaux ; c'étaient les deux données essentielles pour l'intelligence des faits observés. Appuyé sur ces données, Lavoisier déclare que la respiration animale est une combustion lente de ces matières par l'oxygène de l'air, combustion qui engendre l'acide carbonique, en développant en même temps cette chaleur propre, qui maintient le corps de l'homme à une température presque constante.

Toute la machine animale est subordonnée à ce phénomène, au moins chez les animaux supérieurs, et il établit entre la plupart des fonctions fondamentales un enchaînement dont les causes et le mécanisme étaient demeurés jusque-là ignorés. En effet, les aliments introduits pour la nutrition sont assimilés par là à des combustibles : la digestion les élabore, de façon à faire pénétrer les produits qui en résultent dans le sang. D'autre part, la respiration fait pénétrer dans les poumons, et par suite dans le sang, l'élément comburant emprunté à l'air, c'est-à-dire l'oxygène nécessaire pour brûler ces divers composés. L'oxygène d'une part, les produits dérivés des aliments de l'autre, et les composés qui en résultent sont ainsi mis en présence, par le jeu de la circulation, dans toutes les parties du corps ; de là résultent à la fois une combustion et un dégagement de chaleur, l'un et l'autre partout accomplis ; l'acide carbonique est engendré par cette combustion et il se dégage dans les poumons.

Tel est l'enchaînement général des phénomènes reconnus par Lavoisier, sauf quelque hésitation sur le lieu même de cette combustion. Il est certain qu'il exprime les causes fondamentales de la chaleur animale et montre l'origine directe de [cette consommation incessante d'énergie, nécessaire à l'entretien de la vie. Ici, comme dans les autres parties de ses travaux, Lavoisier a établi les points de départ de la science moderne.

J'ai exposé l'œuvre de Lavoisier, il convient maintenant d'en retracer à grands traits les conséquences, tant dans la chimie pure, que dans ses multiples applications. Je serai bref à cet égard : car un semblable tableau, pour être complet, exigerait que nous parcourrions l'histoire de la plupart des sciences physiques pendant le xixe siècle. Il faut cependant insister : ce serait donner une idée incomplète et mutilée de l'œuvre d'un tel savant, si l'on n'en montrait pas la suite.

La notion de l'invariabilité du poids des corps simples domine aujourd'hui toute la chimie : c'est cette notion qui est notre guide le plus sûr et qui nous permet de suivre chaque élément, à travers les changements en apparence les plus divers, pour le retrouver à la fin dans son intégrité.

Telle est la base scientifique de toutes nos équations chimiques de composition et de constitution, l'origine de cette algèbre nouvelle et singulière, qui avait frappé, dès l'origine des travaux de Lavoisier, les mathématiciens de son temps. La théorie atomique moderne n'aurait pu se constituer, tant que l'intervention de la chaleur et des agents analogues dans la formation des corps pesants était regardée comme un axiome. C'est également le fondement solide de toutes nos analyses. Enfin les industries les plus diverses, et spécialement celles qui mettent en œuvre les métaux usuels aussi bien que les métaux rares, y ont trouvé un point d'appui et une certitude qui leur servent de guide perpétuel dans leurs opérations. La balance des profits et des pertes en chimie appliquée repose sur cette grande loi, continuellement invoquée.

En particulier le rôle véritable de l'air et de l'eau dans les phénomènes chimiques n'a été clairement connu que depuis les travaux de Lavoisier. J'ai dit tout à l'heure comment ce savant a rendu compte de la formation des acides et des oxydes métalliques par l'intervention de l'oxygène et de la réduction des oxydes métalliques par le charbon ; c'est également suivant les mêmes idées, c'est-à-dire par la décomposition de l'eau, qu'il a expliqué le dégagement d'hydrogène résultant de l'action des acides sur un grand nombre de métaux. Or les actions oxydantes et réductrices, ainsi comprises pour la première fois, sont devenues d'une application continuelle dans nos grandes fabriques d'acides, d'alcalis, de matières colorantes, odorantes, thérapeutiques, ainsi que dans nos exploitations minérales et métallurgiques. A un empirisme aveugle et timide a succédé dès lors une technique assurée, de jour en jour plus hardie, parce qu'elle voit clairement le lien entre ses points de départ et ses résultats. J'en pourrais citer des exemples innombrables dans l'histoire des industries du xix⁰ siècle : mais il convient d'abréger.

Les conséquences des nouvelles idées en agriculture n'ont pas été moins importantes, quoique plus lentes à se développer. On a constaté tout d'abord et dès le temps de Lavoisier, mais d'après lui, cette différence essentielle entre la composition chimique des végétaux et celle des animaux ; les uns étant formés principalement par trois éléments, le carbone, l'hydrogène et l'oxygène ; tandis que les autres renferment en outre de l'azote. Les animaux vivent aux dépens des végétaux, brûlés dans leurs tissus par l'action lente de l'oxygène ; seuls les végétaux forment la matière organique aux dépens des éléments de l'eau et de l'acide carbonique de l'air : vérités fondamentales qui n'ont pu être découvertes qu'en s'appuyant sur les notions nouvelles dues à Lavoisier. Elles sont devenues les bases de l'agriculture pratique. Les conditions où celle-ci doit s'exercer, la théorie des engrais et des assolements, celle de la fixation de l'azote atmosphérique par certaines terres, la nécessité de restituer au sol arable les éléments enlevés par les récoltes, les règles auxquelles on doit se conformer dans l'élève des bestiaux, tout cela est appuyé sur les faits et les idées établis à la fin du xviiiᵉ siècle relativement à la constitution des corps simples et composés.

La physiologie, l'hygiène et la thérapeutique n'en ont pas tiré de moindres lumières. On a déterminé par là le bilan de l'alimentation de l'homme et des animaux, c'est-à-dire quelle nourriture il convenait de leur donner pour entretenir leurs forces suivant la nature des occupations et travaux, et cela, sans qu'il y ait ni un déficit dans les aliments indispensables, déficit amenant un affaiblissement progressif, ni un excédent d'autres aliments, produisant le trouble dans la maladie. La connaissance de la composition de l'air et des proportions favorables ou nuisibles à la respiration et à l'hématose, la composition des eaux potables et celle des eaux minérales, les effets chimiques des médicaments sur les divers organes, et les conditions de leur élimination, le rôle chimique des matières septiques et antiseptiques, toutes ces questions ont pu être abordées à la lumière des nouvelles idées et avec le concours des méthodes qui en étaient la conséquence. Je pourrais dire aussi les applications de ces idées à la connaissance des matières explosives, qui jouent un si grand rôle dans l'industrie des mines et dans l'art de la guerre. Rappelons encore les résultats que l'on a su tirer des nouvelles théories chimiques dans un ordre en apparence tout à fait étranger et différent : je veux dire les études historiques et archéologiques, fondées sur l'analyse chimique des monuments et des restes des civilisations d'autrefois. Mais je m'arrête dans cette énumération des conséquences qui ont été tirées depuis cent ans des notions nouvelles mises en circulation par Lavoisier.

Ici se présente une réflexion nécessaire. Je ne veux nullement pré·
tendre que Lavoisier soit l'auteur personnel et direct du vaste ensemble de découvertes qui viennent d'être énumérées ; mais il est certain
que c'est lui qui a établi la base solide sur laquelle l'édifice chimique
moderne a été établi, et sans laquelle ces découvertes n'auraient pu
être faites ; c'est lui qui a élevé le flambeau lumineux des vérités que
nous invoquons tous les jours, et pour cela il est juste et équitable de
lui faire revenir une partie de la gloire des inventions de la science et
de l'industrie modernes.

Je ne crois pouvoir mieux terminer ce discours qu'en reproduisant
quelques paroles de Lavoisier lui-même publiées dans les *Mémoires de
l'Académie* en 1793. Ces paroles montrent quel sentiment profond ce
grand génie avait du rôle et des devoirs de la science et de la solidarité humaine : « Il n'est pas indispensable pour bien mériter de l'humanité et pour payer son tribut à la patrie d'être appelé aux fonctions
publiques qui concourent à l'organisation et à la régénération des
empires. Le physicien peut aussi, dans le silence du laboratoire exercer des fonctions patriotiques ; il peut espérer par ses travaux diminuer la somme des maux qui affligent l'espèce humaine, augmenter
ses jouissances et son bonheur, et aspirer ainsi au titre glorieux de
bienfaiteur de l'humanité. » (*Applaudissements.*)

Discours de M. H. Moissan, *membre de l'Institut, président du IVe Congrès international de chimie appliquée.*

Monsieur le Ministre,
Messieurs,

Comme secrétaire du Comité de la statue de Lavoisier, j'ai un devoir
agréable à remplir : celui de remercier les donateurs généreux qui
ont bien voulu nous aider à dresser ce monument.

Du reste, la tâche du Comité a été des plus faciles. Notre appel a été
entendu de tous ; il semblait que chacun voulût réparer un oubli personnel, et beaucoup de nos souscripteurs s'étonnaient que Lavoisier
n'eût pas encore de statue.

Il est vrai que Dumas avait déjà rendu justice à notre grand
chimiste en réunissant et en publiant l'ensemble de ses travaux. La
statue pouvait ne venir que plus tard. Il est des gloires hâtives qu'il
faut s'empresser de représenter en marbre ou en bronze pour que nos
fils puissent ne pas en perdre le souvenir. Lavoisier pouvait attendre.
L'importance de ses vues philosophique était telle que cent années
ont passé sur son œuvre sans en détruire la grandeur et l'harmonie.
Sa mémoire était bien certaine de survivre un siècle plus tard parmi

les philosophes et les penseurs. La portée et la vigueur de ses idées furent même si grandes que ses admirateurs sont plus nombreux aujourd'hui qu'ils ne l'étaient pendant sa vie. Heureux les novateurs dont l'œuvre grandit ainsi avec le temps !

Notre souscription ne pouvait être qu'internationale. Tous les peuples sont solidaires et doivent leur tribut à l'homme de génie qui travaille pour l'humanité. Mais nous tenons à remercier tous ceux qui, de près ou de loin, nous ont aidés de leur affectueuse collaboration. Je dois rappeler avec quel empressement les comités ont été formés à l'étranger aussi bien qu'en France. L'Allemagne, l'Angleterre, l'Autriche-Hongrie, la Belgique, le Danemark, l'Espagne, les Etats-Unis, la Grèce, la Hollande, l'Italie, le Mexique, la Suède et la Norvège, la Suisse ont tenu à prendre part à notre souscription. A tous nous adressons nos remerciements les plus cordiaux.

J'ajouterai que nous devons un témoignage spécial de notre reconnaissance à Sa Majesté l'Empereur Nicolas II, qui a bien voulu prendre cette souscription sous son haut patronage.

Notre travail, comme vous le voyez, a donc été facile. Le groupement du Comité et la réalisation de l'œuvre n'ont demandé que trois années. Et déjà, cependant, nous avons à déplorer des pertes parmi les membres les plus actifs de nos comités étrangers. En Russie, nous avons perdu le général de Tillo, qui était l'âme même de notre Comité russe. Il s'était donné de tout cœur à cette œuvre, et il n'en voit pas la réalisation. Nous conserverons de son dévouement un souvenir attendri. La mort nous a enlevé aussi le chimiste Frésénius, qui avait assumé la lourde tâche de présider les comités allemands. (*Applaudissements.*)

Grâce à toutes les bonnes volontés, à l'appui du gouvernement et de la Ville de Paris, la statue de Lavoisier s'élève aujourd'hui sur cette place de la Madeleine où se trouvait la maison qu'il a habitée pendant les dernières années de son existence.

Le maître sculpteur Barrias l'a fait revivre pour nous dans tout l'éclat de sa force et de son intelligence. La tête haute, le bras tendu, il semble répondre à ses détracteurs et défendre sa fameuse théorie de la combustion. Deux hauts reliefs complètent l'idée que nous pouvons nous faire de ce savant. Dans le premier, M. Barrias nous le montre au milieu de son laboratoire, dans le feu de la recherche, dictant à sa femme les résultats de ses expériences. Dans le second, nous voyons Lavoisier à l'Académie des Sciences exposant à d'Alembert, à Condorcet, à Monge et à Lagrange, ses travaux et ses théories. Invinciblement, notre esprit se reporte alors à la fin tragique du grand chimiste, et nous pensons que nous avons été bien longs à acquitter envers lui notre dette de reconnaissance.

Au nom du Comité, j'ai l'honneur de remettre la statue de Lavoisier à la Ville de Paris. (*Applaudissements.*)

Discours de M. Georges Leygues, *ministre de l'Instruction publique.*

Messieurs,

Je viens, au nom du gouvernement de la République, saluer l'immortel Lavoisier.

Je remercie le Comité qui, sous la présidence de l'illustre successeur du maître, a réuni les fonds nécessaires à l'édification de ce monument, les souscripteurs de France et ceux de la nation amie qui ont répondu en si grand nombre à notre appel, ainsi que les savants étrangers qui, unis dans un même sentiment d'admiration et de reconnaissance pour le fondateur de la Chimie moderne, se sont associés avec tant d'empressement à cette manifestation.

Je félicite l'architecte au goût si sûr, M. Guerhart, et le statuaire toujours noble, toujours inspiré, M. Barrias, qui ont su réaliser une œuvre digne d'une si grande mémoire (*Applaudissements*).

Vous n'attendez pas de moi, Messieurs, un exposé complet des recherches et des travaux de Lavoisier.

Les fils de sa pensée peuvent seuls accomplir une telle œuvre. Beaucoup l'ont déjà tentée et menée à bonne fin. Vous me permettrez d'adresser un souvenir ému à l'un de ceux qui s'y étaient consacrés avec le plus de cœur, qui nous a été enlevé hier à peine, et dont la place eût été marquée au premier rang de cette fête.

La carrière de Lavoisier est unique dans l'histoire des sciences.

Je veux en marquer les grandes étapes.

Hardi et réfléchi, ardent et mesuré, secouant les préjugés, renversant les doctrines régnantes, « Lavoisier s'est élevé par sa seule volonté aux vues d'ensemble qui ont amené dans la philosophie naturelle un progrès capital. »

Dès l'origine, il a entrevu toute la portée de son entreprise. Il n'a pas dû ses découvertes à un hasard heureux. Il a tout prévu, tout calculé ; il a utilisé tout le savoir de son temps. Mais son puissant génie a apporté l'ordre là où il n'y avait que désordre et anarchie et a éclairé d'un jour définitif des points de l'horizon, là où il n'y avait que brumes ou obscurité.

Lavoisier, dit Berthelot, « est un de ces hommes qui, comme Newton, ont épargné à l'humanité le travail indécis et sans guide de plusieurs générations. »

Lavoisier a formulé en termes précis la règle qu'il s'était imposée. Elle consistait « à ne procéder jamais que du connu à l'inconnu, à ne déduire aucune conséquence qui ne dérivât immédiatement de l'observation ».

Par ses découvertes de la composition de l'air et de la composition de l'eau, par sa théorie de la respiration et de la chaleur animale, Lavoisier a accompli une révolution dont les conséquences sont incalculables. Il fut un créateur dont le nom vivra tant qu'il y aura une science et des hommes pour l'honorer.

S'il est vrai, comme je le crois fermement, que la philosophie soit la connaissance des principes et des causes, Lavoisier a été, dans le plus beau sens du mot, un philosophe. Et ce ne sont pas seulement la physiologie, la médecine et l'hygiène qui devaient sortir presque tout entières de ses découvertes, ce sont les notions générales sur l'ensemble des choses qui devaient s'illuminer d'une lumière nouvelle.

Lavoisier est de la lignée souveraine qui, s'ouvrant avec les maitres de la sagesse grecque, a, au cours des âges, éclairé notre marche en forçant le ciel et la terre à nous révéler leur mystère. Il est de la famille qui va des Pythagore et des Aristote aux Pascal et aux Newton, aux Cuvier et aux Pasteur.

Philosophe, Lavoisier le fut par ce trait et aussi par cet autre : il ne vécut point emprisonné dans sa science propre ; il regarda au-delà des murs de son laboratoire et il vit l'homme. Son esprit était vaste et lumineux, son cœur était généreux et haut, plein de pitié et d'humanité.

Nul ne fut plus que lui « sociable », comme on disait au xviii° siècle. Je n'entends pas rappeler ainsi seulement les réunions intimes, relevées par le charme d'une politesse exquise, que tenaient chez lui les savants et les philosophes de France et d'Europe, les Laplace, les Monge, les Berthollet, les Priestley, les Watt, les Franklin, les Blagden, les Fontana, j'entends louer le Lavoisier philanthrope à qui Voltaire aurait pu adresser son *Epître à un homme*.

Fermier général, il ne cessa de combattre dans les vues généreuses de Turgot, dont il fut l'auxiliaire infatigable et avec lequel il était lié d'une fidèle amitié.

Après la chute du grand ministre, il ne cessa de se réclamer de lui et de proclamer la nécessité des réformes.

De sa propre initiative il supprima le droit fiscal odieux du « pied fourchu » perçu dans la communauté de Metz ; plus tard, par un don considérable, il sauva de la famine Blois et Romorantin. Membre de l'assemblée provinciale de l'Orléanais en 1787, il proposa l'abolition de la corvée, l'établissement d'un système économique favorable au commerce et à l'industrie, et, devançant son époque, il demanda la création de caisses d'assurances contre la maladie et la vieillesse.

Il fut, plus que personne en son temps, l'adversaire des privilèges ;

c'est lui qui a prononcé cette belle parole : « S'il est permis dans une société de faire des exceptions en faveur de quelque ordre de citoyens, ce ne peut être qu'en faveur des pauvres. »

Parmi les hommes de sa génération, Lavoisier fut aussi celui qui comprit le mieux que, pour donner à notre peuple son unité morale, une forte éducation nationale était nécessaire. Le plan qu'il en a tracé dans ses mémorables *Réflexions sur l'Instruction publique* présentées à la Convention par le Bureau de consultation des Arts-et-Métiers, est un chef-d'œuvre de clarté et de logique.

Dans aucun autre projet ne se révèle un sentiment plus net des besoins et des intérêts sociaux. Tout est prévu, décrit, ordonné : l'enseignement primaire, l'enseignement secondaire et l'enseignement supérieur. « Les arts, les sciences, les lettres, disait-il, sont enchaînés par des liens invisibles qu'on ne peut pas rompre impunément.

Son esprit généralisateur proclamait l'unité de l'enseignement public.

Philosophe et philanthrope, Lavoisier ne pouvait être que favorable à la Révolution. Il en avait senti la grandeur, les aspirations généreuses et l'irrésistible élan.

Il ne lui ménagea ni ses encouragements, ni son concours.

Commissaire de la trésorerie, directeur du service des poudres et salpêtres, membre le plus actif de cette grande Commission des poids et mesures qui allait donner au monde le système métrique, il fut, en quelque sorte, le savant officiel de la patrie.

Il semblait que tous les honneurs nationaux lui fussent réservés : et cependant, emporté tout à coup par la tourmente révolutionnaire, impliqué dans le procès des fermiers généraux, il eut la tête tranchée.

La France, en proie à la guerre civile et à la guerre étrangère, pareille à l'Ajax de la tragédie antique, frappait dans des ténèbres peuplées de fantômes. N'essayons ni d'expliquer ni d'excuser. Les accusateurs et les juges de Lavoisier trahirent l'humanité et la patrie. Cette mort fut un grand crime.

La force invincible des choses finit toujours par triompher. Les institutions scientifiques qui semblaient avoir disparu pour jamais avec Lavoisier se relevèrent bientôt et, vivifiées et rajeunies par le souffle de la Révolution, elles refleurirent dans notre glorieux Institut de France. Chez nous, les droits de la pensée sont imprescriptibles. Rien ne peut prévaloir contre eux.

Lavoisier fut vaillant devant la mort. « J'ai obtenu, écrivait-il à Augez de Villers, une carrière passablement longue, surtout fort heureuse, et je crois que ma mémoire sera accompagnée de quelques regrets, peut-être même de quelque gloire. Qu'aurais-je pu désirer de plus ? Les événements dans lesquels je me trouve enveloppé vont probablement m'éviter les inconvénients de la vieillesse. Je mourrai tout entier ; c'est encore un avantage que je dois compter au nombre de ceux dont j'ai joui. »

Un seul mot est à reprendre dans ces paroles suprêmes. Les hommes comme Lavoisier ne meurent pas tout entiers, et l'échafaud ne sert qu'à exhausser le piédestal sur lequel les générations reconnaissantes dressent un jour leur image. (*Applaudissements prolongés*).

Soirées de gala à la Comédie-Française et à l'Opéra

M. G· Leygues, ministre de l'Instruction publique et des Beaux-Arts, qui a donné à notre Congrès tant de preuves de bienveillance, a tenu à offrir aux congressistes deux soirées de gala, l'une à la Comédie Française, le 27 juillet, l'autre à l'Opéra, le 29. Inutile de dire que tous ont été enchantés des représentations qui leur ont permis d'apprécier et d'admirer nos meilleurs artistes et les splendeurs de notre académie de musique.

Ajoutons, pour terminer, que la presse a été largement représentée au Congrès et qu'elle en a suivi les travaux avec une sympathie toute particulière, ce dont nous la remercions vivement. Citons parmi les journaux représentés : le *Temps*, le *Journal des Débats*, le *Figaro*, le *Petit Journal*, l'*Echo de Paris*, le *Journal*, le *Matin*, l'*Eclair*, la *Lanterne*, le *Petit Parisien*, l'*Aurore*, le *Rappel*, le *Radical*, le *Génie Civil*, le *Moniteur Industriel*, la *Revue générale des sciences pures et appliquées*, la *Revue générale de chimie pure et appliquée*, la *Revue Scientifique*, la *Vie Scientifique*, l'*Eclairage électrique*, l'*Electrochimie*, l'*Echo des Mines*, l'*Union Pharmaceutique*, le *Journal des fabricants de sucre*, la *Sucrerie Indigène*, *Annales de la Brasserie et de la Distillerie*, la *Distillerie française*, la *Betterave*, le *Journal de Pharmacie et de Chimie*, la *Revue de chimie industrielle*, etc., (France) ; *American chemical Journal*, *The Sugar beet* (Etats-Unis) ; *Journal of the Society of chemical industry*, *The Chemist and Druggist* (Angleterre) ; *Chemiker Zeitung*, *Breunerei*, *Zuckerindustrie*, *Centralblatt für die Zuckerindustrie*, *die deutsche Zuckerindustrie* (Allemagne) ; *Oesterreichische chemiker Zeitung* (Autriche), etc.

ORGANISATION DU CONGRÈS

Commission d'Organisation.

Président d'honneur

M. Berthelot, sénateur, ancien ministre, secrétaire perpétuel de l'Académie des sciences, Paris.

Président.

M. Moissan (Henri), membre de l'Institut, professeur à l'Université de Paris.

Vice-Président

M Durin (Ed.), président de l'Association des chimistes de sucrerie et de distillerie, Paris.

Secrétaire général.

M. Dupont (François), secrétaire général de l'Association des chimistes de sucrerie et de distillerie, Paris.

Membres.

MM.

Dehérain (P.-P.), membre de l'Institut, professeur à l'Ecole nationale d'agriculture de Grignon et au Muséum d'histoire naturelle, Paris.

Gallois (Ch), président honoraire de l'Association des chimistes de sucrerie et de distillerie, Paris.

Lindet (L.), professeur à l'Institut national agronomique, ancien président du IIᵉ Congrès international de chimie appliquée, ancien président de l'Association des chimistes de sucrerie et de distillerie, Paris.

Pellet (H.), chimiste-conseil des sucreries de la raffinerie Say et Cie, Paris.

Règlement du IVe Congrès international de Chimie appliquée à Paris en 1900

1. — Le IVe Congrès International de Chimie appliquée, organisé par l'*Association des Chimistes de sucrerie et de distillerie de France*, et par une *Commission spéciale* nommée au Congrès de Vienne en 1898, placé sous le patronage du Gouvernement, des Membres de l'Institut et des hautes notabilités scientifiques et industrielles, aura lieu à Paris, à l'occasion de l'Exposition Universelle, du *23 au 28 juillet 1900*.

2. — Le Congrès comprendra au moins deux séances plénières, et un grand nombre de séances de Sections, il comprendra également des visites à l'Exposition, à des établissements scientifiques et industriels, etc.

3. — Les travaux du Congrès seront répartis en dix Sections, *Section I.* Chimie analytique et appareils de précision. — *Section II.* Industrie chimique des Produits inorganiques. — *Section III.* Métallurgie, Mines, Explosifs. — *Section IV.* Industrie chimique des Produits organiques. — *Section V.* Sucrerie. — *Section VI.* Industrie chimique des Fermentations. — *Section VII.* Chimie agricole. — *Section VIII.* Hygiène, Chimie médicale et pharmaceutique. — *Section IX.* Photographie. — *Section X.* Electro-Chimie.

4. — Le Congrès comprend des membres *effectifs* et des membres *donateurs*.

Sont membres *effectifs*, les personnes qui auront adressé leur adhésion à l'un des secrétaires de Sections, ou au Secrétaire général, avant l'ouverture de la Session, ou qui se feront inscrire pendant la durée de celle-ci et qui auront acquitté la cotisation dont le montant est fixé à *20 francs*.

5. — Seront membres *donateurs*, toute personne ou toute société qui aura effectué un versement minimum de *100 francs*.

6. — Les membres du Congrès recevront en échange de leur cotisation *une carte* qui leur sera délivrée par le Directeur général de l'Exposition et par les soins de la Commission d'organisation. Cette carte leur permettra de suivre les séances, de prendre part aux excursions, visites, réceptions, etc., d'entrer gratuitement à l'Exposition pendant toute la durée du Congrès.

Les Délégués officiels des Gouvernements français et étrangers, des différents Ministères, des Sociétés savantes, jouissent des mêmes privilèges.

Les Délégués des Gouvernements ne sont pas tenus de verser leur cotisation.

7. — Chaque membre devant assister aux séances du Congrès voudra bien, autant que possible, 8 jours avant l'ouverture, prévenir M. le Secrétaire général, pour lui faire connaître son adresse à Paris. Le nom et

l'adresse seront publiés dans le numéro de la *Revue générale des Sciences pures et appliquées* (édition quotidienne spéciale au Congrès), dont le premier numéro spécial paraîtra le 23 juillet.

Les Dames qui accompagnent leurs maris sont admises à participer à tous les travaux du Congrès, ainsi qu'aux visites, excursions, etc.

8. — A la première séance générale, le bureau de la commission d'organisation fera procéder à la nomination du bureau du Congrès qui comprendra :

Un Président d'honneur ;	Des Vice-Présidents effectifs
Un Président effectif ;	Un Secrétaire général ;
Des Vice-Présidents d'honneur ;	Un Secrétaire adjoint.

9. — La seconde Assemblée générale a lieu à la fin du Congrès. Dans cette séance, le Secrétaire général fait un résumé des travaux du Congrès.

L'Assemblée fixe la date et le lieu du Ve Congrès international de chimie appliquée.

10. — La première séance de chaque section est ouverte par le Président du Comité d'organisation de la section, assisté de son bureau. A cette séance on nomme le bureau définitif.

11. — A la fin de chaque séance, on nomme le Président et les Vice-Présidents de la séance suivante. Le Président, les Vice-Présidents et Secrétaires de la Commission d'organisation restent également en fonctions et sont chargés de la direction générale de la Section.

12. — Les sections peuvent modifier leur ordre du jour. Les décisions sont prises à la simple majorité des voix. En cas d'égalité, la voix du Président de la séance est prépondérante.

13. — Les adhérents ont seuls le droit de présenter ou faire présenter des travaux aux séances du Congrès et de prendre part aux discussions.

14. — Dans les séances de section, les orateurs ne pourront pas occuper la tribune plus de quinze minutes ni parler plus de deux fois sur le même sujet, sans y être autorisés par le Président.

15. — Les Membres du Congrès qui auront pris la parole dans une séance devront remettre au Secrétaire de la section, une demi-heure après la séance, un court résumé de leurs communications pour la rédaction du procès-verbal analytique. Le procès-verbal, lu et approuvé au commencede la séance suivante, sera remis ensuite au Secrétaire général du Congrès.

16. — Le français est la langue officielle du Congrès ; toutefois, les personnes à qui cette langue n'est pas familière, pourront employer l'allemand, l'anglais ou l'italien.

Les procès-verbaux des séances seront rédigés en français.

17. — Un compte rendu succinct des travaux du Congrès sera rédigé, imprimé et distribué gratuitement à tous les adhérents, aussitôt après le congrès.

18. — Le compte rendu *in extenso* sera publié par les soins du Secrétaire général du Congrès, sous la direction de la Commission d'organisation et du Comité de l'Association des Chimistes. Ceux-ci se réservent le droit de réduire l'étendue des mémoires à imprimer dans le cas où ils dépasseraient

dix pages in-octavo. Ce compte rendu sera distribué gratuitement à tous les Membres du Congrès.

19. — Les conclusions et résolutions du Congrès et des Sections ayant une importance internationale, seront portées à la connaissance des différents gouvernements par la Commission internationale d'organisation qui sera nommée à la première séance du Congrès.

20. — Toutes les questions non prévues au présent règlement seront soumises à la décision du Comité d'organisation.

Pour le Comité d'organisation,

Le Secrétaire général,   *Le Président,*
F. DUPONT   Henri MOISSAN

Programme [1]

Lundi 23 Juillet.

A 10 heures du matin. — Séance d'ouverture du Congrès dans le *Grand Amphithéâtre de la Sorbonne* (entrée rue des Écoles), sous la présidence de M. BERTHELOT.

Ordre du jour :

Discours de M. H. MOISSAN, Président ;

Discours de M. BERTHELOT, Président d'honneur ;

Rapport de M. F. DUPONT, Secrétaire général, sur les travaux de la Commission d'organisation ;

Nomination des Président, Vice-Présidents et Secrétaires du Congrès ;

Nomination de la Commission internationale d'organisation des futurs Congrès.

A midi. — Déjeuner dans les différents restaurants du Quartier latin, du boulevard Saint-Michel et au Restaurant des Sociétés savantes, 8, rue Danton. Ce dernier restaurant servira un dîner spécial à 5 francs par personne. Prière de s'inscrire.

A 2 heures. — Réunion des sections pour constituer leurs bureaux et commencer les travaux (1).

A 4 heures 1/2. — Réception des Congressistes à la Sorbonne par M. LEYGUES, ministre de l'Instruction publique et des Beaux-Arts.

Toast de M. le Ministre.

Visite des laboratoires de la Sorbonne : laboratoires de MM. les Professeurs Troost, Lippmann, Haller, Riban, Dastre, etc.

Mardi 24 Juillet.

A 9 heures du matin. — Réunion des sections.

A midi. — Banquet par souscription à l'Exposition, Champ-de-Mars, au restaurant Lyonnais, au 1er, à 6 francs par personne, sous la présidence de M. HENRY BOUCHER, député, ancien ministre du Commerce et de l'Industrie, Président de la Commission supérieure d'organisation des Congrès.

A 2 heures. — Visite de l'Exposition par Sections, sous la conduite de conférenciers.

Mercredi 25 Juillet.

A 10 heures du matin. — Réunion des Sections.

A 2 heures. — Visite de l'Institut Pasteur : nouveaux laboratoires de Chimie biologique. Rendez-vous dans le vestibule de l'Institut de Chimie biologique, 24, rue Dutot.

(1) Les personnes qui n'auraient pas encore envoyé leur adhésion, peuvent s'inscrire pendant toute la durée du Congrès. — Cotisation 20 francs.

(2) Les sections I. VII, VIII et X se réuniront à l'École supérieure de Pharmacie, 4, avenue de l'Observatoire. Les sections II et III, à l'École des Mines, 60, boulevard Saint-Michel. Les sections IV, V et VI, à la Société d'Encouragement, 44, rue de Rennes. La section IX, au Palais des Congrès, rue de Paris, à l'Exposition, près du pont de l'Alma.

Nota : On peut se rendre à l'Institut Pasteur au moyen des tramways de la ligne Gare du Nord-Vaugirard, qui remontent le boulevard Saint-Michel, sur toute sa longueur. Les tramways stationnent place Médicis, boulevard Saint-Michel, près du jardin du Luxembourg.

A 5 heures. — Réception à l'Hôtel de Ville, par la Municipalité, M. le Préfet de la Seine, M. le Préfet de Police. — Visite de l'Hôtel de Ville·

Nota : Les Congressistes pourront se rendre de l'Institut Pasteur à l'Hôtel de Ville en prenant les tramways qui les y ont amenés, et en descendant place du Châtelet. Das breaks seront aussi à la disposition des personnes qui se seront fait inscrire.

Jeudi 26 Juillet.

A 9 heures. — Réunion des sections.

A 2 heures. — Départ de la gare du Nord, par train spécial, pour visiter le château de Chantilly. Retour à 6 heures du soir.

Nota : Pour se rendre à la gare du Nord, prendre le tramway Gare du Nord-Montparnasse, ou encore La Chapelle-Square Monge. La ligne Gare de l'Est-Montrouge arrive aussi à proximité de la gare du Nord.

Vendredi 27 Juillet.

A 10 heures du matin. — Inauguration de la statue de Lavoisier, place de la Madeleine (derrière la Madeleine), sous la présidence de M. Leygues, ministre de l'Instruction publique et des Beaux-Arts.

Discours de M. Berthelot.

Discours de M. Moissan.

Discours de M. le Ministre.

Les Congressistes devront être porteurs de leurs insignes pour pouvoir pénétrer sur la place dans l'enceinte réservée.

A 2 heures de l'après-midi. — Réunion des sections.

Samedi 28 Juillet.

A 9 heures du matin. — Réunion des sections.

A 3 h. 1/2 de l'après-midi. — Séance générale de clôture du Congrès, sous la présidence de M. Leygues, ministre de l'Instruction publique et des Beaux-Arts.

Ordre du jour :

Rapport sur les travaux du Congrès, par M. le Secrétaire général ;

Vote des résolutions, s'il y a lieu ;

Rapport sur les travaux de la Commission internationale d'organisation des Congrès suivants ;

Choix de la ville dans laquelle aura lieu le Vᵉ Congrès ;

Discours de M. le Président du Congrès ;

Discours de M. le Ministre.

A 7 1 2 du soir. — A l'Hôtel Continental, Banquet par souscription, au prix de 20 francs par personne, sous la présidence de M. LEYGUES, Ministre de l'Instruction publique, et de M. MILLERAND, Ministre du Commerce, de l'Industrie, des Postes et des Télégraphes, banquet offert aux Membres des Comités de patronage, aux Membres donateurs, aux Délégués des Gouvernements français et étrangers, et aux Délégués des Sociétés savantes.

Membres Donateurs

ADRIAN ET CIE, négociants en produits pharmaceutiques, 9, rue de la
    Perle, Paris .... **Fr.** 100

AMERICAN CHEMICAL SOCIETY, New-York 200

AULARD (Aug.), directeur de la sucrerie-raffinerie de Genappe (Belgique). 100

D' BERNAD-LENDWAY (Alfred), directeur de l'Institut central de chimie,
    32, Strada Scaune, Bucarest 100

BETHMONT, conseiller à la Cour des Comptes, Paris 100

BOCQUIN (J.-E.), Ingénieur des Arts et Manufactures, administrateur
    des sucreries et distilleries de Bielaïa-Tserkow (Russie), 60, boule-
    vard des Batignolles, Paris 100

BOIRE, administrateur-délégué de la Société de Bourdon, ingénieur
    civil, 86, boulevard Malesherbes, Paris 100

BOIVIN (A.), administrateur-délégué de la Raffinerie Sommier, 145, rue
    de Flandre, Paris 100

BOUDREAU (L.), fabricant de clichés galvanoplastiques, 8, rue Haute-
    feuille, Paris 100

BOUILHET, gérant de la maison Christoffle, rue de Bondy, Paris 100

BOULET (Gaston), distillateur, Rouen 100

CAMUSET, administrateur de la sucrerie de Cambrai, à Escaudœuvres .. 100

CHAMBRE DE COMMERCE DE PARIS 100

CHENAL, DOUILHET ET CIE, fabricants de produits chimiques, 22, rue de
    la Sorbonne, Paris 100

COIGNET ET CIE, fabricants de produits chimiques, 41, boulevard
    Magenta, Paris 200

COMITÉ CENTRAL DES HOUILLÈRES DE FRANCE, rue de Châteaudun, Paris.. 100

COMPAGNIE DE CONSTRUCTIONS MÉCANIQUES DE FIVES-LILLE, 64, rue Caumar-
    tin, Paris 300

COMPAGNIE GÉNÉRALE D'ÉLECTRICITÉ, 5, rue Boudreau, Paris 100

COMPAGNIE GÉNÉRALE ÉLECTRIQUE, rue Oberlin, Nancy 100

COMPAGNIE DES PRODUITS CHIMIQUES D'ALAIS ET DE LA CAMARGUE, à Salindres
    (Gard) 100

CORBIN ET CIE, à Chedde, par Sallanches (Haute-Savoie) 100

LA DAÏRA SANIEH DE S. A. le Khédive, Le Caire (Égypte) 520

DAVANNE, président de la Société française de Photographie, 82, rue des
    Petits-Champs, Paris 100

DEBAYSER, frères, courtiers en sucre, 42, rue du Louvre, Paris 100

DELVAL ET PASCALIS, 5, rue Chapon, Paris 100

DEUTSH MACRUS, agronome, 8, rue Laffitte, Paris 100

DIPPE, frères, producteurs de graines de betteraves à Quedlinbourg
    (Allemagne) 300

DUPONT (F.), secrétaire général du IV⁰ Congrès de chimie appliquée,
    administrateur délégué de la Sucrerie-Raffinerie de Ripiceni (Rou-

manie', 154, boulevard Magenta, Paris...................................... 100
Fischmann (Ch.), ingénieur-chimiste, fabricant de sucre, Kiew (Russie). 100
Fontaine (G.), constructeur d'appareils de précision, rue Monsieur-le-
    Prince, Paris.................. 100
Fontaine (H.), ingénieur, 42, rue Saint-Georges, Paris................ 100
Foras (Félix), galvanoplastie, 5, rue Debelleyme, Paris.............. 100
Gall, administrateur de la Société d'Électro-Chimie, 2, rue Blanche,
    Paris... 100
Garry (Gaston), fabricant de sucre à Rue (Somme).................... 100
Geoffroy et Delore, constructeurs électriciens, 28, rue des Chasses,
    Clichy (Seine)... 100
Gramont, Comte Arnaud de, D^r ès sciences, 81, rue de Lille, Paris... 100
Hélot (J., fabricant de sucre, Noyelles-sur-Escaut (Nord)........... 100
Houdart (Eugène), négociant en vins, 7, avenue de la République,
    Paris... 200
Hubin Félix), industriel : cuivre, laiton, plomb, zinc, étain en feuilles
    et en tubes, 14, rue de Turenne, Paris............................. 100
Knieder, administrateur-délégué des établissements Malétra, Petit Que-
    villy, près Rouen (Seine-Inférieure)............................... 100
Lambert père, fabricant de sucre à Toury (Eure-et-Loir)............. 100
Lambert fils, 77, avenue de la Gare, Soissons (Aisne)................ 200
Landrin E., chimiste, 76, rue d'Amsterdam, Paris.................... 100
Leclanché et Cie, 158, rue Cardinet, Paris......................... 100
Loiseau (D.), 17, rue Saint-Roch, Paris............................ 100
Macherez Alfred), sénateur, fabricant de sucre à Matigny (Somme)... 100
Magrin (A.), constructeur, Charmes, par la Fère (Aisne)............. 100
Manufacture lyonnaise de matières colorantes, 19, place Morand, Lyon. 200
Manufacture de produits chimiques du Nord (établissement Kuhlmann),
    Lille.. 100
Martine (Gaston), industriel, 15, rue de Roubaix, Lille............. 100
Menier (Gaston), député, 56, rue de Chateaudun, Paris.............. 100
Moissan (Henri), membre de l'Institut, professeur à l'Université de
    Paris, président du Congrès, 7, rue Vauquelin, Paris.............. 100
Muller et Cie, Ivry-Port... 100
Nicolle, chef des laboratoires de la Compagnie des Mines d'Aguas
    tenidas ; directeur de la Société française de recherches et d'explo-
    rations pour favoriser le développement de la richesse minière en
    France ; membre du Syndicat central des chimistes de France ;
    membre de la Société chimique du nord de la France.............. 100
Ouvré, député, fabricant de sucre à Souppes (S.-et-M.)............. 100
Poirrier. sénateur, fabricant de produits chimiques, 2, avenue Hoche,
    Paris... 100
Potin, (Félix), négociant, boulevard Sébastopol, Paris............. 100
Poulenc frères, fabricants de produits chimiques, 92, rue Vieille-du-
    Temple, Paris 100
Roettger (T.), ingénieur, Gaussstrasse, 14, Brunswick (Allemagne)..... 100
Sachs, fabricant de sucre, Kiew (Russie) 100

Hautefeuille, membre de l'Institut, professeur à laFaculté des sciences,Paris.

Janssen, membre de l'Institut, directeur de l'Observatoire de Meudon.

Laussedat (colonel), membre de l'Institut, directeur du Conservatoire des Arts et Métiers, Paris.

Lemoine, membre de l'Institut, professeur à l'Ecole Polytechnique, Paris.

Liard, membre de l'Institut, conseiller d'Etat, directeur de l'enseignement supérieur, Paris.

Lippmann, membre de l'Institut, professeur à la Faculté des sciences, Paris.

Marey, membre de l'Institut, professeur au Collège de France, Paris.

Mascart, membre de l'Institut, professeur au Collège de France, Paris.

Moissan, membre de l'Institut, professeur à l'Université de Paris, vice-président de la Société chimique, Paris.

Muntz, membre de l'Institut, professeur à l'Institut national agronomique, Paris.

Pagnoul, membre correspondant de l'Institut, directeur de la Station agronomique du Pas-de-Calais, Arras.

Potier, membre de l'Institut, professeur à l'Ecole des Mines, Paris.

Roux (Dr), membre de l'Institut, sous-directeur de l'Institut Pasteur, Paris.

Sarrau, membre de l'Institut, professeur à l'Ecole Polytechnique.

Schlœsing (Ch.), membre de l'Institut, Paris.

Sebert (Général), membre de l'Institut, Paris.

Troost, membre de l'Institut, professeur à la Faculté des sciences.

Berger (Georges), député de la Seine.

Bérnot, sénateur de la Somme.

Boucher (Henry), député, ancien ministre du Commerce.

Boudenoot, député du Pas-de-Calais.

Bourgeois, ancien président du Conseil des Ministres, député de la Marne.

Chautemps (E. Dr), ancien ministre des Colonies, député de la Haute-Savoie.

Chaumié, sénateur du Lot-et-Garonne.

Claes, sénateur du Nord.

Cuvinot, sénateur de l'Oise.

Deschanel, président de la Chambre des députés.

le docteur Émile Dubois, député de la Seine.

Dupuy-Dutemps, ancien Ministre des travaux publics, député.

Duval, sénateur de la Haute-Savoie.

Fallières, président du Sénat.

Franck-Chauveau, sénateur de l'Oise.

Le Myre de Vilers, député de la Cochinchine.

Macherez, sénateur de l'Aisne.

Ménier (G), député de Seine-et-Marne.

Ouvré (André), député de Seine-et-Marne.

Poirrier, sénateur de la Seine.

Poincaré (Raymond), ancien ministre de l'Instruction publique, député.

Prévet, sénateur de Seine-et-Marne.

Ribot, ancien président du Conseil des Ministres, député du Pas-de-Calais.

Schneider, député, administrateur des usines du Creusot.

Sébline, sénateur de l'Aisne.

Velten, sénateur des Bouches-du-Rhône.

Viger, ancien ministre de l'Agriculture, député du Loiret.

Adrian, ancien président de la Chambre syndicale des produits chimiques, à Paris.

Bernard, président du Syndicat des distillateurs industriels, à Lille.

Bouchardat, professeur à l'École de pharmacie de Paris.

Bougault, délégué général du Conseil d'administration des anciens établissements Cail, à Paris.

Bousquet, directeur général des Douanes, à Paris.

Brüll, ancien président de la Société des ingénieurs civils, à Paris.

Buquet, directeur de l'École Centrale, à Paris.

Canet (G.), président de la Société des ingénieurs civils, à Paris.

Chabrier, administrateur de la Compagnie générale Transatlantique, à Paris.

Chandèze, directeur du Commerce extérieur au ministère du Commerce, à Paris.

Colson, professeur à l'Ecole Polytechnique, à Paris.

Commerson, directeur des raffineries de la Méditerranée, à Marseille.

Christofle, industriel, à Paris.

Cronier, administrateur de la raffinerie Say, à Paris.

Davanne, président du conseil d'administration de la Société française de photographie, à Paris.

Delatour, directeur général des contributions indirectes, à Paris.

Desbieff (P.), administrateur délégué de la Société nouvelle des raffineries de sucre de Saint-Louis, à Marseille.

Dubousquet, ingénieur en chef du matériel et de la traction de la Compagnie du chemin de fer du Nord, Paris.

Duval, directeur général de la Compagnie de Fives-Lille, à Paris.

Engel, professeur d'analyse chimique à l'École Centrale des arts et manufactures, à Paris.

Etard, examinateur de sortie à l'École Polytechnique, à Paris.

Evrard, directeur de la Soudière de Chauny (Aisne).

Expert-Besançon, président du Comité central des chambres syndicales, à Paris.

Fontaine (H.), administrateur de la Société Gramme, à Paris.

Gariel, professeur à la Faculté de médecine, délégué principal aux congrès de l'Exposition de 1900, à Paris.

Girard Ch., directeur du laboratoire municipal de Paris.

Gramme, ingénieur-électricien, à Paris.

Grandeau, professeur d'agriculture au Conservatoire national des arts et métiers, à Paris.

Halphen, administrateur délégué de la Raffinerie Parisienne, à Paris.

Hanicotte, président de la Chambre syndicale des distillateurs agricoles, à Béthune.

Hanriot (Dr), professeur agrégé à l'École de médecine, à Paris.

Henrivaux, directeur de la glacerie de Saint-Gobain.

Huillard, fabricant de produits tinctoriaux, à Suresnes.

Janet, professeur à la Sorbonne, directeur du Laboratoire central d'électricité, à Paris.

Jordan, professeur à l'École Centrale des arts et manufactures, à Paris.

Jungfleisch, professeur au Conservatoire des arts et métiers et à l'École de pharmacie de Paris.

Kolb, directeur des établissements Kuhlmann, à Lille.

Lauth (Ch.), directeur de l'École de physique et de chimie de la ville de Paris.

Le Chatelier, professeur au Collège de France et à l'École des mines, à Paris.

Lefebvre, président de la Chambre syndicale des produits chimiques, à Paris.

Lequin (E.), directeur général des usines de produits chimiques de la Société Saint-Gobain, Chauny et Cirey.

Le Verrier, professeur au Conservatoire des arts et métiers, à Paris.

De Luynes, professeur au Conservatoire des arts et métiers, directeur des laboratoires des contributions indirectes, à Paris.

Maquenne, professeur au Muséum d'histoire naturelle, à Paris.

Marin, directeur de la Compagnie des chemins de fer de l'Ouest, à Paris.

Martin (L.), président du Syndicat agricole des distillateurs de la région de Paris, à Ermenonville (Oise).

Masson (G.), président de la Chambre de commerce de Paris.

Monnier, professeur à l'École Centrale des arts et manufactures, à Paris.

Noblemaire, directeur général de la Compagnie des Chemins de fer Paris-Lyon-Méditerranée, à Paris.

Pallain, directeur de la Banque de France, à Paris.

Pereire (Eugène), président du conseil d'administration de la Compagnie Transatlantique, à Paris.

Poulain (Ch.), président du Syndicat général de l'industrie des cuirs et peaux, à Paris.

Riban, professeur d'analyse chimique à la Faculté des sciences, à Paris.

Riche, directeur des essais à la Monnaie, à Paris.

Risler, directeur de l'Institut national agronomique, à Paris.

Sartiaux, ingénieur en chef des ponts et chaussées, chef de l'exploitation de la Compagnie du chemin de fer du Nord, à Paris.

Souillot, ancien président de la Chambre syndicale des produits chimiques, à Paris

Tourtel (E.), président du Syndicat des brasseurs de l'Est, à Nancy.

Viéville (V.), président du Syndicat des fabricants de sucre de France.

Vincent, professeur à l'École Centrale des arts et manufactures, à Paris.

Vogt, directeur de la Manufacture nationale de Sèvres.

Comités étrangers de patronage et d'organisation

Allemagne.

Président d'honneur....... M. le conseiller privé, prof. Dr Emil FISCHER, à
Berlin.

Membres de la Commission exécutive..............
) M. le Dr CLAASSEN, à Dormagen.
(M. le prof, Dr F. FISCHER, à Göttingen.
(M. le prof. Dr H. HERZFELD, 42, Invalidenstrasse,
) à Berlin.

Membres du Comité d'organisation. — MM. le Dr ALLIHN, à Berlin ; le prof.
Dr BAUMERT, à Halle-s.-Saale ; le Dr W. BEIN, le Dr BORNSTEIN, à Berlin ; le
Dr BODA (Hugo), à Halle-s.-Saale ; le prof. Dr BRODHEHER, à l'Institut de phy-
sique de Charlottenburg ; le conseiller du Gouvernement K. von BUCHKA,
Président des Chemischen Laboratoriums des Reichsgesundheitsamtes, à
Berlin ; le Dr CASPARI, à Berlin ; le Dr W. CRONHEIM, à Berlin ; le Dr DEGE-
NER, à Braunschweig ; le Dr DIENSTBACH (Kurt.), à Berlin ; le Dr DISSELHORST, à
Berlin ; le Dr ERLENBACH, à Berlin ; le Dr H. FISCHER, à Berlin ; le prof. Dr FRENT-
ZEL, à Berlin ; le Dr P. GLUHMANN, à Berlin ; Carl GRONEWALDT, à Berlin ; le
Dr Ritter von GRUEBER, à Vienenburg-Harz ; le Dr N. HERZFELD, à Berlin ; le
Dr W. HERZFELD, à Thorn ; le Dr HOFFMANN (Otto), à Berlin ; le prof. Dr HOLDE
à l'École supérieure technique de Charlottenburg ; le prof. Dr CLUSS, station
agronomique de Halle-s.-Saale ; le Dr KNAUTHE, à Berlin ; le prof. Dr KNORRE,
à l'École supérieure de Charlottenburg ; Ph. KREILING, à Berlin ; le conseiller
privé, prof. Dr H. LANDOLT, à Berlin ; le prof. Dr LEHMANN, à Berlin ; le conseiller privé, prof. Dr LIEBERMANN, à l'École technique supérieure de Charlottenburg ; le Dr MULLER, à Leipzig ; le Dr A. NEUBURGER, à Berlin ; le prof.
Dr PROSKAUER, à Charlottenburg ; RITTER (Robert), à Berlin ; le conseiller privé,
prof. Dr RUDORFF, à l'École supérieure technique de Charlottenburg ; le
Dr E. SAUER, à Berlin ; le Dr SEIDLER (Paul), à Grunewald, près Berlin ; le prof.
Dr STAVENHAGEN, École supérieure technique de Charlottenburg ; le Dr WALTER
(Alexander), Berlin ; le prof. Dr WEINSTEIN, conseiller d'État, Urbanstrasse, à
Berlin ; le Dr WIEDEMANN, à Charlottenburg ; le conseiller privé, prof. D^r O.
WITT, à l'École technique supérieure de Charlottenburg ; le Dr WOLFF (Hans), à
Charlottenburg ; le Dr ZAHN, à Berlin ; le prof. Dr ZUNTZ, à Berlin ; le D^r WAL-
TER (Alexander), à Berlin ; le Dr L. WENGHOFER, à Berlin ; le Dr ALBERTI, à
Magdebourg ; le Dr HERMANN, à Hambourg ; le Dr J. SCHULZ, à Magdebourg ;
le Dr WENDEL, à Magdebourg ; A. BUTTNER, à Berlin ; le Dr C. SUVERN, à Ber-
lin ; le Dr JAESSCHIN, à Berlin ; SCHMATOLLE (Ernest), à Berlin ; le Dr W. KAR-
STEN, à Berlin ; R. J. LOEFFLER, à Berlin ; le Dr W. ACKERMANN, à Berlin ; le
Dr OBERMULLER (Paul), à Spandau ; le Dr LOVINSOHN (Emile), à Charlottenburg ;
le Dr WEGER (Félix), à Berlin ; le Dr PETERS (Franz), à Berlin ; le D^r Fr. VALEN-
TINER, à Leipsick ; PATAKY (Wilhelm), à Berlin ; le Dr HANS (Alexander), à
Berlin ; le Dr MULLER, à Leipsick ; le Dr SCHNEIDEWIND, à Halle-sur-Saal ; le
prof. Dr BAUMERT, directeur du laboratoire d'essais de l'Institut agricole
de Halle-sur-S. ; le prof. Dr O. DOBNER, Institut de chimie de l'Université

de Halle-sur-S. ; le prof. Dr H. Erdmann, directeur du laboratoire de chimie
appliquée à Halle-sur-S. ; le conseiller privé, prof. Dr K. Freiher von
Fritsch, directeur de l'Institut de minéralogie de l'Université de Halle-
sur-S. ; le Dr R. Holand, directeur de fabrique à Osendorf et secrétaire de la
section de Saxe-Anhalt de l'Association des chimistes allemands ; le D^r H.
Krey, 2e président de la section de Saxe-Anhalt de l'Association des chimistes
allemands ; le Dr Kubierschky, directeur des usines d'Ascherleben, premier
président de la section de Saxe-Anhalt de l'Association des chimistes allemands ; le conseiller supérieur privé, prof. Dr J. Kuhn, directeur de l'Institut agronomique de l'Université de Halle-sur-S. ; le Dr W. Lippert, à Halle-
sur-Saale ; le Dr E. O. von Lippmann, directeur de la raffinerie de sucre de
Halle-sur-S. ; le prof. Dr O. Luedicke ; F. Luty, directeur de la fabrique de
Trotha ; le conseiller privé, prof. Dr Maercker, directeur de la station
agronomique de Halle-sur-S. ; le Dr H. Precht, directeur des salines de
Neustassfurt, près de Stassfurt ; le conseiller privé, prof. Dr J. Volhard,
directeur de l'Institut de chimie de l'Université de Halle-sur-S. ; le privat-
docent, Dr Vorlander, président de section à l'Institut de chimie de l'Université de Halle-sur S.

Autriche.

Président d'honneur.......	M. le Dr Alexander Bauer, conseiller de la Cour, professeur à l'Ecole technique supérieure de Vienne.
Président.................	M. le Dr Hugo Ritter von Perger, conseiller de la Cour, professeur à l'Ecole technique supérieure de Vienne.
Vice-présidents...........	M. le Dr Joseph-Maria Eder, conseiller du Gouvernement, directeur de l'Institut de photographie, professeur à l'Ecole techni- que supérieure de Vienne ; M. le Dr Ernst Ludwig, conseiller de la Cour, professeur à l'Université de Vienne ; M. le prof. Dr Emerich Meissl, conseiller d'Etat. conseiller technique et agricole au Minis- tère de l'agriculture, à Vienne ; M. Franz Schwackhofer, conseiller de la Cour, professeur à l'Ecole d'agronomie, directeur de la station d'essais et de l'Académie de l'industrie de la brasserie, à Vienne ;
Secrétaire général........	M. Friederich Strohmer, conseiller du Gou- vernement, directeur de la station d'essais de la Société centrale pour l'industrie du sucre de betteraves, à Vienne ;
Secrétaires adjoints.......	M. le Dr Hans Heger, propriétaire-directeur de journaux scientifiques, à Vienne ; M. Anton Stift, de la station d'essais pour l'industrie du sucre.

Membres du Comité. — MM. le Dr M. Bamberger, professeur à l'Ecole technique supérieure de Vienne ; Albert Ritter von Boschan, délégué de l'Association centrale de la monarchie d'Autriche-Hongrie de l'industrie du sucre de betteraves ; Léon Bloch, chimiste, à Guntramsdorf, près Vienne; Eduard Donath, professeur à l'Ecole technique supérieure de Brunn ; Eugène Dupont, conseiller du commerce extérieur de France, à Vienne ; Wilhelm Eitner, conseiller du Gouvernement, directeur de la station d'essais pour l'industrie du cuir, à Vienne ; le Dr Paul Friedlaender, professeur et président de la 2e section du Musée technologique industriel de Vienne ; le Dr Wilhelm Gintl, professeur à l'Ecole technique supérieure allemande de Prague et représentant de l'Association centrale des industries de l'Autriche, à Vienne ; le capitaine Erasmus Grotowski, au Comité militaire technique, à Vienne ; le Dr Joseph Habermann, professeur à l'Ecole technique supérieure de Brünn ; Philipp Hess, ingénieur, général d'artillerie, à Vienne ; Oscar Hoefft, conseiller de commerce d'Autriche, à Vienne : le Dr Karl Kellner, directeur général à Hallein (Salzbourg) ; Joseph Klaudy, professeur au Musée technologique industriel, représentant de la Société des chimistes d'Autriche, à Vienne ; Alois Kremel, pharmacien, représentant de la chambre des pharmaciens, à Vienne ; Franz Kupelwieser, conseiller de la Cour, conseiller supérieur des mines, professeur à l'Académie des mines de Leoben (Styrie) : le Dr Friederich Linke, professeur à l'Ecole des arts et métiers du Musée autrichien des arts et de l'industrie, à Vienne; le Dr W. F. Lobisch, professeur à l'Université d'Innsbruck (Tyrol) ; le Dr Moriz Mansfeld, directeur de la station d'essais de l'Association centrale des pharmaciens, à Vienne : Léopold Mayer, ingénieur-chimiste, représentant de la Société des ingénieurs-architectes de l'Autriche, à Vienne ; le Dr Emil Medinger, industriel, représentant de la chambre de commerce et de l'industrie de la Basse-Autriche ; le Dr Johann Oser, professeur à l'Ecole technique supérieure de Vienne ; le Dr Bronislaus Pawleswky, professeur à l'Ecole technique supérieure de Lemberg ; Ch. Preis, professeur à l'Ecole technique supérieure tchèque, à Prague (Bohème) : le Dr Richard Pribram, professeur à l'Université de Czernowitz : le Dr Leonhard Roesler, directeur de la station d'essais vinicoles, à Klosterneuburg, près Vienne ; le Dr Robert v. Schlumberger, conseiller de commerce d'Autriche, représentant de la Société d'agriculture de Vienne ; Hermann Schulte, ingénieur à Vienne ; A. Ritter von Schwarz, fondé de pouvoir de la fabrique d'alcool et de levure de Raindorf, à Vienne ; Otto Seybel, conseiller de commerce d'Autriche, vice-président de la Banque privée impériale et royale des pays autrichiens, à Vienne ; Paul Seybel, industriel, à Vienne ; le Dr Richard von Skene, industriel, délégué de la Société centrale de l'industrie du sucre de betteraves, à Vienne ; Gustav Steingraber, professeur à l'Ecole professionnelle d'Etat à Cracovie ; le Dr Wilhelm Tinter, conseiller de la Cour, professeur à l'Ecole technique supérieure, directeur de la Commission normale des poids et mesures, à Vienne : August Vierthaler, professeur à l'Académie du commerce, à Trieste ; le Dr Georg Vortmann, professeur à l'Ecole technique supérieure de Vienne : le Dr Theodor Ritter von Weinzierl, directeur de la station de contrôle des semences, à Vienne ; Johann Wolfbauer, professeur adjoint à la station agronomique impériale et royale de Vienne ; le Dr Othmar Zeidler, président de la chambre des pharmaciens, à Vienne.

Hongrie.

M. le Dr Leo Liebermann, directeur de l'Institut chimique du royaume, à Budapest.

Comité spécial pour la Bohême.

Président. — M. Ch. Preis, professeur à l'Ecole technique supérieure tchèque, à Prague.

Membres. — MM. Andrlik, directeur de la Station sucrière à Prague ; Baur (Vilém), professeur à Prague ; le Dr Chodounsky (V.), professeur à l'Université de Prague ; Felcmann (J.), directeur de sucrerie à Zvolenoves ; le Dr Fragner (F.), pharmacien à Prague-Mala Strana ; Fric J.), fabricant d'appareils de précision à Prague-Vinohorady ; Herles (Frant.), chimiste à Prague ; Jelinek (Hugo), ingénieur à Prague ; Klaudi J.), chef de la Station agronomique chimique, à Prague ; Mandelik (Robert), chimiste à Kolin ; le Dr Nevole, chimiste à Prague ; Posmourny (Jean), ingénieur de la maison Breitfeld et Danek à Prague ; Setlik, chimiste à Prague ; le Dr Stoklasa, professeur à l'Ecole technique supérieure tchèque, à Prague ; Votocek (Emile), chef des travaux chimiques à l'Ecole technique supérieure tchèque, à Prague ; Zenger, conseiller à la Cour, professeur à l'Ecole technique supérieure tchèque, à Prague.

Belgique.

L'Association belge des chimistes a bien voulu se charger de constituer le Comité de patronage qui est formé de son propre Comité :

Président........ M. L.-L. de Koninck, professeur à l'Université, quai de l'Université, 1, à Liège.

Vice-présidents.. { M. L. Crismer, professeur à l'Ecole militaire, à Bruxelles. M. Puttemans (Ch.), professeur à l'Ecole industrielle, à Bruxelles.

Trésorier........ M. Masson (Ch.), directeur du laboratoire d'analyses de l'Etat, à Gembloux.

Secrétaire général M. Wauters (J.), chimiste adjoint de la ville de Bruxelles, rue Souveraine, 83, à Bruxelles.

Secrétaire adjoint M. Graftiau (J.), directeur du laboratoire d'analyses de l'Etat, à Louvain.

Membres effectifs. — MM. Delecœuillerie, préparateur à l'Université de Gand ; Duyk, pharmacien-chimiste à Bruxelles ; Gillet (Cam.), professeur à l'Ecole supérieure des textiles, à Verviers ; Herlant Ach.), professeur à l'Université libre de Bruxelles ; Lemoine (A.), professeur à l'Ecole industrielle de Charleroi ; Lonay (Al.), agronome de l'Etat, à Mons ; Lucion (R.), docteur ès sciences, à Bruxelles ; Mosselman (G.), professeur à l'Ecole vétérinaire de l'Etat, à Bruxelles ; Masson Ch.), directeur du laboratoire d'analyses de l'Etat, à Gembloux ; Ranwez (F.), professeur à l'Université de Louvain ; Van Laer (H.), professeur à l'Ecole des mines du Hainaut et à l'Institut supérieur de brasserie de Gand, à Bruxelles ; Warsage F.), directeur du laboratoire d'analyses de l'Etat, à Mons ; WILLENZ (M.), docteur ès sciences, chimiste à Anvers.

Brésil.

MM. BASTOS (Silvio), fabricant de sucre à Itapurange (Aracaju ; CARNEIRO DA CUNHA (J.-M.), directeur de la raffinerie de sucre de Pernambuco : CARVALHO (João), fabricant de sucre à Campos ; CAVALCANTI UCHOA BARBALHO, professeur de chimie à l'Ecole polytechnique de Sao Paulo ; DOLÉ, ingénieur à Pernambuco ; D'OLIVEIRA (Raphael-Chrisostomo), ingénieur-chimiste et constructeur à Campos ; D' PEIXOTO (Manoel-Rodriguez), usina Cupin, à Campos ; VANDESMET (Félix), ingénieur fabricant de sucre à Atalaia, Maceio.

Bulgarie.

MM. BRADEL (J.), directeur au Ministère de l'intérieur, à Sofia ; DORZÉE (Francis), directeur technique de la Société anonyme des sucreries-raffineries bulgares, à Sofia.

Chili.

M. le D' MOURGUES (Luis), prof. de chimie à l'Université de Valparaiso.

Danemark.

MM. KJELDAHL, docteur ès sciences, professeur de chimie à l'Université de Copenhague ; SORENSEN (S. P. L.), chimiste de la Marine danoise, à Copenhague : STEENBERG-NIELS, professeur de chimie technologique à l'Ecole polytechnique de Copenhague.

Egypte.

MM. PAPPEL, directeur du Laboratoire khédivial, Le Caire ; VENTRE-PACHA, ingénieur en chef des sucreries de la Daria Sanieh, Le Caire.

Espagne.

MM. BALME (Francis), ingénieur à Grenade ; MORALES-BARDOY (Louis), directeur de la sucrerie à Antequera ; CLAUDE (E.), ingénieur-chimiste de la Azucarera asturiana à Villalegia : CREUS (Félix), directeur de la sucrerie Nuestra-Senora del Carmen, à Pinos-Puente ; EVANGELISTA (Léon), ingénieur, Azucarera de Aragon, à Saragosse ; DE LAFFITTE (Vincente), docteur ès science, à Madrid ; OTERO (Julio), directeur de la ferme-école de Saragosse ; PINERUA, professeur de chimie à l'Univerté de Valladolid ; RODRIGUEZ (Ayuso-Manuel), professeur de la ferme-école de Saragosse.

Etats-Unis d'Amérique.

Président. — M. DOREMUS (Charles-Avery), professeur de chimie à l'Ecole de médecine de Bellevue-Hospital, New-York.

Membres. — MM. APPLETEN (John-Howard), professeur de chimie, Brown University, Providence (Rhode Island) ; ARMSBY (Henry-Prentiss), directeur de la station expérimentale d'agriculture, State College (Pennsylvanie) ; ATWATER (W.-O.), professeur de chimie à la Wesleyian University, Middletown (Connecticut) ; CALDWELL (C.-G.), professeur de chimie à l'Université

Cornell, Ithica (New-York); Chandler (C.-F.), professeur de chimie à l'Université Columbia, New-York ; Chittenden (R.-H.), professeur de chimie physiologique, Yale University, New-Hawen (Connecticut) : Clarke (E.-W.), chimiste à l'Observatoire géologique de Washington (D.-C.); Crampton (C.-A.), chimiste au ministère des Finances, à Washington (D.-C.); Dudley (Ch.-B.), docteur chimiste en chef du Pennsylvania R. R. Cᵒ, Altoona (Pennsylvanie); Dudley (Wm.-L.), professeur de chimie à l'Université Vanderbilt, à Nashville (Tennesse). Elnathan K. Nelson, chimiste de Swift et Cie, à Chicago (Illinois); Evans (Thomas ; professeur adjoint de chimie industrielle, University of Cincinnati (Ohio); Gudman (Edw.), chimiste, Gluclose sugar refining Cᵒ, à Chicago (Illinois) ; Hart (Edw.), professeur de chimie au collège Lafayette, Easton (Pennsylvanie); Hewitt (Edward-Ringwood), chimiste-expert, Lexington avenue, New-York ; Hillebrandt (W.-F.), chimiste à l'Observatoire géologique, à Washington; Horne (W.-D.), docteur, chimiste de la National sugar refining, à Yonkers New-York ; Ledoux (A.-R.) [Ph. Dʳ], chimiste analyste et expert, 99, John Street, à New-York ; Little (A.-D.), ingénieur-chimiste, 7, Exchange place, Boston Massachussetts); Long (J.-H.), professeur de chimie à la North Western University, Chicago) Illinois ; Mason (W.-P.), professeur de chimie, Rensselaer Polytechnic Institut, Troy (New-York) ; Mallet (John-W.), professeur de chimie à l'Université de la Virginie, à Charlottesville (Virginie); Mac Murtrie Wm., [M. E., Ph. Dʳ], chimiste, 101 West. 81 street, New-York ; Munroe C.-E., doyen et professeur de chimie, Columbian University, Washington (D.-C.); Morley (Edward-W.), président et professeur de chimie, Adelbert College, à Cleveland (Ohio); Nicholson (H.-H.), professeur de chimie à l'Université de Nebraska, Lincoln (Nebraska); Pennock (J.-D.), chimiste en chef de la Compagnie Solvay, à Syracuse (New-York); Remsen Ira, professeur de chimie à la Johns Hopkins University, Baltimore (Massachussets); Richardson Clifford, chimiste à la Barber asphalte Cᵒ, Long-Island-City (New-York ; Rising, (W.-B.), professeur doyen de la section de chimie, Université de Californie, à Berkley Californie); Sadtler (Sam.-P.), [Ph. Dʳ], professeur de chimie à Philadelphie (Pennsylvanie); Schieffelin Wm.-J., chimiste, 170, William street, à New-York; de Schweinitz (E.-A.), directeur du laboratoire de chimie biologique agricultural Department, et doyen du Columbian University medical school, Washington (D.-C.); Smith Edgar-F., professeur de chimie à l'Université de Pennsylvania, à Philadelphie (Pennsylvanie) : Spencer (Guilford-L., chimiste adjoint au Département de l'agriculture, à Washington (D.-C.); Springer (Alfred), chimiste, 46, 2ᵈ Street. Cincinnati (Ohio); Stebbins (J.-H.), [Ph. Dʳ], chimiste. 80, Madison avenue. New-York : Stillman (Thomas-B.), professeur de chimie. the Stevens Institute of technology, Hoboken, New-Jersey; Swenson (Magnus), ingénieur chimiste à la Walburn Swenson Cᵒ, 944, Monadnok Block, Chicago (Illinois); Thomson Elihu, chimiste, à Swampscot (Massachussets) ; van Slyke (L.-L.), chimiste of the New-York agricultural experiment station, à Geneva (New-York); Voorhees (E.-B.), directeur du New-Jersey agricultural experiment station à New-Brunswick (New-Jersey); Waller (Elwyn) Ph. Dʳ], chimiste expert 159, Front street, New-York : Wiley (H.), chimiste en chef du Département de l'agriculture, à Washington (D.-C.); Wyatt (Francis), Ph. Dr), chimiste, 39, Stouth William street, New-York.

Grande-Bretagne.

Society of chemical industry, Palace Chambers, 9, Bridge street, Westminster, à Londres.

Grèce.

Président...... M. le Dr A.-C. Christomanos, professeur de chimie à l'Université d'Athènes.

Vice-Président. M. le Dr A.-C. Dambergis, professeur de chimie pharmaceutique à l'Université d'Athènes.

Membres. — MM. le Dr Argyropoulos (Timoléon), professeur de physique à l'Université d'Athènes; le Dr Arapidès (Léonidas), directeur chimiste de la poudrerie d'Athènes: le Dr Comnènos (Télémaque), professeur agrégé, chef des travaux pratiques au laboratoire pharmaceutique, à Athènes; le Dr Zacharias (Procope), chef des travaux pratiques au laboratoire de chimie de l'Université d'Athènes; le Dr Zenguelis (Const.), professeur agrégé de chimie, à Athènes.

République de Guatemala.

MM. Guérin René, chimiste, directeur du laboratoire central de Guatemala, délégué du gouvernement de Guatemala à l'Exposition de 1900; Guéboult Georges, chimiste-expert du Laboratoire municipal de Paris, en mission au Guatemala, délégué du Gouvernement pour l'organisation de l'Exposition des produits de la République de Guatemala; le Dr Maximo Santa Cruz, à Guatemala.

Hollande.

Président.. M. W Weffers-Betting, professeur à l'Université d'Utrecht.

Secrétaire. M. Alberda van Ekenstein, directeur du laboratoire de l'impôt, à Huis-Amsterdam.

Membres. — MM. Lobry de Bruyn, professeur à l'Université communale, à Amsterdam: le Dr van Hamel Rooss, à Amsterdam; le Dr de Visser (L.-E.-O.). chimiste à la stéarinerie « Appolo », à Schiedam.

Italie.

Président. — M. le Dr Piutti (Arnaldo), professeur à l'Université de Naples.

Membres. — MM. Andreocci (Amerigo), professeur à l'Université de Catane; Angeli (Angelo), professeur à l'Université de Palerme; Bellucci (Giuseppe), professeur à l'Université de Pérouse; le Dr Candiano à Milan; Carnelutti (Giovanni), professeur au laboratoire chimico-municipal de Milan; Ciamician (Giacomo), professeur à l'Université de Modène; Gabba (Luigi), professeur au Polytechnique de Milan; Giannetti (Carlo), professeur à l'Université de Sienne; Guareschi (Icilio), professeur à l'Université de Turin; Magnanini (Gaetano), professeur à l'Université de Modène; Malerba (Pasquale), professeur à l'Université de Naples; Mazzaro (Girolamo), professeur à l'Université de Parme; Menozzi (Angelo), professeur à l'Ecole supérieure d'agriculture de Milan ; Nasini (Raffaelo), professeur à l'Université de Padoue ; Oddo (Giuseppe), professeur à l'Université de Cagliari ; Oglialoro (Agostino), professeur à l'Université de Naples, Palmeri (Paride), professeur à l'Ecole supérieure d'agriculture de Portici ; Paterno (Émanuele), professeur à l'Université de Rome ; Pessi (Leone), professeur à Parme ; Pollacci (Egidio), professeur à l'Université de Pavie ; Rebuffat (Orazzio), professeur à l'Ecole supérieure des ingénieurs, à Naples ; Sestini (Fausto), professeur à l'Université de Pise ; Spica (Pietro), professeur à l'Université de Padoue ; Villavecchia (V.), professeur, directeur du laboratoire chimico-central des douanes, via della Luce, à Rome ; Vitali (Dioscoride), professeur à l'Université de Bologne ; le Dr Zironi, directeur de la fabrique Erba, à Milan.

Ile de Java.

MM. Boot (J.-C.), directeur de la station agronomique à Klatten ; le Dr Kobus, directeur de « Archief voor Java Suikerindustrie », à Soerabaïa ; Prinsen-Geerligs, directeur de la station agronomique de West-Java, à Kagok-Tegal.

Ile Maurice.

MM. Boname, directeur de la station agronomique, à Port-Louis ; Bonnin, chimiste à Curepipe-Road ; A. Daruty de Grandpré, directeur de la *Revue agricole* de l'île Maurice, à Port-Louis ; Dupont-Rivals, chimiste, sucrerie Benarès ; Edwards (A.), agronome, à la station agronomique à Port-Louis ; Fauque (Léon), chimiste à la sucrerie de Beau-Séjour ; Fanucci (F.), ingénieur à Rivière-des-Anguilles ; Félix (Jules), professeur de chimie au collège royal de Pord-Louis, à Rose-Hill ; Fouquereau de Froberville (L.), ingénieur chimiste, sucrerie Britania, Rivière-Dragon ; Giraud, ingénieur agronome, chimiste à la sucrerie Alma, à Verdun ; Haddon, ingénieur chimiste, laboratoire du Beau-Plan, Pamplemousses ; Kœnig (Paul), Ingénieur agronome à Beau-Bassin ; Maricot (J.), chimiste de la *Mauritius engrais chimiques Company*, à Port-Louis ; Martin (Maurice), ingénieur agronome, Le Berceau, Forest Side ; Mayer (G.), chimiste, Bernika Vacoa ; Naz (Virgilio), fabricant de sucre, à Port-Louis ; de Rochecouste (Louis), vice-président de la chambre d'agriculture de l'île Maurice, député au Corps législatif de l'île Maurice, à Curepipe ; de Senneville (Edouard), planteur à Rivière-des-Anguilles ; Souchon (Louis), ingénieur chimiste, place de l'Eglise, à Port-Louis.

Mexique.

MM. Buart (Ch.), ingénieur chimiste à Mexico ; de la Torre, fabricant de sucre, calle de Ruleta, à Mexico.

Norvège.

MM. Hiortdahl (Th.), professeur de chimie à l'Université de Christiania ; Schmelch (H.), chimiste de la ville de Christiana ; Waage (P.), professeur à l'Université de Chistiania.

Pérou.

MM. Lacombe (Eugène), ingénieur, Iugenio Lurifico, Pacasmayo ; Larabure

(Michel), ingénieur-chimiste, 150, calle Mercaderes, à Lima ; Lévy (N.), directeur technique, Casa Henrique, Swague, 158, Carabaia-Lima ; le Dr Ricardo Florez, sénateur, calle de Mata Judios, Lima ; Saillard (Ch.), chimiste, Hacienda Santa Barbara, à Cerro Azul ; Tardieu (Raymond); ingénieur chimiste, Ingenio Lurifico, Pacasmayo.

Perse.

M. Franck (J.), ingénieur chimiste, sucrerie de Khezireh, près de Téhéran.

Portugal.

Président....... M. Ferreira da Silva (A.-J.), professeur de chimie à l'Académie polytechnique de Porto, directeur du laboratoire municipal.

Vice-Présidents. M. Burnay (Eduardo), professeur de chimie à l'Ecole polytechnique de Lisbonne ; M. le Dr de Sousa Gomes (F.-J.), professeur de chimie à l'Université de Coïmbre.

Secrétaire....... M. Lepierre (Ch.), professeur à l'Université de Coïmbre.

Membres. — MM. d'Aguiar (Alberto), professeur à l'École de médecine de Porto ; Machado (Achille), professeur de chimie à l'École polytechnique de Lisbonne ; Machado (Virgilio), professeur de chimie à l'Institut industriel de Lisbonne ; da Silva (Augusto-Venceslau), ex-chimiste principal du laboratoire municipal de Porto ; le Dr Vellado da Fonseca (Antonio), professeur de chimie à l'Université de Coïmbre.

République Argentine.

MM. Etchegoyen (Armand), chimiste de l'Azucarera Argentina, Conception, Tucuman ; Gessler, directeur de la raffinerie argentine, à Rosario de Santa-Fé ; Hanon, ingénieur au consulat de Belgique, à Buenos-Ayres ; Hérault, ingénieur La Floridad, Tucuman ; Pellissier (Louis-Gustave), directeur technique de la société de la Grande-Distillerie de Buenos-Ayres ; Rodrigue, fabricant de sucre, ingenio Lules, Tucuman ; Roussel (Victor), directeur de l'Azucarera Argentina, Conception, Tucuman.

Roumanie.

Président. — M. le Dr Saligny (A.-O.), professeur à l'Ecole des ponts et chaussées, à Bucarest.

Membres. — MM. le Dr Istrati (Ch.), ministre de l'Instruction publique, professeur à l'Université de Bucarest ; le Dr Bernad-Lendway (A.), directeur de l'Institut central de chimie, à Bucarest ; le Dr Obregia (A.), professeur à l'Université de Jassi ; Petricu (J.), professeur à l'Université de Bucarest ; le Dr Riegler, professeur à l'Université de Jassi.

Russie.

MM. Bunge, professeur de chimie à l'Université de Saint-Wladimir, à Kieff ; Fischmann (Ch.), ingénieur à Kiew ; Mendeleeff, professeur de chimie à l'Université de Saint-Pétersbourg ; Menschoutkine, professeur de chimie à l'Université de Saint-Pétersbourg; Ovsianikoff (Boris), inspecteur général de l'Enseignement technique et professionnel au ministère de l'instruction publique, à Saint-Pétersbourg ; de Regel (Ch.), chimiste en chef de la poudrerie de l'Etat, à Okhta, près Saint-Pétersbourg ; Tavildaroff (V.), professeur à l'Institut technologique de Saint-Pétersbourg.

Serbie.

MM. le Dr Lecco, professeur de chimie à Belgrade ; le Dr Losanitch, à Belgrade ; le Dr Nicolitch (Marcus), directeur du laboratoire de l'État serbe, professeur à l'Académie militaire à Belgrade.

Suède.

MM. le Dr Peter Klason, professeur à l'École technique supérieure de Stockholm ; Carlson (Oscar); le Dr Élistrand (G.), ingénieur au Ministère des Finances; le Dr Setterberg (C.), chimiste.

Suisse.

MM. le Dr E. Ackermann, chimiste cantonal, à Genève ; le Prof. Bamberger, Polytechnicum, à Zurich ; le Dr A. Bertschinger, Stadtchemiker, Zurich ; le Prof. Billeter, Académie, à Neufchâtel; le Prof. Bistrzicki, Université, à Fribourg; Blumer-Zweifel, à Schwanden (Glaris); le Dr Bœniger, à Bâle; l'ingénieur Bourgerel, Société Volta, Genève ; le Prof. Brunner, Université, à Lausanne; le Prof. Chuard, Université, à Lausanne ; le Prof. Duparc, Université, à Genève; le Dir. H. Fleiner, président de la Société suisse des fabricants de ciments, chaux, gypses, à Soleure; le Dr R. Geigy, à Bâle; le Prof Gnehm, Polytechnicum, à Zurich; le Prof. Graebe, Université, à Genève; le Prof. Ph.-A. Guye, Université, à Genève; le Prof. Kahlbaum, Université, à Bâle; le Prof. Kostanecki, Université, à Bâle; Kugler K., directeur des établissements métallurgiques de Roll, à Choindez; le Dir. Kunz, à Bâle; le Dr Landolt, à Zofingen; le Prof. Lunge, Polytechnicum, à Zurich; le Dir. Meister, à Thalweil; le Dr O. Miller, à Biberist; le Dir. O. Neher, à Mels; le Prof. Nietski, Université, à Bâle; le Prof. Piccard, Université, à Bâle; le Prof. A. Pictet, Université, à Genève; le Dr F. Reverdin, à Genève; le Prof. Rossel, à Berne; le Dir. Schindler, à Neuhausen; le Dir. J. Schmid, à Bâle; le Dir. D. Siegfried, à Zofingen; le Dir. Steinfels, à Zurich; le Dir. A. Straeuli, à Winterthur; le Prof. Thomas Mamert, Université, à Fribourg; le Dir. A. Tschudi, à Schwanden; le Dir. C. Weber, à Winterthur; le Prof. A. Werner, Université à Zurich; le Dr T. Zettel, à Baden.

Turquie.

MM. Halid (A.), laboratoire des essais de l'Hôtel impérial des monnaies, à Constantinople; Stephan Megrimitchian, pharmacien et membre de la Société chimique de Paris, à Brousse; Dr Zanni (Joseph), chimiste particulier de S. M. I. le Sultan, à Constantinople.

Uruguay.

M. Vallez (A.), directeur de la raffinerie orientale, à Montevideo.

Vénézuela.

M. Manuel Hernaïz, à Caracas.

Comités régionaux.

AMIENS

Président d'honneur. M. A. BERNOT, sénateur, fabricant de sucre à Ham.
Président.......... M. LAMY, vice-président du Comité départemental
de la Somme pour l'Exposition de 1900.
Secrétaire......... M. SALMON, chimiste, à Amiens.
Membres. — MM. BOR, professeur à l'Ecole de médecine et de pharmacie
d'Amiens; GALL, directeur de la Société des antiseptiques, à Villers-Saint-
Sépulchre (Oise); GALTIÉ, fabricant de sucre, à Rosières; GARRY, fabricant
de sucre, à Rue; MENNESSON, directeur de la sucrerie d'Abbeville; NOR-
MAND (Léon), fabricant de sucre, à Fontaine-les-Cappy; ROUZÉ, phosphatier,
maire de Doullens; SAVARY, distillateur, à Nesles; VION, fabricant de sucre,
à Sainte-Émilie.

BESANÇON

M. GENVRESSE, professeur de chimie industrielle à l'Université de Besançon.

BORDEAUX

Président......... M. V. GAYON, correspondant de l'Institut, professeur
à l'Université.

Vice-Présidents... { MM. Dr BLAREZ, professeur à la Faculté de Médecine.
Jules LAGACHE, ingénieur des Arts et Manufactures,
fabricant de produits chimiques, Bordeaux.

Secrétaire général. M. E. VIGOUROUX, professeur de chimie industrielle à
l'Université.
Secrétaire adjoint. M. G. ARRIVANT, préparateur de chimie industrielle à
la Faculté des sciences.

Membres. — MM. BRUN, salpêtre et engrais, à Bordeaux; COL, térében-
thines, à Casteljaloux (Lot-et-Garonne); COLIN, président du Syndicat du
commerce en gros des vins et spiritueux de la Gironde, à Bordeaux;
DENIGÈS, professeur de chimie biologique à la Faculté de médecine de Bordeaux; FRUGÈS, raffinerie de sucre et rizerie, à Bordeaux; HUYARD, maison
Tessier, Huyard et Cie, à Bordeaux; LEURENT, maison Bernard et Leurent,
distillerie, alcools, à Bordeaux; LOUIT, chocolat, vinaigres, à Bordeaux;
le Dr MARTIN Georges, président du Conseil d'administration de la Laiterie
des propriétaires réunis, à Bordeaux; MATHIEU fils, Compagnie bordelaise
de produits chimiques et engrais, à Bordeaux; MICÉ, professeur honoraire
à l'Université de Bordeaux, ancien recteur; RODBERG (Ch.), directeur de la
Compagnie du gaz, Bordeaux; RÖDEL, maison Rödel et fils frères, conserves
alimentaires, à Bordeaux.

CLERMONT-FERRAND

M. le Dr HUGUET, professeur de chimie à l'Ecole de médecine.

DIJON

M. Pigeon, professeur à la Faculté des sciences.

LILLE

MM. Buisine (A.), professeur à la Faculté des sciences; le Dr Calmettes, directeur de l'Institut Pasteur de Lille; Lenoble, président du Comité de chimie de la Société industrielle du Nord, à Lille; Lescœur, professeur à la Faculté des sciences; Roux, président de la Société chimique du Nord, à Lille.

LIMOGES

M. Peyrusson, professeur de chimie à l'Ecole de médecine et à l'Ecole des arts décoratifs.

LYON

M. le Dr Cazeneuve, professeur à la Faculté de médecine, quai Saint-Vincent, 21.

MARSEILLE

MM. Deros, ingénieur chimiste, 14, place de la Bourse; Desbieff (Maurice), ingénieur, directeur général des raffineries Saint-Louis. 2, rue de la Grande-Armée; Fournier (D.), essayeur, 8, rue Venture; Guitton de Giraudy, essayeur, 25, rue Sainte; Martinand, chimiste. 66, boulevard Norre-Dame; Michel Georges, ingénieur chimiste, 12, rue Venture; Moullade (Albert), 137, avenue du Prado; Reynès (Ernest), 18, rue Bel-Air.

MONTPELLIER

MM. Astre, professeur de chimie à l'Ecole supérieure de pharmacie, directeur du Laboratoire municipal; Bouffard, professeur de technologie à l'Ecole nationale d'agriculture de Montpellier; de Forcrand, professeur de chimie pure et appliquée à la Faculté des sciences, directeur de l'Institut de chimie de l'Université de Montpellier; Lagatu, professeur de chimie agricole à l'Ecole nationale d'agriculture de Montpellier; Marès, correspondant de l'Institut, secrétaire perpétuel de la Société centrale d'agriculture de l'Hérault, à Montpellier; Massol, directeur de l'Ecole supérieure de pharmacie de Montpellier; OEschner de Coninck, professeur adjoint à la Faculté des sciences de Montpellier; le comte de Saporta, propriétaire à Montpellier; Valle, professeur de chimie à la Faculté de médecine de Montpellier.

NICE

M. Taffe, chimiste-expert, 80, boulevard Gambetta, à Nice.

NANCY

MM. Bungener, directeur de la brasserie de la Meuse, à Bar-le-Duc; Guntz, professeur à la Faculté des sciences de Nancy; Muller, professeur à la Faculté des sciences de Nancy; Petit, professeur à l'Université, directeur de l'Ecole de brasserie de Nancy.

ROUEN

Président d'honneur. M. Houzeau (A.), membre correspondant de l'Institut, directeur de la Station agronomique de la Seine-Inférieure, à Rouen.

Président.......... M. Knieder, président du Conseil d'administration de la Société des établissements Malétra, vice-président de la Chambre de commerce de Rouen.

Vice-Présidents.... { M. L. Besselièvre, indienneur, président de la Société industrielle de Rouen.

M. E. Blondel, teinturier, vice-président de la Société industrielle de Rouen.

Secrétaire.......... M. H. Courtonne, chimiste, à Bihorel-les-Rouen.

Membres. — MM. Bertin, chimiste, à Rouen; Bidault, propriétaire de la ferme modèle de Cailly; Brame (A.), directeur des établissements OEsinger, au Havre; Bûguet (A.), professeur, président du Photo-Club rouennais; Chouillon, négociant en produits chimiques, à Rouen; Cusson, directeur du laboratoire des douanes; Davey, fabricant d'explosifs; Dubosc (A.), chimiste à Rouen; Étienne, directeur de la Luciline; Gascard père, fabricant de produits pharmaceutiques; Gascard fils, pharmacien en chef de l'Hospice général; Germain, ingénieur-apprêteur; Gransire, ingénieur de la Compagnie du gaz; Haraucourt, professeur; Hérubel, fabricant de caoutchouc; Hoffmann, savonnier, à Rouen; Kieu, chimiste, sous-directeur de la Luciline; Kœchlin, chimiste-directeur de l'indiennerie Keitlinger et fils; Laurent, administrateur du syndicat agricole de la Seine-Inférieure; Le Roy, chimiste de la ville de Rouen; Luget, pharmacien, à Rouen; Maubée, savonnier, à Elbeuf; Michel, chimiste, directeur de l'indiennerie Besselièvre; le Dr Nicolle, directeur du laboratoire de bactériologie; OEsterberger. directeur des établissements Malétra; de Parseval, administrateur délégué des distilleries Bugnot, Colladon et Boulet, à Rouen; le Dr Pennetier, directeur du Muséum d'histoire naturelle; Perre, stéarinier, à Elbeuf; Petitou, photographe, à Rouen; Picquet, chimiste-coloriste, à Rouen; Piou (P.), président de la Chambre de commerce d'Elbeuf; Renard, professeur de la Faculté des sciences; Saintier, fabricant de cidres, à Rouen; Serbacin, chimiste des établissements OEsinger, au Havre; Turpin, négociant en liquides, à Rouen.

TOULOUSE

M. Fabre, professeur à la Faculté des sciences.

ALGER

M. Dugast, directeur de la station agronomique.

TUNIS

M. Bertainchand, directeur du laboratoire agricole de la Régence.

Délégués officiels du Gouvernement français, des Gouvernements étrangers et des Sociétés Savantes

Nous avons donné la liste officielle de ces délégués, tome 1er, pages 19 et suivantes.

A cette liste nous devons ajouter M. Dugast, délégué officiel du Gouvernement de l'*Algérie*

Membres effectifs

MM.

ABRAHAM (Karl), ingénieur, 24, boulevard Bibikowski, Kiew, (Russie).

ACADÉMIE DES SCIENCES, Palais de l'Institut, Paris.

R. ACADEMIA DEI LINCEI, à Rome, Italie. MM. S. Cannizzaro E. Paterno, délégués.

ACADÉMIE DES SCIENCES de New-York City, États-Unis d'Amérique. M. Ch. A. Doremus, délégué.

ACADÉMIE DES SCIENCES, à Bruxelles, (Belgique).

ACADÉMIE DES SCIENCES, inscriptions et Belles-Lettres, à Toulouse (Haute-Garonne). M. Fabre, délégué.

ACADÉMIE DE MÉDECINE, 49, rue des Saints-Pères, Paris. M. le Dr Hanriot, délégué.

Dr ACKERMANN (E.), chimiste cantonal, à Genève, Suisse.

ADELMANN (Alexandre), Inspecteur du contrôle technique des finances, rue 3e Maio, 23, à Stanislau (Gallicie), (Autriche).

Dr ADOR (Emile), chimiste, 53, rue du Stand, à Genève, (Suisse).

ADRIAN ET CIE, fabricants de produits pharmaceutiques, 9 et 11, rue de la Perle, Paris.

Dr D'AGUIAR (Alberto), professeur à l'Ecole de Médecine, à Porto, (Portugal).

AGUILO (Isidore, ingénieur de la province de Barcelone, 75, rue de Caspe, à Barcelone, (Espagne).

AGUIRRE (Cesaro), ingénieur des mines, vice-président de la Société scientifique du Chili, Calle Bulnes, 49, à Santiago, (Chili).

Dr ALBERTI (Rodolphe), laboratoire de chimie Alberti et Hempel, à Magdebourg, (Allemagne).

ALCIATORE (Antoine), étudiant à Gênes (Italie).

ALEKAN (Armand-Maurice), ingénieur agronome, chimiste, 91, rue du Ruisseau, à Paris.

ALEXANDER (Fritz), négociant, 8, Kœnigsplatz, à Breslau (Allemagne).

Dr ALEXANDER (Hans), électricien, Blumenstrasse, 80-81, à Berlin (Allemagne).

ALEXANDROFF (Pierre-Ivanowitch, propriétaire, fabricant d'huiles et de produits chimiques, à Malmysch, gouvernement de Viatk (Russie).

ALFTHAN (A.-L.), directeur de la Raffinerie de sucre Tölö Sockerbruk, à Helsingfors (Russie).

ALIX, directeur de l'Usine à gaz, à Saint-Fons (Rhône).

ALLEN-WALTER (S.), chimiste, New-Bedford Mass. États-Unis d'Amérique.

D'ALMEIDA FERREIRA (Antoine-Georges, étudiant à l'Ecole polytechnique, Rua da Torrinha, 145, à Porto (Portugal).

ALONSO Y FERNANDEZ (Joseph, professeur de Chimie à l'Université, Calle de Tavelines, 26, à Grenade (Espagne).

ALQUIER (Jules, ingénieur agronome, arbitre-rapporteur près le Tribunal de commerce de la Seine, chimiste au laboratoire de recherches de la Compagnie générale des voitures, 3, rue Cernuschi, à Paris.

Altairac (Louis), industriel et propriétaire, à Alger, Mustapha, Maison Carrée (Algérie).

Aly Zaky, étudiant en médecine, 41, boulevard Saint-Michel, Paris.

Amagat, correspondant de l'Institut, examinateur d'admission à l'Ecole polytechnique, 19, avenue d'Orléans, Paris.

Ammann (P.), préparateur à l'Institut agronomique, 161, rue Saint-Jacques, Paris.

Andouard (Ambroise), professeur à l'Ecole de Médecine, 8, rue Olivier de Clisson, à Nantes (Loire-Inférieure).

André (Jean-Marie-Gustave), professeur à l'Institut agronomique, agrégé de la Faculté de Médecine, 16, rue Claude-Bernard, Paris.

André (J.-R.), délégué officiel (Ministère de l'Agriculture, Belgique), inspecteur général au ministère de l'Agriculture et des Travaux publics, à Bruxelles (Belgique).

Angeli (Ernesto de), sénateur, industriel, à Milan (Italie).

Andrlik (K.), adjoint de chimie à l'Ecole polytechnique tchèque, à Prague (Bohême, Autriche).

Antoine (Max), chimiste aux Etablissements Solvay, à Bruxelles (Belgique).

Appleten (John-Heward), professeur de chimie, Brown University, Section Providence, Rhode Island (Etats-Unis d'Amérique).

Acquin (Pierre d'), chimiste bactériologiste à l'Institut municipal de chimie, Casilla 2100, Correo 2, à Valparaiso (Chili).

Arachequesne (Gustave), délégué de l'Association pour l'emploi industriel de l'alcool, ingénieur des Arts et Manufactures, 84, rue d'Hauteville, Paris.

Arapidès (Léonidas), directeur chimiste de la Société anonyme des Poudreries helléniques, à Athènes (Grèce).

Arata (Pedro-N. Dr), professeur à l'Ecole de Médecine et directeur du laboratoire de chimie municipal, Rua Rivadavia 2261, à Buenos-Ayres (République-Argentine).

Armsby (Henry-Prentiss), directeur de la Station expérimentale d'agriculture, State College, Pennsylvania (Etats-Unis d'Amérique).

Arnault (A.), chimiste à la sucrerie de Cheick-Faddi, par Béni-Mazar (Haute-Egypte).

Argyropoulos (Timoléon), délégué officiel (Grèce), professeur de physique à l'Université, à Athènes (Grèce).

Arnozan (Gabriel), pharmacien de 1re classe, 40, Allées de Tourny, à Bordeaux (Gironde).

Arpin (Marcel), chimiste, 7, quai d'Anjou, Paris.

Arrivant (G.), préparateur de chimie industrielle à l'Université, 19, rue Tanesse, à Bordeaux (Gironde).

Arth, directeur de l'Institut chimique, à Nancy (Meurthe-et-Moselle).

Assche (F. van), pharmacien, 2, rue Jeanne d'Arc, à Rouen (Seine-Inférieure).

Association des Chimistes de sucrerie et de distillerie de France et des Colonies, 156, boulevard Magenta, Paris.

Association amicale des anciens élèves de l'Ecole de physique et de chimie industrielle de la Ville de Paris, 42, rue Lhomont, Paris.

Association des anciens élèves de Frémy, 85, rue d'Hauteville, Paris.

Association belge des Chimistes, Palais du Midi, boulevard du Hainaut, à Bruxelles (Belgique). MM. de Koninck, Lucion et Wauters, délégués.

Association chimique industrielle, Via Mazzini, 2, à Turin (Italie). M. Sclopis, délégué.

Association des chimistes autrichiens, à Vienne (Autriche). MM. J. Klaudy, Mansfeld et Kallab, délégués.

Association industrielle de la Basse-Autriche, à Vienne. M. J. Klaudy, délégué.

Association des ingénieurs et architectes viennois, à Vienne (Autriche). MM. Victor Engelhardt et Léopold Mayer, délégués.

Association française pour l'avancement des sciences, 26, rue Serpente, Paris. M. Lindet, délégué.

Association pour l'emploi industriel de l'alcool, 84, rue Hauteville, Paris.

Association des Ingénieurs civils portugais, à Lisbonne (Portugal). MM. Mendès Guerreiro et de Paiva Morao, délégués.

Astre (Charles), professeur de chimie à l'Ecole de pharmacie, 5, rue Saint-Jean, à Montpellier (Hérault).

Astruc (H.), préparateur de la station œnologique, à Narbonne (Aude).

Athanassow (Vassil), délégué officiel (Bulgarie), commissaire général adjoint de la Bulgarie à l'Exposition universelle, à Sophia (Bulgarie).

Atwater (W.-O.), professeur de chimie à la Weisleyan University, à Middletown (Conn.), États-Unis.

Aubin (Émile), directeur du laboratoire de la Société des Agriculteurs de France, 8, rue d'Athènes, Paris.

Aubry (Louis), professeur directeur de la station scientifique de Brasserie, à Munich (Allemagne).

Audouin (Paul), ingénieur des Arts et Manufactures, 14, rue Cuvier, Paris.

Auffray (Marcel), directeur du laboratoire d'analyses industrielles et agricoles à Hanoï (Tonkin).

Auger (Victor), chef des travaux publics à la Faculté des sciences, 6, rue du Val-de-Grâce, Paris.

Aulard (Auguste), directeur des distilleries et sucreries réunies à Genappe (Belgique).

Avisse (Edmond), ingénieur, 64, rue Caumartin, Paris.

Azucar (El.), Revue industrielle technique et pratique, Calle de Mercaderes, 22, à la Havane (Cuba).

Bachmann (Arthur-Edler von), assistant de chimie, à la Handelsakademie, Hauptstrasse, 110, à Vienne III (Autriche).

Badische Anilin et Soda Fabrik, à Mannheim (Allemagne). M. Bernthsen, délégué.

Bahri (Gabriel-C.), expert chimiste à l'Ecole de médecine, Le Caire (Egypte).

Baillet (Louis), chimiste aux usines Dècles et Cᵒ, à Rocourt, près Saint-Quentin (Aisne).

Baissac, saline de Gautrenaux (Haute-Saône).

Balland, délégué du ministère de la Guerre, pharmacien principal de

1re classe, chargé du laboratoire technique de l'intendance militaire, Hôtel des Invalides, Paris-VIIe.

BANCELIN (E.), administrateur, délégué de la Société française de l'accumulateur Tudor, 21, rue Le Verrier, Paris.

BARAL-MILATIN, représentant de la Société anonyme de raffinage de pétrole. Zrinyi utcza, 4, à Budapest (Autriche-Hongrie).

BARBET (Émile), ingénieur chimiste, 173, rue Saint-Honoré, Paris.

BARBIER (Paul), ingénieur constructeur, 46, boulevard Richard-Lenoir, Paris.

BARDIN (Jean), pharmacien chimiste, 40, rue de l'Ecuyer à Bruxelles (Belgique).

BARDOT (H.), fabricant de produits chimiques, 274, rue Lecourbe, Paris.

BARFANI, ingénieur à Milan (Italie).

BARILLÉ, pharmacien en chef de l'hôpital militaire Saint-Martin, 140, faubourg Poissonnière, Paris.

BARIT (Eugène), 18, rue Meurice, à Lille (Nord).

Dr BARRAL (Etienne), professeur agrégé à l'Ecole de médecine, à Lyon (Rhône).

BARROIS-BRAME (G.), fabricant de sucre à Marquillies (Nord).

BARTHE (Léonce), professeur agrégé à la Faculté de médecine et de pharmacie, 6, rue Théodore-Ducos, à Bordeaux (Gironde).

BARTHÉLEMY (Louis), administrateur directeur de la Société française des Poudres de sûreté, 62, rue de Provence, Paris.

BARTYNOWSKI (Stanislas), ingénieur chimiste, contrôleur du service de contrôle technique financier à Rzeszow (Autriche).

BARUT (N. Jules), administrateur délégué de la Société électro-chimique du Gilfre, à Annecy (Haute-Savoie).

BARZANO (Carlo), office de brevets d'invention, Fore Bonaparte, 1, à Milan (Italie).

BAUDRY (P.), ingénieur, 6, rue Nicolaiewskaia, à Kiew (Russie).

BAUDUIN, pharmacien chimiste, 19, rue Saint-Pierre, à Besançon (Doubs).

BAUGÉ (G.), pharmacien chimiste, à Fumay (Ardennes).

BAUR (Wilem), professseur à l'Ecole technique supérieure, à Prague, Bohême (Autriche).

BAYRAC (Pierre), professeur agrégé au Val-de-Grâce, rue Notre-Dame-des-Champs, 66, Paris.

BEAUDUIN, directeur de la Raffinerie Tirlemontoise, à Tirlemont (Belgique).

BEAUFILS (E.), chimiste à la sucrerie, à Francières, par Estrées-saint-Denis (Oise).

BEAUVAIS (Eugène), fabricant de sucre, Reitstrasse 114, I, à Halle-sur-Saale (Allemagne).

BÉGHIN (Henri), fabricant de sucre, à Thumeries (Nord).

BÉJOT, droguiste, à Besançon (Doubs).

BÉMONT (Gustave), chimiste, 21, rue du Cardinal-Lemoine, Paris.

BELLENOT (Gustave), professeur à l'École de Commerce, à Neufchatel (Suisse).

BÉNÉDIC (Georges), fabricant de sucre, à Château-Thiéry (Aisne).

BERGE (René), 12, rue Pierre-Charron, à Paris.

Bergé (Albert), professeur agrégé à l'Université libre de Bruxelles, 122, rue de la Poste, à Bruxelles (Belgique).

Bergé (Julien), docteur ès sciences physiques et mathématiques, chef de service à la Raffinerie tirlemontoise, rue Neuve, à Tirlemont (Belgique),

Berger (François), constructeur, rue de Lyon, à Vienne (Isère).

Bergeron (Pierre-Joseph-Jules), professeur à l'École Centrale, 157, boulevard Haussmann, Paris.

Bernad-Lendway (Dr A.), directeur de l'Institut central de chimie, Strada Scaune, à Bucarest (Roumanie).

Bernard (J. P.M.), ingénieur, 86, rue d'Amsterdam, Paris.

Dr Bernhardt (Hermann), Rindigler Handelschemiker, in firma Alberti et Hempel, Neue Graningerstrasse 10, à Hambourg (Allemagne).

Bernauer (Sigismond), délégué de la Société des chimistes hongrois, directeur d'un laboratoire public, Baross utca, 59, à Budapest (Autriche-Hongrie).

Dr Bernheimer (Oscar), laboratoire d'analyses chimiques, 56, Mariahilferstrasse, à Vienne VII (Autriche).

Bertainchand, délégué officiel de la Tunisie, directeur de la station agronomique de la Régence, à Tunis.

Berthelot (M.), président d'honneur du Congrès, secrétaire perpétuel de l'Académie des sciences, palais de l'Institut, Paris.

Bertholus (Charles), Ingénieur, fabricant de carbure de calcium, à Saint-Etienne (Loire).

Bertoni (Jacques), professeur de Chimie générale et de technologie à l'Académie royale navale de Livourne-Mer (Italie).

Bertrand (Gabriel), chef de service à l'Institut Pasteur, 188, boulevard Voltaire, Paris.

Bertrand (Etienne), ingénieur des mines et métallurgiste, Calle Reina regente 4, à San Sébastian (Espagne).

Bertrand (Joseph), Dr ès sciences, chef du laboratoire de la raffinerie tirlemontoise, 17, Chaussée de Louvain, à Tirlemont (Belgique).

Dr Bertschinger (A.), chimiste municipal, à Zurich (Suisse).

Besnard (F.), président honoraire de la Chambre syndicale des fabricants de lampes et ferblanterie, 28, rue Geoffroy-Lasnier, Paris.

Besson (A.), professeur-adjoint de chimie à l'Université, à Caen (Calvados).

Bethmont (Daniel), conseiller de la Cour des Comptes, 4, boulevard Émile-Augier, Paris.

Dr Beutel (Ernest), docteur en philosophie, ingénieur-assistant à l'Ecole I. R. technique supérieure, à Graz (Autriche).

Biais (Augustin), pharmacien de 1re classe, docteur en médecine, professeur suppléant de physique et chimie à l'École de médecine, à Limoges (Haute-Vienne).

Bidault (Gaston), propriétaire de la laiterie modèle de Cailly, à La Muette-Isneauville (Seine-Inférieure).

Billaudot et Cie, Compagnie électrique du phosphore, 16, Avenue Victoria, Paris.

Billeter, professeur à l'Académie, à Neufchatel (Suisse).

Billy (Edouard de), ingénieur au Corps des Mines, 73, rue de Courcelles, Paris.

Dr Billwiller, à Saint-Gall (Suisse).

Biltéryst (Alphonse), pharmacien-chimiste, à Braine-le-Comte (Belgique).

Biver (Hector), ingénieur, 8, rue Meissonnier, Paris.

Dr Biwer (A.), chimiste, à Ettelbrück (Grand-Duché de Luxembourg).

Blanchet (Jules), ingénieur-chimiste, à Monchy-Lagache (Somme).

Blank (Rubin), chimiste, 44, rue des Boulangers, Paris.

Blanquet (E.), ingénieur-civil, 6, quai des Salines, à Saint-Omer (Pas-de-Calais).

Blarez (Charles), professeur de chimie à la Faculté de Médecine et de Pharmacie, 3, rue Gouvion, à Bordeaux (Gironde).

Blas (Charles), professeur à l'Université, 88, boulevard Tirlemont, à Louvain (Belgique).

Blattner, ingénieur-chimiste des Etablissements Kuhlmann, à Loos, près Lille (Nord).

Bloch (Léon), directeur de fabrique, à Guntramsdorf, près Vienne (Autriche).

Bloche (Albert), ingénieur civil des Mines, 80, rue de Marceau, Paris.

Blonay (W.-Henri de), chimiste, 9, rue Verdaine, à Genève (Suisse).

Blondin (J.), agrégé de l'Université, professeur de physique au collège Rollin, 171, faubourg Poissonnière, Paris.

Blumer-Zweifel, à Schwanden (Glaris) (Suisse).

Boch (Gustave), chimiste à la sucrerie de Sainte-Emilie (Somme).

Bocker (François), directeur de la Distillerie Springer à Maisons-Alfort (Seine).

Bocquet (E.), fabricant de sucre, à Eppeville-Ham (Somme).

Bocquin (Jules-Emile), ingénieur des Arts et manufactures, administrateur des sucreries et distilleries de Bielaïa-Tserkow, gouvernemeut de Kiew (Russie), 60, boulevard des Batignolles, Paris.

Boeniger (M.), directeur de la fabrique des produits chimiques, à Bâle (Suisse).

Boidin (Auguste), chimiste à Seclin (Nord).

Boire (Emile), ingénieur civil, administrateur-délégué de la sucrerie de Bourdon, 86, boulevard Malesherbes, Paris.

Boiteux (Jules), conseiller du commerce extérieur, brasseur, à la Mouillère, par Besançon (Doubs).

Boivin (André), administrateur délégué de la Raffinerie A. Sommier, 145, rue de Flandre, Paris.

Bolse et Hans, directeur de la Mannheimer Eisengiesserei et Maschinenbau Actiengesellschaft, à Mannheim, Allemagne.

Boname, directeur de station agronomique, 27, rue Mayet, à Port-Louis (Ile Maurice).

Bonaparte (prince Rolland) 10, avenue d'Iéna, Paris.

Bonjean (Edmond), chef du laboratoire du Comité consultatif d'Hygiène publique de France, 20, boulevard Montparnasse, Paris.

Dr Bonna (E.-Auguste), professeur de chimie, 8, rue Eynard, à Genève (Suisse).

Boot (J. C.), directeur de la Station agronomique, à Klatten (Java).

Bor (Albert), professeur de chimie, 2, rue Blasset, à Amiens (Somme).

Bordas (Frédéric), délégué du ministère de l'Intérieur, docteur en médecine, 3, avenue de l'Observatoire, Paris.

Bordet (Lucien), 18, boulevard Saint-Germain, Paris.

Bordet (Louis), fabricant de produits chimiques à Froidevent, par Voulaines (Côte-d'Or).

Borgh (Valdemar), directeur du Laboratoire de l'Association des tanneurs danois, St-Kannikestrœde 6, à Copenhague, (Danemark).

Borlinetto (Oresto), membre de la Société chimique de Milan, à Milan, (Italie).

Dr Bornstein (Ernest), Friedrich, Wilhelmstrasse, 5, à Berlin W. (Allemagne).

Borreau (Jules), ingénieur des mines, directeur de la Soudière de la Compagnie de Saint-Gobain, à Chauny (Aisne).

Bossard (Jean), chimiste directeur de la Distillerie de Rebaix, près Ath (Belgique.)

Bossche (Alphonse van den), ingénieur, à Chassart (Belgique).

Dr Botelho (Arruda-Jacintho), médecin, à Ponta Delgada (Açores), Portugal).

Bouchard (Georges), 16, rue Saint-Pierre, à Dijon (Côte-d'Or).

Bouchon (Jacques-Eugène), agronome, fabricant de sucre, à Nassandre (Eure).

Boudouard (Octave-Léopold), préparateur de la chaire de chimie minérale au Collège de France, 84, rue Monge, Paris.

Boudreaux (L.), clichés galvanoplastiques, 8, rue Hautefeuille, Paris.

Bouet (Miguel y Amigo), professeur de chimie à l'Université, Pasage Reloj, 3, 2°, à Barcelone (Espagne).

Bouilhet (Henri), gérant de la Société Christophle et C°, 56, rue de Bondy, Paris.

Bouillon-Bey, ingénieur, 64, rue Caumartin, Paris.

Boulenger et Cie, faïencerie, à Choisy-le-Roi (Seine).

Boulet (Gaston), distillateur, à Rouen (Seine-Inférieure).

Bourdeau (Léon), 21, rue Jeanne-Hachette, à Ivry-sur-Seine (Seine).

Bourgeois (Paul), secrétaire général du Photo-Club de Paris, 80, boulevard Malesherbes, Paris.

Bourgerel, directeur technique de la Société Volta, à Vernier, près Genève (Suisse).

Bourigeaud (Julien), brasseur, rue du Ballon, à Lille Saint-Maurice (Nord).

Bourion (Francis), préparateur de chimie à la Sorbonne, 53 bis, boulevard Saint-Germain, Paris.

Bouveault (Louis), professeur adjoint à la Faculté des sciences, à Nancy (Meurthe-et-Moselle).

Bouvier (Jean), ingénieur civil, à Charmes, par La Fère (Aisne).

Bouvier (Adolphe), ingénieur de l'Ecole Centrale, secrétaire du Congrès du Gaz, 25, avenue de Noailles, à Lyon.

Bouvier (M.-P.), ingénieur chimiste, 21, rue de Tournon, Paris.

Boyaval (Louis), directeur de la distillerie Piot frères, à Somain (Nord).

Braemer (Gustave), chimiste aux usines Gillet et fils à Izieux (Loire).

Brandeis (Richard), directeur technique du Comité autrichien de production chimique et métallurgique, à Aussig-sur-Elbe (Autriche).

Brangier, délégué de l'Association pour l'emploi industriel de l'alcool, 84, rue Hauteville, Paris.

Brauer (Richard), fabrikbesitzer, à Lünebourg (Hanovre) (Allemagne).

Brauer (André de), étudiant, 4, rue du Palais, à Dijon (Côte-d'Or).

D' Brendel (Carl).

Brévans (J. de), ingénieur agronome-chimiste au laboratoire municipal, 7, rue de l'Abbé-de-l'Epée, Paris.

Brichaux (Arthur), chimiste aux établissements Solvay, à Bruxelles (Belgique).

Bride (Jules), fabricant de sucre, à Montereau (Seine-et-Marne).

Brillouin (J.-P-B.-A.), ingénieur E.-C.-P., vice-président du Conseil d'administration de la Société « le Lait », 2, rue de Lisbonne, Paris.

Brito e Cunha (A.-J. de), rue de San Jose, 164, à Lisbonne (Portugal).

Brochet (André), docteur ès-ciences, chef de travaux pratiques à l'Ecole de physique et chimie de la Ville de Paris, 70, rue Claude-Bernard, Paris.

Brodhun (D'), Hubertusbaderstrasse, 22, Grünwald, près Berlin (Allemagne).

Broniewski (Stanislas), ingénieur, 16, Wladzimirska, à Varsovie (Russie).

D' Broquet (Raoul), docteur ès sciences, chimiste agréé du gouvernement, à Nivelles (Belgique).

Brouet (G.), chimiste de la station agronomique, à Laon (Aisne).

Broz (Antoine), chef de fabrication à la raffinerie de Pecky, Bohème (Autriche).

Bruel (Charles), tanneur, à Souillac (Lot).

Bruel (Etienne), tanneur, à Souillac (Lot).

Bruère (Samuel), chimiste, directeur de l'usine Marquet, impasse Gaudelet, Paris.

Bruhat (Jean), délégué de la Société française d'hygiène, 4, avenue Peterhof, 45, rue Guersaint, Paris.

D' Bruhl (Ernest), chimiste, Donnersmarkhütte Zabyre (Allemagne).

Bruhns, délégué du Verein deutscher Zuckertechniker, à Merdingen (Allemagne).

Brux, salpêtre et engrais, à Bordeaux (Gironde).

Brunelet, pharmacien, 22, rue Turbigo, Paris.

D' Brunner (Henri), professeur de chimie à l'Université et directeur de l'Institut de chimie de l'école de pharmacie, à Lausanne (Suisse).

Bruylants (Gustave), délégué du ministère des Finances, professeur à l'Université, à Louvain (Belgique).

Brysselbout (E.-E.), directeur de la Michigan Sugar Co, à Bay-City (Mich). (Etats-Unis d'Amérique).

Buchet (Charles), directeur de la Pharmacie centrale de France, 7, rue de Jouy, Paris.

Buchka (K. von), conseiller de gouvernement, directeur du laboratoire du Comité d'hygiène, Keithstrasse, 21, à Berlin W (Allemagne).

Bucquet (Maurice), président du Photo Club de Paris, 12, rue Paul-Baudry, Paris.

Buisine (A)., délégué de la Faculté des sciences de Lille, professeur de chimie industrielle à la Faculté des sciences, à Lille (Nord).

Buisson (Maxime), chimiste, 3, rue de l'Hôtel-de-Ville, à Gonesse (Seine-et-Oise).

Bullier, administrateur-délégué de la Société des Carbures métalliques, 64, rue Gay-Lussac, Paris.

Bunge (Nicolas), professeur de l'Université, à Kiew (Russie).

Bungener (Henri), directeur de la brasserie de la Meuse, à Bar-le-Duc (Meuse).

Burgess (W. J.), chimiste au laboratoire de l'Etat Clement's Inn Passage, à Londres W. C. (Angleterre).

Dr Burnay (Eduardo), professeur de chimie à l'Ecole polytechnique, à Lisbonne (Portugal).

Bussy (Paul), directeur de l'école sucrière belge, à Glous, Liège (Belgique).

Butureanu (Vasile-Constantin), délégué officiel (Roumanie), directeur de l'Institut de chimie, à Jassy (Roumanie).

Cabral (Alfonso), chimiste, à Porto (Portugal).

Caffin (Augustin), préparateur à l'Ecole Polytechnique, 9, rue Lagrange, Paris.

Cailliatte (Charles-Henri), ingénieur de la Société française des constructions mécaniques, anciens établissements Cail, 54, rue de Prony, Paris.

Caldwell (C.-G.), professeur de chimie à l'Université Cornell *Ithica*. New-York (Etats-Unis d'Amérique).

Dr Calmettes (Léon-Charles-Albert), directeur de l'Institut Pasteur à Lille (Nord).|

Campredon (Louis), chimiste-métallurgique, 64, rue Villez-Martin, à Saint-Nazaire (Loire-Inférieure).

Camus (Désiré), chimiste, à Pouilly-sur-Serre (Aisne).

Camuset (Charles), ingénieur, directeur de la sucrerie de Cambrai, à Escaudœuvres (Nord).

Dr Candia (Camille), professeur à l'Ecole cantonale de commerce, à Bellinzona (Suisse).

Dr Candiani (Ettore), industriel, à Bovisa, près Milan (Italie).

Cannizarro, délégué officiel, délégué de la R. Academia dei Lincei, sénateur, vice-président du Sénat, à Rome (Italie).

Cantin (Angelo), professeur de chimie générale au Collège royal, à Port-Louis (Ile Maurice).

Carel (Paul-Marie-Joseph), fabricant de produits chimiques, 11, rue des Archives, Paris.

Cari-Mantrand (Ludovic), chimiste industriel, 18 rue du Pont-Neuf, à Cette (Hérault).

Dr Carqueja (Bento), directeur du « Commercio de Porto », à Porto (Portugal).

Dr Carles, professeur agrégé de la Faculté de médecine, 30, cours du Chapeau-Rouge, à Bordeaux (Gironde)

Carneiro da Cunha (José-Maria), fabricant et raffineur de sucre, 28, rue Apollo, à Pernambuco (Brésil).

Carnot (Adolphe), délégué de l'Académie des Sciences, membre de l'Institut, ingénieur des mines, 60, boulevard Saint-Michel, Paris.

Caron (J.), chimiste, à Bohain (Aisne).

Carr (Louis-B.), chimiste, à Ouray (Cal.), États-Unis.

Carrière (Paul-Joseph), manufacture de cires, cierges et bougies, 17, rue Ravon, à Bourg-la-Reine (Seine).

Caruchet (René), chimiste, 43, avenue Alphand, à Saint-Mandé (Seine).

Casalis (G.), directeur des usines électriques de la Lonza, à Gampel, Valais (Suisse).

Cash, directeur de verrerie, 53, rue Bourbon, Bordeaux (Gironde).

Castaing (Charles), licencié ès sciences physiques et chimiques, usine de produits pharmaceutiques du Blosset, par Facy (Cher).

Casteels (Oscar), ingénieur chimiste, directeur Azucarera Montanesa, à Torrelavega (Espagne).

Castellano (Orencio), à Sarragosse (Espagne).

Castille (Alphonse), directeur du laboratoire communal à Saint-Nicolas Wals (Belgique).

Caton (Auguste), chimiste, à Valenciennes (Nord).

Caussin de Perceval (Lucien), président du Conseil d'administration des distilleries Bugnot, Colladon et Boulet réunies, à Rouen (Seine-Inférieure).

Caventou, membre de l'Académie de médecine, 43, rue de Berlin, Paris.

Dr Cazeneuve (Paul), député, professeur à l'Université, 21, rue Saint-Vincent, à Lyon.

Chalmel (Gustave), membre de la Chambre syndicale des produits chimiques, conseiller du Commerce extérieur de la France, 32, avenue Daumesnil, Paris.

Chalifour (Jean-Alexis), pharmacien de la Marine, 47, rue de Chanzy, Rochefort sur-Mer.

Chambre de commerce de Bordeaux (Gironde).

Chambre de commerce de Lyon.

Chambre de commerce de Paris, représentée par M. H. Suilliot, 21, rue Sainte-Croix-de-la-Bretonnerie, Paris.

Chambre de commerce et d'industrie de Trieste, représentée par M. Morpurgo, à Trieste (Autriche).

Chambre de commerce de Prague, représentée par M. B. Settlick, à Prague (Autriche).

Chambre syndicale des couleurs et vernis de Paris, M. Hincelin, 105, rue de la Chapelle, Paris, et F. Dufour, délégués.

Chancel (Félix), docteur en médecine, ingénieur, 34, rue St-Jacques, Marseille.

Chandler (C.-F.), délégué officiel (États-Unis), professeur de chimie à l'Université Columbia, 116 th. St. et Amsterdam Avenue, à New-York (N.-Y.) (États-Unis d'Amérique).

Chapelle, chimiste, 14, rue des Huissiers, à Neuilly-sur-Seine (Seine).

Charabot (Engène), docteur ès sciences, 35, rue Monge, Paris.

Charbonnier (Emile), chimiste, 37, rue Jean-Lamour, à Nancy (Meurthe-et-Moselle).

Chardin (Georges), chimiste aux Etablissements Solvay, à Bruxelles (Belgique).

Charpy (Q.), ingénieur principal des Forges Saint-Jacques, à Montluçon (Allier).

Chaussin (Jules), préparateur à la Faculté des sciences, 6, rue Daubenton, à Dijon (Côte-d'Or).

Chausson (Léon), fabricant de plâtre, chaux et ciment, 131, quai Valmy, Paris.

Chauve, ingénieur, directeur de la sucrerie de Motanah, Haute-Egypte.

Chavastelon (K.), professeur à la Faculté des sciences, à Grenoble (Isère).

Chenal, Douilhet et Cie, fabricants de produits chimiques, 22, rue de la Sorbonne, Paris.

Chenel (Louis), 10, rue Aumier, à Nogent-sur-Marne (Seine).

Chesneau, délégué du ministère des Travaux publics, ingénieur en chef des Mines, 18, rue des Pyramides, Paris.

Chevalet (Ferdinand), ingénieur chimiste, à Troyes (Aube).

Chevalier (Alfred), administrateur et directeur de la sucrerie des Andelys (Eure).

Chicandard (Georges-Henri), directeur de la Société anonyme des produits chimiques, à Fontaine-sur-Saône (Rhône).

Chicote (Dr César), directeur, chef du laboratoire municipal, 10, rue Impériale, à Madrid (Espagne).

Chittenden (R.-H.), professeur de chimie physiologique, Yale University, New-Haven (Conn). (Etats-Unis d'Amérique).

Choquette (C.), licencié ès sciences, directeur du laboratoire officiel de la province de Québec, à Saint-Hyacinthe (P. Q.), Canada.

Choustoff (Basile), chimiste de la Société Choustoff et fils, à Moscou (Russie).

Christensen, professeur à l'Université de Copenhague (Danemark).

Christomanos (Dr Anastase C.), délégué officiel (Grèce), professeur de chimie à l'Université, à Athènes (Grèce).

Chuard (E.), délégué officiel (Suisse), professeur à l'Université, à Lausanne (Suisse).

Claassen (Hermann), délégué du Verein deutscher Zuckertechniker, directeur de la sucrerie, à Dormagen (Allemagne).

Claes (Paul), ingénieur, directeur honoraire du laboratoire d'analyses de l'Etat, à Louvain (Belgique).

Claes (Paul), ingénieur chimiste, 4, rue Saint-Vincent-de-Paul, Paris.

Clanahan (Hugh.-C.), négociant en produits chimiques, 88, King street, à Manchester (Angleterre).

Clarke (F.-W.), délégué officiel (Etats-Unis), chimiste à l'Observatoire géologique, à Washington (Etats-Unis d'Amérique).

Claude (E.), directeur technique de la Société « la Azucarera Asturiana », Villalègre (Espagne).

Clauser (Robert Dr), premier assistant pour l'industrie chimique des produits organiques à l'Ecole technique supérieure, Parkring, à Vienne (Autriche).

Clerc (François-Alexandre-Amédée), ingénieur civil, ingénieur conseil des hauts-fourneaux de Marseille-Saint-Louis, 38, rue du Bac, Paris.

Cliques (F.), chef de laboratoire aux Etablissements Kuhlmann, à La Madeleine-lez-Lille (Nord).

Cloez (Charles-Louis), préparateur à l'Ecole polytechnique, 9, rue Guy-de-la-Brosse, Paris.

Cluss (Adolphe), délégué officiel de la station agronomique de Halle, Dr ès sciences, privat-docent à l'Université, chef de section à la station agronomique, à Halle-sur-Saale (Allemagne).

Coggiola (Maggiorino), chimiste, pharmacien militaire, inspecteur du service de santé au ministère de la Guerre, à Rome (Italie).

Cochon (Louis), ingénieur, directeur de la Sucrerie, à Aboukourgas (Haute-Egypte).

Cock (Emile de), ingénieur, expert chimiste, 11, rue de la Blanchisserie, à Bruxelles (Belgique).

Codron (L.), fabricant de sucre, à Beauchamps (Somme).

Coignard (Charles), chimiste de l'Imprimerie de la Banque de France, 7, rue de la Pépinière, Paris.

Coignoul (Georges), chimiste, à Charleroi (Villette) (Belgique).

Cohn (Philippe-Paul Dr), Turkenstrass, 9, à Vienne (Autriche).

Coignet et Co, fabricants de produits chimiques, 114, boulevard Magenta, Paris.

Col, usine de térébenthine, à Casteljaloux (Lot-et-Garonne).

Col (A.-L. de), membre de la Société chimique, agent de la Compagnie Solvay, 2, rue Gabrio Casati, à Milan (Italie).

Coley (Albert-Leida), ingénieur métallurgiste à la Bethlehem Steel Co. South Bethlehem (Pa.), délégué de la Société chimique américaine (Etats-Unis d'Amérique).

Colin, président du Syndicat du Commerce en gros des vins et spiritueux de la Gironde, à Bordeaux.

Collart (René-Anatole), chimiste à la Sucrerie de Mayot (Aisne).

Collette (Auguste), distillateur à Seclin (Nord).

Collin (Charles), ingénieur des Arts et Manufactures, 19, rue Miroménil, Paris.

Colson (Albert), professeur, 47, rue de Vaugirard, Paris.

Combes (Eugène-Henri), fabricant de sucre, à Neuville-Vitasse, par Arras (Pas-de-Calais).

Comité central des Houillères de France, (M. Gruner, délégué), 55, rue de Chateaudun, Paris.

Comité impérial d'Hygiène, à Berlin (Allemagne).

Commelin (Edmond-Napoléon), ingénieur chimiste, 15, rue Dulong, Paris.

Commerson (Emile), ingénieur E. C. P., directeur de la Raffinerie de la Méditerranée, à Marseille.

Compagnie générale électrique, 11, rue Oberlin, à Nancy (Meurthe-et-Moselle).

Compagnie des Forges de l'Adour, à Boucau (Basses-Pyrénées).

Compagnie générale d'électricité, 5, rue Boudreau, Paris.

Compagnie française des métaux, 10, rue Volney, Paris.

Compagnie des Chemins de fer de l'Ouest, 44, rue de Rome, Paris. M. Robert Guilbert, délégué.

Compagnie des Etablissements Lazare Weiller, 29, rue de Londres, Paris. (M. Jarry, docteur ès sciences, chef du laboratoire L. Weiller, au Havre, délégué.)

Compagnie du Gaz de Bordeaux. M. Rodberg, directeur de la Compagnie, 5, rue de Condé, à Bordeaux, délégué.

Compagnie de Saint-Gobain, Chauny et Cirey, 9, rue Sainte-Cécile, Paris.

Compagnie de constructions métalliques de Fives-Lille, 64, rue Caumartin, Paris.

Comptoir national d'Escompte, 14, rue Bergère, Paris. (M. A. Bonnin, ingénieur des Arts et Manufactures, attaché au service des études financières, délégué.)

Concha Rufino, chimiste, 8, rue Toullier, Paris.

Congrès international pour l'industrie du Gaz, Paris. (M. Delahaye, rue de Provence, délégué.)

Copaux (Hyppolite-Eugène), chef-adjoint des travaux pratiques à l'École de Physique-Chimie, 2, rue Cassini, Paris.

Coppet (Louis Casimir de), villa Coppet, rue Magnan, à Nice (Alpes-Maritimes).

Corbin et Cie, fabricants de produits chimiques par électrolyse, à Chedde, par Sallanches (Haute-Savoie).

Corbin (Paul), fabricant de sucre, 104, avenue des Champs-Élysées, Paris.

Corbia y Royan (Hermenegildo), délégué officiel du gouvernement espagnol, directeur de la ferme expérimentale et de l'École d'agriculture, Balmes 23, Barcelone (Espagne).

Cortes (Manuel A.), pharmacien major de l'armée, 114, Calle Yungai, à Valparaiso (Chili).

Cottrait, chimiste, à Péronne (Somme).

Couleru (Marcel), directeur de l'usine du Day, à Vallorbe (Suisse).

Courtois (D.), industriel, 28, rue de la Briche, à Saint-Denis (Seine).

Courtois (F.), 175, faubourg Poissonnière, Paris.

Courtonne (H.), chimiste, 22, rue de la Carrière, à Bihorel, près Rouen, (Seine-Inférieure).

Couturier (A.), ingénieur à l'Alliance française du Syndicat des Mines de Stassfurt, 1, rue Ambroise-Thomas, Paris.

Cozzika et Cie, distillateurs, Le Caire (Egypte).

Crafts (J.-M.), délégué officiel, États-Unis d'Amérique.

Crampton (C. A.), chimiste au ministère des Finances, à Washington (D. C). (États-Unis d'Amérique.)

Crebely (J.), fabricant de produits chimiques, à Moulin-Rouge, par Rochefort (Jura).

Crédit Lyonnais (service des Études financières), boulevard des Italiens, Paris.

Crépelle-Fontaine (Charles), constructeur, rue de Lille, à Lille-la-Madeleine (Nord).

CRINON (Calixte), pharmacien, 45, rue de Turenne, Paris.

CRISPO, directeur du laboratoire d'analyses de l'État, 18, rue de Moy, à Anvers (Belgique).

CURELY (Ferdinand), ingénieur-chimiste, 171, rue Lafayette, Paris.

CURLETTI (Pierre), via Algaja Pavese, 8, à Milan (Italie).

LA DAIRA-SANIEH, de Son Altesse le Khédive, Le Caire (Egypte), M. Ventre-Pacha, délégué.

DAIX, ingénieur-chimiste, 72, rue Louis-Blanc, Paris.

DAMBERGIS (A.), délégué officiel (Grèce). Professeur à l'Université à Athènes (Grèce).

DAMOUR (Emilio), ingénieur civil des mines, chef des travaux pratiques à l'Ecole des mines, 3, rue Saint-Didier, Paris.

DARUTY DE GRANDPRÉ (A.), directeur de la *Revue agricole de Maurice*, à l'Institut, Port-Louis (Ile Maurice).

DAVANNE, président de la Société française de photographie, 82, rue des Petits-Champs, Paris.

DEBAYSER frères, 44, rue du Louvre, Paris.

DEBRAISNE, laboratoire de chimie, 52, rue des Ecoles, Laon (Aisne).

DEBUCHY, 17, rue Vieille-du-Temple, Paris.

DECLUY (Henri), ingénieur à la Société Belgo-Roumaine, à Bucarest (Roumanie).

DECONINCK (Franck), chimiste, 102, Ellès Street, à San-Francisco, (Cal.) (États-Unis d'Amérique).

DEFACQZ (Paul-Edouard), pharmacien de 1re classe, préparateur à l'École supérieure de pharmacie, 7, rue du Vieux-Colombier, Paris.

DEFEZ (L.), chimiste, rue des Écoles, à Laon (Aisne).

DEFOURNAUX (Georges), chimiste expert, 6, rue Cail, Paris.

DEGEN (Paul), ingénieur agricole, 6, rue de la Grosse Tour, à Bruxelles (Belgique).

Dr DEGENER (Paul), délégué du Verein deutscher Zuekertechniker, Radehint, 13, à Brunswick, (Allemagne).

DEGOSSES (Léon), industriel, à Ponthierry (Seine-et-Marne).

Dr DÉHAUT (Félix), pharmacien, 147, faubourg Saint-Denis, Paris.

DEHÉRAIN (P.P.), délégué officiel (ministère de l'Agriculture), membre de l'Institut, 1, rue d'Argenson, Paris.

DÉJARDIN (Lucien), chimiste, rue Jeanne-d'Arc, à Bohain (Aisne).

DEJONGHE (Gaston-Léon), ingénieur de distillerie et de brasserie, 205, rue de Dunkerque, à Lille-Canteleu (Nord).

DELACHANAL (Bénédict), chef des travaux chimiques à l'École centrale des Arts et Manufactures, 66, rue du Cardinal-Lemoine, Paris.

DELAHAYE (Ph.), ingénieur, secrétaire général et délégué du Congrès international de l'Industrie du gaz, 65, rue de Provence, Paris.

DELAITE (Julien), docteur ès sciences naturelles, chimiste agréé par l'État belge et par la ville de Liège, 50, rue Hors-Château, à Liège (Belgique).

Delamarre (Marcel), chimiste, sucrerie de Nag-Hamadi (Haute-Egypte).

Delangres (S), fabricant de sucre, à Caudry (Nord).

Delatour (Emile), chimiste industriel, à Neufchatel (Pas-de-Calais).

Delavierre (Joseph), ingénieur chimiste, à Souppes (Seine-et-Marne).

Delerue (Maurice), fabricant de sucre, à Raismes (Nord).

Delevar (Jules), ingénieur sous-directeur de la sucrerie-raffinerie, à Havrin-court (Pas-de-Calais).

Delhalle (D.), pharmacien, chimiste, 16, rue de Liège, à Saint-Trond (Bel-gique).

Deligne, directeur de la fabrica de Zahar, à Ripiceni, par Stefanesti (Rou-manie).

Delrive, fabricant de sucre, à Pecquencourt, par Montigny-en-Ostrevent (Nord).

Delzol (Etienne), ingénieur civil des mines, 8, rue de la Poste, à Toulouse (Haute-Garonne).

Delval et Pascalis, 5, rue Chapon, Paris.

Demars (Alfred), ingénieur, chimiste, à Hénin-Liétard (Pas-de-Calais).

Demichel, constructeur, 24, rue Pavée-au-Marais, Paris.

Demont (Louis), pharmacien, 77, rue Gravel, à Levallois-Perret (Seine).

Demoussy (Emile), assistant au Muséum, 63, rue de Buffon, Paris.

Denigès (Georges), professeur de chimie biologique à la Faculté de méde-cine, 53, rue d'Alzon, à Bordeaux (Gironde).

Denisse (Albert), fabricant de sucre, à Râches, (Nord).

Département de l'Agriculture, à Brisbane, Queensland (Australie).

Derennes (Jean-Baptiste-Ernest), chef de service du laboratoire du matériel des voies au chemin de fer du Nord, chef de travaux chimiques à l'Ecole Centrale des Arts et Manufactures, 25, boulevard Barbès, Paris.

Deros (Alfred), ingénieur chimiste, 14, place de la Bourse, à Marseille.

Deroy fils aîné, 73, rue du Théâtre, à Paris.

Derneville (Albert), pharmacien, 65, boulevard de Waterloo, Bruxelles (Belgique).

Desbieff (Maurice), directeur technique des raffineries de Saint-Louis, à Marseille.

Desbouts (Constantin), membre du Jury à l'Exposition universelle 1900, à Sbawiansk, Gouvernement de Kharkow (Russie).

Descrez (Dr A.), délégué de la Société de biologie, 240, rue Saint-Jacques, Paris

Deslandres (Henri), astronome titulaire à l'Observatoire de Meudon (Seine).

Desmedt (Léon), comptable, sucrerie de Foreste, par Villers-Saint-Chris-tophe (Aisne).

Despierres (Dr A.), 21, rue Bréa, Paris.

Desroziers (Ed.), ingénieur civil des mines, électricien, 10, rue Frochot, Paris.

Dessaux fils, fabricant de vinaigre, à Orléans (Loiret).

Detourbe (Maurice), fabricant de vernis, 7, rue Saint-Séverin, Paris.

Deutsch (Maurus), agronome, 8, rue Laffitte, Paris.

DEWART (James), professeur, délégué de la Société Royale de Londres, à Londres.

DIAS (Emilio), ingénieur, 6 Travessa de Santa-Catharina, à Lisbonne (Portugal).

DIDIER (Paul), directeur adjoint du laboratoire de l'Ecole nationale supérieure, professeur à l'Ecole des hautes études commerciales, 5, rue de la Santé, Paris.

DIETRICH (G.), ingénieur du service d'informations, Neustadtische Kirchstrasse, Berlin N. W. (Allemagne).

DIESBACH (Dr Richard), ingénieur chimiste de la Société anonyme Hélios, 4, Allée du Portel, à Villemomble (Seine).

DIPPE frères, producteurs de graines de betteraves à Quedlinbourg (Allemagne).

DITZ (Hugo), ingénieur assistant à l'Ecole polytechnique, à Brünn (Autriche).

DOBBELAERE (van Meldert, Julien) à Courtrai (Belgique).

DOBLER, administrateur délégué de la société industrielle de produits chimiques, 5, rue de Rome, Paris.

DOCQUIN (Antoine-Louis-André), étudiant, 28, rue Léopold, à Nancy (Meurthe-et-Moselle).

DOISY (Maurice), ingénieur, directeur de l'Azucarera de Calatayud, à Saragoza (Espagne).

DOISY (Florimond), à Trosly-Loire (Aisne).

DOMERGUE (Auguste), directeur de la raffinerie Sommier, 145, rue de Flandre, Paris.

DONARD, chimiste, 11, rue Edouard-Detaille, Paris.

DONATU (Ernest), ingénieur de la sucrerie de Smela, gouvernement de Kiew, (Russie).

DONCEEL (Léon), directeur de la sucrerie d'Avennes (Belgique).

DOREMUS (Charles Avery), délégué officiel (Etats-Unis) et de l'Académie des sciences de New-York; Dr Phil, professeur-adjoint de physique et chimie, 59 West, 51 th. Street, à New-York (N.-Y. Etats-Unis d'Amérique).

DORGERBAY (Alfred), chimiste, Princesa, 14, à Barcelone (Espagne).

DROIN, négociant en farines, rue Mariotti, à Dijon (Côte-d'Or).

DROPSY (A.), fabricant de sucre, Le Transloy (Pas-de-Calais).

DROSTEN (Robert), 49, rue du Marais, à Bruxelles (Belgique).

DRUESNES (A.), à Onnaing (Nord).

DRYON (Louis), pharmacien, chimiste communal, membre de la Commission médicale provinciale, à Bruxelles (Belgique).

DUBAELE (Emile), directeur de la distillerie de l'Indo-Chine, 3, rue Amiral-Page, à Hanoï (Cochinchine).

DUBOIN, professeur à la Faculté des sciences, à Clermond-Ferrand (Puy-de-Dôme).

DUBOIS (Charles), fabricant de produits chimiques, 6, rue de la République, à Marseille.

DUBOIS (Henri), pharmacien de 1re classe, 1, rue de Phalsbourg, à Paris.

DUBOURG (Elisée), chimiste au laboratoire du ministère des Finances, Hôtel des Douanes, à Bordeaux (Gironde).

Ducauroix, Guiard, Blondet et C°, fabricants de sucre, à Sénercy, par Ribemont (Aisne).

Duchemin (René-Paul-Thomas), négociant et industriel, 34, boulevard Henri IV, Paris.

Duclos (Léon), chimiste expert, directeur du laboratoire agronomique, à Meaux (Seine-et-Marne).

Ducroquet (Aristide), ingénieur chimiste, chef de fabrication de la Stéarinerie, à Arras (Pas-de-Calais).

Ducru (Capitaine Olivier), chef du laboratoire de chimie à la section technique de l'artillerie, 1, place Saint-Thomas-d'Aquin, Paris.

Dudley (Dr Chas. B.), chimiste en chef du Pensylvania R. R., (Co), a Altoona (Pa.), (Etats-Unis d'Amérique).

Dudley (Wm S.), professeur de chimie, à l'Université Vanderbilt, à Nashville (Tenn.), (Etats-Unis d'Amérique).

Dufau, pharmacien, 55, rue du Cherche-Midi, Paris.

Duffoure (Georges), pharmacien, 19, rue Drouot, Paris.

Dufour (F.), délégué de la Chambre syndicale des couleurs et vernis, fabricant de vernis, 12, rue de Lagny, à Montreuil-sous-Bois (Seine).

Dufresne (Albert), ingénieur chimiste, 123, avenue Victor-Hugo, Paris.

Dugast (J.), directeur de la station agronomique, délégué officiel du Gouverneur de l'Algérie, à Alger.

Duguey, chimiste, villa Henriette, à Lion-sur-Mer (Calvados).

Dumat (Clément), chimiste, à Curepipe (Ile Maurice).

Dumonceau (Stanislas), chimiste, à Doullens (Somme).

Dunod (Vve), éditeur, 49, quai des Grands-Augustins, Paris.

Duparc, professeur à l'Université, à Genève (Suisse).

Dupire et fils et Cie, fabricants de sucre, à Lambres, près Douai (Nord).

Dupont (François), chimiste, administrateur délégué de la sucrerie-raffinerie de Ripiceni, secrétaire général du IV° Congrès international de chimie appliquée, 154, boulevard Magenta, Paris.

Dupont (Eugène), chimiste industriel, conseiller du Commerce extérieur de France, 4 Tegethoffstrasse, à Vienne I, (Autriche).

Dupré (François), institut technique, à Cesaro (Italie).

Dureau (Georges), directeur du *Journal des fabricants de sucre*, 160, boulevard Magenta, Paris.

Duriez (A.), fabricant de sucre, rue des Trois-Eglises, Arras-Saint-Sauveur (Pas-de-Calais).

Duriez (Ad.), sucrerie de Rivière, par Beaumetz-les-loges (Pas-de-Calais).

Durin (Edmond), chimiste, 67, rue de Richelieu, Paris.

Durot (Jules), directeur de la distillerie de l'Ile de Terceira, Açores (Portugal).

Dusseigneur (F.-C.), administrateur délégué de la Société des sucreries d'Egypte (Le Caire).

Dutomboir, fabricant de sucre, à Lécluse (Nord).

Duval (Emile), rue Méring, à Kieff (Russie).

Duval (Henri), chimiste, 40, boulevard Malesherbes, Paris.

ECLANCHER (Auguste-Henri), fabricant de sucre à Saint-Leu d'Esserend (Oise).

ECLANCHER (Pierre-Henri), ingénieur des Arts et Manufactures, ingénieur à la sucrerie de Saint-Leu d'Esserend (Oise).

EDELEANU, docteur en chimie, 56, strada Romulus, Bucarest (Roumanie).

EDWARDS (A.), agronome, station agronomique de Port-Louis (Ile Maurice).

EFFRONT (Jean Dr), directeur de l'Institut des fermentations, professeur à l'Université nouvelle, 72, rue des Marons, à Bruxelles (Belgique).

EHRMANN (Léon), ingénieur chimiste the general Manager, the Queensland Meat exporter agency C°, Pinkenba, à Brisbane, Queensland (Australie).

EISELE (Emile), pharmacien, Casilla, 345, à Valparaiso (Chili).

ELECTRO CHEMISCHE GESELLECHAFT, représentée par M. Friedr. Quincke, à Leverkusen bei Müllheim A/S (Allemagne).

ELION (H. Dr), conseil technique de la Société des brasseries Heincken, à Schwéningue, villa Eveline (Hollande).

ENGELEN (Alphonse, VAN), professeur à l'Université libre, 67, rue Berkmans, Bruxelles (Belgique).

ENGELHARDT (Victor), ingénieur en chef de MM. Siemens et Halske, délégué de la Société des ingénieurs et architectes autrichiens, Haupstrasse, 96, Vienne III (Autriche).

ENNIS (Geo F.-H). Chemist, à Decatur (Ill). (Etats-Unis d'Amérique).

ERNOTTE (A.), directeur gérant des sucreries centrales, Wanze (Belgique).

ERNOTTE (Justin), ingénieur directeur de sucrerie, à Donstiennes-Thuillies (Belgique).

ESCANDE (Henri), chimiste, 30, rue Larochefoucault, Paris.

ESCHER (Rodolfo), docteur ès sciences agricoles, à Médolla, Modène (Italie).

ETARD, professeur à l'Ecole de physique et chimie industrielles, 14, rue Monsieur-le-Prince, Paris.

EVANGELISTA (Léon), ingénieur, à Loja, province de Grenade (Espagne).

EVANS (Thomas), professeur adjoint de chimie industrielle à l'Université, à Cincinnati, Ohio (Etats-Unis d'Amérique).

FABINYI (Rodolphe), professeur à l'Université de Kolozsvar (Autriche-Hongrie).

FABRE (Ch.), délégué de l'Académie des sciences, inscriptions et belles-lettres de Toulouse (Haute-Garonne).

FABRE (Léonce), licencié ès sciences, ingénieur chimiste, rue d'Endoume, 120, à Marseille.

FACULTÉ DES SCIENCES DE LILLE, délégué, M. Buisine (Nord).

FAFET (Fernand), licencié ès sciences, chimiste, 29, rue Fabre d'Eglantine, Paris.

FAILLOT et VESIGNÉ, pharmaciens de 1re classe, 54, rue de la Liberté, à Dijon (Côte-d'Or).

FELCMANN (Jean), fabricant de sucre, à Zvolenoves, Bohême (Autriche).

FELLNER (Auguste), chimiste municipal, 30, Humboldstrasse à Linz-s.-D. (Autriche).

Feltz (Eugène), chimiste, 11, rue Voltaire, à Saint-Germain-en-Laye (Seine-et-Oise).

Ferman (J.-D.), technologue, à Klatten (Ile de Java).

Ferrari (Perez-Fernando), ingénieur, délégué officiel du gouvernement mexicain, 43, avenue de Saxe, Paris.

Fernbach (A,), chef de laboratoire à l'Institut Pasteur, 24, rue Dutot, Paris.

Ferrario-Monforte (Ricardo), membre de la Société chimique de Milan, 10, via Marsala, à Milan (Italie).

Ferreira de Castro, (Antonio-Gaetano), rua de Passas Manuel, 53, à Porto (Portugal).

Ferreira da Silva (J.-A.), professeur à l'Ecole polytechnique à Porto (Portugal).

Fevekenne (Paul), élève de l'Ecole de chimie (rue Michelet), 14, rue Worth, à Suresnes (Seine-et-Oise).

Fillion (Ph.-I.), professeur de chimie à l'Université Laval, à Québec (Canada).

Fink (Isidore, Dr), ingénieur chimiste de la Vereinigte Electricitäts-Gesellschaft, Karlsgasse, à Vienne V, (Autriche).

Fino (Carlo), membre de la Société chimique de Milan, 10, via Marsala, à Milan (Italie),

Fischer (Emile, professeur à l'Université 1, Hessischestrasse, à Berlin (Allemagne).

Fischer (Franz), Doct. phil., 19, avenue des Gobelins, Paris.

Fischer (Ferdinand), professeur, Hohestrasse, 1, à Gœttingen (Allemagne).

Fischmann (Charles), ingénieur-chimiste, fabricant de sucre, à Kiew (Russie).

Fleiner (H.), président de la Société suisse des fabricants de ciments, à Soleure (Suisse).

Flesch (Joseph), tanneur, 55, Praterstrasse, à Vienne (Autriche).

Fleurent (Emile), professeur au Conservatoire des Arts et Métiers, 16, avenue Margueritte, à Bois-Colombes (Seine).

Fleury (Th.), directeur de l'huilerie Maurel et Prom, et Maurel frères, 112, quai de Bacalan, à Bordeaux (Gironde).

Flipo (A.), directeur de la sucrerie de Sarmato, Piacenza (Italie).

Foelen (Ernest), inspecteur adjoint des denrées alimentaires, rue aux Gades, à Ath, Hainaut (Belgique).

Fontaine (G.), constructeur et fabricant de produits chimiques, 18, rue Monsieur-le-Prince, Paris.

Fontaine (Hippolyte), ingénieur, 42, rue Saint-Georges, Paris.

Fonseca Monteiro (Severiano-Augusto da), ingénieur en chef des Mines, professeur à l'Institut industriel, à Lisbonne (Portugal).

Fonzes-Diacon (Henri), professeur agrégé à l'Ecole supérieure de pharmacie, 23, cours Gambetta, à Montpellier (Hérault).

Foras (Félix), galvanoplastie, 5, rue Debelleyme, Paris.

Forcrand (Robert de), professeur de chimie pure et appliquée à la Faculté des sciences, directeur de l'Institut de chimie de l'Université, à Montpellier (Hérault).

Forestier, chimiste de la Société des caves de Roquefort, à Roquefort (Aveyron).

Fort (Michel), ingénieur des mines, métallurgiste, professeur à l'Ecole des Mines, à Lima (Pérou).

Fouard (Eugène-Hyacinthe), ingénieur des Arts et Manufactures, répétiteur du cours de technologie agricole à l'Ecole nationale d'agriculture de Grignon, à Grignon (Seine-et-Oise).

Fouché (Ed.), directeur de la Compagnie française d'acétylène dissous, rue Saint-Lazare, 28, Paris.

Fourchotte (M.), ingénieur, 67, boulevard Excelmans, Paris.

Fourcy Charles, ingénieur-constructeur, à Corbehem (Pas-de-Calais).

Fourès Louis, licencié ès-sciences, chimiste diplômé de la Faculté des sciences de Paris, 110, boulevard Rochechouart, Paris.

Fourmaux Emile, fabricant de tissus industriels, à Provin (Nord).

Fourment Maurice, ingénieur-chimiste, 27, rue des Champs, à Asnières (Seine).

Fournier, Bon et Cie, à Dijon (Côte-d'Or).

Fouquereaux de Froberville (L.), ingénieur agronome chimiste, à Curepipe (Maurice).

Fradiss (Nicolas), chimiste, 1, rue Milton, Paris.

Francez (Lucien, directeur de la raffinerie de Bresles (Oise).

Franche (Charles), chimiste, délégué de la Société des ingénieurs et architectes sanitaires, 7, rue Corneille, Paris.

Frenkel (M., Dr), laboratoire de chimie et de bactériologie, 34, rue de Turin, Paris.

Fresénius (Henri), doct. phil., directeur du laboratoire chimique, 2, Heinrichsberg, à Wiesbaden (Allemagne).

Fresnes et Cie, entrepreneurs de vidange et fabricants d'engrais, 68-70, rue de Meaux, Paris.

Freund-Deschamps (Charles, chef de la maison Deschamps frères, usines d'outremer, à Vieux Jand'heures et à Renisson, 23, avenue Niel, Paris.

Fréville, ingénieur, directeur de la sucrerie de Bibbeh (Haute-Égypte).

Freyss (Georges), délégué de la Société industrielle de Mulhouse, chimiste aux fabriques de produits chimiques de Thann et de Mulhouse, à Mulhouse (Alsace).

Freyssinge L., pharmacien-chimiste, 105, rue de Rennes, Paris.

Friès H.-H., doct. phil., produits chimiques, 92, Read street, à New-York (Etats-Unis d'Amérique).

Fromentin (A., à Amagne-Lucquy (Ardennes).

Fromont (Louis-Georges), ingénieur des Mines, ingénieur des Arts et Manufactures, directeur gérant de la Société anonyme des produits chimiques d'Engis (Belgique).

Fruchart (Gaston, chimiste, sucrerie de Saint-Germainmont (Ardennes).

Frugès, raffinerie de sucre et rizerie, à Bordeaux (Gironde).

Fumouze (Armand, 20, rue Saint-Pétersbourg, Paris.

Gabba (Dr Louis), professeur de chimie technologique à l'Institut technique, Corso Porto Nuovo, à Milan (Italie).

Gadeault, directeur de l'Ecole supérieure de commerce, 29, rue Sambin, à Dijon (Côte-d'Or).

Gadefait, chimiste de la sucrerie de Hawandieh (Haute-Egypte).

Gaillot (Auguste-Léon), directeur de la station agronomique, à Laon (Aisne).

Gall (H.), directeur de la Société d'Electrochimie, 2, rue Blanche, Paris.

Gallet (Alfred), chimiste, chef de fabrication à la sucrerie de Blérancourt (Aisne).

Gallois (Charles), Ingénieur des Arts et Manufactures, délégué de la Société des ingénieurs civils, 81, rue de Maubeuge, Paris.

Gallois (Edouard), 37, rue de Dunkerque, Paris.

Gallois (Etienne), directeur de la sucrerie de Lizy-sur-Ourcq (Seine-et-Marne).

Gallois (Eugène-Charles), directeur de la sucrerie de Sainte-Marie-Kerque (Pas-de-Calais).

Galtié (Alfred-Alexandre), ingénieur civil, fabricant de sucre, à Rosières (Somme).

Gamel (Georges), pharmacien, 2, place de la Salamandre, à Nimes (Gard).

Ganz (Jules), ingénieur chimiste, directeur de sucrerie, à Gorodok, Podolie (Russie).

Garçon (Jules), délégué de la Société des ingénieurs civils, 40 bis, rue Fabert, Paris.

Gardrat (Antonin), directeur de la distillerie, à Melle (Deux-Sèvres).

Garez (Ferdinand), directeur technique de la sucrerie, à La Neuville-Roi (Oise).

Garola (Charles-Victor), directeur de la station agronomique, à Chartres (Eure-et-Loir).

Garry (Bernard-Gaston), fabricant de sucre, à Rue (Somme).

Garry (Henri), fabricant de sucre, à Vron (Somme).

Garry (Paul), fabricant de sucre, à Ailly-sur-Noye (Somme).

Gascard (Albert-Louis), professeur à l'Ecole de médecine, pharmacien des hôpitaux, 33, boulevard Saint-Hilaire, à Rouen (Seine-Inférieure).

Gascard (Jules-Albert), pharmacien, à Bihorel-les-Rouen (Seine-Inférieure).

Gaudrillet et Lefebvre, fabricants d'outremer, à Dijon (Côte-d'Or).

Gayon (Ulysse), professeur à la Faculté des Sciences, 7, rue Duffour-Dubergier, à Bordeaux (Gironde).

Gebeau (J.), chimiste aux usines métallurgiques, à Trignac (Loire-Inférieure).

Geigy (Dr R.), à Bâle (Suisse).

Gentil (Lucien), ingénieur chimiste, 10, rue Daubigny, Paris.

Genvresse (Pierre), professeur à l'Université, à Besançon (Doubs).

Geoffroy et Delore, constructeurs-électriciens, 28, rue des Chasses, à Clichy (Seine).

Georges, directeur de l'agence de la Compagnie d'assurances l'Equitable des Etats-Unis, rue Saint-Benigne, à Dijon (Côte-d'Or).

Georges (Louis), délégué du ministère de la Guerre, pharmacien-major, professeur de chimie au Val-de-Grâce, Paris.

Georgescu (Dr M.), professeur à l'Ecole supérieure de pharmacie, à Bucarest (Roumanie).

Georgiadès (A.-Nicolas), pharmacien de 1re classe, 66, rue Monneyra, à Bordeaux (Gironde).

Gérard (A.), propriétaire, 26, rue Simon, à Reims (Marne).

Gérard (Ernest), docteur en médecine, pharmacien, professeur agrégé, chargé du cours de chimie biologique à la Faculté de médecine, à Toulouse (Haute-Garonne).

Gheschwind (Lucien), ingénieur-chimiste, 32, rue Jeanne-d'Arc, à Saint-André-lez-Lille (Nord).

Geyter (Georges), ingénieur-chimiste, à Mouscron (Belgique).

Ghigliotto (Carlos), professeur de chimie analytique à l'Université de l'Etat, à Santiago (Chili).

Ghilain (A.), ingénieur, 319, rue Sainte-Marguerite, à Liège (Belgique).

Gianoli (Giuseppe), délégué de la Société chimique de Milan, professeur, membre de la Société chimique, 10 viâ Marsala, à Milan (Italie).

Gigault (A.), directeur de la sucrerie, à Brienon (Yonne).

Gillet (Auguste), ingénieur des Mines, à Montiguée-Liège (Belgique).

Gillet (C.), professeur à l'Ecole supérieure des textiles, 40, avenue de Spa, à Verviers (Belgique).

Gillot (Henri), chimiste, à Wanze (Huy) (Belgique).

Gin (Gustave), administrateur de la Compagnie des procédés Gin et Leleu, 1, rue Rouget-de-l'Isle, à Issy-les-Moulineaux (Seine).

Giorgi (Nicolas), ingénieur, 8, viâ Perluigi da Palestrina, à Rome (Italie).

Girard (Antoine), pharmacien, 22, rue de Condé, Paris.

Girard (Ernest), 44, rue du Rocher, Paris.

Girardet (Fernand), pharmacien de 1re classe, 26, rue de Chartres, à Neuilly-sur-Seine (Seine).

Giraud (Henri), chef de laboratoire des chemins de fer de l'Est, 168, rue Lafayette, Paris.

Giraud (Pierre-Léopold), ingénieur agronome, chimiste à la sucrerie Alma, à Verdun (Ile-Maurice).

Giustiniani (Dr E.), professeur agrégé de chimie à l'Université de Naples, 63, rue de Buffon, Paris.

Gladisz (Thaddée), directeur des usines Mante, Legris et Cie, à Marseille-Montredon (Bouches-du-Rhône).

Gley (Marcel-Eugène-Emile), professeur agrégé à la Faculté de médecine, 14, rue Monsieur-le-Prince, Paris.

Gnehm, professeur, directeur de l'Ecole Polytechnique, à Zurich (Suisse).

Goblet (Alfred), ingénieur-chimiste, à Croix, près Roubaix (Nord).

Godart (Paul), chimiste à la sucrerie, à Sainte-Menehould (Marne).

Godfrind, pharmacien militaire, attaché à la Commission centrale d'expertises de l'armée, 136, avenue de la Couronne, à Bruxelles (Belgique).

Gœgg (Gustave), docteur ès sciences, professeur de technologie à l'Ecole supérieure de commerce, 17, boulevard des Philosophes, à Genève, (Suisse).

Goldschmith (S. A.), doct. phil., fabricant de produits chimiques et président des Colombia chemical Works, à Brooklyn (N. Y.) (Etats-Unis d'Amérique).

Goller (Fr. V.), directeur général de la Société de l'Industrie sucrière de Bohême, Karlova ul. 13, à Prague-Vinohrady, (Autriche).

Gomes (Dr Sousa), professeur de chimie à l'Université à Coimbra, Portugal.

Goussens (A.), directeur de la sucrerie de Calloo, (Belgique).

Gordon (Vladimir), ingénieur, 24, boulevard Bibikovski, à Kiew (Russie).

Gouthmann (Adolphe), docteur en chimie, représentant de la Société technique impériale russe, section de Bakou, à Bnito-Bakou (Russie).

Gourdin (Paul), directeur de la sucrerie de Margny-lès-Compiègne (Oise).

Goutal (E. Marcel), chimiste à l'Ecole des Mines, 60, boulevard Saint-Michel, Paris.

Gouvion (Albert), fabricant de sucre à Saulzoir (Nord).

Gouvion Auguste), à Quiévrain, Belgique.

Goyaud (André-Jean-René-Robert), chef des travaux [de la Station agronomique, à Toulouse (Haute-Garonne).

Govaeris (Edmond), pharmacien-chimiste, à Pont-à-Celles (Belgique).

Græbe (Dr C.), professeur à l'Université, à Genève (Suisse).

Graftiau (J.), directeur du laboratoire d'analyses de l'Etat, à Louvain (Belgique).

Grammont (Albert), chimiste, 1, rue Arthur-Lacroix, à Chauny (Aisne).

Gramont (comte Arnaud de), docteur ès sciences, 81, rue de Lille, Paris.

Grandel (Eugène), ingénieur civil des Mines, Etablissements Kuhlman à Lille (Nord).

Grandjean aîné, ingénieur-chimiste, 108, boulevard Arago, Paris.

Granger (Albert-Alexandre), professeur à l'Ecole d'application de Sèvres, 9, rue Gounod, Paris.

Gransire (Gaston), chimiste, à Boulogne-sur-Mer (Pas-de-Calais).

Gravier (Ernest), directeur de la sucrerie de Bihucourt, par Achiet (Pas-de-Calais).

Greeff (H. de), professeur de chimie à la faculté des sciences et au collège Notre-Dame de la Paix, à Namur (Belgique).

Griffiths (N.), pharmacien, calle Esmeralda, 64, à Valparaiso (Chili).

Grimbert (Léon), professeur agrégé à l'Ecole supérieure de pharmacie, pharmacien en chef de l'hôpital Cochin, 47, faubourg Saint-Jacques, Paris.

Grimmer (H), directeur technique de la brasserie d'Oranjeboom, à Rotterdam (Hollande).

Grobert (Joseph-Ulysse de), ingénieur, 42, rue Vivienne, Paris.

Grosjean (Alexis), ingénieur agricole, chimiste aux Sucreries centrales, à Wanze, (Huy) (Belgique).

Grosjean (Léonard), professeur de chimie à l'Ecole supérieure des textiles, 69, avenue de Spa, à Verviers-Heusy (Belgique).

Gruber et Cie, brasseurs, à Melun (Seine-et-Marne).

Grueber (Dr Ritter von), délégué de l'Association des fabricants d'engrais artificiels et du Syndicat de potasse, à Vienenburg Harz (Allemagne).

Grueber (Curt. von), ingénieur de la maison von Grahe, von Grueber et Co, bureau technique et brevets d'invention, 127, Friedrichstrasse, à Berlin (Allemagne).

Guareschi (Icilio), professeur à l'Université, corso Valentino, 1, à Turin (Italie).

Guajards (F.), directeur du laboratoire municipal, pharmacien de l'Université, à Iquique (Chili).

Guchez (Fulbert), délégué officiel (Belgique), inspecteur général des explosifs au ministère de l'Industrie et du travail, à Bruxelles (Belgique).

Guerreiro (Mendès), délégué de l'Association des Ingénieurs civils portugais, ingénieur en chef de 1ʳᵉ classe, ancien élève de l'Ecole des Ponts et Chaussées de France, 28, rue Poussin, Paris.

Gudeman (Edouard), Doct. phil., chimiste à la Glucose Sugar Refining Co, à Chicago (Ill.) (Etats-Unis-d'Amérique).

Guerbet, pharmacien en chef de l'hôpital Bichat, 37, rue Brochant, Paris.

Guérin (Ed.), administrateur délégué de la Compagnie franco-espagnole des mines de soufre de Lorca, 6, cité Trévise, Paris.

Guérin (René), délégué officiel (Guatemala), chimiste, chef du laboratoire central du Gouvernement, à Guatemala (Amérique Centrale).

Guéroult (Georges), délégué officiel (Guatemala), chimiste expert au laboratoire municipal de Paris, en mission au Guatemala, à Guatemala (Amérique Centrale).

Gugenheim (Lucien), ingénieur, négociant en produits chimiques, 58, rue de Larochefoucault, Paris.

Gugler, directeur, à Choindez (Suisse).

Guibal (Gédéon), à Saint-Germainmont (Ardennes).

Guichard (Marcel), 24, rue de Bourgogne, à Meudon (Seine-et-Oise).

Guichard (P.), chimiste, rédacteur du *Dictionnaire de Chimie* Villon et Guichard, à Meudon (Seine-et-Oise).

Guidet (A.), directeur de la Sucrerie de Saint-Martin au Laert, par Saint-Omer (Pas-de-Calais).

Guillaume (Emile-Charles-François), ingénieur, distillateur, 17, rue Lemercier, Paris.

Guillaume (L.), ingénieur-chimiste à la Compagnie Malfidano, à Noyelles-Godault (Pas-de-Calais).

Guilbert (Félix), directeur de la Sucrerie, à Douvrin (Pas-de-Calais).

Guillemare (Guillaume-Achille), inspecteur d'Académie honoraire, à Saint-Cernin-de-Larche (Corrèze).

Guillemin (Georges), ingénieur, 18, quai Saint-Michel, Paris.

Guillet (Léon), ingénieur des Arts et Manufactures, licencié ès-sciences, 21, rue Vauquelin, Paris.

Guillon (A.), raffineur, 68, quai de la Rapée, Paris.

Guimet (Emile-Etienne), industriel, à Fleurien-sur-Saône (Rhône).

Guntz, professeur à la faculté des sciences, à Nancy (Meurthe-et-Moselle).

Guttmann (Oscar), 12, Mark-Lane, à Londres E. C. (Angleterre).

Guozdenovice (Franz), sous-directeur de la station expérimentale de chimie agricole, à Spalato (Dalmatie) (Autriche).

Guye (A.), professeur à l'Université, à Genève (Suisse).

Haas (Bruno), adjoint de la station d'essais chimiques et biologiques pour la viticulture et l'horticulture, à Klosterneubourg (Autriche).

Haenny (Charles), chimistes, à Baulmes (Suisse).

Haenlein (Dr F.-H.), à Freiberg (Saxe) (Allemagne).

Haddon (Edouard), chimiste à la Beau Plan Sugar Co Ld., à Pamplemousses (Ile-Maurice).

Haensel (Henri), à Pirna (Allemagne).

Hainaut (Gaston), directeur de la Distillerie de Spicker, à Grande-Synthe (Nord).

Hairs (Eugène), chef de travaux pratiques à l'Institut de pharmacie de l'Université, 50, rue Monulphe, à Liège (Belgique).

Hall (Samuel), délégué de la Society of chemical Industry, trésorier de la Society, Aberdeen Park, Highbury, à Londres (Angleterre).

Haller (Albin), professeur à la Sorbonne, 1, rue Le Goff, Paris.

Hallette (Albert), fabricant de sucre, Le Cateau (Nord).

Hallette (Léon), fabricant de sucre, à Inchy (Nord).

Halphen (Georges), chimiste au laboratoire du ministère du Commerce, 23, rue Bréa, Paris.

Hanausek (Ed.), directeur du laboratoire de l'Académie de commerce, à Krems A/D. (Autriche).

Hannon (Edouard), chimiste à la Compagnie Solvay, Bruxelles (Belgique).

Hanriot (Dr), délégué de l'Académie de médecine, de la Société de biologie, professeur agrégé, membre de l'Académie de médecine, 4, rue Monsieur-le-Prince, Paris.

Hardy (J.-Georges), ingénieur conseil, membre de la Société des chimistes autrichiens, Riemergasse, 13, à Vienne I (Autriche).

Harper (Ch. A.), chimiste, 2139 Gilbert Ave. à Cincinnati (Ohio) (Etats-Unis d'Amérique).

Hart (Edouard), professeur de chimie au collège Lafayette, à Easton (Pa.), (Etats-Unis d'Amérique).

Hasck (Jean), ingénieur en chef de la maison F. Ringhoffer, 43, rue Palacky, à Prague-Smichow (Autriche).

Hasenclever (Robert), délégué du Verein Deutscher chemiker, directeur de la Société générale de produits chimiques « Rhenania », à Aix-la-Chapelle (Allemagne).

Hasslacher (François), ingénieur conseil et agent de brevets, 26 Bleichstrasse, à Francfort (Allemagne).

Havra, délégué de la Société d'agriculture, commerce, arts et sciences de la Marne, à Châlons-sur-Marne (Marne).

Hébrard (Henri), préparateur à la faculté des sciences, 26, rue Caudran, à Bordeaux (Gironde).

Hébré (Emile), Conseiller du Commerce extérieur, 27, rue des Pyramides, Paris.

Heger (Dr Hans), propriétaire-directeur de la « Chemiker Zeitung » et de la « Pharmaceutische Post », secrétaire général de la Société de pharmacie autrichienne, Pestalozzigasse, 6, à Vienne (Autriche).

Heitz (Paul), ingénieur E. C. P., 29, rue Saint-Guillaume, Paris.

Hélot (Jules), fabricant de sucre, à Noyelles-sur-Escaut (Nord).

Hénot, chimiste à la sucrerie d'Anizy-Pinon (Aisne).

Hénocque (Albert), docteur en médecine, directeur adjoint du laboratoire de physique biologique à l'Ecole des Hautes-Etudes au collège de France, 11, avenue Matignon, Paris.

Hensler (Dr F.), Privat-Docent à l'Université, Agrippinenstrasse, à Bonn (Allemagne).

Henrivaux (Jules), directeur de la glacerie de Saint-Gobain, à Saint-Gobain (Aisne).

Henry (Alfred), ingénieur, 89, boulevard Excelmans, Paris.

Henschel (Alfred), ingénieur industriel, 127, boulevard de la Senne, à Bruxelles (Belgique).

Héret (Louis), docteur-médecin, pharmacien en chef de l'hôpital Trousseau, 89, rue de Charenton, Paris.

Herlant (Léon), docteur ès sciences, pharmacien, 11, rue du Luxembourg, à Bruxelles (Belgique).

Herles (Frantisek), chimiste, à Prague (Autriche).

Herrau (Adolphe), ingénieur civil des mines, 36, avenue Henri-Martin, Paris.

Hertz (Michel), chimiste à la Société anonyme « la Lainière », 42, rue du Centre, à Verviers (Belgique).

Hertzfeld (Prof. Dr A.), Invalidentrasse, 42, Portal 8. Berlin (Allemagne).

Hertzfelder (Armand Derzö), docteur ès sciences, chimiste royal du ministère de l'Agriculture, Terez Korut, 43, à Budapest (Autriche-Hongrie).

Hertzog (Maurice), étudiant, 6, rue des Bons-Enfants, à Dijon (Côte-d'Or).

Hervaux (Félix), fabricant de sucre, à Chevrières (Oise).

Hewitt (Edward-Ringwood, chimiste-expert, 9, Lexington Ave., à New-York (N. Y.) (Etats-Unis d'Amérique).

Hillebrand (W. F.), chimiste à l'Observatoire géologique, à Washington (D. C), (Etats-Unis d'Amérique).

Hintz (Dr Ernest), délégué du Verein Deutscher Chemiker, directeur du laboratoire Frésénius, à Wiesbaden (Allemagne).

Hoffmann (Auguste), chimiste manufacturier, savonnerie des Chartreux, à Petit-Quevilly, près Rouen (Seine-Inférieure).

Hoffmann (Bernhard), ingénieur industriel, à Bonnevoie (Grand-Duché-de-Luxembourg).

Hoffmann (Otto), directeur de la *Deutsche Steinzeugwarenfabrik*, à Friedrichsfeld (Allemagne).

Hoffmanns (A.), fabricant de sucre, à Landen (Belgique).

Holderer (Georges-Charles), brasseur, à Saint-Yrieix (Haute-Vienne).

Hollande (Dieudonné), directeur du laboratoire municipal et départemental, à Chambéry (Savoie).

Hollard (Auguste), chef du laboratoire central de la Compagnie française des métaux, 72, rue de la Gare, à Saint-Denis (Seine).

Hoogewerff, professeur de chimie à l'Ecole polytechnique, à Delft (Hollande).

Hooper (Egbert-Grant), chimiste du gouvernement anglais, Clement's Inn Passage, à Londres W. C. (Angleterre).

Horn (P.), directeur de la distillerie et fabrique de levure Horn et Cie, à Leipsick (Allemagne).

Horne (W.-D), chimiste à la National Sugar Refinery, à Yonkers, (N. Y.) (Etats-Unis d'Amérique).

Horsin-Déon (Paul), ingénieur chimiste, 12, rue Tournefort, Paris.

Houdart (Eugène), négociant en vins, 7, avenue de la République, Paris.

Houzeau (Auguste), directeur de la station agronomique, 31, rue Bouquet, à Rouen (Seine-Inférieure).

Hurin (Félix), industriel, laiton, plomb, zinc, étain en feuilles et en tubes, 14, rue de Turenne, Paris.

Huber (Lucien), 74, rue Claude-Bernard, Paris.

Hubert (André), docteur ès sciences, 25, place Citadelle, à Béziers (Hérault).

Hubert (Eugène d'), docteur ès sciences, 28, boulevard des Batignolles, Paris.

Hubou (Ernest), ingénieur, 19, allée Chatrian, Le Raincy (Seine-et-Oise).

Hue (Léon-Adolphe), directeur de la sucrerie, à Nogent, par Coucy-le-Château (Aisne).

Huillard (Alphonse et Cie), manufacturiers, à Suresnes (Seine).

Hulin (Léon-P.), ingénieur civil, 173, boulevard Péreire, Paris.

Hussein (Dr O.), chimiste au laboratoire Khédévial, Le Caire (Egypte).

Huyard, maison Teyssier, Huyard et Cie, à Bordeaux (Gironde).

Institut Royal lombard des Lettres, Ats et Sciences, à Milan (Italie); délégu M. Menozzi.

Institut Royal des Lettres, Arts et Sciences, à Venise (Italie), délégué : MM. le Prof. P. Spica, et le Prof. R. Nasini.

Istrati (Charles), ancien ministre de l'Instruction publique, professeur l'Université de Bucarest (Roumanie).

Jaboin (Antonin-Alexandre), docteur de l'Université de Paris, 27, rue de Miroménil, Paris.

Jacobs (Ch. B.), chimiste à la Ampère Electro-chemical Co, 44, Broadstreet, à New-York (N. Y.), (Etats-Unis d'Amérique).

Jacque (Maurice), ingénieur chimiste aux usines Nobel, à Gadalcano, près Bilbao (Espagne).

Jacquemin (Georges), chimiste, à Malzéville, près Nancy (Meurthe-et-Moselle).

Jamain (Paul), fabricant de produits pharmaceutiques, 21, rue des Roses, à Dijon (Côte-d'Or).

Jeandrier (Edmond), ingénieur conseil à la Solvay Process Co, à Peace Dale (R. I.) (Etats-Unis d'Amérique).

Janke, Prof Dr, directeur du laboratoire de l'Etat, à Brême, (Allemagne).

Jannetaz (P.), délégué de la Société des ingénieurs civils, Paris.

Javal (E. A.), constructeur, 58, avenue du Roule, à Neuilly (Seine).

Jaspar (Alb.), 95, rue de Monceau, Paris.

Javaux (Emile), administrateur de la Société Gramme, 33, rue Clavel, Paris.

Jawein Louis), professeur à l'Institut technique, à Saint-Pétersbourg (Russie).

Jean (Ferdinand), délégué de la Société française d'hygiène, Président du Syndicat des chimistes et essayeurs de France, 17, rue du faubourg-Saint-Denis, Paris.

Jean (Jules), chimiste, boulevard de la Révision, 8, à Bruxelles (Belgique).

Jelinek (Hugo), délégué du Verein der Zuckerindustrie, à Prague (Autriche).

Joannis (Jean-Alexandre), chargé de cours à la Sorbonne, 7, rue des Imbergères, à Sceaux (Seine).

Jobin, constructeur, 21, rue de l'Odéon, Paris.

Joffre Jules), chimiste, 2, route de Saint-Leu, à Montmorency (Seine-et-Oise).

Jolles (Dr Adolphe), Turkenstrasse, à Vienne IX (Autriche).

Jolly (Eugène), directeur de la sucrerie de Vénizel (Aisne).

Jolly Gustave-Emile), professeur de chimie, à Epinal (Vosges).

Jorissen (Armand), délégué officiel (Belgique) et de l'Académie des sciences belge, professeur à l'Université. Correspondant de l'Académie des sciences, 106, rue de la Fontaine, à Liège (Belgique).

Joseph (Oscar), ingénieur chimiste, directeur de la Société anonyme du savon minéral L. G. Lecat, 1, rue d'Alfortville, à Maisons Alfort (Seine).

Josse Amédée), chef du laboratoire de la raffinerie Lebaudy, 10, rue Pasteur, à Bois-Colombes (Seine).

Juillard Paul), docteur ès-sciences, fabricant de produits chimiques, 81, Cours d'Herbouville, à Lyon.

Jungfleisch (Emile), professeur au Conservatoire national des arts et métiers et à l'Ecole de pharmacie, 74, rue du Cherche-Midi, Paris.

Jurgensen Dr Rolof, bureau technique pour l'Industrie chimique, 12, Zizkagasse, à Prague-Weinberge (Autriche).

Justin-Muller (Ed.), chimiste, 12, rue Duhamel, à Lyon.

Kahlbaum, professeur à l'Université, à Bâle (Suisse).

Kallab (Ferdinand-Victor), délégué de l'Association des chimistes autrichiens, chimiste, membre de la Société industrielle de Mulhouse, à Offenbach-sur-M. (Allemagne).

Karlik (Hans), directeur de la sucrerie de Nymbourg (Bohème), (Autriche).

Kauffeisen, pharmacien, à Dijon (Côte-d'Or).

Kauler (Adolphe), 41, quai National, à Puteaux (Seine).

Kavaliv Vladimir), verrerie de Sazawa (Bohème), (Autriche).

Kelbetz (Louis), pharmacien), Bechardtgasse, 2, à Vienne III (Autriche).

Kelen (Philippe van der), 168, rue Marie-Christine, à Laeken (Belgique).

Keller, Leleux et Cie, 3, rue Vignon, Paris.

Kickx (Jean), chimiste au laboratoire de l'Etat, à Gand (Belgique).

Kiliani (Dr Heinrich), professeur de chimie, Stadstrasse, à Freiburg i/B, (Allemagne),

Kintaro (Oshima), professeur de chimie agricole, station agronomique de Sapporo (Japon) 14, Untere Karpüle, à Gœttingen (Allemagne).

Kjeldahl (J.), directeur du laboratoire de Carlsberg, à Copenhague (Danemark).

Klason (Peter), professeur, à Stockholm (Suède).

Klaudy (Joseph), délégué de l'Association Industrielle de la Basse-Autriche et de la Société des chimistes autrichiens, professeur de chimie, président de la Société des chimistes autrichiens, Viriotgasse, 6, à Vienne IX. (Autriche).

Klaudy (Joseph), directeur de la station agronomique, à Prague (Autriche).

Klein (L.), ingénieur agronome, directeur du service agricole de l'État, à Luxembourg (Grand-Duché de Luxembourg).

Klimsch (D' Joseph-Oscar), 6 Schönburgerstr, à Vienne IV. (Autriche).

Kling (André-Jean), professeur à l'Institut commercial, chef de travaux pratiques à l'Ecole de physique et chimie, 9, rue de Navarre, Paris.

Klotz (Henri), 12, rue de Tilsitt, Paris.

Knieder, administrateur délégué des établissements Malétra, à Petit-Quévilly, près Rouen (Seine-Inférieure).

Knight (Ernest.-C.), ingénieur, Calle Munecas, 68, à Tucuman (République Argentine).

Kobus (Dr), directeur de la station agricole, Soerabaia (Java).

Kock (J.-J.), docteur ès sciences, directeur de la Compagnie parisienne de couleurs d'aniline, au Tremblay-Creil (Oise).

Koblic (Jos.), chimiste assermenté, Tindrisska ulice 875 II. à Prague (Autriche).

Kœtschet, chimiste à la Société chimique des Usines du Rhône, à Saint-Fons (Rhône).

Koker (Victor de), chimiste à Meizelleke-les-Gand (Belgique).

Kolen (Georges), ingénieur chimiste, bureau de poste Tschernovoyé (Volhynie) (Russie).

Koninck (Lucien-Louis de), délégué de l'Association des Chimistes belges, professeur à l'Université, à Liège (Belgique).

Konowaloff (D.), délégué officiel (Russie) et de la Société Impériale technique russe, professeur de chimie à l'Université, à Saint-Pétersbourg (Russie).

Koperski (Casimir), chimiste à la Sucrerie de Touczyn, poste Zyclin, gouvernement de Varsovie (Russie).

Korda (Désiré), chef du service électrique à la Compagnie de Fives-Lille, administrateur délégué de la Compagnie générale d'Electro-Chimie, 64, rue Caumartin, Paris.

Korner (Th. Dr), chef de laboratoire à l'Ecole de tannerie allemande, à Freiberg (Allemagne).

Kossovitch (Pierre), professeur de chimie agricole à l'Institut Forestier, à Saint-Pétersbourg (Russie).

Kossutany (Thomas), délégué officiel (Hongrie), professeur à l'Académie d'Agriculture Magyar-Ovar (Autriche-Hongrie).

Kostanecki, professeur à l'Université, à Berne (Suisse).

Koutschéroff (Michel), professeur de chimie à l'Ecole forestière, à Saint-Pétersbourg (Russie).

Kournakoff, délégué officiel (Russie), professeur à l'Institut des Mines, à Saint-Pétersbourg (Russie).

Krakau (Alexandre), professeur à l'Institut électro-technique Alexandre III, Nowo Issakijewskaia, 18, à Saint-Pétersbourg (Russie).

Krause (M.-O.-H.), chimiste à l'American Sugar Refining Co, Jersey-City (N.-Y.), (États-Unis d'Amérique).

Krefting (Axel.), délégué officiel (Norvège), ingénieur, Konveien, 29, à Christiania (Norvège).

Kreis (Adolphe), ingénieur civil, administrateur directeur de la Brasserie de la Meuse, 41, Grande-Rue, à Sèvres (Seine-et-Oise).

Krey (Dr, à Webau (Bei. Hall s/S) (Allemagne).

Krolopp (Alfred), délégué officiel (Hongrie), ingénieur agronome, professeur adjoint à l'Académie d'agriculture, à Magyar-Ovar (Autriche-Hongrie).

Kruis (Karel), professeur à l'École polytechnique tchèque, à Prague (Autriche).

Kruszewski (Casimir de), chef des essais à la Société générale des aciéries de Makievka, territoire des Cosaques du Don (Russie).

Krutwig (Jean), délégué officiel (ministère Intérieur, ministère Instruction publique, Belgique), professeur à l'Université, à Liège (Belgique).

Kugler (K.), directeur des Établissements métallurgiques de Roll, à Choindoz (Suisse).

Kuhn (E.-W.), administrateur délégué de la Compagnie générale pour la conservation des liquides, 76, boulevard Haussmann, Paris.

Kunz (Georges-Frédéric), minéralogiste, expert en pierres précieuses, président du Club minéralogique de New-York, 36 *bis*, avenue de l'Opéra, Paris.

Kunz, à Bâle (Suisse).

Labhardt (Hans), docteur ès sciences, préparateur et chargé de cours à l'Ecole de chimie, à Mulhouse (Alsace) (Allemagne).

Lacarrière (Paul-Louis-Raymond), fabricant de produits chimiques et d'engrais, à Noyon (Oise).

Lachaume (H.), ingénieur, 7, rue Guy-Patin, Paris.

Lachery (Léandre), produits chimiques, 39, avenue Bayard, à Lizy-sur-Ourcq (Seine-et-Oise).

Lacombe, chimiste à la Compagnie générale d'électricité, 5, rue Boudreau, Paris.

Lacombe (Gilbert-Jean-Baptiste), ingénieur, E. C. P., chimiste, 41, rue de Bourgogne, à Lille (Nord).

Lacroix (Paul), directeur de la Compagnie universelle d'acétylène, 36, rue de Chateaudun, Paris.

Ladant (Octave), chimiste à la sucrerie-raffinerie de Bresles (Oise).

Laer (Norbert van), chimiste brasseur, 204, Derby street, à Burton-on-Trent, (Angleterre).

Lafeuille (J.-C. Ferdinand), ancien élève de l'École polytechnique, directeur de la sucrerie-raffinerie d'El Hawandieh (Égypte).

Laffitte (Vincente de), délégué officiel du gouvernement espagnol, 2, square du Roule, Paris.

Lagache (Jules), administrateur, délégué de la Société des produits chimiques agricoles, 32, rue des Allamandiers, à Bordeaux (Gironde).

Lahémade (Lucien), directeur technique, 40, rue de la Barre, à Lille (Nord).

Lallemant (Eugène), ingénieur, directeur de la Sucrerie de Zographie, Thessalie (Grèce).

Lambert père, ingénieur, fabricant de sucre, à Toury (Eure-et-Loir).

Lambert (Maurice), directeur technique de la Sucrerie, à Toury (Eure-et-Loir).

Lambert fils, négociant en graines de betteraves, 77, avenue de la Gare, à Soissons (Aisne).

Lamboi (Gaston), ingénieur de la Maison Mollet-Fontaine, à Lille (Nord).

Lamotte (Clovis), chimiste, 108, rue de Guise, à Saint-Quentin (Aisne).

Lamy (Édouard), délégué de la Société industrielle d'Amiens, ingénieur, directeur des Usines Kuhlmann, administrateur de la Compagnie du gaz français, à Amiens (Somme).

Lamy (V.), ingénieur chimiste, 280, rue Solférino, à Lille (Nord).

Landin (Curt.), ingénieur, à Stockholm (Suède).

Landolt (Dr), délégué officiel (Suisse), à Zofingen (Suisse).

Landrin (A.), administrateur-délégué de la Sucrerie de Bertaucourt-Epourdon (Aisne).

Landrin (Ed.), chimiste, 76, rue d'Amsterdam, Paris.

Lang (Edmond), délégué officiel (Suisse), chimiste de la Régie fédérale des alcools, à Berne (Suisse).

Langlois (Alphonse-G.), directeur des Usines Dècle, à Rocourt-Saint-Quentin (Aisne).

Lannoy (Stéphane de), conservateur du bureau des étalons des poids et mesures, 14, rue du Cornet, à Bruxelles (Belgique).

Lantz (Alfred), directeur d'usine à la Société des matières colorantes et produits chimiques de Saint-Denis, 115, rue des Poissonniers, à Saint-Denis (Seine).

Lapareillé (Paul-Charles), directeur de l'Usine Poliet et Chausson, à Beffes, par Marseille-lez-Aubigny (Cher).

Lapeyrère (Joseph-Henri-Jean), pharmacien principal de la marine, à Brest (Finistère).

Laquist (Oscar), ingénieur en chimie, Stortorgat I, à Stockholm (Suède).

Lasne (Henri), arbitre, rapporteur près le Tribunal de Commerce de la Seine, 10, passage Saulnier, Paris.

Lassailly (Jules), distillateur de goudrons, 33, rue Camille-Desmoulins, à Issy-les-Moulineaux (Seine).

Laszczinski (Stanislas Verbeno, Dr de), Reisnerstrasse, 23, à Vienne-IIIe (Autriche).

Laurent (Charles), ingénieur, 127, rue de Guise, à Saint-Quentin (Aisne).

Lauth (Charles), directeur de l'École de physique et de chimie industrielles, 3e, rue d'Assas, Paris.

Lavollay (Henri), ingénieur chimiste, à Taverny (Seine-et-Oise).

Laze (Louis), ingénieur chimiste, à Compiègne (Oise).

Lazo (Julio), ingénieur des Mines, directeur du Musée minéralogique, à Santiago du Chili (Chili).

Lebeau (Paul), professeur agrégé à l'École supérieure de Pharmacie, laboratoire de M. Moissan, à la Sorbonne, Paris-V°.

Le Blanc (D' Max), délégué de la Société allemande d'électrochimie, professeur, Weserstrasse 1, à Francfort s/M (Allemagne).

Le Bœuf, 16, rue Lormand, à Bayonne (Basses-Pyrénées).

Lecerf, ingénieur, 47 bis, rue Boileau, à Auteuil, Paris.

Lechartier (Georges), doyen de la Faculté des sciences, directeur de la Station agronomique, à Rennes (Ille-et-Vilaine).

Le Chatelier (Henri), délégué de la Société française de physique, 73, rue Notre-Dame-des-Champs, Paris.

Leclanché et Cie, 158, rue Cardinet, Paris.

Lecoq (E.), ingénieur chimiste aux ateliers de Marcinelle et Couillet, à Couillet (Belgique).

Lecq (Hyppolite), inspecteur de l'agriculture, 34, rue Denfert-Rochereau, à Alger-Mustapha (Algérie).

Ledoux (A.-R.), Doct. phil., chimiste expert analyste, John Street, 99, à New-York (N.-Y) (États-Unis d'Amérique).

Lefebvre (Balthazar), docteur ès sciences, ingénieur directeur de la Sucrerie-raffinerie Béghin, à Thumeries (Nord).

Lefebvre, fabricant d'outremer, faubourg Raisnes, à Dijon (Côte-d'Or).

Lefevre (Edmond), fabricant de produits chimiques, 104, boulevard National, à Clichy (Seine).

Lefèvre (Louis), directeur de la *Revue générale des matières colorantes*, 23, Chaussée d'Antin, Paris.

Lefèvre (Olivier), constructeur, 83, rue Saint-Martin, à Saint-Quentin (Aisne).

Lefort (D), ingénieur civil, directeur de l'Usine « la Madone », 60, rue de Bondy, Paris.

Lefranc (Ad.) et Cie, fabricants de sucre, à Flavy-le-Martel (Aisne).

Légier (Émile), rédacteur en chef de la *Sucrerie Indigène*, 143, boulevard Magenta, Paris.

Legrand (Ernest), ingénieur chimiste, sous-directeur de la Sucrerie centrale de Bray-sur-Seine (Seine-et-Marne).

Legrand (Jules), fabricant de sucre, à Pont-à-Vendin (Pas-de-Calais).

Legras (Ch.), chimiste verrier, 80, rue de la Chapelle, à Saint-Denis (Seine).

Léguillon (Henri), ingénieur de la Compagnie de Saint-Gobain, 9, rue Sainte-Cécile, Paris.

Léhelle d'Affroux (Augustin de), fabricant de sucre, à Dainville (Pas-de-Calais).

Lehmann (Adolphe), maître ès arts de pharmacie, directeur du laboratoire chez A. J. Abrikosoff, à Moscou (Russie).

Lehne (Adolphe), conseiller de gouvernement, 9, Trabenerstrasse, à Grunewald (Allemagne).

Lejeune (Albert), chimiste, 28, rue de la Patte, à Mont-sur-Marchienne-les-Charleroi (Belgique).

Lejeune (G.), chef du laboratoire de la brasserie Burgelin, à Nantes (Loire-Inférieure).

Lémaire (Louis), essayeur du commerce, secrétaire adjoint de la Société chimique du Nord, 8, rue de la Piquerie, à Lille (Nord).

Lemétayer (P.) membre du Conseil supérieur d'hygiène, chef de la section de chimie et de toxicologie, professeur de chimie analytique appliquée à l'hygiène, Institut d'hygiène, à Santiago (Chili).

Lemoine, délégué officiel (ministère des Travaux publics), ingénieur en chef des Ponts-et-Chaussées, 76, rue d'Assas, Paris.

Lemoine (Georges), professeur de chimie à l'École polytechnique, rue Notre-Dame-des-Champs, Paris.

Lemoine, Théry et Cie, fabricants de sucre, à Trosly-Loire (Aisne).

Lengfeld (Félix), professeur de chimie à l'Université, à Chicago (Ill.) (États-Unis d'Amérique).

Lenoble (Émile), professeur, 28 *bis*, rue Négrier, à Lille (Nord).

Léon, photographe, 75, rue Sainte-Catherine, à Bordeaux (Gironde).

Léonard (J.), pharmacien en chef de la marine, 36, rue de la Fontaine, à Cherbourg (Manche).

Lepetit (Chevalier Robert), délégué et membre de la Société chimique de Milan, 10, via Marsala, à Milan (Italie).

Lepierre (Ch.), professeur à l'École industrielle, à Coïmbra (Portugal).

Lepointe et Cie, fabricants de sucre, à Attigny (Ardennes).

Leprince (Maurice), docteur-médecin, pharmacien 1re classe, 24, rue Singer, Paris.

Le Soudier, libraire, éditeur, 174, boulevard Saint-Germain, Paris.

Lequin (Édouard), directeur général des Usines de produits chimiques de Saint-Gobain, 94, rue Jouffroy, Paris.

Leroux (A.), administrateur de la Société des sucreries d'Égypte, Le Caire (Égypte).

Leroy (Charles), administrateur-délégué de la Société anonyme des Établissements Eychin et Leroy, à Wasquehal (Nord).

Leseurre (A.), interne en pharmacie, ex-chimiste au laboratoire municipal, 68, rue Lhomond, Paris.

Leurent, maison Bernard et Leurent, distillateurs, à Bordeaux (Gironde).

Leuthardt (Pierre), fabricant de produits chimiques, à Bâle (Suisse).

Léveillé (F.), délégué de la Ligue contre l'alcoolisme, 26, rue Guillaume-Tell, Paris.

Levol (Léon), chimiste, chef de fabrication à la Sucrerie, à Montereau (Seine-et-Marne).

Lévy (Lucien), Dr ès sciences, professeur de distillerie à l'École des industries agricoles, professeur de malterie à l'Institut des fermentations de Bruxelles, 10, rue Saint-Christophle, à Douai (Nord).

Lévy (Nathan), ingénieur, Apartado 688, Lima (Pérou).

Lexa (Joseph), ingénieur, à Prague-Vinohrady (Autriche).

Lézé (R.), ingénieur civil, à Buc, près Versailles (Seine-et-Oise).

Lhomme (Léon), ingénieur, directeur de la Sucrerie de Mayot, par La Fère (Aisne).

L'Hote (Louis-Désiré), chimiste, 16, rue Chanoinesse, Paris.

Liebermann (Léon), délégué officiel (Hongrie), et de la Société des chimistes hongrois, directeur de l'Institut de chimie et du Bureau central d'analyses chimiques, à Budapest (Autriche-Hongrie).

Liesse (Charles-Louis), chimiste, 7, rue Villeneuve, à Clichy (Seine).

Ligue contre l'Alcoolisme, 26, rue Guillaume-Tell, Paris. M. Léveillé, délégué.

Limb (Claudius), docteur ès sciences, préparateur adjoint à la Sorbonne, ingénieur électricien, 8, quai d'Occident, à Lyon.

Lindet (L.), délégué officiel (ministère de l'Agriculture) et de l'Association française pour l'avancement des sciences, professeur à l'Institut national agronomique, 108, boulevard Saint-Germain, Paris.

Linet (Pierre), fabricant de produits chimiques, 7, boulevard Magenta, Paris.

Liottier (Ernest), ingénieur des Arts et Manufactures, administrateur de la Société de l'Usine du François, à la Martinique.

Lipper (Dr W.), à Halle-sur-Saale (Allemagne).

Lippmann (Dr Edm. von), directeur de la Raffinerie de Halle-sur-Saale (Allemagne).

Little (A.-D.), ingénieur chimiste, 7, Exchange Place, à Boston (Mass.) (États-Unis d'Amérique).

Livache (Achille), ingénieur civil des Mines, 24, rue de Grenelle, Paris.

Lodin (Arthur), ingénieur en chef des Mines, 16, rue Desbordes-Valmore, Paris.

Loiseau (D.), chimiste, 17, rue Saint-Roch, Paris.

Long (J.-H.), professeur de chimie à la Northwestern University, à Chicago (Ill.) (États-Unis d'Amérique).

Lori (Ferdinand), ingénieur, directeur de la Société italienne des fours électriques, 46, via Fontanella di Borghèse, à Rome (Italie).

Lorilleux (Ch. et Cie, fabricants d'encres d'imprimerie et couleurs, 161, rue de la République, à Puteaux (Seine),

Loucheux (Louis-Georges-Henri), chimiste, 54, rue Nicolas-Leblanc, à Lille (Nord).

Louit, fabricant de chocolat et vinaigre, à Bordeaux (Gironde).

Luc (André), de la Maison Luc et ses fils, manufacture de cuirs, à Nancy (Meurthe-et-Moselle).

Lucas (Jean), chimiste, Sucrerie de Sainte-Émilie, par Roisel (Somme).

Lucas (Maurice Edouard), chimiste, 8, rue de Strasbourg, au Creusot (Saône-et-Loire).

Luchaire (Henri), ingénieur des Arts et Manufactures, 27, rue Erard, Paris.

Ludwig (Dr E.), délégué officiel (ministère de l'Intérieur, Autriche), conseiller aulique, professeur à l'Université, Alserstrasse, 4, à Vienne-VIIIe (Autriche).

Lucion (Dr René), docteur ès sciences, délégué de l'Association des chimistes belges, 76, rue Maco, à Bruxelles (Belgique).

Lunge (Georges), délégué officiel (Suisse), professeur de chimie appliquée à l'École Polytechnique, à Zurich (Suisse).

Lussigny (Henri-Albert-Alexandre), chimiste au Ministère du Commerce, 16, avenue des Tilleuls, à Chatou (Seine-et-Oise).

Lusson (Frédéric), directeur du laboratoire municipal, 11, rue d'Orbigny, à La Rochelle (Charente-Inférieure).

Luty (Fritz), directeur de la fabrique Engelike et Krause, à Halle-Trotha (Allemagne).

Luynes (de), délégué officiel (ministère des Finances), chef du service des laboratoires du ministère des Finances, rue de la Douane, Paris.

Lyonnet (Gabriel), fabricant de produits chimiques, membre de la Chambre de commerce de Lyon, 31, rue du Bât d'argent, à Lyon.

Macé (P.-Ph.-H.). ingénieur, 36, rue de Monceau, Paris.

Machado (Achille), conseiller, professeur à l'Ecole Polytechnique, à Lisbonne (Portugal).

Machado (Dr Virgilio), professeur à l'Institut industriel, rua de Santa-Justa, 22. à Lisbonne (Portugal).

Macherez (A.), sénateur, fabricant de sucre, 93, rue Saint-Lazare, Paris.

Macherez (A.), fabricant de sucre, à Matigny (Somme).

Mackensie (W. C.), directeur de l'Ecole d'agriculture, à Ghizeh Le Caire (Egypte).

Mac-Lellan, ingénieur-directeur de la sucrerie de Magaga (Egypte).

Magalhaes (De Tovares). pharmacien, rua de Rosario, 296, à Porto (Portugal).

Magnanini (Gaetano), professeur à l'Université. à Modène (Italie).

Maguin (Alfred), constructeur à Charmes, par La Fère (Aisne).

Maillard (E.), directeur de la sucrerie, à Guignes-Rabutin (Seine-et-Marne).

Maillard (Paul), ingénieur à Rive-de-Gier (Loire).

Maingard (Louis-Adrien), ingénieur à l'Ile Maurice, 89, rue de la Boétie, Paris.

Mainsbrecq (Victor), délégué du Syndicat des chimistes publics de Belgique pharmacien-chimiste de l'Etat, service d'analyses de denrées alimentaires, 25, rue du Trône, à Bruxelles (Belgique).

Mairaux (Edmond), ingénieur agricole, 45, rue de la Roche, à Bruxelles (Belgique).

Malet (Julien), chimiste diplômé de l'Université de Paris. 47. quai d'Issy, à Issy-les-Moulineaux (Seine).

Mallet (François), chmiste principal du Laboratoire de chimie, de la direction de l'Agriculture, à Tunis.

Mallet (Paul), 60, rue Saint-Lazare, Paris.

Mallet (John-W.), professeur de chimie à l'Université de Virginie, à Charlottesville (Va.), (Etats-Unis d'Amérique).

Malotaux (Marc), directeur de la sucrerie d'Oreye (Belgique).

Malotaux (Pierre), directeur de la sucrerie de Sas-de-Gand (Hollande).

Malpeaux (Léopold, professeur, à Berthonval (Pas-de-Calais).

Mandel (John), professeur de chimie physiologique, Bellevue Hospital, à New-York (N.-Y.) (Etats-Unis).

Mandelik (Robert), chimiste. à Radbor, près Kolin, Bohème (Autriche).

Manoury (H.), chimiste, 34, rue Taitbout, Paris.

MANSFELD (Dr Maurice), délégué de l'Association des chimistes autrichiens, directeur du Laboratoire d'essais des matières alimentaires de l'Association des pharmaciens autrichiens, Spitalgasse, 31, à Vienne IX/2 (Autriche).

MANSO (Emilio), ingénieur industriel, Uria 15, à Gijon (Espagne).

MANTOIS Edouard, maître de verrerie, 26, rue Lebrun, Paris.

MANUFACTURE LYONNAISE DE MATIÈRES COLORANTES, 19, place Morand, à Lyon (Rhône).

MANUFACTURE DE PRODUITS CHIMIQUES DU NORD (établissement Kühlmann), à Lille (Nord).

MARCHAND-BEY (Edmond), ingénieur, 13, avenue de Vaucelles, à Chatou (Seine-et-Oise).

MARCES Maurice-Marc), chimiste métallurgiste à Terre-Noire (Loire).

MARÉCHAL (Jean), ingénieur, chef des travaux chimiques à l'Usine à gaz, à Bruxelles (Belgique).

MARGOSCHES (Max), ingénieur chimiste, assistant à l'Ecole Polytechnique, à Brünn (Autriche).

MARIE Charles-Aimé), préparateur de chimie appliquée à la faculté des sciences, 71, rue de Vaugirard, Paris.

Dr MARINHO (Oscar), médecin, à Mossamedès (Afrique Occidentale Portugaise).

MARION Georges-François-Joseph), ingénieur, à Nantes (Loire-Inférieure).

MARQUEYROL, délégué officiel (Ministère de la Guerre), sous-ingénieur des Poudres et Salpêtres, Paris.

MARO Paul), ingénieur, Aigre (Charente).

MARTENS Paul), pharmacien. Directeur du laboratoire chimique fiscal, Baquedano 48. à Iquique (Chili).

MARTIN, directeur de la sucrerie de Masny (Nord).

MARTIN Adonaï), ingénieur des industries agricoles, à Orchies (Nord).

MARTIN Georges), président du Conseil d'Administration de la laiterie des propriétaires réunis, à Bordeaux (Gironde).

MARTIN N. H.), pharmacien, Ravenswood, Low Iell, à Gateshead-on-Tyne (Angleterre).

MARTINAND (V.), 44, rue Sainte, à Marseille.

MARTINE Gaston), officier du Mérite agricole, industriel, 15, rue de Roubaix, à Lille (Nord).

MARTY H., pharmacien inspecteur de l'armée, membre de l'Académie de médecine, 10. avenue Bosquet, Paris.

MASON W. P.), Professeur de chimie au Renssalaer Polytechnic Institute, à Troy (N. Y.) (Etats-Unis d'Amérique).

MASSOL Gustave), directeur de l'Ecole supérieure de pharmacie, à Montpellier (Hérault).

MASSON Charles, délégué officiel (Belgique), directeur du laboratoire d'analyses de l'Etat, à Gembloux (Belgique).

MASTBAUM Hugo), chimiste à la station agronomique de Lisbonne (Portugal).

MATHEWS Dr (M. A. F.), chimiste analyste et essayeur, Université Columbia, à New-York (N. Y.) (Etats-Unis d'Amérique).

Mathieu (C.), professeur de chimie au Lycée, 64 bis, rue Pollé, à Cherbourg (Manche).

Mathieu fils, Cie bordelaise de produits chimiques et engrais, à Bordeaux (Gironde).

Matignon (Camille), maître de conférences à la Sorbonne, 18, rue Le Verrier, Paris.

Mattos dos Poxotos Guimenes (Manoel-Joaquim de), Rua Luiz de Reyo, 37, Santo Amaro, à Recipe (Pernambuco) (Brésil).

Maubailly (Henri-Félix-Jules), pharmacien, 20, rue d'Avron, Paris.

Maudet (Félix-Lucien), directeur de la Soudière de la Compagnie de Saint-Gobain, à Saint-Fons (Rhône).

Mayer (Georges-Edouard), chimiste à « Saint-Antoine », Poudre d'Or (Ile Maurice).

Mayer (Léopold), délégué de l'Association des ingénieurs et architectes viennois, ingénieur-conseil de la Stéarincrie « Apollo » Penzingerstrasse, 76 Vienne XIII (Autriche).

Maximillian, à Varsovie (Russie).

Mazzara (G.), professeur à l'Université, à Parme (Italie).

Mc Murtrie (W.), délégué officiel (Etats-Unis), M. E. Phil. docteur, président de l'American Chemical Society, chimiste, 101, West 81 st., à New-York (N. Y.) (Etats-Unis d'Amérique).

Meeus (Eugène), Président de la Société Générale des fabricants de sucre de Belgique, à Anvers (Belgique).

Meier (Dr) (F.), fabrique bâloise de produits chimiques, à Bâle (Suisse).

Meillère (F. P. G.), chef de travaux chimiques de l'Académie de médecine, pharmacien de l'Hôpital Tenon, 49, rue des Saints-Pères, Paris.

Meister (Dr O.), à Thalweil (Suisse).

Mela (Ernest), docteur en chimie, vià Ponte Calvi, 5, à Gênes (Italie).

Mellaert (Guillaume), directeur de la sucrerie de Saint-Trond (Belgique).

Mendéleef, délégué officiel (Russie), professeur à l'Université à Saint-Pétersbourg (Russie).

Mennesson (Constantin), directeur de la sucrerie d'Abbeville (Somme).

Méxier (Gaston), député et industriel, 56, rue de Chateaudun, Paris.

Menozzi, délégué de l'Institut royal lombard des Arts et Sciences, président et délégué de la Société chimique de Milan, professeur de chimie agricole à l'école supérieure d'Agriculture. Vià S. Paolo, 10, Milan (Italie).

Mercier (A.), ingénieur, directeur du laboratoire de Virton (Belgique).

Mercier (P.), pharmacien chimiste, 23, rue des Moines et 95, rue Lemercier, Paris.

Merpert (Georges), ingénieur des Arts et Manufactures, directeur de la sucrerie de Chastschevato (Podolie, Russie).

Meslans (Maurice), 23, boulevard Saint-Germain, Paris.

Mestre (C.), chimiste-expert, 28, rue Raze, à Bordeaux (Gironde).

Meurgey, conseiller général de la Côte-d'Or, fabricant d'acide acétique, à Tarsul, par Coutivron (Côte-d'Or).

Meyer (Alfred), chimiste, 12, rue de Cernay, à Mulhouse (Alsace) (Allemagne).

Meyer (Louis), ancien élève de l'Ecole Polytechnique, 6. rue Béranger, Paris.

Micé, professeur honoraire de l'Université, à Bordeaux (Gironde).

Michaelis (Dr Paul), chimiste, à la Plaine, près Genève (Suisse).

Michaud (Edmond), membre de la Chambre de commerce de Paris, 11, rue Boissy d'Anglas, Paris.

Michel (Georges), ingénieur des Arts et Manufactures, 12, rue Venture, à Marseille.

Micko (Charles), adjoint au laboratoire de recherches et d'essais des matières alimentaires, Burgergasse, à Graz (Autriche).

Mignot (Ambroise), directeur de la société « la Carbonique Lyonnaise », 30, Grande Rue de Montplaisir, à Lyon.

Miguirditchian (Stefan), pharmacien, membre de la Société chimique de Paris, à Brousse (Turquie d'Asie).

Miller (Dr O.), à Bibérist (Suisse).

Millery (E.), chimiste-chef de laboratoire aux Forges du nord et de l'est, 33, rue du Montet, à Nancy (Meurthe-et-Moselle).

Millot (Armand-Michel), meunier, inventeur de la Fromentine, 6, boulevard Victor-Hugo, à Saint-Quentin (Aisne)

Millot (Roger), chimiste-fabricant d'alcaloïdes, 16. rue de Saint-Pétersbourg, à Paris.

Minet, ingénieur-électricien, 37, rue de Berne, Paris.

Minovici (Dr Stefan), délégué officiel (Roumanie), professeur à l'Université, chimiste-légiste, Strada Sf. Spiridon, 49, à Bucarest (Roumanie).

Miron (François), 9, rue Clapeyron, Paris.

Modenel (François), chimiste, Ecole d'agriculture coloniale, à Tunis (Tunisie).

Moinet (Jules), ingénieur, usine de la Boissière (Oise).

Moissan (Henri), membre de l'Institut, président du IVe congrès international de chimie appliquée, 7, rue Vauquelin, Paris.

Molhant (Alfred), ingénieur chimiste, à Quaregnon-lez-Mons (Belgique).

Mollet (Henri), constructions mécaniques, rue Gustave-Testelin, Lille (Nord).

Mommens (Em.), fabricant de sucre, à Waremmes (Belgique).

Monakhow (Nicolas). ingénieur technique, directeur de la Sucrerie et raffinerie de Semetschino, gouvernement de Tambor (Russie).

Monnier, ingénieur-directeur de la Sucrerie, à Mattaï (Haute-Egypte).

Moniteur industriel., 16, rue de Berlin, Paris.

Montais (Roger de), château de Beauvoir, près Cloyes (Eure-et-Loir).

Montgolfier (A. de), directeur de la Compagnie des forges et aciéries de la marine, 20, rue des Pyramides, Paris.

Moreau (Jean), agent de la Compagnie de Saint-Gobain, 9, rue Sainte-Cécile, Paris.

Moreigne (Dr H.), pharmacien de 1re classe, 55, boulevard Pasteur, Paris.

Morgand (Armand), chimiste à la Compagnie de Saint-Gobain, 9, rue Sainte-Cécile, Paris.

Morisson (Henri), chimiste à Etrépagny (Eure).

Morley (Edward), président et professeur de chimie, Adelbert College, à Cleveland (Ohio) (États-Unis d'Amérique).

Morpurgo (Giulio), délégué de la Chambre de commerce de Trieste, expert-chimiste, 5, via Artisti, à Trieste (Autriche).

Moser (Julio), docteur phil. de l'Université de Fribourg, chimiste principal de l'Institut municipal de chimie. Casilla 2100, Correo, 2, à Valparaiso (Chili).

Mosselman (Gustave), professeur à l'École de médecine vétérinaire, 9. avenue Brugman, à Bruxelles (Belgique).

Mossou (Nicolas-Auguste-Jean-Émile), chimiste, 100, rue Perronet, à Neuilly-sur-Seine, (Seine).

Moullade (Al.-Ch.-Eugène), pharmacien principal à la réserve militaire des médicaments, 137, avenue du Prado, à Marseille.

Moureu (Ch.), sous-chef de travaux pratiques à l'École de pharmacie, 84, boulevard Saint-Germain, Paris.

Mourgues (Louis-E.), docteur en médecine de la Faculté de Paris, professeur extraordinaire de chimie générale à l'Université du Chili, directeur de l'Institut municipal de chimie, Casilla 2100, Correo, 2, à Valparaiso (Chili).

Mourgues (Daniel), étudiant en médecine, Calle Breton, 284, à Santiago de Chili (Chili).

Muller et Cie, produits céramiques, à Ivry-Port (Seine).

Muller (Paul), professeur de l'Institut chimique, 1, rue Grandville, à Nancy (Meurthe-et-Moselle).

Munroe (C.-E.), délégué officiel (États-Unis), doyen et professeur de chimie à l'Université Colombia, à Washington (D. C.) (États-Unis d'Amérique).

Müntz, membre de l'Institut, professeur à l'Institut national agronomique, 16, rue Claude-Bernard, Paris.

Murat (Albert), directeur de l'Économat des vins, 19, rue Croix de Seiguey, à Bordeaux (Gironde).

Musséri (Victor-M.), ingénieur, Le Caire (Égypte).

Nadeau, pharmacien, 76, rue Furtado, à Bordeaux (Gironde).

Naline (Pierre), étudiant en pharmacie, 82, rue de Paris, à Saint-Denis (Seine).

Nalis (Adolphe), lecteur en langue française près la Faculté des lettres de l'Université de Saint-Vladimir, membre de la Société impériale technique de Russie, Groupe de Kiew, section de photographie, 5, rue de la Banque, à Kiew (Russie).

Namias (Dr Rodolfo), professeur de chimie, Via Leopardi, 20, à Milan (Italie).

Nasini (Rafaello). délégué de l'Académie royale des lettres, sciences et arts de Venise, professeur à l'Institut chimique, à Padoue (Italie).

Nastukow (Alexandre), Oulansky Péréoulok, maison Kraskowsky, à Moscou (Russie).

Nativelle (S.), ingénieur, fabricant de sucre, à Berneuil-sur-Aisne (Oise).

Naudet (Léon), ingénieur des Arts et Manufactures, 146, boulevard Magenta, Paris.

Dr Nazareth (Pedro), professeur à l'Ecole industrielle à Coimbra (Portugal).

Neher (Oscar), à Mels (Suisse).

Nelson (R. Elnathan), chimiste, à la Swift Co, à Chicago (Ill.) (Etats-Unis d'Amérique).

Nerincx (Maurice), ingénieur, aux sucreries, à Hal (Belgique).

Neu (Lucien), ingénieur électricien, 60, rue Brûle-Maison, à Lille (Nord).

Neufville (H. de), banquier, 6, rue Halévy, Paris.

Neumann (P. C.), ingénieur chimiste à Prague (Autriche).

Nevev (Auguste), ingénieur civil, secrétaire général de l'Association des anciens élèves de l'Ecole Centrale, 4, rue Blanche, à Paris,

Nevole (Milan), Délégué de la Société des chimistes tchèques et du Verein der Zuckerindustrie, à Prague, du laboratoire Nevole et Neumann, Olivagasse, à Prague II (Autriche).

Newmann (Carlos), ancien professeur de chimie, à l'Ecole navale, à Valparaiso (Chili).

Nicolardot, Section technique de l'artillerie, 1, place Saint-Thomas d'Aquin, Paris.

Nicholson (H.-H.), professeur de chimie à l'Université de Nébraska, à Lincoln (Neb.) (Etats-Unis d'Amérique).

Dr Nicolitch (Marco), directeur du laboratoire chimique de l'Etat serbe, professeur à l'Académie militaire, à Belgrade (Serbie).

Nicolle (J.), chef de laboratoire de la Compagnie des Mines d'Aguas Tenidas, directeur de la Société Française de recherches et d'exploitation pour favoriser le développement de la richesse minière en France, 18, boulevard Montmartre, Paris.

Niedenführ (H.-H.), 29, Lutherstrasse, à Berlin W., 62 (Allemagne).

Nier (Ferdinand), chimiste, ex-préparateur au Laboratoire municipal, 3, rue Auguste-Pelet, à Nîmes (Gard).

Niessen (Curt. Von), Hinderstrasse 2, à Berlin N. W. (Allemagne).

Nietski, professeur à l'Université, à Bâle (Suisse).

Nogendra (Nath.) sen Gupta, Kaviraj, docteur en médecine, 18-1 Lower Chiptur Road, à Calcutta (Indes anglaises).

Nuyttin (Pierre), étudiant, 20, rue de Lille, à Lambersart (Nord).

Nyssens (Pierre), directeur du laboratoire d'analyses de l'Etat, à Gand (Belgique).

Obregia (Dr Anastase), professeur de chimie organique à l'Université, Bucarest (Roumanie).

Oddo (Joseph), professeur de chimie générale à l'Université, à Cagliari (Italie).

Oettinger (G.), laboratoire de chimie organique de M. Istrati, à Bucarest (Roumanie).

Ofer de Spéville (Julien), chimiste-agronome, Sucrerie de Savannah, Rivière des Anguilles (Ile Maurice).

Offret (Albert), professeur de minéralogie théorique et appliquée à l'Université, à Lyon (Rhône).

Ogier (Jules), délégué officiel, membre du Comité consultatif d'hygiène publique de France, chef du laboratoire de toxicologie, 49, rue de Bellechasse, Paris.

Ondatchi (Gentero), mécanicien en chef de la Marine japonaise, Suiko-Sha. IV Tesuki-ji, à Tokio (Japon).

Olivier (Dr Louis), directeur de la *Revue générale des Sciences*, 22, rue du Général Foy, Paris.

Oppelt (Rodolphe), professeur à l'Académie de Commerce, à Graz (Autriche).

Orth (Ph.), chimiste à la Sucrerie Centrale de Cambrai, à Escaudœuvres (Nord).

Ossipow (J.), professeur à la Faculté des sciences de l'Université, à Kharkow (Russie).

Osterberger (H.), directeur de l'usine Malétra, à Petit-Quévilly (Seine-Inférieure).

Otto (Marius), ingénieur, 101, boulevard Murat, Paris.

Oudin (Paul), ancien élève de l'Ecole polytechnique, à Soissons (Aisne).

Ouvré (André), député, fabricant de sucre, à Souppes (Seine-et-Marne).

Owsiannikoff (Nicolas), ingénieur, directeur de la Sucrerie de Mironowka par Fastow, gouvernement Kieff (Russie).

Padé (L.), directeur du Laboratoire de la Bourse du Commerce, 17, rue du Bouloi, Paris.

Pagès (Albert), négociant industriel, 31, boulevard Henri IV, Paris.

Pagnoul, directeur de la Station agronomique, 9, rue du Jeu de Paume, Arras (Pas-de-Calais).

Paiva-Morao (de), délégué de l'Association des ingénieurs portugais, ingénieur des Mines, 17, rue Malebranche, Paris.

Palmaer (Wilhelm), docteur ès sciences, agrégé d'Electrochimie, à l'Ecole polytechnique Tekniska Högskolan, à Stockholm (Suède).

Palyart (E.), sucrerie de Fismes (Marne).

Pampe (F.), ingénieur-constructeur, à Halle-sur-Saale (Allemagne).

Panouillères (Gustave), directeur de la Maison Poliet et Chaussou, à Gournay-sur-Marne (Seine-et-Marne).

Panthot (André), chimiste, 12, rue Saint-Maur, Rouen (Seine-Inférieure).

Papon (Victor), agriculteur, Saint-Junien (Haute-Vienne).

Pappel (Alfred), chef chimiste du laboratoire khédivial, Le Caire (Egypte).

Paroni (Humbert), professeur de chimie à l'Ecole khédiviale, Le Caire (Egypte).

Parrot (Gabriel), ingénieur, 1, rue Vallier, Levallois-Perret (Seine).

Pasquier (Lucien), ingénieur E. C. P. Ingénieur de la Société des Hauts-Fourneaux de Maubeuge, à Maubeuge (Nord).

Passler (Dr), président de la station de recherches pour l'industrie du cuir, à Freiberg (Allemagne).

Pastrie (Jean-Joseph), industriel, 21, Cours du Parc, à Dijon (Côte-d'Or).

Patein (Dr), délégué de la Société de Pharmacie de Paris, pharmacien en chef de l'Hôpital Lariboisière, rue Ambroise-Paré, Paris.

Paterno (Emmanuel), délégué officiel (ministère de l'Agriculture, Italie), et de l'Académie dei Lincei, sénateur, professeur à l'Université, à Rome (Italie).

Paton (John M.-C.), ingénieur, à Nottingham (Angleterre).

Paucier (Félix), pharmacien, 21, rue Saint-Leu, à Amiens (Somme).

Paulet (Pedro), délégué officiel (Pérou), 39, rue Monge, Paris.

Pavlovski (Maximilien de), chimiste à la Sucrerie de Progrebystsche, poste Bosey Brod (Kiew) (Russie).

Pawlewski (Bronislas), professeur à l'École polytechnique, à Lemberg (Galicie) (Autriche).

Peccoux (J.-M.), pharmacien de 1re classe, 57 *bis*, avenue La Motte-Picquet, Paris.

Péchiney et Cie (A -R.), Compagnie des produits chimiques d'Allais et de la Camargue, Salindres (Gard).

Pector (Sosthène), secrétaire général de la Société française de photographie. 9, rue Lincoln, Paris.

Peiffer, chimiste aux usines de Portland de l'Est, à Pagny-sur-Meuse (Meuse).

Pellat (Henri), professeur à la Faculté des sciences, 3, avenue de l'Observatoire, Paris.

Pelet (Dr Louis), professeur de chimie, villa Saint-Jean, à Lausanne (Suisse).

Pellet (H.), chimiste, 148, boulevard Magenta, Paris.

Pellin (Ph.), ingénieur constructeur, successeur de J. Duboscq, 21, rue de l'Odéon, Paris.

Pellizari (Guido), professeur à l'Université, à Gènes (Italie).

Péniakow (D.), licencié ès sciences physiques et mathématiques, ingénieur à la Société l'Alumine et ses dérivés, à Givors (Rhône).

Pennock (J.-D.), chimiste en chef à la Compagnie Solvay, à Syracuse (N.-I.) (États-Unis d'Amérique).

Pepin (Charles), industriel chimiste, 110, rue Notre-Dame, à Bordeaux (Gironde).

Pereira (Alfredo), pharmacien, à Rio Tinto, près Porto (Portugal).

Pereira-Arvantès, 73, Rua da Picardi, à Porto (Portugal).

Pereira-Salgado (Jose), chimiste au laboratoire municipal, 462, Rua da Duqueza de Braganza, à Porto (Portugal).

Perestrello de Vasconcellos (Joao), 48, Calcada do Marquez d'Abrantès, à Lisbonne (Portugal).

Périchon-Bey (Jean-André), ingénieur, directeur de la Sucrerie de la Daïra Sanieh, à Rodah (Égypte).

Périer-Lefranc, couleurs et vernis, 18, rue de Valois, Paris.

Perls (Martin), fabricant de savons et parfumerie, 56, rue des Arts, à Levallois-Perret (Seine).

Perrier (Odilon), ingénieur, 30, quai de Béthune, Paris.

Perrodil (Charles-Antoine-Marie de), 71, rue de la Victoire, Paris.

Perron, 65, rue de la Victoire, Paris.

Persoz (Jules), directeur de la Condition des soies et laines près la Chambre de commerce, 21, rue Notre-Dame-des-Victoires, Paris.

Perten (Josef), chimiste, à Aussig-sur-Elbe (Autriche).

Pertsch (Ad.-Ferd.), à Avully-Genève (Suisse).

Pertsch (Gustave), administrateur de la Société chimique des usines du Rhône, 14, rue des Pyramides, Paris.

Pessé (Pierre), ingénieur, rue Defacqz, à Bruxelles (Belgique).

Petersen (Émile), délégué officiel (Danemark), conseiller en chimie, professeur à l'Université, 42, rue Classensgade, à Copenhague (Danemark).

Petit (Arthur), pharmacien de 1re classe, président d'honneur de l'Association générale des pharmaciens de France, 8, rue Favart, Paris.

Petit (Ch.-Auguste), chimiste, 33, rue de la Haie-Coq, à Aubervilliers (Seine).

Petit (Dr P.), professeur à l'École de brasserie, à Nancy (Meurthe-et-Moselle).

Pétri (Camille), directeur des mines de Bouxvillers (Basse-Alsace).

Petrici (J.), professeur de chimie à l'Université, à Bucarest (Roumanie).

Peyrusson (Édouard), professeur, 17, chemin du Petit-Tour, à Limoges (Haute-Vienne).

Peyrusson (Ernest), pharmacien, 3, place Denis-Dussoubs, à Limoges (Haute-Vienne).

Pfeiffer (Ignace), délégué de la Société des chimistes hongrois, agrégé de l'École Polytechnique, à Budapest (Autriche-Hongrie).

Philippe (Alfred), ingénieur constructeur, 188, faubourg Saint-Denis, Paris.

Philippe (Louis), préparateur de chimie agricole au Museum, 41, rue Censier, Paris.

Philippi, 8, rue Lekain, Paris.

Pialoux, ingénieur directeur de la Sucrerie, à Erment (Haute-Égypte).

Piatakoff (Léonidas), ingénieur directeur de la Sucrerie de Marinski Goroditsche, gouvernement de Kiew (Russie).

Picard, office de brevets d'inventions, 97, rue Saint-Lazare, Paris.

Picat (Henri), 8, rue Maurepas, à Versailles (Seine-et-Oise).

Piccard, professeur à l'Université, à Bâle (Suisse).

Picon (Gustave), distillateur, 123, rue de Paris, à Saint-Denis (Seine).

Picquet (O.), chimiste, vice-président de la Section de chimie de la Société industrielle de Rouen, délégué de la Société, à Rouen (Seine-Inférieure).

Pictet (Aimé), professeur, 2, terrasse Saint-Victor, à Genève (Suisse).

Pierron (Léon), ingénieur chimiste, 34, rue Villegas, à Jette-Saint-Pierre (Belgique).

Pigeon (Léon), professeur adjoint de chimie à l'Université de Dijon, 3, rue Millotet, à Dijon (Côte-d'Or).

Piller (Louis), distillateur d'huiles essentielles, 16, rue Saint-Merry, Paris.

Pillion (Louis), 1, place Saint-Jean, à Dijon (Côte-d'Or).

Piollet (Gaston), chimiste, 25, rue Pasquier, Paris.

Pirani (Émile), docteur ès sciences, ingénieur principal de la Société alsacienne de constructions mécaniques, 7, rue Drouot, Paris.

Pironet (Henri), chimiste, à Saint-Leu d'Esserent (Oise).

Pirsch (Léon), chimiste, 12, rue Traversière, à Bruxelles (Belgique).

Pitavy (Léon-Louis-Augute), fabricant de colle-forte, 24, quai Gauthey, à Dijon (Côte-d'Or).

Piutti, délégué officiel (ministère de l'Instruction publique, Italie), professeur à l'Institut chimique de pharmacie et de toxicologie de l'Université, à Naples (Italie).

PLANCHET (Ch) ET CIE, fabricants de sucre, à Flaucourt, par Péronne (Somme).

PLAZA DE LOS REYES (R.), pharmacien de l'Université du Chili, chimiste à l'Institut municipal de chimie. Casilla 2066 Correo, 2, à Valparaiso (Chili).

PLEVANI (Silvio), délégué de la Société chimique de Milan, professeur, 10, via Marsala, à Milan (Italie).

POGREBINSKI (Marc), ingénieur en chef du matériel des chemins de fer sud-ouest russes, à Kiew (Russie).

POINTURIER (O.), ingénieur chimiste, à Bray-sur-Seine (Seine-et-Marne).

POIRRIER, sénateur de la Seine, 2, avenue Hoche, Paris.

POKORNY (Jean), Conseil technique de la maison Fr. Ringhoffer, 16, Ferdinandov Nabreji, à Prague-Smichow (Autriche).

POLIET, fabricant de chaux, plâtres, ciments, 131, quai Valmy, Paris.

POLONOVSKY (Max), docteur ès sciences, fabricant de produits chimiques, 18 *bis*, rue Denfert-Rochereau, Paris.

POMPIGNAN (Guillaume de), administrateur des Sociétés anonymes de l'usine du Robert et de l'usine du Lorrain, à Marigot (Martinique).

PONTIER (André-Léon-Charles), pharmacien honoraire, 48, boulevard Saint-Germain, Paris.

PONTOPPIDAN (Erik), chef de la verrerie danoise Holmegaara, à Olstrup (Danemark).

PORTER (E. Carlos), micrographe de l'Institut municipal de chimie, directeur du Musée d'histoire naturelle. Casilla 2108, à Valparaiso (Chili).

PORTES, pharmacien en chef à l'hôpital Saint-Louis, Paris-Xe.

POTTIER, délégué officiel (ministère des Colonies), pharmacien en chef du Conseil supérieur de santé des Colonies, au Pavillon de Flore, Paris-Ier.

POTIN (Félix), négociant-industriel, 101, boulevard Sébastopol, Paris-Ier.

POUCHET, délégué officiel, professeur à la faculté de médecine, membre du Comité consultatif d'hygiène publique de France, directeur du laboratoire du Comité, Paris.

POULENC frères, fabricants de produits chimiques, 92, rue Vieille-du-Temple, Paris.

POUPINEL (Gaston), docteur en médecine, 12, rue Margueritte, Paris.

PRALON (Léopold), délégué général du Conseil d'Administration de la Société de Denain et Anzin, 4, rue Mogador prolongée, Paris.

PREIS (Karel), professeur à l'École polytechnique tchèque, à Prague (Autriche-Hongrie).

PREVET (Jules), industriel, 48, rue des Petites-Écuries, Paris.

PRÉVOT, directeur de l'Annexe de l'Institut Pasteur, à Garches (S.-et-O.).

PRIANICHNIKOW (Dimitri), professeur d'agriculture à l'institut agronomique à Moscou (Russie).

PRIEUR (Albert), 10, rue Collange, Levallois-Perret, (Seine).

PRINSEN-GEERLIGS, directeur de la station expérimentale de Kagok Tégal (Java).

PROCOPIOS (D. Zacharias), docteur ès sciences, ingénieur chimiste, épimélitis du laboratoire de l'Université nationale, 22, rue Philhellène, à Athènes (Grèce).

PROENÇA VIEIRA (André de), ingénieur civil, 1, rue Buenos-Ayres, à Lisbonne, (Portugal).

PROTOPAPOF (Alexandre), ingénieur de technologie, Académie de médecine, chez le professeur Vivogredov, Saint-Pétersbourg (Russie).

PURY (Hermann de), chimiste, directeur de l'Institut de bactériologie agricole, viticole et industrielle, à Clarens (canton de Vaud) (Suisse).

PUYDT (Julien de), ingénieur, rue de la Constitution, à Auvers (Belgique).

QUANTIN (Henri Emile), chimiste, directeur du laboratoire de chimie analytique, 26, rue Saint-Michel, Le Havre (Seine-Inférieure).

QUAREZ (Rodolphe), fabricant de sucre, 92, rue Saint-Fuscien, à Amiens (Somme).

QUINCKE (Frédéric), délégué de la société électro-chimique allemande, à Leverkuse, près Mullheim-s-R. (Allemagne).

RABATÉ (T.), professeur, à Excideuil (Dordogne).

RACZKOWSKI (Sigismond de), 38, rue du Cardinal-Lemoine, Paris.

RADISSON (Saint-Cyr), fabricant de margarine, 7, rue Caussemille, à Marseille.

RAGG (Manfred), ingénieur chimiste, Laxenburgerstrasse, 34, à Vienne (Autriche).

RAGOT, directeur de la sucrerie centrale de Villenoy, près Meaux, Seine-et-Marne).

RAGUET (Emile), 1, rue Molitor, Paris.

RAIMBAULT (P. E.), directeur de la sucrerie de Saint-Just-en-Chaussée (Oise).

RAIMBERT (Louis), ingénieur, 10 *bis*, rue des Batignolles, Paris.

RANSON (Georges), chimiste, 52, rue de Châteaudun, Paris.

RATHIER, chef de fabrication à la Distillerie de Rocourt, près Saint-Quentin (Aisne).

RATNER (Charles), chimiste, fabrica de Zahar de la Tziganesti (Roumanie).

RATY (Fernand), administrateur-directeur général de la Société anonyme des Hauts Fourneaux à Maubeuge (Nord).

RAVIZZA (Victor), délégué de la Société chimique de Milan, chimiste au laboratoire d'études de la soie, C. S. Celso, 42, à Milan (Italie).

RAYNAUD (Emile), chimiste chez M. Pierron, 59, rue de Villegast, à Jette Saint Pierre (Belgique).

REHLEN (Dr Hans), chimiste, Hottingerstr. 2, à Zurich (Suisse).

REID (Walter F.), délégué de la Society of chemical Industry, vice-président de la Société, Fieldside, à Addlestone, Surrey (Angleterre).

REMONDINI (Dr Guiseppe), délégué de la Société chimique de Milan, 10, via Marsala, à Milan (Italie).

REMSEN (Ira), professeur de chimie à l'Université John Hopkins, à Baltimore, (Md.) (Etats-Unis d'Amérique).

Renaut (René), étudiant, 4, rue Fontaine, à Dijon (Côte-d'Or).

Reuter (Dr), représentant de la Société minière de Gelsenkirch, à Rheine-Elbe, près Gelsenkirch (Allemagne).

Rentgen (Dr Carl-Heinrich), chimiste, à Brunn (Autriche).

Reverdin (Frédéric), chimiste, 53, rue du Stand, à Genève (Suisse).

Reverdy (Georges), chimiste, rue de Coulmiers, 80, à Nantes (Loire-Inférieure).

Reynès (Ernest), 18, rue Bel-Air, à Marseille.

Rey-Pailhade (de), ingénieur-chimiste des Mines, 18, rue Saint-Jacques, à Toulouse (Haute-Garonne).

Rhodin (John G. A.), chimiste analyste. Spécialiste pour l'Electro-chimie, 47, Victoria Buildings, à Manchester (Angleterre).

Riban (Alexandre-Joseph), professeur-adjoint à la Faculté des Sciences, 85, rue d'Assas, Paris.

Ricciardi (Dr Leonardo), président de l'Institut royal technique, à Palerme (Italie).

Richard (Emile), pharmacien, place de l'Hôtel-de-Ville, à Langres (Haute-Marne).

Richardson (Clifford), chimiste à la Barber Asphalt Co, à Long Island City (N. Y.) (Etats-Unis d'Amérique).

Riche (Alfred), délégué officiel (ministère du Commerce), directeur des Essais à la Monnaie, membre de l'Académie de médecine, Quai Conti, Paris.

Riché, répétiteur à l'Ecole centrale, 28, rue Saint-Lazare, Paris.

Riegler (Dr E.), professeur à l'Université, à Jassy (Roumanie).

Rio de la Loza (Francisco), délégué officiel (Mexique). Chef de la section de chimie à l'Institut national de médecine. Professeur de physique et chimie à l'Ecole normale, à Mexico (Mexique).

Rios (Dr de los J. A.), directeur du laboratoire municipal, professeur de chimie minérale et technologique à la Faculté des sciences, professeur de chimie médicale à la Faculté de médecine, à Lima (Pérou).

Rising (W. B.), délégué de la Société chimique américaine, de l'Université de Californie et du Comité d'hygiène de l'Etat de Californie. Professeur doyen de Chimie à l'Université de Californie, à Berkeley (Cal.) (Etats Unis d'Amérique.)

Risler (Ch.), maire du VIIe arrondissement, 39, rue de l'Université, Paris.

Ritter (Robert), négociant en produits chimiques, membre de l'Association des chimistes allemands. Bernburgerst., 12, à Berlin S.-W., 46 (Allemagne).

Rivier (Henri), professeur au Gymnase cantonal à Neufchâtel (Suisse).

Rivière (Louis), chimiste, 20, quai de la Mégisserie, Paris.

Robert (Paul-Henri), chimiste à la sucrerie de Villenoy, près Meaux (Seine et-Marne).

Robin (Maurice), fabricant de produits pharmaceutiques, ancien chef de laboratoire des hôpitaux de Paris, 13, rue de Poissy, Paris.

Rocha (Joao), préparateur à l'Ecole Polytechnique, à Lisbonne (Portugal).

Rochette, frères, usines de la Lauzière, à Epierre (Savoie).

Rocques (Xavier), expert chimiste, ancien chimiste principal du Laboratoire municipal de Paris, 11, avenue Laumière, Paris.

Rodberg, directeur de la Compagnie du gaz, 5, rue de Condé, à Bordeaux (Gironde).

Rodriguez (A. José), chimiste agricole, directeur manufacturier, Audubon Park, à la Nouvelle-Orléans (Etats-Unis).

Rœdel, maison Rœdel et fils, conserves alimentaires à Bordeaux (Gironde).

Roettger, ingénieur, 14, Gausstrasse, à Brunswick (Allemagne).

Roger (Charles-Hector), directeur de la station agronomique à Amiens (Somme).

Rohrig (A.), chimiste assermenté, 20, Lindenstrasse, à Leipsick (Allemagne).

Rolants (Edmond), Institut Pasteur, à Lille (Nord).

Romagnoli (Dr Achille), membre de la Société chimique, 10, via Marsala, à Milan (Italie).

Romano (Ibrahim), pharmacien de 1re classe de Constantinople, 5, rue Molière, Paris.

Rood (Walter), chimiste, Höfchenstrasse, 63, à Breslau (Allemagne).

Roos (D.), directeur de la station œnologique, à Montpellier (Hérault).

Roques (Ferdinand-François-Théodore), industriel, 36, rue Sainte-Croix de la Bretonnerie, Paris.

Rossel (Dr A.), professeur à Luterbach-Soleure (Suisse).

Rossignol (Alphonse), directeur technique de la distillerie de bois, à Chimay (Belgique).

Rooster (Richard de), industriel, avenue de la Poste de Hal, 33, à Bruxelles (Belgique).

Roubertie, essayeur de l'Administration des Monnaies, 121, rue de l'Église Saint-Séverin, à Bordeaux (Gironde).

Rouelle, ingénieur chimiste, essayeur diplômé de la Ville de Paris, 15, rue de Montmorency, Paris.

Rouma (Auguste), ingénieur conseil de la photolithie, 62, rue Vert-Bois, à Liège (Belgique).

Rousé (Julien-Albert), industriel, conseiller général, maire de Doullens (Somme).

Rousseaux (Eugène), préparateur de chimie, 16, rue Claude-Bernard, Paris.

Roussel (J. Victor), usine « la Uzacarera Argentina », à Concepcion, Tucuman (République-Argentine).

Roux, délégué de la Société chimique du Nord de la France, à Lille (Nord).

Roux (P.), directeur de la sucrerie de Nag-Hamadi (Egypte).

Roy (Edouard), fabricant d'extraits tannants, 28, rue de Châteaudun, Paris.

Rubio (Jose-Maria), chimiste à l'Institut municipal, pharmacien à l'Université, Correo 2, à Valparaiso (Chili).

Rucker (Dr Hermann von), 10, avenue Mac-Mahon, Paris.

Ruelle (Charles), industriel chimiste, 95, rue Bruquier, à Bruxelles (Belgique).

Ruffin (A.), 135, rue Vinoc Choqueel, à Tourcoing (Nord).

Sabattier (Paul), professeur de chimie à la Faculté des sciences, 11, allée des Zéphirs, à Toulouse (Haute-Garonne).

Sachs, à La Plaine Saint-Denis (Seine).

Sachs (François), délégué officiel (ministère de l'Agriculture, Belgique), ingénieur chimiste, 63, rue d'Allemagne, à Bruxelles (Belgique).

Sachs (R.), fabricant de sucre, à Kiew (Russie).

Sadtler (Samuel P.), phil. doct., professeur de chimie, à Philadelphie (Pa.) (États-Unis d'Amérique).

Saget (Armand), chimiste, à Souppes (Seine-et-Marne).

Sahar (Théodore-Jacques du), chimiste, à Wilsele-lez-Louvain (Belgique).

Sahut (Henri), ingénieur, directeur de la Maison A. Conreur, à Raismes (Nord).

Saillard (Charles), ingénieur chimiste, directeur de fabrication, chez M. Noulas, 11, avenue Parmentier, Paris.

Saillard (Émile), professeur de sucrerie à l'École des industries agricoles, à Douai (Nord).

Sainte-Claire-Deville, ingénieur à la Compagnie parisienne du gaz, 12, rue Alphonse-de-Neuville, Paris.

Sainte-Claire-Deville (Henri-Félix), administrateur délégué de la Société des Salines de l'Est, 19, rue de Téhéran, Paris.

Saint-Etienne (Gaston de), chef de travaux pratiques de chimie appliquée à la Faculté des sciences, 2, rue Manuel, à Lille (Nord).

Sakhanski (Nicolas), directeur des tramways électriques, rue Krestchatik, 7, à Kieff (Russie).

Salazar (Arthur-E.), professeur de physique à l'Université du Chili, à Santiago (Chili).

Salgues (Alphonse), ingénieur, 34, Grande-Rue Nazareth, à Toulouse (Haute-Garonne).

Saligny (Dr A.-O.), professeur à l'École des Ponts-et-Chaussées, à Bucarest (Roumanie).

Salmon, chimiste, rue du Général Friant, à Amiens (Somme).

Sanchez y Vidaurreta (François), ingéneur chimiste, directeur technique de la Azucarera de Villaviciosa (Asturies) (Espagne).

Sandras (Auguste), professeur au Lycée, à Albi (Tarn).

Sanglé-Ferrière (M.), sous-directeur du laboratoire municipal, Paris.

Sanguinetti (Jules), chef de laboratoire à l'Institut Pasteur, à Lille (Nord).

Santos (Oliveira-Domingo dos), chimiste au laboratoire municipal, Largo do Campo Lindo 1, à Porto (Portugal).

Saporta (Comte Antoine de), propriétaire, membre du Comité régional, 3, rue Philippi, à Montpellier.

Sauer (Dr Ewald), associé de la Maison Max Kœhler et Martini, Wilhelmstr. 50, à Berlin (Allemagne).

Saussey (Edmond), sous-directeur de la raffinerie du Midi, à Balaruc-les-Bains (Hérault).

Saussine (Gustave), professeur de chimie au Lycée, à Saint-Pierre (la Martinique).

Sautter (Ernest), administrateur de la Société des carbures métalliques, 50, boulevard Haussmann, Paris.

Sauvage (Eugène-Ernest), préparateur de chimie à la Faculté des sciences, place Malherbe, 6, à Caen (Calvados).

Savary (Jules), distillateur, à Nesles (Somme).

Scabra (Amando de), directeur du laboratoire de la manutention militaire. rua nº 2, Campalide, près Lisbonne (Portugal).

Schachtler, ingénieur civil, Beudenfeldstrasse, à Berne (Suisse).

Schell (Eugène-Louis), ingénieur chimiste, ancien élève assistant de l'École de chimie industrielle de Mulhouse, 2, rue Porte Hachette, à Vernon (Eure),

Schepper (Dʳ de Yssel), à Amsterdam (Hollande).

Scherbel (Louis), directeur des usines de produits chimiques de Monthey (Valais), Suisse.

Schiaffino (Frederico), de la Société nationale Schiaffino, Roncallo et Cie, raffineur de sucre à Gènes (Italie).

Schieffelin (W. J.), docteur phil. chimiste, Williamstreet, 170, à New-York (N.-Y.) (Etats-Unis d'Amérique).

Schindler (Martin), directeur de la Société anonyme pour l'industrie de l'aluminium, à Neuhausen (Suisse).

Schirmann (S.), directeur de la sucrerie de Cheik-Fadl (Egypte).

Schlœsing (Théophile), membre de l'Institut, Paris.

Schmid (J.), directeur de la Société pour l'industrie chimique, à Bàle (Suisse).

Schmidt (Alfred), chef chimiste, à la sucrerie de Foligno (Italie).

Schmidt (Alfred), chimiste, Brüderstrasse, 7, à Cologne (Allemagne).

Schmidt (Dʳ Oscar), ingénieur, Trügutstrasse, 10, à Zurich (Suisse).

Schmidt (W.), professeur de chimie, à l'Ecole de médecine, Le Caire (Egypte).

Schmitt (Charles), docteur en médecine, 6, rue de Villersexel, Paris.

Schmœlling (Léon de), chimiste, Polustrowo, Saint-Pétersbourg (Russie).

Schneidewind (Wilhelm), délégué de la station agronomique de Halle-sur-Saale, chef de la section d'essais à la station agronomique, Karlstrasse, 10, Halle-sur-Saale (Allemagne).

Schoofs (Emile), candidat en sciences, à Diepenbeck, Limbourg Belge (Belgique).

Schoofs (François), pharmacien, aide préparateur à l'Institut d'hygiène de l'Université de Liège, à Diepenbeck, Limbourg (Belgique).

Schottlaender (Dʳ Curt.), 14, Tanentzienplatz, à Breslau (Allemagne).

Schoukow (Ivan), délégué de l'Institut polytechnique de S. M. l'Empereur Alexandre, à Kiew (Russie).

Schouval (Bernard), directeur de la sucrerie de Piwzy, gouvernement Kiew (Russie).

Schreiber (G. et fils), producteurs de graines de betteraves, à Nordhausen (Allemagne).

Schrœder, délégué officiel (Russie), professeur à l'Institut des mines, à Saint-Pétersbourg (Russie).

Schrœder (J.), directeur général de la sucrerie de Göding (Moravie) (Autriche).

Schulz (Jules), chimiste au laboratoire Hugo Schulz, à Magdebourg (Allemagne),

Schwarz (Dr Aloïs), à Ostrau (Moravie) (Autriche).

Schweinitz (E.-A. de), délégué officiel (Etats-Unis), directeur du laboratoire de chimie biologique au département de l'Agriculture, doyen de l'Ecole de médecine de la Columbian University, à Washington (D.-C.) (Etats-Unis d'Amérique).

Schweitzer (Joseph), ingénieur, à Nobressart (Habay) (Belgique).

Schweitzer. ingénieur meunier, 1, rue Méhul, Paris.

Sclopis, délégué de l'Association chimique industrielle, 2, via Mazzini, à Turin (Italie).

Scurmann-Bey, ingénieur, directeur de la sucrerie de Minièh (Haute-Egypte).

Sébert (le Général), membre de l'Institut, 14, rue Brémontier, Paris.

Segaud (Elisée), pharmacien, à Château-Regnault (Ardennes).

Seguay (Adolphe), sous-chef de travaux au laboratoire de recherches à l'Ecole de physique et chimie, 42, rue Lhomond, Paris.

Seguin, délégué officiel (ministère de l'Agriculture), directeur de l'École nationale d'agriculture, à Rennes (Ille-et-Vilaine).

Segura (Jose C.)., délégué officiel (Mexique), ingénieur agronome, directeur et professeur à l'école d'agriculture de Mexico, 20, avenue Lamotte-Piquet, Paris.

Sellier (E.), chimiste, 23, rue Sainte-Catherine, à Saint-Quentin (Aisne).

Sellier (Gaston), chimiste, 8, rue Froidevaux, Paris.

Semeziès (Jules), maison A. Seguin, parfumeur, 106, Croix de Seguey, à Bordeaux (Gironde).

Seppe (François), chimiste métallurgiste, 7, rue Royale, Lyon.

Servat (François), professeur à l'Université du Chili. Casilla 482, à Santiago (Chili).

Setlik (B.), délégué de la Société des chimistes tchèques et de la Chambre de commerce de Prague, chimiste, Zderaz 1946, à Prague (Autriche).

Seulin (Edouard), chef de fabrication des sucreries de Saulzoir et d'Haussy, à Saulzoir (Nord).

Seyewetz (Alphonse), sous-directeur de l'Ecole de chimie industrielle, à Lyon.

Seynes (Louis de), directeur de la Société d'électro-chimie, administrateur de la Compagnie des mines, fonderies et forges d'Alais, 15, rue de Chanaleilles, à Paris.

Shiver (M. I. S.), Ecole d'agriculture, à Clemson (S. C.), (E.-U. d'Amérique).

Sidersky (David), chimiste, 62, rue Tiquetonne, Paris.

Siegfried (D.)., directeur à Zofingen (Suisse).

Siemens et Halske (A.-G.), Apostelgasse, 12-14, à Vienne (Autriche).

Silva (Dr Wenceslau da), chimiste au laboratoire municipal, à Porto (Portugal).

Silvia Garcia (Dr Francisco), médecin, à Loanda (Afrique occidentale portugaise, via Lisbonne.

Silz (Eugène), secrétaire général de l'Association des chimistes de sucrerie et de distillerie, 64 *bis*, rue de Montceau, Paris.

Silz (Fernand), industriel, 29, rue de la Faisanderie, Paris.

Simon (A.), pharmacien, 36, rue Bouchardy, à Lyon.

Simon-Legrand (J.), agriculteur, producteur de graines de betteraves, propriétaire à Bersée (Nord).

Sisley (Paul), chimiste, cours Morand, à Lyon.

Sivori (Anthelme-François), 76, rue de Meaux, Paris.

Slaski (Iaroslaw), ingénieur-chimiste, délégué de la Société impériale technique industrielle, 35, Kreschatik, à Kieff (Russie).

Slizewicz (Pierre), chimiste, Grande-Rue, 37, à Cette (Hérault).

Smetham (Alfred), chimiste analyste, 16, Brunswick Street, à Liverpool (Angleterre).

Smith (Edgar), professeur de chimie à l'Université de Pensylvanie, à Philadelphie (P.) (Etats-Unis d'Amérique).

Smith (Warren-Frank), chimiste, California Powder Works, Pinole, Comté de Contra-Costa (Californie) (Etats-Unis d'Amérique).

Société de biologie, Paris, MM. les Drs Hanriot et Desgrés, délégués.

Société française d'hygiène, Paris, MM. Bruhat et Ferdinand Jean, délégués.

Société chimique de Paris, 42, rue de Rennes, Paris, M. Engel, délégué.

Société chimique du nord de la France, à Lille (Nord), MM. Verbièse et Roux, délégués.

Société des anciens élèves de l'Ecole de chimie, 3, rue Michelet, Paris, M. le président, délégué.

Royal Society, à Londres (Angleterre), MM. Thomas Edward Thorpe et James Dewar, délégués.

Society of Chemical industry, à Londres (Angleterre), MM. Walter Reid et Samuel Hall, délégués.

Société chimique américaine (American chemical Society), à New-York (Etats-Unis d'Amérique), MM. Albert Colly Ladd et W.-B. Rising, délégués.

Sociétés des pharmaciens autrichiens, à Vienne, M. Hans Heger, délégué.

Société des chimistes tchèques, à Prague (Bohème), Autriche, MM. les Drs Nevole et Setlik, délégués.

Sociéte des chimistes hongrois, à Budapest (Autriche-Hongrie), MM. les Drs Léo Liebermann, T. Pfeiffer et Sig. Bernauer, délégués.

Société chimique de Milan, 10, viâ Marsala (Italie) MM. Menozzi, Gianoli, Zappa, Remondini, Plevani, Ravizza, Le Petit, délégués, 10, viâ Marsala, Milan (Italie).

Société impériale et royale d'agriculture de Vienne, M. Strohmer, délégué, 18, Elisabethstrasse, à Vienne (Autriche).

Société centrale d'agriculture de l'Aude, à Narbonne (Aude), M. Semichon, délégué.

Société d'agriculture, commerce, sciences et arts du département de la Marne, à Châlons-sur-Marne (Marne), M. Haura, délégué.

Société de pharmacie, Paris, M. le Dr Patein, délégué.

Société française de physique, Paris, M. Le Chatelier (Henri), délégué.

Société des ingénieurs civils, rue Blanche, Paris, MM. Gallois, Jannetaz e Garçon, délégués.

Société des ingénieurs coloniaux, à la Bourse du Commerce, Paris, M. Casalonga, délégué.

Société française de photographie, 76, rue des Petits-Champs, Paris.

Société de photographie de Vienne, délégué, M. Louis Schrank, Carmelitergasse, 7, à Vienne (Autriche).

Société industrielle du nord de la France, à Lille (Nord), M. Verbièse, délégué.

Société industrielle de Rouen (Seine-Inférieure), M, O. Piquet, délégué.

Société industrielle d'Amiens (Somme), M. Ed. Lamy, délégué.

Société industrielle de Mulhouse (Alsace) Allemagne, MM. De Zurcher et G. Freyss, délégués.

Société des architectes et ingénieurs sanitaires, délégué, M. Franche, 7, rue Corneille, Paris.

Société des architectes et ingénieurs hongrois, à Budapest (Autriche-Hongrie), M. Devecis del Vecchio, délégué.

Société impériale technique russe, à Saint-Pétersbourg (Russie), M. Konovaloff, délégué.

Société technique industrielle de Kiew (Russie), M. Slaski, délégué.

Société russe pour la protection de la santé publique, à Saint-Pétersbourg (Russie), M. Stanislas Zaleski, délégué.

Société générale des fabricants de sucre russes, à Kiew (Russie méridionale), M. Ignace Szczeniowski, délégué.

Société chimique et technique de sucrerie de Belgique, à Bruxelles, MM. Aulard. A. Ernotte et F. Sachs, délégués.

Société agricole des établissements Jules Jaluzot, à Origny-Sainte-Benoite (Aisne).

Société anonyme de la sucrerie de Cambrai, M. Camuzet, administrateur délégué, à Escaudœuvres (Nord).

Société anonyme de la sucrerie de Meaux, M. Ragot, administrateur délégué, à Villenoye (Seine-et-Oise).

Société anonyme de la sucrerie de Bourdon, M. Boire, administrateur délégué, 5, rue de la Paix, Paris.

Société nouvelle des raffineries de Saint-Louis, à Marseille, M. Desbieff, administrateur délégué.

Société des sucreries et raffineries Say (M. Cronier, administrateur), 124, boulevard de la Gare, Paris.

Société française de Constructions mécaniques (Anciens Etablissements Cail), 21, rue de Londres, à Paris.

Société française de constructions mécaniques (Anciens Etablissements Cail), à Douai (Nord).

Société française d'électrométallurgie, 11, Place de la Madeleine, Paris.

Société française d'incandescence par le gaz (Système Auer), 151, rue de Courcelles, Paris.

Société d'exploitation de la lampe de sûreté a l'acétylène « l'Inexplosible » et de fabrication de carbure de calcium, 27, rue Drouot, Paris.

Société des ferments industriels, 167, rue de Rennes, Paris. Représentée par le Dr Jenhomme.

Société des matières colorantes et produits chimiques de Saint-Denis, 105, rue Lafayette, Paris.

Société lyonnaise de l'industrie électrochimique « la Volta », 5, quai de la Guillotière, à Lyon.

Société anonyme des Fonderies et Laminoirs de Biache Saint-Waast, 28, rue Saint-Paul, Paris.

Société anonyme de Vezin-Aulnoye, à Maubeuge (Nord).

Société « le Carbone », 12, rue de Lorraine, à Levallois-Perret (Seine).

Société d'Electrochimie, 2, rue Blanche, Paris.

Société allemande d'électrochimie, M. le Dr Max Leblanc, délégué, professeur à Francfort-sur, Weserstrasse (Allemagne).

Société électrométallurgique française, à Froges (Isère).

Société anonyme de raffinage de pétrole, à Budapest (Hongrie). Représentée par M. Milutin Barac.

Société espagnole de dynamite, Loteria 3, à Bilbao (Espagne).

Société minière de Gelsenkirch représentée par le Dr Reuter, à Rhein-Elbe, près Gelsenkirch (Allemagne).

Sœrensen (S. P. L.), doct. phil. Délégué officiel (Danemark). Chimiste de l'arsenal royal danois. Ecole polytechnique, à Copenhague (Danemark).

Solvay (Ernest), sénateur, industriel, 43, rue des Champs-Elysées, Bruxelles (Belgique).

Solvay et Cie, fabricants de produits chimiques, 44, rue du Louvre, Paris.

Sonnié-Moret, pharmacien des Hôpitaux de Paris, 149, rue de Sèvres, à Paris.

Sorel (Alfred), chimiste, 283, route d'Abbeville, à Montières-les-Amiens (Somme).

Soutter (Félix), directeur technique de la fabrique de produits alimentaires Maggi à X... (Suisse).

Spencer (L. Guilford), chimiste du département de l'Agriculture, à Washington (D. C.) (Etats-Unis d'Amérique).

Spica (Pierre), délégué de l'Institut Royal des arts, lettres et sciences de Venise, professeur à l'Université à Padoue (Italie).

Springer (Alfred), doct. phil., chimiste, 46, 2 nd Street à Cincinnati (Ohio) (Etats-Unis d'Amérique).

Springer et Cie, fabricants de levure, à Maisons-Alfort (Seine).

Stalars (Lucien), 100, rue Jacquemard Giélée, à Lille (Nord).

Stampa (Manuel L.), délégué officiel (Mexique). Chimiste, 130, rue de Rennes, Paris.

Station agronomique de Halle-sur-Saale (Allemagne) représentée par MM. Cluss et Schneidewind.

Stebbins (J. H.), Doct. phil. chimiste, 80, Madison Avenue, à New-York (N. Y.) (Etats-Unis d'Amérique).

Steenberg (Niel), délégué officiel (Danemark) professeur à l'Ecole polytechnique Strangade, à Copenhague (Danemark).

Stein (Sigismond), directeur de la Raffinerie, 323, Vauxhall Road, à Liverpool (Angleterre).

Steinfels, directeur, à Zurich (Suisse).

STEPANEK (Antoine), Zidovice, près Roudnice, Bohème (Autriche).

STERBA (François), chimiste en chef de la Raffinerie de Pécky (Bohème-Autriche).

STÉVIGNON (H.), pharmacien, 36, rue du Bourg, à Dijon (Côte-d'Or).

STILLMAN (Thomas B.), professeur de chimie, à l'Institut de technologie « Stevens », à Hoboken (N. J.) (Etats-Unis).

STOKES (H. N.), chimiste du service géologique fédéral, à Washington (D.C.) (Etats-Unis d'Amérique).

STOCK (Dr Alfred), préparateur au premier laboratoire de chimie de l'Université de Berlin, 130, rue d'Assas, Paris.

STOPPANI (Dr Ermenigildo), à Vicence (Italie).

STRAEULI, directeur administrateur à Winterthur (Suisse).

STRAUGMAN (I. Pim.), Fellow C. S. Londres, 38, rue Desbordes-Valmore, Paris.

STROHMER (Frédéric), délégué officiel (Ministère du Commerce Autriche) et de la société d'agriculture. Conseiller de Gouvernement, directeur de la station d'essais pour l'industrie sucrière, 18, Elisabethstrasse, à Vienne-Ier (Autriche).

STUTZER (Dr R.), directeur de la sucrerie de Gustrow (Mecklembourg) (Allemagne).

STUYVAERT (A.), délégué du syndicat des chimistes publics, à Bruxelles (Belgique).

SCASSUNA (le baron de), Pernambouc, 4, avenue de Friedland, Paris.

SUCRERIE DE PONT D'ARDRES, (Pas-de-Calais).

SUCRERIE DE TROSLY-LOIRE (Aisne).

SUILLIOT (Hyppolite-Simon), industriel, délégué de la Chambre de commerce de Paris, 21, rue Sainte-Croix-de-la-Bretonnerie, Paris.

SUNYÉ (Raphaël), ingénieur, 4, rue d'Allemagne, Paris.

SUSS (Dr P.), assistant à l'Ecole technique supérieure, 4, Dohnaerstrasse, à Dresde-Blasewitz (Allemagne).

SWENSON-MAGNUS (M. S. Mech. Eng.) Ingénieur-chimiste de la Walburn Swenson et Cie 944, Monaduock Block, à Chicago (Ill.) (Etats-Unis d'Amérique).

SYNDICAT DE LA BOULANGERIE, 7, quai d'Anjou, Paris. M. Arpin, délégué.

SYNDICAT DES FABRICANTS DE SUCRE DE FRANCE, 42, rue du Louvre, Paris. M. Viéville, délégué.

SYNDICAT DES CHIMISTES ET ESSAYEURS DE FRANCE, 45, rue de Turenne, Paris. M. Crinon, délégué.

SYNDICAT DES PHARMACIENS DE LA CÔTE-D'OR, à Dijon.

SYNDICAT DE POTASSE ALLEMAND, représenté par le Directeur von Grueber, Viennenbourg-a-Hartz (Allemagne).

SYNDICAT DES PRODUITS ALIMENTAIRES EN GROS, 9, rue Saint-Martin, Paris.

SYNDICAT DES CHIMISTES PUBLICS DE BELGIQUE, à Bruxelles, MM. Mainsbrecq, Stuyvaert et Xhoneux, délégués.

SZCZENIOSKI (Ignace), délégué de la Société générale des fabricants de sucre, de Russie. Kapoustiany, st Zapniarka, Podolie (Russie).

Taffe (A.), directeur de la station agronomique, 80, boulevard Gambetta, à Nice (Alpes-Maritimes).

Tagliani (Giovanni), 20, via Vittoria Colonna, à Milan (Italie).

Taillandier (Jean-Alexandre), pharmacien de 1re classe, 1, route de Sannois, à Argenteuil (Seine-et-Oise).

Taillandier (Louis-Alexandre), fabricant de produits chimiques, 1, Route de Sannois, à Argenteuil (Seine-et-Oise).

Taillotte, délégué officiel (ministère de la Marine), pharmacien principal de la marine, au laboratoire de la marine, 4, rue Beethoven, Paris.

Tancrède (Aimé), industriel, 12, rue de Saint-Quentin, Paris.

Tarczynski (Stanislas), 29, rue de l'Université, à Zurich (Suisse).

Tarible (J.), pharmacien de 1re classe, 3, place Saint-André-des-Arts, Paris.

Tarragon (Emmanuel de), ingénieur, chef du laboratoire de la Compagnie fermière des Eaux, Paris.

Taulis (Enrico), directeur de la station agronomique, à Santiago (Chili).

Tassilly (Eugène), docteur ès sciences, 6, rue des Ursulines, Paris.

Taverna (Louis), ingénieur chimiste, 8, rue Mayran, Paris IX.

Tavildaroff, délégué officiel (Russie), professeur de technologie chimique à l'Institut de technologie, à Saint-Pétersbourg (Russie).

Tello (Alfredo M.), ingénieur professeur à l'Ecole des Mines, à San Juan (République Argentine).

Teclu (Nicolas), professeur à l'Académie de commerce, Academiestrasse, 12, Vienne (Autriche).

Tétard (Fernand), fabricant de sucre, à Gonesse (S.-et-O.).

Texier, chimiste au laboratoire de la Compagnie générale d'électricité, 5, rue Boudreau, à Paris.

Teysonneau (Jean), conserves alimentaires, 13, rue Saint-Siméon, à Bordeaux (Gironde).

Thann (Charles de), sénateur, professeur à l'Université, président de la Société des chimistes hongrois, Muzeumkorut, 4, à Budapest (Autriche-Hongrie).

Théry (Charles), chimiste villa de l'Etang sec, à la Celle Saint-Cloud (Seine-et-Oise).

Theye (Carlos M.), Apartado, 710, La Havane (Cuba).

Thiébaut (Victor), Clos Igourouli-Koutaïs (Caucase, Russie).

Thomas (Léon), Ingénieur E. J. P., 30, rue Notre-Dame-des-Victoires, Paris.

Thomas (Sully-Emile), directeur du laboratoire municipal, à Nîmes (Gard).

Thomas (Mamert), professeur à l'Université, à Fribourg (Suisse).

Thomassin, distillateur, à Puiseux, par Boissy-l'Aillery (S.-et-O.).

Thommeret (Georges), pharmacien de 1re classe, fabricant de produits chimiques, 36, quai d'Asnières, à Villeneuve-la-Garenne, par l'Ile Saint-Denis (Seine).

Thomson (Elihn), chimiste, à Swampscott (Mass.) (Etats-Unis).

Thorne (Leonard), doct. phil., T. G. C. T. C. S., délégué de la Society of chemical Industry, Southampton Wharf-Battersea, Londres, S. W. (Angleterre).

Thorpe, délégué de la Société royale de Londres, secrétaire de la section étrangère de la Société royale de Londres, à Londres (Angleterre),

Thurkow, ancien magistrat, docteur en droit, fabricant de sucre, à La Haye (Hollande).

Tietz (Julio), fabricant de savons, calle Victoria 490, à Valparaiso (Chili).

Tilloy-Delaume et Cie, distillateurs à Courrières (P.-de-C.).

Tilly (Jean), chimiste industriel, à Arcueil (Seine).

Tinardon, administrateur de la raffinerie Say, 123, boulevard de la Gare, Paris.

Tirpitz (Stanislas), chimiste à Statte-Huy (Belgique).

Tison (François), ingénieur architecte, à Nouvion-en-Thiérache (Aisne).

Titschenko, professeur de chimie analytique, laboratoire chimique de l'Université de Saint-Pétersbourg (Russie).

Torres (Rojerio), Ingénieur des mines, professeur à l'Institut national, Casilla 487, à Santiago, (Chili).

Torricelli (André), chimiste, à Firenze (Italie).

Tourneur (Henri), ingénieur des Arts et Manufactures, 11, avenue Stainville, à Charenton (Seine).

Trillat, chef de service à l'institut Pasteur, 7, rue Alboni, Paris.

Trincano (Adolphe), fabrique de soie de Chardonnet, rue Saint-Pierre, Besançon.

Trillon (R.), meunier, à Ruffin, par Nogent-le-Roi (Eeure-et-Loir).

Trollé (G.), ingénieur, directeur de la distillerie et raffinerie d'alcool « la Couronne » à Fargnier, par Tergnier (Aisne).

Throude (Joseph), ingénieur agronome, professeur à l'Ecole nationale des Industries agricoles, 61, boulevard Barbès, Paris.

Troost, délégué officiel (ministère de l'Instruction publique) et de l'Académie des Sciences. Membre de l'Institut. Professeur à la faculté des sciences, 84, rue Bonaparte, Paris.

Truchot (Paul-Emile), ancien chef du laboratoire aux mines du Boléo, 23, rue Lamartine, Paris.

Tschudi, à Schwanden (Suisse).

Turpin (Henri), 23, rue Pouchet, à Rouen (Seine-Inférieure).

Tydgadt (Maurice), directeur de la sucrerie, confiturerie de Selzaete (Belgique).

Tydgadt (Constant), secrétaire de la société générale des fabricants de sucre de Belgique, 19, rue Hydraulique, Bruxelles.

Umbgrove (Herman), 18, rue Duperré, Paris.

Union industrielle de la Basse Autriche, Eschenbachgasse 4, Vienne (Autriche, délégué M. Joseph Klaudy.

Union syndicale des Fournisseurs du bâtiment, 19, rue de l'Arbre-Sec, Paris. Délégué : le Président.

Université de Californie. Etats-Unis d'Amérique), M. W. C. Rising, délégué.

Urbain (Victor), ingénieur des Arts et Manufactures, 42, rue de l'Alouette, à Saint-Mandé (Seine).

Urbain, chef du laboratoire de la Compagnie générale d'électricité, 5, rue Boudreau, Paris.

Usine Lutscher (fabrique de baryte), à Comines (Nord).

Vaillant (Albert), fabricant de sucre à Quarouble (Nord).

Valenzuela-Essayem (Léandre), chimiste à l'institut municipal, Las harras (Pudra azul) à Valparaiso (Chili).

Vallot (Em.), 114, avenue des Champs-Elysées, Paris.

Van den Hulle (L.), directeur de l'Institut supérieur de brasseries, 41, rue de Bruges, à Gand (Belgique).

Van der Velde (A. J. J.), 24, rue du Chantier, à Gand (Belgique).

Vandesmet (Félix et Gustave), usine Brasileiro-Atalaia, Maceio (Brésil).

Van Gelder (Arthur P.), chimiste de l'Atlantic Dynamite Co, of New-Jersey Rustia (P. O.) (N. J.) Etats-Unis (Amérique).

Van Hamel Roos (Paul François), docteur en chimie, Conseiller pour les affaires chimiques et hygiéniques de la maison de S. M. la Reine des Pays-Bas, 291, Keisersprochet, à Amsterdam (Hollande).

Van Jseghem (Louis), directeur de la société anonyme de la sucrerie de l'Espérance, à Snaeskerke (Belgique).

Van Kampen, technologue, à Klatten (Java).

Van der Plœg, ingénieur civil. Bureau technique de chimie industrielle, 103, Van der Druynstraat, Port-Bas à La Haye (Hollande).

Van Slyke (L.L.), chimiste en chef de la Station expérimentale agricole, à Geneva (N. Y.) Etats-Unis).

Vaury (Auguste), fabricant de pain de guerre et de pain de mélasse, 43, avenue Ledru-Rollin, Paris.

Vautier (Louis), ingénieur civil des mines, mégissier et teinturier en peaux, 80, boulevard Saint-Michel, Paris.

Velten (Edouard), brasseur, 42, rue Bernard-du-Bois, à Marseille.

Ventre-Pacha (Antoine-Fortuné), délégué officiel d'Egypte, ingénieur en chef, directeur des services techniques et industriels de la Daïra Sanieh, Le Caire (Egypte).

Venturi (Dr Jean-Antoine), 1, rue San-Stefano, à Reggio Emilia (Italie).

Verbeck (Veuve et fils), constructeurs de Distillerie, 6 et 8, rue des Fabriques, à Bruxelles (Belgique).

Verbièse (F.), ingénieur-chimiste, 11, rue des Débris-Saint-Etienne, à Lille (Nord), délégué de la Société industrielle du Nord et de la Société chimique du Nord.

Verein Deutscher Chemiker, MM. Hasenclever, directeur général de la Rhenania, à Aix-la-Chapelle (Allemagne) et Dr Ernst Hintz, directeur du laboratoire Frésenius, à Wiesbaden (Allemagne) délégués.

Verein Deutscher Chemiker der Geschäftsführer, M. Lüty-Fritz, à Trotha (Allemagne), délégué.

Verein zur Beforderung des Gewerbfleisses, à Berlin (Allemagne), M. le Dr Weding, délégué.

Verein Deutscher Zuckertechniker, à Dormagen, Province Rhénane (Allemagne), MM. les Drs Claasen, Degener, Niessen, Bruhns, délégués.

Verein Deutscher Dungerfabrikanten, à Hambourg (Allemagne), M. le Dr Von Grueber, délégué.

Verein der Zuckerindustrie, in Bœhmen Heinrichsgasse, à Prague (Bohême) (Autriche), MM. H. Jelinek et Nevole, délégués.

Verigo, professeur, directeur du laboratoire des contributions indirectes, à Odessa (Russie).

Vermesch (Albert), directeur de la sucrerie de Hamel-Seraucourt, par Seraucourt-le-Grand (Aisne).

Vermorel (Victor), industriel, directeur de la Station viticole, à Villefranche (Rhône).

Verneau (Lazare), pharmacien, rue Vaillant, Dijon (Côte-d'Or).

Viborgh, délégué officiel (Suède), professeur à l'Ecole technique supérieure, à Stockholm (Suède).

Vicario (Alexandre), licencié ès sciences physiques, pharmacien, 17, boulevard Haussmann, Paris.

Victoria (Gouvernement de), Australie.

Vieillard (Camille), pharmacien-chimiste, membre de la Société française d'hygiène, de la Société chimique de Paris, ancien élève de l'Institut Pasteur, 30, rue de Trévise, Paris.

Vieille (Paul), Ingénieur en chef, directeur du laboratoire central des poudres et salpêtres, 12, quai Henri IV, Paris.

Viéville (Victor), délégué du Syndicat des fabricants de sucre de France, président de la Chambre syndicale des fabricants de sucre de France, à Chevresis-Monceau, par La Ferté-Monceau (Aisne).

Vignoli (Jean), pharmacien de la Marine, 17, cours Louis-Blanc, à La Seyne-sur-Mer (Var).

Vignon (Léo), professeur à l'Université, à Lyon.

Vigouroux (E.), professeur de chimie industrielle à la Faculté des sciences, 75, rue de Patay, Bordeaux (Gironde).

Villavecchia (Dr Victorio), directeur des Laboratoires des gabelles, Piazza Mastai, à Rome (Italie).

Ville (Jules), professeur de chimie à la Faculté de médecine, 3, rue Gerhardt, à Montpellier-Ste.-Jeanne (Hérault).

Villèle (Auguste-Marie-Antoine de), publiciste et chimiste agricole, 124, rue le Bourdonnais, à Saint-Denis (Ile de la Réunion).

Vilmorin-Andrieux et Cie, marchands grainiers, 4, quai de la Mégisserie Paris.

Vion (Victor), fabricant de sucre, à Sainte-Emilie, par Roisel (Somme).

Viron (Lucien), docteur en médecine, pharmacien en chef de la Salpétrière, boulevard de l'Hôpital, Paris.

Visser (Dr Edouard-Louis-Otto), chimiste à la Stéarinerie « Apollo », à Schiedam (Hollande).

Vivien (Armand), chimiste, 18, rue de Beaudreuil, à Saint-Quentin (Aisne).

Vivier (Ernest du), 22, Warren-Street, New-York (N.-Y) (Etats-Unis d'Amérique).

Vivier (Auguste), directeur de la Station agronomique à Melun (Seine-et-Marne).

Vlekke (J.-F.), fabricant de sucre de Oud-Gastel (Hollande).

Voisenet (Edmond), préparateur de chimie à la Faculté des sciences à Dijon (Côte-d'Or).

Voisin (André), fabricant de sucre, à Soissons (Aisne).

Volney (Carl-Walter), directeur-général de l'International Smokeless powder et dynamite C° à New-York (N.-Y.), (Etats-Unis d'Amérique).

Voorhees (E.-B.), directeur de la Station agricole expérimentale, à New-Brunswick, (N.-J.) (Etats-Unis d'Amérique).

Votocek (Emile), ingénieur chimiste, Resslova-ulice, 1, à Prague II, (Bohème-(Autriche).

Vranken (Ed.), directeur de sucrerie, 26, rue Féronstrée, à Liège (Belgique).

Vuaflart (Léon), directeur du Laboratoire de chimie, à Boulogne-sur-Mer (Pas-de-Calais).

Vuk, ingénieur chimiste, Vaczi Korùt, 51, à Budapest (Autriche-Hongrie).

Wachtel (Berthold), contrôleur technique à Temesvar (Hongrie).

Waeles (Alphonse), distillateur, à Soissons (Aisne).

Watt (Alexandre), chimiste de sucrerie, 34, Moorfields, à Liverpool (Angleterre).

Watts (Henri-C.), vice-président de l'International Powder C°, 850 Drexel Building, à Philadelphia (Pa.) (Etats-Unis d'Amérique).

Walden (Paul), professeur de chimie, docteur ès sciences physiques, ingénieur chimiste, Ecole Polytechnique à Riga (Russie).

Walkhof (Louis), fabricant de sucre à Kalinowka, gouvernement de Kiew (Russie).

Waller (F.-G.), directeur de la Nederlandsche Gist-en Spiritusfabrick et de la Cym-en Gelatinefabriek, à Delft (Hollande).

Waller (Elwin), docteur phil., chimiste expert, 159, Front Street, à New-York (N.-Y.) (Etats-Unis d'Amérique).

Walque (François de), professeur à l'Université, 26, rue des Joyeuses Entrées, à Louvain (Belgique).

Walter (Jean), 30, chemin des Cottages, à Genève (Suisse).

Walter (Fischer), industriel, 84, Treutstrasse, à Vienne-II⁰ (Autriche).

Ware (Louis), rédacteur en chef de *The Sugar beet*, ingénieur expert en sucrerie, 54, rue de la Bienfaisance, Paris.

Walters (Jules), délégué officiel (Belgique), docteur ès sciences, chimiste adjoint dela ville de Bruxelles, secrétaire général de l'Association belge des chimistes, 83, rue Souveraine (Bruxelles).

Weber, dir. C., à Winterthur (Suisse).

Wedding, délégué de l'Association pour le développement industriel, Conseiller privé, professeur à l'Académie des Mines, Genthinerstrasse, 13, villa C., à Berlin (Allemagne).

Wehrung (Paul), chimiste de la Compagnie de Saint-Gobain, 65, rue de la Chapelle, Paris.

Weibel, fabricant de pâtes de papier, à Novillars (Doubs).

Weisberg (Joachim), chimiste, 4, route de Flandre, à la Courneuve (Seine).

Weiskopf (Alois), ingénieur, Bahnhofstrasse, à Brunswick (Allemagne).

Weiss (Auguste), directeur technique de la maison Voltz, Weiss et Cie, fabrique d'articles brevetés pour la photographie à la lumière artificielle, à Strasbourg (Allemagne).

Weisweiller (Gustave), 23, rue Cambon, Paris.

Welt (Mlle Ida), docteur ès sciences, 814, Lexington Avenue, à New-York (N. Y.) (Etats-Unis d'Amérique).

Wendel, chimiste au Laboratoire Hugo Schultz, à Magdebourg (Allemagne).

Wenghöffer (Dr L.), 115, Friedrichstrasse, à Berlin W. (Allemagne).

Werner (A.), professeur à l'Université, à Zurich (Suisse).

Werner (Emile A.), chimiste, 5, Church avenue Rathmines, à Dublin (Grande-Bretagne).

Wiechmann (Dr F. S.), American Sugar Refining Co, à Brooklyn (N. Y.) (Etats-Unis d'Amérique).

Wiley (H. V.), délégué officiel (Etats-Unis, du Ministère de l'Agriculture), à Washington (D. C.) (Etats-Unis d'Amérique).

Willaime (Louis), directeur gérant de la Sucrerie de Gonorowka, par Jampol (Podolie) (Russie).

Willenz (Michel), docteur ès sciences, chimiste, 4, rue Harigaade, à Anvers (Belgique).

Wincqz (Léon), fabricant de sucre, rue Bellaumont, à Soignies (Hainaut) (Belgique).

Windisch (Dr), directeur de la station royale œnologique de Geisenheim a/R (Allemagne).

Winter (Henri), Kartengrube, à Lubeck (Allemagne).

Winter (J.), chef de laboratoire de la faculté de médecine, 44, rue Saint-Placide, Paris.

Wlodzimirski (Valerius), chimiste assermenté, Fagiellonerstrasse, 18, à Lemberg (Autriche).

Wolff (Jules), chimiste, 49, rue de Provence, Paris.

Wolff (Philippe), représentant de la maison de Dietrich et Cie, 37, boulevard Magenta, Paris.

Wolfbauer (Edward), directeur de la Standard Beet Sugar Co, à Ames (Neb.) (Etats-Unis d'Amérique).

Wood (Joseph J.), chimiste pour la tannerie et la fabrication des cuirs, 29, Mustersrvad-West-Bridgeford, à Nottingham (Angleterre).

Wortmann (Dr Jules), professeur, directeur de la station d'essais, Geisenheim a/R (Allemagne).

Wyatt (Francis), doct. phil., chimiste, 39, South William Street, a New-York (N. Y.) (Etats-Unis d'Amérique).

Xhoneux (Pierre), délégué du Syndicat des chimistes publics de Belgique, 126, rue Woyez, à Anderlecht-Bruxelles (Belgique).

Yarkowski (Stanislas), ingénieur, institut technologique, à Saint-Pétersbourg (Russie).

Yvon (Paul), pharmacien honoraire, 26, rue l'Observatoire, Paris .

Zahrzewski (Georges), chimiste, ingénieur-électricien à la Compagnie Thomson-Houston, 10, rue de Londres, à Paris.

Zaleski (Dr Stanislas), délégué de la Société russe pour la protection de la santé publique, membre du Comité scientifique du ministère de l'Instruction publique, Serguejewskaia 20, log. 18, à Saint-Pétersbourg (Russie).

Zamaron (Jules), directeur de la sucrerie San Fernando, à Atarfé (Grenade) (Espagne).

Zanni-Bey (Dr Joseph), de la Faculté de philosophie de Heidelberg, chimiste de S. M. I. le Sultan, à Constantinople (Turquie).

Zappa (Dr Ettore), délégué de la Société chimique de Milan, 10, via Marsala, à Milan (Italie).

Zecchini (Mario), ingénieur, directeur de la station agronomique, via Ormea, à Turin (Italie).

Zehenter (Joseph), professeur I. R. de l'Oberealschale, à Innsbruck (Autriche).

Zeidler (Dr Othmar), pharmacien, Spitalgasse 31, à Vienne IX/2 (Autriche).

Zenger (Ch.-V.), conseiller à la Cour, professeur à l'École polytechnique slave de Prague, palais Lobkowitz 7/III, à Prague (Autriche).

Zenghelis (Constantin), délégué officiel (Grèce), professeur agrégé de chimie à l'Université, à Athènes (Grèce).

Zettel (T.), à Baden (Suisse).

Zetter (Dr Georges), à Prague, Hradschin (Autriche).

Zevallos (Eugène de), ingénieur des Arts et Manufactures, ancien fabricant de sucre à la Martinique, 7, rue de la Jonquière, Paris.

Zindel (Édouard), ingénieur chimiste à la Soudière, à Chauny (Aisne).

Zurcher, délégué de la Société industrielle de Mulhouse, 9, rue Thiers, à Épinal (Vosges).

Vœux et Résolutions adoptés par le Congrès

SUITE QUI LEUR A ÉTÉ DONNÉE

I. — Commission internationale permanente des Congrès.

Dans sa séance plenière de clôture, le Congrès a nommé une *Commission internati nale permanente des Congrès de Chimie appliquée*, chargée de faire aboutir les décisions internationales de chaque Congrès. Cette Commission comprend tous les anciens présidents des Congrès passés et le président du Comité d'organisation du futur Congrès, qui en est de droit président.

Actuellement cette commission est donc composée de :

MM. Hanuisse, président du Congrès de Bruxelles (1894).

L. Lindet, président du Congrès de Paris (1896).

Ritter von Perger, président du Congrès de Vienne (1898), (décédé récemment).

H. Moissan, président du Congrès de Paris (1900).

Otto N. Witt, président du Comité d'organisation du Congrès de Berlin (1903, président de la Commission.

II. — Vœux et Résolutions.

(Se reporter aux travaux des sections et au rapport du secrétaire général, tome III, p. 303).

Section I

1er *Vœu.* — Le Congrès, espérant que l'adoption du poids atomique de l'oxygène $= 16$, comme base, conduira à une plus grande fixité et à une simplification dans le calcul des poids atomiques, s'associe aux travaux de la Commission internationale des poids atomiques.

(Adopté par le Congrès).

2e *Vœu.* — On demande la création d'un Comité international ayant pour mission d'indiquer aux chimistes les méthodes qui doivent être adoptées et les coefficients qu'ils doivent employer dans les différents calculs qu'ils ont à faire pour les analyses commerciales.

La section a désigné pour faire partie de cette Commission : MM. Lunge (Suisse), von Grueber (Allemagne), W. Clarke (Etats-Unis).

La discussion de ce vœu a donné lieu à la création d'une *Commission internationale permanente des analyses*, à laquelle il a été renvoyé pour étude, de même que plusieurs des vœux suivants.

Cette commission a été constituée de la manière suivante par la Commission des présidents :

Allemagne : MM. le prof. Dr W. Fresenius (Wiesbaden) ; Ritter von Grueber Vienenburg .

Autriche-Hongrie : MM. le Dr Ludwig (Vienne) ; Leo Liebermann (Budapest).

Belgique : M.-J. Wauters (Bruxelles).

Danemarck : M. S. P. L. Sœrensen (Copenhague).

Espagne : M. Vincente de Laffitte (Madrid).

Etats-Unis d'Amérique : MM. Clarke, Harwey-W.-Wiley (Washington).

France : MM. Chesneau (Paris) ; Lindet (Léon) (Paris).

Grande-Cretagne : M. Thorpe (Londres).

Grèce : M. Christomanos (Athènes).

Italie : M. le Dr Piutti (Naples).

Pays-Bas : M. Alberda van Ekenstein (Amsterdam).

Portugal : M. Ferreira da Silva (Porto).

Roumanie : M. Butureano Jassy.

Russie : M. de Regel (Saint-Pétersbourg).

Suisse : M. le Dr Lunge (Zurich).

La Commission internationole permanente propose M. Lunge comme président et M. Lindet comme secrétaire.

3e *Vœu*. — Il sera nommé par la Commission internationale du Congrès un Comité international chargé d'établir une table des constantes physiques et chimiques, qui pourra être utilisée par les chimistes officiels des Etats adhérents et par les chimistes libres, dans les cas où ils seront appelés comme experts devant une juridiction quelconque.

Ce Comité serait chargé d'établir une table provisoire officieuse de ces constantes et de préparer la table officielle.

Ce vœu a été renvoyé à la *Commission internationale des analyses*, en proposant M. D. Sidersky Paris , comme rapporteur afin de préparer cette table provisoire et de la lui soumettre :

4e et 5e *Vœu*. — 1° Que les indications spectroscopiques données dans les mémoires soient exprimées en longueurs d'onde, ou rapportées à l'échelle et à la dispersion adoptées dans l'atlas des spectres lumineux de M. Lecoq de Boisbaudran :

2° Que toute publication relative à un corps simple nouveau, soit accompagnée de la représentatton de son spectre de lignes, spectre de dissociation caractéristique de l'élément lui-même et permettant son identification certaine.

Renvoyé à la *Commission internationale des analyses*, qui pourra demander à M. Amagat de mettre la question au point et de présenter son rapport au Congrès de Berlin.

6ᵉ *Vœu*. — L'Assemblée décide à l'unanimité la nomination d'un Comité dont feraient partie : MM. Lunge, Engel, Jules Wolff, Mestre. Ce Comité serait chargé de désigner aux chimistes : 1ᵒ les indicateurs qu'ils doivent choisir de préférence dans les divers essais de l'analyse volumétrique ; 2ᵒ le mode d'emploi de ces indicateurs. Ce Comité aurait surtout à s'occuper des indicateurs employés pour l'acidimétrie et l'alcalimétrie.

Nous publions à la fin de ce volume le rapport de la Commission.

7ᵉ *Vœu*. — La Commission nommée par le Congrès de Vienne en 1898 pour présenter les meilleures méthodes d'analyse des engrais et des fourrages, composée de MM. le Dʳ Daffert, de Vienne ; Dʳ von Grueber, de Vienemburg ; Dʳ Mœrker, de Halle ; Prof. Menozzi, de Milan ; le Dʳ Schneidewind de Hall ; D. Sidersky, de Paris ; Dʳ Wiley, de Washington, a indiqué dans un mémoire présenté, les méthodes qu'elle croit devoir recommander. Mais ses travaux n'étant pas terminés, elle demande au Congrès la prorogation de ses pouvoirs, avec adjonction de MM. Pellet, Lasne, Vivier, Aulard et Lacombe. pour la France ; Preicht et Fitjens. de Stassfurth. pour l'Allemagne, Lunge, pour la Suisse, et mission de se mettre en rapport avec la Commission nommée par le Congrès des Stations agronomiques françaises qui poursuivent le même but.

Cette *Commission d'analyses des engrais et salins* a pour président M. *de Grueber* qui, après entente avec ses collègues présentera au Congrès de Berlin, un rapport contenant les détails d'exécution des méthodes d'analyses recommandées pour l'analyse des engrais.

M. Aulard a bien voulu se charger du travail relatif à l'analyse des salins.

8ᵉ *Vœu*. — M. Sidersky a présenté en son nom et au nom de M. F. Dupont une proposition tendant à adopter une échelle saccharimétrique unique dont le poids normal serait 20 grammes de sucre pur en 100 cc. de solution et dont le point 100ᵒ correspondrait à un angle de 26°36.

La Commission internationale des analyses a chargé M. F. Dupont de présenter au Congrès de Berlin, un rapport sur ce sujet.

9ᵉ *Vœu*. — Après un rapport de M. Lacombe. la Section demande au Congrès de nommer une Commission chargée d'étudier la meilleure méthode à employer pour le dosage de la potasse dans les salins. Cette question offre une importance commerciale considérable. car les différents analystes qui s'occupent de ces dosages fournissent actuellement des résultats si discordants qu'il est impossible de prolonger plus longtemps cette situation anormale.

Ce vœu a été réuni au 7e et renvoyé à la *Commission des engrais* qui a chargé M. Aulard de présenter au Congrès de Berlin un rapport sur ce sujet, après entente avec ses collègues.

10e *Vœu*. — La Section, à la suite d'un rapport de M. Chuard (Lauzane) émet le vœu que les Gouvernements et notamment le Gouvernement français, réglementent l'emploi de l'acide sulfureux dans le vin, mesure déjà prise dans un certain nombre d'Etats.

Suivant la décision du Congrès, ce vœu a été transmis à M. le ministre de l'Agriculture et à M. le ministre du Commerce et de l'Industrie, avec prière de le faire aboutir en France.

Il a, en outre, été transmis à M. le ministre des Affaires étrangères, en lui demandant de vouloir bien le porter à la connaissance des gouvernements représentés au Congrès.

11e *Vœu*. — L'Assemblée générale du Congrès confirme la prorogation des pouvoirs de la commission d'analyse des produits du naphte, composée de MM. le professeur Engler (Carlsruhe), président; Dr Holde (Berlin), vice-président; professeur Klaudy (Vienne); professeur Zoloziecky (Lemberg); Bowerton (Redwood-London); Maberg (Etats-Unis d'Amérique); Thoma (Amsterdam); Kharitschkoff (Russie); Gouthmann (Russie), secrétaire.

M. Gouthmann a été chargé de s'entendre avec M. le président et avec les autres membres de la *commission d'analyse des produits du naphte*, pour terminer les travaux et les faire connaître au Congrès de Berlin.

12e *Vœu*. — Que le prochain Congrès recherche un procédé pratique de dosage des acides formique, propionique et butyrique dans l'acide acétique et les acétates du commerce.

Le bureau du Congrès de Paris a transmis ce vœu au comité d'organisation du Congrès de Berlin, en le priant de vouloir bien faire étudier la question.

13e *Vœu*, relatif à l'unification internationale de quelques principes chimiques fondamentaux.

La section I (voir tome I, page 64), n'a pas pris de résolution à ce sujet, ayant convenu de s'en rapporter aux décisions du *Congrès international de chimie pure*, également saisi de la question par M. le Dr Krause, directeur de la *Chemiker Zeitung*.

Nous croyons devoir indiquer ici les décisions du congrès de chimie pure que nous empruntons au compte rendu officiel de ce Congrès :

« I. — Tout en réservant le nom spécial attribué à chaque élément

« ou corps simple, chaque peuple devra l'exprimer dans les formules
« chimiques par un symbole identique.

« En conséquence :

« L'azote sera représenté par N ;

« Le phosphore par P ;

« Le tungstène par W ;

« pour ne parler que d'éléments communs.

« Les symboles du glucinium (Gl) et du niobium (Nb), éléments appe-
« lés aussi beryllium (Be) et colombium (Cb), seront aussi unifiés, mais
« les membres du Congrès réservent la question pour la soumettre ulté-
« rieurement à un Congrès de nomenclature spécialement réuni. De
« même, pour les terres rares.

« Le fluor, le bore, l'iode dont on a déjà pris l'habitude d'écrire les
« symboles avec une seule lettre, F, B, I, ne devront plus s'écrire au-
« trement.

«II. -- Le gallium et le germanium appelés provisoirement, en atten-
« dant leur découverte, ekasilicium et ekaluminium, ne devront s'ap-
« peler désormais que Germanium (Ge) et Gallium (Ga).

« III. — Passant des éléments aux combinaisons, le Congrès décide
« d'ériger en règle rigoureuse la désignation des sels au moyen du nom
« du métal et non au moyen de celui de l'oxyde. Il faudra écrire et dire
« sulfate de *potassium*, carbonate de *sodium* et non sulfate de *potasse*,
« carbonate de *soude*.

« La même règle s'appliquera aux sels ammoniacaux que l'on consi-
« dère comme sels d'ammonium. Exemple : phosphate d'*ammonium*.

« IV. — Les mots *potasse* et *soude* désigneront toujours les hy-
« droxydes KOH, NaOH, jamais les carbonates de potassium ou de so-
« dium.

« V. -- Pour les composés binaires à plusieurs degrés de chloruration,
« d'oxydation, etc., il existe souvent plusieurs désignations et, malgré
« cela, quelquefois aucune d'elles ne renseigne sur la formule du corps,
« lorsqu'on n'en connaît pas les valences diverses. Exemple : *perchlo-
« rure* de phosphore PCl^5, *perchlorure de fer* FeCl^3, chlorure mercu-
« *rique* HgCl^2, chlorure *ferrique* FeCl^3, etc. Souvent même, on emploie
« des expressions telles que bioxyde d'azote, alors que la formule ac-
« tuelle est N$_2$O ; il peut y avoir confusion.

« M. ODDO propose une réforme radicale consistant à intercaler une
« voyelle dans la syllabe suffixe, voyelle qui indiquerait le degré de
« chloruration, d'oxydation, mais cette réforme changerait trop les ha-
« bitudes, et M. GAUTIER propose de s'en tenir momentanément aux
« expressions suivantes :

« Désinence *eux* ou *ique* dans le sens où nous l'employons actuelle
« ment sans amphibologie :

$$\text{« Oxyde...} \begin{cases} \text{azoteux} \dots\dots\dots\dots\dots & N^2O \\ \text{azotique} \dots\dots\dots\dots\dots & NO \end{cases}$$

$$\text{« Chlorure.} \begin{cases} \text{ferreux} \dots\dots\dots\dots\dots & FeCl^2 \\ \text{ferrique} \dots\dots\dots\dots\dots & FeCl^3, \text{ etc.} \end{cases}$$

« Préfixe mono, bi, tri, tétra, penta ou quinti, mais employés judi-
« cieusement de façon à désigner les corps sans ambiguité :

« Trichlorure de phosphore....................	PCl^3
« Trichlorure de fer...........................	$FeCl^3$
« Bichlorure de mercure.......................	$HgCl^2$, etc.

« En outre, les préfixes *proto*, *deuto*, dont la signification est souvent
« mal définie et variable d'un corps à un autre, devront être rejetés.

« Mais une réforme absolue de la nomenclature de la chimie minérale
« ne sera possible que si elle résulte de l'élaboration d'une commission
« internationale désignée spécialement pour la solution de ces questions.

« VI. Pour exprimer les formules des sels métalliques, on devra cal-
« quer celles-ci sur celles de l'acide. Celles de l'acide possédant toujours
« leur hydrogène typique en dernier, la formule d'un sel devra donc
« toujours commencer par l'élément ou le groupement électro négatif.
« Exemple :

« SO^4Ca et non $CaSO^4$		Cl^2Ba et non $BaCl^2$
« $Cl\,Na$ — $Na\,Cl$		I^3Al — AlI^3

« VII. Les mots *anhydrides* sulfureux, carbonique, phosphoreux, etc.,
« devront être employés exclusivement pour désigner SO^2, CO^2,
« P^2O^3, etc., quelquefois encore appelés *acides*.

« Le mot anhydride doit, d'ailleurs, être réservé pour les oxydes que
« l'eau transforme en acides ou que les bases changent en sels ; dans
« les autres cas, l'on conservera le nom d'oxyde.

« VIII. Les anhydrides d'hydroxydes, principalement ceux de potas-
« sium, de sodium, s'appelleront oxydes de potassium, de sodium,
« ONa^2, OK^2, le mot oxyde excluant les expressions, telles que potasse
« anhydre, soude anhydre.

« IX. Dans le cas du gaz ammoniac et de sa solution, on dira :

« Gaz ammoniac ou ammoniac pour NH^3 sec ;

« Ammoniaque pour NH^3 dissous.

« A la suite d'un échange d'observations il est décidé qu'on conserve
« le mot *carbure* en français ; l'emploi du mot carbide dans les autres
« langues est réservé.

« **Am.** *pour* **NH** — **Cy** *pour* **CN** — **Ph** *pour* phényle — **Me** *pour* méthyle, etc.

« M. GRAEBE est d'avis qu'il faut écrire les groupements en détail,
« l'avantage dans le cas contraire étant négligeable. D'ailleurs, il arrive
« souvent que cet avantage est nul : Cy, par exemple est aussi long
« que CN.

« M. Sabatier appuie l'opinion de M. Graebe dans l'intérêt de l'ensei-
« gnement. Il est bon que les élèves ne perdent pas un seul instant de
« vue ce fait que, dans le méthyle, par exemple, il y a trois atomes
« d'hydrogène, et que, par conséquent, dans les réactions, ces atomes
« d'hydrogène sont susceptibles d'élimination ou de substitution. L'em-
« ploi de Me pourrait faire croire aux esprits peu réfléchis et distraits
« que ce symbole représente un corps simple.

« M. Kiliani est du même avis ; il fait remarquer qu'en Allemagne on
« écrit aussi souvent Me pour méthyle que Me pour métal.

« MM. Haller, Riban et Kraus appuient ces observations. Il est décidé
« que toutes ces abréviations seront supprimées, et que les radicaux
« seront écrits en détail.

« **Ester et éther.** — Depuis longtemps, en Allemagne, le mot *ester*
« veut dire *éther-sel*, et le mot *éther* veut dire *éther-oxyde*.

« M. Sabatier se sert depuis un certain temps déjà du mot *ester* dans
« l'enseignement, et s'en trouve bien.

« MM. Riban, Haller, Maquenne, Hanriot pensent que l'emploi du
« mot *ester*, trop semblable au mot éther avec lequel il peut être con-
« fondu à une certaine distance de celui qui le prononce, doit être rejeté.
« D'ailleurs, rien n'est plus simple que de dire *éther-sel* et *éther-oxyde* :
« ces deux dénominations ont l'avantage de faire image, et de préciser
« immédiatement la constitution des éthers dont il s'agit.

« M. Maquenne ajoute qu'il y a intérêt à se servir le plus possible des
« expressions *oxyde de méthyle, oxyde d'éthyle*, etc., qui ne peuvent
« donner lieu à aucune confusion.

« Après une remarque de M. Oddo et une autre de M. Mendéléef, qui
« n'aime pas le mot *ester*, la question est laissée en suspens.

« **Sucres.** — Tout d'abord, on décide que les sucres seront du mascu-
« lin. Ex : *glucose, mannose, saccharose, maltose, raffinose*. Les hydrates
« de carbone très condensés qu'on a l'habitude de mettre au féminin,
« tels que la *cellulose* resteront du féminin.

« Beaucoup de chimistes se servent du mot *glucose* pour désigner un
« sucre réducteur en général. Après une discussion à laquelle prennent
« part MM. Hanriot, Maquenne, Graebe et Haller, il est décidé que les
« sucres réducteurs seront appelés, conformément à la nomenclature
« de M. E. Fischer, hexoses, pentoses, etc., suivant qu'ils posséderont 6,
« 5. etc., atomes de carbone. Par suite, le mot glucose aura un sens bien
« précis et désignera le glucose ordinaire ou sucre de raisin : on dira
« glucose d, glucose l, glucose i. On évitera l'emploi du mot *dextrose*,
« qui forcerait à appeler *dextrose gauche* le *glucose l*, chose pour le moins
« bizarre. De même, on supprimera le mot *glycose* pour glucose, bien
« que les médecins se servent fréquemment du mot glycosurie, comme
« le fait remarquer M. Delépine.

« Certains auteurs emploient le mot *galactose* pour désigner le sucre
« de lait. Il est décidé que la *lactose* reste le sucre de lait, et que le *ga-*
« *lactose* désignera toujours le sucre réducteur qui se forme, en même
« temps que le glucose d, son isomère, dans l'hydrolyse du lactose.

« **Genre des mots anhydride et amide.** — M. Moureu désirerait
« que le Congrès tranchât la question du genre pour les deux mots
« *anhydride* et *amide.* La plupart des auteurs les emploient au féminin
« mais certains livres classiques importants les mettent au masculin.

« M. Graebe fait remarquer avec juste raison que cette question est
« exclusivement française ; ce sera à la Société chimique de Paris à la
« résoudre.

« **Emploi des expressions ortho, méta et para en chimie miné-**
« **rale et en chimie organique.** — M. Sabatier combat l'emploi de ces
« expressions en chimie minérale, où elles ont une signification toute
« différente de celle qu'on leur donne en chimie organique.

« Après une discussion à laquelle prennent part MM. Sabatier,
« Graebe, Maquenne, Haller et Riban, la question est renvoyée à la
« Commission spéciale de nomenclature minérale, dont la nomination
« a été décidée en principe dans la séance précédente.

« **Représentation stéréochimique des matières sucrées.** —
« M. Maquenne propose, pour représenter les matières sucrées et les
« corps qui en dérivent, un système de notation particulièrement com-
« mode. Chaque carbone asymétique ayant son numéro d'ordre, on écrit
« d'abord les chiffres qui correspondent aux oxhydriles supérieurs;
« puis, au-dessous, séparés des précédents par un trait, ceux qui cor-
« respondent aux oxhydryles inférieurs, de la sorte, les schémas ont
« une forme fractionnaire.

« La dimannite, par exemple :

$$\text{CH}^2\text{OH} - \overset{\text{H}}{\underset{\text{OH}}{\text{C}}} - \overset{\text{H}}{\underset{\text{OH}}{\text{C}}} - \overset{\text{OH}}{\underset{\text{H}}{\text{C}}} - \overset{\text{OH}}{\underset{\text{H}}{\text{C}}} - \text{CH}^2\text{OH}$$

« sera 1. $\dfrac{4.5}{2.3}$ 6 hexane hexol. »

Section II.

14ᵉ *Vœu.* — A l'heure actuelle, le transport du bioxyde de baryum,
en France, doit être fait en fûts de fer, mais on laisse voyager le produit d'importation en fûts de bois ; la Section demande que les Compagnies de chemins de fer laissent voyager le bioxyde de baryum de
fabrication française dans des fûts de bois.

Le bureau du Congrès a transmis ce vœu à M. le ministre du Commerce et
de l'Industrie et à M. le ministre des Travaux publics.

Section III.

15ᵉ *Vœu.* — La section demande que la question du dosage du soufre, du manganèse et du phosphore dans les produits métallurgiques soit mise à l'ordre du jour du prochain Congrès et soit l'objet d'un rapport préalablement imprimé et distribué.

Le bureau du Congrès a transmis ce vœu au Comité d'organisation du Congrès de Berlin.

16ᵉ *Vœu.* — Que des modifications soient apportées aux réglements auxquels le transport des matières explosibles est soumis.

Le bureau du Congrès a transmis ce vœu à M. le ministre du Commerce et de l'Industrie et à M. le ministre des Travaux publics.

Section IV.

17ᵒ *Vœu.* — La Section IV, considérant que les taons (œstres de bœuf) causent un préjudice considérable à l'industrie de la tannerie et par conséquent à l'agriculture, émet le vœu que M. le ministre de l'Agriculture appelle l'attention de MM. les professeurs départementaux sur ce préjudice, et fasse placarder une instruction semblable à celle qui a été placardée en Allemagne, prescrivant l'étrillage des animaux au pâturage, conformément au rapport qui sera inséré aux comptes rendus du Congrès.

(Transmis à M. le ministre de l'Agriculture).

La section IV du Congrès international de chimie appliquée, considérant l'immense intérêt qu'il y a pour tous les pays agricoles à créer de nouveaux débouchés à l'alcool dans les emplois industriels ainsi que dans les emplois à l'éclairage et au chauffage domestiques et à la production de la force motrice, émet les vœux suivants :

18ᵉ *Vœu.* — Que, dans tous les pays représentés au Congrès par leurs délégués, les emplois de l'alcool destiné à la fabrication des produits pharmaceutiques et chimiques, soient dégrevés de tous droits de fisc ou d'octroi, ainsi que les autres matières premières nécessaires à la fabrication de ces produits, s'il y a lieu, même lorsque ces matières premières sont grevées de droits pour la consommation directe.

19ᵉ *Vœu.* — Que, pour les alcools dénaturés destinés aux usages de l'éclairage et de la force motrice, outre le dégrèvement des droits, il soit prescrit aux administrations fiscales chargées d'assurer la dénaturation, de choisir, avant tout, des dénaturants appropriés à ces usages, peu coûteux, à pouvoir calorifique élevé, et ne renfermant aucune substance solide fixe ou possédant un point de volatilisation très supérieur à celui de l'alcool.

20° *Vœu*. — Que toute fraude par revivification de l'alcool dénaturé soit punie sévèrement.

21ᵉ *Vœu*. — Que les constructeurs d'appareils de distillation ou de rectification soient tenus de déclarer au fisc toute fabrication, vente ou réparation d'appareils distillatoires.

22ᵉ *Vœu*. — Qu'à l'avenir, et pour toutes les relations internationales, l'alcoométrie pondérale centésimale soit substituée aux divers systèmes d'alcoométrie actuellement en usage.

Le bureau du Congrès a transmis ces vœux :

1° A M. le ministre des Affaires étrangères en lui demandant de vouloir bien les faire connaître à tous les Gouvernements représentés au Congrès.

2° A M. le ministre du Commerce et de l'Industrie, à M. le ministre des Finances, à M. le ministre de l'Agriculture de France.

Le Gouvernement français a déjà donné en partie satisfaction à ces vœux, en supprimant la taxe qui frappait l'alcool dénaturé ; en supprimant le vert malachite qui entrait dans la dénaturation, et en abaissant la dose du dénaturant (méthylène), de 15 à 10 0/0 ; et d'une façon générale, en apportant tous ses efforts à la consommation industrielle de l'alcool.

3° Le bureau du Congrès saisira de ces vœux la *commission internationale des analyses* qui pourra confier à M. Arachequesne, la mission de présenter au Congrès de Berlin, un rapport faisant connaître ce qui a été fait et existe, à ce point de vue, dans les différents pays, et les *desiderata* qu'il y aurait lieu de formuler encore.

23ᵉ *Vœu*. — La Section IV émet le vœu : que le dosage, dans les jaunes d'œuf, de la matière grasse qui en fixe la valeur marchande, soit fait par un procédé uniforme, au moyen d'un dissolvant unique ; celui-ci semble devoir être choisi parmi les éthers de pétrole ; l'éther éthylique, la benzine, le sulfure de carbone et le tétrachlorure de carbone semblent devoir être écartés.

(Adopté par le Congrès).

24ᵉ *Vœu*. — Que des répertoires bibliographiques analytiques, comprenant tous les documents en toutes langues, soient mis, le plus tôt possible, à la disposition de chaque industrie pour la période rétrospective s'arrêtant à 1900 et que les répertoires soient continués.

(Adopté par le Congrès).

SECTION V

25ᵉ Vœu. — Il y a une véritable campagne à entreprendre en France pour amener la réforme du régime fiscal du sucre et de ses dérivés, pour la nourriture du bétail. Pour faire aboutir le plus tôt possible le dégrèvement des sucres dénaturés et des mélasses employés pour la nourriture du bétail, les seuls efforts des physiologistes et des agronomes seraient insuffisants. Il faut que l'opinion publique s'y associe.

La question est si importante pour les cultivateurs, les éleveurs et les consommateurs, qu'on ne peut douter, qu'éclairés par la science sur les bienfaits de la réforme, tous ceux qui ont souci du progrès auront à cœur d'en hâter l'avènement par leurs revendications auprès des pouvoirs publics.

Ce vœu a déjà été exprimé par le Congrès de l'alimentation rationnelle du bétail en 1899.

Transmis à M. le ministre des Finances et à M. le ministre de l'Agriculture, qui ont donné à peu près entière satisfaction à ce vœu, notamment en ce qui concerne l'emploi des mélasses dans l'alimentation du bétail.

26ᵉ Vœu. — Attendu que les normes et méthodes actuellement en usage pour déterminer la valeur de la graine de betteraves comprennent différents défauts de nature à faire du tort au producteur et à l'acheteur ; attendu que, d'autre part, la question de la détermination des germes malades en vue d'apprécier la valeur de la graine de betteraves ne peut être considérée jusqu'à présent comme complètement étudiée, la section V du quatrième Congrès international de Chimie appliquée prie le président de ce Congrès d'instituer une Commission internationale qui aura à étudier ces questions, présentera un rapport au prochain Congrès et formulera des décisions définitives.

Cette Commission pourrait comprendre, pour chaque pays, deux représentants du contrôle des semences, deux représentants des producteurs de graines et deux représentants des fabricants de sucre.

Sera transmis à la Commission internationale des analyses qui désignera un rapporteur pour étudier la question et présenter un rapport au Congrès de Berlin.

27ᵉ Vœu. — A la suite de la communication de M. Sachs sur le contrôle chimique en sucrerie, la section V exprime l'avis que, pour le moment, le procédé élaboré par M. Sachs pour contrôler le travail des fabriques de sucre est le meilleur et que son application générale est recommandable pour le contrôle dans toutes les sucreries.

(Adopté).

28ᵉ *Vœu.* — Les membres *français* réunis à la section V rappellent que la Commission d'unification des méthodes d'analyse auprès du ministère des Finances, a adopté, comme poids normal du saccharimètre, le chiffre 16 gr. 29 indiqué déjà par le deuxième Congrès international de Chimie appliquée, au lieu de 16 gr. 19, employé jusqu'ici, et émettent le vœu que l'administration française adopte le plus rapidement possible le chiffre de 16 gr. 29.

Le vœu a été transmis à M. le ministre des Finances qui après avoir fait poursuivre des études sur ce sujet a donné pleine satisfaction à la demande du IV Congrès de chimie appliquée. La Commission du IVᵉ Congrès international tient à adresser tous ses remerciements à le M. le ministre des Finances.

SECTION VI

29ᵉ *Vœu.* — Que l'on réunisse et examine les méthodes analytiques en usage dans les divers pays pour les eaux-de-vie et liqueurs et qu'il soit soumis à temps à l'approbation du Vᵉ Congrès de Chimie appliquée un projet imprimé d'accord, en vue de l'analyse et de l'appréciation des eaux-de-vie et liqueurs.

30ᵉ *Vœu.* — Dans l'analyse des eaux-de-vie, le Congrès demande, qu'en cas d'expertise légale, la petitesse du coefficient d'impuretés ne soit pas, à elle seule, considérée comme une preuve suffisante d'une addition d'alcool d'industrie aux eaux-de-vie naturelles.

31ᵉ *Vœu.* — Que toutes les douanes adoptent l'alcoomètre centésimal pour mesure du degré alcoolique ;

32ᵉ *Vœu.* — Que toutes les douanes s'accordent sur la nomenclature et le dosage des substances dont la présence dans les boissons peut être considérée comme licite, et qu'elles uniformisent les méthodes d'analyse ;

33ᵉ *Vœu.* — Que toutes les douanes adoptent, notamment ;
a. Pour le dosage de l'alcool dans les vins, l'alambic d'essai exclusivement ;
b. Pour le dosage de l'acidité, l'évaluation en acide sulfurique ou en acide tartrique, mais en un seul acide ;
c. Pour le dosage de l'extrait sec, l'évaporation ;
d. Qu'il soit recherché une méthode d'analyse des vins et des spiritueux, et qu'un choix soit fait des instruments divers à employer.

Ces vœux, de même que les vœux 38-39-40 et 41 émis par la section VIII, sont renvoyés à la Commission internationale des analyses en proposant comme rapporteur M. Butureano (Roumanie), pour étudier ces différentes questions et présenter, après entente, avec le président de la Commission internationale, et avec ses collègues de la Commission nommée par la section VIII (vœu n° 40), un rapport au Congrès de Berlin.

SECTION VII

34° *Vœu.* — Qu'il soit adopté une substance antiseptique pour la conservation des échantillons de lait destinés à l'analyse. Une commission pourrait être nommée pour le choix de cette substance. Le bichromate de potasse, le chloroforme paraissent déjà répondre à ce but.

Ce vœu sera renvoyé à la Commission internationale des analyses en proposant M. Lindet pour l'étude de cette question avec mission de présenter un rapport au Congrès de Berlin après entente avec ses collègues.

SECTION VIII

35° *Vœu.* — *a.* Le sous-acétate de plomb doit-être rejeté comme agent de défécation de l'urine. On le remplacera par l'acétate neutre de plomb suivant la formule de Courtonne ou mieux par le nitrate acide de mercure, en observant les précautions recommandées par M. Patein.

b. On adoptera pour le degré saccharimétrique le chiffre 2,065 indiqué par M. Grimbert.

c. La liqueur de Fehling sera titrée en glucose anhydre ; si on a fait le titrage en sucre interverti, on fera la correction nécessaire : 5 grammes de sucre interverti correspondant à 4 gr. 80 de glucose.

d. Il est nécessaire de faire les dosages de sucre urinaire à la fois par les méthodes optique et volumétrique ; on doit trouver les mêmes chiffres par les deux méthodes.

e. Si on se sert du procédé Causse, on l'emploiera avec les modifications indiquées par Denigès et Bonnans.

Ce vœu a été transmis à la Commission internationale des analyses et nous proposons M. Denigès pour présenter un rapport au Congrès de Berlin après entente avec la commission.

36° *Vœu.* — Pour faciliter l'unification de la représentation des spectres de bandes tels que les montre le spectroscope à vision directe, la section VIII propose l'adoption de l'échelle de Abbe, modification Hénocque.

37° *Vœu.* — Pour la coloration du spectre, on adoptera les étendues de plages colorées telles que les a établies M. Rood, et que M. Hénocque a fait représenter en une série de 12 teintes plates.

La Commission internationale des analyses a demandé à M. Hénocque de présenter un rapport sur ces questions au Congrès de Berlin après entente avec la Commission.

38° *Vœu*. — Quelles sont les méthodes analytiques qu'il convient de préconiser dans l'état actuel de la science pour effectuer les analyses des eaux-de-vie et alcools ?

39° *Vœu*. — Quelles sont les conclusions que l'on peut en tirer ? Comment y a-t-il lieu d'interpréter les résultats de l'analyse pour y établir la nature des eaux-de-vie ?

40° *Vœu*. — Quelle est la quantité d'impuretés que l'on peut tolérer dans les eaux-de-vie de consommation, et nomme pour étudier cette question une Commission composée de MM. Riche, Blarez, Bruylans, Buturéano, Gley. Halphen, D'Lang, Nicloux, Rocques, Sangle-Ferrière, Villa-Vecchia et Wauters.

41° *Vœu*. — Il n'y a pas lieu de fixer de minimum à la dose des impuretés que doivent contenir les eaux-de-vie de vin, de cidre, les kirchs, les cognacs, les rhums et tous les spiritueux en général.

Ces vœux étant analogues aux vœux 29, 30, 31, 32 et 33 émis par la section VI, sont renvoyés à la commission internationale des analyses en proposant M. Butureano pour présenter un rapport au Congrès de Berlin.

42° *Vœu*. — Comme elle l'avait déjà reconnu en 1896, lors du 2° Congrès de Chimie appliquée, la VIII° section pense qu'il serait on ne peut plus utile, pour les bons résultats à retirer du Congrès, que les rapports annoncés comme devant être lus à ce dernier soient portés à l'avance à la connaissance des membres de la section.

Elle émet donc le vœu que ces rapports soient dorénavant imprimés à l'avance et distribués aux membres du Congrès pour que ceux-ci puissent en prendre connaissance à loisir, et, lors de la lecture en séance de section, apporter les observations et critiques que leur aura suggérées la lecture, à tête reposée, de ces rapports.

On pourrait. dans ces conditions, prendre des décisions et sanctionner celles-ci par des votes : toutes choses qui sont impossibles|avec la façon actuelle de procéder.

Le bureau du Congrès a transmis ces vœux au Comité d'organisation du Congrès de Berlin, en le priant de vouloir bien en tenir compte dans la mesure du possible.

43° *Vœu*. — La VIII° section du IV° Congrès international de Chimie appliquée, à Paris, émet le vœu que la Commission internationale du prochain Congrès, ou bien le comité provisoire de la ville où aura lieu le futur Congrès, adresse à tous les adhérents du Congrès actuel au moins un an avant la date du Congrès, un questionnaire sur les principaux problèmes d'intérêt général qui devront être traités.

Transmis au Comité d'organisation du Congrès de Berlin.

SECTION X.

44e *Vœu.* — Que les Compagnies de chemins de fer et de navigation étudient la question du transport du carbure de calcium de manière à donner satisfaction à l'industrie.

Transmis à M. le Ministre du Commerce et de l'Industrie et à M. le Ministre des Travaux publics.

45e *Vœu.* — La section X a nommé une commission chargé d'étudier les conditions d'échantillonnage et d'analyse du carbure de calcium et l'analyse du gaz acétylène, ainsi que les proportions d'impuretés tolérables. Elle comprend : MM. Moissan, Gall, Lunge, Bullier, Lacroix, Hubou, Lebeau.

Cette commission s'est ainsi constituée :
M. Moissan, président et M. Lebeau, secrétaire ; rapporteur, M. Gall qui présentera le rapport des travaux de la Commission au Congrès de Berlin.

46e *Vœu.* — La section a nommé une Commission chargée d'étudier les désignations unitaires fondamentales en Electro-chimie. Cette Commission est ainsi composée :
MM. Moissan, Blondin, Guntz, Hollard, Gall, Lippmann, Dr Le Blanc, Dr Claassen, Etard, Palmœr, Brochet, Lebeau, Muller, Marie.

Tels sont les différents vœux émis à la séance générale de clôture du IVe Congrès de chimie appliquée. Certains de ces vœux transmis aux différents ministres ont déjà reçu une solution favorable ; l'étude des autres sera poursuivie ou transmise au Ve Congrès international de chimie appliquée.

Rapport de la Commission nommée par la section I du IV° Congrès international de chimie appliquée pour déterminer l'emploi des indicateurs en alcalimétrie et en acidimétrie (6° *Vœu*).

La commission était composée de MM. Lunge, de Zurich, président ; Engel (Paris) ; Jules Wolff (Paris), et Mestre (Bordeaux).

Le Rapport est dû à M. Lunge.

La commission, en conformité des opinions émises dans la Section I, relatives au choix des indicateurs pour l'alcalimétrie et l'acidimétrie, est d'avis que la multiplicité des indicateurs employés par les chimistes des usines, les acheteurs de produits chimiques et les chimistes-experts peut conduire à des écarts considérables dans les résultats des analyses, et à de véritables difficultés.

Il est donc à désirer que des indicateurs uniformes soient employés, sinon à l'intérieur des usines, et pour le contrôle de la fabrication, au moins dans tous les cas où il faut se soumettre au contrôle d'autres chimistes. Que chaque chimiste se serve pour ses opérations particulières, des indicateurs qui lui plaisent le mieux et qu'il a trouvés les plus convenables. Mais quand il s'agit de garantir la teneur des produits fabriqués, ou de contrôler une telle garantie de la part des acheteurs ou des chimistes-experts, il est absolument nécessaire que les méthodes employées par les divers chimistes conduisent au même résultat, et ce but sera atteint si l'on emploie des méthodes identiques. En effet, il est infiniment plus important pour les besoins de l'industrie que les analyses (il va sans dire dans les mains de chimistes sérieux) conduisent toujours à des chiffres certains et uniformes que de se servir des méthodes qui, dans l'opinion du manipulateur, sont plus voisines de la vérité absolue que celles employées ailleurs.

Evidemment il y a beaucoup de conditions à remplir pour atteindre le but indiqué. Il faut commencer par envisager la manière de prélever les échantillons, de faire les pésées et les dessiccations. Il faut s'entendre sur les liqueurs titrées à employer, et enfin sur le choix des indicateurs. C'est cette dernière question que la Commission a été appelée à étudier, et nous avons donc à nous prononcer sur ce point.

Le temps et l'espace dont nous disposons pour la rédaction de ce rapport ne permettent pas que nous traitions cette question dans son ensemble. Nous nous bornerons à indiquer les conclusions auxquelles nous sommes arrivés avec les motifs principaux qui nous y ont conduits.

Nous croyons inutile de citer des cas spéciaux, où des écarts dans les analyses sont produits par l'emploi d'indicateurs différents, puisque ce fait a été admis à l'unanimité dans la discussion du Congrès. Nous regarderons cela comme prouvé, et il ne s'agit plus que de trouver un moyen pour éviter les écarts provenant de cette cause.

Le moyen le plus simple sans doute consisterait à se borner à un seul indicateur, comme dans le passé où l'on n'employait guère que le tournesol. Mais les imperfections de cet indicateur sont telles qu'elles ont depuis longtemps obligé les chimistes à en chercher d'autres pour certains essais. D'abord le tournesol n'est pas un composé chimique défini qu'on pourrait reproduire toujours de même qualité et avec des propriétés identiques, mais c'est un corps produit par des méthodes secrètes dans quelques usines hollandaises, et renfermant plusieurs matières colorantes très peu connues, dans des proportions variées. De plus il est toujours mélangé de beaucoup de matières étrangères, et ne donne aucunes garanties de qualité régulière et uniforme. Il est vrai que par des lavages, des extractions et d'autres moyens on peut arriver au laboratoire à des produits supérieurs en qualité, mais jamais à un corps chimique de composition constante, et de qualité identique dans toutes les circonstances.

En second lieu le tournesol réagit avec tous les acides, même les plus faibles en donnant des colorations différentes ; la présence de l'acide carbonique est un obstacle à l'observation nette et facile de la neutralisation d'une base avec un acide fort, ou vice versa. Le moyen généralement employé pour arriver à un résultat défini, à savoir l'ébullition prolongée, présente divers inconvénients. Il prolonge de beaucoup le temps demandé pour l'essai ; il diminue la sensibilité de l'indicateur, et il peut conduire à des erreurs considérables par l'action des liquides sur le verre.

En troisième lieu, quelques acides faibles ne donnent pas de résultats certains avec le tournesol, on ne peut les titrer avec cet indicateur et leur présence rend incertaine la titration des acides forts. Nous nous bornons ici à citer l'acide sulfureux.

M. Mestre a fait observer que dans le dosage de l'acidité totale de certains vins blancs, effectué, soit à l'aide de l'eau de chaux, (procédé Pasteur,) soit à l'aide de la liqueur décinormale de soude, le tournesol est un indicateur très incertain, parce qu'avant d'arriver au point de saturation, il donne, surtout avec les « Sauternes dorés », des teintes complémentaires qui empêchent absolument de saisir le virage et obligent l'opérateur à recourir au procédé de la touche.

Les inconvénients cités font comprendre pourquoi depuis longtemps

on a cherché à remplacer le tournesol par d'autres indicateurs. On en
a proposé un très grand nombre que nous renonçons à énumérer.
puisque la plus grande partie d'entre eux n'a trouvé qu'un emploi très
restreint, et qu'ils n'ont pas de chance d'être généralisés, en dépit des
recommandations chaleureuses de ceux qui les ont préconisés. Il ne
paraît pas probable ni même possible qu'on trouve jamais un indicateur
propre sous tous les rapports, à tous les usages alcalimétriques et
acidimétriques. Selon la nature des choses, et selon les théories d'Ostwald, de Küster, etc., un indicateur virant nettement de couleur avec
le moindre excès d'une *base* tant soit peu faible ne peut pas remplir la
même fonction avec le moindre excès d'*acide* faible, et vice versa.
Pour établir sa théorie des indicateurs, M. Ostwald a choisi, comme
représentant les extrêmes dans l'une et l'autre direction. la phénolphtaléine et le méthylorange (aussi connu sous le nom d'héliantine).
Tous les deux sont des composés définis, cristallisables, faciles à préparer à l'état de pureté avec des produits faciles à se procurer et
d'un prix relativement très peu élevé. (Bien que cette dernière circonstance n'ait qu'une importance secondaire. il est intéressant
d'apprendre d'après un calcul fait par M. Lunge, que ces substances ne
coûtent que le trentième ou le soixante-quinzième de leur équivalent
de tournesol). La phénolphtaléine est sans doute l'indicateur le plus
délicat pour les acides faibles, le méthylorange pour les acides forts et
pour toutes les bases.

Pour les acides faibles. la *phénolphtaléine* l'emporte décidément
sur le tournesol et a déjà presque partout triomphé à ce sujet. à
cause de sa grande sensibilité et du virage tellement prononcé du
blanc au rouge ou vice versa. Il paraît à peine nécessaire de donner
en détail les raisons pour lesquelles nous en recommandons l'application universelle pour l'analyse des acides organiques et d'autres acides
faibles, tous en réservant des cas spéciaux qu'il serait trop long d'énumérer dans ce rapport préliminaire.

D'autre part le *méthylorange* est le meilleur représentant des indicateurs insensibles aux acides faibles, mais virant de couleur avec les
moindres traces d'acides minéraux forts à l'état libre, et dans le cas
de quelques acides de force intermédiaire (comme l'acide sulfureux et
l'acide phosphorique) juste au point où une des « basicités » a été
saturée. Cela permet en premier lieu de titrer tous ces acides, à savoir
l'acide sulfurique, chlorhydrique, azotique, sulfureux. phosphorique, etc., avec une liqueur alcaline titrée, sans se soucier de la présence de carbonate dans la dernière, tandis que les acides organiques,
même ceux qu'il faut classer comme « forts » (tels que l'acide oxalique,
tartrique, citrique) ne se prêtent pas à l'usage de cet indicateur.
M. Lunge a démontré que même l'acide azoteux, qui détruit la matière

colorante, n'entrave pas son usage comme indicateur et peut même être titré par ce moyen, en prenant des mesures spéciales.

En second lieu cet indicateur permet de doser les bases par l'acide chlorhydrique ou sulfurique titré, ou dans l'état libre, ou en présence d'acides faibles, comme l'acide carbonique, salicylique, sulfhydrique, et d'autres qui n'entravent pas l'action du méthylorange, et n'en diminuent pas sa sensibilité à un degré perceptible pour la pratique. On peut donc titrer la soude ou la potasse carbonatée à froid, en une petite fraction du temps exigé par l'emploi du tournesol (et également avec la phénolphtaléine et tous les indicateurs de la même classe), et sans les erreurs produites par l'attaque du verre au contact du liquide bouillant. Cette circonstance rend par elle-même le méthylorange éminemment supérieur au tournesol et à la grande majorité des autres indicateurs pour les emplois industriels.

M. Wolff a fait l'observation qu'en présence d'acide borique les indications du méthylorange ne sont pas exactes. C'est un des cas spéciaux qu'il faut étudier en détail pour un rapport définitif.

Il est vrai que le méthylorange lui-même possède quelques inconvénients que nous mentionnerons maintenant, mais en ajoutant de suite qu'aucun d'eux n'est d'une importance capitale. Il est à peine nécessaire de rappeler que l'on ne doit pas employer l'acide oxalique comme acide titré dans ce cas; mais on peut facilement se passer de cet agent parce que les acides minéraux titrés permettent un dosage absolument certain avec le méthylorange. Sans doute le changement de la couleur jaune-clair du méthylorange en rose n'est pas aussi violent que l'apparition de la couleur rose dans un liquide incolore contenant de la phénolphtaléine, ou même le changement du tournesol de bleu en rouge jaunàtre en l'absence d'acide carbonique. Mais l'expérience d'années nombreuses nous a démontré que les personnes douées d'yeux normaux apprennent très-vite à observer nettement le changement de couleur dans un liquide contenant un peu (pas trop!) de méthylorange, produit par une seule goutte d'acide 1/5 normal en excès, ou deux gouttes d'acide décinormal. Avec ce degré de sensibilité on peut toujours atteindre toute l'exactitude voulue, en choisissant une quantité de substance convenable. Avec un excès de l'indicateur, ou à chaud, la titration devient incertaine; mais on peut toujours éviter ces conditions. On ne peut pas employer le méthylorange dans des solutions assez colorées, mais cet inconvénient existe plus ou moins avec toutes les matières colorantes employées comme indicateurs. Quand il est question de manipuler avec la lumière artificielle, la sensibilité du méthylorange est certainement amoindrie dans le cas de source de lumière d'un teint jaunàtre, comme le gaz ordinaire ou le pétrole, tandis que l'on peut atteindre toute la sensibilité avec une lumière à peu près blanche comme l'arc électrique ou le bec Auer. Les personnes affectées de « daltonisme », c'est-à-dire d'une insensibilité partielle aux couleurs, qui, en beaucoup de cas, peuvent manipuler jusqu'à un certain degré avec la phénolphtaléine ou avec le tournesol, doivent généralement renoncer à l'emploi du méthylorange.

Exceptant ceux-ci, on peut recommander l'emploi de cet indicateur à tous les chimistes industriels pour le dosage des alcalis hydratés et carbonatés, pour le dosage des acides minéraux et pour des cas spéciaux indiqués dans tous les ouvrages d'analyse. Les indicateurs semblables au méthylorange ne présentent aucune supériorité et sont la source de complications. Ils doivent être supprimés dans l'intérêt de l'uniformité des méthodes.

Le méthylorange est très facile à préparer à l'aide de l'acide sulfanilique et de la diméthyl-aniline ; il se trouve aussi dans le commerce dans un état parfaitement pur, ou comme acide libre (formant de belles écailles violettes) ou comme sel de sodium (formant une poudre jaune). Le dernier est quelquefois adultéré de dextrine ou de matières semblables, mais il sera facile d'imposer aux vendeurs la condition de pureté du réactif, ou bien de se servir de la forme violette qu'on ne peut guère adultérer.

Nous recommandons donc aux chimistes industriels de se servir de ces deux indicateurs pour tous les dosages alcalimétriques et acidimétriques du commerce (exception faite des daltonistes et des cas tout spéciaux), à savoir la phénolphtaléine pour le dosage des acides organiques, et le méthylorange pour les acides minéraux et pour les bases hydratées et carbonatées, à l'exception des méthodes spéciales pour les borates, silicates, aluminates et autres où ces indicateurs ne peuvent pas rendre de bons services.

TABLE DES MATIÈRES DU TOME III

Mémoires. — Communications. — Rapports. — Procès-verbaux des séances. — Séance générale de clôture. — Visites. — Réceptions. — Inaugurations. — Banquet. — Règlement. — Programme. — Organisation. — Liste des membres.

Paris. — Typ. A. DAVY, 52, rue Madame. — *Téléphone* 704-19.